Heinz Ebert
Elektrochemie

Kamprath-Reihe kurz und bündig
Technik

Dipl.-Chem. Heinz Ebert **Elektrochemie**

Grundlagen und Anwendungsmöglichkeiten

2. Auflage

VOGEL-VERLAG

CIP-Kurztitelaufnahme der Deutschen Bibliothek

**Ebert, Heinz**
Elektrochemie: Grundlagen u. Anwendungsmöglichkeiten/Heinz Ebert. - 2. Aufl. - Würzburg: Vogel, 1979.
(Kamprath-Reihe kurz und bündig: Technik)
ISBN 3-8023-0031-9

ISBN 3-8023-0031-9
2. Auflage 1979
Alle Rechte, auch der Übersetzung, vorbehalten.
Kein Teil des Werkes darf in irgendeiner Form (Druck, Fotokopie, Mikrofilm oder einem anderen Verfahren) ohne schriftliche Genehmigung des Verlages reproduziert oder unter Verwendung elektronischer Systeme verarbeitet, vervielfältigt oder verbreitet werden.
Printed in Germany
Copyright 1972 by Vogel-Verlag, Würzburg
Herstellung: VOGEL-DRUCK WÜRZBURG

# Inhaltsverzeichnis

|   | Chronologische Entwicklung der Elektrochemie ................. | 7 |
|---|---|---|
| 1. | Einführung in die Elektrochemie .... | 10 |
| 2. | **Grundlagen der Elektrochemie** ..... | 13 |
| 2.1. | Atome, Moleküle, Ionen .......... | 13 |
| 2.2. | Starke und schwache Elektrolyte ... | 14 |
| 2.2.1. | Dissoziation und Dissoziationsgrad | 14 |
| 2.2.2. | Begriffe und Gesetze zur Dissoziation ................... | 14 |
| 2.3. | Ohmsches Gesetz, Leitfähigkeit und Ionenwanderung................. | 19 |
| 2.4. | Faradaysche Gesetze ............. | 20 |
| 2.4.1. | Messung der Strommenge ........ | 24 |
| 2.4.1.1. | Kupfer- und Silbercoulometer ..... | 25 |
| 2.4.1.2. | Jodcoulometer .................. | 26 |
| 2.4.1.3. | Knallgas- und Wasserstoffcoulometer ........................ | 26 |
| 2.4.1.4. | Stiazähler...................... | 27 |
| 2.4.2. | Sekundärvorgänge ............... | 30 |
| 2.5. | Leitfähigkeitsmessung ........... | 35 |
| 2.5.1. | Effekte und Theorien zur Leitfähigkeit...................... | 39 |
| 2.5.2. | Sonderstellung der Wasserstoff- und Hydroxidionen ............. | 46 |
| 2.5.3. | Nichtwäßrige Lösungsmittel....... | 49 |
| 2.6. | Wanderungsgeschwindigkeit und Überführungszahl .............. | 52 |
| 2.7. | Hemmungserscheinungen bei Elektrodenvorgängen............. | 60 |
| 2.7.1. | Galvanische Polarisation.......... | 60 |
| 2.7.2. | Polarisationsspannung und Zersetzungsspannung............ | 61 |
| 2.7.3. | Überspannung .................. | 66 |
| 2.7.4. | Passivität und Korrosion ......... | 73 |
| 2.8. | Elektromotorische Kräfte und Reaktionszeit .................. | 77 |
| 2.8.1. | Umwandlung chemischer in elektrische Energie ................. | 82 |
| 2.8.2. | Oxydation und Reduktion als elektrochemische Vorgänge ......... | 83 |
| 2.8.3. | Abhängigkeit der *EMK* von Konzentration, Druck und Temperatur . | 84 |
| 2.8.4. | Bezugselektroden und Meßelektroden ....................... | 87 |
| 2.8.5. | Elektrochemische Stromerzeugung und Stromspeicherung .......... | 95 |
| 2.8.5.1. | Primärelemente................. | 96 |
| 2.8.5.2. | Sekundärzellen ................. | 100 |
| 2.8.5.3. | Brennstoffelemente.............. | 109 |
| 2.8.5.4. | Bioelektrische Zellen ............ | 120 |
| 3. | **Elektrochemische Meßmethoden** .... | 125 |
| 3.1. | Leitfähigkeitstitration ............ | 127 |
| 3.2. | Potentiometrische Titration ....... | 129 |
| 3.3. | Polarographie .................. | 137 |
| 3.4. | Hochfrequenztitration und Dekametrie .................... | 142 |
| 3.5. | Trennmethoden im elektrischen Feld .......................... | 152 |
| 3.6. | Polarisationstitrationen und andere elektrochemische Analysenmethoden..................... | 163 |
| 4. | **Galvanotechnik** ................. | 168 |
| 4.1. | Vorbehandlung von Metalloberflächen ................... | 168 |
| 4.2. | Galvanische Metallabscheidung.... | 171 |
| 4.2.1. | Badzusammensetzung und Betriebsbedingungen ............ | 173 |
| 4.2.1.1. | Kupferbäder ................... | 175 |
| 4.2.1.2. | Edelmetallbäder ................ | 176 |
| 4.2.1.3. | Nickelbäder.................... | 176 |
| 4.2.1.4. | Chrombäder ................... | 176 |
| 4.2.1.5. | Sonstige Metallbäder und Legierungsbäder ................ | 177 |
| 4.3. | Spezialverfahren der Galvanotechnik ...................... | 178 |
| 4.3.1. | Eloxalverfahren ................ | 178 |
| 4.3.2. | Elektroplattieren von Kunststoffen und anderen isolierenden Materialien .................... | 179 |
| 4.3.3. | Galvanoplastik ................. | 182 |
| 4.3.4. | Metallfärbung.................. | 185 |
| 4.3.5. | Elektrochemische Metallbearbeitung (ECM) .............. | 186 |
| 5. | **Elektrochemische Industrieverfahren** ..................... | 187 |
| 5.1. | Anorganische Verfahren ......... | 187 |
| 5.2. | Organische Verfahren ........... | 194 |
| 6. | **Sondergebiete** .................. | 214 |
|   | Schrifttum .................... | 219 |
|   | Anhang....................... | 221 |
|   | Stichwortverzeichnis ............ | 250 |

## Verzeichnis der Tafeln im Text

| Nr. | Legende | Seite |
|---|---|---|
| 1 | Reaktion wäßriger Lösungen | 16 |
| 2 | Aktivitätskoeffizient | 17 |
| 3 | Kalilauge-Elektrolyse | 30 |
| 4 | Sekundärvorgänge der Katode | 32 |
| 5 | Nitrobenzol-Reduktion | 33 |
| 6 | Jodoformherstellung | 34 |
| 7 | Leitfähigkeit von KCl-Lösungen | 36 |
| 8 | Ionengrenzfähigkeiten | 41 |
| 9 | Ionensolvatation | 49 |
| 10 | Ionengrenzleitfähigkeiten | 50 |
| 11 | Grenzleitfähigkeit an Elektrolyten | 51 |
| 12 | Radius der Ionenatmosphäre | 52 |
| 13 | Konzentrationsänderung | 56 |
| 14 | Überführungszahlen | 60 |
| 15 | Wasserstoffüberspannung | 68 |
| 16 | Überspannung bei der Sauerstoffentwicklung | 68 |
| 17 | Auflösungsgeschwindigkeit von Aluminium | 74 |
| 18 | Faktorenwerte | 85 |
| 19 | Kalomelektrode | 88 |
| 20 | Silberhalogenid-Bezugselektroden | 89 |
| 21 | Spannungsbeträge des Weston-Normalelements | 96 |
| 22 | Primärelemente | 97 |
| 23 | Blei- und Stahl-Akkumulatoren | 106 |
| 24 | Elektrochemische Zellen | 130 |
| 25 | Potentiometrische Neutralisationstitration | 135 |
| 26 | Quecksilbertropfkatode | 138 |
| 27 | Dielektrizitätskonstante von Standardflüssigkeiten | 150 |
| 28 | Heterogene Systeme | 152 |
| 29 | Disperse Systeme | 152 |
| 30 | Bäder für Hochglanz- und Hartchromüberzüge | 177 |
| 31 | Leitwachse zur Galvanoplastik | 184 |
| 32 | Niedrigschmelzende Legierungen | 184 |
| 33 | Äthanausbeute bei der Essigsäure | 194 |
| 34 | Katodische Reduktionsreaktionen | 201 |

## Verzeichnis der Anhangtafeln

| Nr. | Legende | Seite |
|---|---|---|
| 1. | **Allgemeine und physikalische Tafeln** | |
| 1.1. | Präfixe | 221 |
| 1.1.1. | Zahlwörter | 221 |
| 1.2. | Griechisches Alphabet | 221 |
| 1.3. | Kurzzeichen und ihre Bedeutung | 222 |
| 1.3.1. | Kurzzeichen in gerader Antiqua | 222 |
| 1.3.2. | Kurzzeichen in kursiven Lettern | 222 |
| 1.3.3. | Kurzzeichen in griechischen Buchstaben | 223 |
| 1.3.4. | Mathematische Zeichen | 224 |
| 1.4. | Physikalische Konstanten | 225 |
| 1.5. | Symbole | 226 |
| 1.6. | Grundeinheiten | 228 |
| 2. | **Umrechnungstafeln** | |
| 2.1. | Zeit | 228 |
| 2.2. | Druck | 228 |
| 2.3. | Energie | 229 |
| 2.4. | Leistung | 230 |
| 2.5. | Umrechnung der Dichte | 230 |
| 3. | **Spezielle Tafeln zur Elektrochemie** | |
| 3.1. | Elemente | 232 |
| 3.2. | Leitfähigkeiten wäßriger Elektrolytlösungen | 234 |
| 3.3. | Poggendorfsche Kompensationsschaltung | 235 |
| 3.3.1. | Werte für log f | 235 |
| 3.3.2. | Werte von f | 235 |
| 3.4. | Standardpotentiale der Elemente | 236 |
| 3.4.1. | Kationenbildner | 236 |
| 3.4.2. | Anionenbildner | 236 |
| 3.4.3. | Redox-Potentiale | 236 |
| 3.4.4. | Redox-Indikatoren | 236 |
| 3.4.5. | Standardpotentiale der Bezugselektroden | 237 |
| 3.5. | Pufferlösungen | 237 |
| 4. | **Galvanische Bäder** | |
| 4.1. | Kupferbäder | 239 |
| 4.2. | Goldbäder | 240 |
| 4.3. | Silberbäder | 241 |
| 4.4. | Platin- und Palladiumbäder | 242 |
| 4.5. | Nickelbäder | 243 |
| 4.6. | Chrombäder | 245 |
| 4.7. | Weitere Metallbäder | 246 |
| 4.8. | Legierungsbäder | 248 |
| 5. | **Thermoelektrische Spannungsreihe** | 249 |

# Chronologische Entwicklung der Elektrochemie

Die folgende Aufstellung kann keinen Anspruch auf Vollständigkeit erheben. Alle wesentlichen Daten, die entscheidende Punkte im Werdegang der Elektrochemie zur exakten Wissenschaft darstellen, sind jedoch erfaßt.

1600 **Gilbert,** William (1544 bis 1603) arbeitet über Magnetismus und prägt den Ausdruck „Elektrizität".

1650 **Guericke,** Otto v. (1602 bis 1686), bekannt durch die Magdeburger Halbkugeln, erfindet die Reibungselektrisiermaschine.

1775 **Priestley,** Joseph (1733 bis 1804) und **Cavendish,** Henry (1731 bis 1810) beobachten bei elektrischen Entladungen in der Luft das Auftreten von Salpetersäure und salpetriger Säure.

1786 **Galvani,** Luigi (1737 bis 1798) entdeckt bei seinem berühmten Froschschenkelversuch den nach ihm benannten Galvanismus.

1798 **Ritter,** Johann Wilhelm (1776 bis 1810) findet, daß unedle Metalle die edleren aus ihren Lösungen in der Reihenfolge der Spannungsreihe ausfällen.

1799 **Volta,** Alessandro Graf (1745 bis 1827) baut seine „Voltasche Säule". Erst diese Anordnung gestattet die Entnahme größerer Stromstärken bei höherer Spannung (Zn/Salzlösung/Ag).

1800 **Ritter** (s. 1798) zersetzt, mit Hilfe der Voltaschen elektrischen Säule, Wasser elektrolytisch in Wasserstoff und Sauerstoff.

1803 **Berzelius,** Jöns Jakob (1779 bis 1848) untersucht zusammen mit **Hisinger** die Wirkung des Stromes der Voltaschen Säule auf Salze.

1805 **Grotthuß,** Theodor (1785 bis 1822) entwickelt die Theorie, daß in der Strombahn eine rasche Folge von Zersetzungen und Wiedervereinigungen der Wassermoleküle stattfindet.

1807 **Davy,** Sir Humphry (1778 bis 1829) stellt durch Elektrolyse der Hydroxide im Schmelzflußverfahren metallisches Natrium und Kalium her.

1808 **Davy** (s. 1807) stellt Kalzium, Strontium, Barium und Magnesium elektrolytisch dar.

1813 **Berzelius** (s. 1803) stellt seine Theorie der elektrischen Polarität der Atome auf und veröffentlicht 1814 die erste Atomgewichtstafel.

1833 **Faraday,** Michael (1791 bis 1867) erkennt die zahlenmäßigen Zusammenhänge zwischen den chemischen und elektrischen Vorgängen: „Faradaysche Gesetze".

1836 **Daniell,** John Frederic (1790 bis 1845) findet bei der Arbeit über konstante Ketten das nach ihm benannte Kupfer/Zink-Element (Zn; $ZnSO_4$-Lösung/$CuSO_4$-Lösung; Cu).

1841 **Joule,** James Prescott (1818 bis 1889) führt das elektrische Wärmeäquivalent ein.

1841 **Poggendorff,** Johann Christian (1796 bis 1877) ermöglicht durch seine Kompensationsmethode die genaue Bestimmung der elektromotorischen Kräfte.

1843 **Wheatstone,** Sir Charles (1802 bis 1875) gestattet die Messung von Widerständen mit Hilfe seiner Brückenschaltung.

1853 **Hittorf,** Johann Wilhelm (1824 bis 1914) erkennt die Ionenwanderung an der Konzentrationsänderung der Ionen in den Elektrodenräumen bei Stromdurchgang: „Hittorfsche Überführungszahl".

1857 **Clausius,** Rudolf Emanuel (1822 bis 1888) nimmt einen Austausch positiver und negativer Molekülbestandteile zwischen verschiedenen Molekülen an.

1876 **Kohlrausch,** Friedrich Wilhelm Georg (1840 bis 1910) stellt fest, daß sich die Gesamtleitfähigkeit eines Salzes aus der Summe der Leitfähigkeiten seiner Ionen zusammensetzt.

1881 **Helmholtz,** H. v. (1821 bis 1894) erachtet die Annahme elektrischer Elementarteilchen für unumgänglich.

1882 **Helmholtz** (s. 1881) veröffentlicht eine thermodynamische Theorie der galvanischen Ketten.

1886 **Moissan,** Henri (1852 bis 1907; Nobelpreis 1906) stellt Fluor durch Elektrolyse von Fluorwasserstoff dar.

1887  **Ostwald,** Wilhelm (1853 bis 1932; Nobelpreis 1909) erhält an der Universität Leipzig den überhaupt ersten „Lehrstuhl für Physikalische und Elektrochemie".
1887  **Arrhenius,** Svante (1859 bis 1927; Nobelpreis 1903) erkennt die Dissoziation, die Aufspaltung gelöster Elektrolyte in elektrisch geladene Ionen.
1889  **Nernst,** Walther (1864 bis 1941; Nobelpreis 1920) gibt seine grundlegende Arbeit über die elektromotorische Wirksamkeit der elektrolytischen Ionen heraus; Theorie des Lösungsdruckes und der galvanischen Elemente; „Nernstsche Gleichung".
1889  **Ostwald** (s. 1887) findet sein Verdünnungsgesetz bei schwachen Elektrolyten.
1890  **Arrhenius** (s. 1887) deutet die Elektrolyse ionentheoretisch.
1894  **Ostwald** (s. 1887) empfiehlt bereits das Brennstoff-Element.
1909  **Sörensen,** Söre Peter Lauritz (1868 bis 1939) führt bei seinen Arbeiten über die Wasserstoffionenkonzentration den $p_H$-Begriff ein.
1912  **Debye,** Peter J. W. (1884; Nobelpreis 1936) stellt seine Theorie der Dipolmomente von Molekülen auf.
1923  **Debye** (s. 1912) und **Hückel,** Walter (1895) entwickeln ihre Theorie der starken Elektrolyte.
1925  **Heyrovský,** Jaroslav (1890; Nobelpreis 1959) führt die Polarographie mit der Quecksilber-Tropfelektrode ein.
1937  **Tiselius,** Arne (1902; Nobelpreis 1948) entwickelt die Elektrophorese.

**Weitere grundlegende Arbeiten:**
1800 stellen Nicholson und Carlisle bei der Wasserelektrolyse fest, daß die neutrale Flüssigkeit am Wasserstoff entwickelnden Pol alkalisch und am Sauerstoff entwickelnden Pol sauer reagiert. 1810 stellt Davy seine Kupfer/Zink-Plattenbatterie vor. 1812 entwickelt Zamboni das Element Ag; Salzlösung/$MnO_2$; Ag. 1820 entdeckt Seebeck den thermoelektrischen Effekt. 1836 begründet Elkington die Galvanotechnik und 1838 erfindet v. Jacobi die Galvanoplastik. 1840 weist Schönbein bei der Wasserelektrolyse Ozon nach; die $H_2/O_2$-Zelle wird von Grove erstmals geschildert. 1841 baut Bunsen ein Naßelement mit Zn; $H_2SO_4/HNO_3$; C. 1842 vermischte Hess unterschiedliche Salzlösungen miteinander; damit fand er die Additivität der Wärmeinhalte und die Existenz von Kationen und Anionen konnte damit nachgewiesen werden. 1854 stellt Bunsen mit Hilfe der Schmelzflußelektrolyse Lithium, Aluminium und Chrom her. 1859 erfindet Planté den Bleisammler und Quincke weist die Strömungspotentiale nach. 1864 werden die Halbleiter-Thermoelemente durch Bunsen und Stefan entdeckt und darauf die Antimon-Zink-Legierungs-Thermosäule von Gülcher. 1866 wird mit dem dynamoelektrischen Prinzip die Gleichstromherstellung durch den Dynamo (Gleichstromgenerator) durch Siemens ermöglicht. Im gleichen Jahre stellt Leclanché sein Element Zn; $NH_4Cl$-Lösung/$MnO_2$; C her. 1876 wird der fotoelektrische Effekt am Selen von Adams und Day aufgefunden. 1888 werden die ersten Leclanché-Zellen in Zinkbechern von Gassner fabriziert. 1889 benutzen Mond und Langner Pt-Elektroden in verdünnter Schwefelsäure als Elektrolyt für die $H_2/O_2$-Zelle. 1889 wird die Zelle Zn; Lauge/$Ag_2O$; Ag durch Jungner vorgestellt. 1892 führt Castner die technische Natriumchlorid-Elektrolyse mit Quecksilber-Elektroden ein und Willson gewinnt Kalziumkarbid auf elektrothermischem Wege.

1897 vollendet Jasques ein Kohle/Luft-Brennstoffelement mit Schmelzflußelektrolyt, C; NaOH-Schmelze/Fe; Luft, das kurzzeitig eine Leistung von 1,5 kW liefert. 1899 bildet Schmidt aus dem Leclanché-Element eine Trockenbatterie, indem er den Elektrolyten in Weizenmehl einquellen läßt. 1899 wird von Jungner der Nickel-Kadmium-Akku entwickelt. 1901 erfindet Edison den Nickel-Eisen-Akku. 1907 entsteht der erste MHD-Generator durch Scherer. 1910 untersucht Taitelbaum die anodische Oxydation von Brennstoffen, die im Elektrolyten gelöst sind. 1911 konstruieren Baur und Ehrenfeld ein Kohlestab-Brennelement. 1913 erfindet Moseley die „Isotopenbatterie" (Radionuklidbatterie). 1915 berichtet Schlichter über einen Glühkatodenwandler (thermionischen Konverter). 1923 überwanden Langmuir und Taylor die Raumladung im thermionischen Konverter durch Zugabe von leicht ionisierbarem Cäsium, das darin als Dampf auftritt. Ebenfalls 1923 entwickelte A. Schmid Diffusionselektroden für Wasserstoff. 1932 machen Heise und Schumacher die Diffusionselektrode wasserabstoßend und ermöglichen dadurch die Hochdruckverbrennungszelle. 1933 fassen Baur und Tobler die Arbeiten und Ergebnisse über Brennstoffelemente mit flüssigem, wäßrigem, schmelzflüssigem und festem Elektrolyten in einem Referat (Z. El.-chem., Ber. Bunsenges. phys. Chemie) zusammen. 1937/38 zeigen Baur und Preis Elemente mit der Direktumsetzung von Kohlenstoff mit Sauerstoff, auch bei hohen Temperaturen (s. Bild 55 im Text). 1942 entwickeln Ruben und Mallory die Quecksilber-Trockenbatterie. Ab 1951 werden gasdichte Ni/Cd-Akkus fabriziert. 1959 wird ein Traktor der US-Firma Allis Chalmers mit Brennstoffzellen betrieben. 1965 wird das Elektroboot „eta" der Firma Siemens mit Brennstoffzellen vorgeführt. 1965 und 1966 werden Brennstoffzellen der Firma General Electric bei den Geminiflügen 5 und 7 in der Raumfahrt eingesetzt und 1968 die Brennstoffzellen von Pratt & Whitney beim bemannten Mondflug der Apollo 8. Die Literaturangaben im Text werden ebenfalls den Eindruck vermitteln, daß ältere Veröffentlichungen durch wenige neue Erkenntnisse an Bedeutung gewinnen, ja sogar ganz neue Wissensgebiete und damit neue Industriezweige erschließen können.

# 1. Einführung in die Elektrochemie

Die Elektrochemie ist Bindeglied zwischen der Elektrizitätslehre der Physik und dem Gesamtgebiet der Chemie. Ihre überaus vielfältigen Anwendungsmöglichkeiten auf allen Gebieten des täglichen Lebens, der wissenschaftlichen Forschung und industriellen Praxis rechtfertigen einen in sich geschlossenen Abriß dieses Teilgebietes der physikalischen Chemie.

Mit Hilfe elektrochemischer Effekte wird beispielsweise elektrischer Gleichstrom gewonnen und gespeichert (Trockenbatterien, Brennstoff-Elemente, Akkumulatoren), werden zwei- und dreidimensionale Reproduktionen hergestellt (Galvanos, Elektrofotografien, Galvanoplastiken), werden Oberflächen veredelt und vor Korrosion geschützt. Elektrochemische Meßmethoden sind rasch, sauber und elegant. Sie gestatten kontinuierliches Messen, damit auch Regeln und Steuern automatisierter Reaktionsabläufe in chemischen Produktionsstätten, Fernmessungen und Analysen an schwer zugänglichen Orten bis zur Untersuchung der Oberfläche ferner Planeten mit Hilfe unbemannter Raumsonden.

Die Elektrochemie spürt vorwiegend die Zusammenhänge und Gesetzmäßigkeiten zwischen chemischer und elektrischer Energie auf. Die Effekte und gewonnenen Erkenntnisse werden anschließend in der Praxis ausgenutzt. Grundsätzlich ließe sich unterscheiden zwischen der Umwandlung elektrischer in chemische Energie (Elektrolyse) und dem umgekehrten Vorgang (nach Galvani Galvanismus genannt).

Vornehmlich mit der elektronengebundenen Ladung beschäftigt sich die Elektrizitätslehre, die Elektrochemie hingegen vorwiegend mit Ionen als Träger der elektrischen Ladung.

Elektrochemische Methoden sind im allgemeinen mit Promillefehlern behaftet. Es genügt deshalb mit Werten zu rechnen, die innerhalb dieser Genauigkeit liegen. Eine Tabelle der exakten Werte mit ihren Fehlergrenzen ist im Anhang zu finden.

Soweit diese Werte mit der **Atommasseneinheit** u (= unit) verknüpft sind, beziehen sie sich auf den zwölften Teil der Masse des **Kohlenstoffisotopenkerns** $^{12}C$.

$$1 u = 1{,}66 \cdot 10^{-24} \text{ g}$$

Der reziproke Wert gibt an, wie viele Masse-Einheiten u notwendig sind, um die Masse 1 g zu erhalten. Er sagt zugleich aus, wie viele Atome oder Moleküle ihre eigene relative Atom- bzw. Molekularmasse in Gramm darstellen. Diese Zahl ist die **Avogadrosche Konstante** $N_A$ oder einfach $N$. Sie wird in „je Mol" angegeben.

$$N_A = 6{,}022 \cdot 10^{23} \text{ mol}^{-1}$$

Sie wird häufig mit der **Loschmidtschen Zahl** $N_L$ verwechselt. Diese gibt lediglich die Anzahl der Moleküle bzw. Atome eines Gases wieder, die unter Normalbedingungen (NB = 0 °C und 760 Torr) den Raum von 1 cm³ einnehmen.

$$N_L = 2{,}687 \cdot 10^{19} \text{ cm}^{-3}$$

Die Ruhemasse eines einzelnen, sich nicht bewegenden Elektrons wird durch $m_e$ ausgedrückt:

$$m_e = 9{,}1091 \cdot 10^{-28} \text{ g}$$

Die kleinstmögliche elektrische Ladung, die des Elektrons, wird als **Elementarladung** $e$ bezeichnet.

$$e = 1{,}6021 \cdot 10^{-19} \text{ C (Coulomb} = \text{A} \cdot \text{s)}$$

Die Ladung von 1 Mol Elektronen ist **1 F, Faraday,** (nach Michael Faraday benannt). Sie wird aus dem Produkt der Elementarladung $e$ und der Avogadrokonstanten $N$ erhalten.

*Bild 1. Idealisierter Aufbau des Atoms*

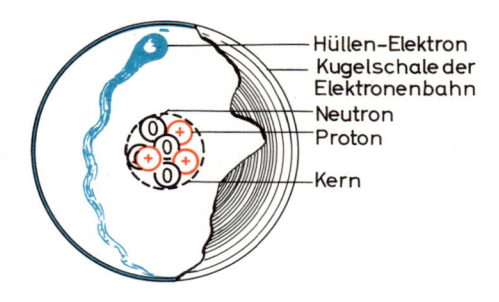

Als Faraday-Konstante wird sie üblicherweise ohne den Zusatz „je Mol" in Coulomb angegeben.

$$1\,F = 96{,}48 \cdot 10^3\,C$$

Ein **Atom** ist das kleinste Bausteinchen eines **Elementes** (Urstoffes), das chemisch nicht weiter zerlegt werden kann. Es besteht aus einem elektropositiv geladenen **Kern,** der die Hauptmasse in sich birgt, und einer ihn umgebenden **Elektronenhülle** (Bild 1). Der Kern setzt sich zusammen aus ungeladenen **Neutronen** und **Protonen** (Wasserstoffkerne), die Träger einer elektropositiven **Elementarladung** sind. Als Kernteilchen werden sie allgemein **Nukleonen** genannt.

Die Elektronenhülle setzt sich aus mehreren **Schalen** zusammen, auf denen die Elektronen kreisförmige bzw. ellipsoidische **Bahnen** beschreiben. Zwischen diesen Schalen sind die Elektronen auf Bahnen nicht existenzfähig. Es wird angenommen, daß die Elektronen auf ihren Bahnen sinusförmige Schwingungen ausführen, die in sich geschlossen sind; anderenfalls würden sie sich durch **Interferenz** (Wellenüberlagerung) selbst auslöschen. Damit könnte auch gedeutet werden, warum die Elektronen nicht in einer Spiralenbahn auf den viel schwereren und zusätzlich entgegengesetzt aufgeladenen Atomkern zustürzen.

Gehen Atome miteinander eine chemische Verbindung zum **Molekül** ein, dann verbinden sich zumeist nur die äußersten Elektronenhüllen miteinander. Die Kerne bleiben bei chemischen Reaktionen unverändert.

Bei der **Verbindungsbildung** werden die Elektronenschalen deformiert; die Elektronen laufen auf anderen Bahnen und der Energie-Inhalt ändert sich mit der Änderung des Elektronenflusses.

Änderung der Energie macht sich bei den meisten Versuchsanordnungen nach außen in einer Wärmetönung bemerkbar. Wird bei der chemischen Reaktion Wärme frei, dann ist dies eine **exotherme Reaktion,** wird Wärme benötigt, muß sie also dem System zugeführt werden, dann wird sie mit **endotherm** bezeichnet.

Auf die Elektronen bezogen, deren **potentielle Energie** (Energie der Lage) und damit auch **kinetische Energie** (Energie der Bewegung) sich geändert hat, bedeutet dies eine winzige Massenänderung. Dabei ist zu bedenken, daß **Masse** nicht gleich **Gewicht** ist ($m \neq G$)[1]. Um ein Elektron auf einer stabilen Bahn zu halten, muß stets seine **kinetische Energie** $E_k$ derjenigen der **Lage** $E_p$ gleich sein. $E_p$ ist durch die elektrische Anziehung des positiv geladenen Kerns bedingt (Coulombsches Gesetz), und $E_k$ des Elektrons ergibt sich aus seinem Bahnumlauf. Daraus läßt sich errechnen, daß die **Umlaufgeschwindigkeit** bei etwa 1% der Lichtgeschwindigkeit liegt. Nach Einstein ist eine **Energieänderung** mit einer **Massenänderung** verknüpft: $\Delta E = \Delta m \cdot c^2$ [2]. Darin bedeutet $c$ die **Lichtgeschwindigkeit** mit annähernd $3 \cdot 10^{10}$ cm · s$^{-1}$. Die Massenänderung $\Delta m$ von 1 g errechnet sich daraus als Äquivalent zu einer Energieänderung $\Delta E$ um $2{,}15 \cdot 10^{13}$ cal.

$\Delta$ (Delta) ist lediglich das Kurzzeichen für eine Differenz zwischen zwei Werten, die beliebig hoch sein können, das aber den Unterschied des Betrages eindeutig festlegt.

Bei Formelumsätzen (in Gramm) chemischer Reaktionen kann die Energieänderung bis über 100000 kcal betragen. Das hieße, daß von 100 g Ausgangsprodukt $10^{-5}$ g Massenänderung eintreten würde.

Derartig geringe Massenunterschiede sind mit normalen Meßmethoden nicht feststellbar. Sie liegen immerhin um 7 Zehnerpotenzen niedriger als die Gesamtmasse darstellt und bleiben in der Chemie unbemerkt. Massenäquivalente der Energieformen sind im Anhang 2.3. als Umrechnungstafel zu finden.

> Nach dem **Energiesatz** sind alle Energieformen ineinander umwandelbar. Es würde daher genügen, mit nur einer Energieeinheit zu rechnen, dem Joule $J = 1$ Newtonmeter. Da **Energie** das **Vermögen Arbeit zu leisten** darstellt, kann auch hier einheitlich auf das Joule bezogen werden.

Die Energieäquivalente sind ebenfalls in der Tafel 2.3. des Anhangs zu finden.

Sind an einer Reaktion **Ionen (Ladungsträger)** beteiligt, dann kann sie bei entsprechender Versuchsanordnung direkt Elektrizität liefern oder mit Hilfe elektrischer Energie gesteuert werden. Wenn nur der Versuchsaufbau dafür verantwortlich ist, ob Wärmeenergie oder elektrische Energie frei wird, dann gelten auch die gleichen Gesetze. Diejenigen der Thermodynamik haben somit auch in der Elektrochemie Gültigkeit.

# 2. Grundlagen der Elektrochemie

Fließt durch einen Stoff elektrischer Gleichstrom, dann kann er diesen chemisch unverändert lassen. Derartige Stoffe werden als **Leiter erster Klasse** bezeichnet. Wird die Substanz nach außen hin sichtbar chemisch verändert, dann ist dies ein **Leiter zweiter Klasse.**

> Leiter erster Klasse transportieren den elektrischen Strom nur in Form von Elektronen, ohne sich dabei zu verändern.

Hierzu zählen alle Metalle und der Kohlenstoff in seinen Modifikationen Ruß und Graphit. Eine weitere Modifikation des reinen Kohlenstoffs, der Diamant, ist ein sehr schlechter Leiter (Isolator).

> Leiter zweiter Klasse sind Ionenbildner und werden Elektrolyte genannt. Der Ladungstransport ist bei ihnen an eine mehrtausendfach größere Masse gebunden. Sie werden bei Stromdurchgang zersetzt, in andere chemische Verbindungen umgewandelt. Bereits bei der Auflösung in polaren Lösungsmitteln, vor allem in Wasser, zerfallen sie, ohne jede äußere Einwirkung, in elektrisch geladene Bruchstücke, die Ionen.

Zu diesen Stoffen zählen anorganische und organische Säuren, Basen und Salze.
Der Zerfall in elektrisch geladene Ionen wird **elektrolytische Dissoziation** genannt. Dabei entstehen immer ebensoviel positive wie negative Ladungen. Eine derartige Lösung erscheint nach außen hin neutral, elektrisch ungeladen. Wird durch diese Lösung jedoch der Gleichstrom einer Fremdspannungsquelle geschickt, dann wandern die positiven Ionen zum negativen Pol, der **Katode,** die negativen Ionen zur **Anode,** dem positiven Pol (Bild 2). Danach heißt das positiv geladene Teilchen **Kation** und das negative **Anion.** Bild 2 zeigt die **Ionenwanderung** zum entgegengesetzt aufgeladenen Pol.

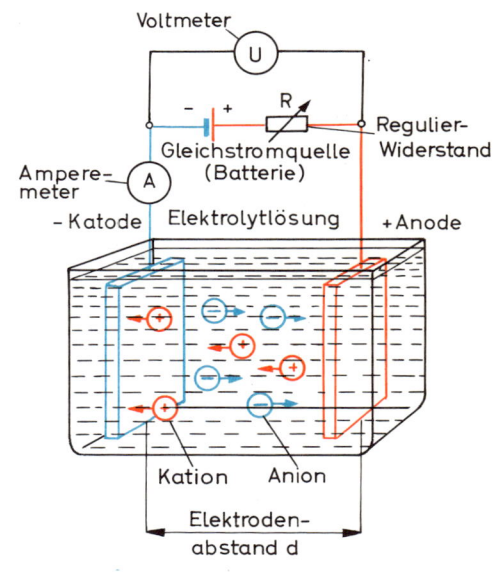

*Bild 2. Ionenwanderung im elektrischen Gleichspannungsfeld*

## 2.1. Atome, Moleküle, Ionen

Der Kern eines Atoms wird von ebensoviel negativen Elektronen umschwärmt, wie er selbst positive Ladungen trägt. Nach außen hin ist er ungeladen, denn die Summe aller elektrischen Ladungen ist Null. **Der Charakter eines chemischen Elementes und sein chemisches Verhalten sind vorwiegend vom Aufbau der äußersten Elektronenhülle abhängig**[3]).

Je geringer die Besetzung der äußersten Elektronenhülle eines Atoms ist, desto leichter spaltet es seine äußeren Elektronen ab. Der gleiche Effekt ist in geringerem Maß zu beobachten, wenn der Abstand der abzutrennenden Elektronen vom Kern größer ist als bei einem Element derselben Gruppe des Periodensystems[4]). **Bei der Verbin-**

13

dungsbildung geben diese Atome Elektronen ab, es sind Elektronendonatoren. In dem entstandenen Molekül übernehmen sie die Rolle der Kationen. Das ursprüngliche Element besaß Metallcharakter, war Basenbildner.

Je weniger Elektronen zur Ausbildung einer Edelgasschale, der maximalen Elektronenbesetzung der äußersten Hülle fehlen, desto größer ist das Bestreben, diese Schale zu komplettieren. **Derartige Atome, die Elektronen lieber aufnehmen als abgeben, werden Elektronenakzeptoren genannt. Es sind Nichtmetalle und damit Säurebildner. In einer Verbindung stellen sie die Anionen dar.**

In der systematischen Ordnung des Periodensystems der Elemente sind die metallischeren Elemente bei kleineren Gruppenzahlen, innerhalb derselben Gruppe bei höheren Periodenzahlen zu finden. Diese Elemente sind vorwiegend Kationenbildner. Die metallischsten Elemente sind somit Frankium und Cäsium, das am wenigsten metallische das Fluor.

## 2.2. Starke und schwache Elektrolyte

Reinstes Wasser, Leitfähigkeitswasser, leitet den elektrischen Strom fast nicht. Zusätze von Elektrolyten (Säuren, Basen, Salzen) bewirken einen starken Stromanstieg. Sie setzen den elektrischen Widerstand herab, erhöhen die Leitfähigkeit. In welchem Ausmaß dies geschieht, hängt von der Art des zugesetzten Stoffes ab.

> Werden gleichwertige Mengen verschiedener Substanzen zugesetzt, dann ist derjenige Stoff, der die Leitfähigkeit in stärkerem Maß erhöht, der stärkere Elektrolyt. Der schwächere Elektrolyt erhöht die Leitfähigkeit nur zu einem Bruchteil. Das hängt damit zusammen, daß nicht alle Moleküle in Ionen zerfallen sind. Die undissoziierten Moleküle sind als Neutralkörper nicht in der Lage den elektrischen Strom zu leiten.

Zwischen den geschilderten Extremen bestehen gleitende Übergänge. Aus diesem Grunde ist es schwer, eine scharfe Trennungslinie zu ziehen.

### 2.2.1. Dissoziation und Dissoziationsgrad

Allgemein bezeichnet Dissoziation den Zerfall oder die Aufspaltung von Molekülen in einfachere Bestandteile. Dieser Fall kann auch bei sehr hohen Temperaturen auftreten (thermische Dissoziation). Um den zerfallenen Anteil auf der ursprünglich vorhandene Menge beziehen zu können, muß eine Verhältniszahl geschaffen werden. Im täglichen Leben werden die meisten Verhältniszahlen in Prozent (je Hundert) ausgedrückt. Ohne Rücksicht auf die tatsächlich vorhandene Menge wird die ursprüngliche Menge mit 100 angenommen. Beispiel: 11% Mehrwertsteuer oder gar „im Jahre 1965 starben in der Bundesrepublik an Krebs 0,2288 Einwohner von Hundert".

Wird eine Verhältniszahl mit dem **Suffix** (der Nachsilbe) „-grad" bedacht, dann ist sie meist auf die ursprüngliche Menge = 1 bezogen, das sind hundertstel Prozente. Das gilt auch für den **Dissoziationsgrad** $\alpha$ (alpha). Er kann nie größer als eins werden. $\alpha = 1$ bedeutet: „Sämtliche ursprünglich vorhanden gewesenen Moleküle sind zerfallen". Er ist das Maß für den Zerfall in Ionen bei elektrochemischen Problemen.

$$\alpha = \frac{\text{Anzahl der zerfallenen Moleküle}}{\text{Zahl der Moleküle vor dem Zerfall}} \quad (1)$$

Bei allen Teilchenzerfall-Betrachtungen (z. B. auch bei dem radioaktiven Zerfall) ist es unmöglich vorauszusagen, welches Teilchen gerade zerfällt und welches nicht. Erst die statistische Erfassung sehr großer Mengen läßt genauere Zahlenangaben zu. Bei schwachen Elektrolyten kommt noch hinzu, daß sich Anionen und Kationen durch ihre Brownsche Wärmebewegung in der Lösung treffen, zusammenstoßen, und wieder zum undissoziierten Molekül zusammentreten können (rekombinieren).

### 2.2.2. Begriffe und Gesetze zur Dissoziation

Viele Einzelmoleküle zerfallen in wäßriger Lösung in mehr als zwei Ionen. Ein Schwefelsäuremolekül kann beispielsweise in 3 Ionen zerfallen:
$H_2SO_4 \rightarrow H^+ + H^+ + SO_4^{--}$
Der negative Sulfatrest trägt als Anion 2 negative

Ladungen, er ist zweiwertig. Wasserstoffionen sind einwertig.

> Ein Ion ist immer soviel wertig, wie es Wasserstoffionen aufnehmen oder ersetzen kann.

Die Menge von $N (\simeq 6 \cdot 10^{23})$ **Elementarpartikeln** (Atome, Ionen, Moleküle, Elektronen, Protonen, Photonen usw.) ist **1 mol**. Die Masse von 1 mol in Gramm ist **1 Mol**, die Molmasse in Gramm je mol $[g \cdot mol^{-1}]$. Die dimensionslose **Molekularmasse** (fälschlich noch Molekulargewicht) setzt sich zusammen aus der Summe der am Molekül beteiligten **Atommassen** (nicht Atomgewicht). Die Anzahl $m$ der Mole eines Stoffes der Ruhemasse $m_0$ läßt sich berechnen aus dem Verhältnis von $m_0$ zur Molmasse M:

$$m \, [\text{mol}] = \frac{m_0 \, [\text{g}]}{M \, [\text{g} \cdot \text{mol}^{-1}]} \qquad (2)$$

**Molarität** ist die Zahl der **Mole je Liter Lösung**. Als volumenbezogene Größe ist sie **temperaturabhängig**. Unabhängig von der Temperatur ist die **Molalität**, auch **Kilogramm-Molarität** genannt. Sie sagt aus, wieviel **Mole** eines Stoffes **in 1 kg Lösungsmittel** gelöst sind.
Wird die Molekularmasse durch die Wertigkeit dividiert, dann wird als Quotient die **Äquivalentmasse** erhalten (Äquivalenz = Gleichwertigkeit). Davon abgeleitet ist der Begriff **1 val**. 1 Val sind soviel Gramm eines Stoffes, wie seine Äquivalentmasse angibt. Diese Menge gelöst **in 1 Liter** ist eine 1normale, eine **1n-Lösung**. Ein praktisches Beispiel möge die Zusammenhänge verdeutlichen:

> **Beispiel:** 49 g Phosphorsäure ($H_3PO_4$) seien in 1 l wäßriger Lösung enthalten.
> **Bedeutung der Symbole:**
> M = Mol = mol in Gramm = Summe der Atommassen A in Gramm
> Val = Äquivalentmasse in Gramm; $v$ (nü) = Wertigkeit; $m_0$ = Substanzmasse in Gramm; m = Molarität in $mol \cdot l^{-1}$; n = Normalität in $val \cdot l^{-1}$.
> **Gegeben:** Die Atommassen von $H \simeq 1$; $P \simeq 31$; $O \simeq 16$
> **Gesucht:** Molarität und Normalität der gegebenen Phosphorsäure.
> Das Molekül der Phosphorsäure setzt sich aus 8 Atomen zusammen:
> $$3H + 1P + 4O = H_3PO_4$$
> $$3 \cdot 1 + 1 \cdot 31 + 4 \cdot 16 = 98$$
> Die Molekularmasse ist die Summe der Atommassen. Die Molmasse ist damit M = 98 $g \cdot mol^{-1}$.
> Nach (2) ist die Anzahl der Mole je Liter:
> $$m = \frac{m_0}{M} = \frac{49 \, g \cdot l^{-1}}{98 \, g \cdot mol^{-1}} = \underline{0{,}5 \, m\text{-}H_3PO_4 \, [mol \cdot l^{-1}]}$$

Im Dissoziationsgleichgewicht kann die Phosphorsäure 3 Protonen abspalten: $H_3PO_4 \rightleftharpoons 3H^+ + PO_4^{---}$.
Sowohl aus der Zahl der entstehenden Protonen (Wasserstoffionen), als auch die Ladungsangabe am Phosphatrest zeigt, daß die Phosphorsäure 3wertig ist; $v = 3$.
1 Mol entspricht damit 3 Val, denn

$$\text{Val} = \frac{M}{v} \quad \text{bzw.} \quad M = \text{Val} \cdot v \qquad (3)$$

Entsprechend gilt für die Molarität m und die Normalität n:

$$n = \frac{m}{v} \quad \text{bzw.} \quad m = n \cdot v \qquad (4)$$

Daraus ergibt sich, daß die 0,5 m-$H_3PO_4$ $0{,}5 \cdot 3 = 1{,}5$ normal ist.
**Ergebnis:** Die vorgegebene Phosphorsäure ist 0,5 m bzw. 1,5 n.

Eine besondere Rolle spielt die **Konzentration der Wasserstoffionen. Sie ist dafür verantwortlich, ob eine wäßrige Lösung sauer, neutral oder basisch reagiert.**
Reinstes Wasser reagiert neutral (Leitfähigkeitswasser). Seine Wasserstoffionenkonzentration $[H^+]$ bzw. $c_{H^+} = 10^{-7} m$.

1 Liter Wasser besitzt die Masse $m_0 = 1000$ g und seine Molmasse $M_w \simeq 18 \, g \cdot mol^{-1}$. Nach Gleichung (2) sind dann im Liter enthalten $1000 \, g / 18 \, g \cdot mol^{-1} = 55{,}5$ Mole Wasser. Davon sind $10^{-7}$ Mole zerfallen nach dem **Dissoziationsgleichgewicht:** $H_2O \rightleftharpoons H^+ + OH^-$.
Es entstehen ebensoviel Hydroxylionen $OH^-$ wie

Wasserstoffionen $H^+$. Die Wasserstoffionen können sich an undissoziierte Wassermoleküle anlagern, und es entstehen **Hydroniumionen**, $H_3O^+$, die auch **Hydroxoniumionen** genannt werden.

$$k_w = c_{H^+} \cdot c_{OH^-} = 10^{-7} \cdot 10^{-7}$$
$$= 10^{-14} \text{ (bei 25 °C)}$$

(5)

Beispiel zur Berechnung des Dissoziationsgrades $\alpha$ nach Gleichung (1):
$$\alpha = \frac{10^{-7} \text{ m zerfallene Wassermoleküle}}{55,5 \text{ m Moleküle vor dem Zerfall}}$$
$$= 1,8 \cdot 10^{-9}$$
Der Dissoziationsgrad des Wassers
$\alpha_w \simeq 1,8 \cdot 10^{-9}$

Wird durch Säurezusatz die Wasserstoffionenkonzentration auf 0,001 m erhöht, dann bilden die neu hinzugekommenen Wasserstoffionen mit den $OH^-$-Ionen so lange undissoziiertes Wasser, bis der Wert für $k_w$ wieder stimmt. Die ursprüngliche Hydroxylionenkonzentration von $10^{-7}$ m wird dadurch verringert, und ihr neuer Wert errechnet sich nach $k_w = 10^{-14} = 10^{-3} \cdot c_{OH^-}$; $c_{OH^-} = 10^{-14}/10^{-3} = 10^{-11}$ m.

Das Produkt aus den Konzentrationen der entstandenen Ionen ist bei gleicher Temperatur konstant. Wie alle Gleichgewichtskonstanten ist sie jedoch **temperaturabhängig**; sie wird mit steigender Temperatur etwas größer. **Das Ionenprodukt des Wassers** $k_w$ bei Zimmertemperatur ist

Um nicht immer mit Hochzahlen rechnen zu müssen, wurde **der p-Wert (Potenzwert)** eingeführt. Er stellt die negative Hochzahl der Konzentration dar, ist somit der negative dekadische Logarithmus der Konzentration.

**Beispiel:** Gegeben sei eine 0,002 n-Säure mit $\alpha = 1,0$. Sie ist damit vollständig dissoziiert; $c_{H^+} = 2 \cdot 10^{-3}$ n. Der dekadische Logarithmus des Faktors $2 = +0,301$ und $c_{H^+} = 10^{-3+0,301}$
$= 10^{-3+0,301}$ n.
$c_{H^+} = 10^{-2,699}$ und der $p_H$-Wert =
$= -(-2,699) \simeq 2,7$.
$c_{OH^-} = 10^{-14}/2 \cdot 10^{-3} = 5 \cdot 10^{-12}$;
lg $5 = +0,699$ und damit
$c_{OH^-} = 10^{-12+0,699} = 10^{-11,301}$ m.
Der $p_{OH} = 11,301 \simeq 11,3$.

Wenn das Produkt $c_{H^+} \cdot c_{OH^-} = 10^{-14}$ ist, dann muß $p_H + p_{OH} = 14$ sein.
Darauf beruht das Rechnen mit Logarithmen. Potenzen gleicher Basis werden multipliziert, indem man die Exponenten, die Hochzahlen, addiert, die nächstniedrigere Rechnungsart ausführt.
**Kontrolle:** $c_{H^+} \cdot c_{OH^-} = 2 \cdot 10^{-3} \cdot 5 \cdot 10^{-12}$
$= 10^{-14}$
$p_H + p_{OH} = 2,7 + 11,3$
$= 14$

Einen Überblick über das Reaktionsverhalten wäßriger Lösungen und die zugehörigen $c$- bzw. p-Werte zeigt Tafel 1.

*Tafel 1: Reaktion wäßriger Lösungen und die zugehörigen c- und p-Werte ( > bedeutet „größer als"; < „kleiner als")*

| Reaktion: | sauer | neutral | basisch (alkalisch) |
|---|---|---|---|
| $c_{H^+}$ = | $> 10^{-7}$ | $= 10^{-7}$ | $< 10^{-7}$ |
| $p_H$ = | $< 7$ | $= 7$ | $> 7$ |
| $c_{OH^-}$ = | $< 10^{-7}$ | $= 10^{-7}$ | $> 10^{-7}$ |
| $p_{OH}$ = | $> 7$ | $= 7$ | $< 7$ |

Ist in einer Lösung die **Ionenkonzentration sehr hoch,** dann bilden sich **um die positiven Ionen Wolken von negativen Ionen** und **die Anionen werden von Kationenwolken** umgeben. Dies beruht auf der gegenseitigen Anziehung einander entgegengesetzt aufgeladener Teilchen. Derartig abgeschirmte **Zentralionen** gehen für den Stromtransport in der Lösung verloren (Bild 3). Aus diesem Grund wird für die Konzentration eine neue Größe, die **Aktivität,** eingeführt. Sie gibt den **Anteil der nicht abgeschirmten Teilchen,** die noch aktiv am Stromtransport beteiligt sind, als Konzentration an.

Wird mit $c$ die **Ionenkonzentration** und mit $a$ die **Aktivität** bezeichnet, dann besteht die Beziehung

$$a = f_a \cdot c \qquad (6)$$

$f_a$ ist darin der **Aktivitätskoeffizient.**
Diese Überlegungen gelten vor allem für starke Elektrolyte, die nahezu vollständig dissoziieren. Befänden sich in einem größeren Lösungsvolumen nur je ein Anion und Kation, dann wären beide durch eine Unmenge von Lösungsmittelmolekülen voneinander getrennt. Die Anziehungs-

*Bild 3. Abschirmeffekt der Ionenwolken konzentrierter Elektrolytlösungen*

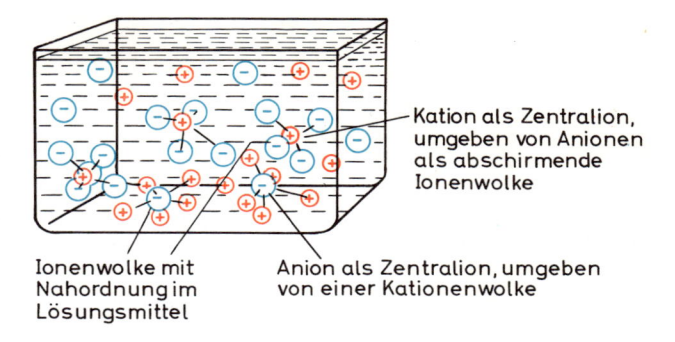

- Kation als Zentralion, umgeben von Anionen als abschirmende Ionenwolke
- Ionenwolke mit Nahordnung im Lösungsmittel
- Anion als Zentralion, umgeben von einer Kationenwolke

kräfte der einander entgegengesetzten Ladungen reichen nicht aus, um eine Nahordnung ausbilden zu können. $c = a$ und $f_a = 1$. Nicht berücksichtigt ist bei dieser theoretischen Betrachtung die **Brownsche Molekularbewegung,** die räumliche zickzackförmige Wärmebewegung der Teilchen im Lösungsmittel. Ihre Richtung ist unkontrollierbar und kann die Ionen sowohl einander näher bringen, als auch voneinander entfernen.

Mit steigender Konzentration befinden sich in der Volumeneinheit des Lösungsmittels immer mehr Kationen und Anionen, die durch immer dünnere Lösungsmittelschichten voneinander getrennt werden. Die **Nahordnungsbereiche** nach Bild 3 werden zunehmend umfangreicher und die Zahl der abgeschirmten Ionen nimmt zu, die Diskrepanz (das Mißverhältnis, die Unstimmigkeit) zwischen Konzentration und Aktivität wird größer und der Aktivitätskoeffizient $f_a$ wird damit kleiner.

Einzelmessungen der **Aktivitätskoeffizienten für Kationen $f_+$ und Anionen $f_-$** sind nicht möglich. Dafür wird ein mittlerer Aktivitätskoeffizient verwendet, $f_\pm$. Er ist für einen starken Elektrolyten der allgemeinen Formel $A_m B_n$:

$$f_\pm = \sqrt[m+n]{f_+^m \cdot f_-^n} \qquad (7)$$

Entscheidend für den Zahlenwert des mittleren Aktivitätskoeffizienten $f_\pm$ ist die Wertigkeit der Ionen, weniger ihre Art. Bei höherer Wertigkeit (mehr Elementarladungen je Ion) und in konzentrierterer Lösung sinkt er stark ab. Einige Zahlenwerte in Tafel 2 mögen dies zeigen:

*Tafel 2: Der mittlere Aktivitätskoeffizient bei 25 °C und verschiedenen Molalitäten.*

| Elektrolyt | 0,001 | 0,010 | 0,100 | 1,000 Mol·kg$^{-1}$ H$_2$O |
|---|---|---|---|---|
| HCl | 0,966 | 0,904 | 0,796 | 0,809 |
| NaCl | 0,965 | 0,905 | 0,778 | 0,657 |
| KCl | 0,961 | 0,903 | 0,770 | 0,604 |
| CuSO$_4$ | 0,735 | 0,408 | 0,150 | 0,043 |
| ZnSO$_4$ | 0,705 | 0,390 | 0,150 | 0,043 |

Die **Ionenstärke** $I$ nach Lewis und Randall berücksichtigt den Einfluß der Wertigkeit. $I$ ist die halbe **Summe** $\Sigma$ (Sigma, allgemeines Zeichen für „Summe aller …") aller Produkte aus den Quadraten der **Wertigkeiten** $v$ und den **Ionenkonzentrationen** $c$:

$$I = 0{,}5 \cdot \sum v^2 \cdot c \qquad (8)$$

Für Elektrolyte gleicher Ionenstärke und gleicher Wertigkeit ist auch der **mittlere Aktivitätskoeffizient** gleich groß, wenn $I \leq 10^{-2}$ ist:

$$\lg f_\pm = -A \cdot \sqrt{I} \qquad (9)$$

Darin ist die **Konstante** $A$ abhängig von der **Ionenwertigkeit.** Auch diesen Faktor berücksichtigen Debye und Hückel und vervollständigen diese Gleichung zu

$$\lg f_\pm = -A' \cdot v_+ \cdot v_- \cdot \sqrt{I} \qquad (10)$$

Für verdünnte Lösungen gilt

$$\lg f = -A' \cdot v^2 \cdot \sqrt{I} \quad (11)$$

worin $f$ **der individuelle Aktivitätskoeffizient** ist und die **Konstante** $A'$ den Wert 0,51 für die wäßrige Lösung bei 25 °C besitzt.

**Kontrollrechnung** für einen 1,1-wertigen Elektrolyten (HCl, NaCl, KCl usw.) als $10^{-3}$ m-Lösung:
$\lg f = -0,51 \cdot \sqrt{0,001} = -0,51 \cdot 0,0316 =$
$= -0,016 = 0,984 - 1$
$f = 0,964$, praktisch übereinstimmend mit den Werten der Tafel 2, erste Spalte.

Ist die **Aktivität des Lösungsmittels** zu berechnen, dann ist die Molzahl des gelösten Stoffes zu berücksichtigen. Statt der Lösungsmittelkonzentration ist der **Molenbruch** einzusetzen. Dieser ist das **Verhältnis der Eigenmolzahl** $n_0$ **zur Gesamtmolzahl**:

$$x = \frac{n_0}{n_0 + n_1 + n_2 + n_3 + \ldots} \quad (12)$$

und die Aktivität des Lösungsmittels $a = f_a \cdot x$.

Schwache Elektrolyte dissoziieren nur zu einem Bruchteil. Die undissoziierten Moleküle verhalten sich elektrisch neutral. Eine derartige Lösung verhält sich deshalb wie diejenige eines starken Elektrolyten von wesentlich geringerer Konzentration.

Der Einfluß der undissoziierten Moleküle auf die Dissoziation macht sich bemerkbar. **In konzentrierteren Lösungen ist das Dissoziationsgleichgewicht weitgehend nach dem undissoziierten Anteil verschoben.** Das Dissoziationsgleichgewicht eines beliebigen schwachen Elektrolyten XY sei:
$XY \rightleftharpoons X^+ + Y^-$.
Für ihn gilt das **Massenwirkungsgesetz,** und die **Dissoziationskonstante** $K_c$ (Index c weist auf die Konzentration hin) ist

$$K_c = \frac{[X^+] \cdot [Y^-]}{[XY]} \quad (13)$$

Ist die **Ausgangskonzentration** $c_0$ und der **Dissoziationsgrad** $\alpha$, dann ist im angeführten Fall die Konzentration der Kationen gleich derjenigen der Anionen, nämlich $\alpha \cdot c_0$. **Die Dissoziationskonstante** der Gleichung (13) kann also auch mit der **Ausgangskonzentration und dem Dissoziationsgrad** beschrieben werden:

$$K_c = \frac{(\alpha \cdot c_0) \cdot (\alpha \cdot c_0)}{c_0 - \alpha \cdot c_0} = \frac{\alpha^2 \cdot c_0^2}{(1-\alpha) \cdot c_0} = \frac{\alpha^2 \cdot c_0}{1-\alpha} \quad (14)$$

Der Dissoziationsgrad kann durch **Leitfähigkeitsmessung** bestimmt werden. Er ist abhängig von der **Konzentration bzw. dem Verdünnungsgrad.** Nach seinem Entdecker heißt dieses Gesetz **Ostwaldsches Verdünnungsgesetz** für schwache Elektrolyte.

**Rechenbeispiel**
**Gegeben:** $K_c$ von Ammoniak bei 25 °C = $= 1,8 \cdot 10^{-5}$.
**Frage:** Bei welcher Ausgangskonzentration sind 10% und bei welcher Ausgangskonzentration sind 20% der ursprünglichen Moleküle zerfallen?
Gleichung (14) umgestellt:

$$c_0 = \frac{K_c \cdot (1-\alpha)}{\alpha^2} \quad (14.1)$$

Darin eingesetzt $\alpha = 0,1$: $c = \dfrac{1,8 \cdot 10^{-5} \cdot 0,9}{10^{-2}}$
$\qquad = 1,62 \cdot 10^{-3}$
$\alpha = 0,2$: $c = \dfrac{1,8 \cdot 10^{-5} \cdot 0,8}{4 \cdot 10^{-2}}$
$\qquad = 3,6 \cdot 10^{-4}$

Auch hier kann der Potenzwert der Konzentration eingesetzt werden, der $p_K$-Wert. Für $K_c = 1,8 \cdot 10^{-5} = 10^{-5+0,255}$ wird $p_K = 5,0 - 0,255 = 4,745$.

## 2.3. Ohmsches Gesetz, Leitfähigkeit und Ionenwanderung

Alle Stoffe setzen dem Stromtransport einen Widerstand entgegen. **Der stoffabhängige elektrische Widerstand** ist nach dem Ohmschen Gesetz meßbar.
Wird die **Spannung** einer elektrischen Stromquelle mit $U$ (in Volt), der gemessene **Strom (in Ampère) mit** $I$ und der **elektrische Widerstand mit** $R$ (in Ohm, Symbol $\Omega$ = Omega) bezeichnet, dann gilt für den **Leiterwiderstand**

$$R = \frac{U}{I} \qquad (15)$$

**Bei gleichem Leitermaterial nimmt der Widerstand mit der Länge $l$ zu und mit dem Querschnitt $q$ ab.** Unter gleichen Bedingungen setzen die Stoffe dem elektrischen Stromfluß einen von ihrer Art abhängigen Widerstand entgegen. Dieser stoffeigene Faktor wird mit $\varrho$ (rho) bezeichnet. Damit kann der Ohmsche Widerstand ebenfalls errechnet werden:

$$R = \varrho \cdot \frac{l}{q} \qquad (16)$$

$\varrho$ ist der spezifische Widerstand. Für Leiter erster Klasse ist dies der Widerstand, den ein Leiter von 1 m Länge und einem Querschnitt von 1 mm² besitzt.
Für Elektrolyte ist der spezifische Widerstand derjenige, der durch einen Flüssigkeitswürfel von 1 cm Kantenlänge ausgeübt wird (Bild 4).

Dargestellt wird er durch die Flüssigkeit zwischen zwei planparallelen Elektroden von 1 cm × 1 cm, die stets Leiter erster Klasse sind, mit einem Abstand von 1 cm zueinander.

In der Elektrochemie wird nicht mit dem Widerstand, sondern mit seinem reziproken Wert, der Leitfähigkeit, gerechnet. Ihre Einheit ist das Siemens S (der Kehrwert von Ohm, deshalb in den USA mho = Ohm rückwärts gelesen).

Um Vergleichswerte für die verschiedenen Elektrolyte zu erhalten, wird mit der **spezifischen Leitfähigkeit** gerechnet:

$$\varkappa = \frac{1}{\varrho} \; [\Omega^{-1} \cdot cm^{-1}] \qquad (17)$$

Die **Leitfähigkeit** ist, außer von der **Art des Elektrolyten** und der **Temperatur,** von der **Elektrolytkonzentration** abhängig. Deshalb wird die **Äquivalentleitfähigkeit** $\Lambda_v$, **die Leitfähigkeit je val,** eingeführt. Der Index v an $\Lambda$ (Lambda) deutet auf die Bezugsgröße „je val" hin. 1 val bezieht sich auf das Volumen „je 1000 cm³" und n gibt die Anzahl der Val wieder. Damit wird durch Multiplizieren mit 1000/n aus der spezifischen Leitfähigkeit $\varkappa$ (kappa) die Äquivalentleitfähigkeit

$$\Lambda_v = \varkappa \cdot \frac{1000}{n} \; [cm^2 \cdot \Omega^{-1} \cdot val^{-1}] \qquad (18)$$

Durch den Faktor $n^{-1}$ wird aus der volumenbezogenen Größe $\varkappa$ eine Größe $\Lambda_v$ erhalten, die sich auf die Masseneinheit 1 val bezieht. Mit zunehmender Verdünnung wird n kleiner und $\Lambda_v$ steigt mit dem Verdünnungsgrad an. $\Lambda_v$ nähert sich einem Grenzwert, der für den betreffenden Elektrolyten charakteristisch ist. **Der Grenzwert $\Lambda_\infty$ wird als Leitfähigkeit bei unendlicher Verdünnung bezeichnet.** Mitunter steht dafür $\Lambda_0$, um damit anzudeuten, daß sich die Elektrolytkonzentration dem Wert Null nähert. Einzelheiten in Kapitel 2.5.1.
Wird an die Elektroden von Bild 2 eine elektrische **Spannung** $U$ angelegt und befinden sich die beiden

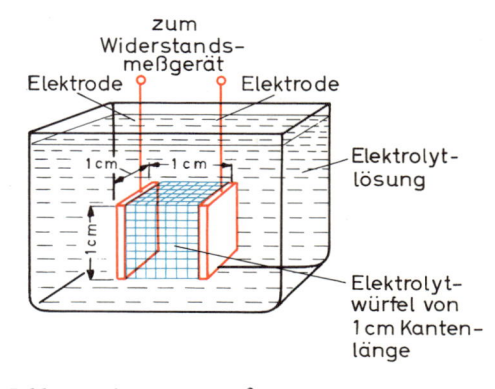

Bild 4. Meßzelle für 1 cm³ Elektrolytlösung zur Messung des spezifischen Widerstandes

Elektroden im **Abstand** *d* voneinander, dann bildet sich dazwischen ein elektrisches Feld der **Feldstärke** *E* aus:

$$E = \frac{U}{d} \; [\text{V} \cdot \text{cm}^{-1}] \qquad (19)$$

**Die Geschwindigkeit, mit welcher die Ionen zum entgegengesetzt aufgeladenen Pol wandern, ist die Wanderungsgeschwindigkeit und wird in Zentimetern je Sekunde angegeben.**
Diese Ionenwanderungsgeschwindigkeit *w* ist abhängig von der Stärke des angelegten Feldes *E*.

Diese wird größer mit wachsender Spannung *U* und abnehmendem Elektrodenabstand *d*; gleichlaufend damit wird die Ionenwanderungsgeschwindigkeit erhöht. Eine neue Größe wurde deshalb eingeführt, **die Ionenbeweglichkeit *v*. Es ist die Wanderungsgeschwindigkeit der Ionen im Feld der Stärke $E = 1 \; \text{V} \cdot \text{cm}^{-1}$. Ihre Dimension ist $\text{cm}^2 \cdot \text{s}^{-1} \cdot \text{V}^{-1}$.**
Damit kann die Wanderungsgeschwindigkeit der Ionen ausgedrückt werden durch

$$w = v \cdot \frac{U}{d} = v \cdot E \; [\text{cm} \cdot \text{s}^{-1}] \qquad (20)$$

## 2.4. Faradaysche Gesetze

Viele chemische Verbindungen, vor allem organische Stoffe, können keine Ionen bilden. Trotzdem ist über die Molekülstrecke hinweg die Elektronenverteilung ungleichmäßig. Sie bilden **Dipole** aus. Stellen größerer Elektronegativität wechseln mit solchen ab, in denen Elektronen weniger oft anzutreffen sind. Dort kann die positive Kernladung durch die Hülle hindurchgreifen. Wird eine derartige Substanz in ein elektrisches Feld gebracht, dann richten sich die positiveren Stellen nach dem negativen Pol aus, die Orte höherer Elektronendichte nach dem positiven Pol. **Durch diesen Vorgang wird das elektrische Feld geschwächt.** Durch Vakuum kann das elektrische Feld nicht geschwächt werden, denn in den Feldlinien existiert keine Substanz. Auf dieses ungeschwächte Feld, die **Feldstärke im Vakuum** $\vec{E}_\text{vak}$, wird die durch die Substanz, das Medium, geschwächte **Feldstärke** $\vec{E}_\text{med}$ bezogen. Der Quotient

$$\varepsilon = \frac{\text{Feldstärke im Vakuum}}{\text{Feldstärke im Medium}} = \frac{\vec{E}_\text{vak}}{\vec{E}_\text{med}} \qquad (21)$$

wird **Dielektrizitätskonstante** genannt. **Da der Zähler stets größer als der Nenner ist, ist die Dielektrizitätskonstante immer größer als eins.** Sie ist eine charakteristische Substanzgröße.
Frei bewegliche Ionen wandern auf die ihrer La-

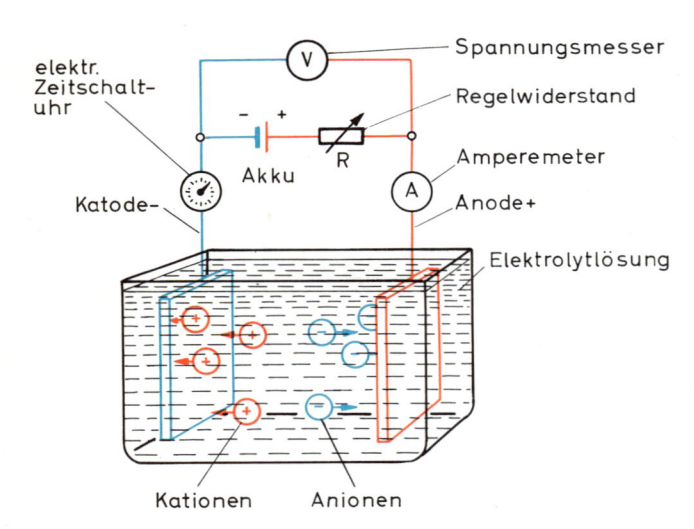

*Bild 5. Versuchsanordnung zum ersten Faradayschen Gesetz*

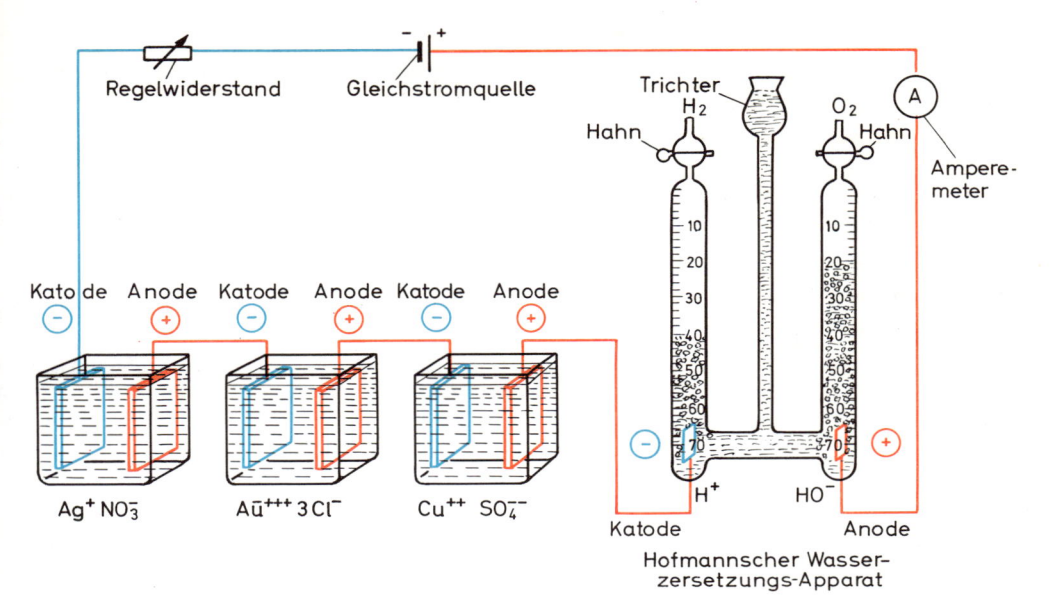

*Bild 6. Versuch zur Demonstration des zweiten Faradayschen Gesetzes*

dung entgegengesetzten Pole zu. Dort kompensieren sie ihre Ladung und gehen in den ungeladenen Zustand über.

> An der Katode herrscht Elektronenüberschuß (Elektronendruck). Dort wird die positive Ladung der Kationen kompensiert und das ungeladene Element oder die ungeladene Molekülgruppe entsteht. An der Anode herrscht Elektronenmangel (Elektronensog). Den Anionen wird dort ihre negative Überschußladung entnommen und das ungeladene Nichtmetall oder die ungeladene Säurerestgruppe entsteht.

Es ist Michael Faradays Verdienst, die Zusammenhänge zwischen Strommenge und abgeschiedener Masse aufgeklärt zu haben. Zur Untersuchung diene die Versuchsanordnung von Bild 5. Der **Regelwiderstand** $R$ dient dazu, um eine **beliebige Stromstärke** $I$ einzustellen, die am Amperèmeter abgelesen werden kann. Die elektrische Zeitschaltuhr läßt den Strom eine genau festlegbare Zeitspanne lang fließen. Bleibt die **Stromstärke** $I$ = **konstant**, der Regelwiderstand unverändert, dann ist die abgeschiedene **Masse** $m$ der eingestellten **Zeitspanne** $\Delta t$ direkt proportional.

$\Delta t$ ist darin die Zeitdifferenz zwischen Ein- und Ausschalten des elektrischen Stromes durch die Zeitschaltuhr. Formelmäßig ausgedrückt: $m = f(t)$ (m ist gleich eff von t), die abgeschiedene Stoffmasse $m$ ist eine Funktion der Zeit $t$. Bleibt die Zeitspanne des Stromflusses konstant, gleiche Einstellung der Zeitschaltuhr, und wird die Stromstärke durch verschiedene Einstellungen des Regelwiderstandes geändert, dann ist die abgeschiedene Stoffmasse der Stromstärke direkt proportional: $m = f(I)$ (m ist gleich eff von I). Das **Produkt aus Stromstärke und Zeit ist die Strommenge** $Q = I \cdot t$.

Diese Gesetzmäßigkeiten gelten für alle abscheidbaren Stoffe. Die durch gleiche Strommengen abgeschiedenen Massen sind bei den verschiedenen Substanzen jedoch verschieden. Deshalb muß noch eine **materialabhängige Konstante** berücksichtigt werden, $k$.

> **Damit lautet das 1. Faradaysche Gesetz:**
> **Die Masse einer durch elektrischen Strom aus einem Elektrolyten abgeschiedenen Substanz ist direkt proportional der Stärke und Zeitdauer des hindurchgeschickten Stromes. Sie ist proportional der durchgeflossenen Strommenge.**

Als Formel:

$$m = k \cdot I \cdot t = k \cdot Q \quad (22)$$

Um Aufschluß über die Natur von $k$ zu erlangen schickte Faraday gleiche Strommengen durch verschiedene Elektrolytlösungen. Diese waren hintereinander geschaltet, damit eine gleiche Strommenge garantiert war. Eine ähnliche Anordnung zeigt Bild 6. Zwar wurden verschiedene Stoffmengen abgeschieden, sie verhielten sich jedoch zueinander wie die Äquivalentmassen.

Der Zahlenwert von $k$ hängt von den Einheiten ab, in denen $m$, $I$ und $t$ gemessen werden. Wird $m$ in Milligramm, $I$ in Ampère und $t$ in Sekunden angegeben, dann ist $k$ das elektrochemische Äquivalent in mg · C$^{-1}$. Umgekehrt beruht darauf die **frühere Definition der Stromstärkeeinheit**: „1 Ampère ist die Stromstärke, die unter bestimmten Bedingungen aus einer vorgeschriebenen Silbersalzlösung in einer Sekunde 1,118 mg Silber abscheidet." Heute wird nur noch mit absoluten Einheiten gearbeitet[5][6]. Die Umrechnung erfolgt nach: 1 int. A = 0,999 85 abs. A; 1 int. V = 1,000 34 abs. V und 1 int. Ω = 1,000 49 abs. Ω.

Sagte das erste Faradaysche Gesetz nur über die abgeschiedene Menge von jeweils einer Stoffart etwas aus, so wird es jetzt erweitert auf alle elektrolytisch abscheidbaren Stoffe.

> Das zweite Faradaysche Gesetz besagt:
> Aus verschiedenen Elektrolyten wird durch die gleiche Strommenge stets die äquivalente Stoffmasse abgeschieden. Die Strommenge von 96 480 Coulomb (= 1 F) scheidet aus jedem Elektrolyten stets 1 Grammäquivalent eines beliebigen Stoffes ab.

Als Formel:

$$1\ \text{Val} = k \cdot 96\,480\,\text{C} = k \cdot \text{F} \quad (23)$$

Die von 1 Faraday abgeschiedene Äquivalentmasse ergibt sich aus dem Produkt von der Strommenge 1 F und dem elektrochemischen Äquivalent.

$k$ läßt sich nach Gleichung (23) berechnen:

$$k = \frac{1\ \text{Val}}{1\ \text{F}};$$

nach Gleichung (3) ist $\text{Val} = \frac{M}{v}$ und daher:

$$k = \frac{\text{Val}}{\text{F}} = \frac{M}{v \cdot \text{F}} \quad (23.1.)$$

Wird danach $k$ in Gleichung (22) ersetzt, dann werden beide Gesetze miteinander verbunden:

$$m = \frac{\text{Val}}{\text{F}} \cdot I \cdot t = \frac{M}{v \cdot \text{F}} \cdot Q \quad (24)$$

Damit läßt sich die abgeschiedene Stoffmasse berechnen. Vorausgesetzt ist dabei, daß die Stromstärke konstant bleibt. Schwankt die Stromstärke während der elektrolytischen Abscheidung, dann ist für $Q = I \cdot t$ das Integral einzusetzen:

$$Q = \int_{t=0}^{t} I(t) \cdot dt \quad (25)$$

Diesen Ausdruck mögen die beiden Diagramme von Bild 7 kurz erklären.

Im Diagramm 7.1. ist die Stromstärke $I$ konstant. $Q$ als Produkt der beiden Größen $I \cdot t$ wird als schraffierte Fläche, als Inhalt des Rechtecks dargestellt.

Im Diagramm 7.2. ist die obere Begrenzung der schraffierten Rechteckfläche keine Gerade, da sich der Wert der Stromstärke dauernd ändert. Zur Berechnung des Flächeninhalts muß die Integralrechnung herangezogen werden.

Unter normalen irdischen Verhältnissen kann die Zeit als steter und unveränderlicher **Strom von Zeitquanten** betrachtet werden. Eine **Elementarzeit** von $10^{-24}$ s als Grenze der Bestimmbarkeit einzuführen, wurde schon vorgeschlagen. Während einer derart kleinen Zeitspanne d$t$ ist $I$ als Funktion der Zeit $I(t)$ konstant. Die Gesamtfläche des Diagramms 7.2. wird in unendlich viele kleine Rechtecke zerlegt, deren obere Grenze eine winzige Gerade ist. Die obere Kurve wird als allerkleinster Treppenzug dargestellt.

Die Summe der Inhalte aller Kleinstrechtecke von Null bis zum Zeitpunkt $t$, eben **das Integral** ∫ **(ein stilisiertes $S$, Summenzeichen),** zwischen den Grenzen 0 und $t$, gibt die Gesamtfläche, die wahre Strommenge wieder.

In der Galvanotechnik wird die **Strommenge** nicht in **Coulomb**, sondern in **Ampèrestunden** gemessen. Eine Stunde besteht aus $3,6 \cdot 10^3$ Sekunden und für 1 Faraday ergibt sich

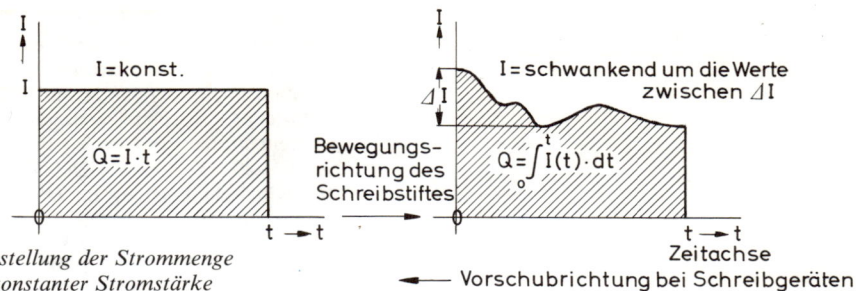

Grafische Darstellung der Strommenge
*Bild 7.1. Bei konstanter Stromstärke*
*Bild 7.2. Bei veränderlicher Stromstärke*

$$1\,F = \frac{N \cdot e}{3{,}6 \cdot 10^3} = \frac{6{,}022 \cdot 10^{23}\,\text{val}^{-1} \cdot 1{,}602 \cdot 10^{-19}\,\text{A} \cdot \text{s}}{3{,}6 \cdot 10^3\,\text{s} \cdot \text{h}^{-1}} = 26{,}8\,\text{A} \cdot \text{h} \cdot \text{val}^{-1}$$

**Berechnungsbeispiel:** Durch die Versuchsanordnung des Bildes 6 soll ein konstanter Strom von 3,35 A für die Dauer von 4 h hindurchgeschickt werden.
**Gegeben:** Glatte Werte der Atommassen für Ag = 108; Au = 198; Cu = 64; H = 1; O = 16; $I$ = 3,35 A; $t$ = 4 h.
**Gesucht:** Die abgeschiedenen Massen von Au, Ag, Cu, H und O, sowie das Normalvolumen der beiden Gase.
Die Strommenge ist für alle 4 Elektrolysiergefäße gleich, denn sie sind hintereinandergeschaltet. $Q$ = 3,35 A · 4 h = 13,4 Ah. 13,4 Ah = 0,5 F. Damit ist der Faktor $Q/F$ in Gleichung (24) bestimmt. Dieser ist noch mit $M/v$ zu multiplizieren, um die abgeschiedenen Massen zu erhalten. Es entstehen aus

$Ag^+ : m = \frac{108}{1} \cdot 0{,}5 = 54$ g Ag;

$Au^{+++} : m = \frac{198}{3} \cdot 0{,}5 = 33$ g Au;

$Cu^{++} : m = \frac{64}{2} \cdot 0{,}5 = 16$ g Cu;

$H^+ : m = \frac{1}{1} \cdot 0{,}5 = 0{,}5$ g $H_2$;

$O^{--} : m = \frac{16}{2} \cdot 0{,}5 = 4$ g $O_2$.

**Unter Normalbedingungen nimmt 1 Mol eines Gases den Raum von 22,4 Litern ein.** Wasserstoff und Sauerstoff liegen als zweiatomige Moleküle vor. Die Molmassen M sind 2 g für Wasserstoff und 32 g für Sauerstoff. Das Volumen ist nach $V = \frac{m}{M} \cdot 22{,}4$

für **Wasserstoff** $\frac{0{,}5}{2} \cdot 22{,}4 = 5{,}6$ l und für

**Sauerstoff** $\frac{4}{32} \cdot 22{,}4 = 2{,}8$ l.

Galvanotechnische Betriebe können durch Hintereinanderschaltung der Elektrolysiertröge keine Stromkosten einsparen. Bezahlt wird die **Stromarbeit** $W_e$ in Kilowattstunden. 1 kWh = $10^3$ · V · A · h, enthält damit die Spannung in Volt.
Dazu die Erläuterung einiger Begriffe[1][7]) (s. a. Anhang 1.3.): Es existieren **3 Maßsysteme: Technisches, MKS- und CGS-System.** Die beiden letzteren unterscheiden sich nur durch ganze Zehnerpotenzen voneinander. MKS ist die Abkürzung für **Meter, Kilogramm** und **Sekunde**, CGS für **Centimeter, Gramm** und **Sekunde**. 1 m = $10^2$ cm und und 1 kg = $10^3$ g. Im technischen Maßsystem geht in der Definition der **Kraft** die **mittlere Erdbeschleunigung** ein. Dieses System ist deshalb **für genaue physikalische Messungen ungeeignet. Die technische Einheit der Kraft ist das Kilopond, kp.** Im MKS-System das Newton N = 1 kg · m · s$^{-2}$ und im CGS-System das dyn = 1 g · cm · s$^{-2}$. 1 kp = 9,80665 N. 1 N = $10^5$ dyn. Das Symbol für **Kraft** ist allgemein $F$ (**Force**).
**Energie** ist das Vermögen **Arbeit** zu leisten, gespeicherte Arbeit. Sie wird in denselben Einheiten angegeben. Das Symbol für **Energie** ist $E$ und für **Arbeit** $W$ (**Work**). Zur Kraft tritt der Weg als Faktor hinzu. Hierfür wurden neue Begriffe geschaffen. 1 N · m = 1 J (Joule) und 1 dyn · cm = 1 erg. Andererseits ist 1 J = 1 V · A · s = 1 W · s (Wattsekunde), denn 1 W = 1 V · A, und da 1 C = 1 A · s, ist 1 J = 1 V · C. Um ein Joule in Kilowattstunden umzurechnen muß durch $10^3$ (kilo = 1000) und 3,6 · $10^3$ (1 h = 3600 s) dividiert werden, bzw. 1 kWh = 3,6 · $10^6$ J (s. Anhang, Tafel der Umrechnungsfaktoren).

Zur Ergänzung: Die **Leistung** ist die Arbeit je Zeiteinheit und die **Wirkung** ist das Produkt aus Arbeit und Zeit.

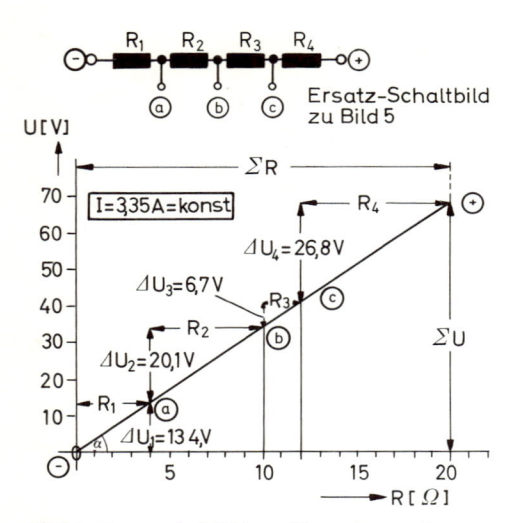

*Bild 8. Ersatzschaltbild zur Versuchsanordnung von Bild 5 und Diagramm hierzu*

In Bild 8 werden die 3 Elektrolysiertröge und der Zersetzungsapparat des Bildes 6 durch ihre Widerstände symbolisiert. Die Stromstärke sei 3,35 A, wie in dem Rechenbeispiel, und die Widerstände seien angenommen für $R_1 = 4\ \Omega$; $R_2 = 6\ \Omega$; $R_3 = 2\ \Omega$; $R_4 = 8\ \Omega$. Die angelegte Gleichspannung sei 67 V. Nach dem Ohmschen Gesetz (15) muß die Summe aller Widerstände $\Sigma R = R_1 + R_2 + R_3 + R_4 = U/I$ sein.
$4 + 6 + 2 + 8 = 20$ und $67 : 3,35 = 20$. Der **Minuspol** ist immer die Stelle, an der Elektronen austreten, die vom **Pluspol** aufgenommen werden. Die Elektronen fließen von $R_1$ aus nach $R_4$. Damit ist der Pluspol der links stehenden Widerstände gleichzeitig der Minuspol der rechts stehenden Widerstände, was in Bild 6 verblüffen könnte.
An den Widerständen entsteht ein **Spannungsabfall** $\Delta U$. Das Spannung/Widerstand-Diagramm gibt diese Verhältnisse grafisch wieder.
Die erhaltene Kurve ist eine Gerade, da die Stromstärke konstant ist. Der Zahlenwert der Stromstärke ergibt sich aus dem Steigmaß der Geraden, dem Tangens des Winkels α, denn

$$\tan \alpha = \frac{\Delta U}{R} = \frac{U_1}{R_1} = \frac{U_2}{R_2} = \frac{U_3}{R_3} = \frac{U_4}{R_4} = \frac{\Sigma U}{\Sigma R} = I$$

(26)

Danach läßt sich auch der Spannungsabfall an jedem Widerstand berechnen, genau wie bei einem Spannungsteiler. Die Stromstärke ist konstant und die Einzelwiderstände sind bekannt. Wieder nach dem Ohmschen Gesetz gilt $\Delta U_x = I \cdot R_x$. In der Reihenfolge von 1 nach 4 sind die $\Delta U$-Werte:
13,4 V + 20,1 V + 6,7 V + 26,8 V = 67,0 V = $\Sigma U$.
Die **elektrische Leistung** $P_{el.}$ (**Power**) für die einzelne Zelle kann durch das Produkt aus Stromstärke und Spannung errechnet werden (in Watt). Daraus ergeben sich in der Reihenfolge von 1 nach 4 die $P_{el.}$-Werte: 44,89 W + 67,335 W + 22,445 W + 89,780 W = 224,45 W = $\Sigma P_{el.}$ = 67 V · 3,35 A = 224,45 W. Die **elektrische Arbeit** $W_{el.} = P_{el.} \cdot t$.
Bei der Elektrolysedauer von 4 h ist die aufgewendete elektrische Arbeit (von 1 nach 4): 179,56 Wh + 269,34 Wh + 89,78 Wh + 359,12 Wh = 897,8 Wh. Dasselbe Ergebnis wird aus $W_{el.} = I \cdot U \cdot t = 3,35\ A \cdot 67\ V \cdot 4\ h = 897,8\ Wh$ erhalten.
Im angeführten Beispiel sind äquivalente Mengen Substanz durch gleiche Strommengen abgeschieden worden. Trotzdem ist der elektrische Arbeitsaufwand, und damit die Kosten, verschieden.

Zur **Optimierung** (Berechnung der größtmöglichen Rentabilität) galvanischer Betriebe sind deshalb 2 Faktoren zu beachten:
1. Senkung der Stromkosten durch das Anlegen **kleinstmöglicher Spannungen** (diese sind vom Bad abhängig).
2. **Kleinstmöglicher Badwiderstand,** um große Stromstärken und dadurch raschere Metallabscheidung zu erzielen. Dadurch wird der Durchsatz pro Bad vergrößert. Eine Grenze wird dabei durch das gewünschte Aussehen des galvanischen Überzugs gesetzt.

## 2.4.1. Messung der Strommenge

Bei konstanter Stromstärke läuft die Messung der Strommenge auf eine Zeitmessung hinaus (Bild 7, Diagramm 7.1.). In der Praxis schwankt die Stromstärke um einen Mittelwert. Diese Wertänderungen können durch einen Schreiber registriert werden. Die Geschwindigkeit des Papier- oder Folienvorschubes geschieht in Richtung der Zeitachse $t$ (Bild 7, Diagramm 7.2.) und die Stromstärke wird durch einen Stift auf der Unterlage aufgezeichnet. Der Stift ersetzt in einer derartigen Anordnung den Zeiger eines Amperemeters. Die erhaltene Kurve ähnelt dem Diagramm 7.2., muß deshalb auch integriert werden. Dies geschieht mit Hilfe eines **Integriergerätes**

*Bild 9. Prinzipaufbau eines Kupfercoulometers*

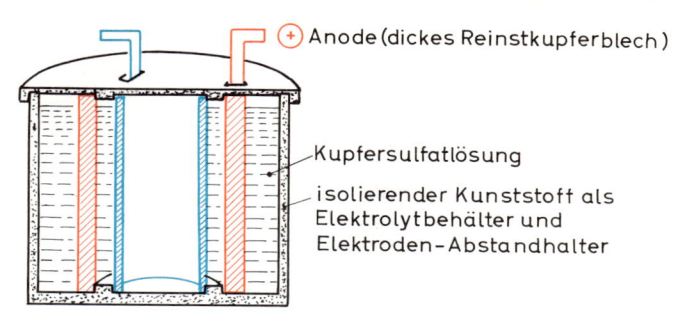

⊖ Katode (dünnes Kupfer-oder Platinblech)
⊕ Anode (dickes Reinstkupferblech)
Kupfersulfatlösung
isolierender Kunststoff als Elektrolytbehälter und Elektroden-Abstandhalter

(Integratoren wie Planimeter, Integraph, Integrimeter usw.) oder einer **Integrieranlage**, die mechanisch oder elektronisch arbeiten kann.
Auf der Basis des Faradayschen Gesetzes arbeiten die **Coulometer**. Wenn die abgeschiedene Stoffmasse der hindurchgeflossenen Strommenge direkt proportional ist, dann ist diese Masse auch ein Meßkriterium. Voraussetzung ist, daß keine Stromverluste durch Nebenreaktionen, Stromwärme usw. auftreten, und daß die Stoffmasse eindeutig bestimmbar ist. Um beispielsweise einen festhaftenden katodischen Metallniederschlag zu erzielen, darf eine bestimmte Stromdichte nicht überschritten werden. Die **Stromdichte** $i$ ist die **Stromstärke** $I$ in Ampère je Quadratzentimeter **Elektrodenoberfläche** $A$ (Area = Fläche)

$$i = \frac{I}{A} \ [\text{A} \cdot \text{cm}^{-2}] \quad (27)$$

Eine weitere Forderung ist eine 100%ige Stromausbeute, d. h. die **Stromausbeute** $a$ soll 1 betragen.

$$a = \frac{\text{praktisch abgeschiedene Masse}}{\text{theoretisch abscheidbare Masse}} \quad (28)$$

Die Coulometer, auch Voltameter (nicht Voltmeter!) in der Physik genannt, werden in den Stromkreis geschaltet. In Bild 6 kann jeder Elektrolysiertrog als Coulometer für die Elektrolyse der anderen betrachtet werden, z. B. die Tröge mit Kupfersulfat und Silbernitrat als Coulometer für die Strommengen-Messung der Goldelektrolyse. Für die Praxis müssen Coulometer robust und die Bestimmung der Strommenge ohne großen Zeitaufwand durchführbar sein. Für wissenschaftliche Zwecke ist die Genauigkeit vorrangig.

**2.4.1.1. Kupfer- und Silbercoulometer**
Beide Geräte arbeiten nach dem gleichen Prinzip. Vor der Messung werden die Katoden gewogen und nach beendeter Messung wird ihre Gewichtszunahme (durch Massenvergleich auf der Wage die Zunahme der Masse) bestimmt. Die **Strommenge**, die der Masse äquivalent ist ergibt sich durch Umstellen der Gleichung (24):

$$Q = \frac{m \cdot v \cdot F}{M} = \frac{m \cdot F}{\text{Val}} \quad (29)$$

Die entsprechenden Werte sind in Tafel 3.1. im Anhang zu finden. Die Strommenge wird indirekt ausgewogen.
Den Prinzipaufbau des **Kupfercoulometers** zeigt Bild 9. Um einen festen, gut haftenden Niederschlag zu erhalten, soll die **Stromdichte den Wert von 0,04 A · cm$^{-2}$ nicht überschreiten**. Auch **zu geringe Stromdichten verursachen Fehler**. Cu$^{++}$ kann mitunter nur bis zum Cu$^{+}$ reduziert werden. Damit würde eine zu geringe Strommenge „auswogen".
Elektrolyt ist eine Lösung von 100 bis 200 g Kupfersulfat-penta-hydrat CuSO$_4$ · 5 H$_2$O in destilliertem Wasser (Dichte etwa 1,1 g · cm$^{-3}$); vor dem Auffüllen auf 1 Liter ist ein Zusatz von 50 g Schwefelsäure und 50 g Äthanol C$_2$H$_5$OH angebracht. Das Anodenmaterial besteht aus reinstem Elektrolytkupfer. Die Katode kann aus Kupfer oder aus Platin bestehen.
Wesentlich genauer arbeitet das **Silbercoulometer**. Seine Genauigkeit ist so groß, daß, wie bereits erwähnt, das internationale Ampère auf dieser Basis definiert wurde. **1 int. Coulomb scheidet exakt 1,118 00 mg Silber ab.** Zur Umrechnung auf die heute gebräuchlichen absoluten Einheiten: **1 abs. Coulomb = 1,000 07 int. Cou-

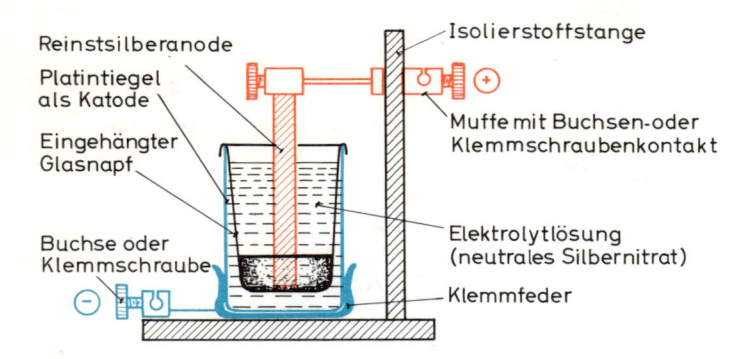

*Bild 10. Beispiel eines Silbercoulometers*

lomb = $2{,}997\ 9 \cdot 10^9$ elektrostatische CGS-Einheiten = $10^{-1}$ elektromagnetische Einheiten.

Das Beispiel eines **Silbercoulometers** zeigt Bild 10. Die Anode besteht aus reinstem Silber, die Katode ist ein Platintiegel. In diesen ist ein kleiner Glasnapf eingehängt, der herabfallende Teilchen aus der Anode auffängt. Elektrolyt ist eine 10 bis 20%ige Lösung von reinem Silbernitrat in destilliertem Wasser (halogen- und karbonatfrei), Dichte 1,12 bis 1,26 g $\cdot$ cm$^{-3}$. Die **katodische Stromdichte soll 0,02 A $\cdot$ cm$^{-2}$** nicht überschreiten und **anodisch unterhalb 0,2 A $\cdot$ cm$^{-2}$** bleiben. Um das Auswaschen der abgeschiedenen Silberschicht zu erleichtern, sollten nicht mehr als 100 mg je Quadratzentimeter Tiegelfläche abgeschieden werden.

Das Silbercoulometer dient vorwiegend genauen wissenschaftlichen Messungen. Die Genauigkeit läßt sich noch steigern, wenn mehrere solcher Tiegelanordnungen hintereinander geschaltet werden.

### 2.4.1.2. Jodcoulometer

Dieses Coulometer eignet sich ebenfalls für Präzisionsmessungen. Zu den Metallabscheidungscoulometern bestehen zwei wesentliche Unterschiede. Das **Jodion wird anodisch entladen** zu elementarem Jod, und als **Folgereaktion** mit dem Elektrolyten bildet das Jod **eine Komplexverbindung** KJ $\cdot$ J$_2$ oder KJ$_3$, einen Anlagerungskomplex. Die abgeschiedene **Jodmenge kann titrimetrisch bestimmt** werden. Durch Titrieren mit reduzierenden Lösungen bekannten Gehalts wird die anodische Oxydation des Jodions zum elementaren Jod wieder rückgängig gemacht. Verwendet wird Natriumthiosulfat (mitunter arsenige Säure) nach der Reaktionsgleichung

Thiosulfation → Tetrathionation
$2\ S_2O_3^{--} + J_2 \rightarrow S_4O_6^{--} + 2\ J^-$

Gegen Ende der Titration wird Stärkelösung zugesetzt. Spuren von Jod bilden mit Stärke eine intensiv blaugefärbte Einschlußverbindung, die eine bessere Erkennung des Titrationsendpunktes gestattet. Beim Erwärmen verschwindet die Farbe und kommt nur dann wieder hervor, wenn nicht zu lange erwärmt wurde!

Durch 1 int. Coulomb werden 1,315 03 mg Jod abgeschieden. Verwendet werden Platinelektroden. **Die Stromdichte soll 0,01 A $\cdot$ cm$^{-2}$ nicht überschreiten.**

Auf ähnlicher Basis beruhen andere Coulometer, z. B. das Oxalat-Coulometer. Oxalsäure (Äthandisäure HOOC-COOH) wird anodisch zu Kohlendioxid oxydiert. Das Äquivalent verschwindet aus der Lösung, deshalb muß eine genau bekannte Oxalsäurelösung in das Coulometer eingefüllt werden und der Fehlbetrag in die Strommengenwerte umgerechnet werden.

### 2.4.1.3. Knallgas- und Wasserstoffcoulometer

Das Prinzip dieser beiden Coulometer ist die elektrolytische Wasserzersetzung. Sie sind zwar weniger genau, lassen aber eine **laufende Strommengenkontrolle** zu. Der entstehende Wasserstoff wird mit dem abgeschiedenen Sauerstoff zusammen oder für sich allein als Volumen gemessen. Auch bei Sättigung des Elektrolyten mit Knallgas und Volumenkorrektur (Luftdruck, Elektrolytdampfdruck, Temperatur) übersteigt die Genauigkeit der Messung einige Promille nicht.

**Das Knallgascoulometer** wird für starke Ströme verwendet. Bild 11 zeigt eine derartige Anordnung. Die U-förmige Katode umschließt in geringem Abstand die rechteckige Anode. Beide bestehen aus blankem Platinblech. Selbst ein Strom von fast 3 A je cm$^2$ wirksamer Oberfläche erwärmt den Elektrolyten nicht merklich. Das Vorratsgefäß wird mit 10–20%iger Schwefelsäure gefüllt (Dichte zwischen 1,07 bis 1,15 g $\cdot$ cm$^{-3}$). Vor der Messung wird die Schwefelsäure am oberen Hahn hochgesaugt und der Hahn ver-

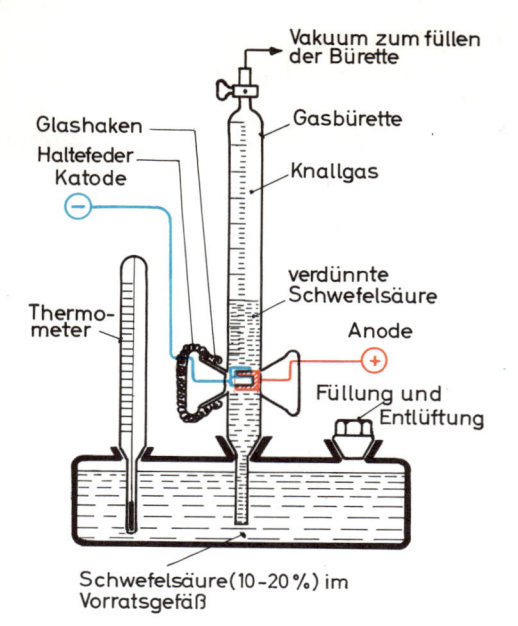

*Bild 11. Knallgascoulometer*

schlossen. Während der Messung bleibt die Entlüftung geöffnet. Der Elektrolytpegel darf keinesfalls bis zu den Elektroden absinken, da sonst bei Funkenbildung zwischen den Elektroden eine Knallgasexplosion ausgelöst wird!

**Für schwache Ströme wird das Wasserstoffcoulometer verwendet** (Bild 12). Der Sauerstoff kann eine Fehlerquelle darstellen, denn bei seiner Abscheidung besteht die Möglichkeit von unkontrollierbaren Weiterreaktionen zu Ozon, Wasserstoffperoxid und Überschwefelsäure (Peroxoschwefelsäure, $H_2SO_5$), wenn die Stromstärke sehr gering ist. Werden zur Strommengenberechnung Knallgastabellen benutzt, dann ist das Volumen mit 1,5 zu multiplizieren, denn das Sauerstoffvolumen ($\cong 0,5$ Wasserstoffvolumen) wird nicht mitbestimmt. Das Wasserstoffcoulometer wird in waagerechter Lage durch den Trichter gefüllt und die Luft aus der Gasbürette durch Neigen entfernt. Aufrecht stehend ist es meßbereit. Der bewegliche Zentimetermaßstab dient zur Niveauunterschied-Messung um den Druck der rechten Elektrolytsäule rechnerisch ausgleichen zu können.

Beide Gascoulometer können auch mit Nickelelektroden und etwa 15%iger Kalilauge betrieben werden.

Bei der Berechnung der Strommenge ist zu beachten, daß sich jeweils zwei Gasatome zu einem Molekül vereinigen und Sauerstoff zweiwertig ist. 1 F scheidet daher 11,2 l Wasserstoffgas und 5,6 l Sauerstoffgas bzw. 16,8 l Knallgas unter NB (NB $\cong 0\,°C$ und 760 Torr = **N**ormal-**B**edingungen) ab.

### 2.4.1.4. Stiazähler

Auf der Suche nach einem **direkt anzeigenden Amperestundenzähler** erinnerte man sich des bei Zimmertemperatur flüssigen Metalls Quecksilber. Mit seiner Hilfe kann die Wägung des abgeschiedenen Metalläquivalentes in eine Volumenablesung umgewandelt werden. Den Prinzipaufbau zeigt Bild 13.1. Das umgekehrte U-Rohr enthält im Katodenschenkel eine Kohlekatode und darunter eine Meßkapillare, die direkt im Amperestunden geeicht werden kann. Im anderen Schen-

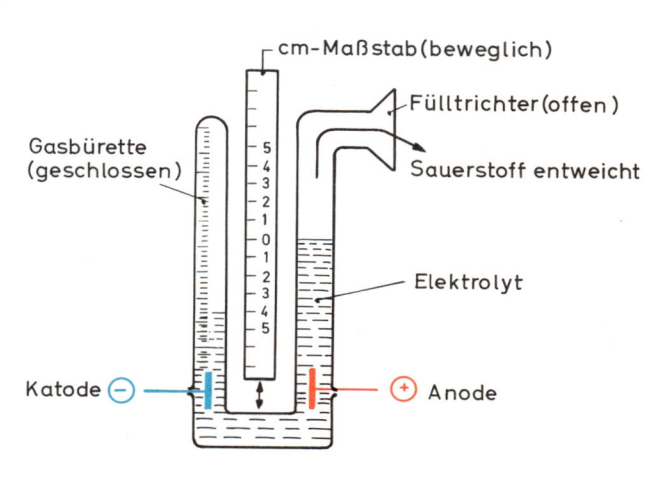

*Bild 12. Wasserstoffcoulometer*

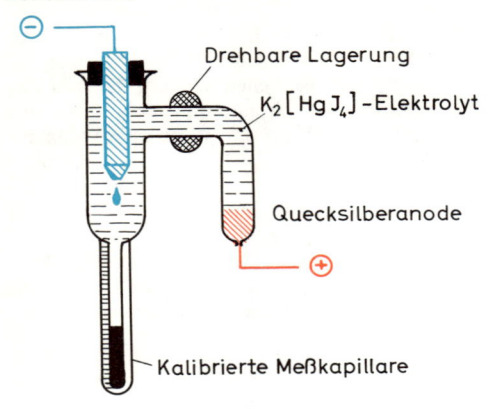

Bild 13. Quecksilbercoulometer (Übertitel)

Bild 13.1. Prinzipaufbau des Qecksilbercoulometers

Bild 13.2. Technische Ausführung des Stiazählers im Schnitt

Bild 13.3. Ersatzschaltbild des Stiazählers

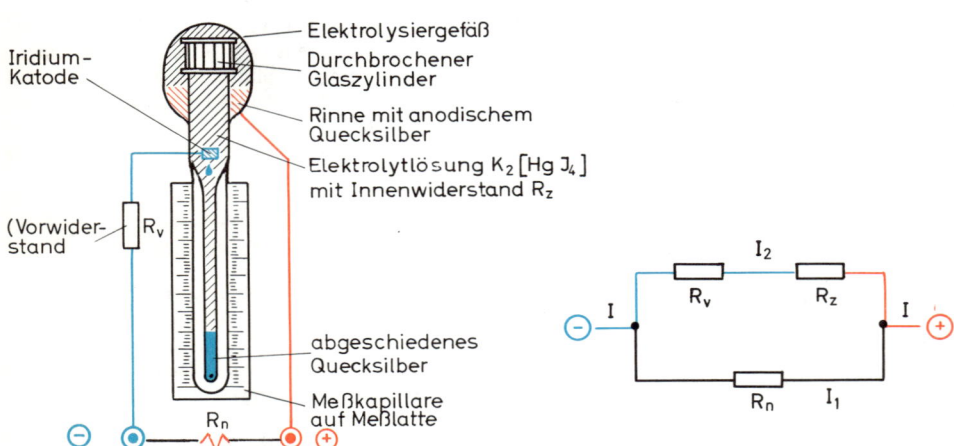

kel befindet sich die Quecksilberanode. Als Elektrolyt dient eine gesättigte Lösung von Kaliumtretrajodomerkurat-(II): $K_2[HgJ_4]$. Bei Stromdurchgang geht das Quecksilber anodisch in Lösung und wird an der Kohlekatode abgeschieden. Von dort tropft es in die Meßkapillare. Nach beendeter Messung kann das katodische Quecksilber durch Kippen wieder zur Anode zurückbefördert werden. Bei hohen Strömen liegt die Meßgenauigkeit um 2%. Der Fehler wird hauptsächlich durch die Erwärmung der Zelle, damit Verminderung des Zellenwiderstandes, hervorgerufen.

Die technische Ausführung eines Stiazählers zeigt Bild 13.2. und das Ersatzschaltbild ist 13.3.

**Der Hauptanteil der zu messenden Strommenge fließt über den niedrigohmigen Nebenwiderstand** $R_n$. Der gemessene Verhältnisanteil wird **über den Kaltleiterwiderstand** $R_v$ **der Katode zugeführt.** Letztere besteht aus hochglanzpoliertem Iridium, das kein Amalgam bildet und an dem das Quecksilber nicht haftet. Von dort fließt der **Teilstrom** $I_2$ durch den Elektrolyten der Zelle mit dem **Widerstand** $R_z$ und verläßt die Meßeinrichtung am Pluspol.

Nach dem **2. Kirchhoffschen Gesetz**[1]) ist der Anteil des Teilstromes $I_2$ am Gesamtstrom $I$ nur dann garantiert, wenn sich das Verhältnis der Widerstände in den Zweigstromkreisen nicht ändert. $R_n$ ändert sich praktisch nicht. **Die Summe von** $R_v + R_z$ **muß auch möglichst konstant gehalten werden. Mit steigender Temperatur wird** $R_v$ **größer und** $R_z$ **kleiner.** Durch diesen Kunstgriff wird der Hauptfehler der Messung weitgehend ausgeschaltet; er kann auf Zehntelprozent gedrückt werden. **Heißleiter** werden in der Elektronik **NTC-** und

**Kaltleiter PTC-Widerstände** genannt (NTC = **n**egative **t**emperature **c**oefficient; PTC = **p**ositive **t**emperature **c**oefficient)[8]).
Zu dem nachfolgenden praktischen Beispiel werden noch einige mathematische Zusammenhänge benötigt.
Bei der **Reihenschaltung von Widerständen** (Potentiometerschaltung) ist der Gesamtwiderstand $R_{ges.}$ gleich der Summe $\Sigma R$ der hintereinander geschalteten Einzelwiderstände $R_1$, $R_2$, $R_3$ usw.

$$R_{ges.} = \Sigma R = R_1 + R_2 + R_3 + \cdots \quad (30)$$

Der fließende Strom ist nach dem **Ohmschen Gesetz** (15)

$$I = \frac{U_{ges.}}{\Sigma R} \quad (31)$$

Darin ist $U_{ges}$ die angelegte Spannung in Volt. Der Spannungsabfall $\Delta U_x$ am Einzelwiderstand $R_x$ bei der Gesamtstromstärke $I$ ist

$$\Delta U_x = I \cdot R_x \quad (32)$$

Für Parallelschaltungen gelten die beiden Kirchhoffschen Gesetze.

**1. Kirchhoffsches Gesetz:** Die Summe der Stromstärken aller ankommenden Ströme ist in jedem Punkt eines Leitersystems gleich der Summe der Stromstärken aller abfließenden Ströme.

$$I_{ges.} = \Sigma I = I_1 + I_2 + I_3 + \cdots \quad (33)$$

**2. Kirchhoffsches Gesetz:** In Zweigstromkreisen verhalten sich die Stromstärken umgekehrt wie die zugehörigen Widerstände.

$$I_1 : I_2 : I_3 : \cdots = \frac{1}{R_1} : \frac{1}{R_2} : \frac{1}{R_3} : \cdots \quad (34)$$

**Beispiel:** In einem Betrieb ist ein Stiazähler nach Bild 13.2. ohne Kapillare und Meßlatte vorhanden. Eine kalibrierte Kapillare und zugehörige Meßlatte sind zu berechnen und anzubringen.
**Gegeben:** Die Werte eines Vergoldungsbades aus Warenfläche, Stromdichte, Stromausbeute und geforderter Schichtdicke mit: $I = 53,6$ A; $t = 3$ h. Die Widerstandswerte des Stiazählers (Bild 13.3.): $R_n = 0,02\ \Omega$; $R_v + R_z = 3,98\ \Omega$. $M_{Hg} = 200,61$ g · mol$^{-1}$; $\varrho_{25°C}(Hg) = 13,534$ g · cm$^{-3}$.
**Gesucht:** Der Kapillarenquerschnitt für eine Ablesesäule von etwa 10 cm und die über die Badspannung hinausgehende erforderliche Mehrspannung.
Für den Nebenwiderstand werde $R_1$ und für die NTC/PTC-Widerstandskombination $R_2$ eingesetzt. Die Quecksilberabscheidung im Stiazähler erfolgt nur durch den Nebenstrom $I_2$ als Verhältnis zum Hauptstrom $I$. Nach (34) ist $I_1 \cdot R_1 = I_2 \cdot R_2$

$I_1 = \frac{I_2 \cdot R_2}{R_1}$; $I_1$ wird durch diesen Ausdruck ersetzt in

$I_1 + I_2 = \Sigma I = \frac{I_2 \cdot R_2}{R_1} + I_2 = I_2 \left( \frac{R_2}{R_1} + 1 \right)$;

daraus $I_2$

$$I_2 = \frac{I}{\frac{R_2}{R_1} + 1} = \frac{53,6}{\frac{3,98}{0,02} + 1} = \frac{53,6}{200} = \underline{0,268\ A}$$

Dieser Strom fließt 3 Stunden lang durch den Quecksilberelektrolyten des Stiazählers und transportiert anodisch entstehende Hg$^{++}$-Ionen zur Katode. Die dort abgeschiedene Menge an metallischem Quecksilber ist nach (24) als Masse $m$ und daraus durch Division durch die Dichte als Volumen $V = \frac{m}{\varrho}$ berechenbar:

$$V = \frac{M \cdot I_2 \cdot t}{v \cdot F \cdot \varrho} = \frac{200,61 \cdot 0,268 \cdot 3}{2 \cdot 26,8 \cdot 13,534} = \underline{0,222\ 34\ cm^3}$$

Der Querschnitt $q$ ist der Quotient aus Volumen : Länge

$$q = \frac{V}{l} = \frac{0,222 \cdots cm^3}{10\ cm} \approx \underline{0,0222 \cdots cm^2}$$

Der geforderte Querschnitt liegt bei 2,22 mm$^2$.

Der Abstand der Skalenteile ist durch einfache Dreisatzrechnung (Regeldetri) aus dem Kapillarenquerschnitt zu berechnen (in Ah oder Faraday).
Der Gesamtwiderstand des Stiazählers $R_{ges.}$ läßt sich berechnen nach

$$\frac{1}{R_{ges.}} = \frac{1}{R_1} + \frac{1}{R_2}; R_{ges.} = \frac{R_1 \cdot R_2}{R_1 + R_2}$$
$$= \frac{3,98 \cdot 0,02}{3,98 + 0,02} = R_{ges.} = \frac{0,0796}{4,0} = 0,0199\ \Omega;$$

der Spannungsabfall am Stiazähler ist nach (32):

$$\Delta U_x = I \cdot R_x = 53,6 \cdot 0,0199 = 1,06664\ \text{Volt}$$

geforderte Mehrspannung.

## 2.4.2. Sekundärvorgänge

Bei den Gascoulometern entstand an der Anode Sauerstoff. Theoretisch entladen sich dort jedoch $OH^-$-Ionen zum OH-Radikal. Diese einwertige Molekülgruppe ist nicht valenzmäßig abgesättigt. Die freie Valenz ist stark reaktionsfähig und sucht einen Reaktionspartner. Je nach den Badbedingungen können sich zwei OH-Radikale zum Wasserstoffperoxid vereinigen oder zu Wasser zusammentreten und Sauerstoff in atomarer Form abspalten.

Zum besseren Verständnis möge ein Knallgascoulometer dienen. Zwischen Nickelelektroden befindet sich etwa 15%ige Kalilauge. Bereits vor Stromdurchgang dissoziiert die wäßrige Kalilauge:
$4\ KOH \rightarrow 4\ K^+ + 4\ OH^-$ Dissoziation in Wasser.

Nachdem eine Gleichspannung angelegt wird, spielen sich folgende Vorgänge ab:

**An der Katode:**
$4\ K^+ + 4\ e^- \rightarrow 4\ K^0$  Primärreaktion
$4\ K^0 + 4\ H_2O \rightarrow 4\ H + 4\ KOH$ Sekundärreaktion
$4\ H \rightarrow 2\ H_2 \uparrow$ Tertiärreaktion

**An der Anode:**
$4\ OH^- - 4\ e^- \rightarrow 4\ OH^0$  Primärreaktion
$4\ OH^0 \rightarrow 2\ H_2O + 2\ O$  Sekundärreaktion
$2\ O \rightarrow O_2$  Tertiärreaktion

**Die Bilanz** ergibt aus der Summe aller Vorgänge lediglich die Wasserzersetzung: $2\ H_2O \rightarrow 2\ H_2 + O_2$.

Eine Gesamtübersicht über die Vorgänge bietet Tafel 3.

*Tafel 3: Schematische Darstellung der Schritte bei der Kalilauge-Elektrolyse*

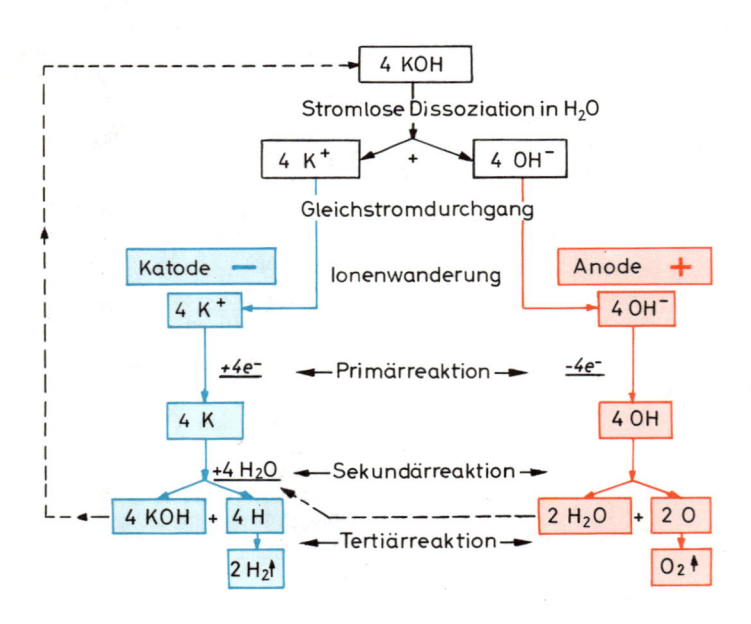

**Summenformel:** $2\ H_2O \rightarrow 2\ H_2 \uparrow + O_2 \uparrow$

**An der Katode findet stets ein Reduktionsvorgang und an der Anode eine Oxydation statt.** Früher wurde die Oxydation als Aufnahme von Sauerstoff angesehen und der umgekehrte Vorgang, die Entnahme von Sauerstoff, als Reduktion (von reducere = zurückführen). Mit Einführung der Elektronentheorie der Valenz ist **Oxydation gleichbedeutend mit dem Verlust von Elektronen und Reduktion demgemäß mit der Aufnahme von Elektronen.**

---

**Beispiel der Oxydation von Eisen:**
$4\,Fe + 2\,O_2 \rightarrow 4\,FeO$; $4\,FeO + O_2 \rightarrow 2\,Fe_2O_3$
$Fe^0 \quad\rightarrow\quad Fe^{++} \quad\rightarrow\quad Fe^{+++}$
Sauerstoff ist das **Oxydationsmittel** und die Eisenoxide sind die **Oxydationsprodukte.**
Der umgekehrte Vorgang ist die Reduktion von Eisen:
$2\,Fe_2O_3 + 2\,H_2 \rightarrow 4\,FeO + 2\,H_2O$;
$4\,FeO + 4\,H_2 \rightarrow 4\,Fe + 4\,H_2O$
$Fe^{+++} \quad\rightarrow\quad Fe^{++}$
$Fe^{++} \quad\rightarrow\quad Fe^0$
Wasserstoff ist das **Reduktionsmittel** und FeO bzw. metallisches Eisen sind die **Reduktionsprodukte.**

---

Der eine Vorgang ist ohne den anderen nicht denkbar. Wasserstoff ist das **Reduktionsmittel, das Oxydation erleidet** und Eisenoxid ist das **Oxydationsmittel** für Wasserstoff, **das Reduktion erleidet.** Die Ablaufrichtung ist von den Reaktionsbedingungen abhängig; sie kann rückläufig sein.

Solche Vorgänge werden **Redox**-Vorgänge (**Re**duktions-/**Ox**ydations-) genannt. Ihr Gleichgewicht wird durch die Konzentration bestimmt, in der die Oxydationsstufen vorliegen (Massenwirkungsgesetz MWG).
**Allgemeine Gleichung**

---

Oxydationsmittel + Elektronen $\underset{\text{Oxydation}}{\overset{\text{Reduktion}}{\rightleftharpoons}}$ Reduktionsmittel

---

Am Beispiel des Chinhydrons (Chinon/Hydrochinon), dessen Gleichgewichtslage $p_H$-abhängig ist:

$O=\langle\ \rangle=O + 2\,H^+ + 2\,e^- \rightleftharpoons HO-\langle\ \rangle-OH$

Chinon (CH)  Hydrochinon (Hy)

Nach der Gleichung (13), kombiniert mit (6) gilt hierfür das Massenwirkungsgesetz

$$K_a = \frac{[a_{Ch}] \cdot [a_{H^+}]^2 \cdot [a_{e^-}]^2}{[a_{Hy}]} \qquad (35)$$

Dieses $p_H$-abhängige Gleichgewicht kann zur Messung des $p_H$-Wertes herangezogen werden [9]). Ein wichtiger Unterschied besteht bei der Elektrolyse. Dort finden **an der Katode nur Reduktionen** statt. Das Kation wird dazu gezwungen Elektronen aufzunehmen. **Anodisch** werden dem Anion Elektronen entrissen, es **wird oxydiert. Beide Vorgänge finden räumlich voneinander getrennt statt.**

**Sekundärreaktionen** können nur dann nicht auftreten, wenn das entstehende Primärprodukt in seiner Umwelt beständig ist.

**Weiterreaktionen** können auftreten, wenn die **Primärprodukte mit sich selbst** zusammentreten. Wenn sie ihre Gesamtladung abgegeben haben und Radikalcharakter aufweisen, dann verbinden sie sich sehr leicht untereinander, wenn sie gegen den Elektrolyten und das Lösungsmittel immun sind. Sind sie unvollständig entladen, was bei hohen Stromdichten (z. B. an Nadelelektroden, Spitzenelektroden) der Fall sein kann, dann treten sie mitunter zu weniger stark aufgeladenen Ionengruppen zusammen. Diese können später ihre Ladung ebenfalls abgeben oder durch eine **Tertiär- oder weitere Reaktionsfolgen** aus dem Elektrolyten entfernt werden (Niederschlagsbildung). **Primärprodukte können auch mit Elektrodenmaterial reagieren (lösliche oder angreifbare Elektroden), mit Lösungsmittel, Elektrolyt oder zugesetzten Stoffen neue Verbindungen eingehen.** Beispiele verschiedenartiger Sekundär- bzw. Folgereaktionen sind in Tafel 4 zusammengestellt.

Darin ist **Deuterium = schwerer Wasserstoff** und **Tritium = überschwerer Wasserstoff.** Beide sind Isotope des Normalwasserstoffs. Sie unterscheiden sich in ihren chemischen Eigenschaften praktisch nicht, denn sie besitzen alle nur ein Hüllenelektron. Der Kern des leichten Wasserstoffs besteht nur aus einem Proton, der des Deuteriums aus Proton und einem Neutron und der Tritiumkern enthält 1 Proton + 2 Neutronen, also 3 Nukleonen. Deshalb wird für Tritium T auch $^3_1H$ geschrieben. **Die obere Zahl gibt die Zahl der Nukleonen, die untere die Zahl der Protonen (= Kernladungen) an.**

*Tafel 4: Varianten der Sekundärvorgänge an der Katode (= K) und Anode (= A)*

| Reaktionen der Primärprodukte mit | Praktisches Beispiel in Formeln | Bemerkungen |
|---|---|---|
| 1. Sich selbst bei normaler Stromdichte $i$ | K: $H^+ + e^- \rightarrow H$; <br> $2 H \rightarrow H_2$ | Gewinnung von leichtem Wasserstoff $_1^1H$ bei der elektrolytischen Anreicherung von Deuterium $_1^2H$ und Tritium $_1^3H$. |
| 2. Sich selbst bei extrem hoher Stromdichte an Nadelelektroden (Spitzeneffekt) | A: $SO_4^{--} - e^- \rightarrow SO_4^-$; <br> $2 SO_4^- \rightarrow S_2O_8^{--}$ <br> $S_2O_8^{--} + 2 Me^+ \rightarrow Me_2S_2O_8 \downarrow$ | Technische Herstellung der schwerlöslichen Salze Kalium- oder Ammonium-peroxo-disulfat aus den konzentrierten Lösungen der entsprechenden Sulfate. Sie sind sehr starke Oxydationsmittel. |
| 3. Elektrodenmaterial (lösliche bzw. angreifbare Elektroden) | A: $SO_4^{--} - 2 e^- \rightarrow SO_4$; <br> $SO_4 + Cu \rightarrow CuSO_4 \rightarrow$ <br> $Cu^{++} + SO_4^{--}$; | K: $Cu^{++} + 2 e^- \rightarrow Cu$ ist der katodische Vorgang, der gelöstes Anodenkupfer an der Katode in reinster Form wieder abscheidet. Der Vorgang dient der Kupferraffination, Herstellung von Elektrolytkupfer aus Rohkupfer |
| 4. Lösungsmittel | K: $Na^+ + e^- \rightarrow Na$; $Na + H_2O$ <br> $\rightarrow NaOH + H$; $2 H \rightarrow H_2$; <br> $NaOH \rightarrow Na^+ + OH^-$ | A: $2 OH^- + Cl^- - 2 e^- \rightarrow H_2O$ $+ ClO^-$ ist der Vorgang an der Anode, der das Endprodukt „Bleichlauge" liefert. Ausgangsprodukt ist konzentrierte Kochsalzlösung. Chemisch würde der Vorgang so aussehen: aus NaOH wird durch Einleiten von Chlorgas 50% NaCl entstehen nach $2 NaOH + Cl_2$ $\rightarrow NaCl + NaOCl + H_2O$ |
| 5. Elektrolyt | A: $J^- - e^- \rightarrow J$; $2 J \rightarrow J_2$ <br> $J_2 + KJ \rightarrow KJ \cdot J_2$ | Dieser Vorgang wird im Jodcoulometer zur „titrimetrischen Strommengenmessung" ausgenutzt. |
| 6. Zusätzen | K: ⌬–$NO_2 + 6 H^+ + 6 e^-$ <br> $\rightarrow$ ⌬–$NH_2 + 2 H_2O$ <br><br> A: $CH_3CH_2OH + 3 J^- + 9 OH^-$ <br> $- 10 e^- \rightarrow CHJ_3 + 7 H_2O$ <br> $+ CO_3^{--}$ | Zugesetztes Nitrobenzol kann (über Zwischenstufen) bis zum Anilin reduziert werden. Die Einzelschritte zu sechs verschiedenen Produkten zeigt ein anschließendes Reaktionsschema (Tafel 5). Die katodisch benötigten sechs Protonen stammen aus sechs Wassermolekülen. Die zugehörigen sechs $OH^-$-Gruppen liefern anodisch 3 Moleküle Wasser und sechs Sauerstoffäquivalente (3 O-Atome). Nach dieser Summenreaktion läuft die technische Jodoformherstellung auf elektrochemischer Basis ab. Die von der Anode aufgenommenen zehn Elektronen werden katodisch zur Entladung von zehn Protonen wieder verbraucht nach K: $10 H^+ + 10 e^- \rightarrow 10 H \rightarrow 5 H_2$ Die Aufteilung in Einzelreaktionen wird im anschließenden Beispiel geschildert (Tafel 6). |

*Tafel 5: Einzelschritte zur katodischen Nitrobenzol-Reduktion*

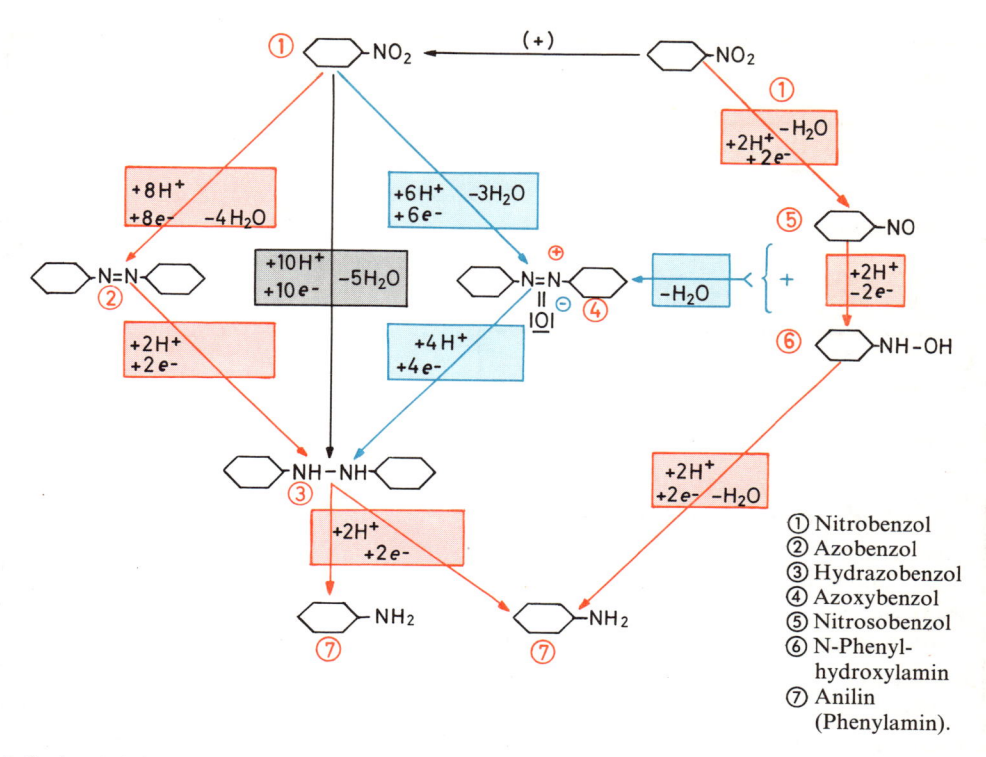

① Nitrobenzol
② Azobenzol
③ Hydrazobenzol
④ Azoxybenzol
⑤ Nitrosobenzol
⑥ N-Phenyl-hydroxylamin
⑦ Anilin (Phenylamin).

Maßgebend dafür, wie weit und in welcher Richtung eine Reaktion abläuft, sind die Reaktionsbedingungen. Großen Einfluß üben u. a. aus: die Stromdichte, Elektrodenform, Elektrodenmaterial, Badspannung, Badzusammensetzung, Temperatur, Konzentration der Reaktionsteilnehmer, $p_H$-Wert und Art des Lösungsmittels bzw. Lösungsmittelgemisches.

Am Beispiel der elektrochemischen Jodoformproduktion soll gezeigt werden, daß eine anodische Oxydation auch darin bestehen kann, eine elektrophile Gruppe in ein organisches Fremdmolekül einzuführen. Es ist nicht ganz korrekt, wenn im folgenden von Wasserstoffionen $H^+$ geschrieben wird, statt von Hydroxoniumionen $H_3O^+$. Andererseits erscheint das komplex gebundene Wassermolekül auf der anderen Gleichungsseite wieder, wenn aus dem Ion wieder das Wasserstoffatom H geworden ist. Dadurch wird die Übersicht für das eigentliche Geschehen schwieriger.

*Tafel 6: Elektrochemische Jodoformherstellung in Einzelschritten.*

**Elektrolyt:** Schwach sodabasische Lösung von Kaliumjodid in einem Gemisch aus Äthanol und Wasser.

**Elektrolytische Dissoziation:** $10\ KJ \rightarrow 10\ K^+ + 10\ J^-$

**Katodenvorgänge:**

1. $10\ K^+ + 10\ e^- \rightarrow 10\ K$
2. $10\ K + 10\ H_2O \rightarrow 10\ K^+ + 10\ OH^- + (10\ H \rightarrow 5\ H_2)$

Summe: $10\ H_2O + 10\ e^- \rightarrow 10\ OH^- + 5\ H_2$

**Anodenvorgänge:** (Platinanode)

1. $10\ J^- - 10\ e^- \rightarrow (10\ J) \rightarrow 5\ J_2$
   Jodidionen    Jodatome    Jodmoleküle

2. $5\ J_2 + 10\ OH^- \rightarrow 5\ J^- + 5\ H_2O + 5\ JO^-$
         aus Katodenvorg. 2     Hypojoditionen

3. $CH_3CH_2OH + JO^- \rightarrow J^- + H_2O + CH_3CHO$
   Äthanol (Äthylalkohol)     Äthanal (Azetaldehyd)

4. $CH_3CHO + 3\ JO^- \rightarrow CJ_3CHO + 3\ OH^-$
   Äthanal     Trijodäthanal (Trijodazetaldehyd)

5. $CJ_3CHO + OH^- \rightarrow CHJ_3 + HCOO^-$
       Trijodmethan (Jodoform) + Methanation (Formiation)

6. $HCOO^- + JO^- + OH^- \rightarrow CO_3^{--} + J^- + H_2O$
       Karbonation

Summe: $3\ J^- - 10\ e^- + 9\ OH^- + CH_3CH_2OH \rightarrow 7\ H_2O + CHJ_3 + CO_3^{--}$

Gesamtbilanz für $10\ F \cdot mol^{-1}$:

**Summe der Katodenvorgänge:** $10\ H_2O + 10\ e^- \rightarrow 10\ OH^- + 5\ H_2 \uparrow$

**Summe der Anodenvorgänge:** $3\ J^- - 10\ e^- + 9\ OH^- + CH_3CH_2OH \rightarrow 7\ H_2O + CHJ_3 + CO_3^{--}$

**Effektiver Umsatz:** $3\ J^- + 3\ H_2O + CH_3CH_2OH \rightarrow OH^- + CO_3^{--} + 5\ H_2 + CHJ_3$

Der effektive Umsatz zeigt, daß die OH$^-$-Ionenaktivität ansteigt. Mit zunehmender Alkalität disproportioniert Hypojodit in Jodid und Jodat nach: $3\ JO^- \rightarrow 2\ J^- + JO_3^-$. Dadurch sinkt die Jodoformausbeute stark ab. Das Alkali muß deshalb dauernd während der Elektrolyse neutralisiert werden, am besten durch Einleiten von $CO_2$[10]. In der organischen Chemie ist die Jodoformprobe als Reaktionsnachweis für die allgemeine Gruppe $CH_3$-CO- (Methylketone) und für $CH_3$-CHOH- bekannt[11])[12]. Jodoform entsteht aus Substanzen, die derartige Atomanordnungen im Molekül enthalten, wenn verdünnte Kalilauge und elementares Jod darauf einwirken:

$CH_3CH_2OH + 4\ J_2 + 6\ KOH \rightarrow \underline{CHJ_3} + HCOOK + 5\ KJ + 5\ H_2O$
Äthanol　　　　　　　　　　　Jodoform　Kaliummethanat (-formiat)
$CH_3{-}CO{-}CH_3 + 3\ J_2 + 4\ KOH \rightarrow \underline{CHJ_3} + CH_3COOK + 3\ KJ + 3\ H_2O$
Propanon　　　　　　　　　　　Jodoform　Kaliumäthanat (-azetat, essigsaures Kalium)
(Dimethylketon, Azeton)

Welchem Verfahren der Vorzug gegeben werden soll ist eine Frage der Rentabilitätsberechnung und Optimierung[13]). Dies hängt von den verschiedensten Faktoren (Investition, Einkauf, Verkauf, Lohn und Gehalt, Zeit, Umsatz, Energiekosten usw.) ab.

## 2.5. Leitfähigkeitsmessung

Nicht immer steht ein Meßgefäß der richtigen Dimension zur Messung der Leitfähigkeit zur Verfügung (Bild 4). Nach den Gleichungen (16) und (17) ist die **spezifische Leitfähigkeit**

$$\varkappa = \frac{l}{R \cdot q} \frac{[cm]}{[\Omega] \cdot [cm^2]} = [\Omega^{-1} \cdot cm^{-1}] \quad (36)$$

Darin ist **der Quotient** $l/q$ nur von der Fläche und dem Abstand der fest eingebauten platinierten Platinelektroden abhängig. Er wird **Kapazität des Meßgefäßes** genannt. Da nur diese beiden Faktoren maßgebend sind, ist es zweckmäßig, beide starren Elektroden als Tauchelektrode zu verwenden (Bild 14). Nach Gebrauch ist die Tauchelektrode gut zu **reinigen und in Leitfähigkeitswasser naß aufzubewahren,** damit das aufelektrolysierte Platinmohr nicht austrocknet.

Ist die **Widerstandskapazität** $C$ des Meßgefäßes bzw. der Tauchelektrode konstant (unverrückbare Elektroden), dann muß diese nur einmal bestimmt werden. **Als Eichflüssigkeit dienen KCl-Lösungen verschiedener Konzentration bei konstanter und bestimmter Temperatur.** In der folgenden Tafel sind die Werte angegeben.

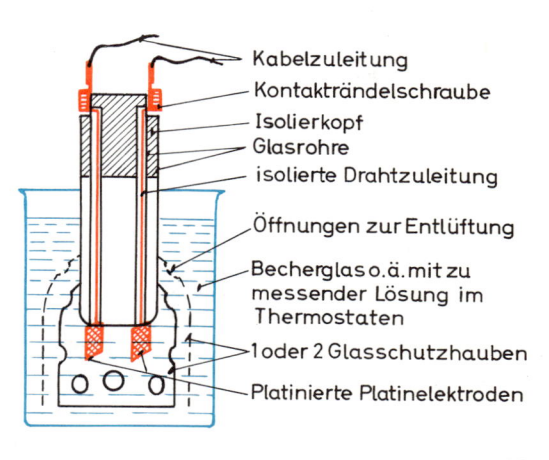

Bild 14. Tauchelektrode zur Leitfähigkeitsmessung

*Tafel 7: Spezifische Leitfähigkeit $\varkappa$ (kappa) von KCl-Lösungen verschiedener Konzentrationen bei verschiedenen Temperaturen in $\Omega^{-1} \cdot cm^{-1}$.*

| Konzentration | 0 °C | 15 °C | 16 °C | 18 °C | 19 °C | 20 °C | 22 °C | 24 °C | 25 °C |
|---|---|---|---|---|---|---|---|---|---|
| 1,000 n-KCl | 0,065 410 | 0,092 520 | 0,094 410 | 0,098 220 | 0,100 140 | 0,102 070 | 0,105 940 | 0,109 840 | 0,111 800 |
| 0,100 n-KCl | 0,007 150 | 0,010 480 | 0,010 720 | 0,011 190 | 0,011 430 | 0,011 670 | 0,012 150 | 0,012 640 | 0,012 880 |
| 0,010 n-KCl | 0,000 776 | 0,001 147 | 0,001 173 | 0,001 225 | 0,001 251 | 0,001 278 | 0,001 332 | 0,001 386 | 0,001 413 |

---

**Rechenbeispiel:**
Die **Zellenkonstante $C$ eines Leitfähigkeitsmeßgerätes** ist zu bestimmen und damit anschließend der Reinheitsgrad von destilliertem Wasser.
**Gegeben:** Thermostat mit 18 °C; unbekannte Tauchelektrode mit Widerstandsmeßeinrichtung; 0,01 n-KCl-Lösung mit $\varkappa = 0{,}001\,225\ \Omega^{-1} \cdot cm^{-1}$; Wasserprobe.
$C = \dfrac{l}{q} = \varkappa \cdot R$ aus Gleichung (36); die spezifische Leitfähigkeit von chemisch reinstem Wasser: $\varkappa = 3{,}8 \cdot 10^{-8}$, von Leitfähigkeitswasser $\varkappa \sim 10^{-6}$ und von destilliertem Wasser $\sim 10^{-5}\ \Omega^{-1} \cdot cm^{-1}$.
**Gemessen:** Der Widerstand mit 0,01 n-KCl $R = 828\ \Omega$ und mit $H_2O$ $R = 20\,285\ \Omega$.
$C = 0{,}001\,225\ \Omega^{-1} \cdot cm^{-1} \cdot 828\ \Omega = \underline{1{,}0143\ cm^{-1}}$. $\varkappa_{H_2O} = \dfrac{C}{R} = \dfrac{1{,}0143}{20\,285} = \underline{5 \cdot 10^{-5}\ \Omega^{-1} \cdot cm^{-1}}$.
Es handelt sich um schwach verunreinigtes destilliertes Wasser.

---

Die spezifische Leitfähigkeit ändert sich im Bereich der Zimmertemperaturen um etwa 2 % je Grad Temperaturdifferenz. Die erreichbaren Meßgenauigkeiten sind besser als 0,01 %. Aus diesem Grund wird in Thermostaten gemessen, deren Temperaturschwankungen kleiner als ± 0,01 °C sein sollten. Die Temperatur ist bei Meßergebnissen ebenfalls stets mit anzuführen.
**Leitfähigkeitsmessungen** sind Widerstandsmessungen, die mit Gleichstrom, niederfrequentem und hochfrequentem Wechselstrom durchgeführt werden können.
Die Meßmethode[14]) richtet sich nach dem Verhalten der Elektrolyt-Ionen und der Lösungsmittelmoleküle im angelegten elektrischen Feld. Bei hohem Widerstand (geringer Leitfähigkeit), z. B. in nichtwäßrigen Lösungsmitteln, kann selbst bei niedrigen Frequenzen die Kondensatorwirkung stören. Zu hohe Spannung vergrößert durch die großen elektrischen Kräfte den Dissoziationsgrad des Elektrolyten (Wienscher Spannungs-Dissoziationseffekt). Die normalen $\Lambda_\infty$-Werte werden dadurch zu hoch gefunden.
Bei Hoch- und Höchstfrequenzen wird die **Impedanz, der Scheinwiderstand bei Wechselströmen,** mitgemessen. Sie wird durch die **Kapazitäten und Induktivitäten der Meßanordnung** beeinflußt. Deshalb wird bei derartigen Messungen der Thermostat statt mit Wasser (hohe Dielektrizitätskonstante! $\varepsilon \sim 80$) mit Paraffinkohlenwasserstoffen gefüllt ($\varepsilon \sim 2$). Weitere störende Effekte werden in 2.7. und Unterkapiteln geschildert.
Normalerweise wird in der Praxis Wechselstrom im Bereich der Hörfrequenz (um 1–2 kHz) verwendet, da einige Meßeinrichtungen mit Kopfhörern als Nullabgleich arbeiten.
Die einfachste Widerstandsmessung (Bild 15.1) benutzt das Ohmsche Gesetz. Die längs des Widerstandes $R_x$ abfallende Spannung $U$ und der fließende Strom $I$ werden gemessen und **das Verhältnis $U/I$ ergibt den Widerstandswert** in Ohm.
Die Spannung wird in Volt und die Stromstärke in Ampère gemessen. Diese Methode wird bei hohen Widerständen verwendet. In Bild 15.1. wird der durch das Voltmeter fließende Strom allerdings mitgemessen. Bei kleinem Innenwiderstand $r_i$ des Voltmeters ist dies zu berücksichtigen:

$$U = \frac{I \cdot R_x \cdot r_i}{R_x + r_i} \qquad (37.1.)$$

daraus

$$R_x = \frac{U}{I} \cdot \left(1 + \frac{R_x}{r_i}\right) \qquad (37.2.)$$

umgestellt

*Bild 15. Prinzip der Widerstandsmessung (Übertitel)*
*Bild 15.1. Innenwiderstand des Voltmeters hoch und bekannt*
*Bild 15.2. Innenwiderstand des Voltmeters klein, Eigenwiderstand des Amperemeters bekannt*

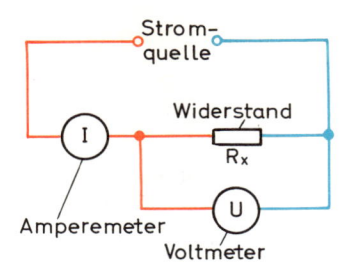

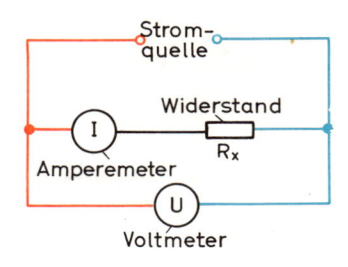

$$R_x = \frac{U}{I - \frac{U}{r_i}} \quad (37.3.)$$

Ist der Eigenwiderstand $r_i$ des Voltmeters gegenüber dem zu messenden Widerstand $R_x$ klein, dann wird nach Bild 15.2. geschaltet. Wird darin der Innenwiderstand des Ampèremeters mit $r_i$ bezeichnet, dann ist

$$R_x = \frac{U - I \cdot r_i}{I} \quad (38)$$

Bei dieser Meßmethode muß die Spannung konstant gehalten werden, denn $U$ geht in die Berechnung mit ein.
Eine andere Möglichkeit der Widerstandsmessung ist durch die beiden Kirchhoffschen Sätze (Gleichungen 33 u. 34) gegeben. In den beiden verzweigten Stromkreisen des Bildes 16 ist nach

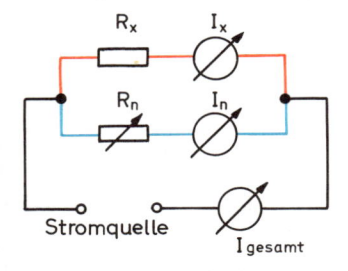

*Bild 16. Stromvergleich in verzweigten Stromkreisen*

(33) der Gesamtstrom gleich der Summe der Einzelströme. Wird für den unbekannten Widerstand $R_x$ gesetzt und ist der $R_n$ ein Präzisions-(Normal-)widerstand, dann verhalten sich die Widerstandswerte umgekehrt wie die zugehörigen Stromstärken

$$\frac{R_x}{R_n} = \frac{I_n}{I_x} \quad (39)$$

Wird der Normalwiderstand so geändert, daß die beiden Stromstärken $I_x$ und $I_n$ einander gleich sind, dann ist $R_x = R_n$.

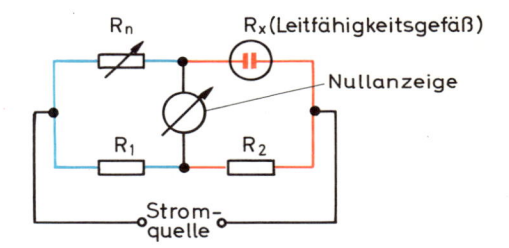

*Bild 17. Prinzipschaltung der Wheatstoneschen Brücke*

In der **Wheatstoneschen Brücke** werden die Widerstände aufgeteilt (Bild 17). Vor den gesuchten Widerstand $R_x$ wird der Nennwiderstand $R_n$ und vor einen Widerstand $R_2$ der Widerstand $R_1$ gesetzt. Zwischen den hintereinandergeschalteten Widerständen befindet sich ein Galvanometer als Nullanzeige-Instrument. Fließt zwischen den beiden Zweigen kein Strom, dann ist in beiden Zweigen der Stromfluß nach dem ersten Kirchhoffschen Satz gleich groß. Nach dem zweiten Kirchhoffschen Satz gilt dann

$$I_x \cdot R_x = I_2 \cdot R_2 \,;\, I_n \cdot R_n = I_1 \cdot R_1 \quad (40)$$

**Im abgeglichenen Zustand fließt zwischen beiden Verzweigungen kein Strom,** d. h. $I_n = I_x$ und $I_1 = I_2$.

$$R_x = \frac{R_2}{R_1} \cdot R_n \quad (41)$$

Denn $\dfrac{I_x \cdot R_x}{I_x \cdot R_n} = \dfrac{I_2 \cdot R_2}{I_2 \cdot R_1}, \dfrac{R_x}{R_n} = \dfrac{R_2}{R_1}$ und daraus wird (41) erhalten.

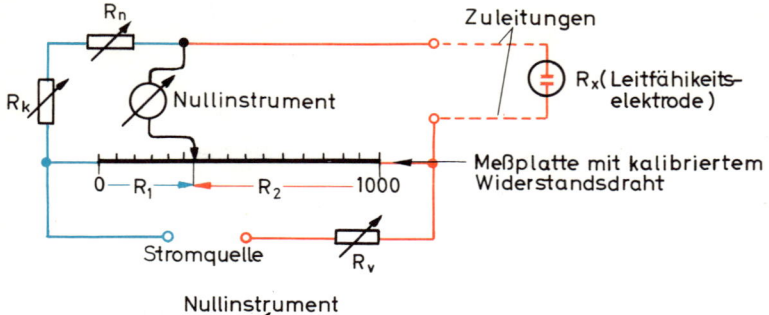

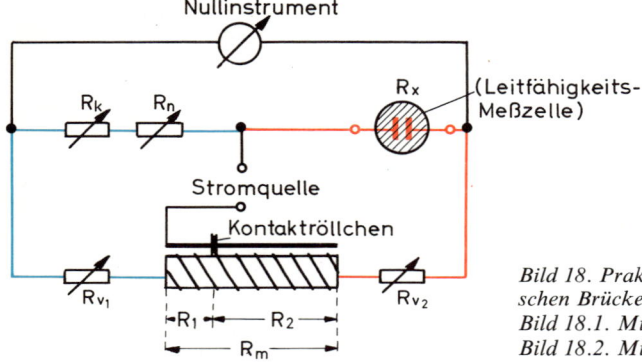

Bild 18. Praktische Schaltungen der Wheatstoneschen Brücke (Übertitel)
Bild 18.1. Mit Meßlatte
Bild 18.2. Mit Meßwalze nach Kohlrausch

Danach sind zwei Meßmethoden möglich. Das Widerstandsverhältnis $R_2/R_1$ kann konstant gehalten werden und durch Veränderung von $R_n$ wird $R_x$ bestimmt. Andererseits kann bei konstantem $R_n$ das Verhältnis der Widerstände geändert werden. In Bild 18.1. werden die beiden Widerstände durch einen kalibrierten Widerstandsdraht ersetzt, der auf einer Meßlatte fest eingespannt ist. Darauf ist ein Kontaktläufer als anzeigender Schleifkontakt beweglich angebracht. Die Widerstände $R_1$ und $R_2$ sind den abgegriffenen Streckenabschnitten direkt proportional. Der Quotient $R_1/R_2$ wird damit zum Streckenvergleich „abgelesene Skalenteile/(Summe aller Skalenteile – abgelesene Skalenteile)".

In Bild 18.1. ist $R_k$ ein Korrekturwiderstand, der den Eigenwiderstand der Zuleitungen kompensiert. Der Vorwiderstand $R_v$ dient zur Strombegrenzung bei kleinem Zellenwiderstand $R_x$. $R_n$ ist ein Präzisions-Stufenwiderstand, der in die Berechnung mit eingeht. Werden die abgelesenen Skalenteile in mm bei einer 1 Meter-Meßlatte mit $a$ und die Widerstandskapazität des Elektrodenzwischenraums mit $C$ bezeichnet, dann ist nach (36) $\varkappa = C/R_x$. In (41) wird $R_2/R_1$ zu $(1000-a)/a$ und für $R_x$ wird erhalten

$$R_x = \frac{1000 - a}{a} \cdot R_n \qquad (42)$$

Eingesetzt ergibt sich für die Leitfähigkeit

$$\varkappa = \frac{C}{\dfrac{1000-a}{a} \cdot R_n} = \frac{a \cdot C}{R_n \cdot (1000 - a)} \qquad (43)$$

**Zur Dehnung des Meßbereichs** können auch Vorwiderstände links und rechts des Meßdrahtes angebracht werden. Ist jeder Widerstand in seinem Betrag 4,5mal so groß wie der Eigenwiderstand des Meßdrahtes, dann ist die **Ablesegenauigkeit** das 10fache. Sie sind bei der wesentlichen genaueren **Walzenmeßbrücke nach Kohlrausch** (Bild 18.2.) eingezeichnet.

In der Walzenmeßbrücke ist der Widerstandsdraht platzsparend auf eine Isolierstoffwalze in 10 gleichgroßen Windungen aufgewickelt. Der Walzenumfang ist in 100 gleichgroße Teile als Skala unterteilt. Nullinstrument und Stromquelle sind miteinander vertauscht, damit der Widerstand zwischen Kontaktröllchen und Walzen-Widerstandsdraht vernachlässigt werden kann.
Die Funktion möge wieder ein praktisches Beispiel demonstrieren.

**Beispiel: Gegeben** ist der Widerstand auf einer Präzisionsmeßwalze $R_1 + R_2 = R_m = 20,000\,\Omega$; die Zellenkonstante (Kapazität der Meßzelle) $C = 0{,}8000\,\text{cm}^{-1}$ und die Temperatur eines Ultrathermostaten mit $20 \pm 0{,}005\,C$; Der Vergleichswiderstand sei eingestellt auf $R_n = 100{,}000\,\Omega$.
**Zu bestimmen** ist die spezifische Leitfähigkeit einer genau $0{,}1000\,\text{n}-\text{KCl}$.
**1. Messung:** $R_{v_1} = R_{v_2} = 0\,\Omega$. Ablesung $a_1 = 593$ Skalenteile von 1000 Skalenteilen.

$$R_{v_1} = \frac{20\,\Omega \cdot 590\,\text{Skt.}}{1000\,\text{Skt.}} = 11{,}80\,\Omega$$

$$R_{v_2} = \frac{20\,\Omega \cdot (1000-600)\,\text{Skt.}}{1000\,\text{Skt.}} = 8{,}00\,\Omega$$

beide Widerstände werden auf die entsprechenden Werte (aus der ersten Messung gewonnen) eingestellt.

Ablesung $a_2 = 324{,}8$ Skt. mit Ausgangsposition von $a_2 = 59\,000$ Skt. nach: $\frac{1180\,\Omega \cdot 1000\,\text{Skt.}}{20\,\Omega}$
Das sind 59 324,8 Skt. von insgesamt 100 000 Skt.
Nach (43) ist

$$\varkappa_1 = \frac{a_1 \cdot C}{R_n \cdot (1000 - a_1)} \text{ für die 1. Messung}$$

und $\varkappa_2 = \dfrac{a_2 \cdot C}{R_n \cdot (100\,000 - a_2)}$ für die 2. Messung

$$\underline{\varkappa_1} = \frac{0{,}8 \cdot 593}{100 \cdot (1000 - 593)} = \underline{0{,}011\,656\,\Omega^{-1} \cdot \text{cm}^{-1}}$$

$$\underline{\varkappa_2} = \frac{0{,}8 \cdot 59\,324{,}8}{100 \cdot (100\,000 - 59\,324{,}8)}$$
$$= \underline{0{,}011\,668\,\Omega^{-1} \cdot \text{cm}^{-1}},$$

der derzeit genaueste Wert für eine 0,100 n-KCl-Lösung in Wasser bei 20 °C. Durch den beschriebenen Kunstgriff wurde **die Ablesegenauigkeit (nicht Meßgenauigkeit!)** auf das Hundertfache vergrößert.

Daraus läßt sich die Äquivalentleitfähigkeit nach Gleichung (18) errechnen:

$$\Lambda_v = \varkappa \cdot \frac{1000}{n} = \frac{0{,}011\,668 \cdot 1000}{0{,}1}$$
$$= 116{,}68\,\text{cm}^{-1} \cdot \Omega^{-1} \cdot \text{val}^{-1}$$

Auf der gleichen Basis lassen sich auch die Werte der Tafel 7 umrechnen.

## 2.5.1. Effekte und Theorien zur Leitfähigkeit

Erst ein Diagramm macht Formeln und Tabellen anschaulich, deshalb der Name Schaubild. Die Temperaturabhängigkeit der spezifischen Leitfähigkeit $\varkappa$ (Tafel 7) und der daraus, mit Hilfe der Gleichung (18), berechneten Äquivalentleitfähigkeit $\Lambda_v$ von KCl-Lösungen verschiedener Konzentration, zeigt das Diagramm in Bild 19. Mit zunehmender Temperatur wird das Lösungsmittel beweglicher, flüssiger; seine Viskosität nimmt ab. Auch die Ionen vergrößern ihren Energieinhalt durch verstärkte Brownsche Wärmebewegung. Beide Faktoren gemeinsam erhöhen die Zahl der Ionenentladungen je Sekunde. Dies ist gleichbedeutend mit einem verstärkt im äußeren Stromkreis meßbaren Stromfluß. Der Widerstand wird kleiner, die Leitfähigkeit größer.
Die Zunahme der spezifischen Leitfähigkeit ist durch die Zunahme der Ionenzahl zu erklären.

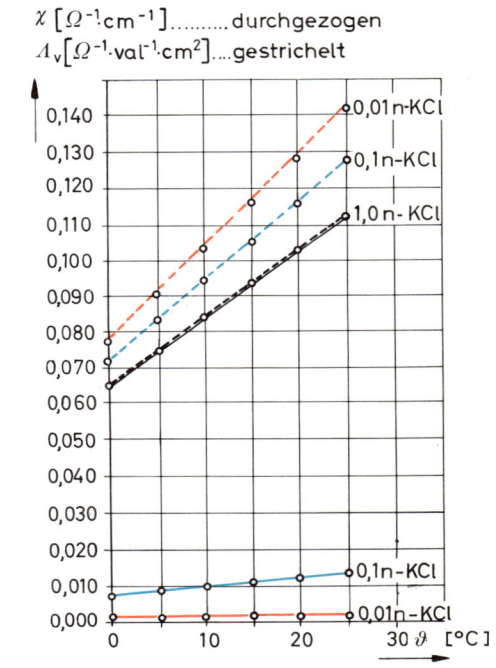

*Bild 19. Temperaturabhängigkeit der Äquivalentleitfähigkeit und der spezifischen Leitfähigkeit von KCl-Lösungen verschiedener Konzentration*

In den Elektrodenräumen befinden sich mehr entladbare Ionen. Mit der Konzentration wächst deshalb die spezifische Leitfähigkeit an. Anders verhält sich die Äquivalentleitfähigkeit. Nach Gleichung (18) ist sie eine „als ob"-Größe. Sie bezieht sich stets auf den Wert, den der Elektrolyt besäße, wenn er eine 1 n-Lösung darstellen würde. Im Nenner steht die Normalität und der Wert des Koeffizienten 1000/n wird um so größer, je kleiner die Konzentration ist. Der stärkere Anstieg der Leitfähigkeit mit der Verdünnung wurde nach Bild 3 bereits mit dem Abbau der Ionenwolke, der Abschirmung von Ionen durch die Nahordnung ihrer Gegenionen, gedeutet. Dies galt für starke Elektrolyte.

**Bei schwachen Elektrolyten nimmt der Dissoziationsgrad mit der Verdünnung zu,** wie mit Hilfe des Ostwaldschen Verdünnungsgesetzes (Gleichungen 14 und 14.1) gezeigt wurde. Dadurch nimmt die Zahl der Ionen mit dem Verdünnungsgrad zu.

Diese Faktoren werden durch Einführung der Grenzleitfähigkeit, der Leitfähigkeit bei unendlicher Verdünnung, ausgeschaltet. Außer von der Art der Lösungsmittelmoleküle und ihrem Verhalten, Eigenschaften, die konstant gehalten werden können, ist die Grenzleitfähigkeit nur noch von der Temperatur und Art der Ionen abhängig. Bei definierter Temperatur tragen nur noch Kation und Anion des Elektrolyten zur Leitfähigkeit in unendlich großem Volumen bei. **Die Grenzleitfähigkeit des Elektrolyten $\Lambda_\infty$ setzt sich deshalb aus den Teilleitfähigkeiten bei unendlicher Verdünnung der Kationen $\Lambda_k$ und der Anionen $\Lambda_a$ zusammen:**

$$\Lambda_\infty = \Lambda_k + \Lambda_a \qquad (44)$$

Befinden sich zwei verschiedene Elektrolyte in der Lösung, dann setzt sich die **Grenzleitfähigkeit aus den Teilleitfähigkeiten sämtlicher Ionen** zusammen. Dadurch kann **aus den Grenzleitfähigkeiten dreier Elektrolyte diejenige eines vierten Elektrolyten berechnet** werden. So spielt es bei unendlicher Verdünnung keine Rolle, ob $NH_4Cl$ und $CH_3COOH$ oder $CH_3COONH_4$ und $HCl$ gelöst werden. In beiden Fällen tragen die gleichen Ionen zur Leitfähigkeit bei. In der Anhangstafel 3.2. ist für Ammoniumäthanat (Ammonazetat) $\Lambda_\infty$ nicht angeführt, wohl aber für Ammoniumchlorid, Chlorwasserstoff (Salzsäure) und Essigsäure (Äthansäure oder Methankarbonsäure).

Sie läßt sich berechnen durch Addition der Leitfähigkeiten von Ammoniumchlorid und Äthansäure minus der Leitfähigkeit für Chlorwasserstoffsäure:

$$(NH_4^+ + Cl^-) + (H^+ + CH_3COO^-) -$$
$$\quad\; 129{,}9 \qquad\qquad\quad\; 349{,}5$$

$$(H^+ + Cl^-) = (NH_4^+ + CH_3COO^-)$$
$$\;\; 380{,}3 \qquad\qquad\qquad 99{,}1$$

Diese Methode wird verwendet, um die Leitfähigkeiten von schwachen Elektrolyten bei unendlicher Verdünnung zu berechnen. Hierzu 2 Beispiele:

---

$\Lambda_\infty$ von Äthansäure ist zu bestimmen. Verwendet werden die Werte von 3 starken Elektrolyten:

$CH_3COONa + HCl - NaCl = CH_3COOH$
$\Lambda_\infty: \quad 77{,}8 \;\; + 380{,}3 \; - 109{,}0 \; = 349{,}1$
$\Lambda_\infty$ **von $CH_3COOH$**

$\Lambda_\infty$ von Ammoniumhydroxid ist zu bestimmen. Wieder werden die Werte von 3 starken Elektrolyten verwendet:

Elektrolyt: $\Lambda_\infty$
$\quad NH_4Cl \qquad\quad 129{,}9$
$+\; NaOH \qquad\; +217{,}4$
―――――――――――
$\qquad\qquad\qquad\quad 347{,}3$
$-\; NaCl \qquad\quad\; -109{,}0$
―――――――――――
$=\; NH_4OH \; = 238{,}3 = \Lambda_\infty$ von $NH_4OH$

---

Später wird gezeigt, daß sich der Leitfähigkeitsbeitrag des einzelnen Ions mit Hilfe der Überführungszahl berechnen läßt. Die Elektrolytleitfähigkeit läßt sich so rein additiv errechnen. Weiterhin ist es möglich, die Leitfähigkeit anderer Ionen aus Meßergebnissen durch Subtraktion zu erhalten.

Tafel 8 gibt die Ionen-Grenzleitfähigkeiten $\Lambda_\infty$ getrennt nach Kationen und Anionen in alphabetischer Folge wieder.

Daraus ergeben sich für die vorigen Beispiele folgende Werte:

$NH_4^+ CH_3COO^- \qquad \Lambda_\infty = 64{,}5 + 34{,}6 =$
$99{,}1\; (99{,}1)\; \Omega^{-1} \cdot cm^2 \cdot val^{-1}$
$H^+ CH_3COO^- \qquad\quad \Lambda_\infty = 314{,}5 + 34{,}6 =$
$349{,}1\; (349{,}1)\; \Omega^{-1} \cdot cm^2 \cdot val^{-1}$
$NH_4^+ OH^- \qquad\qquad\quad \Lambda_\infty = 64{,}5 + 173{,}5 =$
$238{,}0\; (238{,}3)\; \Omega^{-1} \cdot cm^2 \cdot val^{-1}$

Andererseits lassen sich aus der Anhangstafel 3.2. weitere Ionengrenzleitfähigkeiten zur Ergänzung der Tafel 8 auf gleicher Basis berechnen. Beispiel seien die Werte des Sulfatblocks, von denen der Sulfatwert 68,0 zu subtrahieren ist:

*Tafel 8: Ionengrenzleitfähigkeiten $\Lambda_\infty$ bei 18 °C*

| Kation | $\Lambda_\infty$ | Anion | $\Lambda_\infty$ |
|---|---|---|---|
| Ag$^+$ | 54,2 | Br$^-$ | 67,6 |
| $^1/_2$ Ba$^{++}$ | 55,0 | CH$_3$COO$^-$ | 34,6 |
| $^1/_2$ Ca$^{++}$ | 51,2 | $^1/_2$ COO$^-$ COO$^-$ | 63,0 |
| Cs$^+$ | 68,0 | Pikrat$^-$ | 25,3 |
| H$^+$ | 314,5 | Cl$^-$ | 65,5 |
| K$^+$ | 64,5 | ClO$_3^-$ | 55,0 |
| $^1/_3$ La$^{+++}$ | 61,0 | ClO$_4^-$ | 58,4 |
| Li$^+$ | 33,0 | F$^-$ | 46,7 |
| $^1/_2$ Mg$^{++}$ | 45,5 | $^1/_4$ [Fe(CN)$_6$]$^{=}$ | 95,8 |
| N(C$_2$H$_5$)$_4^+$ | 28,1 | J$^-$ | 66,1 |
| NH$_4^+$ | 64,5 | NO$_3^-$ | 61,8 |
| Na$^+$ | 43,4 | OH$^-$ | 173,5 |
| $^1/_2$ Cu$^{++}$ | 45,3 | $^1/_2$ SO$_4^=$ | 68,0 |

$^1/_2$ **Mg**$^{++}$ = 113,5 − 68,0 = **45,5**;
$^1/_2$ **Ca**$^{++}$ = 119,2 − 68,0 = **51,2**
$^1/_2$ **Cd**$^{++}$ = 113,8 − 68,0 = **45,8**;
$^1/_2$ **Zn**$^{++}$ = 113,6 − 68,0 = **45,6**
$^1/_2$ **Cu**$^{++}$ = 114,0 − 68,0 = **46,0**;
**Na**$^+$ = 111,4 − 68,0 = **43,4**

Diese Werte haben ebenfalls nur Gültigkeit für die Temperatur $\vartheta = 18\,°C$. Bei höherer Temperatur ist die Leitfähigkeit größer.
Ist die **Äquivalentleitfähigkeit** des Einzelions bei der Celsiustemperatur $\vartheta_1$ als $\Lambda_{\vartheta_1}$ gegeben und wird sie bei der Temperatur $\vartheta_2$ gesucht, dann kommt zu $\Lambda_{\vartheta_1}$ als Summand die Temperaturdifferenz $\vartheta_2 - \vartheta_1$ und eine Konstante $k$ multipliziert mit $\Lambda_{\vartheta_1}$ hinzu. Es ist

$$\begin{aligned}\Lambda_{\vartheta_2} &= \Lambda_{\vartheta_1} + \Lambda_{\vartheta_1} \cdot k \cdot (\vartheta_2 - \vartheta_1) \\ &= \Lambda_{\vartheta_1} \cdot [1 + k \cdot (\vartheta_2 - \vartheta_1)]\end{aligned} \quad (45)$$

Der **Temperaturkoeffizient** $k$ ist eine ionenabhängige Größe. Er ist in verschiedenen mathematischen Schreibweisen darstellbar:

$$k = \frac{\Delta \Lambda_\vartheta}{\Lambda_{\vartheta_1} \cdot \Delta \vartheta} = \frac{\Lambda_{\vartheta_2} - \Lambda_{\vartheta_1}}{\Lambda_{\vartheta_1} \cdot (\vartheta_2 - \vartheta_1)} = \frac{1}{\Lambda_{\vartheta_1}} \cdot \left[\frac{\partial \Lambda_\vartheta}{\partial \vartheta}\right]_{\vartheta_1}$$
(46)

Der letzte Ausdruck ist eine partielle Ableitung und wird gelesen: „Eins durch Lambda – theta eins, mal Lambda – theta partiell nach theta."

Gleichung (46) wird durch Umstellen von (45) erhalten.
**Für starke Elektrolyte in wäßriger Lösung,** bezogen auf die Äquivalentleitfähigkeit bei $\vartheta = 18\,°C$, $\Lambda_{18}$, und größere Temperaturdifferenzen gilt mit $k$ aus (46), für Kation und Anion zugleich

$$\Lambda_\vartheta = \Lambda_{18} \cdot [1 + k \cdot (\vartheta - 18) + 0{,}0163 \cdot (k - 0{,}0174) \cdot (\vartheta - 18)^2] \quad (47)$$

Bei hohen Temperaturen steigt die Ionenleitfähigkeit langsamer an und kann sich sogar bei Salzen mit mehrwertigen Ionen verringern. In diesen Fällen sind die Gleichungen (45), (46) und (47) nicht mehr anwendbar.
Die $k$-Werte sind in Nachschlage- und Tabellenwerken[15]) zu finden. Wenn sie auf 18 °C bezogen werden, wird aus (46) die Gleichung

$$k = \frac{\Lambda_\vartheta - \Lambda_{18}}{\Lambda_{18} \cdot (\vartheta - 18)} \quad (48)$$

Darin ist $\Lambda_\vartheta$ **die Äquivalentleitfähigkeit bei der Temperatur $\vartheta$,** $\Lambda_{18}$ diejenige bei 18 °C. **Für Wasser ist $k = 0{,}058$ je Grad, für starke Säuren etwa 0,0154 grd$^{-1}$, für Basen um 0,018 grd$^{-1}$ und die Werte für Salze liegen bei 0,023 grd$^{-1}$.**
Die Leitfähigkeit eines einzelnen Ions ist für dieses selbst charakteristisch. Die Elementarladung ist an seine Masse und an seine Raumbeanspruchung gebunden. Dieses Volumen kann durch eine um das Ion ausgebildete Solvathülle, eine lose gebundene Haut von Lösungsmittelmolekülen (in Wasser eine Hydrathülle) größer sein als sein eigenes Volumen.

Befindet sich eine steigende Zahl von Kationen und Anionen in der Lösung, dann müßte die Leitfähigkeit mit der Konzentration direkt proportional ansteigen. Mit zunehmender Konzentration beeinflussen sich jedoch die Ionen gegenseitig. Starke Elektrolyte bilden Ionenwolken um Zentralionen aus, schwache Elektrolyte lagern zunehmend Kationen und Anionen zu undissoziierten, damit elektrisch ungeladenen Molekülen zusammen. Die Leitfähigkeit bei höheren Konzentrationen kann deshalb zur Messung dieser Effekte herangezogen werden.
Bei schwachen Elektrolyten entziehen sich diejenigen Ionen der Messung der Leitfähigkeit, die zu ungeladenen Molekülen zusammentreten. **Die aus der Grenzleitfähigkeit zu erwartende Äquivalentleitfähigkeit ist um einen Betrag geringer geworden, der dem Dissoziationsgrad entspricht.** Bei

schwachen Elektrolyten bilden sich normalerweise keine Ionenwolken aus, deshalb verhält sich die Äquivalentleitfähigkeit zur Grenzleitfähigkeit, wie die Zahl der dissoziierten Moleküle zu der Gesamtzahl aller Moleküle. Es ist

$$\frac{\Lambda_v}{\Lambda_\infty} = \alpha \qquad (49)$$

Ersetzt man den Dissoziationsgrad $\alpha$ in Gl. (14) durch diesen Ausdruck, dann nimmt das Ostwaldsche Verdünnungsgesetz folgende Form an

$$K_c = \frac{\alpha^2 \cdot c_0}{1-\alpha} = \frac{\left(\frac{\Lambda_v}{\Lambda_\infty}\right)^2 \cdot c_0}{1 - \frac{\Lambda_v}{\Lambda_\infty}}$$

Durch Erweitern mit $\Lambda_\infty^2$ entsteht der einfachere Ausdruck

$$K_c = \frac{\Lambda_v^2 \cdot c_0}{\Lambda_\infty \cdot (\Lambda_\infty - \Lambda_v)} \qquad (50)$$

Mit seiner Hilfe läßt sich die Dissoziationskonstante $K_c$ für jede Konzentration $c_0$ schwacher Elektrolyte durch Leitfähigkeitsmessung bestimmen. Zugleich sagt Gl. (50) aus, daß die Äquivalentleitfähigkeit $\Lambda_v$ mit fallender Konzentration $c_0$ des schwachen Elektrolyten zunimmt. Gl. (50) umgestellt:

$$\Lambda_\infty - \Lambda_v = \frac{\Lambda_v^2 \cdot c_0}{\Lambda_\infty \cdot K_c}; \quad \Lambda_v = \Lambda_\infty - \frac{\Lambda_v^2 \cdot c_0}{\Lambda_\infty \cdot K_c}$$

Bei einer gedanklichen Verdünnungsreihe strebt $c_0$ gegen 0 ($c_0 \to 0$), $\Lambda_v \to \Lambda_\infty$, das heißt $\Lambda_v$ wird nahezu gleich $\Lambda_\infty$ ($\Lambda_v \approx \Lambda_\infty$) und $\Lambda_v^2/\Lambda_\infty \to \Lambda_\infty$. Aus Gl. (50) in ihrer umgestellten Form wird

$$\Lambda_v \approx \Lambda_\infty - \Lambda_\infty \cdot \frac{c_0}{K_c} \approx \Lambda_\infty \cdot \left(1 - \frac{c_0}{K_c}\right) \qquad (51)$$

Daraus ist zu ersehen, daß mit kleiner werdendem $c_0$ die Äquivalentleitfähigkeit $\Lambda_v$ größer wird und umgekehrt, mit ansteigender Konzentration $c_0$, kleiner wird.
Im nachfolgenden praktischen Beispiel werden die Gl. (18), (44) und (50) miteinander verknüpft.

---

**Beispiel:** Konstante Temperatur = 18 °C;
**Gegeben:** Ionengrenzleitfähigkeiten $\Lambda_{OH} = 173{,}5$; $\Lambda_{Cl} = 65{,}5$ in $[\Omega^{-1} \cdot cm^{-1}]$;
**Gemessen:** Die spezifischen Leitfähigkeiten von $10^{-3}$ n-$NH_4OH$ $\varkappa_1 = 2{,}8 \cdot 10^{-5}$; von $5 \cdot 10^{-4}$ n-$NH_4Cl$ $\varkappa_2 = 6{,}4 \cdot 10^{-5} [\Omega^{-1} \cdot cm^{-1}]$;
**Gesucht:** $K_c$ von 0,001 n-$NH_4OH$ und $\alpha$.
Für Gl. (50) werden die $NH_4OH$-Werte $c_1$, $\Lambda_v$ und $\Lambda_\infty$ benötigt. $\Lambda_v$ wird aus Gl. (18) erhalten, $\Lambda_\infty$ nach Gl. (44) berechnet. $n$ der Gl. (18) ist bekannt als das in Val angegebene $c_1 = 10^{-3}$ n für $NH_4OH$ und $c_2 = 5 \cdot 10^{-4}$ für $NH_4Cl$. Ammoniumchlorid ist ein starker Elektrolyt, dessen Äquivalentleitfähigkeit bei ausreichendem Verdünnungsgrad annähernd gleich der Grenzleitfähigkeit gesetzt werden kann.

(18) $\Lambda_v = \dfrac{\varkappa \cdot 10^3}{n}$;

$\underline{\Lambda_{v1}} = \dfrac{2{,}8 \cdot 10^{-5} \cdot 10^3}{10^{-3}} = \underline{28}$

($\Lambda_v$ von $10^{-3}$ n − $NH_4OH$)

$\underline{\Lambda_{v2}} = \dfrac{6{,}4 \cdot 10^{-5} \cdot 10^3}{5 \cdot 10^{-4}} = \underline{128}$

($\Lambda_v \approx \Lambda_\infty$ von $NH_4Cl$)

Nach (44) $\Lambda_{NH_4OH} = \Lambda_{NH_4Cl} - \Lambda_{Cl^-} + \Lambda_{OH^-}$
$\approx \Lambda_\infty$ von $NH_4OH$

$\Lambda_\infty \approx 128 - 65{,}5 + 173{,}5 = \underline{236}$

(nach Anh. 3.2. = 238)
Damit sind die erforderlichen 3 Werte für (50) bekannt: $c$ (gegeben) = $10^{-3}$; $\Lambda_v$ (berechnet als $\Lambda_{v1}$) = 28 und $\Lambda_\infty \approx 236$. Eingesetzt in (50):

$K_c = \dfrac{\Lambda_v^2 \cdot c_{(1)}}{\Lambda_\infty \cdot (\Lambda_\infty - \Lambda_v)} = \dfrac{28^2 \cdot 10^{-3}}{236 \cdot (236 - 28)}$

$= \dfrac{49 \cdot 10^{-3}}{3068} = 1{,}6 \cdot 10^{-5}$ mol $\cdot l^{-1}$

Der Dissoziationsgrad wird aus (49) mit den errechneten Werten erhalten:

(49) $\underline{\alpha} = \dfrac{\Lambda_v}{\Lambda_\infty} = \dfrac{28}{236} = \underline{0{,}1186 \approx 0{,}12}$

Die Abschirmung der Zentralionen durch Ionenwolkenbildung bei starken Elektrolyten bewirkt im elektrischen Feld zwei verschiedene Effekte, die die Leitfähigkeit verringern. Beim Anlegen von Gleichspannung sollte das Zentralion (Bild 3) zur entgegengesetzt aufgeladenen Elektrode abwandern. Durch die umgebenden, entgegengesetzt aufgeladenen Ionen wird diese Wanderung gebremst. Sie versuchen das Zentralion durch

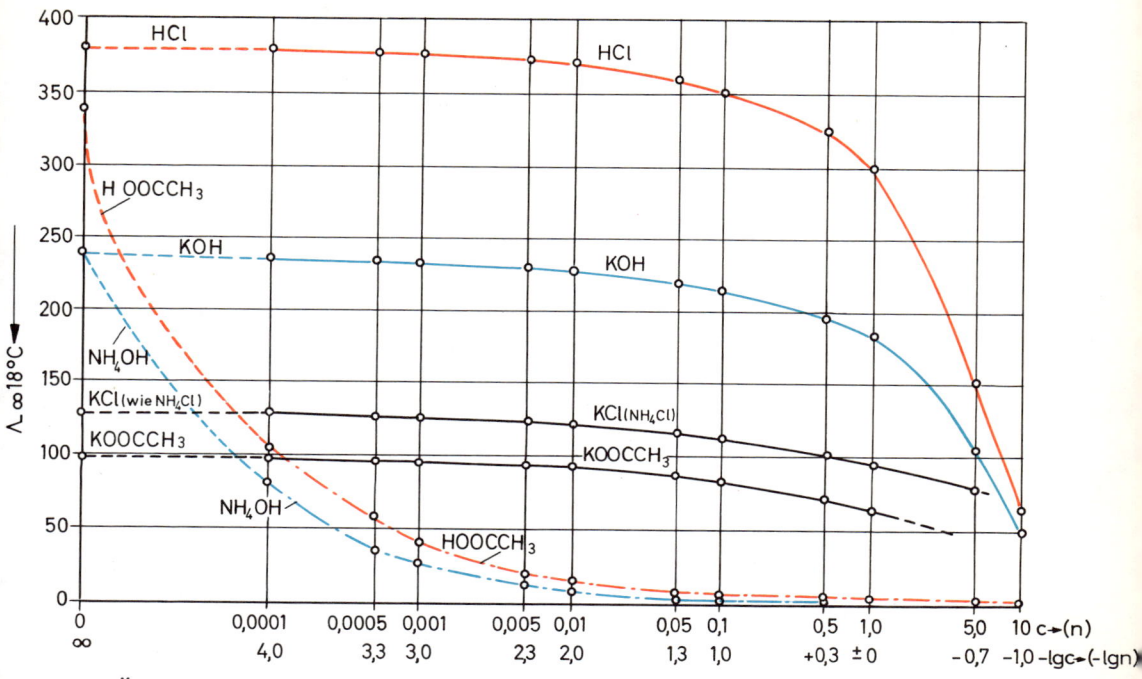

**Bild 20.** *Äquivalentleitfähigkeit starker und schwacher Elektrolyte in wäßriger Lösung verschiedener Konzentration bei 18 °C (nach Anhangtafel 3.2.)*

ihre eigene entgegengesetzt gerichtete Ladung festzuhalten. Die darauf beruhende Bremsung des Zentralions wird **kataphoretischer Effekt** genannt.

Die Ionenwolke wird durch diejenige Elektrode angezogen, die entgegengesetzt zu den Ionen, gleichnamig zum Zentralion, aufgeladen ist. Sie besitzen damit eine dem Zentralion entgegengesetzt gerichtete Wanderungsrichtung. Die dadurch verursachte Strömung ist eine weitere Bremsungsursache, die eine zusätzliche Leitfähigkeitsverminderung hervorruft. **Dieser Effekt wird elektrophoretischer genannt.** Sein Vorhandensein kann durch einen umgekehrten Vorgang bewiesen werden. Wird ein starker Elektrolyt hoher Konzentration unter Druck durch eine Kapillare gepreßt, dann entsteht eine elektrische Potentialdifferenz, das **Strömungspotential.**
Beide Effekte werden mit der Konzentration geringer und erreichen im Bereich der unendlichen Verdünnung den Wert „Null". Bei höheren Konzentrationen starker Elektrolyte sind, im Gegensatz zu schwachen Elektrolyten, immer noch fast alle Moleküle in Ionen zerfallen. Ein Großteil davon ist jedoch der Leitfähigkeitsmessung durch

die beschriebenen Effekte entzogen. Deshalb gilt Gl. (49) auch nicht mehr annähernd, denn die Abnahme der Leitfähigkeit bei hohen Konzentrationen beruht auf anderen Ursachen als bei schwachen Elektrolyten. Der völlig andere Kurvenverlauf im Diagramm von Bild 20 zeigt dies eindeutig. In diesem Schaubild ist die Äquivalentleitfähigkeit bis zur Grenzleitfähigkeit gegen die Konzentration verschiedener Elektrolyte bei 18 °C aufgetragen. Die Abszisse ist, durch den Logarithmus des Kehrwertes der Konzentration als Maßstabseinheit, gestaucht. Beispiele der schwachen Elektrolyte sind darin Äthansäure (Essigsäure, HOOC · CH$_3$) und Ammoniak (Ammoniumhydroxid, NH$_4$OH) als schwache Base.

Der fast gerade Kurvenverlauf der starken Elektrolyte bei größerer Verdünnung veranlaßte bereits im Jahre 1900 F. Kohlrausch, empirisch (auf Versuchsergebnissen beruhend) sein **Quadratwurzelgesetz** aufzustellen. Es besagt, daß im Bereich größerer Verdünnung die Differenz zwischen der Grenzleitfähigkeit und der Äquivalentleitfähigkeit direkt proportional der Wurzel aus der Elektrolytkonzentration ist:

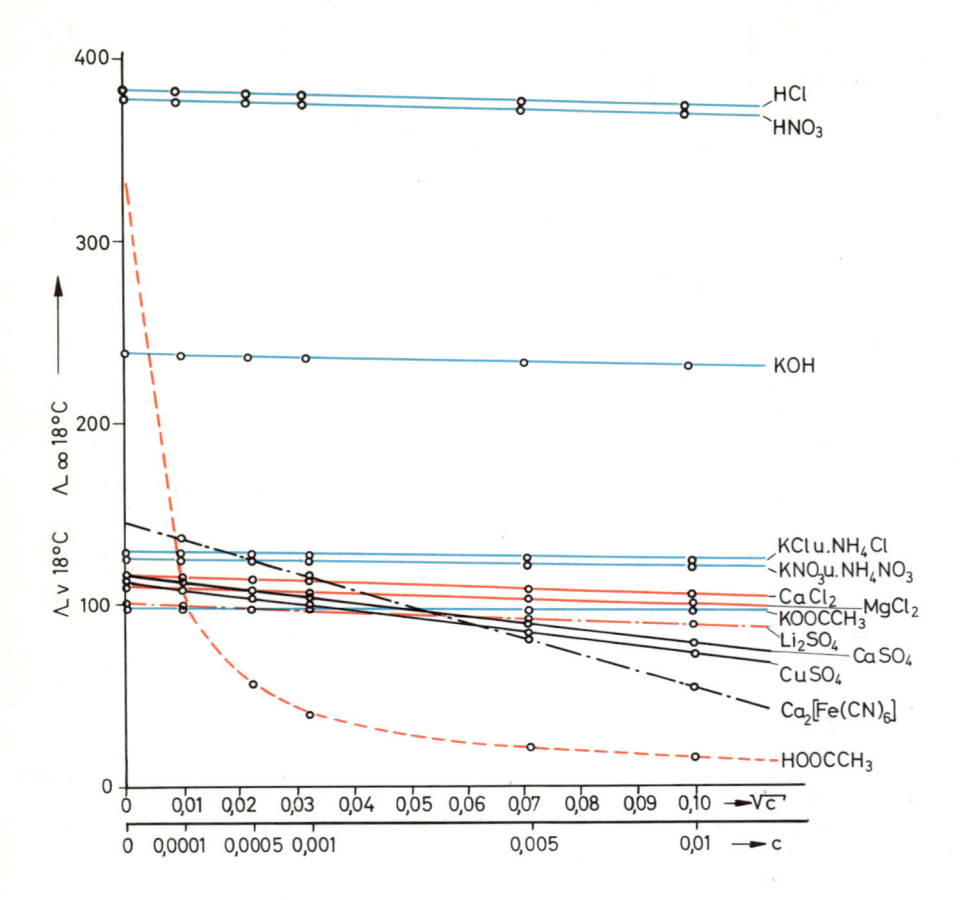

$$\Lambda_\infty - \Lambda_v = A \cdot \sqrt{c} \text{ oder } \Lambda_v = \Lambda_\infty - A \cdot \sqrt{c} \tag{52}$$

$A$ ist darin eine stoffabhängige Konstante. Sie gibt den Neigungswinkel der Geraden wieder:

$$\tan \alpha = \frac{\sqrt{c}}{\Lambda_\infty - \Lambda_v} = A \tag{53}$$

Bild 21.1. läßt deutlich erkennen, daß weniger die Art der beteiligten Ionen, sondern deren Wertigkeit für den Neigungswinkelwert verantwortlich ist. Die Neigung ist in Bild 21.2. für verschiedene Salztypen, durch Dehnung der Ordinatenteilung, deutlicher zu unterscheiden. Die Neigung wird größer in der Reihe 1,1-, 2,1- und 1,2-, 2,2- und 4,2-wertiger Salze. Bei gleicher Kation-/Anion-Wertigkeit verlaufen die Kurven parallel, sind mithin in ihrem Neigungsmaß unabhängig von der Art der beteiligten Ionen. **Im angelegten elektrischen Feld treten kataphoretischer und elektrophoretischer Effekt bei starken Elektrolyten gemeinsam auf.** Beide zusammen sind für die Neigung der Kurven in Bild 21.2., für den Wert der Konstanten $A$, verantwortlich. Quantitativ untersuchten Debye, Hückel und Onsager den Einfluß der **Ionenwertigkeit** $v$, **der Kelvintemperatur** $T$, **der Zähigkeit** $\eta$ und **der Dielektrizitätskonstanten** $\varepsilon$ **und** stellten die Gleichung auf[16)][17)]:

$$A = \left( \Lambda_\infty \cdot \frac{8{,}18 \cdot 10^5 \cdot v^2}{(\varepsilon \cdot T)^{3/2}} + \frac{82{,}1 \cdot v}{\eta \cdot (\varepsilon \cdot T)^{1/2}} \right) \cdot \sqrt{v} \tag{54}$$

Daraus wird für Wasser als Lösungsmittel bei einer Temperatur von 18 °C (= 291,2 °K) und 1,1-wertige Elektrolyten:

*Bild 21. Diagramme zu Kohlrauschs Quadratwurzelgesetz (Übertitel)*

*Bild 21.1. Äquivalentleitfähigkeit starker Elektrolyte bei 18 °C als Funktion der Wurzel aus ihrer Konzentration*

*Bild 21.2. Äquivalentleitfähigkeit von Salzen bei 18 °C als Funktion der Wurzel aus ihrer Konzentration (wie 21.1.) mit gedehnter Ordinatenskala*

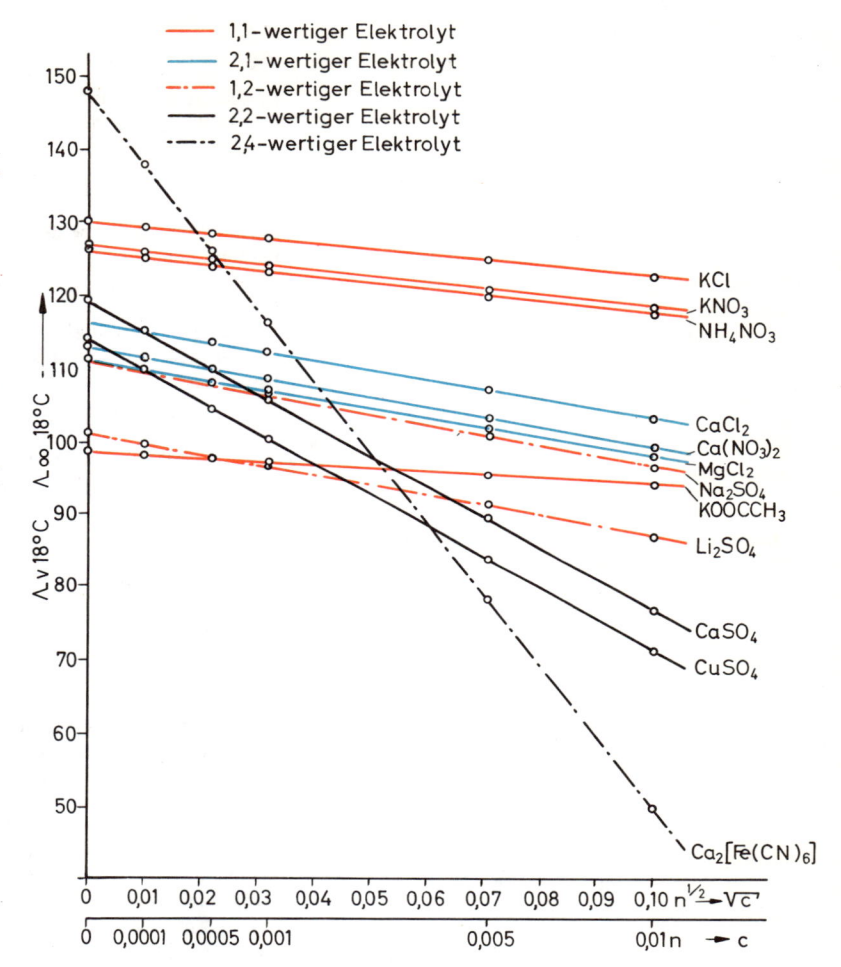

$$A = 0{,}2238 \cdot \Lambda_\infty + 50{,}48$$

und eingesetzt in (52)

$$\Lambda_v = \Lambda_\infty - (0{,}2238 \cdot \Lambda_\infty + 50{,}48) \cdot \sqrt{c} \quad (55)$$

Eine Nachprüfung mit Hilfe der Anhangstabelle 3.2. ergibt bis in den Bereich von hundertstel Mol gute Übereinstimmung. Bei zu hohen Konzentrationen wird eine zu niedrige Leitfähigkeit errechnet. Mit steigender Konzentration wird die Leitfähigkeit in ihrem Wert langsamer kleiner, als nach (55) zu erwarten wäre.

Um ein **Maß für die interionischen Kräfte** zu erhalten, führte Bjerrum den **Leitfähigkeitskoeffizienten** $f_\lambda$ ein. Er ist das Verhältnis der Äquivalentleitfähigkeit zur Grenzleitfähigkeit, die Beziehung der Leitfähigkeit mit interionischer Wechselwirkung zu derjenigen, die frei davon ist:

$$f_\lambda = \frac{\Lambda_v}{\Lambda_\infty} \quad (56)$$

Bei Übergangselektrolyten (stark → schwach) wird besonders bei höheren Konzentrationen zunehmend der Dissoziationsgrad bemerkbar. Er ist kleiner als eins. Gleichung (56) muß deshalb lauten:

$$\frac{\Lambda_v}{\Lambda_\infty} = \alpha \cdot f_\lambda \quad \text{oder} \quad \Lambda_v = \alpha \cdot f_\lambda \cdot \Lambda_\infty \qquad (57)$$

Hier wird sowohl der Einfluß der Ionenwolke, als auch derjenige des Dissoziationsgrades berücksichtigt. Aus letzterem Grund muß bei der ursprünglichen Konzentration auch der Dissoziationsgrad einbezogen werden, denn stromleitend sind nur die Ionen, nicht aber die Moleküle. Aus $c$ wird $c \cdot d$.

Aus Gleichung (52) wird deshalb bei Division durch die Grenzleitfähigkeit:

$$\frac{\Lambda_v}{\Lambda_\infty} = f_\lambda = \frac{\Lambda_v}{\Lambda_\infty} - \frac{A}{\Lambda_\infty} \cdot \sqrt{c \cdot \alpha} = 1 - \frac{A}{\Lambda_\infty} \cdot \sqrt{\alpha \cdot c} \qquad (58)$$

**Damit ist der Leitfähigkeitskoeffizient in der Debye-Hückel-Onsagerschen Näherungsgleichung ausgedrückt.**

Bei der Berechnung der Äquivalentleitfähigkeit sehr schwacher Elektrolyte nach (49) ist der Fehler kleiner als 1%, denn der Leitfähigkeitskoeffizient ist nahezu eins! Gleichung (55) hat Gültigkeit für sehr starke Elektrolyte, denn sie sind praktisch vollständig dissoziiert und der Dissoziationsgrad ist eins.

Für mittelstarke Elektrolyte müssen beide Faktoren berücksichtigt werden, wie Gl. (57) zeigt. Darin kann der Leitfähigkeitskoeffizient durch (58) und dort wieder die Konstante $A$ durch (54) ersetzt werden und es entsteht der, den interessierten Laien abschreckende, Ausdruck:

$$\Lambda_v = \alpha \cdot \left[ \Lambda_\infty - \sqrt{\alpha \cdot c \cdot v} \right.$$
$$\left. \cdot \left( \Lambda_\infty \cdot \frac{8{,}18 \cdot 10^5 \cdot v^2}{\sqrt{(\varepsilon \cdot T)^3}} + \frac{82{,}1 \cdot v}{\eta \cdot \sqrt{\varepsilon \cdot T}} \right) \right] \qquad (59)$$

Übrigens: $(\varepsilon \cdot T)^{3/2} = \sqrt[2]{(\varepsilon \cdot T)^3}$ [18])

**Bei schwerlöslichen Stoffen** ist nur ein geringer Teil über dem **Bodenkörper** in Lösung gegangen. Sie zeigen das Verhalten eines schwachen Elektrolyten. Dieser gelöste Bruchteil ist vollständig in seine Ionen zerfallen. **Sowohl $\alpha$ wie auch $f_\lambda$ sind gleich eins.** Damit wird $\Lambda_v = \Lambda_\infty$. Silberchlorid z. B. besitzt bei 18 °C das **Ionenprodukt** $LP = 0{,}99 \cdot 10^{-10}$, d. h. die überstehende Lösung ist je Ionenkonzentration (bzw. Aktivität) $\approx 10^{-5}$ n, denn

$[Ag^+] \cdot [Cl^-] = [Ag^+]^2 = [Cl^-]^2 \approx 10^{-10}$;
$[Ag^+] \approx 10^{-5} \approx [Cl^-]$.

In diesem Fall kann die Äquivalentleitfähigkeit für 18 °C gleich der Grenzleitfähigkeit gesetzt werden. Nach Tafel 8 ist $\Lambda_{AgCl} = \Lambda_{Ag^+} + \Lambda_{Cl^-} =$

$54{,}2 + 65{,}5 = 119{,}7 \; \Omega^{-1} \cdot cm^2 \cdot val^{-1}$.

Dieser Wert gilt für beide Leitfähigkeiten gleichermaßen. Nebenbei: Die beiden Korrekturfaktoren für die interionische Wechselwirkung bei Lösungen starker Elektrolyte, **der Aktivitätskoeffizient $f_a$ und der Leitfähigkeitskoeffizient $f_\lambda$ bewirken zwar das gleiche, haben jedoch verschiedene Zahlenwerte.**

## 2.5.2. Sonderstellung der Wasserstoff- und Hydroxid-Ionen

Auffällig sind die wesentlich **stärkeren Äquivalentleitfähigkeiten der starken Säuren und Basen gegenüber denjenigen der daraus entstehenden Salze** (Bild 21.1.). Verantwortlich dafür die Ionengrenzleitfähigkeiten (Tafel 8) bzw. Teilleitfähigkeiten der **Wasserstoff-(Hydroxonium)-Ionen und der Hydroxid-Ionen.** An der Beschaffenheit der Ionen selbst kann dies nicht liegen. **Jedes trägt nur jeweils eine positive bzw. negative Elementarladung und ihr Volumen, ihre Raumbeanspruchung, unterscheidet sich kaum von den anderen einwertigen Ionen.** Die abnorm hohe Leitfähigkeit muß deshalb eine **Ursachen in der Konstitution des Lösungsmittels,** des Wassers, und seinen physikalischen Eigenschaften haben. Mit der Abnahme der Wasserähnlichkeit des Lösungsmittels verschwinden die krassen Wertunterschiede und werden mit Zunahme des organischen Molekülanteils im Lösungsmittelmolekül sogar ins Gegenteil verkehrt. In Azeton ist beispielsweise die Ionenleitfähigkeit des Tetramethylammoniumions $[(CH_3)_4N]^+$ um fast 20% höher als diejenige des Wasserstoffions (das hier keine **Hydratbildung,** Anlagerung eines Wassermoleküls, eingeht; es bildet ein **Solvat,** die Anlagerung an ein Molekül Lösungsmittel, hier Azeton).

Hückel deutete die erhöhte Leitfähigkeit des Hydroxonium-Ions (Bild 22.1.) mit einer Ladungsverschiebung im elektrischen Feld. Dadurch wandert nicht das Proton entlang einer Kette von Wassermolekülen, sondern die Bindungsart wandert. Sauerstoff ist **koordinativ 3-wertig.** Zwei Wasserstoffatome sind echt gebunden und ein Proton ist an ein einsames Elektronenpaar des Sauerstoffs lediglich angelagert. Diese

Bild 22.1 Formelgleichung: $H^+ + H_2O \longrightarrow H_3O^+$

Elektronengleichung:

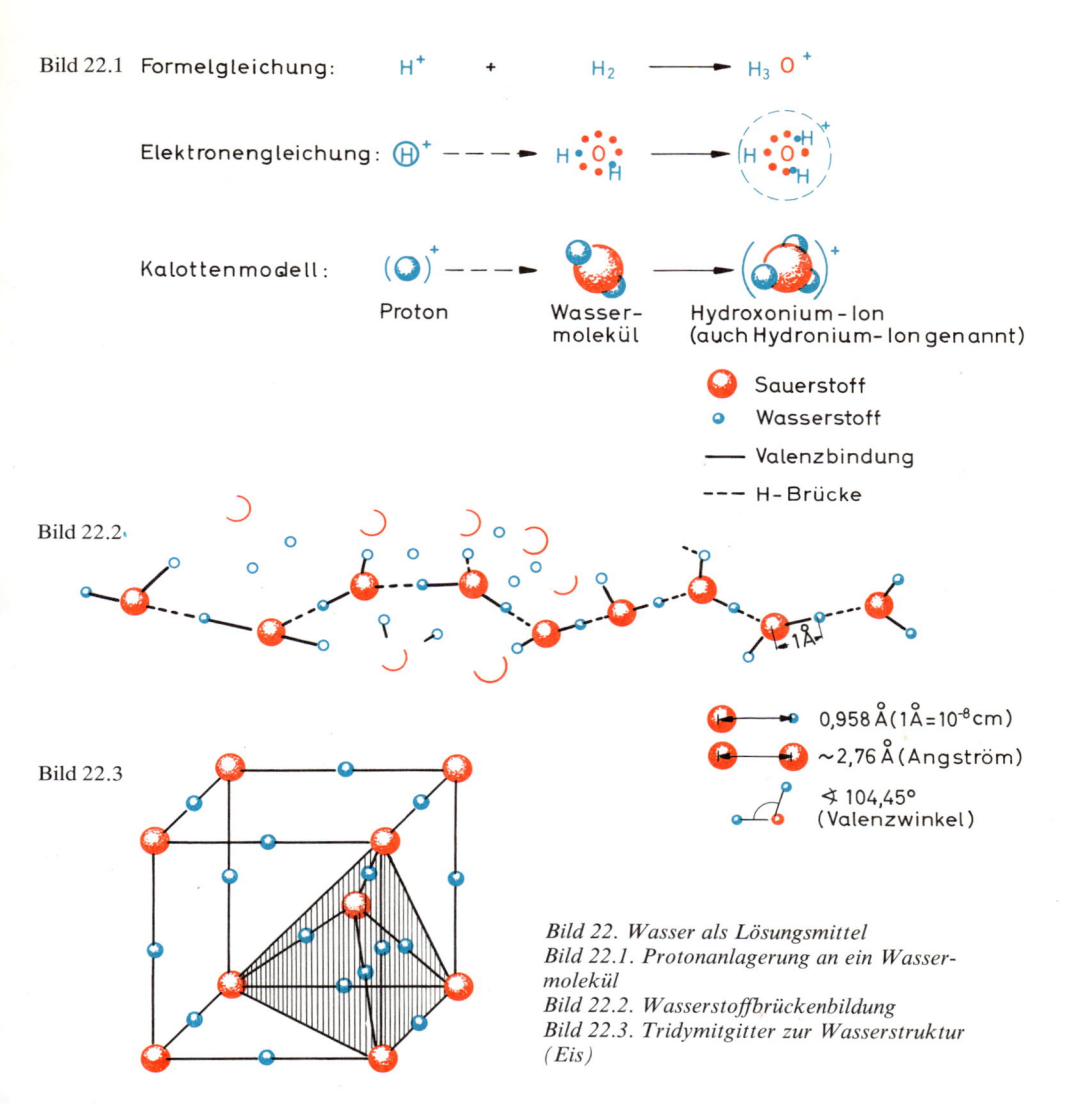

Kalottenmodell:

Proton — Wassermolekül — Hydroxonium-Ion (auch Hydronium-Ion genannt)

- ● Sauerstoff
- ○ Wasserstoff
- — Valenzbindung
- --- H-Brücke

Bild 22.2

Bild 22.3

$0{,}958 \text{ Å} (1 \text{ Å} = 10^{-8} \text{ cm})$
$\sim 2{,}76 \text{ Å}$ (Ångström)
$\sphericalangle 104{,}45°$ (Valenzwinkel)

*Bild 22. Wasser als Lösungsmittel*
*Bild 22.1. Protonanlagerung an ein Wassermolekül*
*Bild 22.2. Wasserstoffbrückenbildung*
*Bild 22.3. Tridymitgitter zur Wasserstruktur (Eis)*

Bindungsart kann in eine echte Bindung übergehen und umgekehrt kann die echte Bindung in eine **Koordinativbindung** übergehen. Auf dieser Basis sind die Wassermoleküle, bis dicht unter den Siedepunkt, nach einem Schema geordnet. Es hat die Gestalt einer Kristallform des Quarzes, wird deshalb auch **Tridymitstruktur** genannt. Selbst beim Siedepunkt des Wassers sind noch Zusammenlagerungen (Aggregate) dieser Struktur nachweisbar, die in der Art des Bildes 22.2. geordnet sind. Bei der Abkühlung zum Gefrierpunkt hin vereinigen sich diese Bruchstücke und geben beim Erstarren ihre Ordnung als Eiskristalle zu erkennen (Tridymit ist genauso angeordnet). Wird in dem tetraedrisch angeordneten **β-Tridymitgitter** jedes Si-Atom durch ein O-Atom und jedes O-Atom des Tridymits durch ein H-Atom ersetzt, dann ist die Anordnung (allerdings mit anderen Atomabständen) die gleiche (Bild 22.3.).
Die Bindungsart-Änderung kann dadurch in drei räumlichen Koordinaten erfolgen. Wird im Ka-

Katode-

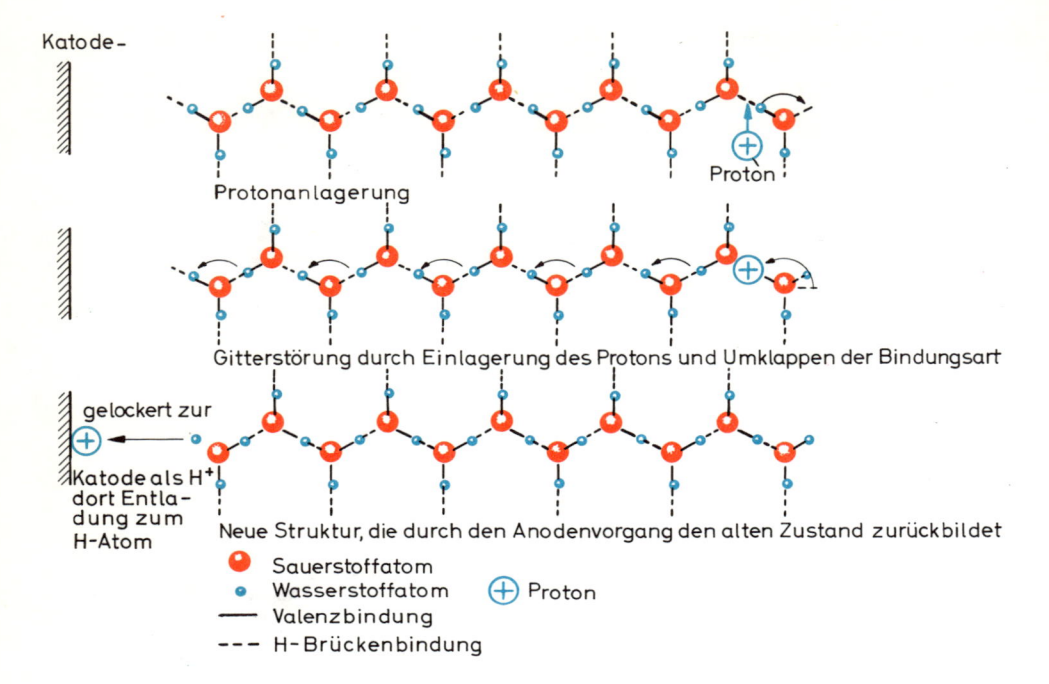

Protonanlagerung        Proton

Gitterstörung durch Einlagerung des Protons und Umklappen der Bindungsart

gelockert zur
⊕
Katode als H⁺
dort Entla-
dung zum
H-Atom

Neue Struktur, die durch den Anodenvorgang den alten Zustand zurückbildet

● Sauerstoffatom
• Wasserstoffatom        ⊕ Proton
— Valenzbindung
--- H-Brückenbindung

*Bild 23. Pseudoleitung in wäßriger Lösung durch Änderung der Bindungsart*

todenraum ein Proton zum Wasserstoffatom entladen, dann ändern sich die Bindungsarten **über die gesamte Gitterlänge** hinweg im Sinne des Bildes 23.1. bis 23.3. Wären die Azetonmoleküle im gleichen Sinne vorgeordnet, dann wäre der gleiche Vorgang möglich. Azeton existiert nämlich in zwei verschiedenen Formen, die leicht ineinander übergehen können. Bei dieser **Keto-Enol-Tautomerie** wandert ebenfalls die Bindung und zugleich ein Proton:

$$\begin{array}{c} H-O \quad H \\ | \quad\; | \\ H-C=C-C-H \\ | \quad\; | \\ H \quad H \end{array} \rightleftharpoons \begin{array}{c} H \quad O \quad H \\ | \quad\; \| \quad\; | \\ H-C-C-C-H \\ | \quad\quad\; | \\ H \quad\quad H \end{array} \rightleftharpoons \begin{array}{c} H \quad O-H \\ | \quad\; | \\ H-C-C=C-H \\ | \quad\; | \\ H \quad H \end{array}$$

Enol-Form            Keto-Form            Enol-Form

**Tautomerie bedeutet „dasselbe nebeneinander existierend"** mit dem chemischen Sinn „unter Wanderung einer Bindung und eines Protons". Die **Endsilbe -en** deutet auf eine $>C=C<$ **Doppelbindung** und **-ol** auf eine OH-Gruppe (Alkoholgruppe) hin. **Keto- (als Endsilbe -on)** gibt die Anwesenheit der **Karbonylgruppe** $>C=O$ bekannt, die auf ein Keton hinweist.

## 2.5.3. Nichtwäßrige Lösungsmittel

Eine Stromleitung ist hier ebenfalls nur durch Ionen als Ladungsträger möglich. Auch in diesen Medien muß der Elektrolyt dissoziiert sein. Eine Stromleitung ist daher indirekt abhängig von der Art des Lösungsmittels und seinem Verhalten dem Elektrolyten gegenüber. Der Unterschied der Ionengrenzleitfähigkeiten gleicher Ionen müßte daher auch Auskunft über das Lösungsmittel, seine strukturelle Art, seinen molekularen Zusammenhalt, Stabilität der Zustandsform und Wechselwirkung zu den Ionen geben.

Die Grenzleitfähigkeit des gleichen Ions in verschiedenen Lösungsmitteln muß abhängig von dem **inneren Widerstand** sein, den **der Zusammenhalt der Lösungsmittelmoleküle** ihm entgegensetzt. **Er ist das wesentlichste Hemmnis für das Einzelion auf dem Weg zu derjenigen Elektrode, welche die ihm entgegengesetzt gerichtete Ladung trägt.** Darauf gründet sich die **Waldensche Regel**, die besagt: „Das Produkt aus der **Grenzleitfähigkeit** eines Elektrolyten und der **Zähigkeit** seines Lösungsmittels ist konstant". Es ist

$$\Lambda_\infty \cdot \eta = \text{konstant} \qquad (60)$$

$\eta$ ist darin die dynamische **Zähigkeit**, auch **Viskosität** oder Koeffizient der inneren Reibung genannt. Sie wird definiert als Verhältnis der **Schubspannung** $\tau$ **zur Geschwindigkeitsänderung** $\delta v$ im **Schichtabstand** $\delta s$ senkrecht zur Strömungsrichtung von Flüssigkeiten oder Gasen. Die Strömung soll **laminar**, in Einzelschichten ohne Wirbelbildung, verlaufen. Ihre Einheit ist **das Poise, P, mit der Dimension** [dyn · cm$^{-2}$ · s] = [g · cm$^{-1}$ · s$^{-1}$].

$$\eta = \frac{\tau}{\left(\frac{\partial v}{\partial s}\right)} \qquad (61)$$

Die Wertangaben erfolgen, aus rechnerischen Gründen, für Flüssigkeiten in Zentipoise, cP und für Gase in Mikropoise, μP, dem hundertsten bzw. millionsten Teil.

Die meisten Ionen bilden in Lösungsmitteln eine Solvathülle, eine Hülle angelagerter Lösungsmittelmoleküle, um sich herum aus. Das Ionenvolumen wird dadurch vergrößert und damit der innere Reibungswiderstand. Die **Zahl der gebundenen Lösungsmittelmoleküle** ist sowohl **von der Größe und Art des Ions,** als auch **von der Art der Lösungsmittelmoleküle abhängig.** Mitunter befinden sich **in dieser Hülle zwei oder mehr Ionen,** wodurch der Eindruck entsteht **als ob das Einzelion sich mit Bruchteilen von Lösungsmittelmolekülen umgeben** würde, wie dies Tafel 9 zeigt.

Der Einfluß der Ionensolvatation auf die Waldensche Regel ist um so geringer, je größer das Ion selbst ist; der relative Volumenzuwachs durch die gebundene Lösungsmittelhülle ist geringer. In der Literatur werden deshalb zur Waldenschen Regel organische Ionen als Demonstrationsobjekt der Beweisführung herangezogen. Die Grenzleitfähigkeit der Elektrolyte setzt sich nach (44) aus den Grenzleitfähigkeiten der Kationen und Anionen zusammen. Tafel 10 zeigt daher die Ionengrenzleitfähigkeiten.

Die Werte beziehen sich deshalb auf 25°C, weil hierfür die meisten Meßwerte in der Literatur für Lösungsmittel organischer Herkunft zu finden waren. Weitere nichtwäßrige Lösungsmittel anorganischer Herkunft sind beispielsweise wasserfreie Säuren, wie $HNO_3$; HF; HCl; Basen, wie $NH_3$; $NH_2$-$NH_2$; Säureanhydride, wie $SO_2$ und Säurechloride, wie z. B. $SeOCl_2$ und viele andere anorganische Lösungsmittel. Die Werte wurden zumeist bei tieferen Temperaturen gemessen. Für 25°C sind zu wenig Vergleichsmöglichkeiten vorhanden.

*Tafel 9: Ionensolvatation in verdünnten Lösungen mit abnehmender Wasserähnlichkeit des Lösungsmittels.*

| Lösungsmittel | | Zahl der gebundenen Lösungsmittelmoleküle je Ion | | | | | | |
|---|---|---|---|---|---|---|---|---|
| | Ion: | H$^+$ | Li$^+$ | Na$^+$ | K$^+$ | Cl$^-$ | Br$^-$ | J$^-$ |
| Wasser $H_2O$ | | 1 | 12 | 8 | 4 | 3 | 2 | 3..4 |
| Methanol $CH_3OH$ | | — | 7,5 | 5,5 | 4 | 4 | 2,5 | 1 |
| Äthanol $C_2H_5OH$ | | — | 6 | 4 | 3,5 | 4 | 4 | 2 |

*Tafel 10: Ionengrenzleitfähigkeiten bei 25°C in verschiedenen Lösungsmitteln und das Produkt $\eta \cdot \Lambda_\infty$ der Waldenschen Regel.*

| Ion: | $H^+$ | $Li^+$ | $Na^+$ | $K^+$ | $NH_4^+$ | $Ag^+$ | $N(CH_3)_4^+$ | Kationen |
|---|---|---|---|---|---|---|---|---|
| Lösungsmittel: Wasser $H_2O$; $\eta = 0{,}894$ cP ||||||||||
| $\Lambda_\infty$ | 349,7 | 38,7 | 50,1 | 73,5 | 73,7 | 61,9 | 48,6 | |
| $\Lambda_\infty \cdot \eta$ | 314 | 34,6 | 44,8 | 65,7 | 65,2 | 55,4 | 43,4 | |
| Lösungsmittel: Methanol (Methylalkohol) $CH_3OH$; $\eta = 0{,}547$ cP ||||||||||
| $\Lambda_\infty$ | 147 | 39,8 | 45,6 | 52,9 | 57,9 | 50,3 | 70,0 | |
| $\Lambda_\infty \cdot \eta$ | 80,4 | 21,8 | 24,9 | 28,9 | 31,7 | 27,7 | 38,3 | |
| Lösungsmittel: Äthanol (Äthylalkohol) $C_2H_5OH$; $\eta = 1{,}078$ cP ||||||||||
| $\Lambda_\infty$ | 60,2 | 45,5 | 18,2 | 22,0 | 19,3 | 17,5 | 28,3 | |
| $\Lambda_\infty \cdot \eta$ | 64,9 | 49,0 | 20,2 | 23,7 | 20,8 | 18,9 | 30,5 | |
| Lösungsmittel: Propanon-2 (Azeton) $CH_3 \cdot CO \cdot CH_3$; $\eta = 0{,}316$ ||||||||||
| $\Lambda_\infty$ | 88 | 53 | 80 | 82 | 98 | 88 | 102,5 | |
| $\Lambda_\infty \cdot \eta$ | 27,8 | 16,8 | 25,3 | 26,8 | 31 | 27,8 | 32,4 | |
| Lösungsmittel: Butanon-2 (Methyläthylketon) $CH_3 \cdot CO \cdot C_2H_5$; $\eta = 0{,}393$ ||||||||||
| $\Lambda_\infty$ | | 50,3 | 56 | 65 | | 66 | 79,1 | |
| $\Lambda_\infty \cdot \eta$ | | 19,8 | 22 | 25,6 | | 26 | 31,1 | |

| Ion: | $OH^-$ | $Cl^-$ | $Br^-$ | $J^-$ | $NO_3^-$ | Pikrat$^-$ | Anionen |
|---|---|---|---|---|---|---|---|
| Lösungsmittel: Wasser $H_2O$; $\eta = 0{,}894$ cP ||||||||
| $\Lambda_\infty$ | 192 | 76,3 | 78,2 | 76,8 | 71,4 | 30,4 | |
| $\Lambda_\infty \cdot \eta$ | 171,2 | 68,2 | 69,9 | 68,6 | 63,8 | 25,2 | |
| Lösungsmittel: Methanol (Methylalkohol) $CH_3OH$; $\eta = 0{,}547$ cP ||||||||
| $\Lambda_\infty$ | 53 | 52,1 | 56,1 | 62,1 | 60,8 | 49 | |
| $\Lambda_\infty \cdot \eta$ | 29 | 28,5 | 30,7 | 34,0 | 33,5 | 26,8 | |
| Lösungsmittel: Äthanol (Äthylalkohol) $C_2H_5OH$; $\eta = 1{,}078$ cP ||||||||
| $\Lambda_\infty$ | 22,5 | 23,5 | 25,8 | 28,7 | 27,9 | 26,1 | |
| $\Lambda_\infty \cdot \eta$ | 24,3 | 25,3 | 27,8 | 31,0 | 30,1 | 28,1 | |
| Lösungsmittel: Propanon-2 (Azeton, Dimethylketon) $CH_3 \cdot CO \cdot CH_3$; $\eta = 0{,}316$ cP ||||||||
| $\Lambda_\infty$ | | 111 | 113 | 110 | 120 | 84,5 | |
| $\Lambda_\infty \cdot \eta$ | | 35,1 | 35,7 | 34,8 | 37,9 | 26,7 | |
| Lösungsmittel: Butanon-2 (Methyläthylketon) $CH_3 \cdot CO \cdot C_2H_5$; $\eta = 0{,}393$ cP ||||||||
| $\Lambda_\infty$ | | 65,4 | 76,4 | 82,3 | 83,7 | 67,9 | |
| $\Lambda_\infty \cdot \eta$ | | 25,7 | 30,1 | 32,5 | 32,9 | 26,7 | |

Die Abweichungen von der Waldenschen Regel (senkrechte Vergleichswerte) **sind am stärksten bei den kleinen Ionen und Übergang zu Wasser als Lösungsmittel**. Abweichungen sind auch dann zu beobachten, wenn die natürliche Struktur der Dipole des Lösungsmittels durch die elektrische Kraftwirkung der Ionen gestört wird. Dadurch treten Unterschiede in der Viskosität des Lösungsmittels auf.

Die Annäherung an die Waldensche Regel zeigt Tafel 11. Die Ionendurchmesser nehmen in der Reihenfolge Lithiumchlorid, Lithiumpikrat, Ammoniumpikrat, Tetramethylammoniumpikrat und Tetraäthylammoniumpikrat zu.

Pikrinsäure ist 2,4,6-Trinitrophenol. In trockenem Zustand explodiert sie ebenso wie ihre Ammoniumsalze durch Schlag (Sprengstoffe!). Das Pikration hat die Formel

Werden die Lösungen der Elektrolyte in organischen Lösungsmitteln konzentrierter, dann nimmt die Äquivalentleitfähigkeit in wesentlich stärkerem Maße ab, als dies in wäßriger Lösung der Fall ist.

*Tafel 11: Grenzleitfähigkeit und Waldensche Regel an Elektrolyten zunehmender Ionengröße bei 25 °C in verschiedenen Lösungsmitteln*

| Lösungsmittel | Lithiumchlorid | | Lithiumpikrat | | Ammonium-pikrat | | Tetramethyl-ammoniumpikrat | | Tetraäthylammoniumpikrat | |
|---|---|---|---|---|---|---|---|---|---|---|
| | $\Lambda_\infty$ | $\Lambda_\infty \cdot \eta$ | $\Lambda_\infty$ | $\Lambda_\infty \cdot \eta$ | $\Lambda_\infty$ | $\Lambda_\infty \cdot \eta$ | $\Lambda_\infty$ | $\Lambda_\infty \cdot \eta$ | $\Lambda_\infty$ | $\Lambda_\infty \cdot \eta$ |
| Wasser $\eta = 0{,}894$ | 115 | 102,8 | 69,1 | 59,8 | 104,1 | 90,4 | 79,0 | 68,6 | 65,2 | 56,3 |
| Methanol $\eta = 0{,}547$ | 91,9 | 50,3 | 88,8 | 48,6 | 106,9 | 58,5 | 119 | 65,1 | 108,4 | 59,3 |
| Äthanol $\eta = 1{,}078$ | 69,0 | 74,3 | 71,6 | 77,1 | 45,4 | 48,9 | 54,4 | 58,6 | 52,4 | 56,4 |
| Propanon-2 $\eta = 0{,}316$ | 164,0 | 51,8 | 137,5 | 43,5 | 182,5 | 57,7 | 187,0 | 59,1 | 178,1 | 56,3 |
| Butanon-2 $\eta = 0{,}393$ | 115,7 | 45,5 | 118,2 | 46,5 | — | — | 147,0 | 57,8 | 142,7 | 56,1 |

Verantwortlich dafür ist der unterschiedliche Energieverlust (**„Dielektrische Verluste"**). Er wird hauptsächlich **durch vier verschiedene Effekte** hervorgerufen:
1. **Transport der Ionen** zu den entgegengesetzt aufgeladenen Elektroden.
2. **Ausrichtung der polaren Enden der Moleküle**, die dabei in gleiche Richtung gedreht werden. In Bild 23.1. ist zu erkennen, daß sich die Wassermoleküle mit ihren wasserstofftragenden Enden nach der Katode ausgerichtet haben.
3. Die **Ladungsabstände in polaren Molekülen werden geändert**.
4. Die **Elektronenhüllen der Atome werden** in ihrer Lage gegenüber ihrem Kern **verschoben**.

Wird das elektrische Feld abgeschaltet, dann werden die Änderungen nach den Gesichtspunkten 3. und 4. sofort wieder aufgehoben. Die Herstellung des alten Zustandes der Punkte 1. und 2. hingegen benötigt Zeit. Er wird durch Diffusion, Wärmebewegung bzw. Konzentrationsausgleich, bewirkt. Die benötigte Zeit, um die alte Unordnung bis auf den $e$-ten Bruchteil wieder herzustellen, wird **Relaxationszeit** (Relaxation im Sinne von Entspannung) genannt. $e$ **ist eine transzendente Zahl, die Basis der natürlichen Logarithmen. Sie wird natürliche Zahl genannt.** Sie besteht aus unendlich vielen Stellen und wird errechnet nach

$$e = \lim_{n \to \infty}\left(1 + \frac{1}{n}\right)^n = \sum_{n=0}^{\infty}\frac{1}{n!} \qquad (62)$$

Die Relaxationszeit ist abhängig von der **Zähigkeit** $\eta$ **des Lösungsmittels**, dem **Volumen des Moleküls** (in Kugelvorstellung mit dem **Molekülradius** $r$) und der **Kelvintemperatur** $T$. Sie ist

$$\tau = \frac{8 \cdot \pi \cdot r^3 \cdot \eta}{2 \cdot k \cdot T} \qquad (63)$$

$k$ ist darin die Boltzmannkonstante. In der Boltzmannschen Gleichung legt sie den zahlenmäßigen Zusammenhang zwischen **der Entropie** $S$ und der **thermodynamischen Wahrscheinlichkeit** $W$ fest. Multipliziert mit der Avogadroschen Konstanten $N_A$ wird aus ihr die **allgemeine Gaskonstante** erhalten ($= R_0$).

$$k = \frac{S}{\ln W} = \frac{R_0}{N_A} = \frac{p_0 \cdot v_0}{N_A \cdot T_0} \qquad (64)$$

Um den **Radius der Ionenwolke**, auch **Ionenatmosphäre** genannt, abschätzen zu können, vereinfachten Debye und Hückel[16] (dort S. 185) die Modellvorstellungen. Es seien die starken Elektrolyten bei allen Konzentrationen vollständig dissoziiert; die Kräfte zwischen den Ionen beruhen nur auf den elektrischen Anziehungsenergien und seien klein gegen die Energie der Brownschen Wärmebewegung; die Ionen bestünden aus kugeligen Ladungen mit kugelsymmetrischen Feld und seien unpolarisierbar; die Dielektrizitätskonstante des Lösungsmittels bliebe durch die gelösten Elektrolyte unbeeinflußt. Der Radius der Ionenatmosphäre läßt sich dann durch den reziproken Wert der spezifischen Leitfähigkeit, dessen Dimension Zentimeter ist, ausdrücken:

$$\frac{1}{\varkappa} = \sqrt{\frac{1000 \cdot k}{8 \cdot \pi \cdot e_0^2 \cdot N_A}} \cdot \sqrt{\frac{\varepsilon \cdot T}{I}} \quad (65)$$

Darin bedeuten: $\frac{1}{\varkappa}$ der Radius der Ionenatmosphäre; $k$ die Boltzmannsche Konstante; $\pi$ die **Ludolfsche Zahl 3,14**... oder $\frac{22}{7}$; $e_0$ die **Elementarladung**; $N_A$ die **Avogadrosche Konstante**; $\varepsilon$ die **Dielektrizitätskonstante des Lösungsmittels**; $T$ die **Kelvintemperatur** und $I$ die **Ionenstärke nach Lewis und Randall** der Gleichung (8).
Der erste Wurzelausdruck enthält nur konstante Zahlen. Wird der Radius der Ionenatmosphäre in Zentimetern angegeben, dann ist der Zahlenwert dieses Wurzelausdrucks $1,988 \cdot 10^{-10}$.
Für Wasser von 18 °C mit $\varepsilon = 81,1$ gilt
$$\frac{1}{\varkappa} = 3,50 \cdot 10^{-8} \cdot \sqrt{\frac{1}{I}} \text{ cm.}$$
Bei gleicher Temperatur und gleichem Lösungsmittel, damit gleicher Dielektrizitätskonstanten, ist der Radius der Ionenatmosphäre nur noch von der Ionenstärke $I$ abhängig. Diese ist nach Gleichung (8) $I = 0,5 \cdot \Sigma v^2 \cdot c$. Es ist der Ladungs- bzw. Bindungstyp und die Konzentration zu berücksichtigen.

Den Einfluß zeigt die folgende Tafel 12, deren Werte nach obiger Gleichung errechnet wurden.

*Tafel 12: Radius der Ionenatmosphäre von Elektrolyten verschiedenen Typs unterschiedlicher Konzentration in wäßriger Lösung bei 18 °C in $10^{-8}$ cm ( = Å, Ångström, benannt nach einem schwedischen Physiker)*

| Konzentration | Wertigkeit 1,1 | 1,2 | 2,2 | 1,3 | $v,v$ |
|---|---|---|---|---|---|
| $10^{-1}$ m | 11,1 | 6,4 | 5,5 | 4,5 | Å |
| $10^{-2}$ m | 35,0 | 20,3 | 17,5 | 14,3 | Å |
| $10^{-3}$ m | 110,5 | 63,9 | 55,3 | 45,2 | Å |
| $10^{-4}$ m | 350,0 | 202,5 | 175,0 | 142,6 | Å |

Steigend mit der Wertigkeit und der Konzentration nähern sich die Radien der Ionenatmosphäre denjenigen der Ionen. Bei hohen Konzentrationen kann zwischen Zentralion und Ionen der Ionenwolke praktisch nicht mehr unterschieden werden.

## 2.6. Wanderungsgeschwindigkeit und Überführungszahl

Unter dem Einfluß des angelegten elektrischen Feldes bewegen sich die Ionen auf die ihnen entgegengesetzt aufgeladenen Elektroden zu. Die **Eigengeschwindigkeit der Ionen ist größer als der dabei zu beobachtende Weg** vermuten läßt. Die Ionen selbst führen nämlich Zickzackbewegungen aus. Deshalb wurde die Bewegungsart **Wanderungsgeschwindigkeit** genannt. Sie besagt, daß **derjenige Weg, der direkt auf die entsprechende Elektrode zu führt,** nicht aber der eben zurückgelegte Weg, gemeint ist. Die **Wanderungsgeschwindigkeit** $w$ ist die Abstandsverkürzung in cm zur Elektrode je Sekunde. Sie ist um so größer, je größer das angelegte elektrische Feld der Gleichung (19) ist. Um vergleichbare Werte der Wanderungsgeschwindigkeit der verschiedenen Ionen zu erhalten, werden die Wanderungsgeschwindigkeiten auf die **elektrische Feldstärke** $E = 1 \text{ V} \cdot \text{cm}^{-1}$ bezogen. Diese Geschwindigkeit wird **Ionenbeweglichkeit** $v$ genannt. **Multipliziert mit der Faradayschen Konstanten ergibt sich daraus die Ionenleitfähigkeit** $\Lambda_K$ bzw. $\Lambda_A$.

In der Literatur werden für diese drei Begriffe die verschiedensten Benennungen und Kurzzeichen verwendet. Hier wird verwendet:

$w$, **Ionenwanderungsgeschwindigkeit,** ist der Direktweg des Einzelions je Sekunde auf die Elektrode zu, die elektrische Feldstärke ist dabei beliebig groß. **Dimension**: $\text{cm} \cdot \text{s}^{-1}$.

$v$, **Ionenbeweglichkeit,** der Direktweg je Sekunde auf die Elektrode zu bei der vorgeschriebenen Feldstärke $1 \text{ V} \cdot \text{cm}^{-1}$. **Dimension**: $\text{cm}^2 \cdot \text{s}^{-1} \cdot \text{V}^{-1}$.

$\Lambda_K$ und $\Lambda_A$, **Ionenleitfähigkeit,** die Beweglichkeit von 1 Val Ionen, welche die Strommenge von 1 Faraday repräsentieren. Die **Dimension** ist: $\text{cm}^2 \cdot \Omega^{-1} \cdot \text{val}^{-1}$.

Die Ionenleitfähigkeit wurde schon auf andere Art als Ionengrenzleitfähigkeit beschrieben. Die Zeit und die Spannung sind durch die Multiplikation mit der Faradaykonstanten eliminiert worden:

$$\Lambda_{K,A} = v \cdot F = v \cdot 96{,}48 \cdot 10^3 \, A \cdot s \cdot val^{-1}$$
(66)

Dimensionsmäßig:
$$\frac{cm^2 \cdot A \cdot s}{s \cdot V \cdot val} = \frac{cm^2}{val} \cdot \frac{A}{V} = \frac{cm^2}{\Omega \cdot val} \equiv cm^2 \cdot \Omega^{-1} \cdot val^{-1}$$

**Die Dimension ist dieselbe wie bei der Äquivalent- und Grenzleitfähigkeit.** Die Ionenbeweglichkeit läßt sich deshalb auch aus den Werten der Tafel 8 errechnen. Diese Werte müssen nur durch die Faradaykonstante dividiert werden.

**Rechenbeispiel:** Die Wanderungsgeschwindigkeit von Silberionen einer Silbernitratlösung (wäßrig) bei 18 °C zwischen Elektroden im Abstand von 4 cm bei einer angelegten Spannung von 3 V soll berechnet werden. Aus Tafel 6 steht $\Lambda_{Ag^+}$ mit $54{,}2 \, cm^2 \cdot \Omega^{-1} \cdot val^{-1}$ zur Verfügung.
$$v = \frac{54{,}2}{96{,}48 \cdot 10^3} = 5{,}62 \cdot 10^{-4} \, cm^2 \cdot s^{-1} \cdot V^{-1}.$$
Die Feldstärke ist nach Gleichung (19)
$$E = \frac{3}{4} = 0{,}75 \, V \cdot cm^{-1}$$
Die Wanderungsgeschwindigkeit
$$w = v \cdot E = 5{,}62 \cdot 10^{-4} \cdot 0{,}75$$
$$= 4{,}215 \cdot 10^{-4} \, cm \cdot s^{-1}$$
Um den Weg von einer Elektrode (Anode) zur anderen (Katode) zurückzulegen, braucht das Silberion $t = \frac{d}{w} = \frac{4}{4{,}215 \cdot 10^{-4}} \approx 10^4 \, s$ oder etwa 3 Stunden!

Um diese lange Zeit bei elektrochemischen Reaktionen abzukürzen, kann bei höherer Temperatur und bewegtem Bad gearbeitet werden. Kleinere Elektrodenabstände erhöhen außerdem, bei der gleichen angelegten Spannung, die Feldstärke und verkürzen zugleich den zurückzulegenden Weg.
Würde im obigen Rechenbeispiel ein anderes Kation oder Anion eingesetzt werden, dann wären andere Wanderungsgeschwindigkeiten das Ergebnis. Diese Unterschiede verursachen bei Stromdurchgang durch einen Elektrolyten eine **Konzentrationsverschiebung zwischen Kationen und Anionen.** In Bild 24 soll diese Konzentrationsänderung schematisch erläutert werden.
Bild 24.1. zeigt ein Volumenelement aus einem Elektrolysiertrog vor und nach Stromdurchgang. Die Wanderungsgeschwindigkeit der Kationen sei größer als die der Anionen, was durch die Länge des Wegpfeiles angedeutet wird. Durch den Querschnitt $q$ wandern in der Zeiteinheit mehr Kationen als Anionen, denn $w_K > w_A$. Würden keine neuen Ionen zuwandern, dann würde ein größeres Volumen in einer Sekunde von den Kationen befreit werden als von Anionen. Damit haben auch mehr Kationen als Anionen den Querschnitt $q$ passiert. Der Anteil der Kationen am Stromtransport ist größer als derjenige der Anionen, und zwar im Verhältnis der Wanderungsgeschwindigkeiten. Dadurch wird das **Gesetz der unabhängigen Ionenwanderung** nach Kohlrausch aus dem Jahre 1873 bestätigt. Jedes Ion beteiligt sich mit einem Bruchteil am Gesamtstrom:

$$I_{ges.} = \Sigma I_K + \Sigma I_A$$
(67)

**Die Gesamtstromstärke setzt sich zusammen aus der Summe der Stromstärken durch die Kationenbewegungen plus der Summe aller durch die Anionen beigesteuerten Anionenstromstärken.**
Den Querschnitt passieren alle Kationen, die sich in dem Volumen $q \cdot s_K$ und alle Anionen, die sich in dem Volumen $q \cdot s_A$ befunden haben. In einer Sekunde ist der zurückgelegte Weg gleich der Wanderungsgeschwindigkeit je Sekunde. Damit lassen sich die Anzahlen der Kationen und Anionen, die sich in ihren entsprechenden Volumenanteilen befunden hatten, mit Hilfe der molaren Konzentration berechnen. Für mehrwertige Ionen ist $c$ mit der Ionenwertigkeit $v_K$ bzw. $v_A$ zu multiplizieren.
Die vor und nach dem Durchtritt durch den Querschnitt in Bild 24 von den Ionen eingenommenen Volumenteile sind

$$V_K = q \cdot w_K \text{ bzw. } V_A = q \cdot w_A$$
(68)

Wird die ursprüngliche Konzentration bei vollständiger Dissoziation in Mol je Liter ausgedrückt, dann befinden sich in den entsprechenden Volumenräumen

$$n_K = \frac{q \cdot w_K \cdot v_K \cdot c}{1000} \text{ bzw. } n_A = \frac{q \cdot w_A \cdot v_A \cdot c}{1000} \, val$$

(69)

1 val Ionen transportiert 1 Faraday, das sind 96480 $A \cdot s$ oder entsprechend 96480 A Stromstärke je Sekunde. Dementsprechend läßt sich aus Gleichung (69) der Stromanteil für die Ionen-

arten berechnen und die Gesamtstromstärke läßt sich ausdrücken durch

$$I_{ges.} = \frac{c_K \cdot v_K \cdot q \cdot w_K \cdot F}{1000} + \frac{c_A \cdot v_A \cdot q \cdot w_A \cdot F}{1000}$$
$$= I_K + I_A = \frac{q \cdot F}{1000} \cdot (c_K \cdot v_K \cdot w_K + c_A \cdot v_A \cdot w_A)$$

(70)

In Tabellenwerken[15]) sind lediglich die **Ionenbeweglichkeiten** angegeben, aus denen sich die **Wanderungsgeschwindigkeit** errechnen läßt nach $w = \frac{v \cdot U}{d}$, worin $d$ den Elektrodenabstand und $U$ die daran angelegte Spannung bezeichnet. In Gleichung (70) eingesetzt ergibt sich, wenn $c_n$ die Konzentration in val darstellt, die Gesamtstromstärke zu

$$I_{ges.} = \frac{q \cdot F \cdot U \cdot c_n}{1000 \cdot d} \cdot (v_K + v_A)$$ (71)

Da hierin die Spannung und die Gesamtstromstärke vorkommen, bietet sich die spezifische Leitfähigkeit als spannungsunabhängige Größe an, zumal damit gleichzeitig der Elektrodenabstand und der Querschnitt aus der Gleichung (71) herausfallen. Es ist nach (71) umgestellt

$$\frac{I_{ges.} \cdot d}{q \cdot U} = \frac{F \cdot c_n}{1000} \cdot (v_K + v_A); \varkappa = \frac{d}{q \cdot R} = \frac{I \cdot d}{q \cdot U}$$

durch Gleichsetzung ergibt sich die spezifische Leitfähigkeit aus der Beziehung

$$\varkappa = \frac{F \cdot c_n}{1000} \cdot (v_K + v_A)$$ (72)

Nach Gleichung (66) ist die Ionenleitfähigkeit gleich der Ionenbeweglichkeit multipliziert mit der Faradayschen Konstanten. Für Gleichung (72) entsteht dadurch

$$\varkappa = \frac{c_n}{1000} \cdot (\Lambda_K + \Lambda_A)$$ (73)

Unter Verwendung der Gleichung (18) wird aus Gleichung (73) $\Lambda_v = \Lambda_K + \Lambda_A$. Da alle seitherigen Gleichungen nur Gültigkeit haben, wenn der Elektrolyt vollständig dissoziiert ist und die Ionen sich nicht gegenseitig behindern oder beeinflussen können, wird daraus die Gleichung (44); die Äquivalentleitfähigkeit muß durch die Grenzleitfähigkeit $\Lambda_\infty$ ersetzt werden.

Im Gebiet endlicher Konzentrationen muß zusätzlich zur Normalität $c_n$ noch der Dissoziationsgrad $\alpha$ als Korrekturglied für die Eigenschaften schwacher Elektrolyte, und der Leitfähigkeitskoeffizient $f_\lambda$ zur Korrektur für starke Elektrolyte als Faktor hinzutreten: statt $c_n$ ist $c_n \cdot f_\lambda \cdot \alpha$ zu setzen.

Auf welche Weise sich die Wanderungsgeschwindigkeits-Unterschiede als Konzentrationsänderung im Katoden- und Anodenraum bemerkbar

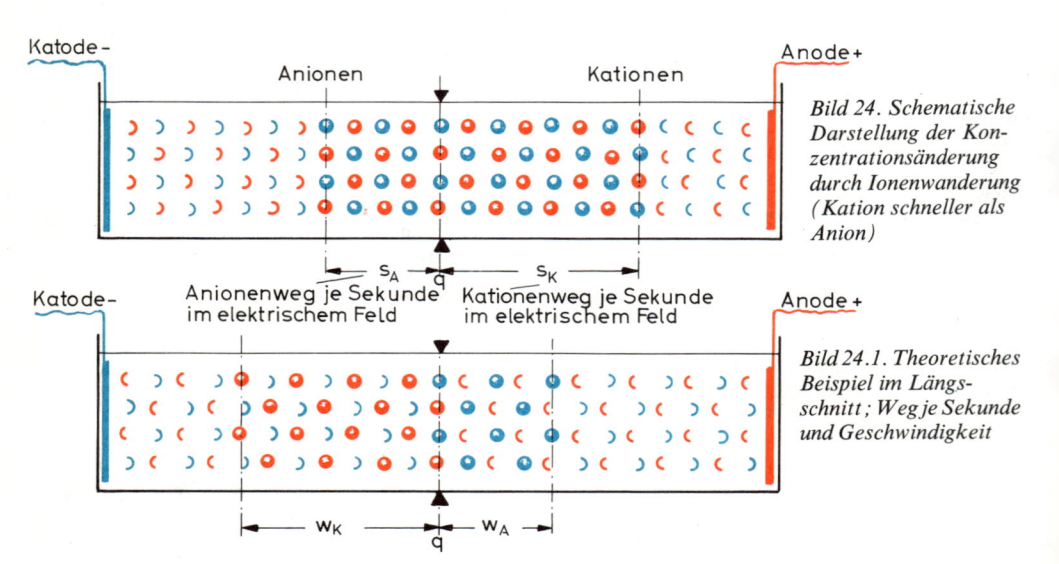

Bild 24. Schematische Darstellung der Konzentrationsänderung durch Ionenwanderung (Kation schneller als Anion)

Bild 24.1. Theoretisches Beispiel im Längsschnitt; Weg je Sekunde und Geschwindigkeit

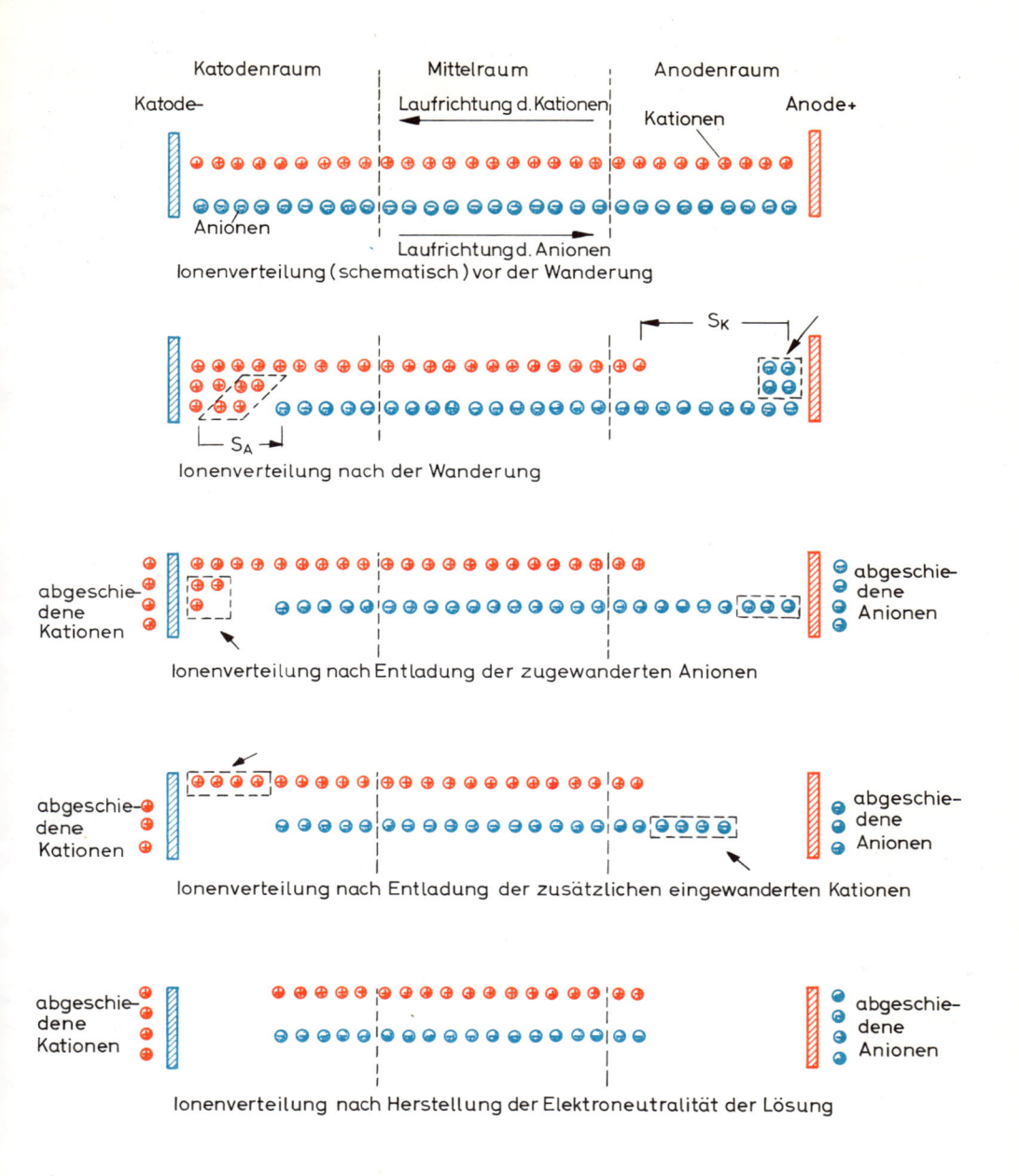

*Bild 24.2.* Schematische Deutung; Ionenverteilung vor der Wanderung; Ionenverteilung nach der Wanderung; Ionenverteilung nach Entladung der Anionen; Ionenverteilung nach Entladung der zusätzlich eingewanderten Kationen; Ionenverteilung nach Herstellung der Elektroneutralität der Lösung

machen, soll das Schema des Bildes 24.2. verdeutlichen.
Die Wanderungsgeschwindigkeit der Kationen verhält sich in diesem Primitivbeispiel zu derjenigen der Anionen wie 7:4. Der Katodenraum reichert sich deshalb mit Kationen stärker an als der Anodenraum mit Anionen. Es scheiden sich gleichviel Kationen und Anionen ab. Im Katodenraum befinden sich deshalb mehr unabgeschiedene Kationen als Anionen im Anodenraum, die wegen der Elektroneutralität ebenfalls abgeschieden werden müssen. Da stets gleichviel Ionenwertigkeiten an beiden Elektroden abgeschieden werden, müssen ebenso viele Anionen ihre Ladung anodisch abgeben. Im letzten Stadium sind deshalb in beiden Elektrodenräumen ebensoviel Kationen wie Anionen anzutreffen, jedoch insgesamt mehr Ionen im Katodenraum als im Anodenraum. In Wirklichkeit befinden sich durch die Wärmebewegung immer noch entladbare Anionen in der Nähe der Anode. In Bild 24.2. zeigen deshalb die Abstände der Ionen von den Elektroden nicht etwa die wahren Abstände an, sondern demonstrieren lediglich eine Konzentrationsabnahme in den Elektrodenräumen. In nicht allzulangen Zeiträumen ändert sich die Elektrolytkonzentration im Mittelraum nicht.

*Tafel 13: Bilanz zur Konzentrationsänderung in Katoden-, Mittel- und Anodenraum (Bild 24.2.)*

| Vorgänge im | Katodenraum | Mittelraum | Anodenraum |
|---|---|---|---|
| Zuwanderungsgewinn | $+\ 7\ K^+$ | $+7\ K^+ +4\ A^-$ | $+\ 4\ A^-$ |
| — Abscheidungsverlust | $-11\ K^+$ | 0 | $-11\ A^-$ |
| Ionenzwischenbilanz | $-\ 4\ K^+$ | $+(7\ K^+ +4\ A^-)$ | $-\ 7\ A^-$ |
| — Abwanderungsverlust | $-\ 4\ A^-$ | $-(7\ K^+ +4\ A^-)$ | $-\ 7\ K^+$ |
| Gesamtbilanz | $-\ 4\ AK$ | | $-\ 7\ AK$ |

Die Konzentrationsverluste verhalten sich wie die Kehrwerte der Wanderungsgeschwindigkeiten. Nach Gleichung (70) sind die Wanderungsgeschwindigkeiten proportional der durch die Ionen beigesteuerten Teilstromstärke zur Gesamtstromstärke. **Das Verhältnis der Anteile der Ionen zum Gesamtstromtransport nannte Hittorf Überführungszahl.** Sie erhalte das Kurzzeichen $t_K$ oder $t_A$, je nachdem um welche Ionenart es sich handelt; t(engl. transference oder transport number; frz. nombre de transport oder d'échange).
**Als Verhältniszahl ist sie dimensionslos und die Summe der Überführungszahlen ergibt stets 1.** Nach den vorigen Gleichungen läßt sich die Hittorfsche Überführungszahl durch die verschiedensten Größen ausdrücken und aus deren Zahlenwerten errechnen:

$$t_K = \frac{w_K}{w_K + w_A} = \frac{v_K}{v_K + v_A} = \frac{\Lambda_K}{\Lambda_K + \Lambda_A}$$
$$= \frac{-m_{Anodenraum}}{-(m_{Anodenraum} + m_{Katodenraum})} \quad (74)$$

Entsprechend gilt für die Überführungszahl der Anionen, diesmal für einen mehrwertigen Elektrolyten der Formel $K_x A_y$

$$t_A = \frac{y \cdot w_A}{y \cdot w_A + x \cdot w_K} = \frac{y \cdot v_A}{y \cdot v_A + x \cdot v_K} = \dots$$

Daraus ergibt sich, daß

$$t_K + t_A = 1{,}000 \quad (75)$$

Die Messung der Überführungszahlen gelingt nach der Methode von MacInnes u. Mitarbeitern[19][20] entsprechend dem theoretischen Beispiel von Bild 24.1. mit Hilfe der Geräteanordnung des Bildes 25. Im unteren Teil der Röhre befindet sich die spezifisch schwerere Flüssigkeit. Sie ist überschichtet mit der spezifisch leichteren Flüssigkeit, in der Elektrolyt mit dem gleichen Kation wie in der unteren Schicht gelöst ist. Die Konzentrationen der beiden Elektrolyte sollen sich so verhalten wie ihre Überführungszahlen. Die Grenzschicht muß in diesen Fällen optisch beobachtbar sein, z. B. durch verschiedene Brechungsindizes oder durch die Eigenfarbe der nach oben, gegen die Schwerkraft, wandernden Ionenart. $K^+$ sei das gleiche Kation, z. B. Kalium und $A^-$ das ungefärbte Anion, z. B. Nitrat und $B^-$ das Indikatoranion, wie Bichromat oder Permanganat. Die Grenzschicht bleibt scharf, wenn die Wanderungsgeschwindigkeit der beiden Anionenarten annähernd gleich oder diejenige des Indikatoranions etwas kleiner ist. Ist die mit einem Coulometer gemessene Strommenge $Q = I \cdot t$ hindurchgeflossen, dann habe sich die Grenzschicht

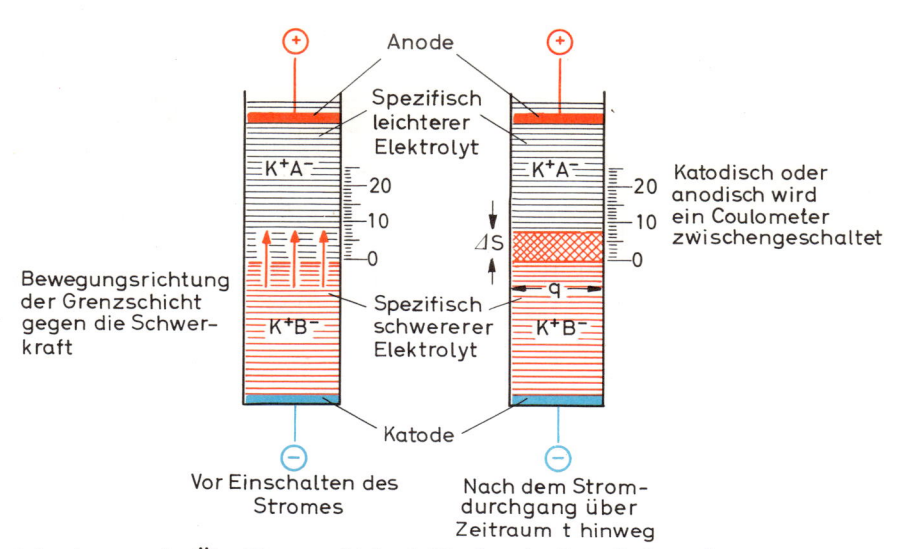

*Bild 25. Direktbestimmung der Überführungszahl durch Wandern der Grenzfläche nach MacInnes und Brighton*

um den Weg $\Delta s$ verschoben. Dabei werden die farblosen Anionen $A^-$ durch die optisch wahrnehmbaren Anionen $B^-$ ersetzt. Sie sind im Sinne des Bildes 24.1. gewandert und nehmen das Volumen $V_B = q \cdot \Delta s$ ein. Wird das Volumen in ml gemessen und ist die Konzentration von KA $c$ val, dann wandern $\frac{c \cdot V}{1000}$ Äquivalente $A^-$ durch den Rohrquerschnitt. Da 1 val die Strommenge 1 $F$ transportiert, werden durch die Ionen im abgelesenen Volumen $\frac{c \cdot V \cdot F}{1000}$ Coulomb (Amperesekunden) transportiert. Dieser Anteil an der Gesamtstrommenge entspricht $t_A \cdot Q = t_A \cdot I \cdot t$. Im Coulometer werden die anodisch abgeschiedenen Ladungen gemessen! Nicht die Wanderungsgeschwindigkeit der Indikatorionen! Deshalb gilt im Volumen $q \cdot \Delta s$

$$t_A \cdot I \cdot t = \frac{c \cdot q \cdot \Delta s \cdot F}{1000} = \frac{c \cdot V \cdot F}{1000};$$
$$t_A = \frac{c \cdot V \cdot F}{1000 \cdot I \cdot t} \qquad (76)$$

Bei dieser Messung wird mit volumenbezogenen Größen gerechnet. Durch Zersetzung (Sekundärvorgänge) und Konzentrationsänderungen kann sich das Volumen jedoch ändern. Z. B. werden bei der Verdünnung von 520 ml Äthanol (Äthylalkohol) mit 480 ml Wasser nicht 1 Liter, sondern nur 963 ml erhalten (Volumenkontraktion). Für genaue Bestimmungen ist diese Volumenänderung mit einzukalkulieren; Gleichung (76) wird zu

$$t_A = \frac{c \cdot F \cdot (V - \Delta V)}{1000 \cdot I \cdot t} \qquad (77)$$

Die Kationüberführungszahl ergänzt nach Gleichung (75) die Anionüberführungszahl zu 1.
Eine zweite Methode der Überführungszahl-Bestimmung nutzt statt des Mittelraumes einen Elektrodenraum. Die dazu benötigte Apparatur zeigt Bild 26, das Prinzip grobschematisch Bild 24.2. Die Strommenge, die durch den Elektrolyten geflossen ist, wird wieder durch ein nachgeschaltetes Coulometer am Gerät bestimmt. Der Elektrolytverlust im Anodenraum verhält sich zu demjenigen im Katodenraum wie die Wanderungsgeschwindigkeit der Kationen zu derjenigen der Anionen.
Wird der **Substanzverlust im Katodenraum mit** $-m_K$ **und der im Anodenraum mit** $-m_A$ bezeichnet, dann ist

$$-m_K : -m_A = w_A : w_K = t_A : t_K \qquad (78)$$

Die Überführungszahl wird errechnet aus dem analytisch bestimmten Substanzverlust. Es ist

$$t_K = \frac{-m_A}{-(m_A + m_K)}; \quad t_A = \frac{-m_K}{-(m_A + m_K)} \qquad (79)$$

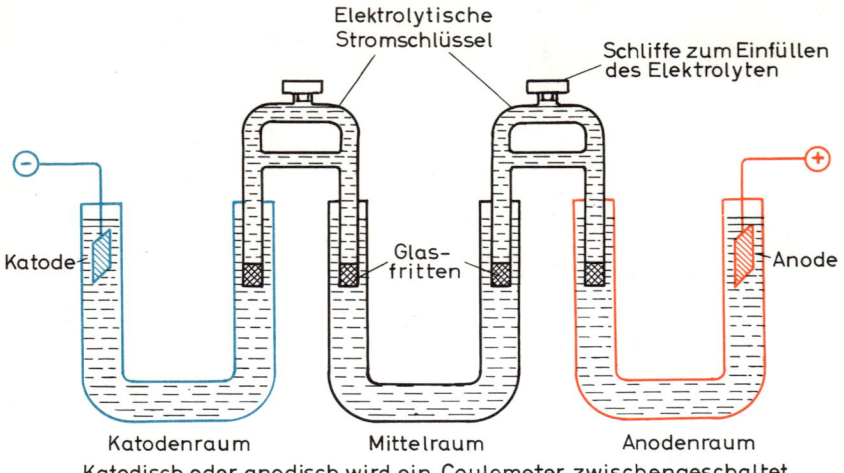

*Bild 26. Messung der Überführungszahl durch getrennte Elektrodenräume*

Nach (24) ist die abgeschiedene Menge $m = \frac{I \cdot t \cdot M}{v \cdot F}$. Dies entspricht $-(m_A + m_K)$. Wird die Zeit der Messung in Stunden angegeben, dann ist für **die Faradaysche Konstante der Wert 26,8 A · h** einzusetzen. Aus (79) wird damit

$$t_K = \frac{m_A \cdot F \cdot v}{I \cdot t \cdot M}; \qquad t_A = \frac{m_K \cdot F \cdot v}{I \cdot t \cdot M} \quad (80)$$

Ionen können nicht durch Leiter erster Klasse fließen, deshalb ist in Bild 26 als leitende Verbindung jeweils ein **Stromschlüssel**, eine **elektrolytische Brücke**, zwischen den U-Rohren eingeschaltet. Sie besteht aus einem von oben füllbaren Glasrohr mit durch Glasfritten oder Glaswolle abgeschlossenen, unteren Enden. Der obere Steg dient dazu Gasblasen aufzunehmen, welche im unteren Steg den Stromfluß unterbrechen könnten.

Wenn sich bei der Messung aus dem Elektrolyten Metall an der Katode niederschlägt, dann kann die Katode als Coulometer benutzt werden. Sie wird vorher und nachher ausgewogen. Die Differenz ist die insgesamt abgeschiedene Masse. Die Überführungszahlen sind das Verhältnis der aus dem Elektrodenraum verschwundenen Ionen zur insgesamt abgeschiedenen Masse. Damit lassen sich die Überführungszahlen direkt berechnen nach

$$t_K = \frac{-m_A}{-m_{ges}} \qquad t_A = \frac{-m_K}{-m_{ges}} \quad (81)$$

**Rechenbeispiel:** Eine Lösung von $CuCl_2$ in Wasser wurde in die 3 U-Rohre von Bild 26 eingefüllt. Nach dem Durchgang von 0,2 Ampère über den Zeitraum von 2,5 Stunden (2 h 30 min) wurde ein Minderbetrag von 0,234 g Kupferionen im Anodenraum festgestellt. Die Atommasse von Kupfer ist $M = 63,546$. Katodisch wurde eine Massenzunahme von 0,593 g Kupfer festgestellt, die sich während der Meßdauer dort niedergeschlagen hatten. Nach Gleichung (80) ergibt die Überführungszahl für Kupfer

$$t_K = \frac{0,234 \cdot 2 \cdot 26,8}{0,2 \cdot 2,5 \cdot 63,546} \approx \underline{0,395};$$
$$t_A = 1 - 0,395 = \underline{0,605}$$

Logarithmisch:

```
   lg  0,234   = 0,36922 − 1
+  lg  2,0     = 0,30103
+  lg 26,8     = 1,42813
+ colg 0,2     = 0,69897
+ colg 2,5     = 0,60206 − 1
+ colg 63,546  = 0,19691 − 2
```
$$lg\, t_K = 0,59632 - 1 \quad t_K = 0,3948$$
$$t_A = 1 - 0,3948; \quad t_A = 0,6052$$

**colg** (Logarithmus complementi, oft auch **lgcpl** oder **colog** abgekürzt) ist die dekadische Ergänzung zum Logarithmus. Es gilt lg + colg = 0; damit ist er die dekadische Ergänzung und stellt den Logarithmus des reziproken Numerus dar.

Nach Gleichung (81) ist

$$t_K = \frac{-m_A}{-m_{ges}} = \frac{0,234}{0,593} = 0,3946$$

Logarithmisch wegen colg:

$$\begin{aligned}&\lg 0,593 = 0,77\,305 - 1\\&+\operatorname{colg} 0,593 = 0,22\,695\\&\hline\\&0,593 \cdot \frac{1}{0,593} = 1 \qquad = 0,00\,000\end{aligned}$$

Aus der Subtraktion der Logarithmen wird eine Addition des colg und das Zwischenergebnis wird an Zeit eingespart.

$$\begin{aligned}&\lg 0,234 = 0,36\,922 - 1\\&+\operatorname{colg} 0,593 = 0,22\,695\\&\hline\\&\lg t_K \quad = 0,59\,617 - 1\,;\ t_K = 0,3946\end{aligned}$$

(0,395 i. d. Literatur)

Die Werte für die Überführungszahlen der Chlorionen (0,605) und der Kupferionen (0,395) gelten bei endlicher Konzentration des Kupfer-(2)-chlorids. **Für unendliche Verdünnung läßt sich die Überführungszahl aus den Ionengrenzleitfähigkeiten der Tafel 8 errechnen,** denn diese können auch aus den Überführungszahlen, wie dort berichtet, gewonnen werden. Es ist für Kupfer $1/2\,\Lambda_K = 45,3$ und für Chlor $\Lambda_A = 65,5 \text{ cm}^2 \cdot \Omega^{-1} \cdot \text{val}^{-1}$. Nach Gleichung (74) ist $t_K = \frac{45,3}{45,3 + 65,5} = 0,409$. Die obigen Werte wurden bei einer Konzentration von 0,05 n gemessen. Der Zahlenvergleich ergibt, daß bei dieser Konzentration die Kupferionen am Stromtransport stärker gehindert werden als die Chlorionen. Die Ionengrenzleitfähigkeiten werden deshalb auch durch die Messung der Überführungszahlen in größerer Verdünnung (etwa $10^{-3}$ n) bestimmt.

Benötigt werden zwei Bestimmungen; Grenzleitfähigkeit des Elektrolyten $\Lambda_\infty$ und Messung der Überführungszahl.

Ionengrenzleitfähigkeit $\Lambda_K$ und $\Lambda_A$ wird berechnet nach (74) zu

$$\Lambda_K = \frac{\Lambda_\infty \cdot (-m_{Anodenraum})}{-m_{ges}} = \Lambda_\infty \cdot t_K$$

$$\Lambda_A = \frac{\Lambda_\infty \cdot (-m_{Katodenraum})}{-m_{ges}} = \Lambda_\infty \cdot t_A \qquad (82)$$

oder Berechnung der Überführungszahl:

$$t_K = \frac{\Lambda_K}{\Lambda_\infty}\,;\ t_A = \frac{\Lambda_A}{\Lambda_\infty} \qquad (82.1)$$

**Fehler treten auf, wenn der Elektrolyt zur Komplexbildung neigt.** Deshalb ist vorher darauf zu achten, wenn die Überführungszahl an konzentrierteren Lösungen gemessen wird. Ein klassisches Beispiel ist Kadmiumjodid, das sogar **negative Überführungszahlen** für Kadmium ergeben kann. Das hat zwei Gründe: 1. In konzentrierter Lösung bildet sich das Anion $[CdJ_4]^{--}$ nach der Reaktionsgleichung $2\,CdJ_2 \rightleftharpoons Cd^{++} + [CdJ_4]^{--}$. 2. Das stark hydratisierte Kadmiumion schleppt eine Wasserhülle mit sich und wandert deshalb langsamer als sein Jodidkomplex-Ion. Die Abnahme an Kadmium ist daher im Katodenraum größer als im Anodenraum. Die Überführungszahl wird negativ.

Bei steigenden Temperaturen der Elektrolyten nimmt die Wärmebewegung derart zu, daß sie den Einfluß der Wanderungsgeschwindigkeit überflügelt. Die Überführungszahlen gleichen sich in ihren Werten einander an, Unterschiede in der Wanderungsgeschwindigkeit verschwinden.

Die nach den beiden beschriebenen Methoden gemessen Hittorfschen Überführungszahlen sind in der Praxis und bei thermodynamischen Betrachtungen zu verwenden; es sind **echte Überführungszahlen.** Nernst führte „wahre Überführungszahlen" ein, um den bremsenden Einfluß der mitgeschleppten Hülle von Lösungsmittelmolekülen auszuschalten. Zu der Elektrolytlösung setzte er einen elektrisch neutralen Stoff hinzu, der im angelegten elektrischen Feld alleine nicht wandert. Hierfür werden nichtionische, leicht und schnell zu analysierende Stoffe wie Glykole, Glyzerin, Zucker, Harnstoff usw. verwendet.

Der Größe der Lösungsmittelhülle um die betreffenden Ionen entsprechend werden diese Stoffe von den Ionen anteilig mitgeschleppt. Wird dieser zugesetzte Stoff von den Ionen selbst nicht angelagert (z. B. durch Komplexbindung), dann ist die Konzentrationsänderung an dieser zugesetzten, elektrisch neutralen Substanz (in Mol je Faraday) in den Elektrodenräumen ein Maß für die Größe der mitgeschleppten Solvathülle.

In Anwesenheit von Ionen können Neutralstoffe ebenfalls im elektrischen Feld wandern. Die „wahre Überführungszahl" als Begriff einzuführen sollte deshalb Sonderproblemen vorbehalten bleiben[21]. Ein eindeutiges Verfahren zu ihrer Messung existiert sowieso aus dem vorerwähnten Grund nicht.

In unendlicher Verdünnung nähert sich die Hittorfsche Überführungszahl der wahren Überführungszahl. Bei ausreichender Verdünnung werden die Werte annähernd konstant, wie aus Tafel 14 zu ersehen ist.

*Tafel 14: Überführungszahlen bei verschiedenen Konzentrationen und 18 °C als konstante Temperatur für die Kationen ( = $t_K$ )*

| Elektrolyt | Konzentration (Grammäquivalent je Liter) | | | | | | | |
|---|---|---|---|---|---|---|---|---|
| | 1,0n | 0,5n | 0,2n | 0,1n | 0,05n | 0,02n | 0,01n | 0,005n |
| HCl | 0,845 | 0,845 | 0,837 | 0,836 | 0,835 | 0,834 | 0,833 | 0,832 |
| NaCl | 0,363 | 0,377 | 0,390 | 0,393 | 0,395 | 0,396 | 0,396 | 0,397 |
| KCl | 0,485 | 0,490 | 0,494 | 0,494 | 0,495 | 0,496 | 0,496 | 0,496 |
| $AgNO_3$ | 0,500 | 0,490 | 0,478 | 0,474 | 0,474 | 0,474 | 0,474 | 0,474 |

## 2.7. Hemmungserscheinungen bei Elektrodenvorgängen

Wird in Bild 26 der Mittelraum so groß gewählt, daß er die Elektroden berührt, dann bestehen die Elektrodenräume nur noch aus den **Grenzflächen** zwischen Elektroden und Elektrolytlösung. Nach Bild 24.2. ändert sich bei der Elektrolyse die Ionenkonzentration in den Elektrodenräumen verschieden stark.

> Konzentrationsunterschiede gleichen sich durch die Wanderung der Ionen vom Gebiet höherer Konzentration zum Gebiet niederer Konzentration wieder aus. Jede Bewegung elektrisch geladener Teilchen stellt aber einen Stromfluß dar. In diesem Falle ist er der Richtung des zugeführten Stromes entgegengerichtet. Das Konzentrationsgefälle entspricht einem Spannungsgefälle, das der außen angelegten Spannung entgegengerichtet ist.

Bei dem Beispiel 3 in Tafel 4, der Kupferraffination, wird die Konzentration an Kupferionen anodisch stark erhöht. Die Anode wird aufgelöst. Aus Kupferatomen werden Kupferionen. Der umgekehrte Vorgang tritt an der Katode auf. Kupferionen werden als Kupferatome abgeschieden.
Werden die Grenzflächen durch senkrechte Striche gekennzeichnet, dann ist die Darstellung als Schema so wiederzugeben

$$Cu | CuSO_4, CuSO_4, CuSO_4 | Cu$$
$$-\quad c_K \quad\ c \quad\ c_A \quad +$$

worin $c_K < c < c_A$ für die Kontration der Kupferionen $Cu^{++}$ ist.
Dies ist die Darstellung einer **Konzentrationskette**, deren Polung der außen angelegten Spannung entspricht. Ihre entgegengesetzt gerichtete **Eigenspannung wird Gegen-*EMK*** (entgegengesetzt gerichtete Elektromotorische Kraft) genannt. Unter der *EMK* ist diejenige Spannung zu verstehen, die ohne äußere elektrische Belastung an den Elektroden gemessen werden würde.
Alle derartigen, der äußeren Spannung entgegengerichteten *EMK*'s, werden unter dem Sammelbegriff **galvanische Polarisation** zusammengefaßt. Sie wird unterteilt in **reversible** (umkehrbare oder aufhebbare) und **irreversible** (nicht rückgängig zu machende) **Polarisation**. Die **Konzentrationspolarisation** ist reversibel. Wird durch Bad- oder Elektrodenbewegung gerührt, dann treten keine Konzentrationsunterschiede auf und es wird keine Gegen-*EMK* durch diese Polarisationsart ausgebildet.
Die Konzentrationspolarisation läßt sich unterteilen in eine **Diffusions-** und eine **Reaktionspolarisation**, die beide reversibel sind. Reversible Polarisationsarten benötigen zu ihrer Überwindung bei der Elektrolyse nur die ihnen entgegengerichtete äußere Spannung um den Elektrolyten elektrochemisch zerlegen zu können.
Irreversibel sind die **Durchtritts-** und die **Widerstandspolarisation.** Zu ihrer Überwindung bei der Elektrolyse wird ein über die Gegen-*EMK* hinausgehender Spannungsmehrbetrag benötigt. Er wird **Überspannung** genannt.

### 2.7.1. Galvanische Polarisation

Wechselwirkungen treten fast stets an **Phasengrenzen,** den Berührungsflächen zweier verschiedener Stoffe (z. B. Öl auf Wasser), auf. Die zu betrachtenden Grenzflächen sind die extrem dünnen Berührungsflächen zwischen Elektroden und Elektrolyt. Werden sie von Ionen durchdrungen, dann wird dieser Vorgang **Diffusion** genannt. **Ionen wandern unbeeinflußt immer aus Gebieten höherer Konzentration nach solchen von niederer Konzentration.** Während der Elektrolyse werden Ionen abgeschieden; an einer solchen Phasengrenze ist eine Verarmung an Ionen zu beobachten.

Bei auflösbaren Elektroden tritt eine Anreicherung an Ionen auf, die eine Ladung tragen, welche der betreffenden Elektrodenpolung gleich ist (z. B. $Cu^{++}$ an der positiven Kupferanode bei der Elektrolyse von $CuSO_4$). In diesem Fall ist die unterschiedliche Kupferionenkonzentration nicht nur auf die unterschiedliche Ionenwanderungsgeschwindigkeit zurückzuführen. Außerdem behindern die zur Anode strömenden Sulfationen den Konzentrationsausgleich der anodisch entstandenen Kupferionen mit der umgebenden Elektrolytlösung. Wird der Konzentrationsausgleich mit Hilfe der Diffusion gehemmt, dann ist dies eine **Diffusionspolarisation.**

Werden potentialbestimmende Ladungsträger beim Durchlaufen der Phasengrenze zwischen Elektrode und Elektrolyt behindert, dann tritt **Durchtrittspolarisation** auf.

**Reaktionspolarisation** wird durch chemische Umsetzungen hervorgerufen, die vor oder hinter der Phasengrenze ablaufen. Hierzu gehört auch die **Kristallpolarisation,** wenn der Ionenaustritt oder die Ioneneinlagerung in ein Kristallgitter eine Zeitreaktion ist. Erinnert sei in diesem Zusammenhang an die Sekundärreaktionen, die sowohl Umsetzungen mit der Elektrode (Sulfatradikale und Kupferanode), als auch mit dem Lösungsmittel (Alkaliatome und Wasser) oder dem Elektrolyten selbst (anodisch abgeschiedenes Jod mit Kaliumjodid zum Komplex) eingehen können (Tafel 4).

**Widerstandspolarisation** entsteht, wenn sich bei der Elektrolyse im System ein zusätzlicher Widerstand ausbildet. Dieser verursacht einen zusätzlichen inneren Spannungsabfall (s. a. Bild 8). Aufgebaut wird er meist durch die Ausbildung einer schlecht leitenden Schicht auf der Elektrodenoberfläche.

## 2.7.2. Polarisationsspannung und Zersetzungsspannung

In ein Gefäß mit Schwefelsäure sollen einmal zwei Kupferbleche und einmal zwei Platinbleche eingetaucht werden. In beiden Fällen baut sich zwischen den Elektrodenflächen kein Potential auf. Wird in beiden Fällen ein schwacher Strom so kurzzeitig hindurchgeschickt, daß keine merkbare Konzentrationsänderung eintritt, dann ist zwischen den Kupferelektroden keine *EMK* festzustellen. Die Kupferelektroden und ihre Umgebung haben sich nicht verändert, der vorhergehende Zustand ist wieder hergestellt. Zwischen den Platinelektroden ist eine EMK meßbar, auch wenn der zugeführte Strom abgeschaltet ist. **Platin hat die Eigenschaft in seiner Oberfläche Gase lösen zu können (deshalb ist es ein guter Katalysator).** Die katodische Oberfläche besteht aus Wasserstoff und die anodische aus Sauerstoff. Beide Gase sind an diesen Elektroden bei der Elektrolyse entstanden. **Die vordem gleichen Platinelektroden sind zu zwei verschiedenen Gaselektroden geworden, zwischen denen das Potential einer Knallgaskette herrscht.** In diesen beiden Beispielen sind die Kupferelektroden nicht polarisierbar, wohl aber die beiden Platinelektroden.

Hierzu einige erläuternde Versuche. Die generelle Versuchsanordnung zeigt Bild 27. In einem Stromkreis, der durch einen Quecksilberschalter unterbrochen werden kann, befinden sich hintereinander geschaltet Gleichstromquelle, Ampèremeter, Anode, veränderlicher Elektrolytsäulenwiderstand (durch Verschieben einer Elektrode mit Zeiger ist der Abstand der Elektroden einzustellen und an der Meßlatte ablesbar). Katode und veränderlicher Widerstand. Zwischen den Elektroden ist parallel zum Elektrolyten, wahlweise durch den Umschalter wählbar, ein hochohmiges Voltmeter oder eine Kompensationsbrücke (s. Bild 18) zur stromlosen Spannungsmessung geschaltet. Wird nur ein Instrument (z. B. sehr hochohmiges Voltmeter oder Röhrenvoltmeter) verwendet, dann ist der Umschalter durch einen Polwender zu ersetzen, denn nach dem Abschalten der Fremdstromquelle liefert die Katode positive und die Anode negative Elektrizität!

**1. Versuch:** Beide Elektroden, A und K, bestehen aus Kupfer, Elektrolyt: etwa 1 n-$CuSO_4$. Elektrolyttrog im Wasserbad. Mit steigender Temperatur wird bei konstanter Spannung die Stromstärke abgelesen. Es resultiert das Diagramm von Bild 27.1.

**Auswertung:** Mit zunehmender Temperatur wird der Innenwiderstand des Elektrolyten kleiner, die spezifische Leitfähigkeit größer, wie schon im Begleittext zu den Gleichungen (45 bis 48) gesagt wurde.

**2. Versuch:** Die gleiche Anordnung wie bei Versuch 1. Die Temperatur wird jedoch konstant gehalten. Der Außenwiderstand $\Delta R$ wird diesmal geändert. Abgelesen werden auf dem Voltmeter die Spannung und die zugehörige Stromstärke auf dem Ampèremeter. Die zueinander gehörenden Wertepaare werden im Diagramm des Bildes 27.2. eingetragen und zur Geraden verbunden.

61

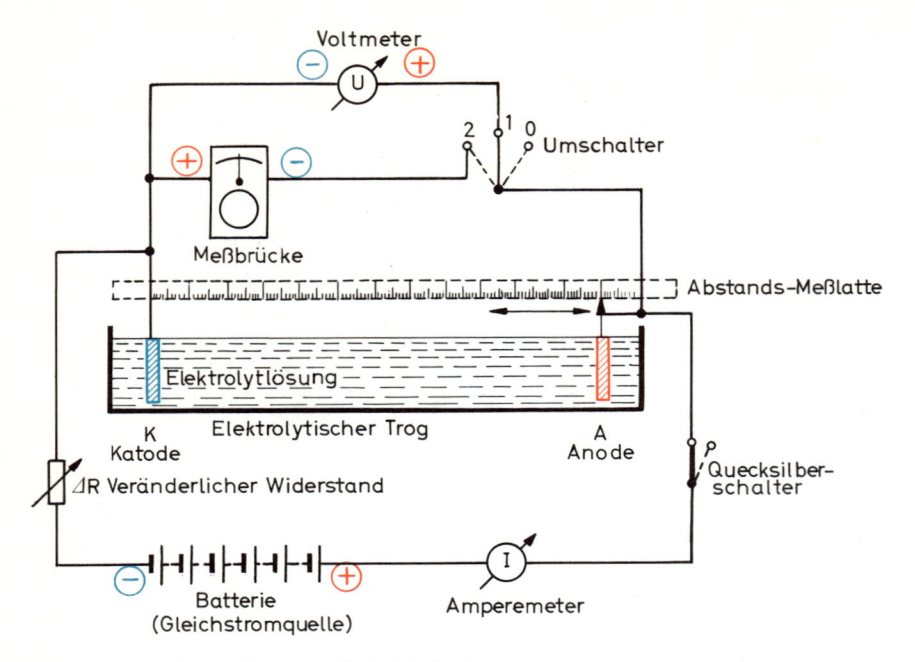

*Bild 27. Versuchsanordnung zur Polarisierbarkeit*

**Auswertung:** Die Meßergebnisse gehorchen dem Ohmschen Gesetz der Gleichung (15). Eine elektrochemische Reaktion hat nicht stattgefunden, lediglich ein Stromtransport durch Kupferionen. Unter den gegebenen Versuchsbedingungen ist die Abscheidungsgeschwindigkeit kleiner als die Diffusions- bzw. Wanderungsgeschwindigkeit der Kupferionen. Eine Konzentrationsänderung ist praktisch nicht eingetreten, zumal die abgeschiedenen Kupferionen durch den anodischen Auflösungseffekt $Cu - 2\,e^- = Cu^{++}$ oder als Zwischenreaktion, die den vorhergehenden Zustand wieder herstellt, $SO_4 + Cu \rightarrow CuSO_4 \rightarrow Cu^{++} + SO_4^{--}$; $SO_4^{--} - 2\,e^- \rightarrow SO_4$ nachgeliefert werden. Die Messung entspricht in ihrem Ergebnis einer reinen Widerstandsmessung bzw. Leitfähigkeitsmessung.

**3. Versuch:** Gleiche Versuchsbedingungen wie in Versuch 2. Diesmal wird mit Hilfe des variablen Widerstandes die Stromdichte konstant gehalten. Da die Elektrodenflächen konstant bleiben genügt es, wenn die Stromstärke durch $\Delta R$ auf dem

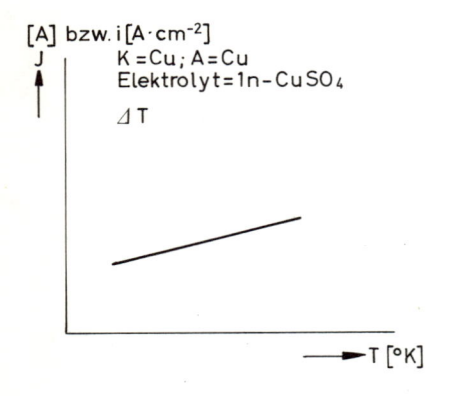

*Bild 27.1. Diagramm zu Versuch 1*

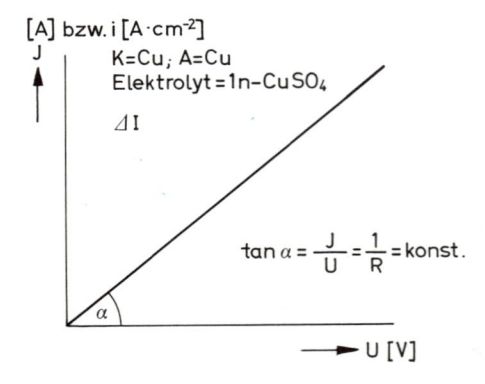

*Bild 27.2. Diagramm zu Versuch 2*

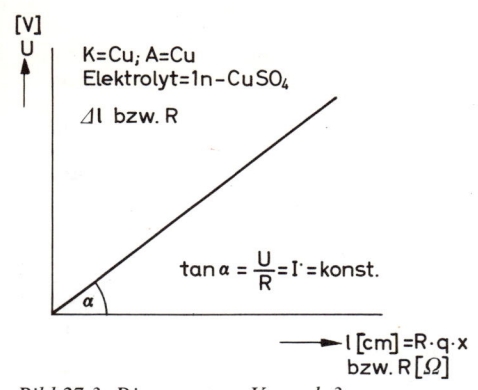

Bild 27.3. Diagramm zu Versuch 3

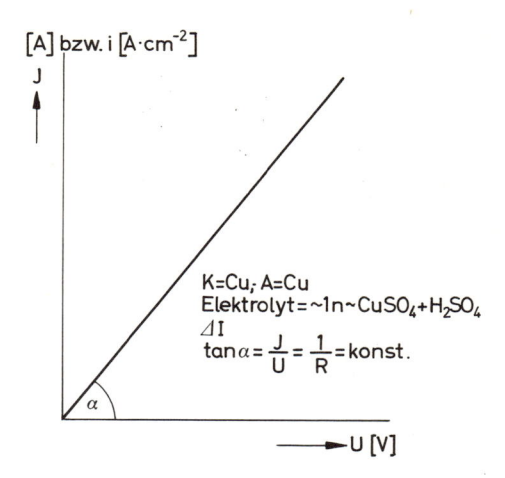

Bild 27.4. Diagramm zu Versuch 4

Ampèremeter etwa bei 200 mA stets neu eingeregelt wird. Variiert wird der Abstand der Elektroden zueinander, die Zellenkonstante $C$. Dieser Begriff wurde zu Beginn des Kapitels 2.5. erläutert. Aus den Ergebnissen des vorhergehenden Versuches ist ersichtlich, daß sich auch hier eine Leitfähigkeitsmessung anbahnt. Das diagrammatisch festgehaltene Ergebnis zeigt Bild 27.3. mit der abgelesenen Spannung $U$ als Funktion des Elektrodenabstandes $l$.

**Auswertung:** Der Elektrodenabstand ist dem Innenwiderstand direkt proportional; der Widerstand ist eine Funktion der Länge $l$ oder $R = f(l)$, wie aus Gleichung (16) zu ersehen. Um aus dem Abstandswert den Widerstandswert zu erhalten ist ersterer mit einer konstanten Zahl zu multiplizieren: (16) $R = l \cdot \dfrac{\varrho}{q} = l \cdot \dfrac{1}{q \cdot \varkappa} = l \cdot$ konst.

$\varrho$ bzw. $\varkappa$ sind für den gleichen Elektrolyten gleich und bei gleichen Elektroden ist auch der Querschnitt der dazwischen liegenden Elektrolytschicht konstant. Die Abszissenwerte sind mit diesem Faktor zu multiplizieren um aus cm den Widerstandswert in $\Omega$ zu erhalten.

Der Unterschied zu Bild 27.2. besteht lediglich darin, daß der Tangens des Neigungswinkels $\alpha$, der konstant gehaltene Wert, ein anderer ist.

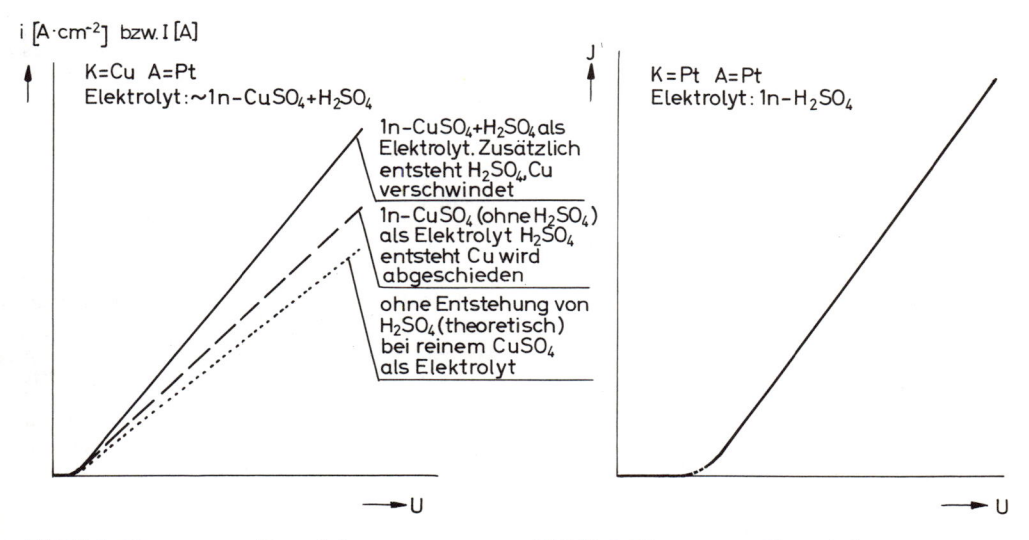

Bild 27.5. Diagramm zu Versuch 5

Bild 27.6. Diagramm zu Versuch 6

Auch diese Meßergebnisse unterliegen dem Ohmschen Gesetz.
Der Unterschied: Im $U/I$-Diagramm ist $\tan \alpha = I/U =$ konstant und im $l/U$-Diagramm ist $\tan \alpha = U/l =$ konstant und da $l = R \cdot$ konstant kann dafür gesagt werden $U/R =$ konstant, denn $I = U/R$ (Ohmsches Gesetz).

**4. Versuch:** Ist identisch mit Versuch 3, nur daß zu dem Elektrolyten konzentrierte Schwefelsäure zugesetzt wird. Die geringe Konzentrationsänderung des Kupfersulfats kann unberücksichtigt bleiben. Die abgelesenen Wertepaare ergeben das Schaubild von Bild 27.4.

**Auswertung:** Das Steigmaß der Geraden, $\tan \alpha$, ist größer geworden. Der Innenwiderstand des Elektrolyten ist kleiner, dank der größeren spezifischen Leitfähigkeit. Dies wird vor allem durch die viel beweglicheren Hydroxonium-Ionen $H_3O^+$ bewirkt. Eine Abweichung der Ergebnisse von der Geraden ist innerhalb der Meßfehlergrenze geblieben. Auch hier ist, wie bei allen seitherigen Versuchen, keine Polarisation in den Elektrodenräumen festzustellen. Beide Elektroden waren unpolarisierbar.

**Versuch 5:** Gleiche Bedingungen und Versuchsanordnung wie zuvor, jedoch wird eine Kupferelektrode durch eine solche aus Platin ersetzt. Es sei die Anode. Damit wird eine Nachlieferung von Kupferionen aus der Anode unterbunden. Die Kurve des Bildes 27.5. (durchgezogene Linie) wird erhalten.

**Auswertung:** Im Gegensatz zu den vorigen Kurven verläuft die ausgezogene Kurve (ebenso wie die beiden anderen) zunächst horizontal. Mit steigender Spannung fließt zwar kurzzeitig ein Strom, der aber wieder sinkt. Erst ab einer bestimmten Spannung steigt der Strom, und damit die Kurve, an. **Der kurzzeitig feststellbare Strom ist nichtfaradisch. Er dient lediglich zur Polarisation der Anode,** die den andersartigen Kurvenverlauf verursacht haben muß, denn sie ist die einzige Änderung gegenüber dem vorigen Versuch. Diejenige Spannung, bei der erstmals ein faradischer Strom, welcher durch die Elektrolyse bedingt ist, fließt, heißt **Polarisationsspannung.** Die von außen her angelegte Spannung ist die **polarisierende Spannung.**

Wird die angelegte Spannung durch den Quecksilberschalter in Bild 27 unterbrochen, dann liefert das Elektrodensystem eine Spannung, die der angelegten Spannung umgekehrt gepolt ist. Sie entspricht der $EMK$ der Kette $Cu|CuSO_4, H_2SO_4|$ $O_2(Pt)$. Bei der Unterbrechung der außen angelegten Spannung bei allen anderen seitherigen Versuchen, bricht die Spannung mit den Abschalten sofort zusammen. Es ist keine Gegen-$EMK$ festzustellen.

In Bild 27.5. verläuft die ausgezogene Kurve etwas steiler als die gleiche Kurve in Bild 27.4. Während dort die abgeschiedenen Kupferionen durch die Anode nachgeliefert wurden, sind in diesem Versuch die Kupferionen durch Wasserstoff- bzw. Hydroxoniumionen ersetzt worden. Die entladenen Sulfatreste finden anodisch ein nicht angreifbares Metall vor, sind aber sehr reaktionsfreudig. Sie reagieren deshalb mit dem Lösungsmittel Wasser nach $SO_4 + H_2O \rightarrow H_2SO_4 + O$; Schwefelsäure dissoziiert wieder in Sulfationen und Wasserstoffionen, die nun die Stelle der abgeschiedenen Kupferionen einnehmen $H_2SO_4 \rightarrow 2H^+ + SO_4^{--}$. Der abgeschiedene Sauerstoff besetzt die Oberfläche des Platins, das nun zu einer Sauerstoffelektrode geworden ist.
Wäre der Elektrolyt aus Versuch 2 verwendet worden, dann würde die Gerade steiler verlaufen als in Bild 27.2. Diese Vergrößerung von Winkel $\alpha$ wird dadurch bewirkt, daß die Ionenleitfähigkeit der $H_3O^+$-Ionen größer ist als diejenige, der durch sie ersetzten Kupferionen. Dem entspräche die gestrichelte Kurve in Bild 27.5. Die punktierte Kurve würde erhalten, wenn die Kupferionen nicht durch Wasserstoffionen ersetzt werden.
In diesem Versuch war nur die Anode polarisierbar.

**Versuch 6:** Katode und Anode bestehen aus Platinblechen der gleichen Fläche wie die seither verwendeten Kupferbleche. Elektrolyt ist 1 n-$H_2SO_4$. Aufgenommen werden die Wertepaare zur Strom-/Spannungskurve bei konstantem Elektrodenabstand (= konstanter Innenwiderstand des Elektrolyten), Bild 27.6.
**Auswertung:** Beide Elektroden sind polarisierbar. **Aus der platinierten Platinkatode wird eine Wasserstoffelektrode, aus der platinierten Platinanode wird wieder, wie in Versuch 5, eine Sauerstoffelektrode. Der äußere Stromfluß setzt erst bei höherer Spannung ein, denn sowohl katodisch als auch anodisch ist eine Gegen-$EMK$ zu überwinden.** Diese entspricht der Kette $(Pt)H_2|H_2SO_4|O_2(Pt)$ bzw. $(Pt)H_2|H_2O|O_2(Pt)$. Auch hier wird zur Polarisation erst wieder die polarisierende Spannung mit dem kurzzeitig fließenden Polarisationsstrom gebraucht. Vorher ist keine $EMK$ an den Elektroden festzustellen, sofern diese analytisch rein sind.

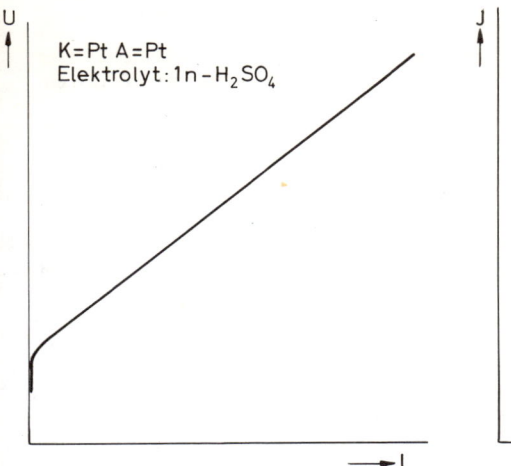

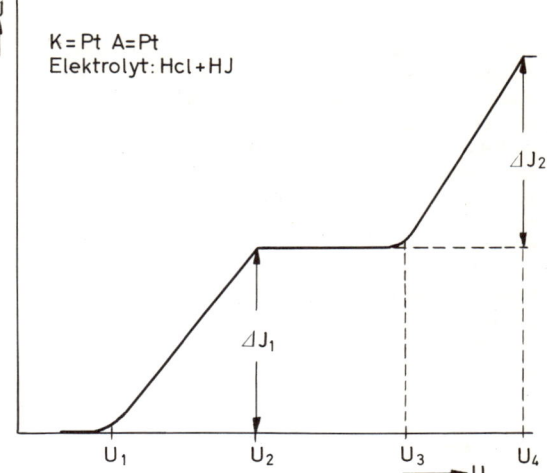

*Bild 27.7. Diagramm zu Versuch 7*

*Bild 27.8. Diagramm zu Versuch 8*

> Wird die polarisierende Spannung größer als die Polarisationsspannung, dann beginnt der faradische Strom zu fließen und die Elektrolyse setzt ein. Erst von diesem Zeitpunkt an gelten die Faradayschen Gesetze zur Elektrolyse.

**Versuch 7:** Anordnung und Material wie in Versuch 6. Unterschied: Die Stromstärke soll konstant gehalten werden dadurch, daß der Stromstärkeunterschied, der durch Änderung der Zellkonstanten wie in Versuch 3 durch Annäherung der Elektroden zueinander, mit Hilfe des veränderlichen Außenwiderstandes ausgeglichen wird. Wird der Abstand der Elektroden zueinander gegen die dazu abgelesene Spannung aufgetragen, dann entsteht das Diagramm von Bild 27.7.
**Auswertung:** Je mehr sich die Elektroden einander nähern, um so mehr sinkt bei gleichbleibender Stromstärke die Spannung ab, wie im Spannungsteilerprinzip des Bildes 8. Der Innenwiderstand der Elektrolytsäule zwischen den Elektroden wird bei der Annäherung kleiner und der Außenwiderstand muß vergrößert werden, damit die Stromstärke gleich bleibt. Am größeren Widerstand einer Reihenschaltung ist auch der Spannungsabfall größer. Ist der Elektrodenabstand unendlich klein, fast ein Kurzschluß, dann ist auch die Spannung zwischen den Elektroden normalerweise unendlich klein. Hier bleibt jedoch eine Spannung aufrecht erhalten, die Polarisationsspannung, die bei äußerem Stromfluß langsam auf den Wert Null zurückgeht. Sie entspricht der Gegen-*EMK* der Kette.

**Versuch 8:** Beide Elektroden sind aus Platin. Der Elektrolyt besteht diesmal aus einem Gemisch von HCl und HJ. Durch Verkleinerung des Außenwiderstandes steigt, bei gleichbleibendem Innenwiderstand des Elektrolyten, die an den Elektroden liegende Spannung (Spannungsteiler-Prinzip). Abgelesen wird die Spannung und der zugehörige fließende Strom in der Außenleitung. Das Versuchsergebnis in Diagrammform zeigt schematisch Bild 27.8.
**Auswertung:** Es sind zwei Sprünge in der Kurve aufgetreten. Katodisch ist das Halbelement (Pt) $H_2|H^+$ geblieben. Der zweite Potentialsprung muß seine Ursache mithin in den Anodenvorgängen haben.
Mit steigender Spannung nimmt die Stromstärke zunächst zu, um von einem bestimmten Wert ab konstant zu bleiben.

> Durch Diffusion können nicht mehr so viele Ionen zur Entladung an die Elektroden herantreten, wie entladen werden könnten. Die Diffusion ist der bestimmende Schritt für den fließenden Strom, ist selbst jedoch unabhängig von der angelegten Spannung.

5 Elektrochemie kub

Diese konstante Stromstärke zwischen den Spannungspunkten $U_2$ und $U_3$ ist der **Grenz- oder Diffusionsstrom**. Selbst bei weiter ansteigender Spannung ist keine steigende anodische Ionenentladung zunächst möglich. Erst bei Erreichen der Gegen-*EMK* des zweiten Halbelementes an der Anode setzt bei der Spannung $U_3$ eine weitere Stromstärkesteigerung ein, die ab $U_4$ wieder einen konstanten Wert erreicht.

**Sobald eine neue Ionensorte entladen wird, steigt die Stromstärke an. Die abgelesene Spannung gibt an, um welche Ionensorte es sich handelt. Die Differenz zwischen den Diffusionsströmen, $\Delta I_1$ und $\Delta I_2$ ist proportional der Konzentration der betreffenden Ionensorte**, denn je mehr Ionen vorhanden sind in der Volumeneinheit, desto größer ist das Konzentrationsgefälle und desto größer ist der Diffusionsstrom der Ionen zum Konzentrationsausgleich. Auf diesen Erkenntnissen beruhen die verschiedenen Methoden der polarografischen Analyse.

An einem Konzentrationsausgleich durch Diffusion sind beide Ionenarten beteiligt. Als Gradient wird in diesem Falle das Konzentrationsgefälle auf einer bestimmten Strecke bezeichnet. Es ist der Konzentrationsunterschied $dc$ längs der Strecke $dx$. Die Zahl $dn$ der Teilchen, die in der Zeiteinheit $dt$ durch den Querschnitt $q$ der Konzentrationsgrenzfläche hindurchtritt, ist dem Gradienten der Konzentration direkt proportional (**1. Ficksches Gesetz**):

$$\frac{dn}{dt} = D \cdot q \cdot \frac{-dc}{dx} = q \cdot c \cdot v = I_{\text{diff}}. \quad (83)$$

Darin bedeuten $D$ **der Diffusionskoeffizient** [$cm^2 \cdot s^{-1}$] und $v$ **die Geschwindigkeit** der Teilchen. Die Konzentrationsänderung, die sich durch die Diffusion mit der Zeit einstellt, erfaßt das **2. Ficksche Gesetz** mit

$$\left(\frac{\partial c}{\partial t}\right)_x = D \cdot \left(\frac{\partial^2 c}{\partial x^2}\right)_t \quad (84)$$

$D$ ist abhängig von der Art des Stoffes, der Temperatur und der Konzentration, bzw. von dem Konzentrationsgefälle.

Die in der Zeit $dt$ abgeschiedene Menge $dn$ an der Elektrode verursacht dort nach Gleichung (24) ebenfalls eine Konzentrationsabnahme. Sie kann deshalb auch folgende Form annehmen

$$\frac{dn}{dt} = \frac{I}{F} \quad (85)$$

Darin ist n die Zahl der Val. Ist die abgeschiedene Menge gleich der hinzudiffundierenden Menge, dann ist der Punkt $U_2$ bzw. $U_3$ des Bildes 27.8. erreicht. Die Gleichungen (83) und (85) können einander gleichgesetzt werden

$$q \cdot D \cdot \frac{-dn}{dx} = \frac{I}{F}; I = q \cdot D \cdot F \cdot \frac{-dc}{dx} \quad (86)$$

Der überschüssige Strom wird nicht zur Abscheidung benötigt. Er wird in Wärme umgewandelt. Einer Kilowattstunde entsprechen dabei annähernd 860 Kilokalorien. **Die abgeschiedene Menge ist von der Spannung unabhängig.** Es ist deshalb erwünscht, mit möglichst niedrigen Spannungen zu arbeiten, um die Kosten niedrig zu halten. **Bei hohen Stromdichten tritt Konzentrationspolarisation auf.** Diese wird durch möglichst große Elektrodenflächen vermieden. Eine Beschleunigung der Ionen wird durch gerührte und erwärmte Bäder erreicht. **Bei Metallabscheidungsprozessen ist die Abscheidungsform des Metalls temperaturabhängig.** Sie ist deshalb bei galvanischen Bädern laufend zu kontrollieren oder fest einzuregeln.

### 2.7.2. Überspannung

In Bild 28 soll zunächst Salzsäure, ohne durchperlende Gase, zwischen Platinelektroden elektrolysiert werden. Von einer bestimmten Spannung ab steigt der äußere fließende Strom rapide an, wie die blaue Kurve in Bild 28.1. zeigt. Die Rückverlängerung des aufsteigenden Kurvenastes zur x-Achse ergibt in deren Schnittpunkt den Wert der **Zersetzungsspannung** $\eta_{z_1}$. Dieser entspricht dem Wert der Gegen-*EMK* der entstandenen Chlorknallgaskette. Das Reststromgebiet ist darauf zurückzuführen, daß sich an den Elektrodenflächen adsorbiertes Gas von diesen ablöst und eine neue Deckschicht derselben Art entstehen muß. Dazu ist ein Stromtransport notwendig.

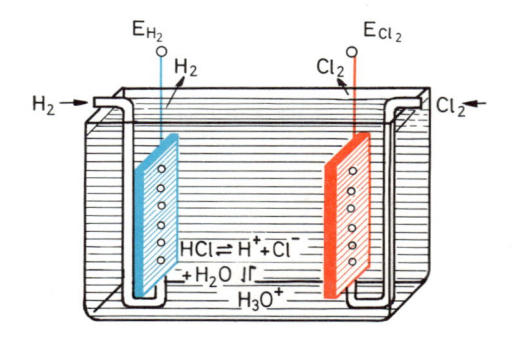

*Bild 28. Chlorknallgaskette und HCl-Elektrolyse*

*Bild 28.1. Diagramm zur Polarisation und Überspannung*

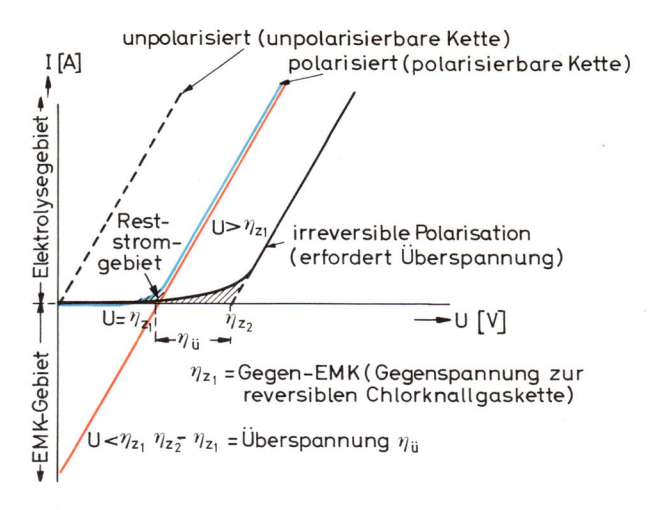

Perlen Wasserstoff und Chlor in Bild 28 über die Elektrodenflächen, dann fließt ein Strom in umgekehrter Richtung so lange, bis die außen angelegte Gegenspannung gleich der *EMK* dieser Chlorknallgaskette ist. Bei $\eta_{z_1}$ sind beide Stromstärken einander gleich, es fließt kein äußerer Strom, weder in der einen noch in der anderen Richtung. Die bis dahin erhaltene rote Kurve des Bildes 28.1. geht in die blaue Kurve über. Wird der äußere Stromkreis abgeschaltet, dann bleibt zwischen den Elektroden in Bild 28 eine Spannung bestehen, die der angelegten Spannung entgegengesetzt gepolt ist. Sie ist gleich der *EMK* der Chlorknallgaskette. Sie ist ihrem Wert nach gleich der Zersetzungsspannung. Werden statt der platinierten Platinelektroden solche aus einem anderen Material verwendet, dann kann eine höhere Gegenspannung $\eta_{z_2}$ erforderlich sein, als der *EMK* der Chlorknallgaskette entsprechen würde. Dieser Spannungsmehrbetrag $\eta_{z_2} - \eta_{z_1} = \eta_{ü}$ wird **Überspannung** genannt. Aus der Messung würde sich etwa eine Kurve wie die durchgezogene schwarze Kurve des Bildes 28.1. ergeben.
**Der Wert dieser Überspannung ist abhängig von der Temperatur, Art des Elektrodenmaterials, Art und Konzentration der abzuscheidenden Ionen, von der Stromdichte und der Oberflächenbeschaffenheit der Elektroden.**
**Mit steigender Temperatur** wird die Überspannung geringer. **Die Oberfläche des Elektrodenmaterials** verursacht eine um so größere Überspannung, je glatter die Oberfläche ist. Sie ist am größten bei Quecksilber, das als Flüssigkeit bestrebt ist, die kleinstmögliche, damit glatteste Oberfläche zu bilden. **Die Art des Elektrodenmaterials** ist für den abzuscheidenden gleichen Stoff, also nicht generell in eine bestimmte Folge einzuordnen. **Die kleinste oder keine Überspannung zeigen meist diejenigen Elektrodenmaterialien, die einen Elektrodenvorgang auch unter normalen chemischen Reaktionsbedingungen katalysieren.** Da auch kleinste Beimengungen von Fremdstoffen vergiftend auf das Elektrodenmaterial wirken können, sind solche Werte meist ungenau. Zahlenangaben, die aus mehr als 3 Ziffern bestehen, beziehen sich im Schrifttum deshalb auf sehr reines Elektrodenmaterial (z. B. Fünfneunermaterial = 99,999%ig rein). Einen Überblick über die Wasserstoff- bzw. Sauerstoffüberspannung an verschiedenen Elektrodenmaterialien geben die Tafeln 15 und 16.

Ein Vergleich der beiden Tafeln 15 und 16 zeigt, daß die Überspannung nicht nur vom Elektrodenmaterial abhängt, sondern auch vom abgeschiedenen Stoff. Während Platin für die Wasserstoffabscheidung fast keine Überspannung benötigt, ist diese für die Sauerstoffabscheidung sehr hoch. Damit ist auch die Abhängigkeit der Überspannung von der Art des abzuscheidenden Stoffes bewiesen. Je rauher die Elektrodenoberfläche ist, desto größer ist die zur Elektrolyse angebotene wahre Fläche (z. B. ist die Atmungsoberfläche der Lunge, bedingt durch 300–400 Mio. Lungenbläschen, etwa 150 m²).

Die Stromdichte wird dadurch geringer und damit auch die Überspannung vermindert. Bild 29 gibt das Diagramm der Überspannungs-Abhängigkeit von der Stromdichte wieder. Es gilt für die anodische Sauerstoffabscheidung aus 1n-KOH bei 20 °C. Daraus ist auch zu erkennen, daß eine Reihenfolge

*Tafel 15: Wasserstoffüberspannung, abhängig vom Katodenmaterial. Die ersten Werte geben den ungefähren Bereich der Überspannung wieder ( = 1), die zweiten bei stromlosem Zustand ( = 2), die nächsten in 1n-HCl bei 20 °C und $i = 10^{-2} A \cdot dm^{-2}$ ( = 3) und die letzten Werte bei einer Stromdichte von $1 A \cdot dm^{-2}$ ( = 4).*

\* ältere Werte
dort ( ) neue Werte

| Katoden-metall | Überspannung in Volt bei den Bedingungen von | | | |
|---|---|---|---|---|
| | (1) | (2) | (3)* | (4)* |
| Pt, platiniert | 0,000–0,003 | 0,00 | 0,005 | 0,07 (0,035) |
| Au | | | 0,02 | 0,95 (0,56) |
| Pt, blank | 0,01–0,1 | 0,09 | 0,09 | |
| Pd | 0,000–0,005 | 0,00 | 0,46 | |
| Ag | 0,1–0,2 | 0,15 | 0,15 | (0,76) |
| Fe | 0,2–0,3 | 0,25 | 0,08 | (0,56) |
| Cu | 0,2–0,4 | 0,3 | 0,23 | 0,79 (0,58) |
| Ni | 0,4–0,5 | 0,45 | 0,21 | 0,74 (0,65) |
| Bi | | | | 1,00 |
| Pb | 0,4–0,7 | 0,62 | 0,64 | (1,09) |
| Pb, rauh | | | | 1,23 |
| Pb, glatt poliert | | | | 1,30 |
| Sn | | | | 1,15 |
| Zn | 0,6–0,7 | 0,65 | 0,48 | 1,22 (0,75) |
| | | | (0,70) | |
| Cd | 0,6–0,7 | 0,65 | 0,48 | 1,22 |
| Tl | | | | 1,22 |
| Hg | 0,8–1,0 | 0,83 | 0,78 | 1,30 (1,10) |
| Hg, vergiftet mit $As_2O_3$ | 2,6 | | | |

*Tafel 16: Überspannung bei der Sauerstoffentwicklung als Funktion des Elektrodenmaterials (1n-KOH; 20 °C; $i = 0,1 A \cdot cm^{-2}$)*

| Anodenmaterial | Überspannung in Volt |
|---|---|
| Cu | 0,66 |
| Ni | 0,73 |
| Ag | 0,98 |
| C, Graphit | 1,09 |
| Pt, blank | 1,29 |

von Katodenmaterial zur Abscheidung eines bestimmten Stoffes für zunehmende Überspannung nur unter Sonderbedingungen angegeben werden kann. Die Überspannung an der Nickelkatode wird mit zunehmender Stromdichte größer als diejenige von Kupfer; das gleiche gilt für blankes Platin gegenüber Graphit. Man sollte sich auf eine Stromdichte von $10^{-4} A \cdot cm^{-2}$ ($=1 A \cdot m^{-2}$), eine Konzentration von 1n und eine Temperatur von 18 °C (oder 26,8 °C 300 °K) einigen, um damit Standardbedingungen zu schaffen.
Der über der Elektrolytlösung lastende Druck sollte 1 atm ($\approx 0,1$ MPa) sein.
Eine praktische Anordnung zur Messung der Zersetzungs- und Überspannung zeigt Bild 30. In dem Meßgefäß (vom Autoren für ein Praktikum entwickelt) sind die Elektroden horizontal angeordnet, damit an den Kanten keine überhöhte Stromdichte (Spitzen- oder Kanteneffekt) auftritt. Die Bezugselektrode (Kalomelektrode oder Glaselektrode) ist im Mittelraum angebracht, da dort (nach Bild 26) keine Konzentrationsänderung bzw. Aktivitätenänderung der Ionen auftritt. Die Anschlüsse für den Druckausgleich gestatten, daß bei Über- oder Unterdruck gemessen werden kann (Anschluß einer Druck- oder Vakuumpumpe). Das Gefäß kann in einem Thermostaten betrieben werden.
Im Schaltplan sind der Polarisierungs- und der Meßteil in doppelter Spannungsteilung geschaltet (Kaskadenschaltung), um den Brückenmeßbereich zu erweitern bzw. auf größere Empfindlichkeit einstellen zu können. Für Präzisionsmessungen können die beiden Brücken bei offenen Schaltern Sch 3 und 4 an den Punkten A und B bzw. C und D mit Hilfe von Normalelementen nachgeeicht werden. Elektrolysespannung wird bei geschlossenem Sch 3 solange angelegt, wie der Taster 1 gedrückt wird. Einsetzender Stromfluß wird am Galvanometer $I_1$ registriert. Die steigend angelegte Spannung ist äquivalent den Skalenteilen der Brücke 1. Bei offenem Schalter 3 kann die *EMK* zwischen der Bezugselektrode BE und der Elektrode 1 oder 2, wahlweise mit Hilfe des Schalters 4 einzustellen, im Kompensationsmeßteil bestimmt werden. Dazu wird Taster 2 gedrückt und Brücke 2 so lange ein-

*Bild 29. Stromdichte/Überspannungs-Diagramm für die Sauerstoffabscheidung an verschiedenen Anodenmaterialien nach den Bedingungen der Texttafel 6*

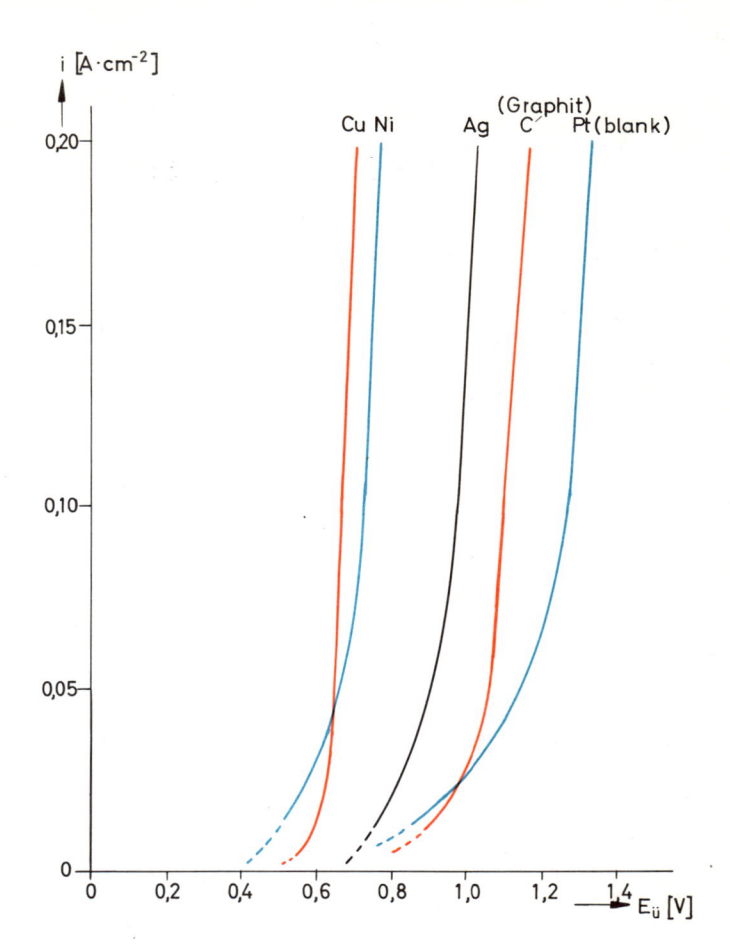

reguliert, bis das Nullinstrument keinen Stromfluß mehr anzeigt. Die an Brücke 2 und zwischen Bezugselektrode und $E_1$ oder $E_2$ liegenden Spannungen kompensieren sich. Ändert sich beim Umschalten von Sch 4 die Polung der aus dem Meßgefäß gelieferten Spannung, dann muß die Brückenspannung ebenfalls, mit Hilfe des Polwenders Sch 2, umgepolt werden.

Zur Messung der Zersetzungsspannung wird zunächst der Nullpunkt bestimmt. Vor dem Anlegen der Fremdspannung wird zunächst das Potential zwischen BE und $E_1$ einerseits und BE und $E_2$ andererseits gemessen. Damit ist der Nullpunkt als Potentialunterschied beider Elektroden zur Bezugselektrode festgelegt. Er bildet den Schnittpunkt der beiden Koordinatenachsen in Bild 31. Mit steigender Fremdspannung aus dem Polarisierungsteil kann der auf die Katode und der auf die Anode entfallende Spannungsanteil, jeder für sich, im Kompensationsteil (Sch 4 umschalten) gemessen werden. Es entsteht das Diagramm von Bild 31.

Nach dem Abschalten des Polarisierungsteils (evtl. $E_1$ und $E_2$ einige Sekunden kurzschließen) kann die katodische und anodische *EMK* ($\eta_{o,K}$ bzw. $\eta_{o,A}$) gemessen werden.

Aus dem Schaubild 31 ist dann zu ersehen, daß sich die Zersetzungsspannung aus der Gegen-*EMK* von Katode und Anode und den beiden Überspannungsbeträgen zusammensetzt:

Darin sind

$$\eta_z = \eta_ü + \eta_o \quad (87)$$

$$\eta_z = \eta_{z,K} + \eta_{z,A}$$
$$\eta_ü = \eta_{ü,K} + \eta_{ü,A} \quad (88)$$
$$\eta_o = \eta_{o,K} + \eta_{o,A}$$

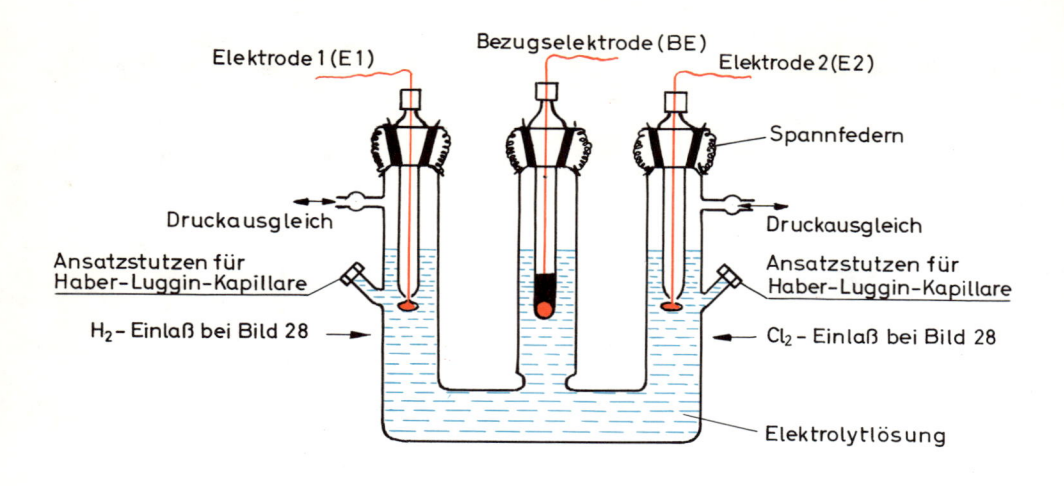

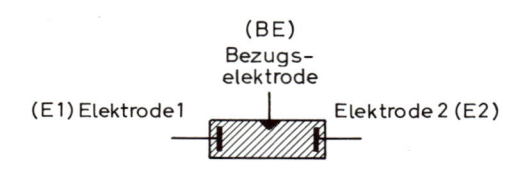

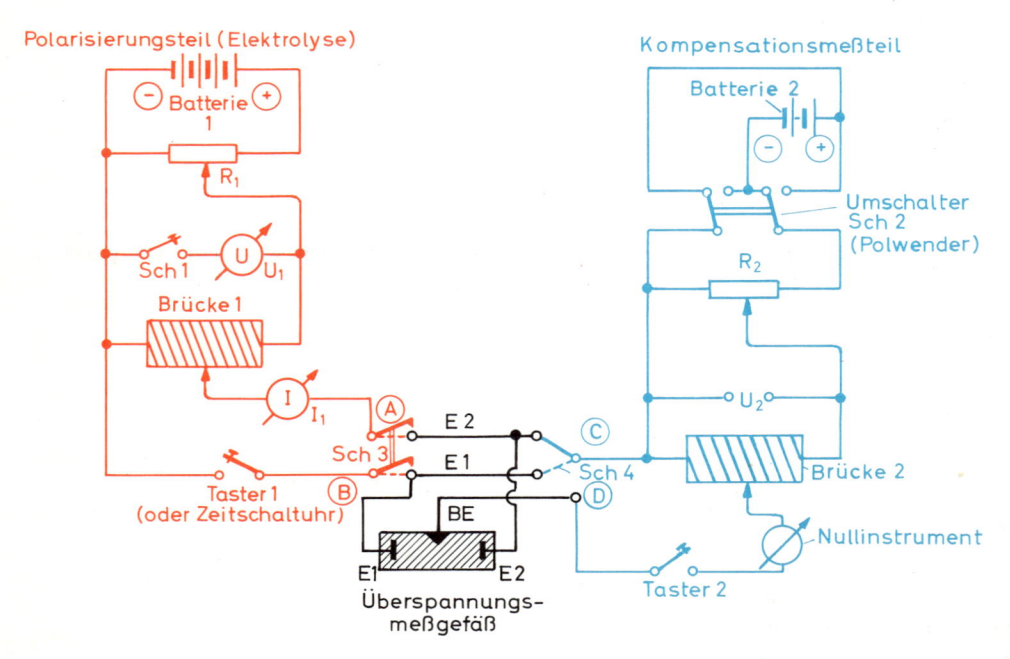

Bild 30. Praktische Messung der Zersetzungs- und Überspannung mit Überspannungsmeßgefäß und Symbolvorschlag des Autors mit Schaltplan

*Bild 31. Diagramm zur Zersetzungsspannungsmessung nach Bild 30*

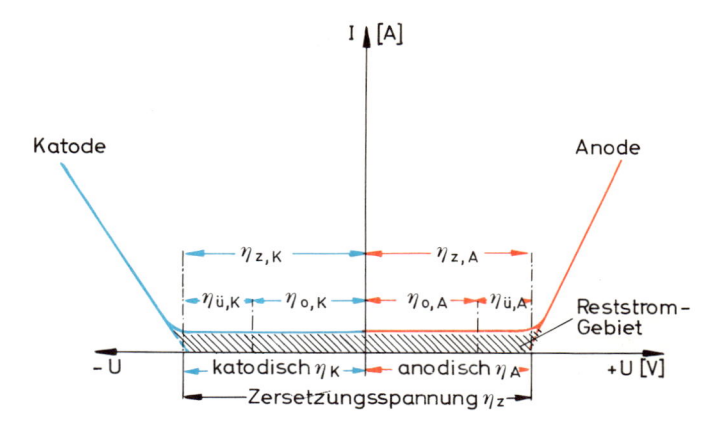

Im Folgenden sollen Ursache und Mechanismus der Überspannung, mit Hilfe der wahrscheinlichsten Reaktionen, am Beispiel der Wasserstoff-Überspannung in saurem Medium gedeutet werden.

**1. Diffusion:** Das Eindringen der Ionen von der Elektrolytlösung zur Elektrode in die **Helmholtzsche Doppelschicht**. Diese Schicht ist die Berührungsfläche zwischen der Elektrode und den ihr umgekehrt aufgeladenen Ionen. Es besteht das Gleichgewicht

$$H_3O^+{}_{Lösg.} \rightleftharpoons H_3O^+{}_{Elektrode} \qquad (89)$$

**2. Dehydratation:** Das Proton löst sich von dem angelagerten Wassermolekül. Die Verschiebung des Gleichgewichts erfordert eine **Reaktionsüberspannung**.

$$H_3O^+{}_{Elektrode} \rightleftharpoons H^+{}_{Elektrode} + H_2O \qquad (90)$$

**3. Entladung:** Das Proton entnimmt der Katode ein Elektron und wird an der Katodenoberfläche zunächst als Wasserstoffatom adsorbiert. Diese Gleichgewichtsreaktion ist als **Volmer-Reaktion** bekannt.

$$H^+{}_{Elektrode} + e^- \rightleftharpoons H_{ads.} \qquad (91)$$

**4. Vereinigung:** Hier sind zwei Möglichkeiten gegeben. Nach der **Volmer-Reaktion** kann

$$H_{ads.} + H_3O^+ + e^- \rightleftharpoons H_{2ads.} + H_2O \qquad (92.1.)$$

die **Heyrovský-Reaktion** eintreten oder **mit zwei Volmer-Reaktionen die Tafel-Reaktion** erfolgen

$$2\,H_{ads.} \rightleftharpoons H_{2ads.} \qquad (92.2.)$$

Diese Reaktionsfolge wird als **Volmer-Tafel-Mechanismus** bezeichnet.

**5. Desorption:** Diese Reaktion ist ein Loslösen von adsorbierten Wasserstoffmolekülen von der Katode. Der Wasserstoff geht molekular in die Elektrolytlösung und löst sich darin. Die Löslichkeit des Wasserstoffs in Wasser in Millimeter je Liter ist bei 0 °C 21,4, bei 25 °C 19,1, bei 50 °C 18,9 und bei 80 °C 8,5.

Die Gleichgewichtsreaktion ist

$$H_{2ads.} \rightleftharpoons H_{2\,i.\,Lösg.} \qquad (93)$$

Wird die Wasserstofflöslichkeit überschritten, dann folgt als letzte Reaktion das Verschwinden des Wasserstoffs aus dem System heraus in die freie Atmosphäre.

**6. Abwanderung und Austritt aus der Lösung** in Form von Gasbläschen:

$$H_{2\,i.\,Lösg.} \rightleftharpoons H_2\!\uparrow_{gasförmig} \qquad (94)$$

Jede dieser Einzelreaktionen ist mit einem bestimmten Betrag an der Überspannung beteiligt. Mit der letzten Reaktion verschwindet Wasserstoff und geht damit dem System verloren. Die hierfür aufgewendete Energie kann damit nicht mehr zurückgewonnen werden. Die Summe der Vorgänge ist irreversibel, kann nicht mehr rückgängig gemacht werden. Dieser Betrag wird als Wärmeenergie gespeichert.

Bei Feststoffen kommt noch eine **Kristallisationsüberspannung** hinzu. Sie muß aufgewendet werden, wenn der Einbau abgeschiedener oder das Herauslösen von Atomen oder Atomgruppen aus dem Kristallverband gebremst ist. Die Überspannung setzt sich damit aus der Überspannung für den Durchtritt, die Diffusion, die Kristallisation und die Reaktion zusammen. Weiterhin muß ein bestimmter Spannungsbetrag aufgewendet werden, um den Eigenwiderstand der Elektrolytsäule zwischen den Elektroden zu überwinden:

$\eta_{widst.} = I \cdot R$.

Die Überspannung setzt sich allgemein aus folgenden Teilbeträgen zusammen, von denen jeder, je nach den Versuchsbedingungen und verwendeten Stoffen, den Betrag Null haben kann:

$$\eta_{\ddot{u}} = \eta_{diff.} + \eta_{dchtr.} + \eta_{reakt.} + \eta_{krist.} \qquad (95)$$

**Maßgebend** für den Verlauf der Strom-/Spannungskurve (Bild 31) **ist der langsamste Einzelschritt.** Welche Teilreaktion dies ist, hängt für gleiche Versuchsbedingungen im Einzelfall von der verwendeten Elektrode ab. Außer von der Art des Materials und Oberflächenbeschaffenheit spielt noch die Einheitlichkeit, der Reinheitsgrad über die gesamte Fläche hinweg, eine Rolle. Jede Elektrode enthält auf ihrer Oberfläche Fremdstoffe örtlich verteilt, die für die Einzelreaktion die benötigte Energie zum Ablauf (Aktivierungsenergie) erhöhen oder erniedrigen können. Diese Reaktionsorte (aktive oder passive Stellen) verursachen mitunter einen, insgesamt gesehen, völlig anderen Reaktionsverlauf.

Die Überspannungsarten treten immer dann auf, wenn ein Vorgang in seinem Ablauf gehemmt, also gebremst ist. Es entstehen:

**Diffusionsüberspannung,** wenn die Wanderung der bei der Elektrolyse entstehenden oder verbrauchten Materieteilchen, von der Elektrode hinweg oder auf sie zu, verzögert wird. Dadurch entstehen Konzentrationsunterschiede an diesen Stoffen. Diese verbrauchte Energie ist zum Teil rückgewinnbar (deshalb der sekundenlange Kurzschluß in der Versuchsbeschreibung zu Bild 30).

**Durchtrittsüberspannung,** wenn der Durchtritt von Ionen oder Elektronen durch die Helmholtzsche Doppelschicht behindert wird.

**Reaktionsüberspannung,** wenn vor oder nach der Durchtrittsreaktion eine ablaufende chemische Reaktion durch Bremsung zur Zeitreaktion wird.

**Kristallisationsüberspannung,** wenn der Ein- oder Abbau von Atomen in oder aus einem vorhandenen Kristallgitter behindert wird. Der Energieverlust durch den Innenwiderstand ist immer vorhanden, auch bei Leitern erster Klasse. Hier gilt das Ohmsche Gesetz und $\eta_{wdst.} = I \cdot R$.

Außer bei der Diffusionsüberspannung sind sämtliche Überspannungsarten irreversibel. Die zur Anregung der gehemmten Reaktion verbrauchte elektrische Energie (Aktivierungsenergie) kann nicht mehr zurückgewonnen werden. Sie wird vollständig in Wärmeenergie umgewandelt.

Um die Widerstandspolarisation bei einer Messung unter Stromfluß auszuschalten, wurde von **Haber und Luggin eine Kapillare** verwendet, die nach ihnen benannt ist (Bild 30 enthält Ansatzstutzen dafür am Überspannungsmeßgefäß). Diese engen Glaskapillaren sollen möglichst mit dem gleichen Elektrolyten wie der zu messende gefüllt sein, damit kein zusätzliches Diffusionspotential entsteht. Ihre Austrittsspitze soll möglichst dicht hinter der stromabgewandten Seite der Elektrode enden. Der außen liegende erweiterte Teil enthält die Bezugselektrode BE, die dann nicht im Mittelraum eingesetzt ist. In der Kapillaren fließt kein Strom; damit ist ein Spannungsabfall während der Messung verhindert. Entstehende Deckschichten auf der Elektrode sollten bei dieser Meßmethode nicht auftreten.

**Die Überspannungsmessung wird durchgeführt, um für Elektrolysen und elektrochemische Fabrikation das günstigste Elektrodenmaterial zu finden.** Überspannung ist oft erwünscht bei Reaktionen, die ohne Überspannung nicht ablaufen würden, vor allem Oxydationen (anodisch) und Reduktionen (katodisch).

**In saurer Lösung** können auch unedle Metalle, wie beispielsweise Zink, als Katode verwendet werden, solange sie unter Fremdstrom stehen. Anodisch werden Platinmetalle, Gold, Graphit oder Kohle und in schwefelsaurer Lösung Blei, verwendet.

**In alkalischer Lösung** können auch Anoden aus Eisen, Nickel, Kupfer oder hoch korrosionsbeständigen Legierungen wie Edelstähle, Monelmetall (65–66% Ni + 29–30% Cu + 5% Mn + Fe) usw. benutzt werden. Zu Legierungselektroden zählen auch solche aus den Quecksilberlegierungen der Metalle, den Amalgamen.

Ist an der Katode eine hohe Wasserstoffüberspannung erforderlich, dann sollten möglichst keine Edelmetallanoden (Platinmetalle) verwendet werden. Selbst Spuren von Platinmetallen, die sich anodisch lösen, können die Überspannung an der Katode aufheben, wenn sie sich darauf niedergeschlagen haben.

*Bild 32. Stromdichte/Spannungs-Diagramm zur anodischen Passivierung*

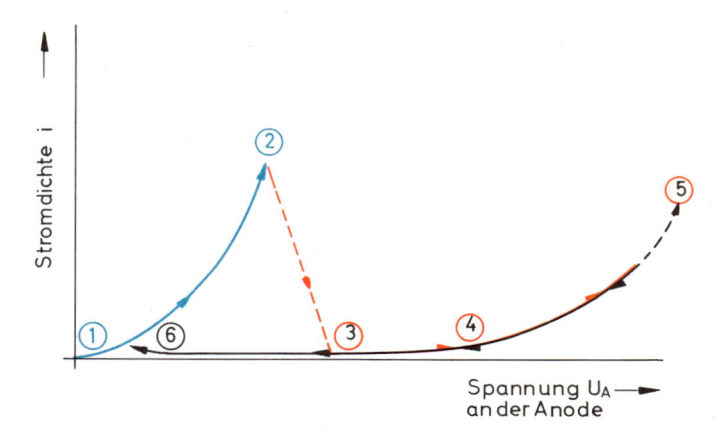

## 2.7.4. Passivität und Korrosion

Werden Elektroden aus Kobalt, Eisen, Nickel, Chrom, Aluminium oder Tantal als Anoden geschaltet, dann verläuft die Stromdichte/Spannungskurve bei der Elektrolyse ähnlich derjenigen im Diagramm von Bild 32. Bei Punkt 1 beginnend löst sich das Anodenmetall auf, bis es den Punkt 2 mit steigender angelegter Spannung erreicht hat. Bis dahin entspricht der Kurvenverlauf der anodischen Auflösung, wie sie z. B. beim Kupfer in schwefelsaurer Lösung aufgetreten ist. Dann sinkt die Stromdichte mit steigender angelegter Fremdspannung rapide ab bis zum Punkt 3. Hier ist gegenüber dem rechten Kurvenast in Bild 31 eine entscheidende Veränderung eingetreten. **Die Oberfläche des Anodenmaterials besteht jetzt aus einem anderen Material als vorher. Sie löst sich nicht weiter auf.** Auf dem Wege von 3 nach 4 wird die anodische Zersetzungsspannung des Sauerstoffs erreicht und von 4 nach 5 nimmt der in der Zeiteinheit abgeschiedene Sauerstoff an Masse zu.

Wird nun die angelegte Spannung wieder verringert, dann erfolgt statt des Schrittes von 3 nach 2, der Schritt von 3 nach 6. Erst dort kann sich das Material wieder auflösen, wenn das Metall nicht in seinem passivierten Zustand beharrt. Ist die gesamte Oberfläche durch den Passivierungsvorgang zwischen 2 und 3 inaktiv geworden, dann wird bei nochmaliger Spannungssteigerung der Punkt 2 der Kurve nicht mehr erreicht. **Die entstandene Deckschicht läßt sich nur noch durch Umpolen wieder entfernen. Dies gilt vor allem für Aluminium und Tantal, wenn die gebildete Deckschicht keine stromdurchlässigen Stellen mehr besitzt.** Die gebildeten Oxidhäute sind gute Isolatoren, die Spannungen bis zu 1000 Volt absperren können. Beim Umpolen ist wieder Stromfluß möglich, die Sperrung findet in nur einer Richtung statt, denn die gebildete Oxydhaut wird wieder durch die katodische Reduktion entfernt. Auf dieser Basis können **elektrolytische Gleichrichter** arbeiten, wenn die Oxyde nicht altern und der katodischen Reduktion widerstehen, wie das bei Aluminium der Fall sein kann.

Die **anodische Passivierung** ist eine **Dünnschichtoxydation, die auch mit chemischen Mitteln erreicht werden kann.** Die Bedingungen für die Passivierung sind von Metall zu Metall verschieden. Dies gilt ebenso für die elektrochemische, wie für die rein chemische Passivierung. Die Eigenschaften des Metalls sind dieselben, ob es chemisch oder anodisch passiviert wurde. Es kann auch in beiden Fällen katodisch wieder aktiviert werden.

**Eisen läßt sich chemisch mit Salpetersäure von mehr als 40 Gewichtsprozent (mehr als 8molar) passivieren. Es wird von dieser Säure nicht angegriffen. Verdünntere Salpetersäure würde Eisen auflösen, nicht aber das nun passivierte.** Andere Metalle, wie Chrom, Nickel und Kobalt verhalten sich ähnlich. Sie können auch mit anderen Oxydationsmitteln passiviert werden, sogar durch einfaches Erwärmen an der Luft.

Einige Metalle lassen sich im sauren Bad besser passivieren als im alkalischen, z. B. Wolfram und Molybdän. Die Metalle der Eisengruppe lassen sich am leichtesten im alkalischen Bad anodisch passivieren. **Der Vorgang des unangreifbaren Machens läßt sich auch wieder aufheben durch Berühren der Metalloberfläche mit einem unedleren Metall.** Dieser Vorgang ist auch die Ursache der **elektrochemischen Korrosion.** An der Berührungsfläche entsteht ein galvanisches Element, in dem das edlere Metall die Katode bildet. Der sich dort abscheidende Wasserstoff reduziert die passivie-

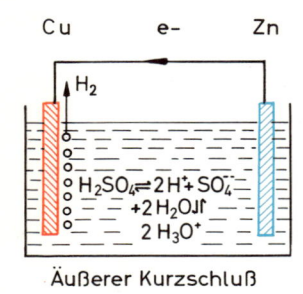

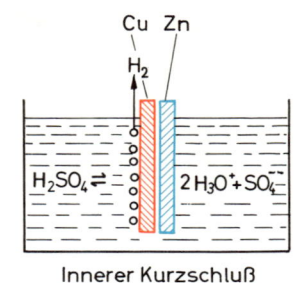

*Bild 33. Elektrochemisches Korrosionsmodell mit äußerem und innerem Kurzschluß*

Äußerer Kurzschluß

Innerer Kurzschluß

rende Oxydhaut und das Metall kehrt in den aktiven, leichter angreifbaren, Zustand zurück. Das unedlere Metall wird gelöst; seine Wasserstoffüberspannung wird anodisch abgebaut.
**Allgemein ist unter Korrosion die von der Oberfläche her sich ausbreitende Zersetzung fester Körper zu verstehen.** Rein chemische Korrosion tritt nur durch Stoffe ein, die keine Ionenleitfähigkeit besitzen, wie Gase oder flüssige Metalle. Gelöste oder geschmolzene Elektrolyte bewirken elektrochemische Zersetzung. Diese Korrosionsart ist die bei weitem häufigste. Es bilden sich **Lokalelemente** mit Katode und Anode, die durch **Inhomogenität** (Ungleichmässigkeit) oder Verunreinigungen im Stoff selbst entstehen.

Zur Erläuterung diene das elektrochemische Korrosionsmodell von Bild 33. Taucht die Zinkplatte frei in Schwefelsäure ein, dann erhält sie ein negatives Potential nach $Zn \rightarrow Zn^{++} + 2e^-$. Wird die Zinkplatte mit einer Kupferplatte außen kurzgeschlossen, dann fließen die Überschußelektronen zum Kupfer und entladen dort die elektrochemische Äquivalentmenge Wasserstoffionen zu Wasserstoffatomen, die sich zu Wasserstoffmolekülen vereinigen. Werden beide Platten aufeinander gepreßt, dann ist die leitende Verbindung ihre Berührungsfläche. Es findet eine **innere Elektrolyse** statt. Die gleiche Zersetzung des unedleren Metalls durch Anwesenheit, selbst von Spuren, eines edleren Metalls ist die Hauptursache für die Korrosion auf elektrochemischer Basis. Zu den **korrodierenden Mitteln** gehören neben Säuren, Basen, Salzlösungen und Salzschmelzen auch Gase in gelöster Form. Durch Temperaturwechsel entstehendes Kondenswasser, selbst Wasserdampfhaut durch Luftfeuchtigkeit, löst vor allem Kohlendioxid, Schwefeldioxid und Schwefelwasserstoff. Diese Lösungen sind ebenfalls echte Elektrolyte.

Wie sehr **die Korrosionsgeschwindigkeit vom Reinheitsgrad des Metalls abhängig** ist, zeigt G. Kortüm in seinem deutschen Standardwerk über Elektrochemie[10]) an der Auflösungsgeschwindigkeit von Aluminium verschiedenen Reinheitsgrades in 20%iger Chlorwasserstoffsäure (Tafel 17).

*Tafel 17: Auflösungsgeschwindigkeit von Aluminium verschiedenen Reinheitsgrades in 20%iger Salzsäure.*

| Reinheitsgrad % Al | Gewichtsabnahme in Gramm je Quadratmeter und Tag |
|---|---|
| 99,998 | 6 |
| 99,99 | 112 |
| 99,97 | 6 500 |
| 99,88 | 36 000 |
| 99,2 | 190 000 |

In der sauerstofffreien Säure so hoher Konzentration bildet sich keine schützende Oxydhaut. Die Auflösung des Aluminiums legt zunehmend mehr edlere Beimengungen frei, und die kleinere Korrosionsgeschwindigkeit zu Beginn steigert sich mit der Zeit auf ein Vielfaches.

Den elektrochemischen Vorgang an der Grenzfläche derartiger Lokalelemente zeigt Bild 34. Auf der Oberfläche befindet sich ein Wassertropfen, der elektrolythaltig ist. Elektrolytfreies Wasser gibt es praktisch nicht, denn es würde sofort Kohlendioxid der Luft, Abgase und Staubpartikel aufnehmen.

Das unedlere Metall (z. B. Eisen als wichtigstes) hat die größere Tendenz Ionen in Lösung zu schicken als das edlere (z. B. Kupfer). Am unedleren Metall (Fe) findet Oxydation zu Metallionen (Fe$^{++}$) statt, die in Lösung gehen. Die freiwerdenden Elektronen wandern durch die Grenzschicht, da kein äußerer Leiter vorhanden ist, zu dem edleren Metall hin. Sie entladen dort Kationen. Das erstere Gebiet wird als **anodisch** und das kationenentladende als **katodisch** bezeichnet.

Im **anodischen Gebiet** werden Eisenionen gebildet nach:

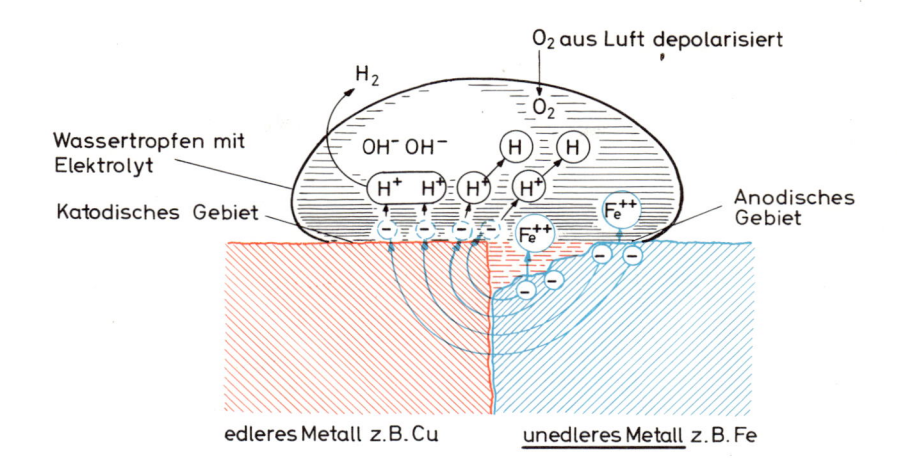

*Bild 34. Elektrochemischer Vorgang an der Grenzfläche eines Lokalelementes*

$Fe \rightarrow Fe^{++} + 2\,e^-$. Die Elektronen wandern zum **katodischen Gebiet** durch die Grenzfläche hindurch. Dort entladen sie Wasserstoffionen (Hydroxoniumionen), die aus der Dissoziation des Wassers stammen: $2\,H_2O \rightarrow 2\,H^+ + OH^-$; $2\,H^+ + 2\,e^- \rightarrow 2\,H \rightarrow H_2 \uparrow$ und bilden Wasserstoffmoleküle, die als Gasbläschen entweichen. Übrig bleiben $2\,OH^-$, die sich mit den Eisenionen zu Eisen(II)hydroxid vereinigen: $Fe^{++} + 2\,OH^- \rightarrow Fe(OH)_2$. Daraus entsteht unter dem Einfluß von Luftsauerstoff der gefürchtete Rost.

**Der Nachweis für das Auftreten katodischer und anodischer Gebiete** kann durch folgenden Mischindikator nachgewiesen werden:
550 mg Natriumchlorid (Kochsalz) + 30 mg Kaliumhexacyanoferrat-(III) (rotes Blutlaugensalz = $K_3[Fe(CN)_6]$) + Gelbildner (z. B. 1–2 g Agar-Agar, ein gelbildender Extrakt aus Seetangen oder Rotalgen) + 0,5 ml 1%iger alkoholischer Phenolphthaleinlösung wird mit siedendem Wasser auf 100 ml aufgefüllt und heiß auf das zu untersuchende Eisen gegossen. Er erstarrt dort bei seiner Abkühlung zu einem Gel.
Nach einiger Zeit sind im Gel **blaue Flecken** erkennbar, **die anodische Gebiete anzeigen**: $K^+ + Fe^{++} + Fe(CN)_6^{---} \rightarrow K[Fe^{II}Fe^{III}(CN)_6]$.
Dort ist das kolloid gelöste „Berliner Blau" entstanden, das der Nachweis für die auftretenden zweiwertigen Eisenionen ist.
**Rote Flecken zeigen die katodischen Gebiete an.** Dort werden primär Natriumionen entladen; die Natriumatome bilden mit Wasser Wasserstoff und Natronlauge. Phenolphthalein, das vorher farblos ist, nimmt in basischem Medium Rotfärbung an.

Die **Korrosionsvorgänge** laufen dann besonders leicht ab, wenn an den edleren Metallen keine Wasserstoffüberspannung auftreten kann. Sie wird vermindert oder ganz ausgeschaltet durch Oxydationsmittel, **Depolarisatoren.** Sie reagieren mit dem entstehenden Wasserstoff und wirken damit depolarisierend.
**Bei der Stromgewinnung aus elektrochemischen Reaktionen sind Depolarisatoren erwünscht,** denn durch sie wird die stromliefernde (korrodierende) Reaktion in Gang gehalten, die sonst durch Wasserstoffüberspannung gebremst würde. Bei „**Trokkenelementen**" ist der Depolarisator meist Braunstein, $MnO_2$, als Sauerstofflieferant. Er ist in der Elektrolytpaste enthalten.
Zur **Korrosionsverhütung** werden vorwiegend Phosphorsäure und deren Salze eingesetzt. Als **Passivatoren** sind sie unter verschiedenen Namen im Handel (Deoxidine, Duridine usw.). Ihre Zusammensetzung ist so gestaltet, daß sie gleichzeitig entfetten, entrosten und passivieren können. In diesen Fällen besteht die Schutzschicht aus einem dünnen Phosphatfilm auf der Eisen-, Stahl-, Aluminium-, Kupfer- oder Messingoberfläche.
**Korrosionsinhibitoren** werden dem korrodierenden Mittel (Luft, Elektrolytlösung, Säure, Base) zugesetzt. Sie passivieren die aktiven Oberflächenstellen. Dies kann physikalisch durch reversible Adsorption in monomolekularer Schicht an der Metalloberfläche geschehen. Chemische Korrosionsinhibitoren lagern sich an die aktiven Stellen

unter Bildung einer chemischen Verbindung an (= **Chemosorption**) und bilden so einen Schutzfilm.

Aus Lösungen heraus reagieren in diesem Sinne für Stahl und Eisen z. B. Äthylenimin, Eisen(III)-Äthylendiamintetraazetat, 2-Methylpiperazin, p-Brombenzoat, 2,4,6-Trinitrobenzoat, Pikrate, Azide usw. Aus der Gasphase heraus inhibieren die flüchtigen Rostschutzmittel auf der Basis von Dicyclohexylaminnitrit. Sie sind als **Dampfphasen-Inhibitoren** VPI 260 und VPI 290 (Vapor Phase Inhibitor) auf dem Markt. Sie können auch in das Verpackungsmaterial eingearbeitet sein. Werden derartig verpackte Gegenstände (Schreibmaschinen, Präzisionsinstrumente, Kugellager usw.) aus der Verpackung genommen, dann fehlt ihnen auch der weitere Korrosionsschutz. Schutzfilme sind oft im Bereich von Molekulardicken. Sind sie dicker, dann treten zwischen ihnen und der zu schützenden Oberfläche Zugspannungen auf, welche die Schutzschicht rissig werden lassen. Dringt dann Elektrolyt ein, so geht die Korrosion schneller vonstatten als normal. Zu dicke Schichten platzen sogar blättrig ab. Wesentlich dicker sind oberflächlich einlegierte Metalle. **Alitieren (Calorisieren,** 1911) ist Erhitzen der Stahlteile in Pulver aus Aluminium oder dessen Legierungen. **Elphal-Verfahren** heißt: Aufbringen von Aluminiumpulver auf die zu schützende Metalloberfläche durch **Elektro**phorese und das **Alu**minium durch Erhitzen als Deckschicht aufsintern. Nach dem **Inchromverfahren** wirken flüchtige Chromverbindungen auf Stahl mit einem Kohlenstoffgehalt unter 0,1% bei etwa 1100°C ein. Unter diesen Bedingungen werden $1/3$ der Eisenatome durch Chromatome ausgetauscht. Die Dicke des inchromierten Oberflächenanteils liegt zwischen 0,1–0,5 mm. Er besitzt die Eigenschaften besten Chromstahls.

Haushaltsgeräte aus Eisen werden emailliert oder feuerverzinkt. **Witterungsschutz** bieten Grundierungen mit Mennige + 15% Leinöl, bekannt durch seine rote Farbe, Aluminiumbronze (aus reinem Al-Pulver bestehend; echte Al-Bronze ist eine Legierung aus 90–95% Kupfer und 10–5% Aluminium), Bleicyanamid, Zink und Zinkphosphat. Hierzu gehören als Hauptanstriche Überzüge aus den verschiedensten Kunstharzlacken, Chlorkautschuklacke, Zelluloselackarten, Asphaltlacke und Bitumen. Vorübergehend, bei Überseetransport, bietet ein **abreißbarer Lack „Liquid Envelope"** Schutz gegen salzhaltige Seeluft. Er besteht aus Vinylharzen, einem flüchtigen Lösungsmittel, Weichmachern und Bindemittel.

Einige Rost- und Korrosionsschutz-Verfahren in Kurzschilderung[22][23][24][25][26]:

**Metallspritzverfahren:** Das aufzusprühende, drahtförmige Metall wird mit einem kleinen Elektromotor durch eine Spritzpistole hindurchgeführt. Es durchläuft dabei die Flamme eines Brenngas-Sauerstoffgemisches, die so eingestellt wird, daß das Metall zwar geschmolzen, aber nicht oxydiert wird.

**Plattieren:** Unter Druck und erhöhter Temperatur wird das Schutzmetall aufgewalzt. Die feste Verankerung beider Metalle wird durch Diffusionsvorgänge bewirkt. Plattieren mit einer Goldauflage ergibt Doublé. **Elektroplattieren** ist ein Metallüberzug, der elektrolytisch abgeschieden wird.

**Washprimer:** Diese Verbindungen geben mit der Oberfläche metallorganische Verbindungen. **Einphasige Washprimer,** für weniger korrosionsgefährdete Oberflächen, bestehen aus einer aufzutragenden Komponente, z. B. 90% Vinylchlorid (= Äthenmonochlorid) + 4% Vinylazetat (Äthenylazetat) + 6% Vinylalkohol (Äthenol). Schichtdicke zwischen 8 und 12 µm. Im Verhältnis 1:4 zu mischen ist der amerikanische Washprimer der Spezifität MIL-C 15 328 A, der aus 2 Komponenten besteht. Zu 20% besteht das fertige Gemisch aus 66% Isopropanol + 16% Wasser + 18% Phosphorsäure 85%ig. Die anderen 80% bestehen aus 61% Propanol + 20% n-Butanol + 9% Polyvinylbutanal + 8,6% basischem Zinkchromat + 1,3% Magnesiumsilikat und einem Zusatz von 0,1% deckkräftigem Ruß (Lampenruß). Diese Mischung hält sich höchstens 8–10 Stunden reaktionsfähig. Der Rußzusatz kennzeichnet diejenigen Stellen, die von aufgetragenem Lack nicht bedeckt werden. Die Schichtdicke dieses **Zweikomponenten-Washprimers** auf der behandelten Oberfläche liegt zwischen 20 und 60 µm.

**Phosphatieren:** Diese Verfahren laufen unter den verschiedensten Bezeichnungen wie **Atramentieren, Bondern, Coslettisieren, Parkern** usw. Sie beruhen im Prinzip auf der Bildung dreibasischer Phosphate als Schutzschicht, die anschließend gelackt, mit Öl, Wachs, Kunststofflösungen u. ä. imprägniert werden können. Es sind Lösungen von ein- oder zweibasischen Metallphosphaten (meist Zink oder Mangan) in phosphorsäurehaltigem Wasser, dem Emulgatoren u. a. Hilfsstoffe zugesetzt sein können. Die phosphatierte Schicht gleitet besser als der Untergrund (Eisen, Zink u. a.). Sie erleichtert dadurch auch das Ziehen von Drähten und Rohren.

**Thermoxid-Verfahren:** Passivierte Eisenteile werden eine Stunde lang auf 750 °C erhitzt (Siemens & Halske). In der Passivierungsschicht entsteht dadurch eine Zunderschicht von noch besseren Eigenschaften als bei der Phosphatierung. Scharfkantige Teile sind für dieses Verfahren weniger geeignet und eine daran anschließende Verformung würde die Schicht wieder abplatzen lassen. Metallüberzüge werden vielfach auch elektrolytisch aufgetragen. Hierzu Kapital 4. Galvanotechnik. Ist das aufgetragene Metall unedler als der Untergrund, dann schützt das unedlere, indem es selbst korrodiert (s. Bild 35). Es löst sich anodisch auf und bildet damit für den edleren Untergrund sozusagen einen katodischen Korrosionsschutz. Im letzten Weltkrieg hat man versucht, diesen Vorgang zum Korrosionsschutz für Schiffe und U-Boote auszunutzen. Unedlere Metalle wurden leitend mit dem Schiffskörper verbunden und im Wasser mitgeschleppt. Dieses Prinzip ist aus Bild 33 zu erkennen. Außerdem wurde versucht den Schiffsrumpf als Katode zu schalten. Anode bildet Eisenschrott oder Graphit. Außer der gleichmäßigen Verteilung der Stromlinien ist dabei auch noch eine Mindeststromdichte von etwa $0,1 \, A \cdot m^{-2}$ einzuhalten, da sonst der katodische Korrosionsschutz unzureichend ist.

## 2.8. Elektromotorische Kräfte und Reaktionsarbeit

Die elektromotorische Kraft, *EMK*, auch Urspannung genannt, ist die innere elektrische Spannung einer unbelasteten Stromquelle. Sie ist das Maß für die Triebkraft einer Ionenumladungsreaktion.
Wird beispielsweise ein unedleres Metall (Eisen, Zink) in die Lösung des Salzes eines edleren Metalls eingetaucht ($CuSO_4$), dann scheidet sich das edle Metall auf dem unedleren ab. Das unedlere Metall wird gezwungen, Elektronen abzugeben und als positiv aufgeladenes Ion in Lösung zu gehen:
$Fe - 2\,e^- \rightarrow Fe^{++}$ und $Cu^{++} + 2\,e^- \rightarrow Cu$
Die Triebkraft Ionen zu bilden ist beim Eisen größer als bei Kupfer. Eisenatome werden zu Eisenionen oxidiert und die Kupferionen werden zu Kupferatomen reduziert.
Die Kupferionen entnehmen dem Kristallgitter des Eisens Elektronen und scheiden sich auf dem Eisen ab. Dafür werden Eisenionen aus dem Kristallgitter des Eisens abgestoßen und gehen in die Lösung über. Der Fluß von Elektronen bewirkte die Ionenumladung. In der Lösung existieren jetzt Kupferionen und Eisenionen. Ist die gesamte Eisenfläche von Kupferatomen bedeckt, dann hört der Vorgang der Ionenumladung auf. Wird statt Eisen Zink verwendet, dann läuft der Vorgang im gleichen Sinne ab. Um diesen Vorgang nach außen hin sichtbar zu machen, können die Vorgänge wie bei der Überführungszahlmessung (Bild 26) voneinander getrennt werden. Statt des Stromschlüssels kann auch eine poröse Scheidewand (Diaphragma) die beiden Räume voneinander trennen. Auch durch sie ist ein Stromfluß möglich.

Auf diese Weise werden zwei voneinander getrennte Elektrodenräume geschaffen (Bild 35). Taucht das Zink in eine Lösung von Zinksulfat und die Kupferelektrode in Kupfersulfatlösung ein, dann ist dies das **Daniell-Element**. Werden die **Phasengrenzen** wieder durch senkrechte Striche symbolisiert und das **Diaphragma** durch zwei senkrechte parallele Striche, dann sieht die Anordnung des Bildes 35 so aus: $Zn|ZnSO_4\|CuSO_4|Cu$. In beiden Fällen sind die Säurereste gleich. Sie heben

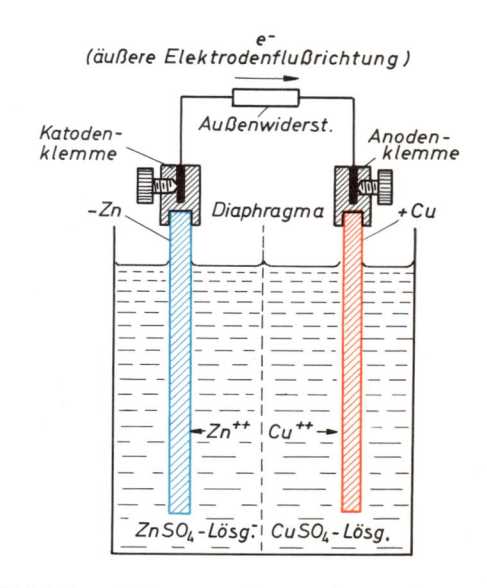

*Bild 35. Daniell-Element, schematisch*

einander in der Wirkung auf, können deshalb weggelassen werden. Für das Daniell-Element kann deshalb Zn|Zn$^{++}$‖Cu$^{++}$|Cu geschrieben werden.

Werden die beiden Elektroden außen leitend verbunden, dann laufen an den Elektroden die Vorgänge Cu$^{++}$ + 2 e$^-$ →Cu und Zn→Zn$^{++}$ + 2 e$^-$ ab. Die vom Zink gelieferten Elektronen fließen zur Kupferelektrode über den äußeren Stromkreis und entladen dort Kupferionen zu Kupferatomen. Ist die Aktivität der beiden Sulfatlösungen = 1 und die Temperatur 25 °C, dann kann bei stromloser Spannungsmessung (**Kompensationsschaltung nach Poggendorf**) ein Potential von 1,1030 Volt gemessen werden. Diese *EMK* ist ein Maß für die **Triebkraft**, mit der die Reaktionen ablaufen. Die **maximale Nutzarbeit**, die daraus gezogen werden kann, wird in Joule (= Wattsekunden = V · A · sec) errechnet.

Der Umsatz von 1 Val ergibt eine maximale Strommenge von 1 *F*, die maximale Nutzarbeit für z Ladungsäquivalente ist damit

$$\Delta G = -z \cdot F \cdot E \qquad (96)$$

*G* ist die **freie Enthalpie (Gibbssche Wärmefunktion)**, die bei konstantem Druck und konstanter Temperatur aufgenommene Wärmemenge. Bei chemischen Reaktionen ist die **Enthalpie** gleich der **negativen Wärmetönung bei konstantem Druck.** *E* ist das Symbol für die *EMK*. **Das Minuszeichen deutet darauf hin, daß Arbeit vom System geleistet wurde.**

Im vorigen Kapitel wurde gezeigt, daß im Elektrolyten selbst, bei Stromfluß, ein innerer Widerstand zu überwinden ist, der sich aus den verschiedensten Komponenten zusammensetzt. Wird dieser Innenwiderstand mit $R_i$ und ein außen angelegter Widerstand mit $R_a$ bezeichnet, dann errechnet sich der außen fließende und der innen fließende Strom nach dem Ohmschen Gesetz zunächst als **Gesamtstrom** $I_{ges.}$

$$I_{ges.} = \frac{E}{R_i + R_a} \qquad (97)$$

Der **Gesamtwiderstand** $R_{ges.}$ setzt sich aus $R_a + R_i$ zusammen. Der innen fließende Strom $I_i$ und der außen fließende Strom $I_a$ ist

$$I_i = \frac{E}{R_i} \qquad I_a = \frac{E}{R_a} \qquad (98)$$

Damit stehen die entsprechenden Spannungen $E_a$ und $E_i$ außen und innen zur Verfügung:

$$E_a = I_a \cdot R_a \qquad E_i = I_i \cdot R_i \qquad (99)$$

Wird in diesem Spannungsteiler $R_i = 0$ oder $R_a = \infty$, dann könnte im äußeren Stromkreis die maximale Nutzarbeit technisch ausgebeutet werden. Dieser Grenzfall tritt nie ein. Dennoch können Wirkungsgrade bis zu 0,9 ermöglicht werden, das sind 90% der maximalen Nutzarbeit (gegenüber Ottomotoren mit $\eta = 0{,}25 - 0{,}30$ und Dieselmotoren mit $\eta = 0{,}35 - 0{,}45$).

Zunächst einiges über die Triebkraft chemischer Reaktionen allgemein. Im atomaren bzw. molekularen Geschehen können sie nicht erforscht werden. Man ist auf die makroskopische Betrachtung angewiesen. Jede Reaktion kann in zwei Richtungen, der **Hin-** und der **Rückreaktion**, erfolgen. Im **Gleichgewichtszustand** ist die **Triebkraft** nach beiden Richtungen hin Null geworden. Dies gilt für die Sicht des Betrachters. In Wirklichkeit finden immer noch zwischen den Reaktionspartnern Hin- und Rückreaktionen im molekularen Bereich statt.

**Hohe chemische Triebkraft bedeutet nicht, daß eine Reaktion besonders schnell abläuft.** Wasserstoffgas und Sauerstoffgas können als Gemisch nebeneinander bestehen. Erst, wenn eine bestimmte **Temperatur** erreicht oder **katalytische Fremdstoffe** anwesend sind, läuft die Knallgasreaktion zu Wasser ab. Sie kann mit unmerklicher, langsamer oder sehr hoher Geschwindigkeit ablaufen. Wasserstoffperoxid entsteht dabei nicht, denn die Triebkraft zur Wasserbildung ist größer als diejenige zur Peroxidbildung.

Jedes System, im Sinne eines einheitlich geordneten Ganzen, besitzt seine eigene **innere Energie** *U*. Geht dieses System in eine andere Form über, dann hat das entstandene System einen anderen inneren Energiebetrag. Die Differenz tauscht das System beim Übergang mit seiner Umgebung in Form von **Arbeits-** (*W*) und **Wärmebeträgen** (*Q*) aus. Dies ist der **1. Hauptsatz der Thermodynamik** (vgl. hierzu [27]).

Formelmäßig:

$$\Delta U = U_e - U_a = W + Q \text{ oder}$$
$$\Delta U = U_2 - U_1 = W + Q \qquad (100)$$

Fast stets findet der **Arbeitsaustausch** nur in Form von Volumenarbeit und elektrischer Arbeit statt.

Beide Arten lassen sich ausschalten, wenn das System in starre Wände ohne elektrische Ableitungen eingesperrt wird. Dadurch wird der **Arbeitsbetrag bei konstantem Volumen** (Index V) $W_v = 0$ und die Änderung der **inneren Energie bei konstantem Volumen** $U_v$ als reiner Wärmebetrag gemessen (kalorimetrische Bombe):

$$\Delta U_v = Q_v \qquad (101)$$

$Q_v$ ist die **Reaktionswärme bei konstantem Volumen** und in diesem Falle gleich dem Differenzbetrag der inneren Energie bei konstantem Volumen.
Bei gleichbleibendem äußerem Druck (Arbeiten mit offenen Gefäßen, auf denen ein konstanter Luftdruck lastet, Index P) kann das System **Volumenarbeit** leisten, sich ausdehnen oder schrumpfen. In diesem Fall ist die **Änderung der inneren Energie** größer als der Reaktionswärme entspricht. Es gilt

$$\Delta U_P = W_P + Q_P = -P \cdot \Delta V + \Delta H \qquad (102)$$

Die **Reaktionswärme bei konstantem Druck** ist gleich der **Enthalpieänderung** $\Delta H$. Die **Enthalpie** selbst ist der Wärmeinhalt bei konstantem Druck. Nach (101) ist der Wärmebetrag $Q_v$ gleich der Änderung der Zustandsfunktion $U$ und nach (102) ist $Q_P$ gleich der Änderung von $H$. Das besagt, daß der abgegebene oder aufgenommene Wärmebetrag einer Reaktion gleich ist, einerlei auf welchem Weg oder Umweg die Endprodukte aus den Ausgangsprodukten erhalten werden (**Heßscher Satz**).

> **Beispiel:** Die Verbrennung von Kohlenstoff kann auf zwei Wegen erfolgen:
> $C + 1/2\ O_2 \rightarrow CO;\ CO + 1/2\ O_2 \rightarrow CO_2$
> $\Delta H = -26{,}4\ \text{kcal} \qquad \Delta H = -67{,}6\ \text{kcal}$
> $C + O_2 \rightarrow CO_2;$
> $\Delta H = -94{,}0\ \text{kcal} = -(26{,}4 + 67{,}6)\ \text{kcal}.$
> Bild 36 schildert diesen Vorgang grafisch.

Bei elektrochemischen Reaktionen ist auch mit gasförmigen Stoffen zu rechnen. Deshalb kurz das Wichtigste hierüber.
Wird ein Gas auf den x-ten Teil zusammengedrückt, dann steigt der Druck auf den x-fachen Betrag an (**Gesetz von Boyle-Mariotte**). Rechne-

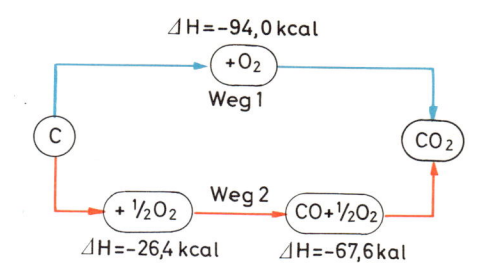

*Bild 36. Beispiel zum Heßschen Satz*

risch ist damit das Produkt aus Druck und Volumen eine konstante Zahl:

$$p \cdot v = \text{konst.} \qquad (103)$$

Wird ein Gas um 1 °C erwärmt, dann dehnt es sich um 1/273,15 seines bei 0 °C gemessenen Rauminhaltes aus (**Gay-Lussac**).

$$v_\vartheta = v_0 + \frac{v_0 \cdot \vartheta}{273{,}15} \qquad (104)$$

Der Faktor 1/273,15 wird **thermischer Ausdehnungskoeffizient** (idealer) Gase genannt. Der Druck bleibt dabei konstant. Wird mit °K (T) statt °C ($\vartheta$) gerechnet, dann wird (104) zunächst vereinfacht über

$$v_\vartheta = v_0 \cdot \left(1 + \frac{\vartheta}{273{,}15}\right) = v_0 \cdot \left(\frac{273{,}15 + \vartheta}{273{,}15}\right) \text{ und da}$$
$\vartheta + 273{,}15 = T$

entsteht

$$v_\vartheta = v_0 \cdot \frac{T}{T_0} \quad \text{oder } v_\vartheta = T \cdot \frac{v_0}{T_0} \qquad (105)$$

oder
$$v_\vartheta = T \cdot \text{konst.}'$$

Bei konstantem Volumen gilt analog dieser Ableitung

$$p_\vartheta = p_0 \cdot \frac{T}{T_0} \qquad (106)$$

oder
$$p_\vartheta = T \cdot \text{konst.}''$$

Gl. (103), (105) und (106) miteinander kombiniert ergibt

$$n \cdot p_0 \cdot v_0 \cdot T = p \cdot v \cdot T_0$$

umgestellt

$$n \cdot \frac{p_0 \cdot v_0}{T_0} = \frac{p \cdot v}{T} = \text{KONST.} \qquad (107)$$

Wird für $p_0$ der Druck 760 mm Hg und für $T$ die **Kelvintemperatur** 273,15 °K (= 0 °C) eingesetzt, dann nimmt das **Mol** jeden idealen Gases das **Volumen von 22,4 Litern** ein.
Werden diese drei Werte in Gl. (107) eingesetzt, dann ist die Konstante KONST. = $R$, die **Gaskonstante**.
Sie hat die Dimension einer Arbeit (bzw. Energie) je Mol und Grad. Das Produkt aus Druck mal Volumen stellt die Arbeit dar, denn

$$p \cdot v = \frac{[\text{Kraft}]}{[\text{Flächeneinheit}]} \cdot [\text{Volumen}]$$
$$= [\text{Kraft}] \cdot [\text{Weg}] = [\text{Energie}] = [\text{Arbeit}].$$

Ist die Zahl der Mole n = 1, dann ist
$$R = \frac{p_0 \cdot v_0}{n \cdot T_0} = \frac{760 \cdot 22{,}414}{1 \cdot 273{,}15}$$
$$= 62{,}36 \text{ Torr} \cdot 1 \cdot \text{mol}^{-1} \cdot \text{grd}^{-1}, \text{ oder,}$$

da 760 mm Hg (= 760 Torr) = 1 atm,

$$R = \frac{1 \cdot 22{,}414}{1 \cdot 273{,}15} = 0{,}082 \text{ l} \cdot \text{atm} \cdot \text{grd}^{-1} \cdot \text{mol}^{-1}.$$

Auch in der Thermodynamik wird statt der Kalorie das Joule als Energiegröße verwendet. Nach der Umrechnungstafel 2.3. im Anhang ist 1 l · atm äquivalent $1{,}0133 \cdot 10^2$ J. Damit wird $R = 0{,}082 \cdot 1{,}0133 \cdot 10^2 = 8{,}31$ J · grd$^{-1}$ · mol$^{-1}$; genauerer Wert: 8,3143 J · grd$^{-1}$ · mol$^{-1}$. Aus der Gleichung (107) wird für n Mole eines Gases die **allgemeine Gasgleichung**, worin $n = m/M$, das Verhältnis der Masse des Gases zu seiner Molmasse ist:

$$p \cdot v = n \cdot R \cdot T \qquad p \cdot v = \frac{m}{M} \cdot R \cdot T$$
$$(108)$$

Wird Gleichung (102) umgestellt und darin $P \cdot \Delta V$ durch $\Delta n \cdot R \cdot T$ ersetzt (108), dann ist

$$\Delta H = \Delta U + \sum \Delta n \cdot R \cdot T \qquad (109)$$

Darin ist $\Delta n$ die Differenz der Molzahlen der Endprodukte minus derjenigen der Ausgangsprodukte $n_e - n_a$.

> **Beispiel:** Ammoniakherstellung
> $$N_2 + 3\,H_2 \rightarrow 2\,NH_3$$
> $$1 \;+\; 3 \;\;\rightarrow 2$$
> $\Delta n = 2 - (1 + 3) = -2$ mol; die Reaktionsenthalpie ist demnach $\Delta H = \Delta U - 2 \cdot R \cdot T$. Ein Rechenbeispiel mit sich zusammenziehenden Gasvolumina (wie am Ammoniakbeispiel), sei die Knallgasreaktion: $2\,H_2$ (gasförm.) + $O_2$ (gasf.) $\rightarrow 2\,H_2O$ (flüssig). Bei 25 °C ist $\Delta U = -564\,883$ J (= $-134\,920$ cal). Die Reaktion ist exotherm, das System liefert Wärme an die Umgebung ab, verliert sie. Deshalb der negative Wert. Bei endothermen Reaktionen nimmt das System Energie auf, erhöht seine Eigenenergie. Dieser Zuwachs wird positiv gerechnet. Vorzeichengebung immer im Sinne des Systems und nicht des Betrachters. Wasserstoff und Sauerstoff nehmen bei 25 °C den Raum von etwa
> $$22{,}4 \cdot 3 + \frac{3 \cdot 22{,}4 \cdot 25}{273{,}15} \sim 73{,}4 \text{ Litern ein. Das}$$
> entstehende Wasser (2 Mol = 2 · 18 g) den Raum von nur 36 Millilitern, die vernachlässigt werden können. $\Delta n = -3$.
> $\Delta H = -564\,883 - 3 \cdot 8{,}315 \cdot 298{,}15$
> $\quad = -564\,883 - 7437 = -572\,320$ J, oder
> $\Delta H = -134\,920 - 3 \cdot 1{,}986 \cdot 298{,}15$
> $\quad = -134\,920 - 1776 = -136\,696$ cal.

Alle **thermodynamischen Zustandsgrößen** sind abhängig in ihren Werten von der **Art des Stoffes** und seinem **Aggregatzustand**. Wasserdampf kann viel mehr Volumenarbeit aufnehmen als z. B. flüssiges Wasser oder Eis. Andererseits kann dem Eis Wärme zugeführt werden, wobei praktisch keine Arbeit aus diesem Vorgang gewonnen werden kann, abgesehen von einer kaum merkbaren Volumenarbeit des schmelzenden Eises. Diese Wärme kann wieder beim Einfrieren zurückgewonnen werden, sie ist **reversibel** $Q_{\text{rev}}$. Das System hat eine **Energieänderung** erfahren, die auch für chemische Reaktionen Gültigkeit hat. Sie wird **Entropieänderung** $\Delta S$ genannt. Es ist

$$\frac{\Delta Q_{\text{rev}}}{T} = \Delta S = S_e - S_a = S_2 - S_1 \; [\text{J} \cdot \text{grd}^{-1}]$$
$$(110)$$

oder in [cal · grd$^{-1}$]; 1 cal · grd$^{-1}$ = 1 Cl (**Clausius**)

Dies ist eine andere Formulierung **des 2. Hauptsatzes der Thermodynamik,** der besagt, daß in einem abgeschlossenen System sich stets die Entropie ändert und bei einem von alleine ablaufenden Vorgang einem Höchstwert zustrebt. In differentieller Schreibweise

$$dQ_{rev} = T \cdot dS \qquad Q_{rev} = T \cdot S \qquad (111)$$

Eine Umstellung der Gl. (100) zu $W = U - Q$ gibt

$$dW = dU - T \cdot dS \equiv A$$
$$\text{oder} \qquad A = U - T \cdot S \qquad (112)$$

Darin ist $A$, als Abhängige von zwei Zustandsfunktionen, selbst eine Zustandsfunktion. Helmholtz bezeichnete sie als **„freie Energie";** heute wird sie als **Helmholtz-Energie** geführt. Wird von einem System keine Volumenarbeit geleistet, dann ist ein Vorgang mit

$$dA > 0 \text{ nur unter Energiezufuhr ablaufend} \qquad (113.1)$$
$$dA < 0 \text{ freiwillig ablaufend} \qquad (113.2)$$
$$dA = 0 \text{ im Gleichgewicht} \qquad (113.3)$$

Wird zusätzlich zur Helmholtzschen Energie eine Volumenarbeit geleistet und bei konstantem Druck (isobar) und konstanter Temperatur (isotherm) gearbeitet, dann ist ein neuer Begriff, die **Gibbssche Energie** $G$ einzuführen:

$$G = A + P \cdot V = H - T \cdot S$$
$$\text{bzw. } \Delta G = \Delta H - T \cdot \Delta S \qquad (114)$$

Besteht die Arbeitsleistung des Systems in **Volumenarbeit** $P \cdot dV$ **und elektrischer Arbeit** $W_{el}$, dann setzt sich die **reversible Arbeit** zusammen aus

$$\Delta W_{rev} = \Delta W_{el} - P \cdot \Delta V = \Delta A \qquad (115)$$

Aus den Gleichungen (114) und (115) ergibt sich für die elektrische Arbeit

$$\Delta W_{el} = A + P \cdot \Delta V = \Delta G \qquad (116)$$

Diese Gleichung führt zurück zur Gl. (96). Die vorangegangen Ausführungen tragen zum besseren Verständnis der Gl. (64) bei.
$\Delta G$ stellt die **maximale Nutzarbeit bei (molaren) Formelumsätzen** dar. Diese Änderung der freien Enthalpie ist ein **Maß für die Triebkraft** einer chemischen Reaktion und wird auch **chemisches Potential** genannt. Früher nahmen Thomsen und Berthelot an, das Maß für die Triebkraft einer chemischen Reaktion ( = **chemische Affinität**) sei die **Wärmetönung.** Da es jedoch sowohl exotherme (wärmeabgebende) als auch endotherme (wärmeverbrauchende) Reaktionen gibt, deren Gleichgewichte von der Temperatur und dem Druck abhängig sind, kann weder die **Reaktionswärme bei konstantem Druck** (Reaktionsenthalpie $\Delta H$) noch diejenige **bei konstantem Volumen** (Reaktionsenergie $\Delta U$) ein Maß für die Triebkraft sein. Bei reinen Stoffen ist die Gibbssche Energie mit dem **thermodynamischen Potential** identisch

$$\mu = G = H - T \cdot S \qquad (117)$$

Für das thermodynamische Potential ist der

$$\text{Druckkoeffizient} \qquad \left(\frac{\partial G}{\partial P}\right)_T = V \qquad (118.1)$$

$$\text{Temperaturkoeffizient} \qquad \left(\frac{\partial G}{\partial T}\right)_P = -S \qquad (118.2)$$

Werden Größen auf den **Normalzustand** 25 °C (298 K) und 1 atm. bezogen, dann erhalten sie den Vorsatz „Normal-", werden sie auf 1 atm bei der Temperatur $T$ bezogen, dann erhalten sie die Vorsilbe **„Standard-".** Das Differential des Druckkoeffizienten ist

$$dG = V \cdot dP \qquad (119)$$

integriert von $P = 1$ atm bis $P_i$ atm

$$G - G^\circ = \int_1^{P_i} V \cdot dP \qquad (120)$$

mit $G^\circ$ als **Gibbssche Standardenergie**
Mit Gleichung (108) wird für $n$ Mole erhalten aus (120)

$$G = G^\circ + \int_1^{P_i} n_i \cdot R \cdot T \cdot \frac{dP_i}{P_i} = G^\circ + n_i \cdot R \cdot T \cdot \ln P_i$$
$$(121)$$

Differenziert nach der Molzahl $n_i$ mit $\frac{\partial G}{\partial n_i} = \mu_i$ ($= \frac{G}{n_i}$ für Reinsubstanzen) und $\frac{\partial G°}{\partial n_i} = \mu_i°$ ergibt

$$\mu_i = \mu_i° + R \cdot T \cdot \ln P_i \quad (122)$$

Für Flüssigkeiten oder Lösungen ist das chemische Potential des Bestandteils $i$, wenn $c_i$ seine Konzentration, $a_i$ seine Aktivität oder $x_i$ sein Molenbruch ist:

$$\mu_i = \mu_{c_i}° + R \cdot T \cdot \ln c_i \quad (123.1)$$
$$\mu_i = \mu_{a_i}° + R \cdot T \cdot \ln a_i \quad (123.2)$$
$$\mu_i = \mu_{x_i}° + R \cdot T \cdot \ln x_i \quad (123.3)$$

Diese Gleichungen werden in Verbindung mit Gl. (96) benötigt, um die Umwandlung chemischer in elektrische Energie zu deuten.

## 2.8.1. Umwandlung chemischer in elektrische Energie

Prinzipiell sind alle chemischen Reaktionen, auch organisch-chemische Umsetzungen, mit einem elektrischen Energie-Umsatz verknüpft. Eingangs wurde schon erwähnt, daß eine chemische Reaktion darin besteht, daß Atome oder Atomgruppen mit Hilfe äußerer Elektronen miteinander verbunden werden. Diese Elektronen werden von dem einen Bereich in den anderen hinübergezogen, wandern von einem Energieniveau zu einem anderen, dessen Energieinhalt einen anderen Wert besitzt. Ist der neue Energieinhalt des Bindungselektrons größer, dann ist Energie dem System zuzuführen (**endergonische Reaktion**), im anderen Fall kann von dem System Energie gewonnen werden (**exergonische Reaktion**).

Die Absolutbeträge der freien Energie und der freien Enthalpie sind unbekannt. Es ist immer mit der Änderung dieser Größen zu rechnen. Dazu wird ein **Bezugssystem** benötigt, auf das diese Werte umgerechnet werden können.

Seither wurde auf den Ausgangszustand Bezug genommen, z. B. $\Delta G = G_{\text{Endzustand}} - G_{\text{Ausgangszustand}}$.

Die **Normalbildungsenthalpie** $\Delta H_{B,298}$ eines Stoffes, der nicht, oder nur schwierig aus den Elementen synthetisiert werden kann, läßt sich aus den **Verbrennungsenthalpien** der Elemente minus derjenigen der gesuchten Verbindung errechnen.

$$\Delta H_B = \sum \Delta H_{\text{Elemente}} - \Delta H_{\text{Verbindung}} \quad (124)$$

**Beispiel:** Die Normalbildungsenthalpie von Benzol aus Kohlenstoff und Wasserstoff ist zu berechnen: $6\,C + 3\,H_2 \rightarrow C_6H_6$. In der kalorimetrischen Bombe wird die Verbrennungsenthalpie des Benzols bei 25 °C (durch Umrechnung auf diese Temperatur) zu 780,43 kcal je Mol bestimmt. Aus Tabellenwerken [15]) wird die Verbrennungsenthalpie (Bildungsenthalpie der Oxyde) für Kohlenstoff und Wasserstoff entnommen: $C + O_2 \rightarrow CO_2$; $\Delta H = -94,03\,\text{kcal} \cdot \text{mol}^{-1}$ und $H_2 + 1/2\,O_2 \rightarrow H_2O$; $\Delta H = -68,35\,\text{kcal} \cdot \text{mol}^{-1}$ für flüssiges Wasser, denn es muß auf den Zustand bei 25 °C (Index 298 °K) bezogen werden, und 1 atm Druck.

Zur Berechnung werden die Werte von 6 C und 3 $H_2$ benötigt, mithin ist nach Gl. (124) die Bildungsenthalpie von Benzol

$$\Delta H_{B,298} = 6 \cdot (-94,03) + 3 \cdot (-68,35)$$
$$- 1 \cdot (-780,43)\,\text{kcal} \cdot \text{mol}^{-1}$$
$$= -564,18 - 205,05 + 780,43$$
$$= 11,2\,\text{kcal} \cdot \text{mol}^{-1}\;\textbf{Benzol.}$$

**Aus jedem exergonischen Prozeß kann elektrische Energie gewonnen werden, auch aus Verbrennungsvorgängen.** Wichtig ist nur, die richtige apparative Konstruktion und die besten Arbeitsbedingungen für den optimalen Wirkungsgrad zu finden. **Brennstoffzellen** auf Oxydationsbasis wurden bereits 1965/66 bei den Gemini-Flügen 5 und 7 (General Electric-Brennstoffzelle) und beim bemannten Mondflug der Apollo 8 (Pratt and Whitney-Brennstoffzelle) eingesetzt. **Derartige Zellen haben den großen Vorteil, daß sie so lange Strom liefern, wie ihnen Brennstoff und Oxydationsmittel getrennt zugeführt werden.** Normale galvanische Elemente verbrauchen entweder ihr Elektrodenmaterial oder müssen neu aufgeladen werden[28])[29])[30]).

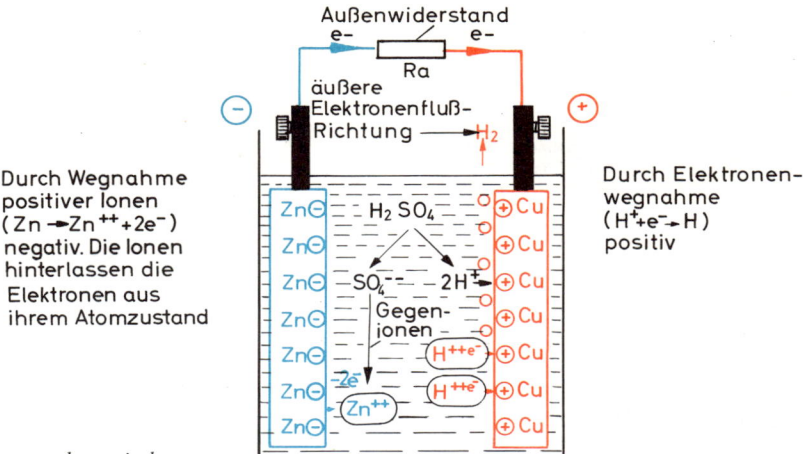

*Bild 37. Volta-Element, schematisch*

Bildbeschriftungen:
- Außenwiderstand Ra
- äußere Elektronenfluß-Richtung
- Durch Wegnahme positiver Ionen ($Zn \rightarrow Zn^{++} + 2e^-$) negativ. Die Ionen hinterlassen die Elektronen aus ihrem Atomzustand
- Durch Elektronenwegnahme ($H^+ + e^- \rightarrow H$) positiv
- $H_2SO_4$, $SO_4^{--}$, $2H^+$, Gegenionen, $Zn^{++}$

> Ionenreaktionen als Lieferanten elektrischer Energie sind Gleichgewichtsreaktionen, solange nicht ein Reaktionsprodukt aus dem System verschwindet.

Als Beispiel diene die Gegenüberstellung des **Daniell-Elementes** (Bild 35) zum **Volta-Element** (Bild 37). In beiden Fällen bestehen die Elektroden aus Zink und Kupfer. Das Daniell-Element ist durch eine poröse Zwischenwand in zwei verschiedene Elektrodenräume unterteilt. Die Kupferelektrode wird von Kupferionen umspült und die Zinkelektrode von Zinkionen. Die dort angegebenen Reaktionen lassen sich umkehren, wenn die Spannung im entgegengesetzten Polungssinn angelegt wird. Das Element läßt sich durch den gleichen Energieaufwand, der dem System entnommen wurde, wieder seinen vorigen Zustand zurückversetzen.
Anders das Voltasche Element, das dem Korrosionsmodell von Bild 33 entspricht. Dort wird die äquivalente Menge Wasserstoff an der Kupferelektrode entladen, die der Menge Zinkionen, die in Lösung geschickt wurden, entspricht. Dieser Wasserstoff entweicht aus dem System. Wird entgegengesetzt gepolt eine äußere Spannung angelegt, dann werden Kupferionenbildung und Wasserstoffentwicklung an der Zinkelektrode erzwungen. Bei Energieentnahme entsteht Wasserstoffgas und Zinkionen, bei Energiezufuhr (Aufladen durch den umgekehrten Vorgang, die Elektrolyse) entsteht ebenfalls Wasserstoffgas und diesmal Kupferionen. Es werden laufend Wasserstoffionen der Schwefelsäure verbraucht und einmal durch Zink- zum anderen durch Kupferionen ersetzt. Das System kann **nicht in den ursprünglichen Zustand zurück versetzt** werden, es ist **irreversibel**.

## 2.8.2. Oxydation und Reduktion als elektrochemische Vorgänge

Bereits im Kapitel 2.4.2. Sekundärvorgänge wurde gezeigt, daß Zunahme der positiven Ladungen ($Fe^0 \rightarrow Fe^{++} \rightarrow Fe^{+++}$) eine Oxydation und der gegenläufige Vorgang, Abnahme der positiven Ladungen bzw. Zunahme der negativen Ladungen eine Reduktion ($Fe^{+++} \rightarrow Fe^{++} \rightarrow Fe^0$) darstellt. **Nicht nur die Aufnahme von Sauerstoff oder Abgabe von Wasserstoff ist eine Oxydationsreaktion und der Umkehrvorgang eine Reduktionsreaktion.**
Taucht ein Metall in die Lösung seiner eigenen Ionen ein, dann stellt sich das Gleichgewicht $Me \rightleftarrows Me^{n+} + n \cdot e^-$ ein.
Zur Erläuterung sei wieder Zink in Zinksulfat herangezogen. Das Gleichgewicht

$$Zn \underset{\text{osmotischer Druck}}{\overset{\text{Lösungsdruck}}{\rightleftarrows}} Zn^{++} + 2e^- \qquad (125)$$

ist abhängig von der Zinkionenkonzentration des umspülenden Zinksulfatelektrolyten und derjenigen des Gleichgewichts. Wenn sich der **Lösungsdruck,** die Triebkraft der Zinkatome in Lösung zu gehen, und der **osmotische Druck,** der Trieb zum

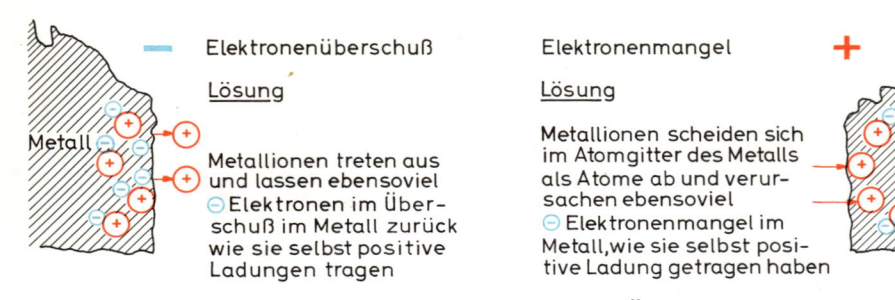

*Bild 38. Elektrochemischer Vorgang bei der Metallaufladung (Übertitel)*
*Bild 38.1. Metallatome gehen als Ionen in Lösung*   *Bild 38.2. Metallionen scheiden sich als Atome ab*

Konzentrationsausgleich, die Waage halten, dann ist die **Gleichgewichtskonzentration** erreicht.

Wird die Konzentration (besser Aktivität) zu Beginn des Eintauchens des Metalls im Elektrolyten mit $c_1$ bezeichnet und diejenige im Gleichgewicht mit $c_2$, dann kann $c_1 < c_2$, $c_1 = c_2$ oder $c_1 > c_2$ sein.

Ist $c_1 < c_2$, dann wird die Konzentration (Aktivität) der Lösung dadurch erhöht, daß Zinkatome als Zinkionen in Lösung gehen (oberer Pfeil der Gl. (125)). Das Zinkgitter, das ursprünglich ebensoviel Elektronen wie positive Kernladungen besaß, wird negativ aufgeladen. Es sind weniger positive Ladungen im Metall-Kristallgitter als den umgebenden Elektronenladungen entspricht. An der Metalloberfläche bildet sich eine **Helmholtzsche Doppelschicht** auf, die weitere Zinkionen am Verlassen des Gitters hindert. Das Zink ist negativ aufgeladen und ist bestrebt die Elektronen zum Ladungsausgleich abzugeben. Es ist ein **Elektronendonator**, eine Katode geworden (Bild 38.1).

Ist $c_1 > c_2$, dann verringert sich die Konzentration der Lösung dadurch, daß sich Zinkionen als Zinkatome in das Kristallgitter der Zinkelektrode einbauen. Sie bringen eine negative Unterschußladung mit. Das Fehlen von Elektronen bedeutet eine positive Überschußladung. In diesem Fall ist die Zinkelektrode bestrebt, Elektronen aufzunehmen. Sie ist zum **Elektronenakzeptor** geworden, sie ist anodisch. Im Elektrolyten befinden sich mehr Anionen als Kationen, er ist gegenüber der Zinkplatte negativ aufgeladen. Auch hier bildet sich wieder eine Helmholtzsche Doppelschicht aus. **Über die absolute Auflagung** der Zinkplatte **kann keine Aussage gemacht werden;** sie ist ein Halbelement (Bild 38.2).

Ist $c_1 = c_2$, dann stehen osmotischer und Lösungsdruck im Gleichgewicht. Wohl baut sich eine Austauschschicht auf, die von sich aus aber nicht in der Lage ist ein echtes Potential auszubilden.

Zur Ausbildung der *EMK* sind alle Punkte zu berücksichtigen, die in den vorhergehenden Kapiteln behandelt wurden. Schließlich ist die Ausbildung einer *EMK* der reversible Teil von Elektrolysevorgängen.

Wenn ein Halbelement allein seine *EMK* nicht messen läßt, dann muß ein zweites **Halbelement zum Bezug** herangezogen werden. Dies ist aus alter Tradition die **Wasserstoffelektrode**. Sie wurde im Prinzip schon bei der Chlorknallgaskette (Bild 28) erwähnt. Dort kann sie im stromlosen Zustand mit durchströmenden Gasen als Bezugselektrode für das Chlor-Halbelement aufgefaßt werden. Der stromliefernde Vorgang an der Wasserstoffelektrode ist $H_2 \rightarrow 2 H^+ + 2 e^-$ und an der Chlorelektrode $Cl_2 + 2 e^- \rightarrow 2 Cl^-$. Der Lösungsdruck der Wasserstoffatome, die aus der platinierten Platinelektrode austreten und als Wasserstoffionen in Lösung gehen, ist zusätzlich vom Druck der Wasserstoffmoleküle abhängig, die zur Sättigung der Platinelektrode dienen. Dasselbe gilt für die Chlorelektrode.

**Damit ist der Lösungsdruck proportional dem Druck des durchströmenden Wasserstoffs und der osmotische Druck gleich der Konzentration der Wasserstoffionen im Elektrolyten.**

## 2.8.3. Abhängigkeit der *EMK* von Konzentration, Druck und Temperatur

Die aufzuwendende Reaktionsarbeit, damit auch die elektrische Arbeit, mit der gelöste Stoffe gebildet werden oder verschwinden, ist abhängig von ihrer Konzentration.

Wird 1 Mol eines Stoffes aus dem System 1 (Lösung 1) in das System 2 (Lösung 2) gebracht, dann ist die damit verbundene Reaktionsarbeit nach den Gleichungen (123.1–3) allgemein

$$\mu_{i,2} - \mu_{i,1} = \Delta\mu_i = R \cdot T \cdot \ln c_{i,2} - R \cdot T \cdot \ln c_{i,1}$$
$$= R \cdot T \cdot \ln \frac{c_{i,2}}{c_{i,1}} \quad (126.1)$$
(ausreichende Verdünnung)

$$\mu_{i,2} - \mu_{i,1} = \Delta\mu_i = R \cdot T \cdot \ln a_{i,2} - R \cdot T \cdot \ln a_{i,1}$$
$$= R \cdot T \cdot \ln \frac{a_{i,2}}{a_{i,1}} \quad (126.2)$$
(real)

$$\mu_{i,2} - \mu_{i,1} = \Delta\mu_i = R \cdot T \cdot \ln x_{i,2} - R \cdot T \cdot \ln x_{i,1}$$
$$= R \cdot T \cdot \ln \frac{x_{i,2}}{x_{i,1}} \quad (126.3)$$
(ideal)

Nach Gl. (108) ist die Konzentration eines Gases, die Zahl der Mole $n$ in der Volumeneinheit, direkt proportional dem Druck, unter dem das Gas steht: $n = P \cdot \frac{V}{R \cdot T}$. Damit gilt auch

$$\Delta\mu_i = R \cdot T \cdot \ln \frac{P_{i,2}}{P_{i,1}} \quad (126.4)$$

und wenn der Gasdruck zum **osmotischen Druck der Ionen in der Lösung**, $\Pi$, in Beziehung gesetzt wird

$$\Delta\mu = R \cdot T \cdot \ln \frac{P}{\Pi} \quad (126.5)$$

Nun ist nach Gl. (96) $\Delta G = -z \cdot F \cdot E = \Delta\mu$. Damit wird zusammen mit Gleichung (126.1–5) allgemein, wenn $a_1$ den Anfangszustand und $a_2$ den Endzustand darstellt,

$$-z \cdot F \cdot E = R \cdot T \cdot \ln a_2 - R \cdot T \cdot \ln a_1 \quad (127.1)$$

umgestellt

$$E = \frac{R \cdot T}{z \cdot F} \cdot \ln a_2 - \frac{R \cdot T}{z \cdot F} \cdot \ln a_1 \quad (127.2)$$

Wird für den Ausgangszustand die **Aktivität** $a_1 = 1 \text{ mol} \cdot l^{-1}$ gewählt, dann wird für das **Normalpotential**

$$E_0 = -\frac{R \cdot T}{z \cdot F} \ln a_1 \text{ für } a_1 = 1 \text{ mol} \cdot l^{-1} \quad (127.3)$$

und in Gl. (127.2) eingesetzt wird die, nach ihrem Entdecker benannte, Nernstsche Gleichung erhalten

$$E = E_0 + \frac{R \cdot T}{z \cdot F} \cdot \ln a \quad (128)$$

In diesem Ausdruck sind als konstante Zahlenwerte $R = 8{,}314$ J ($= V \cdot A \cdot s$) und $F = 96\,487$ C $\cdot$ mol$^{-1}$ ($= A \cdot s \cdot$ mol$^{-1}$) einzusetzen. $R/F = 8{,}617 \cdot 10^{-5}$ V $\cdot$ mol$^{-1}$. Um den **natürlichen Logarithmus** in den **dekadischen** (= Zehner-) **Logarithmus** umzuwandeln ist mit $\ln 10 \simeq = 2{,}3026$ zu multiplizieren: $8{,}617 \cdot 10^{-5} \cdot 2{,}3026 = 1{,}984 \cdot 10^{-4}$

$$E = E_0 + 1{,}984 \cdot 10^{-4} \cdot \frac{T}{z} \cdot \lg a \quad (128.1)$$

Für den Faktor vor dem Logarithmus ergibt sich für die Temperaturen in °C bzw. °K als numerischer Wert:

Tafel 18: Faktorenwerte $f = \frac{R \cdot T}{F}$ mit $\ln \rightarrow \lg = 1{,}98415 \cdot 10^{-4} \cdot T$

| für: $T =$ K | $\vartheta =$ °C | $f = [V]$ | $\lg f =$ |
|---|---|---|---|
| 273,16 | 0 | $54{,}197 \cdot 10^{-3}$ | $0{,}733\,9748 - 2$ |
| 288,16 | 15 | $57{,}173 \cdot 10^{-3}$ | $0{,}757\,1922 - 2$ |
| 291,16 | 18 | $57{,}768 \cdot 10^{-3}$ | $0{,}761\,6904 - 2$ |
| 293,16 | 20 | $58{,}175 \cdot 10^{-3}$ | $0{,}764\,6635 - 2$ |
| 298,16 | 25 | $59{,}157 \cdot 10^{-3}$ | $0{,}772\,0084 - 2$ |

$E_0$ bezeichnet man als **Normalpotential** oder **elektrochemisches Standardpotential.** Es ist dasjenige Potential, das eine Elektrode, die in eine 1m-Lösung ihrer Ionen eintaucht, gegenüber der Normalwasserstoffelektrode einnimmt, wobei für beide die Temperatur dieselbe ist.
**Die Normalwasserstoffelektrode,** eine Gaselektrode, besteht aus platiniertem Platinblech, das von Wasserstoff mit 1 atm Druck umspült wird und in eine 1-molare Chlorwasserstofflösung eintaucht. Die Konzentration ist jedoch nicht identisch mit der Aktivität. Deshalb wird heute auf die **Standardwasserstoffelektrode** bezogen, die statt in eine 1-m HCl in eine 1-aktive Chlorwasserstofflösung eintaucht. Die Aktivität ist nicht nur von der Konzentration (s. Tafel 2), sondern auch von der Temperatur abhängig. Eine bei 25 °C 1a-HCl ist 1,153-normal oder 1,184-molal.

Das **Standardpotential der Wasserstoffelektrode** ist gleich deren **Einzelpotential** bei der Aktivität $a_{H^+} = 1$. Die anderen Einzelpotentiale werden darauf bezogen und das Potential der Standardwasserstoffelektrode = Null gesetzt. Derartige Halbelemente, die leicht und exakt reproduzierbar sind und genau bekanntes Einzelpotential besitzen, werden als **Bezugselektroden** verwendet.

Das Potential der Wasserstoffelektrode wird durch die Lage des Gleichgewichts $H_2 \rightleftharpoons 2H^+ + 2e^-$ bestimmt. Das Einzelpotential ist bei 25 °C $E = \frac{0{,}05916}{2} \cdot \lg \frac{a_{H^+}^2}{P_{H_2}}$ [V]. Beträgt der Wasserstoffdruck 1 atm, dann ist der Nenner des Logarithmus $= 1$ und $E = \frac{0{,}05916}{2} \cdot \lg a_{H^+}^2 = 0{,}05916 \lg a_{H^+}$.

Der negative Logarithmus der Wasserstoffionenaktivität ist der $p_H$-Wert, deshalb gilt

$$E_H = -0{,}05916 \cdot p_H \text{ [V] für } \vartheta = 25 \text{ °C} \quad (129)$$

Für andere Temperaturen ist als Faktor der entsprechende Wert aus Tafel 18 ($= f$) einzusetzen. $E_0$ fehlt in dieser Gleichung, denn Zähler und Nenner des Logarithmus sind $= 1$ und $\lg 1 = 0$.

**Rechenbeispiel:** Durch ein Diaphragma getrennt sind 2 Wasserstoffelektroden mit $P = 1$ atm und bei 20 °C. Auf der einen Seite des Diaphragmas ist die Wasserstoffionenaktivität $= 1$ und der $p_H$-Wert auf der anderen Diaphragmenseite soll bestimmt werden. Gemessen wird (mit Kompensationsmethode) ein Potentialunterschied von $-465{,}4$ mV. Für 20 °C ist $f = 58{,}175$ mV. (aus Tafel 18).

$$p_H = \frac{-465{,}4}{-58{,}175} = 8{,}0$$

Für industrielle Zwecke ist die Wasserstoffelektrode sehr unpraktisch. Es müßte immer ein Wasserstoff-Behälter oder -Entwicklergerät (Kipp-Apparat oder Elektrolysegerät) mitgenommen oder stationär eingebaut werden. Man weicht in diesem Fall auf andere Bezugselektroden aus, die im nächsten Kapitel behandelt werden. Es ist auch schwierig, genau 1-aktive $H^+$-Lösungen herzustellen. Man arbeitet deshalb mit verdünnteren Lösungen, die sich nach Gl. (6) berechnen lassen: $a_{H^+} = f_a \cdot c_{H^+}$. Diese „verdünnten" Wasserstoffelektroden werden dementsprechend umgerechnet.

Die Vorausgleichung zu Gl. (129) für 25 °C kann umgestellt werden zu

$$E_H = 0{,}05916 \cdot \lg a_{H^+} - \frac{0{,}05916}{2} \cdot \lg P_{H_2} \text{ [V]}$$
bei 25 °C
$$(130)$$

Entsprechend dem Sörensenschen $p_H$-Wert führte W. M. Clark den $r_H$- und den $r_O$-Wert ein.

$$r_H \equiv -\lg P_{H_2} \text{ und } r_O \equiv -\lg P_{O_2} \quad (131)$$

Aus Gleichung (130) wird der $r_H$-Wert durch Umstellung erhalten

$$r_H = -\lg P_{H_2} = \frac{E - 0{,}05916 \cdot \lg a_{H^+}}{0{,}02958}$$
(für 25 °C) $\quad (132)$

Darin ist der $p_H$-Wert enthalten, denn

$$r_H = \frac{E}{0{,}02958} - 2 \cdot \lg a_{H^+} = \frac{E}{0{,}02958} + 2 \cdot p_H$$
(für 25 °C) $\quad (133)$

So, wie der $p_H$-Wert ein **Maß für die Azidität bzw. Basizität** darstellt, ist der $r_H$-Wert ein **Maß für die Reduktionskraft** eines Reduktionsmittels und nach Gl. (133) abhängig vom $p_H$-Wert.
**Er stellt den negativen Logarithmus desjenigen Wasserstoffdrucks in atm dar, der bei gleichem $p_H$-Wert dieselbe Reduktionskraft besitzen würde.**
Für die **Sauerstoffelektrode** gilt

$$2H_2O + O_2 + 4e^- \rightleftharpoons 4OH^- \quad (134)$$

Das **Standardpotential** bei 25 °C ist hierfür $+1{,}229$ Volt.
Das Einzelpotential der Sauerstoffelektrode errechnet sich daraus analog dem der Wasserstoffelektrode, wobei der $p_{OH}$-Wert gleich auf den $p_H$-Wert umgerechnet werden kann

$$E_O = E_{0,O} + \frac{0{,}05916}{4} \cdot \lg P_{O_2} - 0{,}05916 \cdot p_H$$
$$(135)$$

Die entsprechenden Werte eingesetzt ergibt

$$E_O = 1{,}229 - 0{,}01479 \cdot r_O - 0{,}05916 \cdot p_H \quad (136)$$

*Bild 39. Kalomelelektrode*

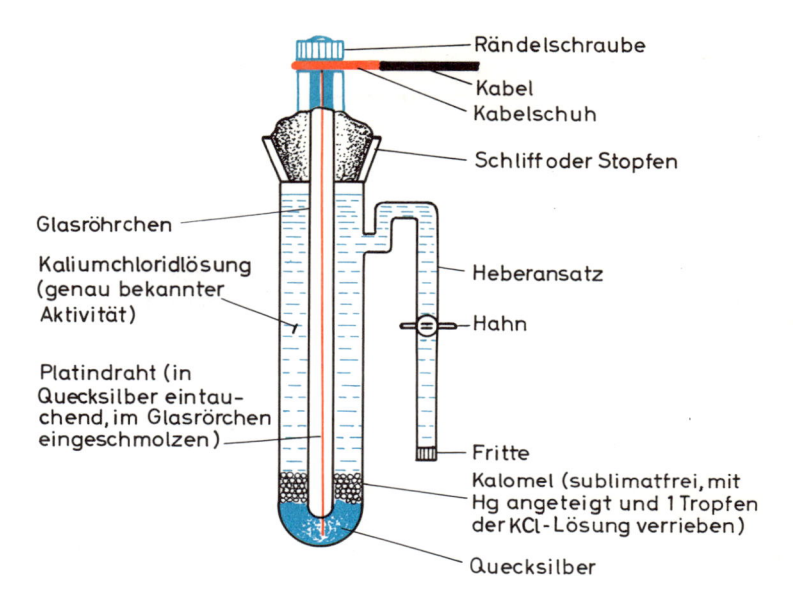

- Rändelschraube
- Kabel
- Kabelschuh
- Schliff oder Stopfen
- Glasröhrchen
- Kaliumchloridlösung (genau bekannter Aktivität)
- Heberansatz
- Hahn
- Platindraht (in Quecksilber eintauchend, im Glasröhrchen eingeschmolzen)
- Fritte
- Kalomel (sublimatfrei, mit Hg angeteigt und 1 Tropfen der KCl-Lösung verrieben)
- Quecksilber

Um den Neutralpunkt zu erhalten, in dem sich **Oxydationskraft und Reduktionskraft einander gleich** sind, wird die *EMK* der Wasserstoffelektrode Gl. (133) mit Gl. (136) gleichgesetzt:

$E_H = E_O = 0{,}02958 \cdot r_H - 0{,}05916 \cdot p_H = 1{,}229 - 0{,}01479 \cdot r_O - 0{,}05916 \cdot p_H$ daraus resultiert $0{,}02958 \cdot r_H = 1{,}229 - 0{,}01479 \cdot r_O$ und für $r_H = r_O$ ist $r_H = \dfrac{1{,}229}{0{,}02958 + 0{,}01479} = \dfrac{1{,}229}{0{,}04437} = 27{,}7$ der

**Neutralpunkt für Reduktions-Oxydationszellen** (kurz **Redox-Zellen**) bei 25 °C.

**Der zugehörige $p_H$-Wert** wird erhalten, wenn $r_H = 27{,}7$ in Gl. (133) eingesetzt wird ($\vartheta = 25$ °C bzw. $T = 298{,}15$ °K):

$$r_H = 27{,}7 = \frac{E}{0{,}02958} + 2 \cdot p_H$$

$$p_H = 13{,}85 - \frac{E}{0{,}05916}$$

(137)

Diese ganzen Ausführungen lassen sich übertragen auf alle Halbelemente, da alle elektrochemischen Vorgänge Redox-Prozesse sind. Zusatzeffekte sind die Konzentration und Diffusion. Dabei ist noch zu bedenken, ob eine Versuchsanordnung mit oder ohne Überführung arbeitet.

## 2.8.4. Bezugselektroden und Meßelektroden

Um die technischen Schwierigkeiten der Wasserstoffelektrode zu vermeiden werden andere, leicht reproduzierbare, Halbelemente mit möglichst genau bekanntem Standardpotential verwendet. Als zweite Elektrode dienen sie zur Bestimmung der Einzelpotentiale und werden in dieser Eigenschaft Bezugselektroden genannt. Die bekannteste Elektrode ist die **Kalomel-Elektrode.** Sie ist eine **Elektrode zweiter Art**, d.h. ihr Potential ist indirekt von der Konzentration ihrer eigenen Ionen abhängig. Die potentialliefernden Ionen stammen aus einer schwerlöslichen Substanz, die als **Bodenkörper im Halbelement** enthalten ist. Ihre **Konzentration** ist abhängig vom **Löslichkeitsprodukt**, von der **Temperatur** und, nach dem **Massenwirkungsgesetz** (MWG), von der **Konzentration der Anionen**. Die Kalomelelektrode (Bild 39) besteht aus Quecksilber, das mit festem Quecksilber-I-chlorid (= Kalomel $Hg_2Cl_2$) überschichtet ist. Darüber befindet sich eine Kaliumchloridlösung genau eingestellter Konzentration bzw. Aktivität. Sie stellt über einen Ansatz mit einer porösen Scheidewand die elektrolytische Kontaktstelle zum anderen Halbelement dar. Der in das Quecksilber eintauchende Platindraht (rein und frei von Kalomel) ist die Verbindung zur Meßstelle.

Bild 40. Silberchloridelektrode

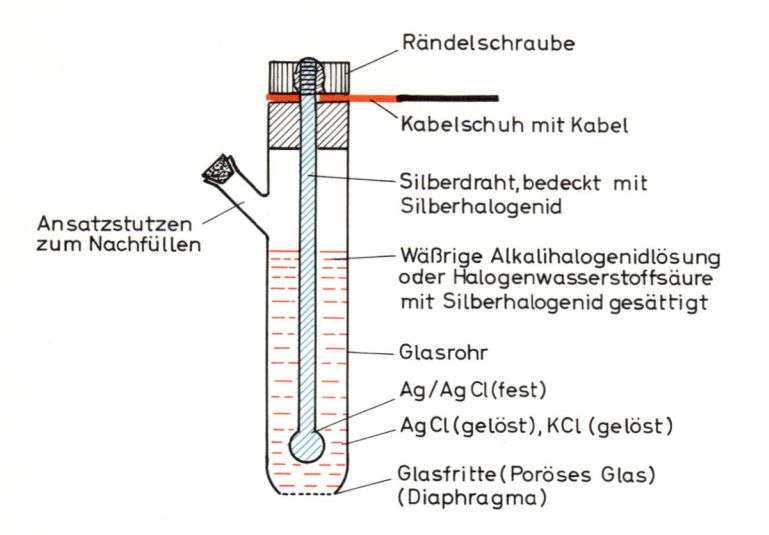

- Rändelschraube
- Kabelschuh mit Kabel
- Silberdraht, bedeckt mit Silberhalogenid
- Ansatzstutzen zum Nachfüllen
- Wäßrige Alkalihalogenidlösung oder Halogenwasserstoffsäure mit Silberhalogenid gesättigt
- Glasrohr
- Ag/AgCl(fest)
- AgCl(gelöst), KCl(gelöst)
- Glasfritte (Poröses Glas) (Diaphragma)

In dem Halbelement
Hg | $Hg_2Cl_2$, $Hg_2Cl_2$, KCl | |
 flüss.  fest,  gesätt. eingestellte
         Lösung Lösung
wird das Potential gebildet durch die Gleichgewichtsreaktion 2 Hg + 2 $Cl^-$ ⇌ $Hg_2Cl_2$ + $2e^-$.

Das Löslichkeitsprodukt des Kalomels ist bei vorgegebener Temperatur konstant. Die Quecksilber-Ionenkonzentration wird deshalb um so geringer, je mehr Chlorionen in dem gleichen Elektrolyten vorhanden sind. Damit ist **die EMK des Halbelements von der Konzentration des Kaliumchlorids indirekt abhängig bzw. von der Aktivität der anwesenden Chlorionen.**

An der potentialbildenden Reaktion sind 2 Mol Elektronen beteiligt, $z = 2$. Das Standardpotential ($\vartheta = 25\,°C$) ist $E_0 = 0{,}2679$ V. Wird die Konzentration [ ] in Aktivitäten ausgedrückt, dann errechnet sich das Potential der Kalomelelektrode nach

$$E_{Kalomel} = E_0 + \frac{0{,}05916}{2} \cdot \lg \frac{[Hg_2Cl_2]}{[Hg]^2 \cdot [Cl^-]^2} \; \text{Volt}$$

$$E_{Kalomel} = 0{,}2679 - 0{,}05916 \cdot \lg[Cl^-]$$

(138)

Die Aktivitäten der reinen Feststoffe Hg und $Hg_2Cl_2$ sind 1. Für eine **0,1 1n – KCl** ($a = 0{,}077$) wird $\lg a = 0{,}8865 - 2 = -1{,}1135$ und $E_{Kalomel} = 0{,}2679 + 0{,}06587 = 0{,}33377$ Volt bei $\vartheta = 25\,°C$.

Tafel 19: Potentiale der Kalomelektrode bei 25°C (Schrifttumswerte[15])

| Elektrolytfüllung | Einzelpotential in Volt |
|---|---|
| Gesättigte KCl-Lösung | 0,2415 |
| Gesättigte NaCl-Lösung | 0,2360 |
| 1 a-$Cl^-$ | 0,2682 |
| 1molale KCl | 0,2800 |
| 1n-KCl | 0,2807 |
| 0,1n-KCl | 0,3338 |
| 0,1n-NaCl | 0,3419 |

**Abarten der Kalomelelektrode** für Sonderfälle sind die **Quecksilber-I-sulfatelektrode** (mit 1 n-$H_2SO_4$, $E_{25\,°C} = 0{,}682$ V und mit gesättigter $K_2SO_4$-Lösung. $E_{25\,°C} = 0{,}650$ V) und die schwieriger einstellbare **Quecksilber-II-oxidelektrode** (mit 1 n-NaOH, $E_{25\,°C} = 0{,}140$ V und mit 0,1 n-NaOH, $E_{25\,°C} = 0{,}165$ V).

Die **Silberhalogenidelektroden** sind ebenfalls Elektroden zweiter Art. Ein anodisch halogenierter Silberstab taucht in eine mit Silberhalogenid übersättigte Lösung von Alkalihalogenid. Am bekanntesten ist die **Silberchloridelektrode** (Bild 40). Die äußere Ableitung des Silberstabs und die Verbindung zum Elektrolyten wird durch die Glasfritte hergestellt. Sie kann in diesem Fall den Ansatz an der Kalomelelektrode einsparen, da der Boden nur von Flüssigkeit bedeckt ist, die auch in den Stromschlüsseln verwendet wird.

Die Potentialberechnung geschieht analog Gl. (138) nach

$$E_{AgCl} = E_{0,AgCl} + 0{,}05916 \cdot \lg \frac{[AgCl]}{[Ag^+] \cdot [Cl^-]}$$

$$E_{AgCl} = E_{0,AgCl} - 0{,}05916 \cdot \lg[Cl^-] \qquad (139)$$

Bei Einsatz der Aktivitäten ist nach dem Massenwirkungsgesetz (MWG) $L_a = \frac{[Ag^+] \cdot [Cl^-]}{[AgCl]}$ und da der Molenbruch des reinen festen Körpers $= 1$, ist das MWG: $L_a = [Ag^+] \cdot [Cl^-]$; darin ist $L_a$ das Löslichkeitsprodukt, das bei Verwendung der Aktivitäten nur von der Temperatur abhängig ist. Dies kann bestimmt werden nach: $E_{AgCl} = E_{0,AgCl} + 0{,}05916 \cdot \lg L_a - 0{,}05916 \cdot \lg a_{Cl}$ und für $a_{Cl} = 1$ fällt das letzte Glied heraus und

$$\lg L_a = \frac{E_{0,AgCl} - E_{0,Ag/Ag^+}}{0{,}05916} = \frac{0{,}2223 - 0{,}7996}{0{,}05916}$$

$$= -9{,}7583$$

$\lg L_a = 0{,}2417 - 10$;

$L_a = 1{,}745 \cdot 10^{-10}$ (von AgCl).

Nach Leitfähigkeitsmessungen (die genauere Werte liefern) wird der Wert $L_a = 1{,}72 \cdot 10^{-10}$ erhalten (Gl. 50)).

Das Standardpotential Ag | Ag$^+$ = 0,7996 V (s. Anhang 3.4.1)

*Tafel 20: Standardpotentiale der Silberhalogenid-Bezugselektroden*

| Halbelement | Einzelpotential in Volt |
|---|---|
| Ag \| AgCl,1a-KCl | 0,2223 |
| Ag \| AgCl,1n-KCl | 0,2368 |
| Ag \| AgCl, gesätt. KCl | 0,1976 |
| Ag \| AgCl,0,1n-KCl | 0,2894 |
| Ag \| AgCl,0,1n-HCl | 0,2883 |
| Ag \| AgCl,1a-HCl ($\equiv$ 1a-KCl!) | 0,2223 (1a - Cl$^-$) |
| Ag \| AgBr, 1a-KBr | 0,0713 |
| Ag \| AgJ,1a-KJ | $-$0,1523 |

Alle elektrochemischen Reaktionen sind Redox- ( = **Red**uktions-/**Ox**idations-)Vorgänge. Der Begriff der **Redoxpotentiale** jedoch ist nur anzuwenden für Halbelemente oder deren Kombination zu Ketten, die Potentiale aus der Umladung von **Ionen ein und desselben Elements** liefern. Derartige Verbindungen, die in mehreren Wertigkeiten oder Oxydationsstufen auftreten können, sind auch in der organischen Chemie bekannt.

Bestand seither die eintauchende **Elektrode aus dem Metall, dessen Ionen in dem umgebenden Elektrolyten gelöst** waren, also aus der **Reduktionsstufe selbst**, so ist **bei Redoxelektroden** hierfür meist **Platin oder ein anderes Fremdmetall** zu finden. Der Vorgang, der den Hauptanteil an der Potentialbildung trägt, sei die Umladung von Zinn nach der Gleichung $Sn^{++++} + 2e^- \rightleftharpoons Sn^{++}$.

Die höhere **Oxydationsstufe** ist bestrebt aus dem eintauchenden Elektrodenmetall zwei **Elektronen zu entnehmen**, um in die niedere Oxydationsstufe überzugehen. Das Elektrodenmetall wird durch die Elektronenentnahme positiver aufgeladen, wird zum positiven Pol. Die **niedrigere Oxydationsstufe** ist bestrebt an das Elektrodenmetall zwei **Elektronen abzugeben**, es negativer aufzuladen, und dabei selbst in den höheren Oxydationszustand überzuwechseln.

Sind **beide Ionenarten in der gleichen Lösung** vorhanden, dann ist das **Vorzeichen des Potentials** abhängig von deren Konzentrationsverhältnis, richtiger von deren **Aktivitätenverhältnis**.

Für das Beispiel des Zinns ergibt sich das Potential aus der Nernstschen Gleichung mit

$$E = E_0 + \frac{R \cdot T}{z \cdot F} \cdot \ln \frac{[Sn^{++++}]}{[Sn^{++}]} =$$

$$= E_0 + \frac{R \cdot T}{2 \cdot F} \cdot \ln \frac{[Sn^{++++}]}{[Sn^{++}]}$$

oder allgemeiner

$$E = E_0 + \frac{R \cdot T}{z \cdot F} \cdot \ln \frac{[Ox]}{[Red]} \qquad (140)$$

und für T = 298,15 °K ($\vartheta$ = 25 °C)

$$E = E_0 + \frac{0{,}05916}{z} \cdot \lg \frac{[Ox]}{[Red]} \qquad (140.1)$$

Standardpotentiale von Bezugselektroden sind im Anhang 3.4.3. aufgeführt.

Zu beachten ist, daß die **Reduktionsstufe negativ geladener Ionen** mehr negative Ladungen als die Oxydationsstufe trägt.

Für $Co[CN]_6^{---} \underset{+e^-}{\overset{-e^-}{\rightleftharpoons}} Co[CN]_6^{---}$ gilt demnach

$$E = -0{,}83 + \frac{R \cdot T}{F} \cdot \ln \frac{[Co(CN)_6^{---}]}{[Co(CN)_6^{---}]} = \frac{Ox}{Red}$$

$z = 1$, denn je Formelumsatz wird nur 1 Mol Elektronen bewegt.

**Reversible organische Redoxsysteme** kommen in der Natur vor, z. B. Vitamin K, Pyocyanin, Flavine usw. Andere organische Verbindungen dienen als **Redoxindikatoren** und als **Elektronenaustauscher**. Letztere werden unterteilt in **Redox-Ionenaustauscher**, die anorganische und organische Redoxsysteme als Ionen binden und aufnehmen, und **Redoxite**, die in Makromoleküle eingebaute reversible organische Redoxsysteme enthalten[31)32)].

**Organische Redox-Katalysatoren** (Redoxasen, Dehydrasen, Oxydasen) werden von lebenden Zellen produziert und sind darin in längeren mehrgliedrigen Ketten enthalten (Cytochrome, Flavinenzyme, Katalasen, Kupferproteide, Peroxydasen, Pyridinenzyme usw.)

Die Zusammenstellung einiger **Redox-Indikatoren mit dem $r_H$-Umschlagsintervall und dem zugehörigen Standardpotential bei $p_H = 7$ und $20$ °C** ist im Anhang 3.4.4. zu finden.

Ein sehr einfaches Redoxsystem stellt die **Molekularverbindung Chinhydron** dar. Bei der Auflösung in Wasser zerfällt es in ebensoviele Chinon- wie Hydrochinonmoleküle, denn die Molekularbindung ist sehr schwach und labil. Mit Wasserstoffionen (Hydroxoniumionen) bildet die wäßrige Lösung ein Redoxsystem mit dem chemischen Gleichgewicht

HO—⟨⟩—OH ⇌ O=⟨⟩=O
$\qquad\qquad\qquad\qquad + 2\,H^+ + 2\,e^-$ (141)

Hydrochinon          Chinon
Red. $H_2Chi$       Ox. Chi (Chi = Abkürzung zur Formulierung)

Die **reduzierte Form** $H_2Chi$ **reagiert oberhalb** $p_H 9$ **wie eine zweibasische Säure**. Damit würde das Gleichgewicht der Gleichung (141) verschoben. Es wird ebenfalls beeinflußt durch starke Oxydations- und Reduktionsmittel, und hohe Elektrolytkonzentration (Salze) verändern die Aktivität der beiden Verbindungen verschieden stark. Ein weiteres Handicap ist die starke Temperaturabhängigkeit des Potentials. Zwischen 0 °C und 35 °C ist das Normalpotential

$E_0 = 0{,}71815$ V $- \vartheta \cdot (0{,}00074$ V $\cdot$ grd$^{-1})$ [V].

Ist der $p_H$-Wert einer Lösung bekannt, dann kann die **Chinhydronelektrode als Bezugselektrode** verwendet werden. Andererseits ist eine $p_H$-Messung einer unbekannten Lösung möglich. Dabei ist die **Chinhydronelektrode eine Meßelektrode**.

Nach der Nernstschen Gleichung ist das Potential

$$E = E_0 + \frac{R \cdot T}{2 \cdot F} \cdot \ln \frac{[Chi] \cdot [H^+]^2}{[H_2Chi]};$$

darin ist $[Chi] = [H_2Chi]$

und die Gleichung wird für 25 °C vereinfacht zu
$E = E_0 - 0{,}05916 \cdot p_H$
$\phantom{E} = 0{,}69965 - 0{,}05916 \cdot p_H$ [V]

Im einfachsten Fall besteht die Chinhydronelektrode aus einem Platindraht. Er taucht in die zu messende Lösung, die vorher mit Chinhydron gesättigt werden muß. Chinhydron ist in Wasser bei Zimmertemperatur schwer löslich. Dadurch kann die Elektrode mit einem Vorrat von Chinhydron versehen werden, der sich in der zu messenden Lösung löst und dabei die Platinableitung als gesättigte Lösung umspült. Einen Prototyp dieser Art zeigt Bild 41.

Wie **jede Redox-Elektrode**, so kann auch die Chinhydronelektrode **als Wasserstoff- oder Sauerstoff-Elektrode** betrachtet werden, die **unter einem bestimmten Gasdruck** steht (Fredenhagen). Mit Hilfe der Gleichung (133) ist der $r_H$-Wert berechenbar und daraus der Wasserstoffdruck.

> **Rechenbeispiel**: Die Wasserstoffionenaktivität der umgebenden Lösung sei 1, d. h. $p_H = 0$, dann ist der $r_H$-Wert der Chinhydronelektrode:
> $r_H = \frac{0{,}69965}{0{,}02958} \pm 0 = 23{,}6528$. $-\lg p_{H_2} = r_H$.
> $\lg p_{H_2} = 0{,}3472 - 24$; $p_{H_2} = 2{,}224 \cdot 10^{-24}$ atm.
> Die Chinhydronelektrode entspricht damit einer Wasserstoffelektrode, deren Wasserstoffdruck praktisch nicht mehr meßbar ist.

Zu den Redoxelektroden gehören auch die **Antimon- und Wismut-Elektrode**. Bild 42 zeigt eine **Antimonelektrode mit eingebauter Silberchlorid-Bezugselektrode**[33)]. Der $p_H$-Wert ist zwischen 0,4 und 13 meßbar und die Temperaturabhängigkeit des $p_H$-Wertes folgt der Gleichung

$$\Delta p_H = \Delta \vartheta \cdot (0{,}015 + 0{,}0024 \cdot p_H) \qquad (142)$$

im Temperaturbereich zwischen 10 und 60 °C.

*Bild 41. Chinhydron-elektrode (Prototyp)*

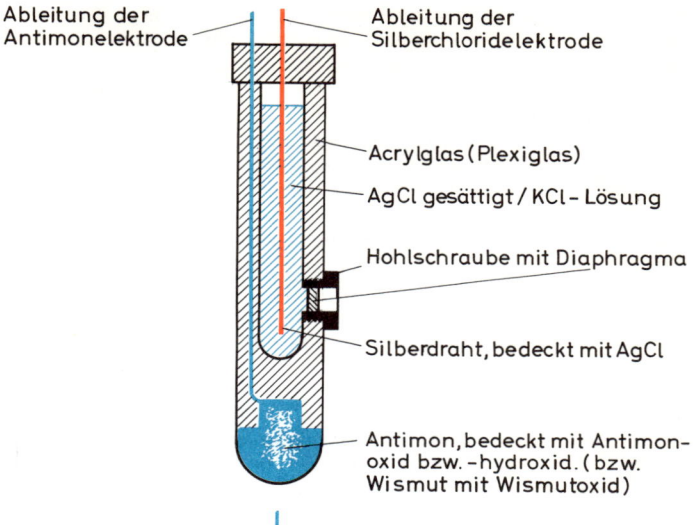

- Ableitung der Antimonelektrode
- Ableitung der Silberchloridelektrode
- Acrylglas (Plexiglas)
- AgCl gesättigt / KCl-Lösung
- Hohlschraube mit Diaphragma
- Silberdraht, bedeckt mit AgCl
- Antimon, bedeckt mit Antimonoxid bzw. -hydroxid. (bzw. Wismut mit Wismutoxid)

*Bild 42. Antimonelektrode (bzw. Wismutelektrode) kombiniert mit Silberchlorid-elektrode*

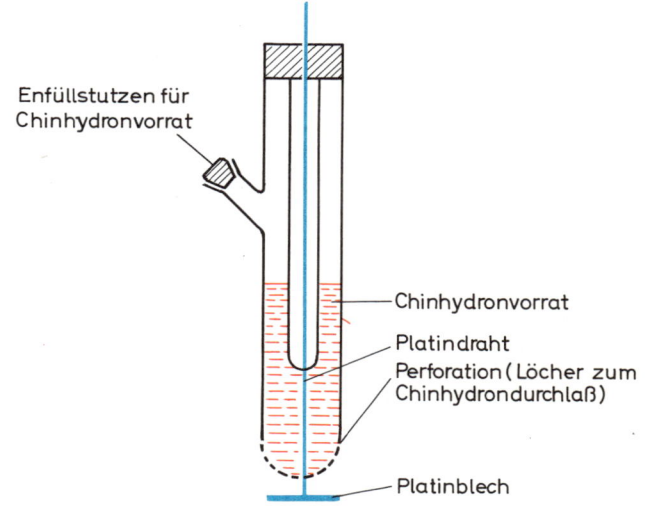

- Einfüllstutzen für Chinhydronvorrat
- Chinhydronvorrat
- Platindraht
- Perforation (Löcher zum Chinhydrondurchlaß)
- Platinblech

Darin ist $\Delta p_H$ der $p_H$-Wertunterschied bei der Temperaturdifferenz $\Delta \vartheta = \vartheta_2 - \vartheta_1$. Da Antimon in zwei verschiedenen Wertigkeitsstufen auftritt, ist das Potential bei der $p_H$-Messung zusätzlich vom Sauerstoffdruck abhängig, ebenso beim Wismut. Für das dreiwertige Sb gilt

$$Sb_2O_3 + 3\,H_2O \rightleftharpoons 2\,Sb(OH)_3 \rightleftharpoons 2\,Sb^{+++} + 6\,OH^- \tag{143}$$

Ist der Sauerstoffdruck höher, dann entstehen Oxyde, die zusätzlich $Sb^{+++++}$-Ionen bilden. Hierdurch wird eine Zwischeneichung der Elektrode notwendig.

In Nadelform wird die Antimonelektrode mitunter zur Messung des $p_H$-Wertes direkt in der Blutbahn verwendet. Das arterielle Blut weist unter Normalumständen einen Sauerstoffpartialdruck von 92 bis 98 mm Hg auf, der keine zusätzliche Korrektur erfordert, wenn die Elektrode geeicht ist.

Bei industriellen Dauerkontrollen in korrodierenden Medien wird die „gebürstete" Antimonelektrode verwendet. Bei dieser Art werden Krustenbildung und Oberflächenverunreinigungen durch Bürsten beseitigt und die Oberfläche bleibt stets frisch.

Am häufigsten zur $p_H$-Messung verwendet wird die ganz anders geartete **Glaselektrode**. Eine gequollene **Glasmembran,** die nur Wasserstoffionen durchläßt, wirkt **als Diaphragma**. Im Innenteil der Glaselektrode befindet sich eine **Lösung von bekanntem und konstantem** $p_H$**-Wert (Pufferlösung)**. Im einfachsten Fall taucht in diese Innenlösung ein Platindraht ein. Meist wird jedoch eine **Kalomel- oder Silberelektrode als Ableitungselektrode** verwendet, **je nachdem welche der beiden Elektroden als Bezugselektrode** verwendet wird.

**Glaselektrodentypen** zeigen die Bilder unter 43. In Bild 43.1 wird der prinzipielle Aufbau, in Bild 43.2 die praktische Konstruktion zusammen mit einer Bezugselektrode als Meßkette dargestellt. Die sehr dünne Glasmembran **niedrigohmiger Glaselektroden** (bis zu 1 μm) wird häufig durch Sonderformen geschützt, in denen die Membran in den dickeren Trägerkolben eingezogen ist. Andere Formen dienen der Zweckmäßigkeit der Messung. Derartige Formen sind in Bild 43.3 zusammengestellt. Ist die Glasmembran dicker, dann liegt der Eigenwiderstand der Glaselektroden im Megohm-Bereich (**hochohmige Glaselektroden**). In diesem Fall sind die Ableitungen unbedingt abzuschirmen, wie in Bild 43.2 dargestellt. Kompensationsmessungen werden sonst ungenau. Aus diesem Grund wird ein Verstärker nachgeschaltet, der hochohmige Eingangs- und niedrigohmige Ausgangswerte besitzt. Am Verstärkerausgang wird die eigentliche Potentialmessung vorgenommen. Das Grundschaltbild eines derartigen $p_H$-**Meßverstärkers** gibt Bild 43.4 wieder. Andere Verstärker benutzen Elektrometerröhren, deren Gitteranschluß am Kopf der Röhre isoliert herausgeführt ist, um Kriechströme über den Sockel der Röhre zu vermeiden. Kriechströme über das Glas der Elektrometerröhre (durch Wasserdampfhaut oder Verschmutzungen) bewirken, daß der Zeiger des Anzeigeinstrumentes schwankt. Die Röhre ist dann mit Lederlappen und Spiritus zu reinigen und trokken zu reiben. Bei transistorierten Verstärkern ist darauf zu achten, daß die Eingangsbuchsen ebenfalls sehr sauber und gut voneinander isoliert sind.

Über die Art der Potentialbildung bestehen geteilte Meinungen. Die meist vertretene Annahme ist, daß Hydroxoniumionen gegen Natriumionen des „Spezialglases" ausgetauscht werden. Immerhin ist Ladungsträger einer einzigen Elementarladung gleich dem anderen, hinsichtlich der Ladung selbst.

Wenn aber schon Ladungen transportiert werden, und das auch noch durch eine so kompakte Masse, wie sie durch die Tridymitstruktur dargestellt wird, dann dürfte es sich doch nur um die kleinsten Teilchen, diejenigen, die den kleinsten Raum beanspruchen, handeln. Mit der bereits erwähnten Theorie der Protonenleitung deckt sich, daß nur gequollene, also hoch hydratisierte Glasmembranen zur $p_H$-Messung geeignet sind. Ist eine Glasmembran einmal ausgetrocknet, damit gealtert, dann ist sie nur dann wieder verwendbar, wenn sie vollkommen durchgequollen ist. Mit anderen Worten, sie muß ein Protonenleitsystem aufgebaut haben, das es der Glasmembran ermöglicht ein Potential zu bilden. Ein Leitsystem, das Fremdionen im Inneren der Glaselektrode abscheidet, ist zwar im Bereich der Möglichkeiten, dennoch ist hierfür kein absoluter Beweis erbracht! Im Gegenteil! Wenn eine Glaselektrode, die eine basische Lösung im Innenraum enthält, laufend eine stark saure Lösung als Gegenkomponente angeboten bekommt, dann ändert sie (trotz der puffernden Wirkung der Innenlösung) langsam aber sicher ihren Innen-$p_H$-Wert nach dem sauren Gebiet zu. Mit anderen Worten, der Zuwachs an Wasserstoff- oder Hydroxoniumionen ist gestiegen, obwohl angeblich nur ein Natriumionenzuwachs festzustellen wäre.

Die **Innenlösung** ist **bei längerem Gebrauch nachzutesten** (Messung in Lösung von genau bekanntem $p_H$-Wert). Wird die Glaselektrode in einem ihr entgegengesetzt gerichteten $p_H$-Wert als Indikatorelektrode verwendet, dann gleicht sie den $p_H$-Wert demjenigen der Außenlösung langsam an.

Bild 43.2 zeigt eine Meßkette, deren Meßelektrode eine **Glaselektrode mit kombinierter Kalomelektrode** und deren **Bezugselektrode** ebenfalls eine **Kalomelektrode** ist. Die *EMK*s der beiden Kalomelelektroden sind gegeneinander gerichtet, gehen deshalb auch nicht in die Messung mit ein.

Die gemessene *EMK* ist lediglich durch den **Potentialsprung an der Glasmembran** gegeben. Sie wird hervorgerufen durch die unterschiedliche **Wasserstoffionenaktivität der inneren** (Index i) **und der äußeren** (Index a) **Lösung** nach

$$E = E_a - E_i = \frac{R \cdot T}{F} \cdot \ln \frac{[a_{H^+}]_a}{[a_{H^+}]_i} \qquad (144)$$

Mit der Temperatur ändert sich auch $E$ und damit die $p_H$-Anzeige der Meßanordnung. Eine Temperaturkorrektur kann erfolgen nach

$$\Delta p_H = \Delta \vartheta \cdot (p_{H\mathfrak{z}} - p_{H_o}) \cdot 0{,}004 \qquad (145)$$

*Bild 43. Glaselektrodentypen (Übertitel)*

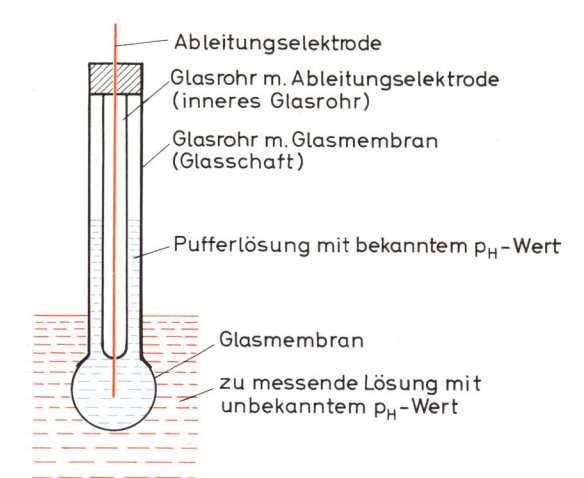

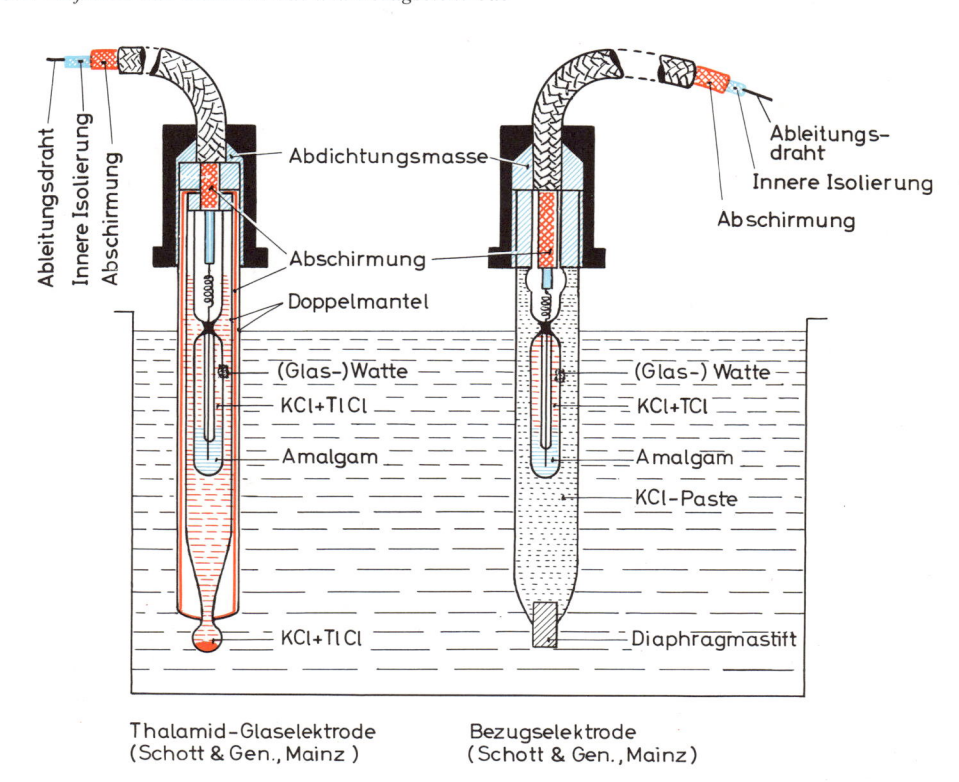

*Bild 43.1. Prinzip der Glaselektrode*

- Ableitungselektrode
- Glasrohr m. Ableitungselektrode (inneres Glasrohr)
- Glasrohr m. Glasmembran (Glasschaft)
- Pufferlösung mit bekanntem $p_H$-Wert
- Glasmembran
- zu messende Lösung mit unbekanntem $p_H$-Wert

*Bild 43.2. Meßkette aus Glaselektrode und Bezugselektrode*

Ableitungsdraht — Innere Isolierung — Abschirmung

Abdichtungsmasse

Abschirmung

Doppelmantel

(Glas-)Watte

KCl+TlCl

Amalgam

KCl+TlCl

Ableitungsdraht — Innere Isolierung — Abschirmung

(Glas-)Watte

KCl+TCl

Amalgam

KCl-Paste

Diaphragmastift

Thalamid-Glaselektrode (Schott & Gen., Mainz)

Bezugselektrode (Schott & Gen., Mainz)

93

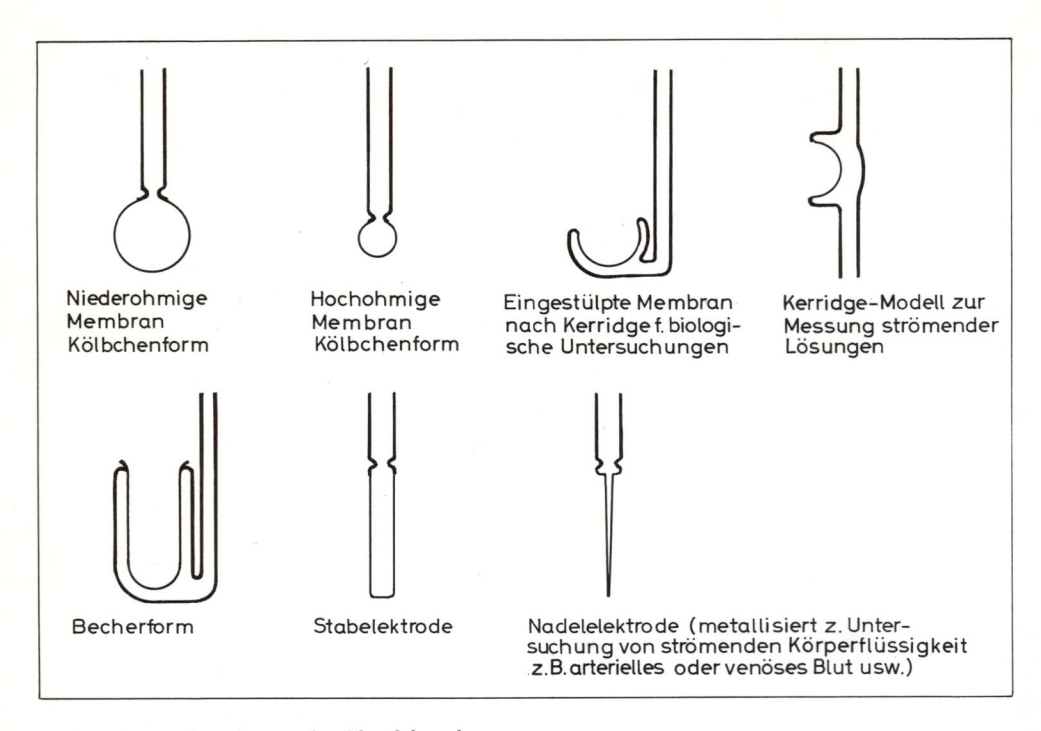

*Bild 43.3. Membranformen der Glaselektrode*

*Bild 43.4. Prinzipschaltung eines $p_H$-Meßverstärkers mit extrem hochohmigem Eingangswiderstand*

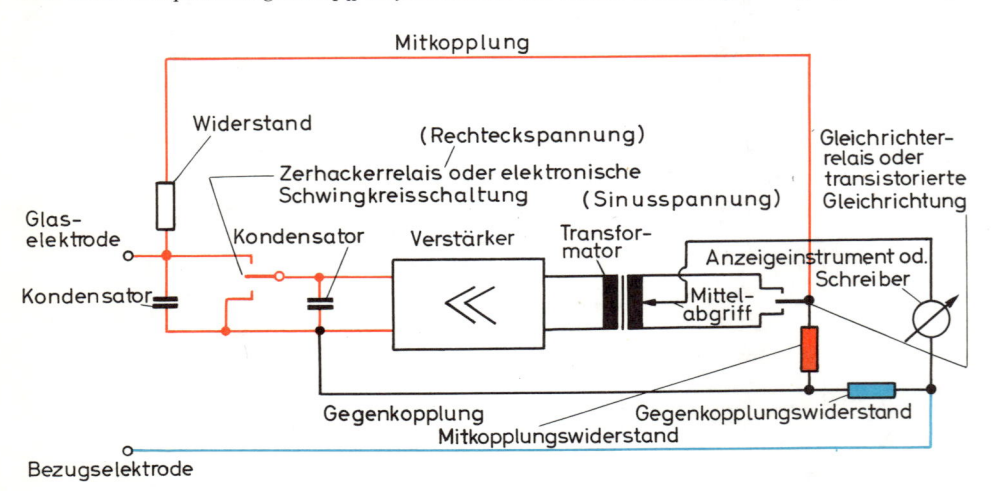

Darin ist $\Delta\vartheta = \vartheta_2 - \vartheta_1$ und $p_{H_0}$ der $p_H$-Wert des Zellennullpunktes ($p_H = 7$).

Sind die Wasserstoffaktivitäten in der beschriebenen Meßkette einander gleich, dann müßte die Potentialdifferenz zwischen beiden Lösungen Null sein, denn die **Kette ist symmetrisch** aufgebaut und beide Kalomelelektroden sind gegeneinander geschaltet. Trotzdem ist häufig eine **Potentialdifferenz** zwischen Innen- und Außenlösung feststellbar, die der **unterschiedlichen Beschaffenheit der inneren und äußeren Glasmembran-Oberfläche** zugeschrieben wird. Diese kann bei dem Blasen und Abkühlvorgang durch unterschiedliche Spannungen in den Oberflächen auftreten. Das gemessene Potential wird Asymmetriepotential genannt und ist bei der Berechnung des $p_H$-Wertes der Außenlösung zu berücksichtigen.

Die Innenlösung der Glaselektrode besteht aus einer Pufferlösung, deren $p_H$-Wert konstant bleiben soll (Anhang 3.5.). Dennoch ist es zweckmäßig, die Glaselektrode ab und zu mit einer Pufferlösung bekannten $p_H$-Wertes nachzuziehen.

---

**Rechenbeispiel:** Die Wasserstoffionenaktivität der Innenlösung in der Glaselektrode sei $a_{H_i^+} = 3,02 \cdot 10^{-5}$ und bei der Celsiustemperatur $\vartheta = 18\,°C$ werde die Potentialdifferenz der symmetrischen Meßkette, nach Berichtigung des evtl. vorhandenen Asymmetriepotentials, mit $E = 173,3$ mV bestimmt.

Aus Gleichung (144) wird durch Ersatz des Faktors im Logarithmenausdruck nach Tafel 18 und Umwandlung der Aktivitäten der Wasserstoffionen in den $p_H$-Wert die Gleichung für die Temperatur von $18\,°C$ erhalten.

$$E_{18\,°C} = 0{,}057768 \cdot (p_{H_i} \pm p_{H_a}) \qquad (146)$$

erhalten.

Der $p_H$-Wert der Innenlösung ist:
$p_{H_i} = -\lg a_{H_i^+} = -(0{,}48 - 5) = 4{,}52$.

$$p_{H_a} = p_{H_i} \mp \frac{E_{18\,°C}}{0{,}057768} = 4{,}52 \mp \frac{0{,}1733}{0{,}057768}$$
$$= 4{,}52 \mp 3{,}0$$

---

Ob eine Summe oder Differenz vorliegt ist davon abhängig, wie die außen gemessene Stromrichtung verläuft. Im Zweifelsfall kann durch Indikatorpapier der $p_H$-Wert der zu messenden Lösung grob bestimmt und damit entschieden werden, wie zu rechnen ist.

Wesentlich ist für eine Meßelektrode, daß sich ihr Potential rasch einstellt und eindeutig reproduzierbar ist. Die Bezugselektrode soll ein konstantes und genau definiertes Potential beitragen. **Die Kombination beider Elektroden, die Meßkette, kann auch aus der Meßelektrode und zwei Bezugselektroden bestehen**, wenn die Meßelektrode selbst bereits mit einer Bezugselektrode kombiniert ist (Bild 43.2). Bezugselektroden sind fast stets Elektroden zweiter Art. Am meisten werden dafür die Silberchlorid- und die Kalomelelektrode verwendet.

## 2.8.5. Elektrochemische Stromerzeugung und Stromspeicherung

Weniger der Stromerzeugung als der **Reproduktion einer definierten Spannungseinheit** dienen **Normalelemente**. Sie sind eine **Kombination von zwei Elektroden zweiter Art**. Eine derartige Kette ist genau reproduzierbar, besitzt möglichst kleinen Temperaturkoeffizienten und eine konstante *EMK*. Am besten werden diese Forderungen durch das **Internationale Weston-Element (Normalelement)** erfüllt. Es ist das einzige international anerkannte **Spannungsnormal** (London 1908). Seine **Urspannung** wurde mit $1{,}018300\,V_{int.}$ festgelegt. Seit 1948 wurde das **absolute Volt** international eingeführt. Umgerechnet ergibt sich damit die **Urspannung** zu $1{,}018646\,V_{abs.}$. Sie gilt für eine **Temperatur von $20\,°C$**. Bei der Temperatur $\vartheta\,°C$ gilt (Washington 1910):

$$\begin{aligned}E_\vartheta = &\,E_{20\,°C} - 4{,}06 \cdot 10^{-5} \cdot (\vartheta - 20)\\&- 9{,}5 \cdot 10^{-7} \cdot (\vartheta - 20)^2 + 1 \cdot 10^{-8}\\&\cdot (\vartheta - 20)^3 \text{ in Volt}\end{aligned} \qquad (147)$$

Für einige Temperaturen errechnen sich daraus die Werte der **Tafel 21**:

Bild 44 zeigt den Aufbau des Weston-NE. Der negative Pol besteht aus 10 bis 13%igem Kadmiumamalgam, das mit Kadmiumsulfatkristallen überschichtet ist. Der positive Schenkel des H-förmigen Gefäßes besteht aus reinstem Quecksilber, das mit Quecksilber-I-sulfatpaste überschichtet ist. Darauf befinden sich wieder Kadmiumsulfatkristalle. Die Strombrücke zwischen beiden Schenkeln besteht aus einer gesättigten Kadmiumsulfatlösung. Der Innenwiderstand beträgt etwa $350\,\Omega$, der sich durch langsames Verbacken der Kristalle erhöhen kann.

Bild 44. Weston-Normalelement

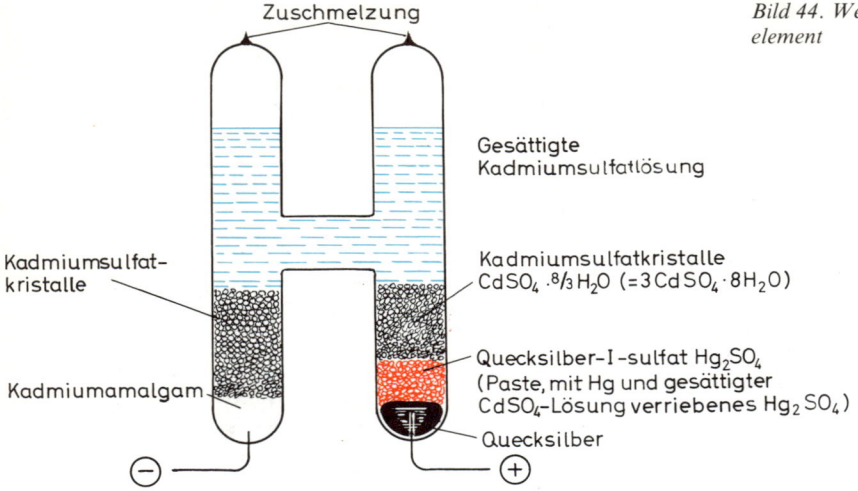

*Tafel 21: Spannungsbeträge des Internationalen Weston-Normalelementes bei verschiedenen Temperaturen.*

| $\vartheta$ [°C] | 0 | 5 | 10 | 15 |
|---|---|---|---|---|
| $E$ [V] | 1,018998 | 1,019008 | 1,018947 | 1,018824 |
| $\vartheta$ [°C] | 16 | 18 | 20 | 25 |
| $E$ [V] | 1,018793 | 1,018723 | 1,018646 | 1,018420 |

Ist er größer als 1 kΩ, dann ist das NE in niederohmigen Kompensationsschaltungen nicht mehr verwendbar!
Bei der Herstellung dürfen nur reinste Materialien verwendet werden. Sogar Spuren anderer Metalle, vor allem Zink, dürfen weder im Quecksilber noch im Kadmium vorhanden sein. Beim Herstellen der Quecksilbersulfatpaste (im positiven Schenkel) aus Quecksilber, Quecksilber-I-sulfat und gesättigter Kadmiumsulfatlösung durch Verreiben hergestellt, ist es zweckmäßig noch etwas Schwefelsäure zuzusetzen, damit das $Hg_2SO_4$ nicht hydrolysieren kann. Die Formel für die Kadmiumsulfatkristalle ist $CdSO_4 \cdot 8/3\ H_2O$ oder mit 3 durchmultipliziert $3\ CdSO_4 \cdot 8\ H_2O$.
Die Symbolische Darstellung des Weston-NE ist entweder
$^{(-)}$(Hg), Cd/$CdSO_4 \cdot 8/3\ H_2O$ fest; $Hg_2SO_4$ fest/$Hg^{(+)}$ oder
$^{(-)}$(Hg), Cd/$Cd^{++}$; $Hg^+$/$Hg^{(+)}$.

Zur **Stromerzeugung auf elektrochemischem Wege** kann einmal zwischen **Primärelementen,** nicht wieder aufladbaren Stromerzeugern, zum anderen **Sekundärelementen,** die wieder aufgeladen werden können, unterschieden werden. Eine dritte Möglichkeit stellen **Brennstoffelemente** dar. In ihnen werden Brennstoffe derart oxydiert, daß bei der Reaktion der elektrische Strom direkt, ohne den Umweg über Dampfmaschinen, abgenommen werden kann. Mehr auf physikalischer Basis beruhen MHD-Generatoren (**m**agneto**h**ydro**d**ynamische G.). Sie wandeln Wärme direkt in Elektrizität um. Mitunter wird auch nach dem Arbeitsmedium unterschieden für Flüssigkeit MFD-, für Gase MGD- und für Plasma MPD-Generatoren.

### 2.8.5.1. Primärelemente

Einige Primärelemente wurden schon als Beispiele herangezogen. Die älteren Modelle beruhen durchweg auf der Auflösung von Zink, das dabei stets den negativen Pol bildet. Eine tabellarische Zusammenstellung erleichtert die rasche Orientierung über Namen und die wichtigsten Daten.
**Das Gesamtpotential setzt sich zusammen aus allen Potentialsprüngen an den verschiedenen Grenzflächen.** An den Grenzflächen Metall∣Lösung und Lösung 1 ∥ Lösung 2 (∥ bedeutet ein Diaphragma) ist das Potential bzw. der Potentialsprung konzentrationsabhängig. **Jeder dieser Potentialsprünge, einerlei ob er durch eine elektrochemische Reaktion oder einen Diffusionsvorgang hervorgerufen wird, läßt sich zur Konstruktion eines stromliefernden galvanischen Elementes ausnutzen.**

*Tafel 22: Namen und Zusammensetzung von Primärelementen*

| Name des Elementes | − Pol | Elektrolyt und notfalls Depolarisator | + Pol | $EMK$ [V] |
|---|---|---|---|---|
| Bunsen | (Hg)Zn\| | 3n-$H_2SO_4$ ($\varrho = 1,09$) \|\| $HNO_3$ rauchend | \|C | 1,94 |
| Bunsen (Tauchelement) | Zn\| | wäßrige Lösung mit 10,4% $K_2Cr_2O_7$ + + 24,2% $H_2SO_4$ (Gew.-%) | \|C | 1,85 |
| Chromsäure | (Hg)Zn\| | 3n-$H_2SO_4$ ($\varrho = 1,09$) \|\| 18,25% $H_2SO_4$ + + 8,75% $K_2Cr_2O_7$ in $H_2O$ | \|C | 2,0 |
| Chromsäure | (Hg)Zn\| | 3n-$H_2SO_4$ ($\varrho = 1,09$) \|\| 89,3% $H_2SO_4$ + + 10,7% $K_2Cr_2O_7$ | \|C | 2,03 |
| de Lalande | Zn\| | NaOH                                        CuO | \|Cu | 0,85 |
| Cupron | Zn\| | 15–18%ige NaOH ($O_2$ aus Luft =) poröses $Cu_2O$; CuO | \|Cu | 1,12 |
| Daniell | (Hg)Zn\| | 20,8%ige $H_2SO_4$ ($\varrho = 1,14$) \|\| $CuSO_4$ gesättigt | \|Cu | 1,06 |
| Daniell | (Hg)Zn\| | 5%ige $ZnSO_4$ \|\| $CuSO_4$ gesättigt | \|Cu | 1,08 |
| Eltra (Tauchelement) | Zn\| | 32,6%ige $H_2SO_4$ ($\varrho = 1,24$) | \|$PbO_2$ | 2,50 |
| Grove | (Hg)Zn\| | 3n-$H_2SO_4$ ($\varrho = 1,09$) \|\| $HNO_3$ rauchend | \|Pt | 1,93 |
| Grove | (Hg)Zn\| | $ZnSO_4$ \|\| $HNO_3$ konzentriert | \|Pt | 1,66 |
| Krüger (Bleielektrode ist verkupfert) | Zn\| | $ZnSO_4$ \|\| $CuSO_4$ | \|(Pb) Cu | 1,01 |
| Lalande-Chaperon | Zn\| | 7–10n-KOH (30–40%ig; $\varrho = 1,285$ bis 1,395) | \|Fe | 1,0 |
| Lalande-Edison | (Hg)Zn\| | 3,0–3,7n-KOH (15–18%ig; $\varrho = 1,135$ bis 1,165)                        $Cu_2O$; CuO | \|Cu | 0,85 |
| Leclanché | Zn\| | 10–20% $NH_4Cl$                   $MnO_2$ (fest) | \|C | 1,5 |
| Leclanché (Trockenelement) | Zn\| | $NH_4Cl$ (gesättigte Paste)      $MnO_2$ (fest) | \|C | 1,54 |
| Luftsauerstoff (alkalisches Element), naß | Zn\| | NaOH         $O_2$ (in Aktivkohleporen!) | \|C | 1,32 |
| Luftsauerstoff (Trockenelement) | Zn\| | $NH_4Cl$     $O_2$ (in Aktivkohleporen!) | \|C | 1,48 |
| Meidinger | (Hg)Zn\| | 10%iges $MgSO_4$ \|\| $CuSO_4$ gesättigt | \|C | 1,1 |
| Poggendorf-Grenet | Zn\| | 10%ige $H_2SO_4$ ($\varrho = 1,065$); 10% $Na_2Cr_2O_7$ | \|C | 2,0 |

Das in der Tafel 22 stets als anodisches Material benutzte, als stromliefernder Bestandteil den − Pol darstellende, Zink wird heute mitunter durch das negativere Aluminium oder Magnesium zu ersetzen versucht (s. Anhang 3.4.). **Damit die stromliefernde Reaktion nicht von alleine, ohne Stromgewinnung, abläuft, ist die Metalloberfläche durch Zusatz von Oxydationsmitteln zu passivieren (z. B. Ammoniumchromat).**
**Der elektronenliefernde Vorgang** an Metallen ist stets Me → Me$^{x+}$ + xe$^-$; das ungeladene Metall geht als Kation in Lösung und hinterläßt, im Metall selbst, einen Elektronenüberschuß. Bei einer **Elektrolyse** findet der gleiche Vorgang statt. Dort werden dem Metall, als Anode geschaltet, **Elektronen entzogen** nach Me − xe$^-$ → Me$^{x+}$. Im ersten Fall werden aus dem Metall Elektronen **herausgedrückt, es ist Minuspol als Elektronenlieferant,** im zweiten Fall werden dem Metall, **als Anode** geschaltet, **Elektronen abgesaugt.**

Anodisch werden in den meisten angeführten Fällen primär Wasserstoffionen entladen. Um eine Überspannung durch abgeschiedenen Wasserstoff zu vermeiden, wird dieser durch Oxydationsmittel als Wasser aufgenommen. Diese **Depolarisatoren verhindern die Bildung einer Wasserstoffhaut um den positiven Pol,** der dadurch isoliert werden würde. Eine weitere **Stromentnahme** wäre erst möglich, wenn der Wasserstoff aus dem System abgeschieden wäre. Am häufigsten verwendet werden die angeführten Oxydationsmittel der Tafel 22. Zu beachten ist hierbei, daß Alkalidichromate erst in saurer Lösung oxydieren, d. h. Oxydationsmittel ist Chromsäure bzw., bei hohen Konzentrationen, Chromtrioxid.
Zur Aufklärung der Vorgänge kann die **Elektrolyse** herangezogen werden. In diesem Fall werden **die elektrochemischen Vorgänge,** die stromliefernd freiwillig ablaufen, **durch Stromzufuhr erzwungen.** Den − Pol bildende Vorgänge spielen sich an der

Anode und den +Pol bildende an der Katode bei der Elektrolyse ab.

Der Umkehrvorgang des stromliefernden Leclanché-Elements wäre damit die Elektrolyse von Ammoniumchlorid zwischen einer Kohlekatode und einer Zinkanode:

---

$NH_4Cl\ (+H_2O) \rightarrow NH_4^+ + Cl^-$
   Hydrolyse des Ammoniumchlorids
$2\ NH_4^+ + 2\ e^- \rightarrow 2\ NH_3 + 2\ H$
   **Primärvorgang an der Katode**
   Die Wasserstoffabscheidung erfordert eine höhere Spannung als das Element liefern würde (Wasserstoff-Überspannung)
$2\ H + 2\ MnO_2 \rightarrow Mn_2O_3 + H_2O$
   **Entfernung des Wasserstoffs** durch Braunstein, der als „Depolarisator" wirkt

---

$2\ NH_4^+ + 2\ e^- + 2\ MnO_2 \rightarrow 2\ NH_3 + Mn_2O_3 + H_2O$
   **Vereinfachter katodischer Gesamtvorgang**
$2\ NH_3 + 2\ H_2O \rightarrow 2\ NH_4OH$
$2\ NH_4OH \rightarrow 2\ NH_4^+ + 2\ OH^-$
   **Folgereaktion des entstandenen $NH_3$**
$Zn + 2\ Cl^- - 2\ e^- \rightarrow ZnCl_2$
   **Primärvorgang an der Anode**
$ZnCl_2 \rightarrow Zn^{++} + 2\ Cl^-$
   **Dissoziation des entstandenen $ZnCl_2$**

---

$Zn - 2\ e^- \rightarrow Zn^{++}$
   **Gesamtvorgang an der Anode**

---

$2\ NH_4^+ + 2\ MnO_2 + Zn \rightarrow 2\ NH_3 + Mn_2O_3 + H_2O + Zn^{++}$
   **Summenformel der stromverbrauchenden Vorgänge bei der Elektrolyse**

---

Durch Folgereaktionen entstehen aus den Primärprodukten die verschiedensten Folgeprodukte. Chemisch und röntgenografisch konnten u. a. nachgewiesen werden: $Zn(OH)_2$, $ZnO$, $ZnCl_2 \cdot 2\ NH_3$ bzw. $[Zn(NH_3)_2]Cl_2$, $ZnCl_2 \cdot 4\ Zn(OH)_2$, $ZnO \cdot Mn_2O_3$ (Hetärolith), $MnO(OH)$ und die verschiedensten Manganoxide, Mischoxyde, die kein stöchiometrisches Verhältnis ergeben. Letzteres ist bedingt durch die verschiedenen Sauerstoffwertigkeiten (+2, +3, +4 s. Tafel des Periodensystems der Elemente im Anhang) des Mangans. Welche Reaktionen im einzelnen stattfinden, ist zum Teil noch ungeklärt. Sie hängen von der **Stromdichte** ab. Ist diese sehr hoch, dann steigt der $p_H$-Wert an der Katode rasch an und Zinkionen, die nach der Katode wandern, fallen als Zinkhydroxid im katodischen Braunsteinmantel aus und verstopfen ihn.

Fast die gleichen Vorgänge laufen bei der Stromentnahme im Leclanché-Element ab. Das Zink liefert nach dem äußeren Stromkreis Elektronen, ist damit $-$Pol, nach

---

$Zn + 2\ Cl^- \rightarrow ZnCl_2 + 2\ e^-$
$ZnCl_2 \rightarrow Zn^{++} + 2\ Cl^-$
   Die vorher gewaltsam anodisch entzogenen Elektronen werden im Umkehrvorgang von dem System geliefert!

---

$Zn \rightarrow Zn^{++} + 2\ e^-$
   **Elektronenliefernder Gesamtvorgang**

---

Diese Elektronen werden durch den äußeren Stromkreis der Anode zugeführt und dort verbraucht nach

---

$2\ NH_4^+ + 2\ e^- \rightarrow 2\ NH_3 + 2\ H,$

---

was dem Primärvorgang der Elektrolyse an der Katode entspricht. **Ist der Stromverbrauch im äußeren Stromkreis zu hoch, dann treten die gleichen Schwierigkeiten wie bei der Elektrolyse mit zu hoher Stromdichte auf.** Die Folgereaktion

---

$NH_3 + H_2O \rightarrow NH_4^+ + OH^-$

---

läßt den $p_H$-Wert an dem positiven Pol ansteigen. Es ist notwendig, bei einer stärkeren Belastung des Elements durch einen zu geringen Außenwiderstand, anschließend eine **längere unbelastete Pause** einzulegen. In dieser Zeit können die alkalisierenden (basischmachenden) Hydroxylionen vom +Pol wieder hinwegdiffundieren und **„die Batterie erholt sich wieder"**. Wesentlich für die **Depolarisatorwirkung** ist die Natur des Braunsteins, der zur besseren Stromleitung mit Graphit oder Ruß gemischt wird. Naturbraunstein wird meist durch Behandlung mit Säure, evtl. nach vorherigem Rösten, zu **aktiviertem Braunstein,** der eine größere Oberfläche besitzt, umgewandelt. Neben chemisch, durch Ausfällen, gewonnenem Braunstein ist noch der Elektrolytbraunstein zu erwähnen. Er entsteht bei der anodischen Oxydation von Mn-II-Salzen. Das **Leclanché-Element** wurde bereits als Naß-

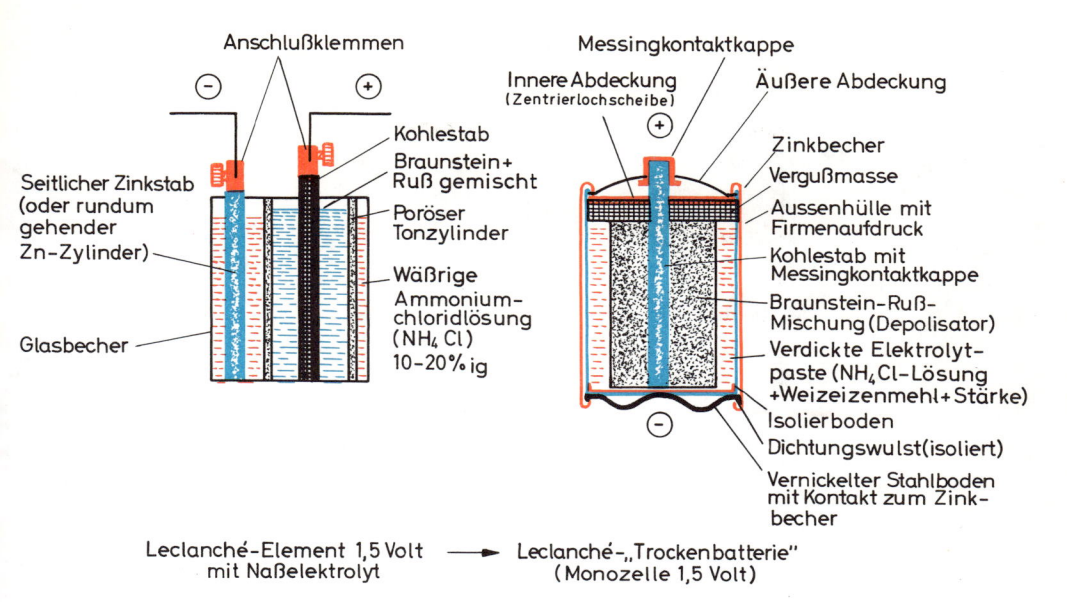

Bild 45. Leclanché-Element (vom Naßelement zur „Trockenbatterie")

element 1867 auf der Pariser Weltausstellung gezeigt. Um 1900 kam Paul Schmidt auf den Gedanken den **Elektrolyten mit Weizenmehl anzuteigen.** Das erste **Trockenelement** war entstanden. Zur Verdickung wird auch heute noch neben anderen Quellmitteln (z. B. Alkylzellulose) Weizenmehl verwendet. Ein derartiges Trockenelement („**Trockenbatterie**") zeigt Bild 45. Um den inneren porösen Kohlestab wird Braunstein, vermischt mit Graphit oder Ruß, und Elektrolyt gepreßt und meist mit einem Gazesäckchen umhüllt. Darum wird die Elektrolytgallerte im Zinktopf eingefüllt. Die Batterie wird mit einem Stahlmantel umgeben und oben **abgedichtet (leakproof).**
Diese „Stromquelle in der Tasche" kostet vom Energie-Inhalt her gesehen mehr als tausendmal soviel wie die gleiche elektrische Energie aus der Steckdose!
Nach F. v. Sturm[29] variiert die Größe der verwendeten Zellen zwischen 0,1 cm³ bis über 1 m³! In die größte könnte man mehr als zehn Millionen kleinste Zellen hineinpacken. Die Kapazität überstreicht dabei den Bereich von einigen µAh bis zu einigen zehntausend Ah. Die Leistung soll von einigen µW bis zu MW im Stoßbetrieb reichen. Dort[29] wird auch näher auf die vielseitige Verwendbarkeit eingegangen.
Über den Stand der Trockenelemente und die thermodynamischen Grundlagen von Trockenbatterien und Akkumulatoren unterrichtet die Elektrotechnische Zeitschrift, Ausgabe Berlin vom Jahre 1966[34]). Hierzu einige Erläuterungen. Der **Energieinhalt einer Zelle** wird nach Wattstunden je Kilogramm [Wh · kg$^{-1}$] berechnet und die **Energiedichte** nach Wattstunden je Liter Raumbeanspruchung [Wh · l$^{-1}$]. Entsprechend definiert sind der **Ladungsinhalt** $L_m$ und die **Ladungsdichte** $L_v$ in [Ah · kg$^{-1}$] bzw. [Ah · l$^{-1}$]. Die Zusammenhänge: $L_m$[Ah · kg$^{-1}$] · $U$[V] = $E_m$[Wh · kg$^{-1}$]; $L_v$[Ah · l$^{-1}$] · $U$[V] = $E_v$[Wh · l$^{-1}$].

$U$ ist darin die Spannung bei Belastung, also nicht die *EMK*. Ob der Energieinhalt oder der Ladungsinhalt bzw. die Energiedichte oder die Ladungsdichte maßgebend sind, das richtet sich nur nach dem praktischen Verwendungszweck.

Die Werte für galvanotechnisch wichtige Elemente können aus der Tafel 3.1. des Anhangs gewonnen werden. Es ist

$$L_v = \frac{26{,}8 \cdot 10^3}{V_{\ddot{a}}}$$

($V_{\ddot{a}}$ ist dort in Spalte 4 zu finden, die Erläuterung dazu auf den daran dort anschließenden Seiten).

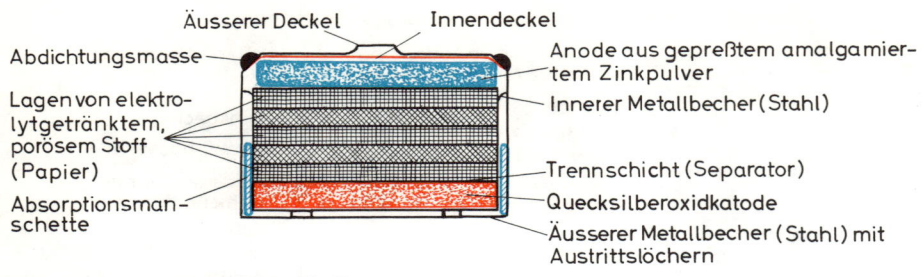

Bild 46. Quecksilberoxid-Knopfzelle

Äusserer Deckel — Innendeckel — Anode aus gepreßtem amalgamiertem Zinkpulver — Innerer Metallbecher (Stahl) — Trennschicht (Separator) — Quecksilberoxidkatode — Äusserer Metallbecher (Stahl) mit Austrittslöchern — Absorptionsmanschette — Lagen von elektrolytgetränktem, porösem Stoff (Papier) — Abdichtungsmasse

$$L_m = Q_{m\,\text{techn.}} \cdot 10^3$$

($Q_{m\,\text{techn.}}$-Werte stehen dort in Spalte 8).
Um zu den entsprechenden Energiewerten zu kommen, kann überschlagsmäßig mit den Potentialwerten der **Spannungsreihe der Elemente** in den Tafeln 3.4.1. bis 3.4.3. des Anhangs gerechnet werden. Aus Tafel 3.4.1. ist auch zu ersehen, daß es wesentlich elektronegativere Standardpotentiale als das des Zinks gibt.

Versuche, das Zink ($E_0 = -0{,}7628$ V) durch Aluminium ($E_0 = -1{,}706$ V) oder Magnesium ($E_0 = -2{,}375$ V) zu ersetzen, würden eine höhere Energiedichte und einen höheren Energieinhalt der Zelle ergeben. Wird im Leclanché-Element das Ammoniumchlorid als Elektrolyt durch Kalilauge ersetzt, die mit Zinkoxid fast gesättigt ist, dann erleidet der Elektrolyt keine chemische Umwandlung. Der Braunstein wird dadurch besser ausgenutzt.

Wird das Zink amalgamiert und der Braunstein durch Quecksilberoxid ersetzt, dann resultiert die **Quecksilberoxidzelle**. Ihren Aufbau als **Miniaturzelle (Knopfzelle)** zeigt Bild 46. Das schlecht leitende Quecksilberoxid (rote Modifikation HgO) wieder mit Ruß oder Graphit gemischt. Die 40%ige KOH ist in saugfähigem Material (Papier, Zellulose, Baumwoll-Linters) verankert. Die Amalgamierung des Zinkpulvers erhöht die Wasserstoffüberspannung, damit in der gasdichten Zelle kein Wasserstoff entsteht, der die Zelle sprengen könnte. Um auch die gebrauchte Zelle gegen Wasserstoffgasentwicklung zu schützen wird Quecksilberoxid gegenüber Zink im Überschuß verwendet.
Wird der Braunstein durch das noch teurere Silberoxid ersetzt, dann ist dies eine **Silberoxidzelle**. Sie wird als **Miniaturelement** in elektrischen Uhren verwendet.

Bei der Lagerung „altern" die galvanischen Elemente. Die stromliefernden Reaktionen laufen, wenn auch sehr langsam, ohne Stromentnahme ab. Um diese Wertminderung auszuschalten, wurden viele Wege versucht. Erwähnt sei der Zusatz von Elektrolyt erst kurz vor der Benutzung (**Füllelemente**) oder umhüllt eingefüllter Elektrolyt, dessen Hülle vor Gebrauch durch mechanische Einwirkung zerstört wird. Andere Möglichkeiten, festeingefüllten Elektrolyten zu verflüssigen, sind durch chemische, thermische oder mechanische äußere Einwirkungen gegeben. Man denke z. B. nur an die **thixotropen** Farblacke, die unter Pinseldruck erst flüssig werden (nichttropfende Lacke) oder **eutektische Gemische** von Elektrolyt, der bei einer bestimmten Temperatur erst flüssig wird und beim Erkalten wieder erstarrt. Ionenreaktionen laufen bei Abwesenheit von Wasser bzw. Lösungsmittel nicht ab. Es wurde deshalb versucht, **Anhydride als Elektrolyt** einzufüllen, die durch Wasserdampf, dank ihrer **hygroskopischen (wasseranziehenden) Eigenschaften,** aufgelöst werden können. Alle diese Effekte laufen darauf hinaus, die Primärelemente erst kurz vor ihrem Einsatz zu aktivieren. Ihren Hauptnachteil, daß sie nicht wieder regeneriert werden können, besitzen die Sekundärelemente nicht.

### 2.8.5.2. Sekundärzellen

Das bekannteste Sekundärelement ist der **Akkumulator, kurz Akku genannt,** wie er als Autobatterie Verwendung findet. In der Regel handelt es sich dabei um den **Bleisammler**.
Den prinzipiellen Aufbau von Akkumulatoren zeigt Bild 47.1. Die Plattensätze werden durch Gehäuserillen oder zusätzliche poröse Kunststoffseparatoren, die materialmäßig als Isolatoren betrachtet werden können, auf Abstand gehalten. Durch diese Maßnahmen wird ein innerer Kurz-

Bild 47. Akkumulatoren (Sekundärzellen)

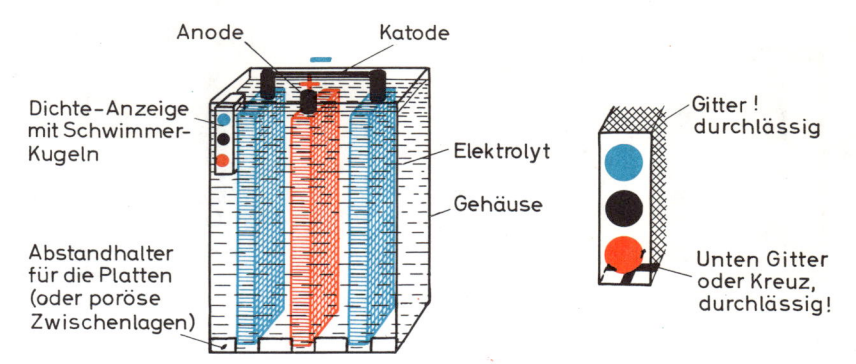

**Bild 47.1. Prinzipaufbau von Akkumulatoren**

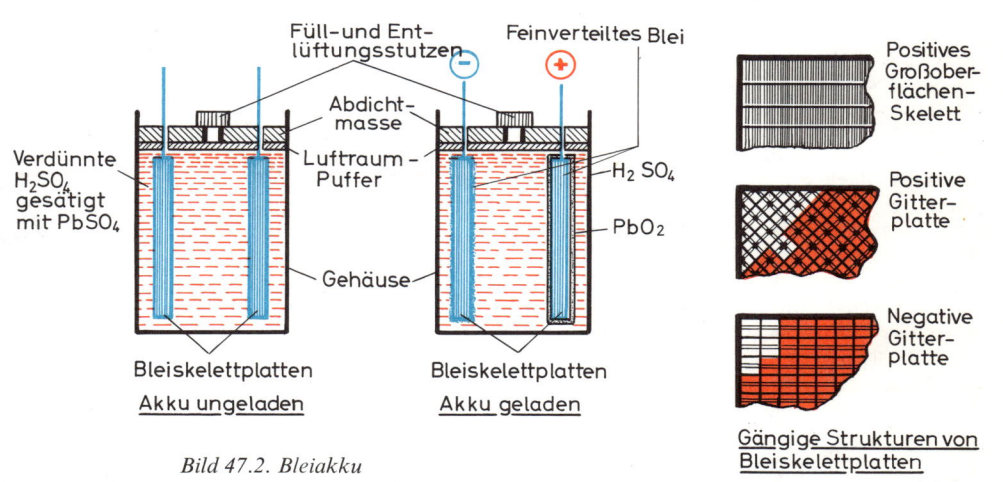

Labels (linkes Bild):
- Anode
- Katode
- Dichte-Anzeige mit Schwimmer-Kugeln
- Elektrolyt
- Gehäuse
- Abstandhalter für die Platten (oder poröse Zwischenlagen)

Labels (rechtes Schema):
- Gitter! durchlässig
- Unten Gitter oder Kreuz, durchlässig!

**Bild 47.2. Bleiakku**

Akku ungeladen:
- Verdünnte $H_2SO_4$ gesätigt mit $PbSO_4$
- Füll- und Entlüftungsstutzen
- Abdichtmasse
- Luftraum-Puffer
- Gehäuse
- Bleiskelettplatten

Akku geladen:
- Feinverteiltes Blei
- $H_2SO_4$
- $PbO_2$
- Bleiskelettplatten

Gängige Strukturen von Bleiskelettplatten:
- Positives Großoberflächen-Skelett
- Positive Gitterplatte
- Negative Gitterplatte

**Bild 47.3. Stahlakkumulatoren**

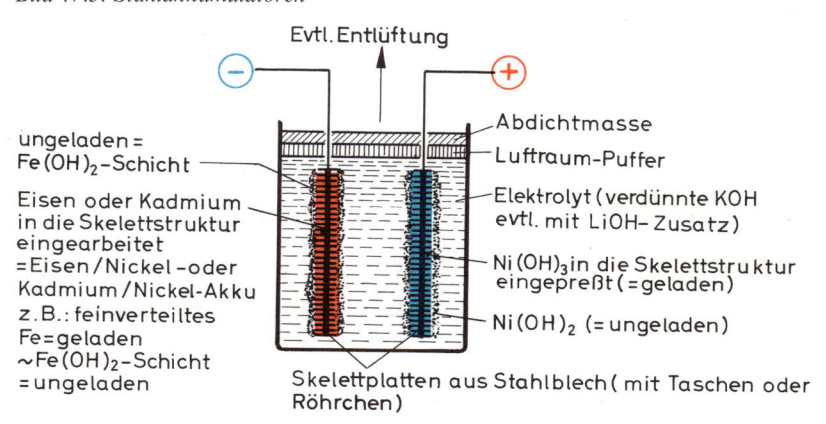

- Evtl. Entlüftung
- Abdichtmasse
- Luftraum-Puffer
- Elektrolyt (verdünnte KOH evtl. mit LiOH-Zusatz)
- $Ni(OH)_3$ in die Skelettstruktur eingepreßt (= geladen)
- $Ni(OH)_2$ (= ungeladen)
- Skelettplatten aus Stahlblech (mit Taschen oder Röhrchen)

ungeladen = $Fe(OH)_2$-Schicht

Eisen oder Kadmium in die Skelettstruktur eingearbeitet = Eisen/Nickel- oder Kadmium/Nickel-Akku z. B.: feinverteiltes Fe = geladen
~ $Fe(OH)_2$-Schicht = ungeladen

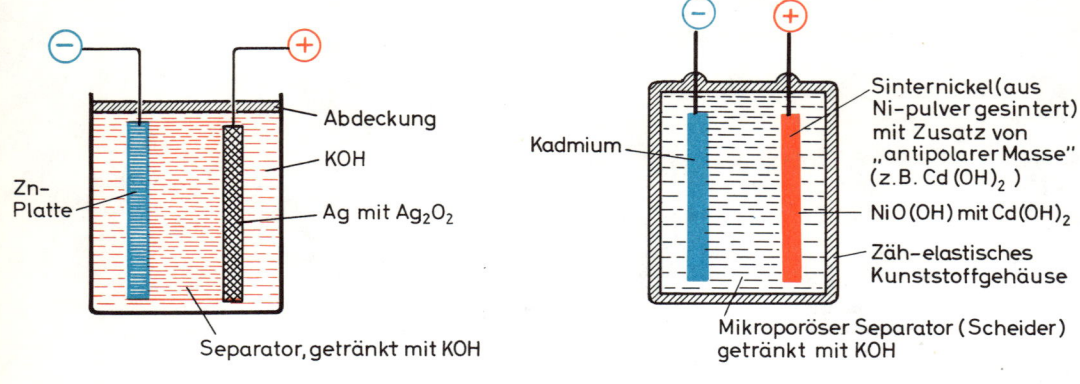

*Bild 47.4. Silber/Zink-Akkumulator*

*Bild 47.5. Gasdichte Nickel/Kadmium-Akkumulatoren*

schluß vermieden, der eintritt, wenn sich die entgegengesetzt aufgeladenen Platten berühren. Das Gehäuse besteht aus Kunststoff, meist Hartgummi, und muß säurefest sein. Die Plattenform richtet sich einmal nach der Art der Herstellung, zum anderen auch nach der gewünschten **Kapazität. Je größer die aktive Oberfläche ist, desto größer ist die Energiedichte.**

Werden zwei Bleiplatten in gesättigte Bleisulfatlösung, die mit Schwefelsäure angesäuert ist, eingetaucht, dann kann durch das System $Pb|PbSO_4$; $H_2SO_4|Pb$ ein Strom geschickt werden, Bild 47.2. Durch die Elektrolyse scheidet sich an der Katode metallisches Blei ab:

Dissoziation von Bleisulfat
$$PbSO_4 \rightleftharpoons Pb^{++} + SO_4^{--}$$
und katodische Bleiabscheidung
$$Pb^{++} + 2\,e^- \rightarrow Pb$$

**Katodischer Gesamtvorgang:**
$$PbSO_4 + 2\,e^- \rightarrow Pb + SO_4^{--}$$
(hellgrau)

An der Anode werden zweiwertige Blei-Ionen zu vierwertigem Blei aufoxydiert.
Dissoziation von Bleisulfat
$$PbSO_4 \rightarrow Pb^{++} + SO_4^{--}$$
Anodische Oxydation
$$Pb^{++} - 2\,e^- \rightarrow Pb^{++++}$$
Hydrolyse als Folgereaktion
$$Pb^{++++} + 2\,H_2O \rightarrow PbO_2 + 4\,H^+$$

**Anodischer Gesamtvorgang:**
$$PbSO_4 + 2\,H_2O - 2\,e^- \rightarrow PbO_2 + 4\,H^+ + SO_4^{--} \text{ (dunkelbraun)}$$

Der Gesamtumsatz bei der Elektrolyse läßt sich darstellen durch

$$2\,PbSO_4 + 2\,H_2O \rightarrow Pb + PbO_2 + 4\,H^+ + 2\,SO_4^{--}$$

Wird bei Akkumulatorenplatten das Bleidioxid **aus dem Bad heraus elektrolytisch abgeschieden,** dann wird hierzu eine Platte mit großer Oberfläche (z. B. eine Lamellenplatte) verwendet. Dieser Vorgang wird **Anformieren** genannt.

Eine andere Methode verwendet Gitterplatten aus einer Blei-Antimon-Legierung, die härter und stabiler ist als Blei. In die Gitterzwischenräume wird eine Paste mit etwa 30% Bleipulver in Blei-II-oxid, angeteigt mit verdünnter Schwefelsäure, als aktive Masse eingepreßt. Der Bleizusatz, zusammen mit dem niedrigen Schwefelsäuregehalt, bewirkt, daß basische Bleisulfate entstehen. Deren Zusammensetzung ist bei Normaltemperatur etwa $3\,PbO \cdot PbSO_4 \cdot H_2O$, also hydratwasserhaltig. Während des Trocknens verflüchtigt sich das Wasser bei Temperaturen oberhalb etwa 65 °C. Es entsteht $4\,PbO \cdot PbSO_4$ und noch vorhandenes Bleipulver wird oxydiert. Daran anschließend werden die Platten in Schwefelsäure durch Elektrolyse **„formiert"**. Die katodische Reduktion und die anodische Oxydation schreiten dabei, von dem Gittermaterial ausgehend, zur äußeren Oberfläche voran.

Wird der Bleiakkumulator an einen Verbraucher (z. B. im Auto an den Anlasser, die Beleuchtung usw.) angeschlossen, dann laufen in seinem Inneren die umgekehrten Vorgänge wie bei der Elektrolyse, dem **„Aufladen",** ab, bei dem eine Kette entsteht:

$$\overset{-}{Pb} \mid PbSO_4; H_2SO_4 \mid \overset{+}{PbO_2}(Pb)$$
$$\text{(fest)}$$

Das Elektronen liefernde Halbelement ist eine Elektrode zweiter Art, denn die Blei-Ionenkonzentration ist abhängig von der Konzentration der Schwefelsäurerestionen. Das Löslichkeitsprodukt des schwerlöslichen Bleisulfats ist bei einer bestimmten Temperatur konstant und die Bleiionenkonzentration wird um so kleiner, je größer die Konzentration an Sulfationen ist.
Die Berechnung des Potentials ist analog derjenigen der Kalomel- oder Silberchloridelektrode (Gl. (138) bzw. (139)). Das Löslichkeitsprodukt des Bleisulfats bei 18 °C $L_{18} = 1{,}06 \cdot 10^{-8}$ und bei 25 °C $L_{25} = 1{,}58 \cdot 10^{-8}$. Die **Aktivität der Feststoffe** ist, wie schon erwähnt, **stets eins,** also auch für Pb, PbSO$_4$ (gesättigt) und PbO$_2$. Die *EMK* ist damit nur noch von der Sulfationenkonzentration bzw. -aktivität abhängig.
Die positive Elektrode ist eine Redox-Elektrode. Zur Berechnung ihrer *EMK* kann die Gleichung (140) herangezogen werden. Der Wert für das Redox-Standardpotential ist mit $E_0 = +1{,}685$ Volt der Anhangtafel 3.4.3. zu entnehmen.
**Beim Aufladen erhöht sich die Schwefelsäurekonzentration,** die zu überwindende *EMK* wird größer. Das Standardpotential setzt sich zusammen aus dem Katoden- und dem Anodenpotential: $E_k - E_a = -0{,}3505 - (+1{,}685) = -2{,}0355$ Volt. Die Werte sind in den Anhangtafeln 3.4.5.: Pb|(PbSO$_4$); SO$_4^{--}$ = $-0{,}3505$ Volt und 3.4.3.: Pb$^{++}$; Pb$^{++++}$ = $+1{,}685$ Volt zu finden.
Wenn der Akku aufgeladen wird, sollte statt Blei der edlere Wasserstoff abgeschieden werden. Dies tritt wegen der **Wasserstoffüberspannung an der Bleikatode** (s. Tafel 15 im Text) zunächst nicht auf. Sie wird wertmäßig **durch Edelmetallspuren stark verringert,** so daß statt Blei Wasserstoff abgeschieden werden kann! Deshalb ist es zweckmäßig, nur **reine, nicht in Platin eingedampfte, Schwefelsäure** zu verwenden, die am besten von Akkumulatorenwerken bezogen wird.
Der Entladevorgang ist dem Ladevorgang entgegengesetzt gerichtet:

**An der Katode** entsteht aus metallischem Blei wieder Bleisulfat
Pb $- 2e^- \rightarrow$ Pb$^{++}$
Pb$^{++}$ + SO$_4^{--}$ $\rightarrow$ PbSO$_4$
die entstehenden Bleiionen vereinigen sich mit Sulfationen zu schwerlöslichem Bleisulfat

Pb + SO$_4^{--}$ $- 2e^- \rightarrow$ PbSO$_4$
Der Gesamtvorgang liefert nach dieser (vereinfachten) Darstellung 2 Elektronen je Bleiatom, das in Sulfat übergeht.
**An der Anode** entsteht aus Bleidioxid ebenfalls Bleisulfat
PbO$_2$ + 4H$^+$ $\rightarrow$ Pb$^{++++}$ + 2 H$_2$O
Bleioxid liefert 4-wertige Bleiionen
Pb$^{++++}$ + 2e$^-$ $\rightarrow$ Pb$^{++}$
Pb$^{++}$ + SO$_4^{--}$ $\rightarrow$ PbSO$_4$
die zwei Elektronen aufnehmen zu zweiwertigen Bleiionen. Diese wieder vereinigen sich mit Sulfationen zu schwerlöslichem Bleisulfat.

PbO$_2$ + 4 H$^+$ + SO$_4^{--}$ + 2e$^-$ $\rightarrow$ PbSO$_4$ + 2 H$_2$O
Der anodische Gesamtvorgang verbraucht 2 Elektronen.
Die Gesamtreaktion der Entladung ist damit
Pb + PbO$_2$ + 4 H$^+$ + 2 SO$_4^{--}$ $\rightarrow$ 2 PbSO$_4$ + 2 H$_2$O

Um zwei Elektronen über den äußeren Stromkreis laufen zu lassen, werden zwei Moleküle Schwefelsäure zur Bleisulfatbildung verbraucht und es entstehen zusätzlich zwei Wassermoleküle. Die Schwefelsäure wird verdünnt, ihre Dichte nimmt ab.
Der Entladevorgang läuft auch ohne Stromverbrauch von selbst, allerdings wesentlich langsamer, ab. Dadurch haben die Bleisulfatmoleküle ausreichend Zeit, um sich als große Kristalle an den Elektrodenplatten niederzuschlagen. Diese sind beim Aufladen wesentlich schwerer zu zersetzen. Ein aufgeladener Akkumulator, der noch Säure enthält, sollte öfter aufgeladen werden. Deshalb einige Hinweise zur Pflege der Autobatterie:

Je nach der Vorschrift des Herstellerwerkes sollte die Schwefelsäure eine Dichte von 1,15 bis 1,26 g · cm$^{-3}$ in aufgeladenem Zustand besitzen. Dies läßt sich durch **Aräometer,** Schwimmkörper mit einer Skala, die die Eintauchtiefe und damit den Auftrieb anzeigt, bestimmen. **Je größer die Schwefelsäuredichte ist, um so größer ist der Auftrieb des Aräometers, um so weniger stark taucht es in die zu messende Flüssigkeit ein.** Eine innere Skala zeigt den Dichtewert an. **Im entladenen Zustand** ist die Dichte um etwa 0,03 bis 0,05 g · cm$^{-3}$ geringer. Die Dichteverminderung ist ein Anzeichen dafür, wie weit der vorschriftsmäßig aufgeladene Akku entladen ist.

**Die Aufladung** soll so lange erfolgen, bis der Akku anfängt zu **„gasen" („kochen")**. Dabei entsteht Knallgas. In Räumen, in denen Akkus aufgeladen werden, darf deshalb **nicht geraucht** werden. Durch das „Gasen" und Verdunsten verschwindet ein Teil des Wassers. Es wird **durch destilliertes Wasser oder Austauscherwasser wieder ersetzt**. Ist **nach dem Aufladen die Säuredichte zu gering**, dann kann **statt Wasser verdünnte Schwefelsäure in die Zellen zugegossen** werden. **Vor dem Laden sind die Einfüllstutzen auf jeden Fall zu öffnen**, damit der Akku sich nicht blähen kann oder gar explodiert! **Die Platten müssen mindestens 1 cm unter dem Säurespiegel liegen.**
Wird ein Akkumulator **nicht gebraucht**, dann ist er auf jeden Fall **alle 2 bis 4 Wochen neu aufzuladen**, um Bleisulfatbildung zu vermeiden. Die Ladung soll bis zur Gasbildung (etwa 2,6 Volt Ladespannung je Einzelzelle) fortgesetzt werden. **Keinesfalls darf der Akkumulator je Zelle eine Abgabespannung von 1,7 Volt unterschreiten.** Dieser Fall kann bei zu weitgehender und bei zu rascher Entladung (zu hohe äußere Belastung durch zu kleinen Außenwiderstand über einen längeren Zeitraum hinweg) eintreten.
**Wird der Akku bei der Ladung zu warm,** dann zeigt dies an, daß sich Platten entgegengesetzter Ladung im Inneren berühren. Dieser **„innere Kurzschluß"** zeigt sich auch außen in einem raschen **Abfall** der zu messenden **Klemmenspannung.** Solche Zellen sind zu entleeren.
Ist die gemessene Zellenspannung zu hoch, dann weist dies auf die Bildung der schon erwähnten inaktiven Schicht großer Bleisulfatkristalle hin. Es gelingt selten, diesen Fehler durch mehrmaliges Umladen (Polwechsel) oder dem Gleichstrom überlagerten Wechselstrom zu beheben, wenn die inaktive Schicht schon zu dick geworden ist.
Die poltragende Oberfläche der Autobatterie soll frei von Elektrolyt (Schwefelsäure) sein. Sie muß sauber und trocken sein, damit auf dem isolierenden Material (Vergußmasse aus Asphalt, Bitumen o. dgl.) keine Kriechströme aufkommen können. Die Polkappen können leicht mit Vaseline eingefettet werden, um eine zusätzliche Isolierung zu schaffen. Der Kontakt wird durch die aufgepreßten Kontaktkabel trotzdem einwandfrei hergestellt.
Wird ein Kraftfahrzeug regelmäßig benutzt, dann besorgt die Lichtmaschine die regelmäßige Aufladung der Autobatterie. Wird der Wagen jedoch über den Winter „eingemottet", dann ist die Batterie spätestens alle 4 Wochen aufzuladen, damit sie nicht „verdirbt". Beim unbenutzten Stehen des Bleisammlers ist der Ladungsverlust je Tag etwa 1%. Er ist empfindlich gegen das Stehen in unentladenem Zustand, Überladung, Tiefentladung und falsche Behandlung.

Der **Wattstunden-Wirkungsgrad des Bleiakkumulators** liegt bei etwa 0,8; insgesamt werden also 20% der eingespeisten Energie nicht abgegeben; bei 10stündiger Entladung ist er nur noch 0,75 und bei 5stündiger Entladung 0,60.
Werden 80% der Energie durch schonende Entladung wieder abgegeben, dann gehen von den **20% Energieverlust** 12% zu Lasten der Überspannung (Watt = **Volt** · Ampere), 7% werden bei der Wasserzersetzung zu Knallgas verbraucht und 1% werden in **Stromwärme** umgesetzt. Außer von der Größe des Entladestromes ist der **Wirkungsgrad** noch von der **Betriebstemperatur** abhängig. **Bei Temperaturen unterhalb 0 °C sinkt die Leistung ab,** deshalb zusätzlich die Schwierigkeiten beim Anlassen des Wagens im Winter.
Der **Edison-Akkumulator (alkalischer Sammler; Stahlakkumulator)** besitzt eine 3- bis 4fache Lebensdauer gegenüber dem Bleiakkumulator. Seine Elektroden bestehen aus gepreßtem Stahlblech, das mit Öffnungen (Röhrchen, Taschen o. ä.) versehen ist. Die **Minusplatte** enthält Eisen oder Kadmium, und in die **Plusplatte** ist Nickelhydroxid eingefüllt. Als **Elektrolyt** dient eine etwa 21%ige wäßrige Lösung von Kaliumhydroxid, der 50 g Lithiumhydroxid je Liter zugesetzt werden.
Im ursprünglichen Edison-Akku (Eisen-Nickel-Akku) ersetzte Jungner (Schweden) das Eisen durch Kadmium zum **Kadmium-Nickel-Akku** Bild 47.3. Der Vorteil liegt darin, daß der **Nutzeffekt wesentlich verbessert** wird, da **Kadmium nur zweiwertige Ionen** bildet, während **Eisen auch dreiwertig** sein kann. In diesem Falle würde **der negative Eisen-Pol durch Selbstentladung aufoxydiert. Aus diesem Grund kann man den Edison-Akku nicht über längere Zeit im geladenen Zustand stehen lassen, während die Jungnersche Kadmiumversion dagegen kaum anfällig ist.** In der Klemmenspannung ist kein wesentlicher Unterschied (etwa 6 mV; s. Anhangtafeln und Milazzo[35]).

In welcher Form das Nickel nach dem Laden in seiner oxydierten Stufe vorliegt, ist umstritten. Mitunter wird behauptet, das Nickel läge in vierwertiger Form vor. Jedenfalls kann in wäßriger Lösung der **Lade- und Entladevorgang,** wenn auch nicht exakt, so doch **verständlich vereinfacht** geschrieben werden:

$$Fe + 2\,Ni(OH)_3 \underset{Laden}{\overset{Entladen}{\rightleftarrows}} Fe(OH)_2 + 2\,Ni(OH)_2$$

Demnach dürfte sich der Elektrolyt nicht verändern. Beim Entladen wird jedoch Wasser gebunden, denn der Gehalt an KOH je ml steigt an. Fast allen Auffassungen gerecht wird die Umsatzgleichung:

$$Fe + Ni_2O_3 \cdot nH_2O + (3-n)H_2O \underset{Laden}{\overset{Entladen}{\rightleftarrows}}$$
$$Fe(OH)_2 + 2\,Ni(OH)_2$$

Im Beispiel davor wurde für n = 3 gewählt. In der Literatur wird für n zumeist 1,2 eingesetzt, wodurch das additive Glied 1,8 H$_2$O auf der linken Gleichungsseite erscheint:

$$Fe + Ni_2O_3 \cdot 1{,}2\,H_2O + 1{,}8\,H_2O \underset{Aufladung}{\overset{Entladung}{\rightleftarrows}}$$
$$Fe(OH)_2 + 2\,Ni(OH)_2$$

KOH ist in dieser Gleichung nicht enthalten, dient also nur der inneren Stromleitung. Die Gleichung wird auch der Verdünnung des Elektrolyten etwa gerecht, denn bei der Aufladung entsteht zusätzlich Wasser, das beim Laden wieder aufgenommen wird. Diesem Umstand ist es zu verdanken, daß die *EMK* des Akkus nicht konstant bleibt, sondern sich mit der Zeit ändert; sie sinkt rasch von ursprünglich 1,6 V im frisch aufgeladenen Zustand auf 1,35 V ab.

**Vereinfacht lassen sich die Vorgänge an der negativen Elektrode aufteilen in**

$$Fe - 2e^- \rightarrow Fe^{++}$$
Elektronenabgabe nach außen, Fe → Fe$^{++}$ (Oxydation)
$$Fe^{++} + 2\,OH^- \rightarrow Fe(OH)_2$$
Vereinigung mit OH$^-$ zu schwer löslichem Fe(OH)$_2$ ($L_{18\,°C} = 4{,}8 \cdot 10^{-16}$)

$$Fe + 2\,OH^- - 2e^- \rightarrow Fe(OH)_2$$
Der Gesamtvorgang liefert 2 Elektronen

**Vereinfacht an der positiven Elektrode verlaufen die Teilvorgänge etwa nach dem Schema**

$$Ni(OH)_3 \rightarrow Ni^{+++} + 3\,OH^-$$
Teilweise (geringe) Dissoziation
$$Ni^{+++} + e^- \rightarrow Ni^{++}$$
Elektronenaufnahme von außen, Ni$^{+++}$ → Ni$^{++}$ (Reduktion)
$$Ni^{++} + 2\,OH^- \rightarrow Ni(OH)_2$$
Bildung von Nickel-II-hydroxid (schwerlöslich; $L_{20\,°C} = 1{,}5 \cdot 10^{-14}$)

$$Ni(OH)_3 + e^- \rightarrow Ni(OH)_2 + OH^-$$
Der Gesamtvorgang verbraucht 1 Elektron.

Zur Aufnahme von 2 Elektronen muß dieser Vorgang doppelt veranschlagt werden; der Gesamtvorgang im Nickel-Eisen-Akku ergibt sich formelmäßig (ebenfalls vereinfacht) aus
$$Fe + 2\,OH^- - 2e^- \rightarrow Fe(OH)_2$$
an der negativen Elektrode
$$2\,Ni(OH)_3 + 2e^- \rightarrow 2\,Ni(OH)_2 + 2\,OH^-$$
an der positiven Elektrode

$$Fe + 2\,Ni(OH)_3 \rightarrow Fe(OH)_2 + 2\,Ni(OH)_2$$
Der bereits bekannte Gesamtvorgang bei der Entladung.

Wird Eisen in den vorausgegangenen Gleichungen durch Kadmium ersetzt, dann gelten sie für den Nickel-Kadmium-Akkumulator mit den entsprechenden Einschränkungen. Auch in diesem Fall ist die Formulierung nicht exakt mit dem tatsächlichen Geschehen übereinstimmend.

Blei- und Stahlakkumulatoren sind weit verbreitet. Eine vergleichende Betrachtung ihrer Daten und Verwendungsmöglichkeiten erscheint angebracht. Die Werte variieren je nach der Herstellungsart, dem Typ, der Entladegeschwindigkeit usw. Der Hauptfaktor ist die Belastung bei der Stromentnahme, die von mA bei Transistorradios („Portables") bis zu einigen hundert Ampere für den Anlasser eines Automotors reicht. Bei Dauerbelastung mit hohen Stromstärken können die Werte bis unter ein Drittel des Normalwertes absinken.

Der Blei-Akkumulator verträgt zudem keine vollständige Entladung; der Stahlakkumulator ist hiergegen jedoch unempfindlich, er bedarf einer geringeren Wartung.

Die Vorteile der Stahlakkumulatoren (keine Störanfälligkeit gegen elektrische Überbeanspruchung und Rütteln, da der Niederschlag auf den Elektro-

*Tafel 23: Vergleich von Blei- und Stahl-Akkumulatoren*

| | Pb-Akku | Ni-Fe-Akku | Ni-Cd-Akku |
|---|---|---|---|
| Klemmenspannung unbelastet je Zelle | 2,0 V | 1,65 V | 1,36 V |
| Arbeitsbereich | 2,0–1,8 (1,75) V | 1,65–1,4 (1,34) V bis 1,0 V! | 1,36–1,2 (1,0) V |
| Theoretischer Energie-Inhalt $E_{mth}$. | 161 Wh · kg$^{-1}$ (138,5 kcal · kg$^{-1}$) | 250 Wh · kg$^{-1}$ (215 kcal · kg$^{-1}$) | 210 Wh · kg$^{-1}$ (181 kcal · kg$^{-1}$) |
| Praktischer Energie-Inhalt $E_{mpr}$. | 10–35 Wh · kg$^{-1}$ | 25–35 Wh · kg$^{-1}$ | 25–30 Wh · kg$^{-1}$ |
| Bei Entladung innerhalb* | | | |
| 20h | 35 Wh · kg$^{-1}$ | 35 Wh · kg$^{-1}$ | 30 Wh · kg$^{-1}$ |
| 10h | 25 Wh · kg$^{-1}$ | 20 Wh · kg$^{-1}$ | 25 Wh · kg$^{-1}$ |
| 5h | 21 Wh · kg$^{-1}$ | 16 Wh · kg$^{-1}$ | |
| 3h | 18 Wh · kg$^{-1}$ | 14 Wh · kg$^{-1}$ | |
| 10min | 11 Wh · kg$^{-1}$ | | |
| Innenwiderstand** in m$\Omega$ ($10^{-3}\Omega$) | < 0,1–10 | ~6 | ~6 |
| Kurzschlußstrom* | ~2000 A | ~250 A | ~200 A |
| Zahl der Wiederaufladungen (Ladezyklen)* | 500–1500 (300) | 2–3000 (1000) | 1–2000 (850) |
| **Anfälligkeit gegen:** | | | |
| Rüttelstöße | empfindlich | unempfindlich | unempfindlich |
| Stehen, unentladen | groß | keine | keine |
| Falsche Behandlung | groß | klein | klein |
| Überladung | ziemlich | nicht | nicht |
| Tiefentladung | ziemlich | nicht | nicht |
| Leistung unterhalb 0 °C | abfallend | stark abfallend | stark abfallend |
| Gasentwicklung | beachtlich | beachtlich | unterdrückbar |
| Selbstentladung beim unbenutzten Stehen | 1% je Tag | sehr gering | äußerst gering |
| Strom-Nutzeffekt*** | 0,94–0,98 | 0,82 | ~0,80 |
| Energie-Nutzeffekt**** | 0,75–0,85 | 0,5 | ~0,5 |
| Ladekapazität | 12,4 Ah · kg$^{-1}$ | 21 Ah · kg$^{-1}$ | 20 Ah · kg$^{-1}$ |

\* Durchschnittswerte, gewonnen aus Einzelwerten unter verschiedenen Bedingungen
\*\* Abhängig von der Größe der Platten und deren Abstand zueinander
\*\*\* Verhältnis der abgegebenen zur aufgenommenen Elektrizitätsmenge
\*\*\*\* Verhältnis der abgegebenen zur aufgenommenen Energiemenge

den fest haftet; völlige Entladung, damit verbundener geringerer Wartungsaufwand, ist möglich; wesentlich höhere Zahl möglicher Wiederaufladungen; praktisch keine Selbstentladung und Unempfindlichkeit gegen Überladung usw.) werden erkauft durch den höheren Preis und Nachteile (geringere Klemmenspannung; stärker abfallende Leistung unterhalb des Gefrierpunktes von Wasser; geringerer Nutzeffekt).
Nach den Anhangtafeln 3.4.1. und 3.4.2. wäre das ideale Element eine Lithium-Fluorzelle mit dem Standardpotential von $-3,045 - (+2,87) = 5,915$ Volt. Beide Elemente sind sehr leicht und es ließe sich mit dieser Kombination die höchste Energiedichte erreichen.

Das äußerst aggressive Fluor ist schwer zu handhaben. Laborversuche mit den Reaktanten Li und Cl, mit LiCl-Schmelze bei 650 °C als Elektrolyt, ergaben eine Spannung von 3,467 V mit einem Energie-Inhalt von etwa 300 Wh · kg$^{-1}$. Aus den Anhangtafeln 3.4.1. und 3.4.2. ergibt sich hierfür das Standardpotential $-3,045 - (+1,3583) = 4,4033$ V.
Der gleiche Energieinhalt soll auch mit Natrium-Schwefel-Zellen erreicht werden. Bei etwa 300 °C wandern Natriumionen aus dem negativen Natriumpol durch einen **keramischen Elektrolyten** (z. B. $\beta$-Al$_2$O$_3$) zum positiven Schwefelpol und bilden dort unter Elektronenaufnahme Natriumsulfid: $2\,Na - 2e^- \rightarrow 2\,Na^+$ als elektronenliefern-

der Vorgang und $2Na^+ + S + 2e^- \rightarrow Na_2S$ als von außen her Elektronen aufnehmender Vorgang am Pluspol. Die Gesamtreaktion ist danach $2Na + S \rightarrow Na_2S$. Die Klemmenspannung bei 300 °C beträgt 2,08 V, das Standardpotential wäre etwa 2,2 V.
Derartige Elemente befinden sich noch im Versuchsstadium. Vor allem sind es Batterien der Alkalimetalle Lithium und Natrium als Minuspol mit Kombinationen von anderen positiven Halbelementen. Schwierigkeiten bereiten die große Reaktionsfreudigkeit der verwendeten Stromlieferanten, die besondere Materialien als Hülle oder als Diaphragma erfordern, die Möglichkeit sie wieder aufzuladen und das Verhindern einer raschen Selbstentladung. Der apparative Aufwand zur sicheren Handhabung darf auch nicht zu teuer sein, zu viel Raum beanspruchen und Gewichtsballast einbringen.

Zu erwähnen ist noch der teure **Silber-Zink-Akku** Bild 47.4. Er ist nur etwa 50mal wieder aufladbar, was seinen Verwendungsbereich auf militärische Zwecke und die Raumfahrt begrenzt. Seine Klemmenspannung liegt bei derjenigen des Nickel-Eisen-Akkus, die Arbeitsspannung bei etwa 1,5 Volt*.

**Mitunter ist von Halbzellenreaktionen nur die freie Reaktionsenthalpie $\Delta G_0$ bekannt. Daraus läßt sich das Standardpotential $E_0$ nach Gleichung (96) berechnen.**

---

**Rechenbeispiel:** Gegeben seien die freien Reaktionsenthalpien der im alkalischen Medium ablaufenden (vereinfachten) Reaktionen:

$Zn + 2OH^- - 2e^- \rightarrow ZnO + H_2O$
$\qquad\qquad \Delta G_0 = -56,044$ kcal $v = 2$
$AgO + H_2O + 2e^- \rightarrow Ag + 2OH^-$
$\qquad\qquad \Delta G_0 = +27,976$ kcal $v = 2$

---

$Zn + AgO \rightarrow ZnO + Ag$
$\Delta G_{01} - \Delta G_{02} = -56,044 - 27,976 = \Delta G_0$ der Gesamt-Reaktion $= -84,02$ kcal $= -351,8$ kJ

Die wahren Reaktionsmechanismen laufen wesentlich komplizierter ab. Die Werte von $\Delta G_0$ gelten dafür, und nicht für die sehr stark vereinfachten Formulierungen.

Die Werte der freien Reaktionsenthalpien sind in kcal angegeben. Nach Gleichung (96) $\Delta G_0 = -n \cdot F \cdot E$ und deren Umstellung zu
$E = -\dfrac{\Delta G_0}{n \cdot F}$ muß die Spannung in Volt erhalten werden.

Nach der Anhangtafel 2.3. entsprechen 1 kcal $\triangleq$ $4,1868 \cdot 10^3$ Joule ($= 4,1868 \cdot 10^3$ V·A·s). Die Gleichung mit Angaben der Dimensionierung ist dann

$E = -\dfrac{\Delta G_0 [\text{kcal}] \cdot 4,1868 \cdot 10^3 [\text{V·A·s·kcal}^{-1}]}{n [\text{val}] \cdot 96\,483 [\text{A·s}]} =$

$= -\dfrac{\Delta G_0}{n} \cdot 4,339417 \cdot 10^{-2} \dfrac{[\text{kcal}] \cdot [\text{V·A·s}]}{[\text{val}] \cdot [\text{A·s}] \cdot [\text{kcal}]} =$

$= [\text{V}] \cdot \text{val}^{-1}$

$E_k = +\dfrac{56 \cdot 4,34 \cdot 10^{-2}}{2} = 1,215$ V

$E_a = -\dfrac{28 \cdot 4,34 \cdot 10^{-2}}{2} = -0,608$ V

EMK des Silber-Zink-Akkumulators $E = E_k - E_a = 1,215 + 0,608 = 1,82$ V, das ist die Klemmenspannung (theoretisch) im unbelasteten Zustand, wenn Standardbedingungen vorliegen.

---

Die Vorteile des Silber-Zink-Akkus liegen lediglich in seiner hohen Energiedichte und seinem hohen Energie-Inhalt. Es können heute Energie-Inhalte bis zu 140 Wh·kg$^{-1}$ erreicht werden. Theoretisch erreichbar wären etwa (in ( ) die Werte für den sauren Bleiakku) für den alkalischen Silber-Zink-Sammler 485 (215) Wh·kg$^{-1}$ und 3550 (2200) Wh·l$^{-1}$. Bei Verwendung der moderneren alkali- und säurebeständigen, lederzähen Leichtkunststoffe und ihrer Verarbeitungstechnik (z.B. Hochfrequenzverschweißung usw.) und Einsatz hochporöser Kunststoffseparatoren zwischen den Platten, die mit dem Elektrolyt getränkt sind, dürften die Werte bis auf 50% der theoretischen Werte heraufschraubbar sein. Die restlichen 50% gingen zu Lasten des Materialgewichtes, des Elektrolytanteils und vor allem der nicht aktiven Elektrodenbestandteile, die als Stützgerüst für die aktive Oberfläche dienen müssen.

Der im vorigen Beispiel berechnete Wert von 608

---

* Silber-Zink-Batterien dienten als Energiequellen für Mondauto und Gesteinsbohrer bei den 3 Mondexkursionen von Scott und Irvin am 31.7., 1.8. und 2.8.1971 im Gebiet der Hadley-Rille. (Mondflug Apollo 15 vom 26. Juli bis 7. August 1971 mit den Astronauten Alfred M. Warden, James B. Irvin und David R. Scott.) Die Batterien wurden als Einwegbatterien mit dem Mondauto als Müll auf dem Mond zurückgelassen.

mV für das Halbelement AgO/Ag(OH⁻) wird mit 599 mV gemessen. Das zweiwertige Silber liegt damit über dem Potential des Sauerstoffs, bildet sich jedoch bei der anodischen Aufladung in alkalischer Lösung. Das Potential für $Ag_2O/Ag(OH^-)$ liegt bei 342 mV. Es müssen demnach zwei Potentialstufen bei der langsamen Aufladung festzustellen sein. Dies ist auch der Fall.

**Je unedler ein Metall ist, desto negativer ist sein Standardpotential, um so besser ist er in der Lage, eine „edleres" Element aus seiner Ionenform in die Atomform zu drängen, es metallisch abzuscheiden.** (S. a. Anhangtafel 3.4.1.).

**Je positiver das Standardpotential eines Anionenbildners ist, desto besser ist er in der Lage, den Anionenbildner mit dem negativeren Standardpotential aus einer chemischen Verbindung zu verdrängen** (s. a. Anhangtafel 3.4.2.). Dort liegt für Sauerstoff das Standardpotential bei +401 mV und AgO müßte den Sauerstoff aus dem Wasser verdrängen, denn sein Standardpotential liegt bei +599 mV. In neutraler Lösung findet diese Reaktion statt und AgO geht unter Wasserstoffperoxidbildung in $Ag_2O$ über. Wird die Lösung stark alkalisch gehalten und an der Silberelektrode ein Separator (Diaphragma) aufgelegt, dann wird dieser Vorgang, der einer Selbstentladung vergleichbar ist, gebremst.

Die Sekundärzellen, die seither besprochen wurden, hatten alle eine Sicherheitsöffnung, damit beim Überladen entstehende Gase nach außen hin entweichen konnten. Das Bestreben, derartige **Zellen gasdicht** herzustellen, damit der meist sehr aggressive Elektrolyt nicht ausfließen kann, führte zu den gasdichten Formen. Außer der Wiederaufladung benötigen diese Ausführungsformen keinerlei Pflege oder Wartung. Sie können in jeder beliebigen Stellung, wie die Primärzellen („Trockenbatterien") benutzt werden.

Der Elektrolyt ist bei diesen Ausführungsformen in **porösen Zwischenwänden** aufgesaugt. Diese **Separatoren** befinden sich zwischen der Minus- und der Plusplatte. **Die Mikroporen müssen sich wie feinste Schläuche durch die Zwischenwand hindurchziehen.** Erst damit ist eine größtmögliche elektrolytisch leitende Verbindung im Inneren der Zelle, zwischen den Elektroden, gewährleistet.

Schwierigkeiten bereitet die **Knallgasentwicklung bei Überladung** und, verbunden **mit Polumkehr, bei Tiefentladung.** Dies würde zur Sprengung des Gehäuses durch den Gasüberdruck führen.

Das Prinzip einer **gasdichten Nickel-Kadmiumzelle** zeigt Bild 47.5. Die Nickelelektrode besteht aus gesintertem Nickelpulver. Ihre Oberfläche enthält außer $Ni(OH)_3$ noch $Cd(OH)_2$. Das $Cd(OH)_2$ wirkt als „antipolare Masse", die bei Wasserstoffabscheidung Wasser und metallisches Cadmium bildet und bei Sauerstoffabscheidung das metallische Cadmium wieder zu $Cd(OH)_2$ werden läßt nach $Cd(OH)_2 + H_2 \rightarrow Cd + 2 H_2O$; $2 Cd + O_2 + 2 H_2O \rightarrow 2 Cd(OH)_2$. Der Lade- und Entladevorgang ist der gleiche, wie beim Edison-Akkumulator beschrieben, nur daß dort das Eisen durch Kadmium ersetzt werden muß.

---

$Cd + 2 OH^- - 2e^- \rightarrow Cd(OH)_2$   Entladevorgang. Cd-Elektrode ist als Elektronenlieferant Minuspol

$Cd(OH)_2 + 2e^- \rightarrow Cd + 2 OH^-$   Ladevorgang. $Cd(OH)_2$ nimmt Elektronen auf als anodischer Vorgang.

Die vereinfachte Gesamtreaktion verläuft, unter den gleichen Vorbehalten wie beim Edison-Akku, etwa so

$$Cd(OH)_2 + 2 Ni(OH)_2 \underset{\text{Entladung}}{\overset{\text{Aufladung}}{\rightleftarrows}} Cd + 2 Ni(OH)_3$$
$\uparrow$ $\qquad\qquad\qquad\qquad\qquad\qquad\qquad \uparrow$
$Cd + Cd(OH)_2$ als Antipolarmasse $Cd(OH)_2$

---

Der Trick mit der **antipolaren Masse** besteht darin, daß die am Kadmium geschilderten **Entlade- und Aufladevorgänge sowohl an der Kadmiumelektrode als auch an der Nickelelektrode** ablaufen können. Bei einer Umkehrung der Pole wirkt der **Kadmiumzusatz als Puffer für die Elektronenaufnahme bzw. Elektronenabgabe.** Hinzu kommt, daß **an der Grenze von 3 verschiedenen Phasen Gase besonders rasch umgesetzt werden, was bei den Brennstoffzellen ausgenutzt wird.** Im vorbeschriebenen Fall besteht die **Dreiphasengrenze aus den drei Aggregatzuständen** fest(Cd-Elektrode)–flüssig(KOH-Elek-

*Bild 48. Aufbau gasdichter Knopfzellen*

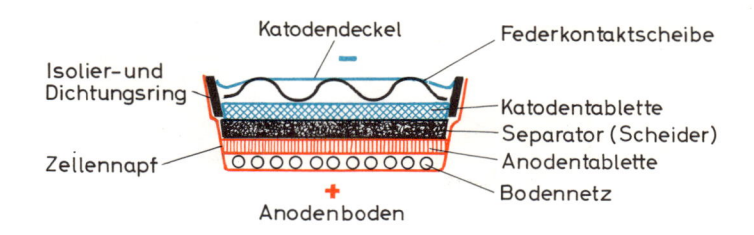

trolytlösung)–gasförmig (entstehendes Gas bei Überladung bzw. Tiefentladung).
Auch **Sekundärzellen** können in Knopfform als **Miniatur- und Subminiaturelemente** ausgeführt werden (Bild 48), die in jeder Lage Strom liefern können. Sie finden Verwendung bei Mikrosendern („Wanzen") und Miniaturempfängern oder Verstärkern in Hörgeräten. **Der Widerstand des Stromverbrauchers sollte nicht zu niedrig sein,** damit im Zelleninneren keine zu hohe Stromwärme auftritt, denn die geringe Oberfläche kann in kompakter Bauweise auftretende Wärme nur langsam abgeben bzw. mit ihrer Umgebung austauschen. Der **Wärmestau im Inneren** würde den Dampfdruck des Wassers der Kalilauge erhöhen und die Zelle kann dabei aufgedrückt werden.
Eine **lange Lebensdauer,** die gleichbedeutend mit einer hohen Ladezyklenzahl ist, wird dadurch erreicht, daß diese gasdichten Zellen **nur langsam und nur zu einem Viertel bis zu einem Drittel ihrer Kapazität entladen** werden. Sie können dann einige tausendmal wieder aufgeladen werden. **Wird die Ladekapazität zu 90% ausgenutzt, dann verringert sich die Lebensdauer auf fast ein Zehntel.**
In der kompliziert aufgebauten **Zink-Luft-Zelle** ist die Silberelektrode des Silber-Zink-Elementes durch eine Sauerstoffelektrode, also ein **Gas-Halbelement,** ersetzt. In dem stark alkalischen Elektrolyten löst sich das Zinkoxid und wird außerhalb der Zelle entfernt. Es ist also eine Umpumpanlage und ein Filter als zusätzlicher Ballast, zusammen mit einem Vorratsbehälter, notwendig. Das Zinkoxid muß laufend entfernt werden, damit die Zinkplatte an der Oberfläche aktiv bleibt.
Wird NaOH statt KOH verwendet, dann beträgt der Entladestrom nur etwa ein Drittel und die Ladekapazität vermindert sich um etwa ein Drittel. Im allgemeinen besteht der Elektrolyt aus 30%iger wäßriger KOH.
**Die Sauerstoffelektrode** besteht in einer porösen Platte oder einem porösen Zylinder aus katalytisch wirkendem Material (z. B. poröses Silber), das den Umsatz beschleunigt. **Beim Wiederaufladen kann der Katalysator dadurch in seiner Lebensdauer eingeschränkt werden, daß einmal katodische und zum anderen Male anodische Prozesse an seiner Oberfläche ablaufen.**
Ein anderer Weg ist die Zugabe von Zinkpulver. Es kann kontinuierlich zugefügt werden und das oxydierte Zink dauernd ersetzen. Das Zinkoxid kann außerhalb der Zelle mit $CaCO_3$ (Kreide, Kalziumkarbonat) ausgefällt und zu Zink zurückverwandelt werden. Die Rückgewinnung kann durch Elektrolyse erfolgen, die sich nicht in der Zelle abspielt. Die Regeneration findet damit außerhalb des „Akkumulators" statt und der Angriff auf die poröse Sauerstoffelektrode wird stark herabgesetzt.
Um das teure Zink durch billigere Materialien zu ersetzen, wurde zunächst Aluminium erprobt. Von da aus über Kohlenstoff und andere feste, flüssige und gasförmige Brennstoffe führt der Weg zu den eigentlichen Brennstoff-Elementen. Als Variante kann noch der Ersatz der Luft als Oxydationsmittel durch den teureren Sauerstoff erwähnt werden, der keine 80% Stickstoff als Verdünnungsgas enthält und unter Überdruck verwendet werden kann (Stahlflaschen müssen in diesem Fall als Ballast mit in Rechnung gezogen werden, das Sauerstoffgewicht ebenfalls, während die Luft überall auf der Erde der Atmosphäre entnommen werden kann).
Literatur über die seither behandelten Elemente ist zu finden in [29] [30] [35]).

### 2.8.5.3. Brennstoff-Elemente
Vom chemischen Standpunkt aus gesehen ist eine Einteilung in besondere Brennstoff-Zellen nicht gerechtfertigt. Jede elektrochemische Stromerzeugung beruht auf der Reduktion an der einen und der Oxydation an der anderen Elektrode. **Die Oxydation ist auf alle Fälle mit einem Verbrennungsvorgang identisch,** auch bei Abwesenheit von Sauerstoff. So verbrennt z. B. auch Wasserstoffgas in einer Chloratmosphäre unter Flammenbildung zu Salzsäuregas. Die Umsetzung von metallischem Zink bei den Primär- und Sekundär-

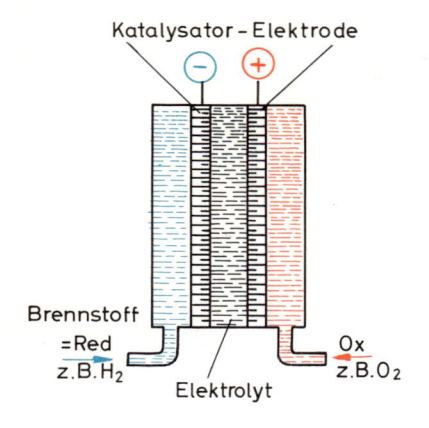

Bild 49. Prinzip der Verbrennungselemente für Gase (Übertitel)

Bild 49.1. Überdruckzelle (Druckgase)

Bild 49.2. Durchflußzelle (Gasdurchlauf unter Normaldruck)

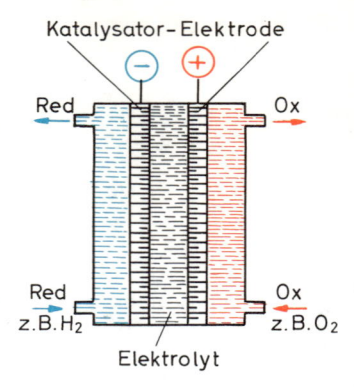

elementen zum Oxyd ist ebenfalls ein echter Verbrennungsvorgang, wenn auch dabei keine Flamme entsteht oder eine merkliche Wärmeentwicklung (die ja einem Verlust an elektrischer Energie gleichkommt) festzustellen ist.
Wenn den Brennstoff-Elementen ein Sondergebiet gewidmet wird, dann ist dies durch die **andersartige Konstruktion** berechtigt. Schon die erwähnten Knallgas- und Chlorknallgasketten wären normalerweise zu den Brennstoff-Zellen zu rechnen. Damit ist gesagt, daß eine klare Grenze eigentlich nicht gezogen werden kann. In diesem Zusammenhang ist es sinnvoll, Wasserstoff als Brennstoff und Sauerstoff als Oxydationsmittel zur Erläuterung des Brennstoff-Zellenprinzips heranzuziehen.
Die „**kalte Verbrennung**" beider Gase kann nach **zwei Prinzipien** erfolgen. Beide Gase werden unter Überdruck in die Zelle eingeleitet (Bild 49.1.) und durch den Überdruck bei ihrem Verschwinden nachgeliefert. Sie können auch, jedes für sich, im Kreislauf geführt dauernd an den Katalysatorelektroden entlangstreichen und unter Normaldruck laufend nachgeliefert werden, wie in Bild 49.2. dargestellt wird. In beiden Fällen befindet sich zwischen den Gaselektroden der Elektrolyt als innerer Stromleiter.
Die **Katalysator-Elektroden** sollen eine möglichst große Berührungsfläche zwischen Gas und Elektrolytlösung herstellen. Die Hauptschwierigkeit besteht darin, daß Flüssigkeit, wenn sie einmal in kleinste Poren eingedrungen ist, dort von sehr großen **Kapillarkräften** festgehalten werden kann. Damit würde die Berührungsfläche zwischen Gas, Elektrolyt und Elektrode als **Dreiphasengrenzschicht sehr klein** bleiben. Der **Kapillareffekt**, der wie ein Schwamm die Flüssigkeit aus großen Öffnungen in die kleineren hereinsaugt, wird benutzt, um eine möglichst große Dreiphasenfläche zu schaffen.
Die **poröse Gaselektrode** wird dafür mit Poren ausgestattet, die ihren **kleinsten Durchmesser dem Elektrolyten zuwenden** und den **größeren Durchmesser nach der Gasseite** hin besitzen. Eine derartige **Doppelporenanordnung der Zweischichten-Gaselektrode** zeigt Bild 50. Durch den **Kriecheffekt** benetzt der Elektrolyt noch einen großen Teil der gröberen, gasgefüllten Pore und vergrößert damit die Fläche der **Dreiphasengrenze, das Gebiet der größten Stromdichte.** Als Beispiel eines Wasserstoff-Sauerstoff-Elementes sei die **Knallgasbatterie von Bacon**[36]) in Bild 51 im Prinzip gezeigt.
Wird die Zelle unter Druck betrieben (Prinzip von Bild 49.1.), dann wird sie in einem vernickelten Stahlgehäuse untergebracht. Durch den höheren Druck, er liegt im Bereich zwischen 40 und 60 atm., wird auch die Reaktionsgeschwindigkeit erhöht. Die theoretische Klemmenspannung, bei 40 atü und 200 °C mit 40%iger KOH als Elektrolyt, liegt bei 1,2 Volt. Der erhöhte Druck bläst die großen Poren frei, während die kleinen Poren auf der Elektrolytseite mit diesem gefüllt bleiben (sehr hoher Kapillardruck). Beide Elektroden bestehen aus Sinternickel, dessen Poren gasseitig Durchmesser zwischen 10 und 30 μm und elektrolytseitig 1,5 bis 16 μm aufweisen. Die **Wasserstoffelektrode** besteht aus reinem Nickel, während die **Sauerstoffelektrode** mit Nickeloxid, einem Halbleiter, überzogen ist. Dieser Überzug soll die Korrosion an der Sauerstoffelektrode eindämmen. Als **p-Leiter** (Leiter positiver Elektrizität, in dessen Kristallgitter Fehlstellen, Stellen, in denen Elektronen-

Bild 50. Doppelporenschema für Gaselektroden (Zweischicht-Elektroden)

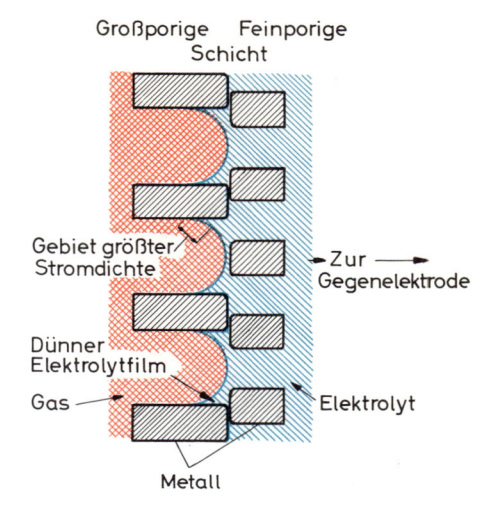

Bild 51. Knallgaselement nach Bacon

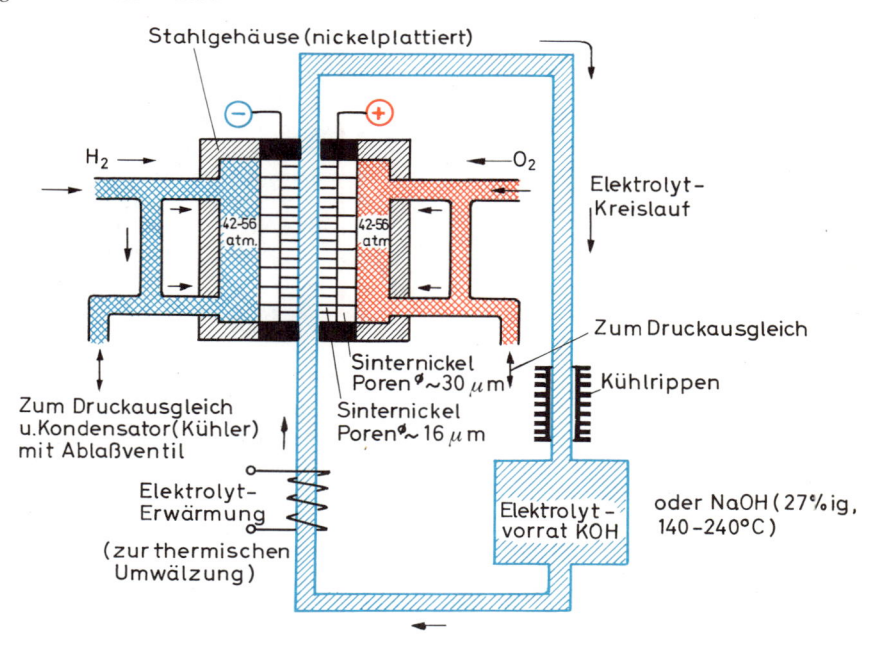

mangel herrscht, weitergeleitet werden) wird er mit Lithium **dotiert,** daß heißt Lithium wird in das Gitter eingebaut. Dadurch wird **die Leitfähigkeit verbessert.**
Das entstehende Reaktionswasser wird außerhalb der Zelle durch Kondensation entzogen. Die Umwälzung des Elektrolyten kann thermisch ge-

schehen, d. h. wenn Elektrolyt erwärmt wird, wird er spezifisch leichter, denn er dehnt sich dabei aus und strebt nach oben (thermischer Auftrieb).
Die **thermische Umwälzung** des Elektrolyten wird auch beibehalten, wenn die Bacon-Zelle mit normalem Druck beider Gase arbeitet (Prinzip von Bild 49.2.). In diesem Fall werden die beiden Gase,

jedes für sich, in einem Kreislauf durch Gebläse umgepumpt.

Damit sich die Flüssigkeit nicht auf der Gasseite der Katalysatorelektroden hindurchdrücken kann, wird diese Fläche **hydrophobiert** (wasserabstoßend gemacht) mit Paraffin oder Silikon o. ä.
**Der stromliefernde Vorgang des Wasserstoff-Sauerstoff-Brennelementes ist eine Umkehrung der Wasserelektrolyse.** Elektronenliefernd ist immer die Wasserstoffelektrode (Minuspol), und als Elektronenakzeptor fungiert die Sauerstoffelektrode, der über den äußeren Verbraucher die gelieferten Elektronen wieder zugeführt werden (Pluspol).
Der **Primärvorgang** ist in beiden Fällen die **Adsorption** von Gasmolekülen an der metallischen Elektrodenoberfläche. Die Wasserstoffmoleküle werden durch die katalytische Wirkung in Wasserstoffatome aufgespalten, die wesentlich reaktionsfreudiger sind als die Wasserstoffmoleküle. Die Sauerstoffmoleküle werden nicht aufgespalten, sie verbleiben in ihrer reaktionsträgeren Molekülform bestehen.

Wird **in alkalischer Lösung** gearbeitet, dann ist zwar der Reaktionsmechanismus ein anderer als in **saurer Lösung, die Summe der Einzelvorgänge jedoch bleibt die gleiche.** Zwar verläuft der kalte Verbrennungsvorgang nicht in der nachfolgenden, vereinfachten Form (es entstehen sauerstoffseitig u. a. auch etwas Wasserstoffperoxid und auf der Elektrode Metalloxyde), doch wird darin die Hauptreaktion am besten erklärt. Hydroxoniumionen ($H_3O^+$) werden wieder durch einfache Protonen ($H^+$) ersetzt, denn beim Verbrauch der Wasserstoffionen wird das Wassermolekül, an das sie angelagert waren, wieder zurückgewonnen.
Die **Primärreaktionen,** sowohl in alkalischer als auch in saurer wäßriger Lösung, die an der Gasseite der Elektroden auftreten, lassen sich so formulieren:

---

Am negativen Pol $2 H_{2\,gas} \rightleftharpoons 2 H_{2\,ads.} \rightleftharpoons 4 H_{ads.}$

Am positiven Pol $O_{2\,gas} \rightleftharpoons O_{2\,ads.}$

---

**Die Reaktionen im alkalischen Elektrolyten**
Elektronenliefernder Vorgang: (Minuspol)
$4 H_{ads.} + 4 OH^- - 4e^- \rightarrow 4 H_2O$
(davon $2 H_2O$ zu entfernen)
Elektronenaufnehmender Vorgang: (Pluspol)
$O_{2\,ads.} + 2 H_2O + 4e^- \rightarrow 4 OH^-$
($2 H_2O$ werden von der oberen Gleichung geliefert, $4 OH^-$ werden dorthin zurückgeführt)
$4e^-$ von der oberen Gleichung, über den äußeren Verbraucher angeliefert

$4 H_{ads.} + O_{2\,ads.} \rightarrow 2 H_2O$
Entspricht dem stromliefernden Gesamtvorgang

**Die Reaktionen im sauren Elektrolyten**
Elektronenliefernder Vorgang: (Minuspol)
$4 H_{ads.} - 4e^- \rightarrow 4 H^+$
Elektronenaufnehmender Vorgang: (Pluspol)
$O_{2\,ads.} + 4 H^+ + 4e^- \rightarrow 2 H_2O$
(beide $H_2O$ sind zu entfernen; $4 H^+$ werden vom Vorgang der vorhergehenden Gleichung angeliefert)
$4e^-$ von der oberen Gleichung, über den äußeren Verbraucher zugeführt

$4 H_{ads.} + O_{2\,ads.} \rightarrow 2 H_2O$
Der gleiche stromliefernde Gesamtvorgang wie in alkalischer Lösung

Ein Beispiel soll erläutern, wie aus den kalorischen Daten, die Nachschlagewerken[15] entnommen werden können, die *EMK* und ihre Änderung mit der Temperatur und dem Druck zu errechnen sind.

**Beispiel:** Gegeben sind als Brennstoff Wasserstoff und als Oxydationsmittel Sauerstoff in Gasform. Hierfür die Änderung der freien Enthalpie (fl. = flüssiges, gasf. = gasförmiges bzw. dampfförmiges Wasser als Reaktionsprodukt) in kcal:

$\Delta G_{fl.} = -56{,}69$ kcal · mol$^{-1}$;
$\Delta G_{gasf.} = -54{,}64$ kcal · mol$^{-1}$

und die Reaktionswärme bei konstantem Druck in kcal:

$\Delta H_{fl.} = -68{,}32$ kcal · mol$^{-1}$;
$\Delta H_{gasf.} = -57{,}80$ kcal · mol$^{-1}$.

Die Werte gelten für Standardbedingungen (25 °C; 1 atm).

Die **EMK** läßt sich wieder nach Gl. (96) berechnen. Hierfür werden kcal in J umgerechnet:

$\Delta G_0 = -56{,}69 \cdot 4{,}1868$ kcal · kJ · kcal$^{-1}$ · mol$^{-1}$
$= -237{,}35$ kJ · mol$^{-1}$ (fl.)
$\Delta G_0 = -54{,}64 \cdot 4{,}1868$ kcal · mol$^{-1}$ · kJ · kcal$^{-1}$
$= -228{,}76$ kJ · mol$^{-1}$ (gasf.)

$E = -\dfrac{\Delta G_0}{n \cdot F} = \dfrac{237{,}35 \cdot \text{kJ} \cdot \text{mol}^{-1}}{2 \cdot 96{,}483 \text{ kC}} =$

$= \mathbf{1{,}229}$ **Volt**, wenn flüssiges Wasser entsteht.

$E = -\dfrac{\Delta G_0}{n \cdot F} = \dfrac{228{,}76 \cdot \text{kJ} \cdot \text{mol}^{-1}}{2 \cdot 96{,}483 \text{ kC}} =$

$= \mathbf{1{,}185}$ **Volt**, wenn dampfförmiges Wasser entsteht.

Der Spannungsunterschied wird verständlich, wenn beachtet wird, daß Wasserdampf einen um die Kondensationswärme höheren Wärmeinhalt besitzt als flüssiges Wasser. Die Reaktionsenthalpie ist für Wasserdampf deshalb auch kleiner, eben um diesen Betrag, denn das System hat weniger Wärmeenergie abgegeben (Abgabe ist, wie schon erwähnt, vom System aus gesehen ein Minus).

Der **Temperaturkoeffizient** wird erhalten nach Gl. (118.2.), kombiniert mit Gl. (114) und Gl. (96) nach folgenden Überlegungen: nach (118.2.) ist $\left(\dfrac{\delta G}{\delta T}\right)_P = -S$; bei den vorgegebenen Werten unter Standardbedingungen (Index $_0$) ist

$$\left(\dfrac{\partial E_0}{\partial T}\right)_P = -\dfrac{\Delta S_0}{n \cdot F} \qquad (148)$$

$\Delta S$ wird durch Umstellen von Gl. (114) erhalten, da der Wert von $\Delta S$ nicht gegeben wurde:

$$\Delta S_0 = \dfrac{\Delta H_0 - \Delta G_0}{T} \qquad (149)$$

Wird nach Gl. (96) $\Delta G_0$ durch $-n \cdot F \cdot E$ ersetzt, dann erhält man aus Gl. (148):

$$\dfrac{dE_0}{dT} = \dfrac{\Delta H_0 - \Delta G_0}{n \cdot F \cdot T} = \dfrac{\Delta H_0 + n \cdot F \cdot E_0}{n \cdot F \cdot T} \qquad (150)$$

Durch Einsetzen der Werte läßt sich daraus der Temperaturkoeffizient berechnen; für kleine Temperaturintervalle kann der Differentialquotient durch den Differenzenquotienten $\dfrac{\Delta E}{\Delta T}$ ersetzt werden. Um zum Ausdruck zu bringen, daß der **Druck konstant** bleibt (in diesem Fall werden die **Wärmeinhalte Enthalpien** genannt) wird wieder der partielle Differentialquotient geschrieben, obwohl $p = $ konst. aus der Gleichung ersichtlich ist:

$\left(\dfrac{\partial E_0}{\partial T}\right)_P = \dfrac{\Delta H_0 - \Delta G_0}{n \cdot F \cdot T} = \dfrac{-286{,}04 - (-237{,}35)}{2 \cdot 96{,}483 \cdot 298}$
$= -\dfrac{48{,}69}{57{,}5 \cdot 10^3} = -8{,}47 \cdot 10^{-4}$ [V · grd$^{-1}$]
$= -0{,}847$ [mV · grd$^{-1}$].

Darin wird $\Delta H_0$ erhalten aus dem angegebenen Wert in kcal durch Multiplikation mit 4,1868 kJ · kcal$^{-1}$; $\vartheta = 25$ °C ist $T = 298$ °K!
Für die Dampfphase gilt entsprechend

$\left(\dfrac{\partial E_0}{\partial T}\right)_P = \dfrac{-242{,}0 - (-228{,}76)}{2 \cdot 96{,}483 \cdot 298} = -\dfrac{13{,}24}{57{,}5 \cdot 10^3}$
$= -2{,}303 \cdot 10^{-4}$ [V · grd$^{-1}$]
$= -0{,}23$ [mV · grd$^{-1}$].

Damit wird die Spannungsänderung je Grad Temperaturdifferenz errechnet, [V · grd$^{-1}$]. Die **EMK** wird größer, wenn $\Delta H > \Delta G$ ⎫ Verlust des Systems ist negativ und wird Die **EMK** wird kleiner, ⎬ vom Beobachter als wenn $\Delta H < \Delta G$ ⎭ Spannungszuwachs außen registriert.
Die Druckabhängigkeit wird aus Gl. (128.1.) und den folgenden erhalten zu

$$E = E_0 + 1{,}984 \cdot 10^{-4} \cdot \dfrac{T}{z} \cdot \lg \dfrac{a_{H_2O}}{P_{H_2} \cdot \sqrt{P_{O_2}}} \qquad (151)$$

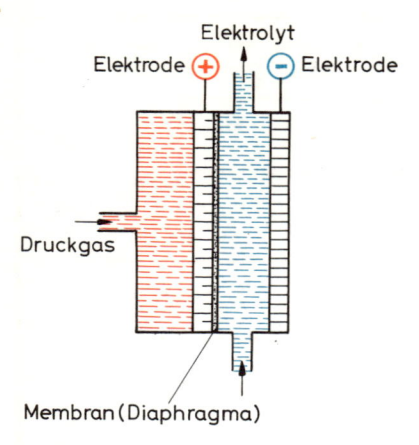

*Bild 52. Zelle für flüssig/gasförmige Verbrennung*

Mit Hilfe der umgestellten Gleichung (150) kann **durch EMK-Messungen die Reaktionsenthalpie $\Delta H$ besser und genauer als durch kalorimetrische Methoden bestimmt** werden.
Wird bei einer chemischen Reaktion eine Potentialdifferenz und eine Temperaturdifferenz festgestellt, dann ist

$$\Delta H = -n \cdot F \cdot E + n \cdot F \cdot T \cdot \frac{dE}{dT}$$
$$= -n \cdot F \cdot \left(E - T \cdot \frac{dE}{dT}\right)$$

(152)

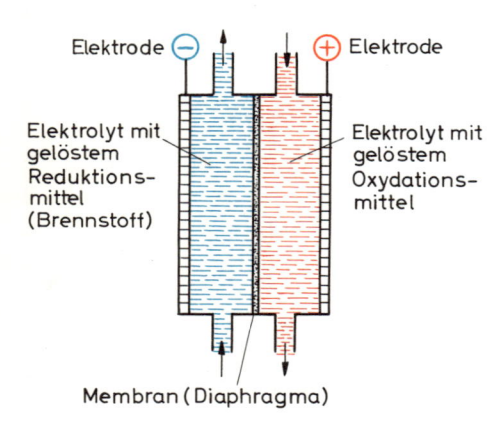

*Bild 53. Element zur Gewinnung elektrischer Energie aus dem Redox-Umsatz von flüssig/flüssig-Phasen*

Mit Hilfe der angegebenen Beispiele können die theoretischen Werte für alle Arten von Brennstoff-Elementen berechnet werden. Daß diese Werte größere Abweichungen zeigen liegt daran, daß die Reaktionen praktisch nie ohne Nebenreaktionen ablaufen, wenn organische Brennstoffe verwendet werden.
Mitunter sind Elektroden zu verwenden, die einen Katalysator als Reaktionsbeschleuniger enthalten, damit überhaupt brauchbare Brennstoffzellen erhalten werden. Über Katalysatoren existiert eine Fülle von orientierender Literatur, z. B.[37]).
In der Zelle der Abbildung 49.1. können auch **statt der Gase reine Stoffe oder Lösungen als Brennstoff oder Oxydans** durch die Poren eingepreßt werden. Üblicher ist zur Reaktion gasförmig/flüssig eine Zelle nach Art der Abbildung 52. Gasförmig kann der Brennstoff (gasförmige Kohlenwasserstoffe, Wasserstoff, niedere Alkohole, Koh-

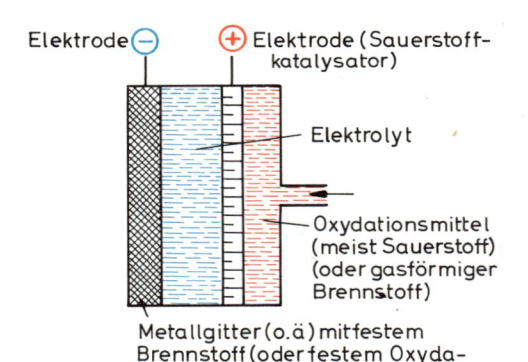

*Bild 54. Feste Brennstoffe ( = Red) oder Oxydantien liefern elektrische Energie mit oxydativen bzw. reduktiven Gasen*

lenmonoxid u. v. a.) oder das Oxydationsmittel (Sauerstoff, Chlor) sein. Enthält die eine Elektrode Katalysatoren, die auch die Reaktion beschleunigen, die an der anderen Elektrode auftritt, dann muß eine Trennwand, die einen Ionenaustausch zuläßt, zwischengeschaltet werden. Außer den üblichen Diaphragmenmaterialien bieten sich auch **Ionenaustauscherharze** an.
Ist der Brennstoff flüssig und das Oxydationsmittel ebenfalls in flüssiger Phase, z. B. als Lösung von Sauerstoff oder Wasserstoffperoxid, dann wird eine Zelle nach dem Schema des Bildes 53 verwendet. Die beiden Elektrolyträume sind durch

*Bild 55. Kohle/Sauerstoff-Element nach Baur und Preis*

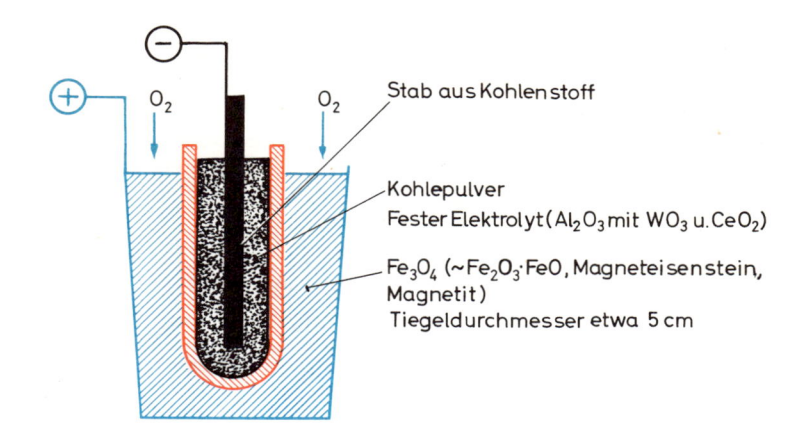

Stab aus Kohlenstoff
Kohlepulver
Fester Elektrolyt ($Al_2O_3$ mit $WO_3$ u. $CeO_2$)
$Fe_3O_4$ (~$Fe_2O_3 \cdot FeO$, Magneteisenstein, Magnetit)
Tiegeldurchmesser etwa 5 cm

eine Membran, Diaphragma oder Ionenaustauscherschicht voneinander zu trennen. Der Elektrolytumlauf geschieht dabei im Gegenstromprinzip, wie es von Kühlsystemen bzw. Wärmeaustauschern her bekannt ist.

Ist der Brennstoff oder das Oxydationsmittel eine feste Substanz und der Reaktionspartner ein Gas, dann werden im Prinzip Zellen nach der Art von Bild 54 eingesetzt. Der Feststoff stellt dabei zugleich die Elektrode dar, während auf der Gasseite wieder die Doppelporenelektrode verwendet wird.

Weitere Varianten sind die Verwendung von Salzschmelzen und von Feststoffen als Elektrolyt bei hohen Temperaturen.

Als Ausführungsbeispiel mit festem Elektrolyten sei noch das Beispiel des **Kohle-Sauerstoff-Elements nach Baur und Preis**[38]) erwähnt (Bild 55). Die **Arbeitstemperatur** solcher Elemente liegt **oberhalb 1000 °C**. Der Festelektrolyt soll keine Elektronenleitfähigkeit zeigen; dies würde einen inneren Kurzschluß darstellen. Die spezifische Ionenleitfähigkeit dagegen soll auch bei Temperaturen bis herunter zu 750 °C noch den Anforderungen genügen. Baur und Preis verwendeten Aluminium-, Cer- und Wolframoxide. Bis heute am besten geeignet erwiesen sich **Mischoxyde aus den Oxyden von Zirkon mit Kalzium und Yttrium**. Sie kristallisieren alle **im C1-Typ (Fluoritgitter, wie $CaF_2$)**. Das reguläre Raumgitter zeigt Bild 56. Durch den Einbau der Fremdatome CaO und $Y_2O_3$ werden $O^{--}$**-Gitterfehlstellen** (Lücken) im $ZrO_2$ (AB-Typ und $A_2B_3$-Typ im $AB_2$-Typ des Fluorits) erzeugt, die den Weitertransport der Sauerstoffionen durch den Feststoff hindurch ermöglichen. **Jedes Metall-Ion bekommt in dem Gitter seinen festen Platz, einerlei wieviel Sauerstoffatome es mitbringt. Die Sauerstoffionen-Fehlstellen entstehen durch den Sauerstoffunterschuß**, den die beiden anderen Oxyde gegenüber Zirkonoxid besitzen: $Zr_2O_4 - Y_2O_3 - Ca_2O_2$.

Der Festelektrolyt Zirkondioxid wird bei der Herstellung mit Kalziumoxid und Yttriumoxid **dotiert** (= Zugabe geringer Mengen von Fremdstoff), wie dies bei **Halbleiterdioden** als Gleichrichter für die Elektronik auch geschieht. Es können nur negativ geladene Ionen (**n-Leitung**) aufgenommen und weitergereicht werden. Das eingelagerte Anion $O^{--}$ bringt gegenüber den eingebauten Kationen einen Elektronenüberschuß mit und ein anderes Sauerstoffion wird auf der anderen Seite in den anderen Zellenteil abgegeben. Die „innere Halbleiterdiode" läßt damit nur **Anionen und nur in einer Richtung passieren, sperrt dafür gegen Kationen, die nicht in die Sauerstofflücken eingelagert werden können**. Die Wirkung im Elektrolyten ist vergleichbar mit einer **semipermeablen** (halbdurchlässigen) **Membran**, die

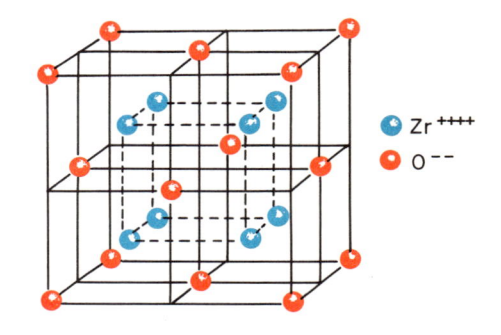

$Zr^{++++}$
$O^{--}$

*Bild 56. Raumgitter von Fluorit (= $CaF_2$, Flußspat) mit $ZrO_2$-Besetzung*

*Bild 57. Austauschermembran als Festelektrolyt*

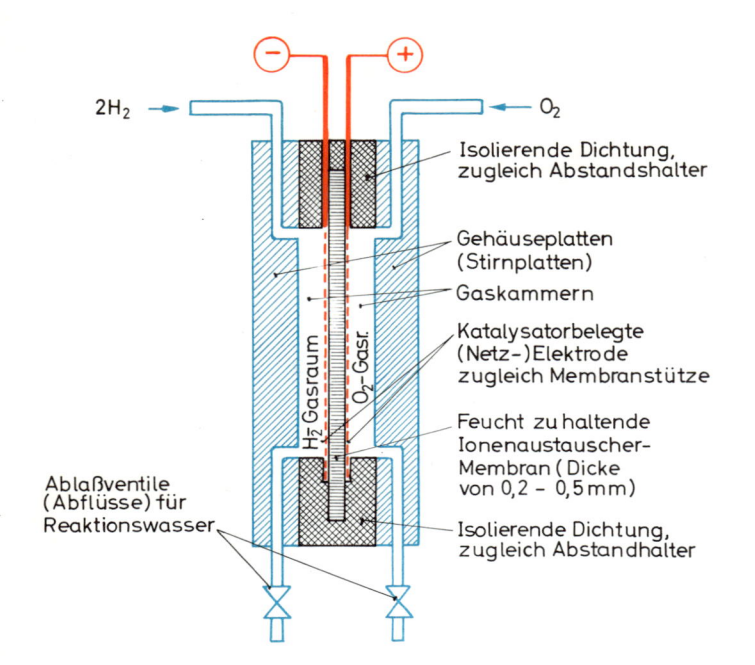

ebenfalls Ionen in nur einer Richtung hindurchtreten läßt.
Die **Ionenaustauscher-Membran** als Festelektrolyt ist ebenfalls eine einseitige Ionensperre. Das Prinzip einer solchen Ausführung im Schnitt zeigt Bild 57. Es stellt die **Austauschermembranzelle nach Grubb und Niedrach** dar[29) 39)].
Die **Stützelektroden** können aus feinmaschigen Netzen bestehen, auf denen Katalysator (z. B. Platinmohr oder Platinschwamm) mit einem hydrophoben Kunststoff (z. B. Polytetrafluoräthylen, Hydeflon, Teflon, oder Polytrifluorchloräthylen, Hostaflon, Kel F, ein thermoplastischer = wärmeverformbarer Kunststoff) als Haftmittel verankert ist.
Die Austauschermembran muß immer **gleichmäßig feucht** gehalten werden, sonst ist der **Ionentransport** und damit die **Temperatur ungleichmäßig** über die Membran verteilt. Die Folge davon ist, daß die Membran reißt und **überhitzte Stellen** auftreten („hot spots") und ein innerer Kurzschluß entsteht. Organische Kunstharze als Austauschermaterial werden zudem leicht zerstört, was außer der Kontaktverschlechterung zu den Elektroden noch die Lebensdauer der Zelle auf etwa 40 Tage begrenzt.
Als Ausführung der General Electric Corporation (USA), wie im Bild 58 gezeigt, diente ein derartiges Aggregat der Stromversorgung als Zusatzgerät in der Gemini GT 5-Raumkapsel (3. Gemini-Gruppenflug am 21.8.1965 mit G. Cooper und C. C. Conrad; Umlaufzeit: 89,7 min; Perigäum: 171 km; Apogäum: 349 km).
Die gleiche Zelle wurde auch bei Gemini GT 7 (Rendezvous mit Gemini GT 6) eingesetzt.
Die Masse des gesamten Aggregates, mit allen Geräten und dem Wasserstoff- und Sauerstoff-Vorrat für 160 kWh betrug etwa $1/4$ t, 250 kg. Eine normale Batterie gleicher Leistung besäße die Masse von 1500 kg.
Zur Entfernung des Reaktionswassers diente ein **Kapillarsystem** (Bild 59). Besteht die Membran aus Kationenaustauscher-Material, dann entsteht das Reaktionswasser im Sauerstoff-Gasraum, muß deshalb dort entzogen werden. Bei Anionenaustauscher-Membranen entsteht das Reaktionswasser im Wasserstoff-Gasraum. Das kapillaraktive Dochtmaterial leitet überschüssiges Wasser zu einer feinporigen Trennschicht weiter, durch die es in einen Sammelbehälter hineinsickert. Dieses Dochtmaterial behält an der Membranfläche noch aufgesaugtes Wasser, wodurch die Membran stets feucht gehalten wird. Das überschüssige Wasser wird aus dem Sammelbehälter (unterer Teil des Drucktanks in Bild 58) zum Wassertank weitergeleitet.
Der Wasserstoff- und Sauerstoff-Vorrat befindet sich tiefgekühlt in je einem Druckbehälter und muß

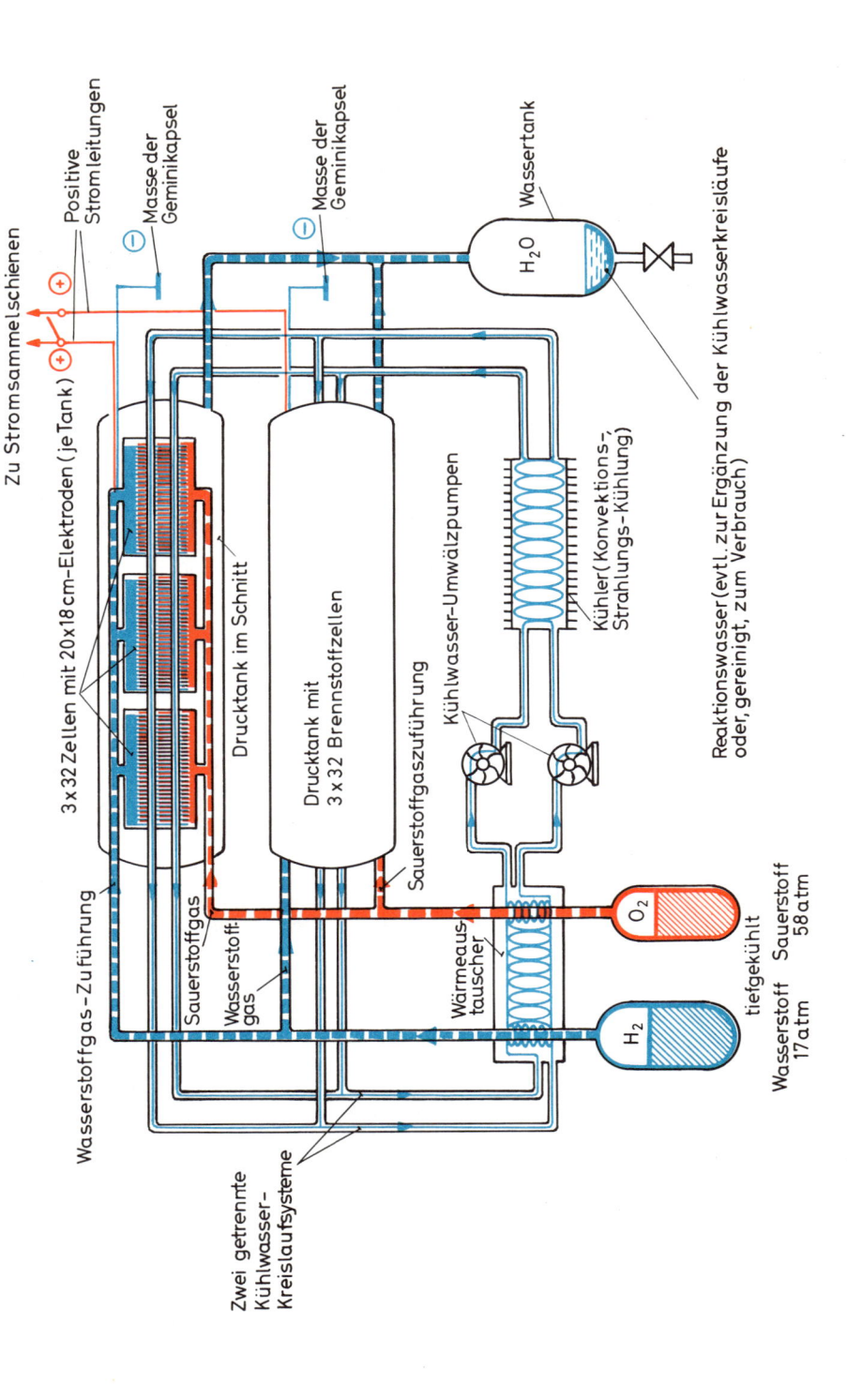

Bild 58. Prinzipaufbau des Knallgas-Brennstoffzellen-Aggregats als Zusatzgerät zur Gemini GT5-Raumkapsel

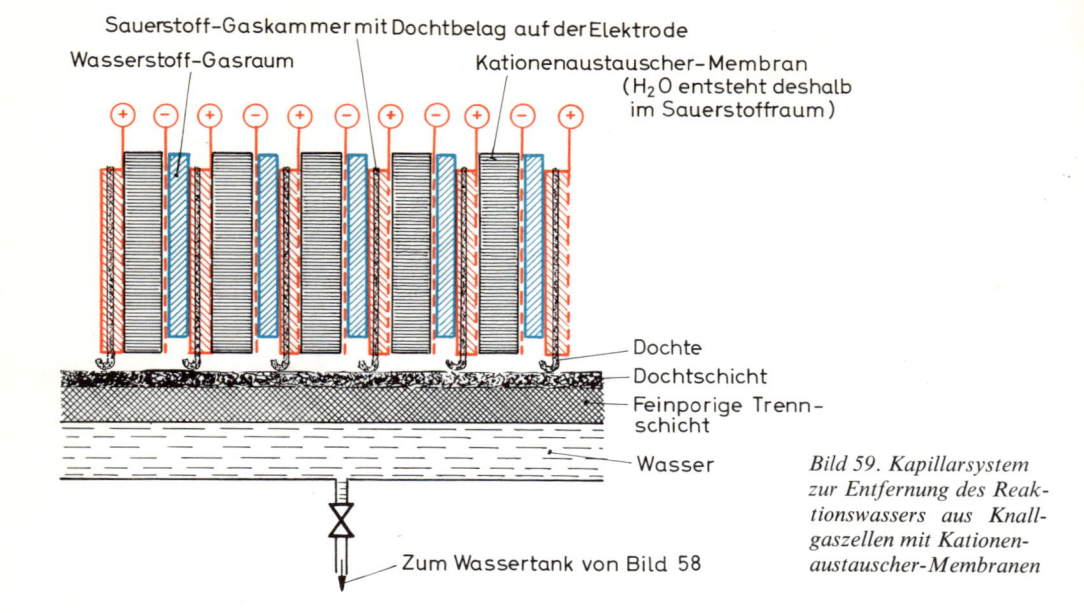

**Wasserstoff-Gasraum**

**Sauerstoff-Gaskammer mit Dochtbelag auf der Elektrode**

**Kationenaustauscher-Membran**
($H_2O$ entsteht deshalb im Sauerstoffraum)

Dochte
Dochtschicht
Feinporige Trennschicht
Wasser

Zum Wassertank von Bild 58

Bild 59. *Kapillarsystem zur Entfernung des Reaktionswassers aus Knallgaszellen mit Kationenaustauscher-Membranen*

daher vor der Reaktion im Wärmeaustauscher vorgewärmt werden. Darin wird bei diesem Vorgang zugleich das Kühlwasser wieder abgekühlt. Um die beiden Reaktionsgase auf die erforderliche Temperatur zu bringen, ist noch eine zusätzliche elektrische Heizung (nicht eingezeichnet) über dem Wärmeaustauscher angebracht.

Die Flächenleistung betrug 38 mW · $cm^{-2}$, die Spannung je Zelle lag zwischen etwa 750 bis 850 mV. In zwei Tanks mit je drei Paketen zu 32 Zellen und den Maßen $18 \times 20$ cm = 360 $cm^2$ je Zelle sind damit 691 200 $cm^2$ Arbeitsfläche untergebracht. Die Gesamtflächenleistung ist damit maximal 2,626 560 kW; mit einem $\eta$ von etwa 0,8 errechnet sich daraus eine Maximalleistungsabgabe von 2 kW.

Bei den bemannten Mondflügen (Apollo-Programm) wurden Knallgaszellen nach **Art der Bacon-Zelle von Pratt & Whitney** als periphere Zusatzgeräte eingebaut. Elektrolyt darin war eine wasserhaltige Schmelze von Kaliumhydroxid (etwa 80%ig). Der hohe Elektrolytgehalt senkt den Partialdruck des Wasserdampfs unter 1 atm bei einer Arbeitstemperatur von annähernd 250 °C.

Außer der Art des Brennstoffes und dessen Aggregatzustandes (fest-flüssig-gasförmig) und des Oxydationsmittels (Sauerstoff, Chlor, Peroxyde, gasförmig oder gelöst) unterscheiden sich die verschiedenen Brennstoffzellen im wesentlichen von der Art des zwischen den Ableitungselektroden angebrachten Mediums. Bild 60 nach K.J. Euler[40]) zeigt fünf verschiedene Ausführungsformen, Konstruktionen, die untereinander kombiniert werden können.

Dünne, großflächige Elektroden oder Membranen können bei ungleichmäßigem Kammerdruck leicht zerbrochen werden. Ein **stützendes Netz** kann ihnen Halt geben, wie Bild 60.1. zu entnehmen ist (z. B. Ausführungen von Shell und Siemens AG). Bild 60.2. zeigt wieder die **Doppelporenelektrode.** Sie wird als **katalysatorbelegte Doppelskelettelektrode** kurzweg DSK-Elektrode genannt (**Dop**pel-**S**kelett-**K**atalysator). Eine **ungestützte Membran-Zelle** zeigt Bild 60.3. Als Kombination kann sie auch als **gestützte Membran-Elektrode** konstruiert werden. In Bild 60.4. ist der Elektrolyt in einer zwischen den Elektroden liegenden Feststoffschicht als Lösung aufgesaugt. Hierdurch wird das „Schwappen" verhindert. Derartige **isolierende, poröse Diaphragmen, die den aufgesaugten Elektrolyten an die berührenden Elektroden heranführen,** verwendet u.a. die Allis Chalmers Corp. **Große Katalysatorfläche** wird in **Katalysatorpulver** erreicht. Siemens kombinierte die Stützelektrode mit der Diaphragma-Variante. Durch das stützende Gerüst wird der Elektrolyt (KOH) hindurchgeleitet. Es wird abgedeckt mit Asbestpapier auf beiden Seiten und daneben bzw. darüber befindet sich die Schicht aus Katalysatorpulver, das nicht

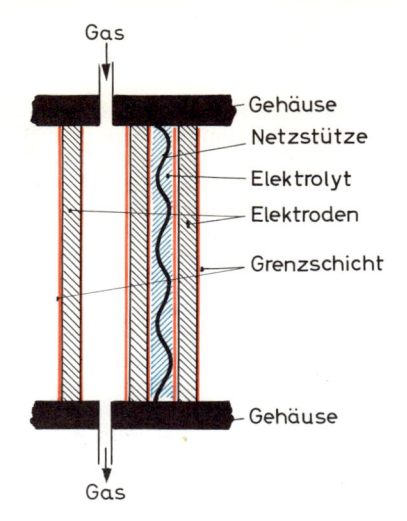

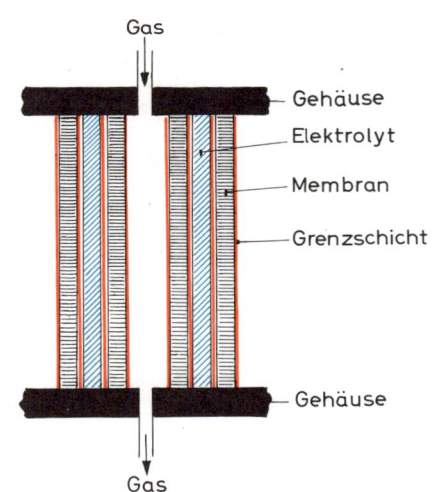

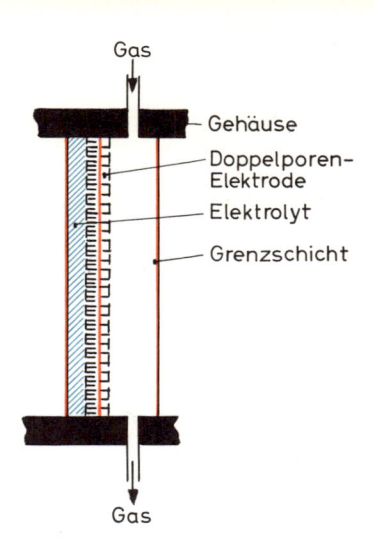

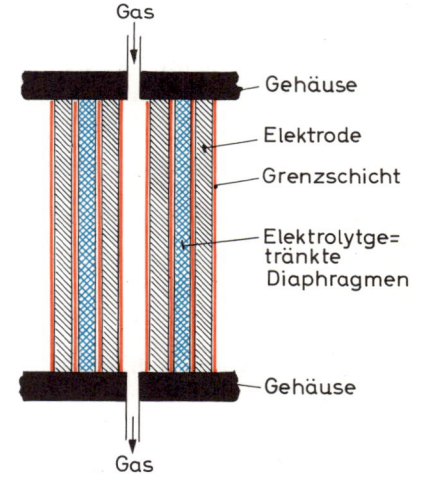

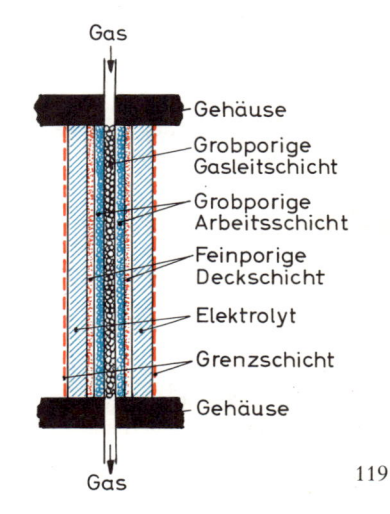

Bild 60. Verschiedene Arten von Brennstoff-
zellen im Prinzip
Bild 60.1. Gestützte Elektroden
Bild 60.2. Doppelporenelektrode nach Bild 50
(DSK-Elektrode; Doppel-Skelett-
Katalysator-Elektrode)
Bild 60.3. Membran-Elektroden
Bild 60.4. Elektrolytgetränkte Diaphragmen
Bild 60.5. Janus-Elektrode

gesintert ist. Das Eindringen dieses Pulvers in die anschließenden Gasräume wird durch Nickelnetze verhindert; s. a.[29][41]). Eine weitere Variante ist die **Januselektrode** von Bild 60.5. Sie ist nach dem doppelköpfigen römischen Gott des Tordurchgangs, des Anfangs und Endes, benannt. Sie besteht aus mindestens drei verschiedenen Schichten. Ist eine davon **einem flüssigen Elektrolyten zugewendet,** dann wird sie meist **hydrophobiert,** wasserabstoßend gemacht (je nach der Art des Elektrolyten mit Paraffinen, Silikonen o. ä.). Ebenfalls aus mehreren Schichten besteht die sogenannte **Fixed-Zone-Elektrode** der Union Carbide (USA)[42]. Von der Elektrolytseite her gesehen befinden sich hinter einer benetzbaren Kohleschicht, die mit dem entsprechenden Katalysator versetzt ist, mehrere Kohleschichten, die zunehmend stärker wasserabstoßend gemacht wurden und mit einer hydrophobierten Sinternickelschicht abschließen. Die Gesamtdicke liegt zwischen 0,4 und 1,6 mm! Sinn derartiger Konstruktionsvarianten ist es, bei gleicher abgegebener Leistung, den Raumbedarf und das Gewicht zu vermindern. Die Zahl der Varianten vom Reaktionsmaterial, den Reaktionsbedingungen und Konstruktionen her gesehen ist zu umfangreich. Hierfür sei auf das Schrifttum mit größeren Quellennachweisen verwiesen, wie z. B.[28][29][30][36][39][40]).

Manche stromliefernden Zellenreaktionen lassen sich **außerhalb der Zelle wieder rückläufig** gestalten. Das kann durch Elektrolyse, Wärme, chemische Umsetzungsreaktionen oder Photonenstrahlung (Sonnenlicht, Ultraviolettstrahlen, radioaktive $\gamma$-Strahlung) geschehen. Mitunter sind die Endprodukte der Zellenreaktion gesondert aus dem Katoden- und Anodenraum zu entnehmen. In diesem Fall sind beide Räume durch ein Diaphragma, eine halbdurchlässige Zwischenwand, voneinander zu trennen. Derartige Konstruktionen, die nur einer einmaligen Füllung mit Reaktanten bedürfen, werden **regenerative Zellen** genannt. Sie ähneln in gewisser Weise Akkumulatoren, die außerhalb des stromliefernden Reaktionsbereiches wieder aufgeladen werden.

### 2.8.5.4. Bioelektrische Zellen

Erinnert sei an Galvanis Froschschenkelversuch von 1786. Der Froschschenkel zuckte, als Galvani die Nerven- und Muskelenden mit zwei verschiedenen, miteinander verbundenen Metallen berührte. Umgekehrt treten bei jeder **Muskeltätigkeit elektrische Ströme** auf, die z. B. beim Herzen bekannt sind. **Wird der betreffende Herzmuskel erregt, dann zieht er sich zusammen. Dieser Muskelteil ist gegenüber dem nicht erregten Teil negativ aufgeladen.** Das auftretende, außerhalb gemessene, Aktionspotential des Herzens liegt bei etwa 1 mV und der Aktionsstrom wird durch die Gewebe hindurch bis an die Körperoberfläche geleitet. Die Aktionsströme können dort mit Hilfe von Elektroden abgeleitet und in einem schreibenden Meßverstärker aufgezeichnet werden. Das so erhaltene Kurvenbild, **Elektrokardiogramm** (kurz EKG) genannt, gibt Auskunft über krankhafte Veränderungen des Herzens. Je nach der Stelle, an der die ableitenden Elektroden angebracht werden (Arme, Beine, links oder rechts, Brust, Rücken), wird das Potential am besten wiedergegeben, das zu der Muskelpartie gehört, die senkrecht dazu liegt. Man spricht auch von der **„elektrischen Herzachse". Jede einzelne Herzmuskelzelle stellt eine Art Kleinstbatterie dar und im EKG wird die Summe aller Einzelspannungsquellen als Gesamtspannung in der betreffenden Achsenrichtung gemessen.** Abweichungen von der normalen Herzstromkurve (Bild 61), die das Bild der algebraischen Summe der Potentiale aller Herzmuskelzellen darstellt, können mangelnde Durchblutung bestimmter Teile und deren Lage im Herzen anzeigen. Dadurch ist es möglich, einen Herzinfarkt frühzeitig zu erkennen. Abweichungen sind ebenfalls in Bild 61 angedeutet. Zur echten Diagnose gehört noch eine Blutuntersuchung (vermehrte weiße Blutkörperchen, erhöhter Zuckergehalt und raschere Blutkörperchen-Senkungsgeschwindigkeit) und Enzymdiagnostik (Biokatalysatoren treten aus beschädigten Zellen aus und werden labormäßig bestimmt, vor allem im Blutplasma die drei Enzyme Transaminase, Milchsäure-Dehydrogenase und Kreatin-Phosphokinase).

**Auch im Gehirn fließen Ströme.** Die Potentialschwankungen liegen bei 100 mV und können mit dem **Elektro-Enzephalographen** gemessen werden. Die erhaltenen Kurven ergeben das **Elektroenzephalogramm** (kurz EEG). Die Weiterleitung der vom Gehirn ausgehenden elektrischen Reizimpulse geschieht über die **Nervenbahnen, Reizleiterfasern.** Auch diese bestehen **aus Zellen, die ein Eigenpotential von etwa $-60$ mV im Ruhezustand und $+40$ mV im Erregungszustand aufweisen.**

Von allen lebenden Zellen wird angenommen, daß etwa diese Potentialdifferenz an ihnen auftritt. Die Erklärung dafür ist die Membranumhüllung mit ihrer Durchlässigkeit für Kalium-Ionen nach ihrem Inneren zu in unangeregtem Zustand. Im angeregten Zustand sind die Membranen für Kaliumionen gesperrt und lassen dafür Natrium-

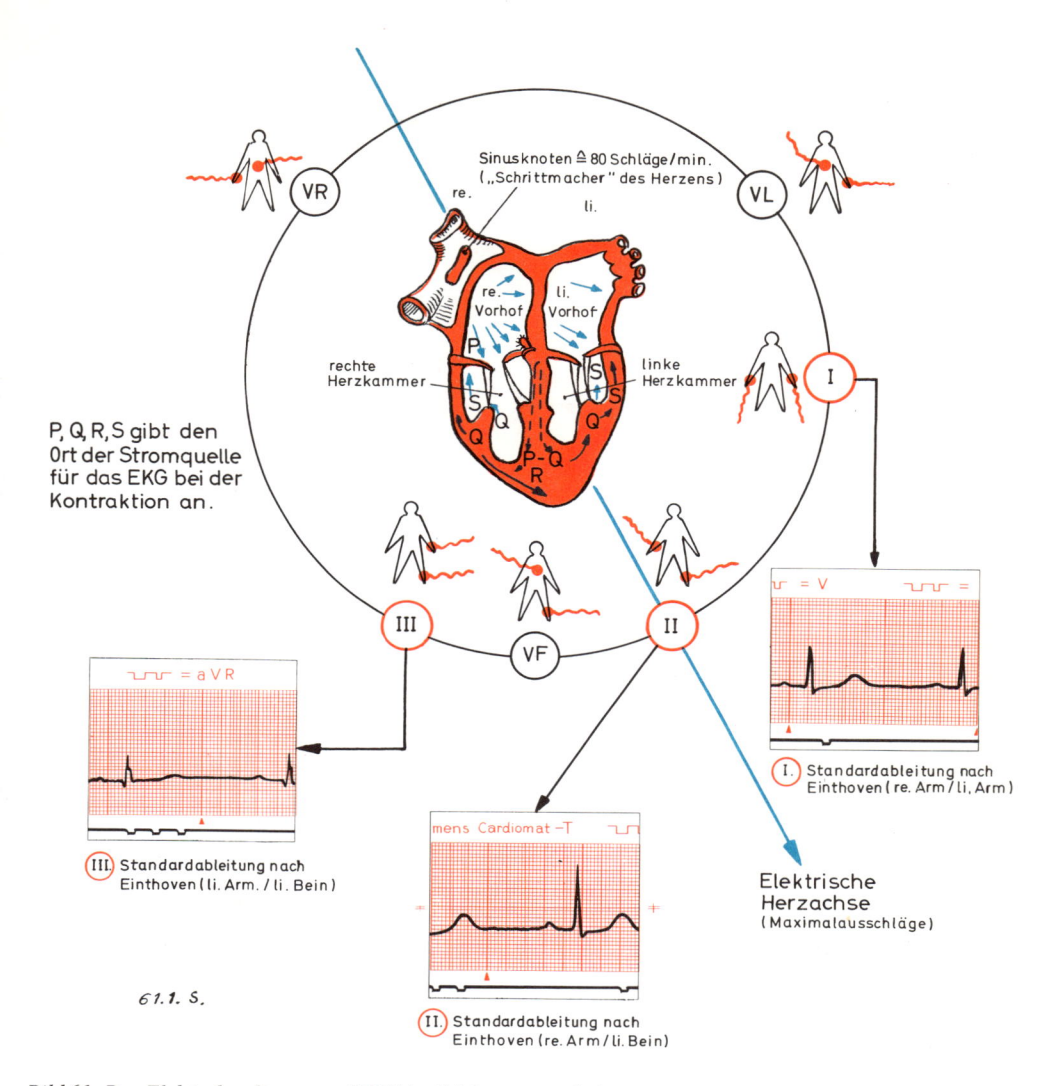

Bild 61. Das Elektrokardiogramm (EKG), Ableitungen und Auswertung der II. Standard-Abteilung

ionen hindurch. Die Natriumionenaktivität (-konzentration) ist außerhalb der Zelle etwa das Zehnfache als innerhalb und die Aktivität der Kaliumionen innerhalb der Zelle etwa das 30fache ihrer äußeren Aktivität.
Das theoretische Potential nach Nernst läßt sich errechnen durch Gl. (127.2)

$$E = \frac{R \cdot T}{z \cdot F} \cdot \ln \frac{a_2}{a_1}$$

unter physiologischen Bedingungen (Bedingungen des lebenden Organismus) ist $\vartheta = 37\,°C$ bzw. $T = 310\,°K$. Die Ionenwertigkeit $z = 1$ und nach Gl. (128.1) ohne Standardpotential, da die *EMK* rein konzentrationsbedingt, wird für das Potential der $Na^+$ erhalten $E = 1{,}984 \cdot 10^{-4} \cdot 310 \cdot \lg\frac{10}{1} = +61{,}5$ mV und für das durch $K^+$ hervorgerufene Potential $E = 1{,}984 \cdot 10^{-4} \cdot 310 \cdot \lg\frac{1}{30} = -90{,}85$ mV.
Der Wertunterschied zwischen Theorie und Praxis wird durch die Eigenschaft der Membran verur-

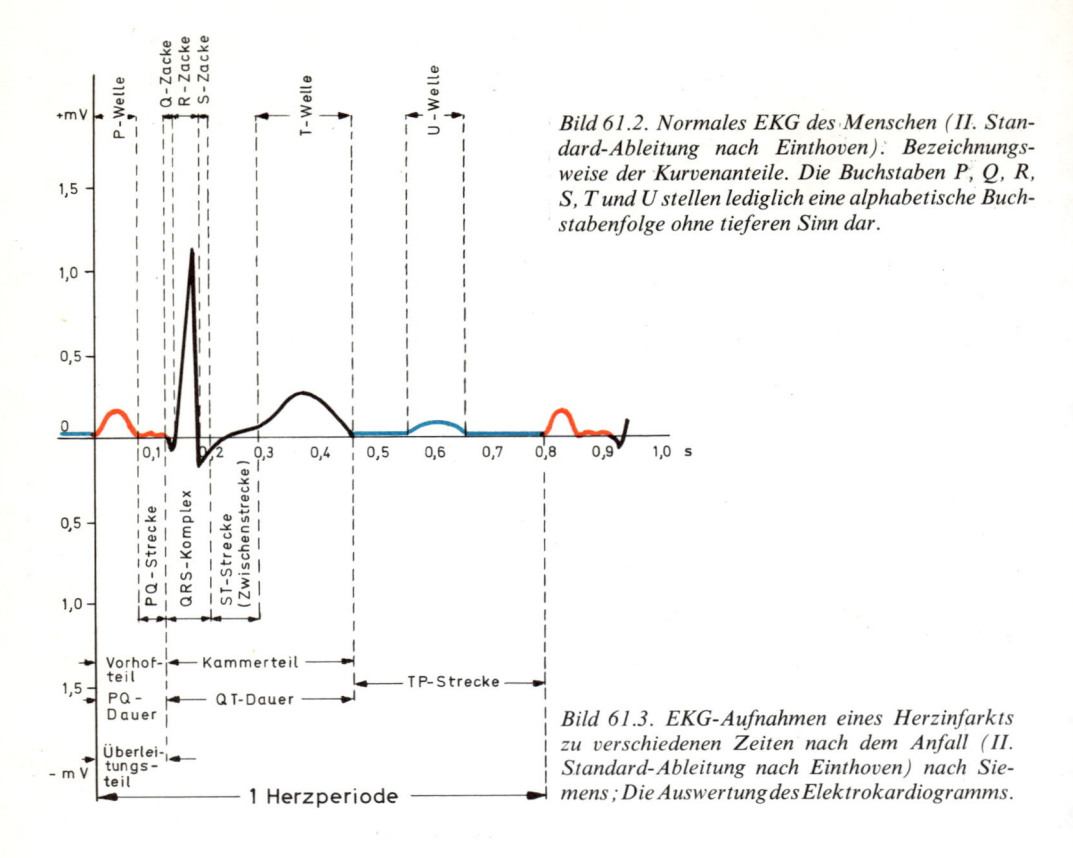

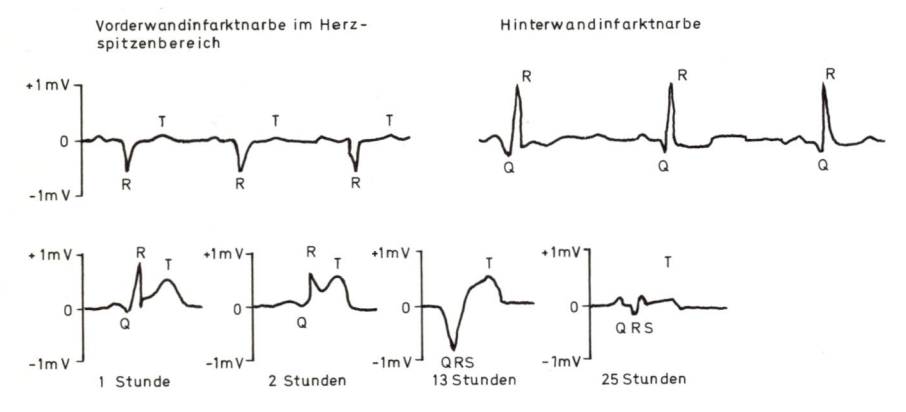

*Bild 61.2. Normales EKG des Menschen (II. Standard-Ableitung nach Einthoven): Bezeichnungsweise der Kurvenanteile. Die Buchstaben P, Q, R, S, T und U stellen lediglich eine alphabetische Buchstabenfolge ohne tieferen Sinn dar.*

*Bild 61.3. EKG-Aufnahmen eines Herzinfarkts zu verschiedenen Zeiten nach dem Anfall (II. Standard-Ableitung nach Einthoven) nach Siemens; Die Auswertung des Elektrokardiogramms.*

sacht, die keine vollkommene Aussperrung der einen oder anderen Ionenart 100%ig zuläßt.
Insgesamt gesehen ist die Impuls-Weiterleitung wesentlich komplizierter. Außer der schon erwähnten Keto-/Enoltautomerie der Peptidgruppen sind in den Nervensträngen noch Einschnürungen (**Ranvier-Schnürringe**) enthalten, bei denen das Überspringen eines Impulses zum nächsten, über einen größeren Nervenstrangabschnitt hinweg, angenommen wird. Der Strangabschnitt erscheint durch die Einschnürung isoliert. Derartige „**Markscheiden**" treten nur bei Nervensträn-

gen auf, die im Inneren Mark enthalten. Die Nervenstränge hat man nach ihrer **Leitgeschwindigkeit** eingeteilt. Es wird hierbei ein Zusammenhang zwischen der Geschwindigkeit in m · s$^{-1}$ und der Dicke der Markscheide gesehen.

Die Gruppenbezeichnungen sind mit abnehmender Markscheidendicke und abnehmendem Faserdurchmesser in μm: A$\alpha$, $v = 60\text{–}120$ m · s$^{-1}$; $\varnothing = 10\text{–}20$ μm; A$\beta$, $v = 40\text{–}90$ m · s$^{-1}$, $\varnothing = 7\text{–}15$ μm; A$\gamma$, $v = 30\text{–}45$ m · s$^{-1}$, $\varnothing = 4\text{–}8$ μm; A$\delta$, $v = 15\text{–}25$ m · s$^{-1}$, $\varnothing = 2{,}5\text{–}5$ μm; B, $v = 3\text{–}15$ m · s$^{-1}$, $\varnothing = 1\text{–}3$ μm; C, $v = 0{,}5\text{–}2$ m · s$^{-1}$, $\varnothing = 0{,}3\text{–}1{,}5$ μm. Die C-Fasern enthalten kein Mark.

Erstaunlich ist die Leistung der **elektrischen Organe** von „elektrischen Fischen". Der im Salzwasser (höhere Leitfähigkeit als Süßwasser!) lebende Zitterrochen gibt mit Spannungen bis 35 V Stromstöße bis 50 A Stromstärke ab. Der Zitterwels erreicht bis zu 50 V und der im Süßwasser lebende Zitteraal bis zu 800 V mit Stromstärken bis zu 1 A! Hier werden Zellmembranen von hintereinandergeschalteten Zellen durch einen Nervenstrang gleichzeitig umgeschaltet. In der Reihenschaltung entsteht schlagartig über eine größere Strecke hinweg eine hohe Spannung, die sich aus der Summe der Einzelspannungen der Zellen zusammensetzt. Mehrere solcher Zellfasern, die in Reihe geschaltet sind, sind in dem elektrischen Organ parallel geschaltet und ermöglichen damit hohe Stromstärken. Die Stromstöße erfolgen in Abständen von 5 ms, das sind 200 Stromstöße je Sekunde oder 200 Hz. Die Dauer kann bis zu einigen Sekunden betragen, das sind bis über 1000 Stromstöße.

Die Einzelzelle liefert auch in diesem Fall etwa 0,1 V Spannung mit einer Stromstärke zwischen 10 und 20 mA.

Diese Überlegungen reizen dazu, **biochemische Brennstoffelemente** zu schaffen. Die Schwierigkeiten bestehen darin, daß die Zellen am Leben erhalten werden müssen. Die **Umweltbedingungen** müssen dementsprechend angepaßt werden; Temperaturen um 30 °C und $p_H$-Werte um 7 und die entsprechenden Nährstoffe zum Stoffwechselumsatz gehören dazu. Unter diesen „**physiologischen Bedingungen**" müssen aber komplette Lebewesen gehalten werden, denn die Lebensdauer von z. B. den elektrischen Organen der Fische für sich allein bliebe nicht unbegrenzt. Aus diesem Grund wurde auf **Biokatalysatoren (Enzyme, Fermente)** zurückgegriffen. Sie bestehen aus einer einfacheren Wirkungsgruppe, **Koferment** genannt, und einem kompliziert gebauten Trägereiweißkörper, dem **Apoferment**. Sie steuern gezielt den Stoffwechsel, die Atmung und Gärungsvorgänge.

Als Kleinlebewesen bieten sich zur Umsetzung auch Bakterien und Algen an, die sich in der entsprechenden Nährstofflösung zusätzlich vermehren können. In größerem Maßstab empfehlen sich die biologischen Abwässer-Kläranlagen. Aus dem **Stoffwechsel,** der einer **kalten Verbrennung** entspricht, bzw. einer Energieumwandlung die für die betreffenden Bakterien lebenserhaltend und vermehrungsfördernd wirkt, kann elektrische Energie gewonnen werden.

**Je nachdem, ob der Stoffwechselumsatz elektronenliefernd oder elektronenverbrauchend abläuft, können Biokatoden oder Bioanoden verwendet werden. Gegenelektrode ist meist ein Metallblech, dessen Metallionen nicht vergiftend wirken, wie z. B. Magnesium oder Platin, das nicht angegriffen wird, oder eine Luftsauerstoffelektrode.** Die Kulturen werden auf einer Elektrode, meist sandgestrahltem oder platiniertem Platinblech, angesiedelt. Die Nährstofflösung darf nicht zu hoch konzentriert sein, da sonst die Kleinlebewesen absterben. Aus diesem Grund liegen die **Stromdichten derartiger Bioelemente** bei etwa 1 mA · cm$^{-2}$. Werden durch **biochemische Reaktionen** (Fäulnis, Gärung usw.) Gase erhalten, die gesammelt werden, wie Methan, Ammoniak, Wasserstoff, und dann einer Brennstoffzelle zugeführt werden, dann kann man eigentlich nicht von einer biochemischen Stromerzeugung sprechen, denn die Herkunft der Rohprodukte für eine normale Brennstoffzelle spielt keine Rolle. Sind diese Bakterien jedoch auf einem Elektrodenblech angesiedelt und liefern dort ein derartiges Ausgangsprodukt, das erst weiterreagieren muß, um Strom gewinnen zu können, dann ist dies erst eine indirekte biochemische Brennstoffzelle.

Die bekannteste direkte Brennstoffzelle auf biochemischer Basis, die bereits erprobt wurde, ist die mit Schwefelbakterien betriebene **Sulfatreduktionszelle**.

Als **Biokatode** dient ein sandgestrahltes, rauhes Platinblech, das mit Stämmen von **Desulfo vibrio desulfuricans** besiedelt ist. Der Elektrolyt ist Meerwasser, das sowohl Algen zur Ernährung und Sulfationen zum Stoffwechsel enthält. **Gegenelektrode** ist ein Magnesiumblech.

In der Zelle läuft an der Biokatode folgender Vorgang ab:

$$SO_4^{--} + 4\,H_2O + 8e^- \xrightarrow{\text{Bact. D. desulf.}} S^{--} + 8\,OH^-$$

**Auch die Photosynthese der Kohlehydrate aus Kohlendioxid und Wasser mit Chlorophyll als Katalysator kann zur biochemischen Stromgewinnung**

**herangezogen** werden. Der primäre Vorgang erhält seine benötigte Energie aus den Lichtphotonen:

$$E_a = h \cdot v \cdot N_A \qquad (153)$$

$E_a$ ist darin die **absorbierte Lichtenergie,** $h$ ist das **Plancksche Massenwirkungsquantum** ($h = 6{,}625 \cdot 10^{-27}$ erg·s), $v$ **die Frequenz des Lichtes** und $N_A$ die **Avogadrosche Konstante.** $N_A$ zeigt, daß die absorbierte Energie für 1 Mol Lichtquanten gilt und $v$ als Faktor, daß die Energie des Lichtquants um so größer ist, je kurzwelliger die Photonenstrahlung ist.

Die Primärreaktion ist

$$x\,CO_2 + x\,H_2O \xrightarrow{+E_a\ (\text{Algen})} (CH_2O)_x + x\,O_2$$

und sekundär

$$x\,O_2 + 2 \cdot x\,H_2O + 4 \cdot x\,e^- \rightarrow 4 \cdot x\,OH^-$$

findet die elektrochemische Reaktion statt.
Auch die **alkoholische Gärung mit Hefezellen** ließe sich zur biochemischen Stromerzeugung einsetzen. Summenumsatz:

$$C_6H_{12}O_6 \xrightarrow{(\text{Zymase der Hefe})} 2\,C_2H_5OH + 2\,CO_2$$
$$\Delta H = -26\ \text{kcal}$$

Diese Reaktion verläuft über mehrere Zwischenstufen bis zur Brenztraubensäure, dann weiter über Azetaldehyd (Äthanal) mit Kohlendioxidbildung zum Äthylalkohol (Äthanol).
Der **Zuckerabbau im lebenden Organismus** verläuft ebenfalls bis zur Brenztraubensäure (α-Keto-propansäure, $CH_3CO-COOH$). Dann wird diese jedoch an der Ketogruppe $C=O$ hydriert zur sekundären Alkanolgruppe $>CHOH$ und es entsteht L(+)-Milchsäure (bei Überanstrengung: Muskelkater). Dieser **Zuckerabbau (Glykolyse)** ist umkehrbar. **Im ruhenden Muskel wird aus der entstandenen Fleischmilchsäure mit Hilfe der Atmungsvorgänge wieder Glykogen aufgebaut.** Der Vorgang heißt **Glykogenese.**

Diesen Umsatz kann man theoretisch ebenfalls zur biochemischen Stromgewinnung heranziehen. Eine andere Möglichkeit wäre die Ausnutzung des Redoxpotentials zwischen venösem und arteriellem Blut.
Sinn derartiger Überlegungen ist es, die einoperierte Stromquelle (Knopfzelle in der Bauchhöhle, die alle 1–2 Jahre durch eine erneute Operation wieder ersetzt werden muß[43])) für **Herzschrittmacher** durch eine Stromquelle zu ersetzen, die ihre **Spannung lebenslänglich aus dem lebenden Organismus bezieht, ohne ersetzt werden zu müssen.**
Ein Herzschrittmacher ist ein transistorierter Impulsgeber (Impulsgenerator). In der Minute werden 80 Stromimpulse von jeweils etwa 0,2 ms Dauer erzeugt. Bei Sägezahnschwingungen, ähnlich der Zeilensprungschaltung für Braunsche Bildröhren, oder besser Rechteckschwingungen, die durch Kippschaltungen (Sperrschwinger oder Multivibratoren) erzeugt werden, wird das Herz mit Hilfe einer bipolaren Elektrode, welche das Herz direkt berührt, durch die rhythmischen Stromstöße zur Kontraktion gezwungen. Die Muskeln ziehen sich zusammen und das Herz schlägt in dem ihm aufgezwungenen Takt.

Auf gleicher Basis beruhen auch die Methoden der **Elektrotherapie.** Je nach der Frequenz des angelegten Wechselstroms wird entweder das **obere Muskelgewebe (Elektrisieren)** oder **tiefer gelegene Gewebe (Kurzwellentherapie)** bewegt. Hierdurch werden **die Muskel- oder Organpartien,** die zwischen den Elektroden liegen, **zur Aktion gezwungen, gestärkt und durch die auftretende Erwärmung besser durchblutet.** Bei Ultrakurzwellen-Bestrahlung sind die Zellen mechanisch zu träge, um den Rhythmus der Polwechsel folgen zu können. In diesem Fall ist der Effekt rein physikalisch; es wird **nur Stromwärme** erzeugt.

# 3. Elektrochemische Meßmethoden

Bei allen elektrochemischen Vorgängen verschwinden und entstehen keine Elektronen; sie werden lediglich in einem Kreislauf geführt. Ein simples Beispiel (Bild 62) möge dies erläutern. Eine Spannungsquelle ist bestrebt Elektronen aus ihrem negativen Pol herauszudrücken und mit derselben Kraft an ihrem Pluspol wieder anzusaugen. Dieser **Elektronendruck wird als Spannung in Volt gemessen.** Die **Anzahl der Elektronen,** die sich in der Zeiteinheit durch den Leiterquerschnitt bewegt, ist die **Stromstärke** und wird in Ampère gemessen. Werden mehrere Stromquellen **hintereinander angeordnet (Serienschaltung, Reihenschaltung),** dann addieren sich die Drücke, die Spannung wird erhöht. Werden die Stromquellen **nebeneinander angeordnet (Parallelschaltung),** dann steigt die Zahl der in der Zeiteinheit lieferbaren Elektronen an, es können mehr Elektronen entnommen werden; die von der Art des Verbrauchers bestimmte Stromstärke kann erhöht werden, ohne daß der Druck (die Spannung) merklich abfällt.

Ist der **Widerstand des Verbrauchers groß,** dann können nur **wenige Elektronen** durch ihn hindurchfließen, die **Stromstärke ist klein** und der Druckverlust **(Spannungsverlust) ist nicht meßbar.** Ist der **Verbraucherwiderstand sehr klein,** dann fließen **viele Elektronen** in der Zeiteinheit durch ihn hindurch, die **Stromstärke ist groß.** Ist die Spannungsquelle nicht in der Lage alle Elektronen mit dem ihr eigenen Druck zu liefern, dann sinkt der Druck (die Spannung) ab.

**Die Eigengeschwindigkeit der Elektronen in einem**

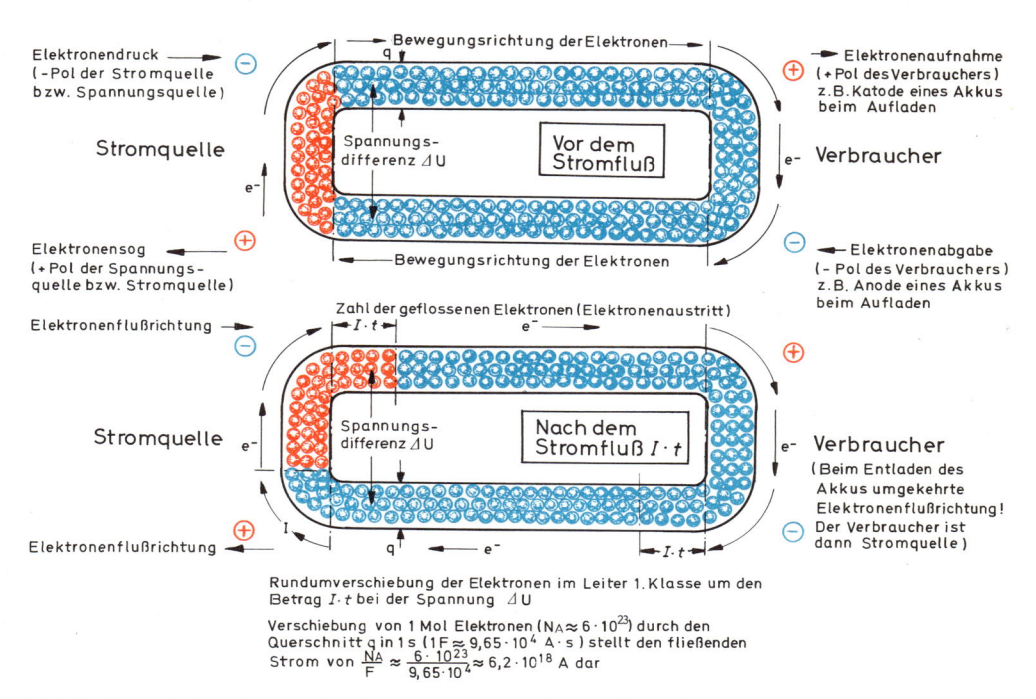

Rundumverschiebung der Elektronen im Leiter 1. Klasse um den Betrag $I \cdot t$ bei der Spannung $\Delta U$

Verschiebung von 1 Mol Elektronen ($N_A \approx 6 \cdot 10^{23}$) durch den Querschnitt q in 1s (1F $\approx$ 9,65 $\cdot$ 10$^4$ A $\cdot$ s) stellt den fließenden Strom von $\frac{N_A}{F} \approx \frac{6 \cdot 10^{23}}{9,65 \cdot 10^4} \approx 6,2 \cdot 10^{18}$ A dar

*Bild 62. Vereinfachtes Beispiel der Stromentstehung und der äußeren Stromleitung*

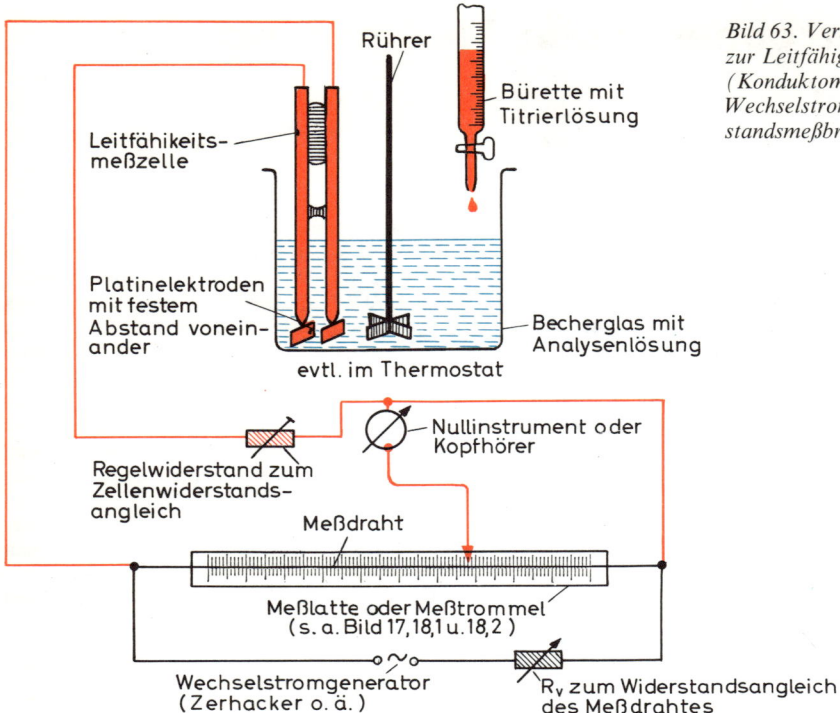

*Bild 63. Versuchsanordnung zur Leitfähigkeitstitration (Konduktometrie) mit der Wechselstrom-Widerstandsmeßbrücke*

**Leiter ist von dessen Eigenschaften abhängig.** Von der Geschwindigkeit der Elektronen läßt sich dadurch auf die Art des Leiters schließen. **Nach außen hin erscheint es, als ob die Elektronen Lichtgeschwindigkeit besäßen. Dies ist in der Elektrochemie nie der Fall** und gilt eigentlich nur für die Geschwindigkeit des Auf- und Abbaues eines elektromagnetischen Feldes.

Es wurde schon gesagt, daß sich Elektronen, selbst in Leitern 1. Klasse, nur bis zu Zentimetern je Sekunde (bei 1 mV je cm nur $0,4 \text{ mm} \cdot \text{s}^{-1}$) zurücklegen. Das ist etwa die Fortbewegungsgeschwindigkeit einer Weinbergschnecke. Trotzdem geht das Licht bei Einschalten des elektrischen Schalters im Zimmer praktisch sofort „an". Dies bewirken nicht die Elektronen am Schalter, sondern die Hüllenelektronen der Leiteratome, die am beweglichsten sind. In Bild 62 bewegen sich die roten Elektronen der Stromquelle weiter und diese Bewegung wird über den Gesamtstromkreis mit Lichtgeschwindigkeit übertragen und zwei andere Elektronen treten in den Pluspol der Stromquelle ein (blaue Kugeln aus dem äußeren Stromkreis).

Die seither beschriebenen Effekte, die zur Messung dienen können, entstehen einmal an der Stromquelle (*EMK*-Messung). Die möglichen Ursachen der Potentialbildung wurden dort geschildert. Zum anderen Male wird der Elektronenfluß im äußeren Stromkreis geschwächt durch bremsende oder gar entgegengesetzt gerichtete Kräfte. Diese Kräfte sind sowohl von der Art des Materials, als auch von der Anordnung des Versuchs abhängig.

Sowohl die *EMK*-Bildung als auch die Stromleitung durch Ionen ist von deren Art, Konzentration, Wertigkeit und den physikalischen Umweltbedingungen abhängig. Werden diese einmal festgelegt, dann geben die gemessenen Werte an unbekannten Stoffen einen Hinweis darauf, um welche Art Stoff es sich handelt. Dabei gibt das gemessene **Potential Aufschluß über die Art der Ionen** und die **Stromstärke zeigt deren Konzentration** an. Das Verhalten bei Gleichstrom, niederfrequentem und hochfrequentem Wechselstrom zu untersuchen und entstehende Potentiale zu messen findet in den **elektrochemischen Methoden der Analytik** seinen Niederschlag.

Einige Methoden wurden bereits in vorangegangenen Kapiteln erwähnt, ebenso die Wheatstonesche Brückenschaltung zur Kompensationsmessung nach Poggendorf.

# 3.1. Leitfähigkeitstitration

Zur Messung der Leitfähigkeit sei auf das Kapitel 2.5. und Unterkapitel verwiesen. Die **Leitfähigkeitstitration** selbst benutzt **die Änderung der Leitfähigkeit als Indikator** dafür, daß neue Ionen entstehen oder vorhandene Ionen verschwinden. Sie ist ein Teilgebiet **der Konduktometrie, der Leitfähigkeitsmessung** selbst.
Die **Neutralisationstitration** beruht auf der starken Leitfähigkeitsänderung, die auftritt, wenn sich die äußerst beweglichen Wasserstoffionen und Hydroxylionen zu undissoziiertem Wasser zusammenlagern. Der Vorteil gegenüber der Verwendung von Farbindikatoren liegt in der **objektiven Erkennung des Neutralisationspunktes** und der Verwendungsfähigkeit **bei gefärbten Lösungen,** deren Neutralisationspunkt durch einen Farbumschlag des Indikators nicht zu erkennen wäre.
**Gemessen wird die Änderung der Leitfähigkeit durch die Änderung des Stromflusses im äußeren Stromkreis.**
Die Versuchsanordnung gibt Bild 63 im Prinzip wieder.
Herausgegriffen seien die drei wichtigsten Varianten. Es kann eine **starke Base mit einer starken Säure** (oder umgekehrt) titriert werden. Die Zunahme an Anionen, wenn **Säure zugegeben** wird, fällt gegenüber dem Verschwinden der Hydroxylionen, dank deren größerer Grenzleitfähigkeit bzw. Beweglichkeit (s. Tafel 8 im Text) keinesfalls ins Gewicht. Bei der Zugabe von **Lauge als Titrationsmittel** ist die Kationenzunahme aus gleichem Grund zur Erkennung des Neutralisationspunktes unwesentlich, wie aus Bild 64.1. zu ersehen ist. Bis zum Neutralisationspunkt werden die beweglichen, vorgelegten als auch zugegebenen Ionen (Säureanteil bzw. Laugenanteil, vorgelegt) verbraucht. Die vorgelegten Ionen mit dem geringen Leitfähigkeitsanteil bleiben erhalten und bekommen als Gegenionen diejenigen aus der Titrationsflüssigkeit (Salzanteil). Am Neutralisationspunkt werden die beweglicheren Ionen der Titrationsflüssigkeit (Laugenanteil bzw. Säureanteil, zugegeben) nicht mehr zu undissoziiertem Wasser entladen, die Leitfähigkeit steigt deshalb rasch an, mit ihr die gemessene Stromstärke im äußeren Stromkreis. Der Leitfähigkeitsbeitrag des Salzanteils bleibt konstant, da nun kein weiteres Salz entstehen kann.
In Industrielabors wird nicht abgelesen und notiert. Als Bürette verwendet man am besten eine **Kolbenbürette, die mit dem Papiervorschub eines Schreibers gekoppelt** ist. Der Weiterschub des Registrierstreifens ist damit identisch mit der Zugabe, nämlich dem Kolbenweg der Bürette, der die Titrierflüssigkeit aus der Bürette drückt. Der Zeiger ist durch einen Schreiber ersetzt, der auf dem Papier die äquivalente Stromstärke bzw. Widerstandsänderung als Kurve zeichnet.
**Die andere Möglichkeit ist die Titration einer schwachen Base mit einer starken Säure.** Die vorgelegte Base ist nur wenig dissoziiert. Das entstehende Salz ist stark dissoziiert und drängt die Basendissoziation (nach dem MWG, Massenwirkungsgesetz) zurück. Damit fällt zu Beginn der Titration die Kurve etwas ab, um langsam, der steigenden Kationendissoziation durch Salzbildung folgend, anzusteigen. Erst **wenn alle Hydroxylionen verbraucht sind, steigt die Leitfähigkeit,** dank der zugeführten Wasserstoffionen (Hydroxoniumionen) im Überschuß, steil an (Bild 64.2).
**Die dritte Möglichkeit besteht in der gleichzeitigen Titration** einer schwachen und einer starken Säure nebeneinander mit einer starken Lauge. **Zunächst wird der Wasserstoffionenanteil der stark dissoziierten Säure neutralisiert und das Alkalisalz der starken Säure gebildet.** Die Kurve fällt zunächst steil ab (Bild 64.3.). **Bei weiterer Laugenzugabe entsteht das Salz der schwächeren Säure, dessen Äquivalentleitfähigkeit höher liegt als diejenige der Säure selbst** (vgl. Anhangtafel 3.2. Essigsäure und ihre Alkalisalze mit Na und K). Die Kurve steigt leicht an. Ist die gesamte schwach dissoziierte Säure neutralisiert, dann sorgt der Hydroxylionenüberschuß bei weiterer Titrierlaugen-Zugabe für einen weiteren, steileren Anstieg.
Ähnlich verläuft die **Fällungstitration.** Ionen werden als sehr schwer löslicher, praktisch undissoziierter Niederschlag der Lösung als Stromtransportmittel entzogen, so wie dies beim Zusammentritt zu undissoziiertem Wasser der Fall war. Der einzige Unterschied besteht im Aggregatzustand des Reaktionsproduktes bei der Bestimmung durch die Leitfähigkeitstitration. Das Kurvenbild aus einer derartigen **Fällungs- oder Substitutionstitration** gibt Bild 64.4. wieder. Wird Halogenid mit Silbernitrat bestimmt, dann fällt das Silberhalogenid aus, solange noch Halogenionen vorhanden sind und es treten nur Nitrationen zusätzlich in die Lösung ein. Sie ersetzen das Halogenidion, das dafür im äquivalenten Maße verschwindet. Bei Silbernitratüberschuß wird kein Halogenid ersetzt, sondern die Nitrationen werden zusätzlich hinzugegeben und es treten erstmals freie Silberionen als Elektrizitätsträger in der Meßlösung auf. Die Leitfähigkeit nimmt stark zu. **Eine Halogen-**

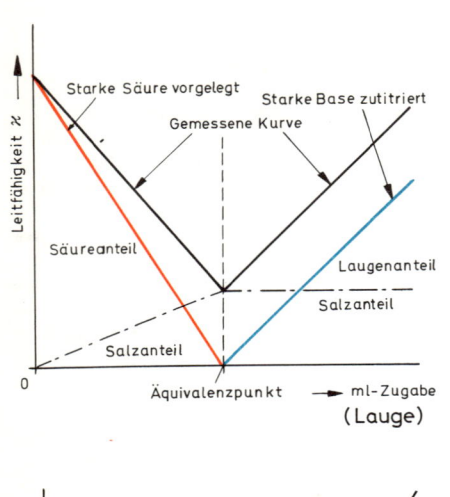

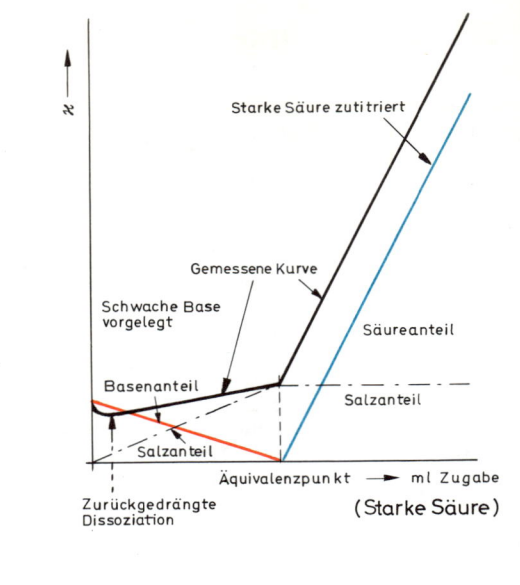

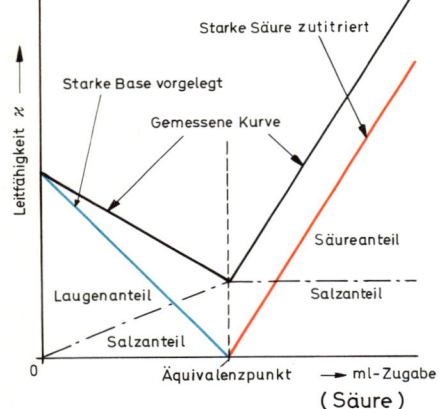

Bild 64. Neutralisationskurven
Bild 64.1. Starke Base mit starker Säure titriert (und umgekehrt)
Bild 64.2. Schwache Base mit starker Säure titriert
Bild 64.3. Gemisch von starker und schwacher Säure mit starker Base titriert

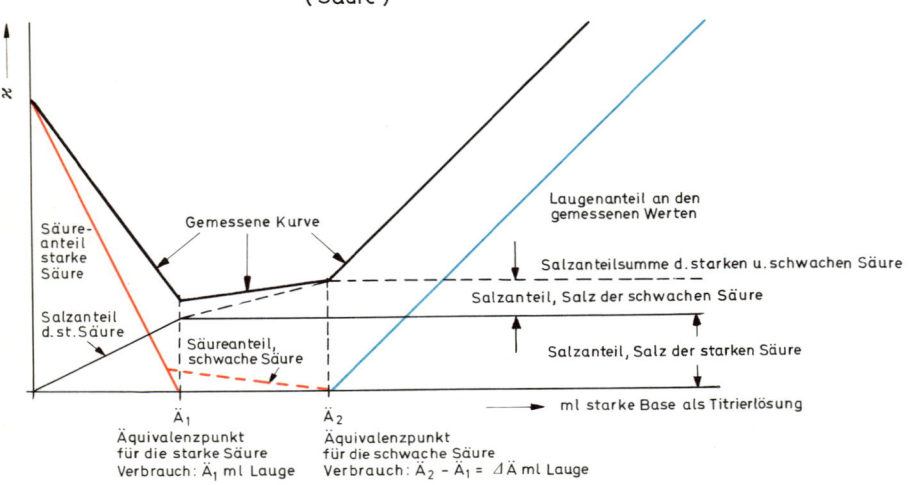

*Bild 64.4. Konduktometrische Fällungstitration von Halogenionen mit Silberionen*

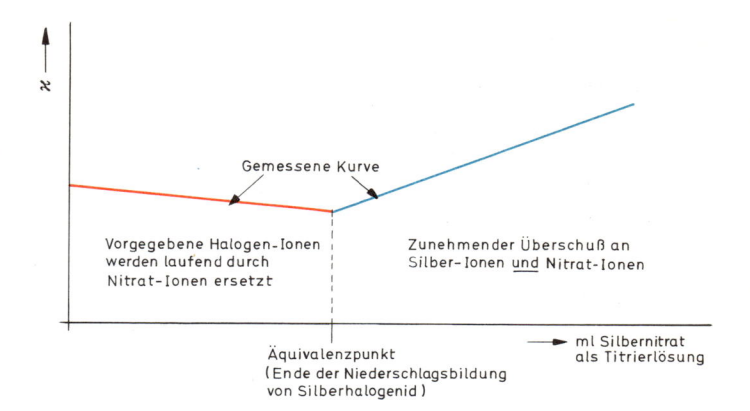

Gemessene Kurve

Vorgegebene Halogen-Ionen werden laufend durch Nitrat-Ionen ersetzt

Zunehmender Überschuß an Silber-Ionen und Nitrat-Ionen

ml Silbernitrat als Titrierlösung

Äquivalenzpunkt (Ende der Niederschlagsbildung von Silberhalogenid)

bestimmung auf der Basis der Silbernitrat-Titration läßt sich besser potentiometrisch vornehmen. Auf diese Weise ist es sogar möglich, die Halogene Chlor, Brom und Jod nebeneinander quantitativ zu erfassen.

Mit Hilfe der Leitfähigkeit läßt sich in der organischen Chemie auch die **Esterverseifungsgeschwindigkeit** bestimmen. Zunächst wird die Leitfähigkeit des **Verseifungsmediums**, z. B. NaOH bestimmt. Die zur Verseifung verwendete Natronlauge wird 1:1 verdünnt und im temperierten (Thermostat) Leitfähigkeitsgefäß gemessen. Anschließend wird die unverdünnte Natronlauge mit der gleichen Menge Wasser, das 0,5 Vol.-% des zu untersuchenden Esters enthält, verdünnt und der Zeitpunkt des Mischens als Nullzeit festgelegt. Die Natronlauge muß gegenüber dem Esteräquivalent im Überschuß vorliegen. Die Reaktion der Verseifung eines Essigesters (R ist darin eine **Alkylgruppe**, z. B. Methyl–$CH_3$ oder Äthyl–$C_2H_5$) $CH_3COOR + OH^- + Na^+ \rightarrow CH_3COO^- + Na^+ + ROH$ ist eine Zeitreaktion. **Die vorhandenen OH-Ionen werden zum Teil verbraucht und gegen Azetationen** ausgetauscht. Die Natriumionenkonzentration ändert sich nicht. Ester und Alkohol beeinflussen die Leitfähigkeitswerte praktisch nicht. Der gemessene Vorgang als Änderung gesehen ist deshalb einfach zu beschreiben mit $OH^- \rightarrow CH_3COO^-$. Die Leitfähigkeit nimmt also ab, denn die beweglicheren Hydroxylionen werden durch die Azetationen mit der wesentlich geringeren Äquivalentleitfähigkeit ersetzt. **Der Versuch wird dann bei einer Temperatur wiederholt, die um 10 °C** (wegen leichterer Berechnung) **höher oder niedriger liegt.**

Aus den Werten läßt sich die Konzentration des gebildeten Azetations berechnen als Funktion der inzwischen vergangenen und ebenfalls registrierten Zeit. Aus diesen Wertepaaren läßt sich die Geschwindigkeitskonstante $k$ und ihre Temperaturabhängigkeit berechnen (Mittelwert einsetzen, wenn kein größerer Unterschied in jeder Temperaturreihe auftritt). Damit kann weiterhin die Aktivierungsenergie und der Häufigkeitsfaktor der Reaktion errechnet werden.

## 3.2. Potentiometrische Titration

Im Prinzip beruht die potentiometrische Titration auf der Potentialänderung eines Halbelementes, hervorgerufen durch den Zusatz des Titriermittels. Das andere Halbelement, dessen Eigenpotential durch elektrische Schaltkniffe unterdrückt werden kann (= genauere Ablesung; bedeutet aber nicht genaueres Meßergebnis!) ist eine der Bezugselektroden des Kapitels 2.8.4.

Brauchbar sind auf jeden Fall Reaktionen, die ein Halbelement 2. Art (s. Anhangtafel 3.4.5.) bilden.

Durch Niederschlagsbildung ändert sich im gleichen Maße das Potential der Halbelektrode, die das Reaktionsgefäß bildet. Bezugselektrode kann ein sich abgeschlossenes System sein. Zu beachten sind lediglich alle **Faktoren, die zu einer Potentialbildung befähigt** sind.

Hier die wesentlichsten Fakten:

Die Bezugselektrode bleibe ein konstantes und in sich selbst abgeschlossenes System und **es ändere sich lediglich eine Halbzelle. Potentiale werden** gebildet durch die Grenzschicht zwischen einem Metall und seinen Ionen einerseits, und durch gleichartige Ionen andererseits, die voneinander getrennt sind, aber in verschieden hoher Konzentration beiderseits der halbdurchlässigen Wand oder Membran existieren. Potentiale, die durch Ionenbildung verursacht werden, können mit oder ohne Überführung entstehen. **Konzentrationspotentiale** können durch verschiedene Konzentration des Elektrolyten oder durch den Konzentrationsunterschied an der Elektrode (durch Ionenabscheidung in Form von Atomen) auftreten. Die Potentiale unterschiedlicher Konzentration können ebenfalls mit oder ohne Überführung entstehen.

Einen Überblick über die Zusammenhänge soll Tafel 24 bieten:

*Tafel 24: Einteilungsschema der elektrochemischen Zellen.*

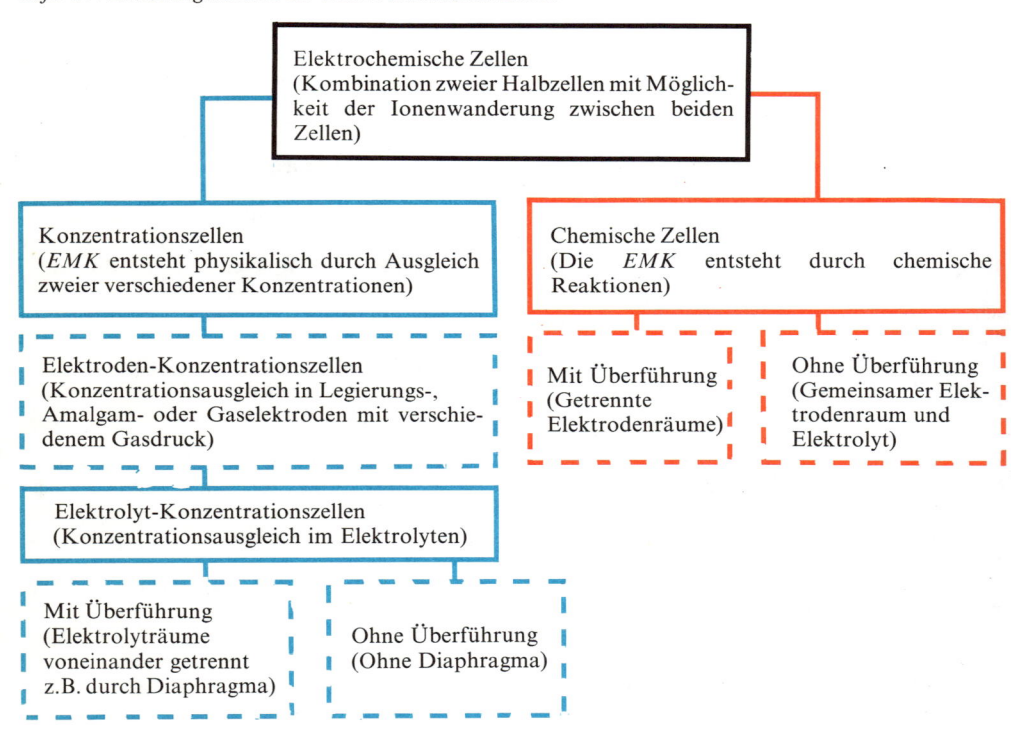

```
                    ┌─────────────────────────────────────┐
                    │  Elektrochemische Zellen            │
                    │  (Kombination zweier Halbzellen     │
                    │  mit Möglichkeit der Ionen-         │
                    │  wanderung zwischen beiden Zellen)  │
                    └─────────────────────────────────────┘
                         │                          │
        ┌────────────────┴──────┐       ┌───────────┴──────────┐
        │ Konzentrationszellen  │       │ Chemische Zellen     │
        │ (EMK entsteht         │       │ (Die EMK entsteht    │
        │ physikalisch durch    │       │ durch chemische      │
        │ Ausgleich zweier ver- │       │ Reaktionen)          │
        │ schiedener Konzen-    │       │                      │
        │ trationen)            │       │                      │
        └───────────────────────┘       └──────────────────────┘
                                           │            │
   ┌─────────────────────────────┐    ┌────┴──────┐ ┌───┴──────────┐
   │ Elektroden-Konzentrations-  │    │ Mit Über- │ │ Ohne Über-   │
   │ zellen (Konzentrations-     │    │ führung   │ │ führung      │
   │ ausgleich in Legierungs-,   │    │ (Getrennte│ │ (Gemeinsamer │
   │ Amalgam- oder Gaselektroden │    │ Elektroden│ │ Elektroden-  │
   │ mit verschiedenem Gasdruck) │    │ räume)    │ │ raum und     │
   │                             │    │           │ │ Elektrolyt)  │
   └─────────────────────────────┘    └───────────┘ └──────────────┘
   ┌─────────────────────────────┐
   │ Elektrolyt-Konzentrations-  │
   │ zellen (Konzentrations-     │
   │ ausgleich im Elektrolyten)  │
   └─────────────────────────────┘
        │                    │
   ┌────┴────────┐      ┌────┴────────┐
   │ Mit Über-   │      │ Ohne Über-  │
   │ führung     │      │ führung     │
   │ (Elektrolyt-│      │ (Ohne       │
   │ räume von-  │      │ Diaphragma) │
   │ einander    │      │             │
   │ getrennt    │      │             │
   │ z.B. durch  │      │             │
   │ Diaphragma) │      │             │
   └─────────────┘      └─────────────┘
```

Sind die Elektrodenräume voneinander getrennt und bestehen aus verschiedenen Elektrolytlösungen, dann sind dies Zellen mit Überführung. In ihnen sind die Vorgänge nicht mehr umkehrbar (sind irreversibel).

**Elektroden 2. Art** sind Halbelemente, deren Potential durch das Löslichkeitsprodukt des schwerlöslichen Niederschlags und die Anwesenheit von einer der beiden Ionenarten und deren Konzentration, die das Löslichkeitsprodukt beeinflußt, bestimmt wird. Als Beispiel diene das Halbelement Silber/Silberhalogenid.

Aus der Anhangtafel 3.4.5. stammen die Standardpotentiale (gegen NWE, Normal-Wasserstoff-Elektrode):

Ag/(AgCl); $Cl^-$  $E_0 = +222,3$ mV.
$L_{25°} = 1,56 \cdot 10^{-10}$
Ag/(AgBr); $Br^-$  $E_0 = +71,3$ mV.
$L_{25°} = 7,7 \cdot 10^{-13}$
Ag/(AgJ); $J^-$  $E_0 = -151,9$ mV.
$L_{25°} = 1,5 \cdot 10^{-16}$

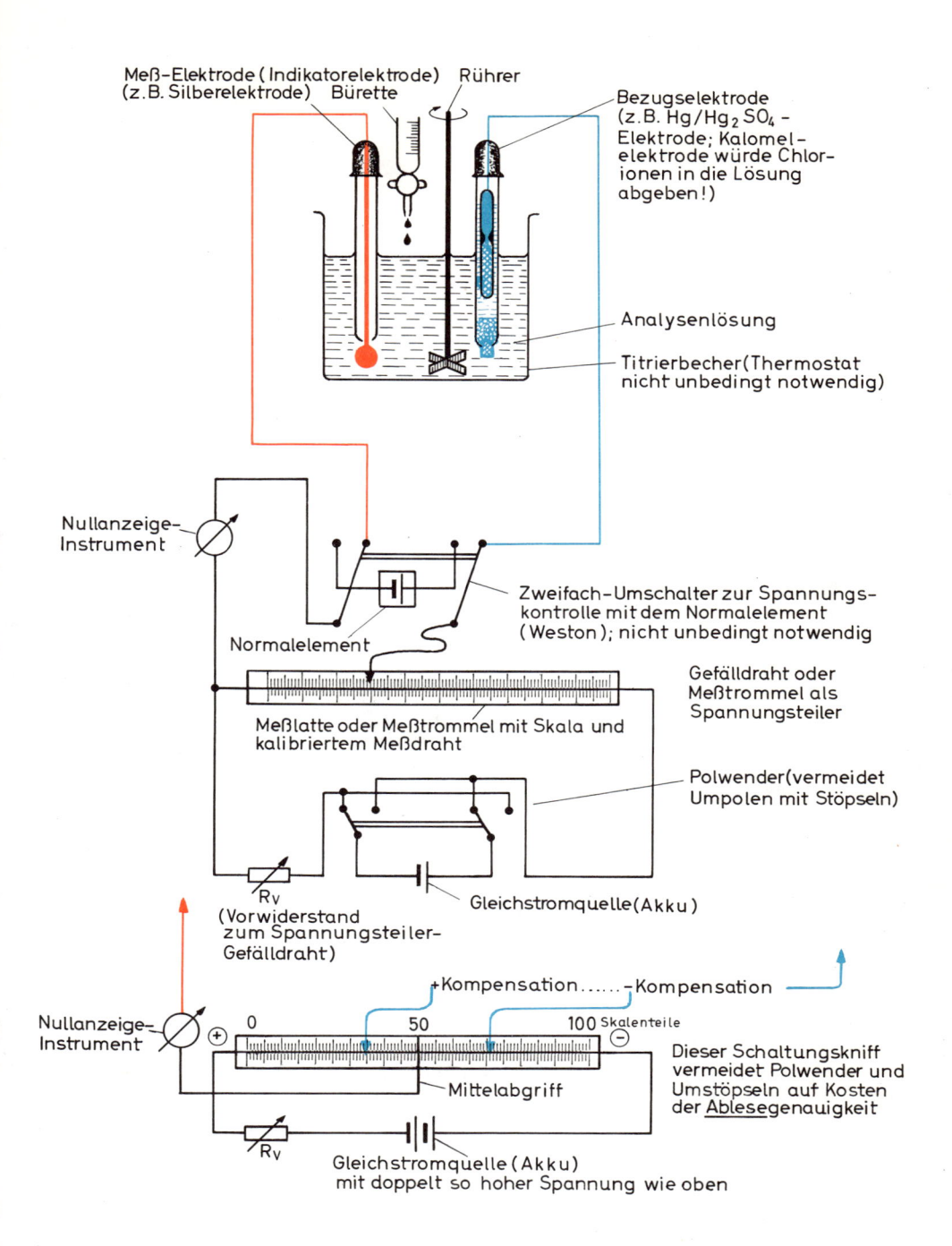

Bild 65. Versuchsanordnung zur potentiometrischen Titration

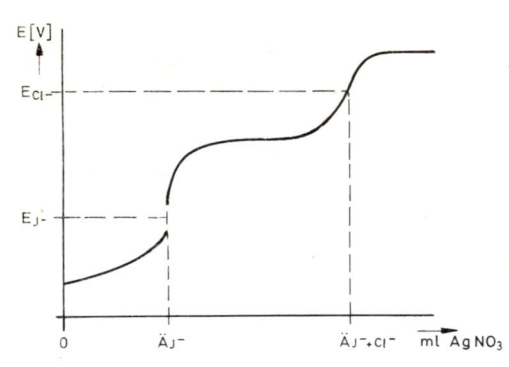

*Bild 66. Kurve zur potentiometrischen Fällungstitration*

**Die Simultanbestimmung (gleichzeitige Bestimmung nebeneinander)** von Chlor-, Brom- und Jod-Ionen ist theoretisch durchaus möglich. Schwierigkeiten erwachsen lediglich daraus, daß gebildeter Niederschlag der einen Ionensorte beim Ausfällen eine andere Ionenart mitreißt. Zusatz von Bariumnitrat verringert den **Adsorptionseffekt**. Zunächst fällt schwerstlösliches Silberjodid aus, dann Silberbromid und schließlich das Chlorid. Ist Bromid zugegen, dann beträgt der Bestimmungsfehler bis zu ±1%. Jodid und Chlorid nebeneinander lassen sich dagegen sehr genau bestimmen.

Den Prinzipaufbau zur **potentiometrischen Titration** zeigt Bild 65. Die zu untersuchende Flüssigkeit befindet sich in einem Titrierbecher und wird während der gesamten Titration gerührt. Die Indikatorflüssigkeit (z. B. 0,1 n-Silbernitrat) wird aus einer Bürette zugetropft. Die Potentialänderung zwischen der Meßelektrode und Bezugselektrode (z. B. Silberelektrode und Quecksilber-Quecksilber-(I)-sulfatelektrode) wird im Kompensationsverfahren gemessen. Die Skalenteile müssen nicht in Millivolt umgerechnet werden. Es genügt, wenn zu der Zahl der zugegebenen Milliliter die zugehörigen Skalenteile notiert werden, die abgelesen werden, wenn der Nullanzeiger keinen Stromdurchgang feststellen läßt.

Soll die Messung nicht der Halogenidbestimmung dienen, sondern eine Fabrikation steuern (z. B. Silberhalogenid-Emulsionen für Filme und Fotopapier), dann ist die Messung im Thermostaten bei der Herstellungstemperatur vorzunehmen.

Die vorzulegende Analysenlösung soll ein volummäßig Vielfaches der zuzugebenden Titrierlösung bei der analytischen Bestimmung sein, damit bei andersartigen potentiometrischen Titrationen die Verdünnung durch die zugegebene Lösung das Ergebnis nicht merklich verfälscht.

Der Polwender an der Gleichstromquelle, die der Kompensation dient, ersetzt das Umstöpseln am Akku in Bild 65. Bei der Bestimmung von Jodid und Chlorid nebeneinander tritt nämlich ein Polwechsel ein, wenn die Bezugselektrode beispielsweise eine Quecksilber-I-sulfatelektrode ist. Das Potential der Quecksilber-Quecksilber-(I)-sulfatelektrode gegen NWE liegt bei etwa $+0,62$ V (s. Anhangtafel 3.4.5.) und die Standardpotentiale von $Ag/Ag^+$ (AgJ) bei $-0,15$ V und von $Ag/Ag^+$ (AgCl) bei $+0,3$ V (s. Tafel 20 im Text) und das Normalpotential $Ag/Ag^+$ bei $+0,8$ V (s. Anhangtafel 3.4.1.).

Wird eine der beiden Elektroden an den Mittelabgriff des Gefälledrahtes und die andere an den Schleifkontakt angeschlossen, dann ist eine Polwendung auf dem Gefälledraht direkt möglich. Die Genauigkeit der **Ablesung** sinkt dafür auf die Hälfte ab, wenn der gleiche Spannungsteilerdraht benutzt wird.

Das Kurvenbild einer **potentiometrischen Simultanbestimmung** von Chlorid und Jodid stellt Bild 66 dar. Dort sind die Äquivalenzpunkte und die zugehörigen *EMK* angegeben. Der **Äquivalenzpunkt** bei allen potentiometrischen Titrationen liegt auf dem **Wendepunkt der Kurve**. Das zugehörige Potential $E$ wird **Umschlagspotential** genannt. In Bild 66 sind 2 Umschlagspotentiale vorhanden.

Eine Kalomelelektrode würde Chlorionen aus ihrem KCl in die Lösung abgeben und das Ergebnis verfälschen. Notfalls muß die Kalomelelektrode mit einem **Elektrolytschlüssel** (Ammoniumnitratlösung als **Ionenleiter**) mit der Analysenlösung **indirekt verbunden** werden.

Häufig verlaufen die erhaltenen Kurven ohne Steilanstieg. Die graphische Lösung wird dann ungenau. Da der Differentialquotient (1. Ableitung) das Steigmaß einer Kurve angibt und der Äquivalenzpunkt mit der größten Steigung zusammenfällt, lassen sich die Meßergebnisse durch Umrechnung präzisieren. Differenziert wird Gl. (128)

$$(128) \quad E = E_0 + \frac{R \cdot T}{z \cdot F} \cdot \ln a$$

und ergibt

$$\frac{\partial E}{\partial a_T} = -\frac{R \cdot T}{z \cdot F} \cdot \frac{1}{a_0 - a_T} \left( = \frac{\Delta E}{\Delta a_T} \right) \quad (154)$$

Darin wird die Ausgangskonzentration der zu analysierenden Lösung mit $a_0$ (**Ausgangsaktivität**) und die **Aktivität des zugegebenen Titriermittels mit** $a_T$ bezeichnet. Wird am Äquivalenzpunkt die Konzentration bzw. Aktivität der Titrierlösung gleich derjenigen der Analysenlösung, dann ist $a_0 - a_T = 0$ und der Wert der ersten Ableitung wird unendlich groß. Die Kurve zeigt dort ihr Maximum, wo bei der gemessenen Kurve der Wendepunkt liegt.

Betrachtet sei eine Reaktion ganz allgemein. Es ist darin AB der zu analysierende gelöste Stoff der Aktivität $a_0$. Zugegeben werde eine genau bekannte Titrierlösung des Stoffes CD mit der eingestellten Aktivität $a_T$. Die Reaktion sei

$$AB + CD \rightarrow A^+ + B^- + C^+ + D^- \rightleftharpoons A^+ + D^- + CB\downarrow \quad (C^+ B^-)$$

z. B.: $NaCl + AgNO_3 \rightarrow Na^+ + Cl^- + Ag^+ + NO_3^- \rightleftharpoons Na^+ + NO_3^- + AgCl\downarrow \quad (Ag^+ Cl^-)$

Potentialbildend möge nur die Ionenart $C^+$ sein;

$$B^- + C^+ \rightleftharpoons CB\downarrow$$
$$Cl^- + Ag^+ \quad AgCl\downarrow$$

**Mit der Silberelektrode bildet nur das Silberion ein Potential aus.** Solange die Silberionen als Silberchlorid gefällt werden, so lange kann das Potential dieses Halbelementes nur durch das Löslichkeitsprodukt des Silberchlorids bestimmt werden. **Erst bei einem Überschuß an Silberionen steigt das Potential steil an.** Maßgebend für die Potentialbildung sind nur die vorhandenen Chlorionen, als Vernichter zugegebener Silberionen sozusagen, und die Menge der zugegebenen Silberionen selbst. Deren zunehmende Konzentration läßt sich auch direkt in $V$ als Menge der zutitrierten Milliliter angeben. Das Potential $E$ ist direkt proportional der Zahl der Skalenteile $Skt$.

**Beispiel:** Ein Gefälldraht von 1000 mm Länge in Bild 65 sei durch eine Gleichstromquelle mit dem Gegenpotential von 2 V versehen, d. h. je mm Drahtdifferenz eine Differenz von 2 mV. Es werden jeweils 0,2 ml Analysenlösung zutitriert und folgende Wertetabelle aufgestellt (für die Gegend des Umschlags):

| $Skt$ | mV | ml | Werte zur ersten Ableitung |||||
| --- | --- | --- | --- | --- | --- | --- | --- |
| | | | $\Delta V$ | $\Delta Skt$ | $\Delta E$ | $\dfrac{\Delta Skt}{\Delta V}$ | $\dfrac{\Delta E}{\Delta V}$ |
| 54,5 | 108 | 20,2 | | | | | |
| | | | 0,2 | 2,5 | 6 | 12,5 | 30 |
| 57,0 | 114 | 20,4 | | | | | |
| | | | 0,2 | 3,0 | 6 | 15,0 | 30 |
| 60,0 | 120 | 20,6 | | | | | |
| | | | 0,2 | 6,0 | 12 | 30,0 | 60 |
| 66,0 | 132 | 20,8 | | | | | |
| | | | 0,2 | 14,5 | 29 | 72,5 | 145 |
| 80,5 | 161 | 21,0 | | | | | |
| | | | 0,2 | 37,0 | 74 | 185,0 | 370 |
| 117,5 | 235 | 21,2 | | | | | |
| | | | 0,2 | 20,5 | 41 | 102,5 | 205 |
| 138,0 | 276 | 21,4 | | | | | |
| | | | 0,2 | 8,0 | 16 | 40,0 | 80 |
| 146,0 | 292 | 21,6 | | | | | |
| | | | 0,2 | 4,5 | 9 | 22,5 | 45 |
| 150,5 | 301 | 21,8 | | | | | |
| | | | 0,2 | 3,0 | 6 | 15,0 | 30 |
| 153,5 | 307 | 22,0 | | | | | |

Die gemessene Kurve (schwarz) und ihre erste Ableitung (rot) zeigt Bild 67. Der Wendepunkt und das Maximum liegen bei etwa **21,12 ml als Äquivalenzpunkt.**

Je nach der Art der analytischen Reaktion müssen die entsprechenden Halbelemente als elektrochemische Indikatoren eingesetzt werden. Gleichzeitig ist darauf zu achten, daß die Bezugselektrode nicht in das Reaktionsgeschehen eingreift (KCl der Kalomelelektrode z. B. bei Chloridbestimmungen). Titrationen, bei denen **Wasserstoffionen** oder Hydroxylionen entstehen oder verschwinden (Neutralisation) werden mit **der Wasserstoffelektrode oder mit der Glaselektrode** durchgeführt. Verschwinden oder entstehen **Metallionen,** dann ist als **Elektrode das Metall oder eine Platinelektrode, die mit dem betreffenden Metall überzogen** ist, zu verwenden. **Redoxtitrationen werden an Platinblechen als Indikatorelektrode vorgenommen.** Hierfür soll die Differenz der Standardpotentiale zwischen dem zu bestimmenden Ion und dem reduzierenden oder oxydierenden Ion, das in der Titrationslösung vorliegt, größer als 250 mV sein (s. Anhangtafel 3.4.3.). Eisen läßt sich danach sowohl manganometrisch als auch cerimetrisch bestimmen, denn $Fe^{++}/Fe^{+++} = 0,771$ V als Standardpotential liegt gegenüber demjenigen von $Mn^{++}/Mn^{+++} = 1,51$ V um 739 mV negativer und gegen-

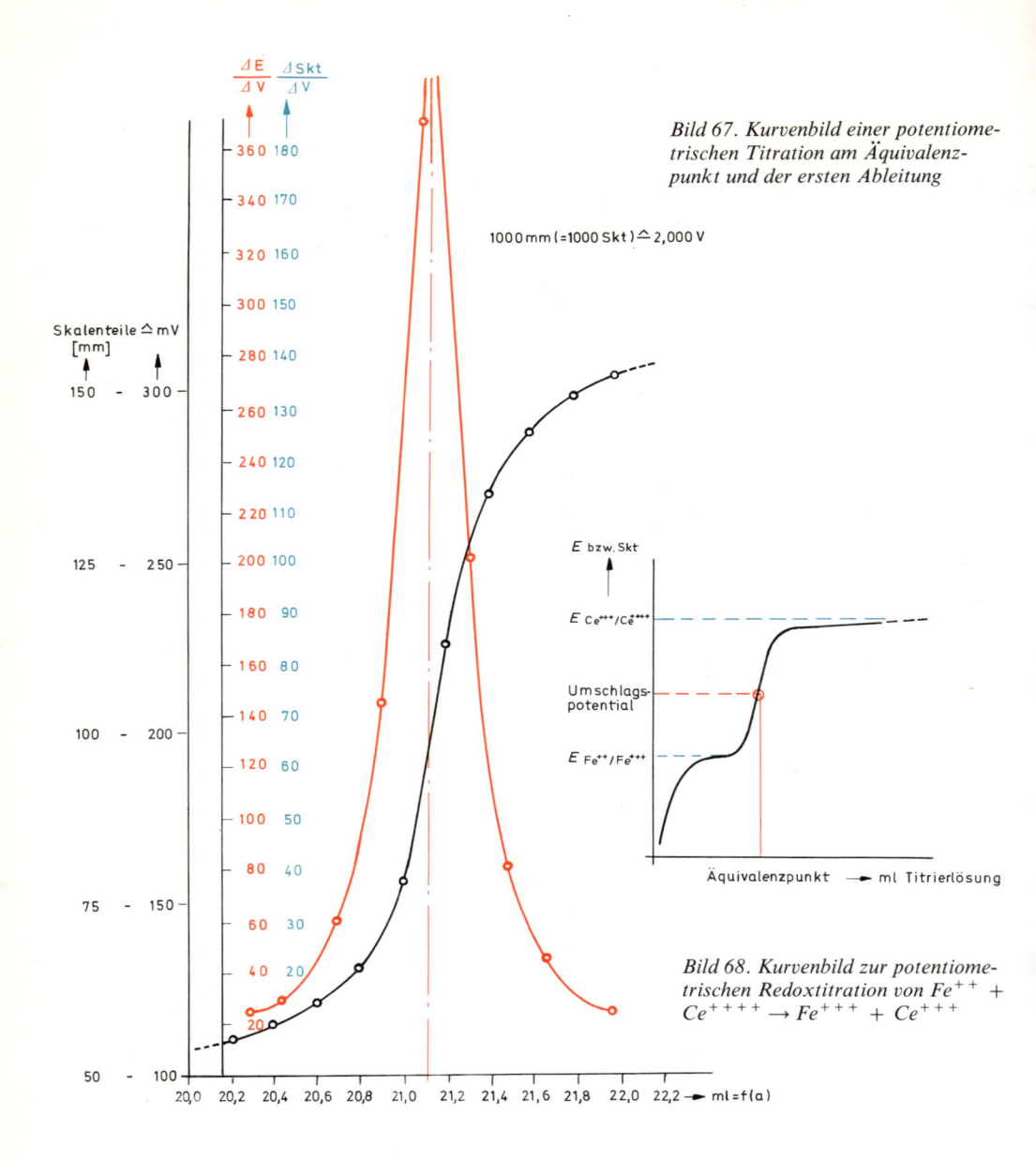

*Bild 67. Kurvenbild einer potentiometrischen Titration am Äquivalenzpunkt und der ersten Ableitung*

*Bild 68. Kurvenbild zur potentiometrischen Redoxtitration von $Fe^{++}$ + $Ce^{++++}$ → $Fe^{+++}$ + $Ce^{+++}$*

über $Ce^{+++}/Ce^{++++} = 1{,}443$ V um 672 mV niedriger. **Bei der Redox-Titration treten 2 Redoxpotentiale auf.** Zunächst das Potential der zu bestimmenden Ionensorte ($Fe^{++}/Fe^{+++}$ in Bild 68), danach das Redoxpotential des Titriermittels ($Ce^{+++}/Ce^{++++}$ in Bild 68).
In Bild 68 liegt **Eisen zunächst nur in seiner zweiwertigen, reduzierten Form vor. Ein Redoxpotential ist nicht vorhanden.** Die oxydative Stufe des Cers ($Ce^{++++}$) wird zugegeben und dabei selbst reduziert zu $Ce^{+++}$. Das $Fe^{++}$ wird oxydiert zu $Fe^{+++}$ und bildet solange ein Redoxpotential, bis **alles Eisen am Äquivalenzpunkt in der dreiwertigen Form** vorliegt. Es bildet dann **kein Redoxpotential** mehr aus. Überschüssige $Ce^{++++}$ bilden mit den vorhandenen $Ce^{+++}$, deren Menge genau derjenigen

des vorher vorhanden gewesenen $Fe^{++}$ entspricht, **das neue Redoxpotential** $Ce^{+++}/Ce^{++++}$ aus. Der einzige **Unterschied** zu den übrigen Bestimmungen liegt darin, daß **bereits verbrauchtes Titriermittel mit seinem Überschuß ein Potential** ausbildet.
**Alle potentiometrischen Titrationen geben nach der Nernstschen Gleichung eine logarithmische Kurve.** Das Beispiel der Neutralisationstitration $H^+ + OH^- \rightarrow H_2O$ möge dies theoretisch erläutern.

Die Anfangskonzentration an Wasserstoffionen sei $1 = 10^0$. Vorgelegt seien 100 ml und titriert werde mit 1 n-Lauge. Deren Hydroxylionenkonzentration ist ebenfalls $1 = 10^0$. Die Verdünnung soll dabei unberücksichtigt bleiben. Meßelektrode sei die Standard-Wasserstoffelektrode, Bezugselektrode ebenfalls eine Standard-Wasserstoffelektrode. Unter diesen Voraussetzungen werden folgende Werte errechnet:

*Tafel 25: Berechnung zur potentiometrischen Neutralisationstitration (Ausgang von 100 ml 1n-$H^+$)*

| Zugabe von ml 1n-$OH^-$ | $\Delta V$ | $H^+$-Konzentration danach | $\Delta p_H$ | $p_H$-Wert | $E$ in mV, die daraus resultieren | $\frac{\Delta p_H}{\Delta V}$ |
|---|---|---|---|---|---|---|
| 0 |  | $1 = 10^0$ |  | 0 | 0,0 |  |
|  | 10 |  | 0,05 |  |  | 0,005 |
| 10 |  | $9 \cdot 10^{-1}$ |  | 0,05 | 2,95 |  |
|  | 40 |  | 0,25 |  |  | 0,00625 |
| 50 |  | $5 \cdot 10^{-1}$ |  | 0,3 | 17,7 |  |
|  | 40 |  | 0,7 |  |  | 0,0175 |
| 90 |  | $10^{-1}$ |  | 1 | 59 |  |
|  | 9 |  | 1,0 |  |  | 0,111 |
| 99 |  | $10^{-2}$ |  | 2 | 118 |  |
|  | 0,9 |  | 1,0 |  |  | 1,111 |
| 99,9 |  | $10^{-3}$ |  | 3 | 177 |  |
|  | 0,09 |  | 1,0 |  |  | 11,11 |
| 99,99 |  | $10^{-4}$ |  | 4 | 236 |  |
|  | 0,01 |  | 3,0 |  |  | 300,0 |
| 100,0 |  | $10^{-7}$ |  | 7 | 413 |  |
|  | 0,01 |  | 3,0 |  |  | 300,0 |
| 100,01 |  | $10^{-10}$ |  | 10 | 590 |  |
|  | 0,09 |  | 1,0 |  |  | 11,11 |
| 100,1 |  | $10^{-11}$ |  | 11 | 649 |  |
|  | 0,9 |  | 1,0 |  |  | 1,111 |
| 101 |  | $10^{-12}$ |  | 12 | 708 |  |
|  | 9 |  | 1,0 |  |  | 0,111 |
| 110 |  | $10^{-13}$ |  | 13 | 767 |  |
|  | 40 |  | 0,7 |  |  | 0,0175 |
| 150 |  | $2 \cdot 10^{-14}$ |  | 13,7 | 808,3 |  |
|  | 40 |  | 0,26 |  |  | 0,0065 |
| 190 |  | $1,11 \cdot 10^{-14}$ |  | 13,96 | 823,6 |  |
|  | 10 |  | 0,04 |  |  | 0,004 |
| 200 |  | $10^{-14}$ |  | 14 | 826 |  |

Hierin ist nochmals die erste Ableitung errechnet, und eingezeichnet in Bild 69.
Diese Kurve kann auch direkt erhalten werden, wenn die Meßelektrode in ein Glasrohr gebracht wird, das nach der Analysenlösung zu in ein enges Röhrchen ausläuft. Das Glasrohr enthält an seinem oberen Ende eine Druck-/Saug-Vorrichtung (z. B. einen Gummiball). Die *EMK* wird abgelesen, eine bestimmte Menge Titrierflüssigkeit $\Delta V$ zugegeben und zwischen dem jetzt erhaltenen *EMK*-Wert und dem abgelesenen Wert, der nach dem Herausdrücken der Flüssigkeit und deren Konzentrationsaus-

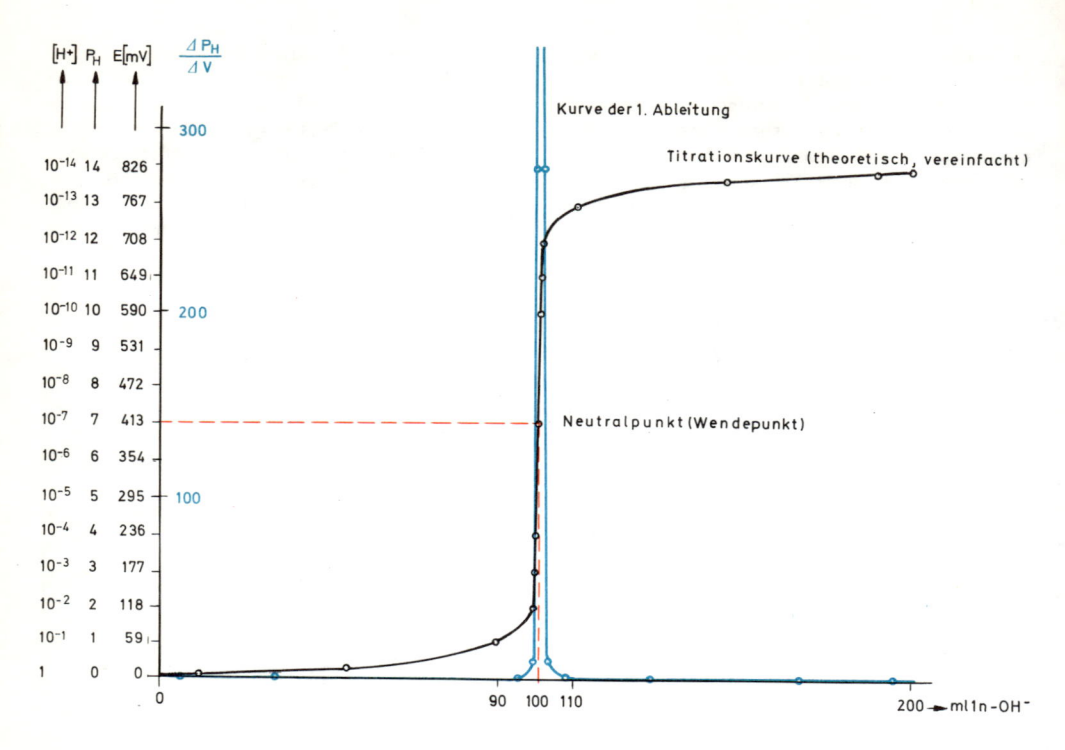

*Bild 69. Theoretischer, vereinfachter Kurvenverlauf einer potentiometrischen Neutralisationstitration und Kurve der ersten Ableitung*

gleich, sich nach dem Wiederansaugen ergibt, die Differenz $\Delta E$ gebildet. Danach wird der Vorgang wiederholt und $\Delta E$ gegen $\Delta V$ aufgetragen. Das Maximum der Kurve, die nach oben gerichtete Spitze der blauen Kurve in Bild 69 beispielsweise, gibt den genauen Äquivalenzpunkt an ($\pm 0{,}003\%$). Wird die **Bezugselektrode** durch eine **Metallelektrode** ersetzt, die durch eine Titration **ihr eigenes Potential nicht ändert,** dann ist die **gemessene** $EMK$ **nur vom Potential der Meßelektrode** abhängig. Derartige **Zweierkombinationen** werden Differenz-Indikator-Elektroden (**DIE**) genannt. Zweck-

mäßigerweise wird die Konstanz der $EMK$ des Bezugselektrodenmetalls gegen die Analysenlösung durch eine **Hilfselektrode** kontrolliert. Zur Neutralisationstitration sind die Paare Pt/W, Bi/Ag und Sb/Pb und zur Redoxtitration Pt/Pd bekannt. Weiterhin lassen sich die Elektroden durch einen zusätzlich zwischen beiden hindurchgeschickten Strom polarisieren. Zu näheren Einzelheiten sei auf das wichtigste Schrifttum verwiesen, das auch für die folgenden analytischen Methoden praktische Hinweise gibt[9][10][21][44][45][46][47][48][49].

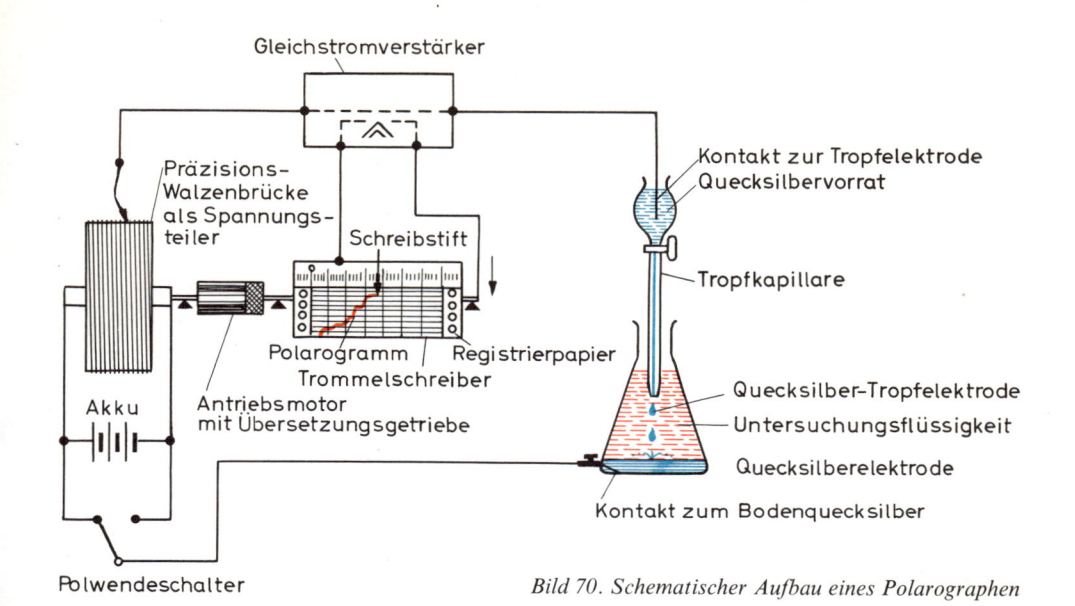

Bild 70. Schematischer Aufbau eines Polarographen

## 3.3. Polarographie

Das **Prinzip der Polarographie** beruht darauf, daß jedes Ion eine bestimmte **Mindestgleichspannung** benötigt um auf der entsprechenden Elektrode abgeschieden zu werden. Nun kann sich auf einer Katode mit zunehmender außen angelegter Spannung ein Metall nach dem anderen abscheiden. Die ursprüngliche Katode ändert sich damit laufend, wenn das betreffende Kation als Metall auf ihr niedergeschlagen wird, denn maßgebend ist die Art des Metalls, das mit dem Elektrolyten direkten Kontakt besitzt.

J. Heyrovský (s. „Geschichtliche Entwicklung") entwickelte bereits um 1922 die sich **stets erneuernde Quecksilber-Tropfelektrode,** deren Oberfläche immer wieder neu entsteht. Sie führte zu **Polarographen** (1925), dessen Prinzip Bild 70 im schematischen Aufbau zeigt. Längs einer Walzenbrücke, die als Spannungsteiler wirkt, wird eine stetig steigende Spannung angelegt, die eine direkte Funktion des Umdrehungswinkels bzw. der Umdrehungszahl selbst ist. Zu dieser **steigenden Spannung** werden die **fließenden Ströme** gemessen, die anzeigen, ob eine **Abscheidung von Ionen** auftritt. **Die Stromstärke ist direkt proportional der Zahl der abgeschiedenen Ionen, die selbst wieder von der Konzentration der Ionen im Elektrolyten abhängig ist.**

Wird die **Zersetzungsspannung** einer bestimmten Ionenart erreicht, dann werden an der Tropfelektrode alle herandiffundierenden Ionen dieser Art sofort entladen. Es entsteht um den Quecksilbertropfen herum ein Raum, der frei von dieser Ionenart ist. Durch die Diffusion treten neue Ionen der gleichen Art an die Katode heran und werden dort entladen. Je mehr Ionen im Raum um den Elektrodentropfen vorhanden sind, desto mehr können entladen werden, desto größer ist der gemessene **Diffusionsstrom.** Er ist normalerweise konstant, wenn die Größe der Elektrodenoberfläche konstant ist. **Die entstehenden Quecksilbertropfen vergrößern jedoch ihre Oberfläche** bis zum Zeitpunkt, in dem ihre innere Verbindung abreißt und sie nach unten fallen. Damit ist ihr Kontakt zum stromführenden Quecksilberkontakt unterbrochen und die Oberfläche des neuen Tropfens ist wieder kleiner. Dadurch entstehen die zickzackförmigen Linien des **Polarogramms** in Bild 71.

Aus der Kurvenform ist wieder zu ersehen, daß eine logarithmische Kurve, dank der Nernstschen Gleichung, entsteht. Der Äquivalenzpunkt liegt auch hier im Kurvenwendepunkt. Er befindet sich normalerweise auf der halben Stufenhöhe des Diffusionsstromes $\Delta I_{diff}$ und wird vermutlich deshalb Halbstufenpotential genannt, $E_{1/2}$. Der Diffusionsstrom ist auch von der Größe des Quecksilbertropfens abhängig. Die zu verwendende

*Bild 71. Beispiel eines Polarogramms*

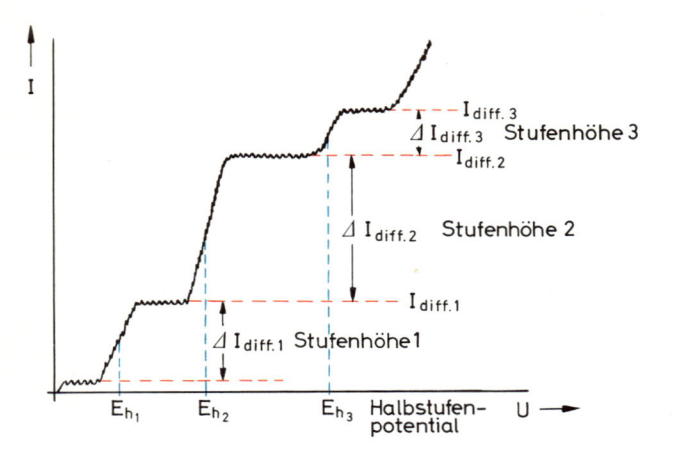

**Tropfkapillare** (ca. 8 cm lang mit einem Durchmesser von 5–6 mm und innerer lichter Weite von 0,05 bis 0,1 mm) muß deshalb **vor Gebrauch geeicht** werden, um die Ionenkonzentration aus dem Diffusionsstrom errechnen zu können. Nur die leicht polarisierbare Tropfelektrode ist Meßelektrode. Der fallende Quecksilbertropfen hat einen ungefähren Durchmesser von 1 mm und erneuert sich etwa alle 3–6 Sekunden.

Die **Gegenelektrode, die große Quecksilberfläche** am Boden des Meßgefäßes, ist **nicht polarisierbar.** Sind mehrere Ionen gleichzeitig in der Analysenlösung nebeneinander vorhanden, dann zeigt **die Lage des Halbstufenpotentials die Ionenart und die Stufenhöhe den Gehalt der Lösung** an dieser Ionenart an. Mit einer Messung wird sowohl eine qualitative (was?) und quantitative (wieviel?) Analyse durchgeführt.

*Tafel 26: Standardpotentiale und Halbwellenpotentiale der Quecksilbertropfkatode (Gegenelektrode NWE)*

| Katodenreaktion | $E_0$ | Halbwellenpotentiale gegen NWE in Volt | | |
|---|---|---|---|---|
| | | $E_{1/2}$ sauer oder neutral | $E_{1/2}$ in 1n-Alkali | $E_{1/2}$ mit Komplexbildnern |
| $Li^+ \rightarrow Li$ | $-3,045$ | $-2,075$ | $-2,075$ | |
| $Rb^+ \rightarrow Rb$ | $-2,925$ | $-1,745$ | $-1,745$ | |
| $K^+ \rightarrow K$ | $-2,924$ | $-1,904$ | $-1,904$ | |
| $Cs^+ \rightarrow Cs$ | $-2,923$ | $-1,823$ | $-1,823$ | |
| $Ba^{++} \rightarrow Ba$ | $-2,90$ | $-1,65$ | $-1,65$ | |
| $Sr^{++} \rightarrow Sr$ | $-2,89$ | $-1,86$ | $-1,86$ | |
| $Ca^{++} \rightarrow Ca$ | $-2,76$ | $-1,88$ | $-1,88$ | |
| $Na^+ \rightarrow Na$ | $-2,711$ | $-1,881$ | $-1,881$ | |
| $Mg^{++} \rightarrow Mg$ | $-2,375$ | $-1,625$ | | |
| $Al^{+++} \rightarrow Al$ | $-1,706$ | $-1,476$ | | |
| $Zn^{++} \rightarrow Zn$ | $-0,763$ | $-0,793$ | $-1,143$ | |
| $Fe^{++} \rightarrow Fe$ | $-0,409$ | $-1,029$ | $-1,259$ | |
| $Cd^{++} \rightarrow Cd$ | $-0,403$ | $-0,363$ | $-0,533$ | $-0,833$ in 1n-KCN |
| $In^{+++} \rightarrow In$ | $-0,338$ | $-0,358$ | $-0,858$ | |
| $Tl^+ \rightarrow Tl$ | $-0,336$ | $-0,236$ | $-0,236$ | |
| $Co^{++} \rightarrow Co$ | $-0,277$ | $-0,967$ | $-1,177$ | |
| $Ni^{++} \rightarrow Ni$ | $-0,23$ | $-0,82$ | | $-1,15$ in 1n-KCN |
| $Sn^{++} \rightarrow Sn$ | $-0,136$ | $-0,196$ | $-0,904$ | $-0,446$ in 10% Zitrat |
| $Pb^{++} \rightarrow Pb$ | $-0,126$ | $-0,186$ | $-0,536$ | $-0,466$ in 1n-KCN |
| $H^+ \rightarrow H$ | $\pm 0,000$ | $-1,33$ | (s. Texttafel 15, dort $-1,30$) | |

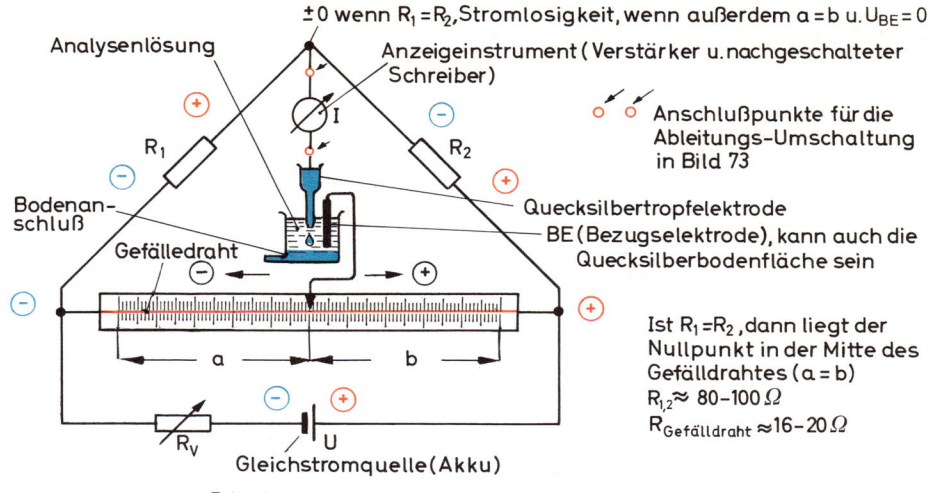

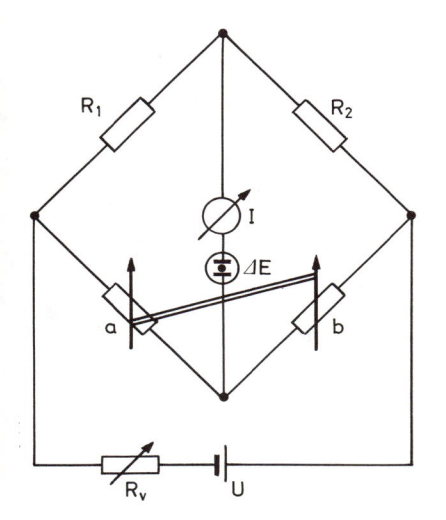

**Bild 72.** Spannungsteiler zur anodisch-katodischen Polarisationsmethode (Brückenschaltung), Prinzip und Ersatzschaltbild

Im Polarisationsgefäß wird die entgegengesetzt gerichtete Polarisationsspannung $\Delta E$ aufgebaut

Einige Halbstufenpotentiale liegen dicht nebeneinander, wären also schwer voneinander zu unterscheiden. Die Halbstufenpotentiale sind aber nur bei gleichen Bedingungen für jede einzelne Ionenart konstant.
Um den Innenwiderstand der Meßzelle möglichst klein zu gestalten, damit der Spannungsabfall klein gehalten wird, ist **ein Leitsalz, das lediglich den Stromtransport übernimmt, ohne das Polarogramm zu verändern,** hinzuzusetzen. **Reagiert die Lösung sauer, bzw. neutral oder alkalisch, dann liegen die Halbstufenpotentiale einiger Ionen an anderer Stelle. Auch Komplexbildner wie Kaliumcyanid, Zitrat o. dgl. können das Halbwellenpotential verändern.**

Einen Überblick über die katodischen Abscheidungs- bzw. Halbwellenpotentiale in verschiedenen Elektrolytlösungen zeigt Tafel 26 mit der Gegenüberstellung zu den Standardpotentialen der Anhangtafel 3.4.1.
Die oben angeführten Werte sind auf die Normalwasserstoffelektrode bezogen. Ist die Bezugselektrode das Bodenquecksilber oder eine andere Bezugselektrode, z. B. die gesättigte Kalomelelektrode bei 25 °C mit ihrem Einzelpotential von 0,2415 V (s. Tafel 19 im Text), dann ändern sich die Halbwellenpotentiale um den betreffenden Betrag.

**Beispiel:** Das Halbwellenpotential von $Cd^{++} + 2\,e^- \rightarrow Cd$ ist $E_{1/2} = -0{,}3626$ gegen NWE; gegen ges. Kalomel ist $E_{1/2} = -(0{,}3626 + 0{,}2415) = -0{,}604$ V.

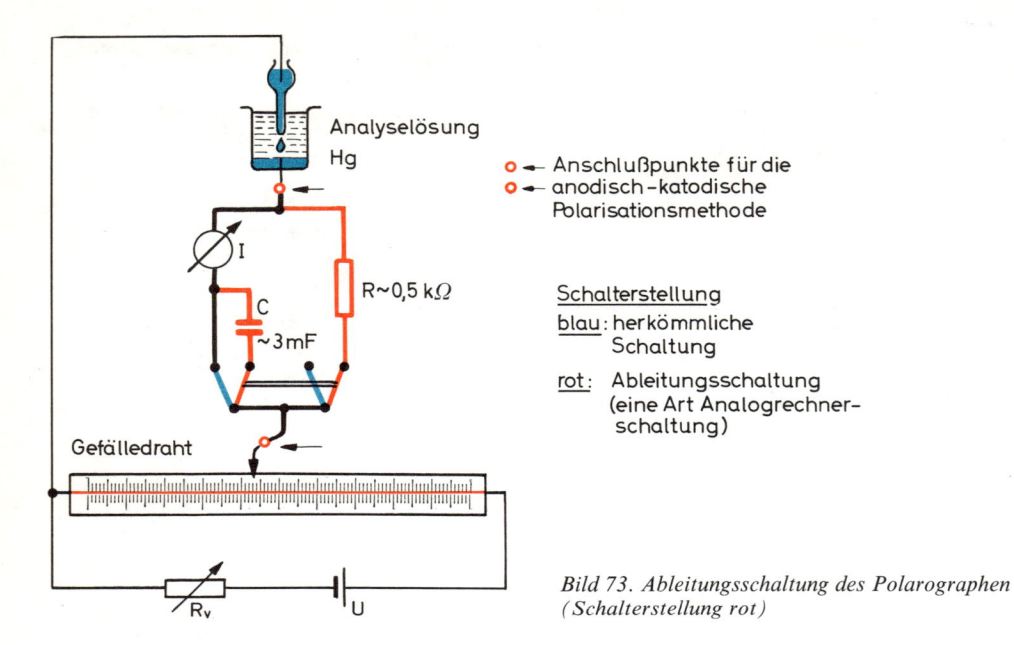

*Bild 73. Ableitungsschaltung des Polarographen (Schalterstellung rot)*

Zweckmäßigerweise ist vor der Aufnahme eines Polarogramms der Trägerelektrolyt mit dem Leitsalz allein durchzumessen. Mögliche Verunreinigungen, die das Analysenergebnis verfälschen würden, werden damit vorher erkannt. Mitunter ist der Zusatz **kapillaraktiver Stoffe** (z. B. Gelatine) empfehlenswert, um **„falsche Stufen"**, deren Auftreten nicht restlos geklärt ist, zu unterdrücken.

Vom ursprünglichen Heyrovskýschen Gerät bis heute wurden viele Neuerungen eingeführt, die am eigentlichen Prinzip wenig ändern. Ähnlich der Schaltung in Bild 65 wurde versucht, das Potential der Tropfelektrode über den Bereich von minus nach plus ohne Umschaltung zu überstreichen. Dort war zu kompensieren, hier ist die äußere Stromquelle jedoch Lieferant des agierenden Stromes. Deshalb kann der Dreiecksspannungsteiler (Brückenschaltung) nach Bild 72 verwendet werden. Die Methode wird **anodisch-katodische Polarisation** genannt. Aus dem gleichen Grund ist auch eine Schaltung möglich, die als Programm **die erste Ableitung des klassischen Polarogramms** aufzeichnet.

Den Schaltkniff zeigt Bild 73 und das sogenannte **„Derivativ-Polarogramm"** mit dem entsprechenden klassischen Polarogramm zusammen gibt Bild 74 wieder.

Die inzwischen erarbeiteten Methoden und Vorschriften sind für den Spezialfall in der Literatur nachzuschlagen. Hier vor allem Lehrbücher, z. T. mit vielen Hinweisen auf die Originalliteratur[50][51][52][53][54][55][56]) und für die Polarographie mit Wechselstrom[57][58]).

Die **Polarographie mit Wechselstrom** unterscheidet sich von der Gleichstrompolarographie dadurch, daß **der Gleichspannung eine Sinus- oder Rechteck-Wechselspannung überlagert** wird. Sie ist niederfrequent (zwischen 1 bis 250 Hz, im allgemeinen

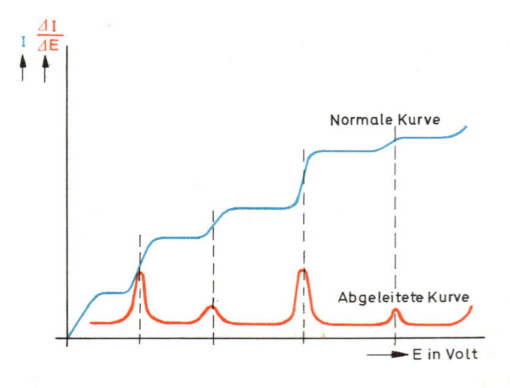

*Bild 74. Normales und entsprechendes, abgeleitetes Polarogramm*

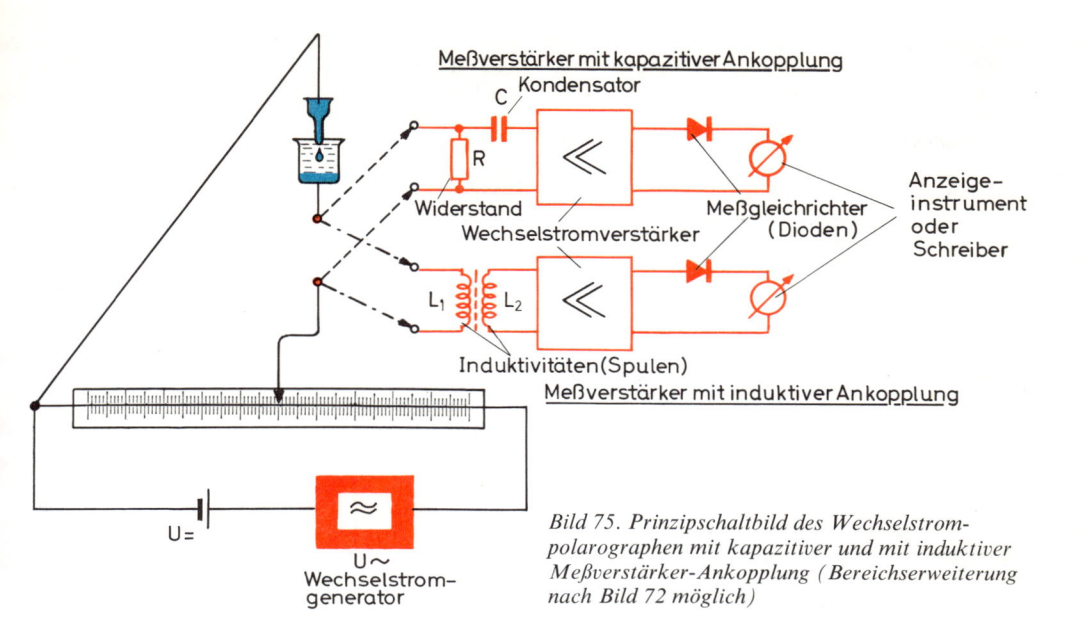

Bild 75. Prinzipschaltbild des Wechselstrompolarographen mit kapazitiver und mit induktiver Meßverstärker-Ankopplung (Bereichserweiterung nach Bild 72 möglich)

50 Hz) und liegt zwischen 0,001 und 0,05 Volt; meist werden 0,015 Volt Wechselspannung überlagert. Für die betreffende ansteigende Gleichspannung wird nicht der fließende Gleichstrom, sondern der Wechselstromdurchgang gemessen. Hierfür muß der Gleichstrom durch einen Kondensator gesperrt (kapazitive Ankopplung), und der Gleichstromverstärker zum Schreiber durch einen Wechselstromverstärker ersetzt werden. Das Prinzipschaltbild des **Wechselstrompolarographen** zeigt Bild 75 und den Vergleich zwischen Gleichstrom- und Wechselstromdiagramm Bild 76. Für den Wechselstromverstärker kann auch ein Oszillograph verwendet werden, der die Kurve auf einem Bildschirm (Braunsche Röhre, wie im Fernseher) zeigt.
Eine **erhöhte Tropfgeschwindigkeit** des Quecksilbers kann die zur Analyse benötigte Zeit auf einen Bruchteil absenken.
Der Ersatz der Quecksilber-Tropfelektrode durch **eine rotierende blanke Platinelektrode** ergibt einen höheren Strom, der nicht den Treppenzug der Tropfelektrode zeigt, wie er durch die sich vergrößernde Oberfläche des Quecksilbertropfens verursacht wird. Sie besteht aus einem isolierenden Schaft (z. B. Glasröhre) aus dem der Platindraht von etwa 0,5 mm Durchmesser 4 mm weit herausragt. Die Umdrehungsgeschwindigkeit liegt um 1800 rpm (**R**otationen **p**ro **M**inute). Da sich die Oberfläche nicht erneuern kann ist das Platin anfällig gegen Adsorption und Oberflächenvergiftung. Sein Verwendungsbereich ist nach der negativen Seite hin, wegen der geringeren Wasserstoffüberspannung (s. Tafel 15 im Text), kleiner als bei Quecksilber. **Der Spannungsbereich für die Polarographie** liegt bei $p_H = 0$ zwischen $-0,3$ und $+1,5$ Volt, bei $p_H = 7$ zwischen $-0,8$ und $+1,1$ Volt und bei $p_H = 14$ zwischen $-1,3$ und $+0,7$ Volt.

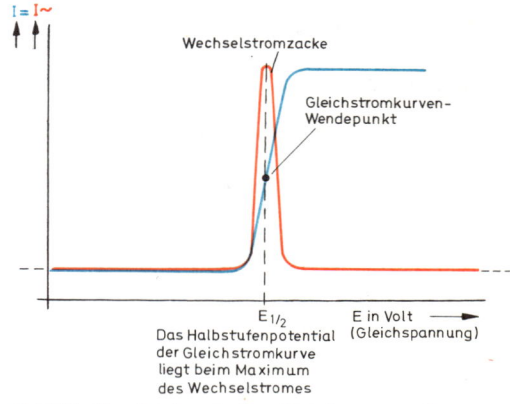

Bild 76. Vergleich zwischen Gleichstrom-und Wechselstromdiagramm in der Nähe eines Halbstufenpotentials

Bei der Wechselstrom-Polarographie wurde festgestellt, daß auch Moleküle, die keine Redox-Reaktionen erleiden, im Polarogramm Wechselstromzacken zeigen. Dieser Effekt wurde erstmals an **Tensiden** (oberflächenaktive Mittel, Netzmittel) festgestellt. Der Vorgang an der Elektrode ist eine rhythmische Umlagerung der Dipolseiten des Moleküls, je nach der Aufladung der Elektrode. Es ist ein dauerndes Anziehen der einen Seite (Adsorption) und wieder Abstoßen (Desorption) bei Polwechsel des Wechselstroms. Außerdem drängen sich noch die Ionen des Leitelektrolyten, je nach der Ladung durch die angelegte Gleichspannung, dazwischen und behindern das Dipolmolekül bei seiner Rotation um die neutrale Achse. Das aufgenommene Polarogramm wird durch andere Effekte, als seither beschrieben, hervorgerufen. Erstmalig an Tensiden beobachtet erhielt die Meßmethode die Sonderbezeichnung „**Tensammetrie**".

## 3.4. Hochfrequenztitration und Dekametrie

Das Verhalten von Stoffen im elektrischen Feld ist nach ihrer Struktur verschieden. Besitzt ein Atom oder Molekül **kein eigenes Dipolmoment,** dann kann in diesem **unpolaren Teilchen** auf zweierlei Art **ein Dipolmoment durch das elektrische Feld induziert** werden. Die **Elektronenhülle kann deformiert werden,** was auch bei atomaren Stoffen der Fall ist. Dieser Vorgang wird mit **Elektronenpolarisation** bezeichnet. Bei **unpolaren Molekülen,** deren gebundene Atome mehr oder weniger stark ionisiert sind, werden diese **im elektrischen Feld gegeneinander verschoben.** Dieser Vorgang ist die **Ionenpolarisation.** Beide Verschiebungsarten im elektrischen Feld, die unpolare Stoffe polarisieren, werden unter dem Begriff **Verschiebungspolarisation** zusammengefaßt: $P_E + P_I = P_V$.

**Fallen die Schwerpunkte der positiven und negativen Ladungen jedoch nicht zusammen, dann besitzt ein derartiges Molekül bereits selbst ein permanentes Dipolmoment,** das sich aus der Größe der Ladungen, multipliziert mit dem Abstand der Ladungsschwerpunkte, ergibt. Derartige Moleküle, die normalerweise dank der Wärmebewegung völlig regellos durcheinanderwirbeln, werden im elektrischen Feld ausgerichtet, nach den Polen zu orientieren. Dieser Vorgang wird als **Orientierungspolarisation** bezeichnet.

Die **dielektrische Gesamtpolarisation** setzt sich additiv aus den einzelnen Polarisationsarten zusammen:

$$P = P_E + P_I + P_O = P_V + P_O \quad (155)$$

Wie groß das einem unpolaren Molekül induzierte **Dipolmoment** $\mu_i$ ist hängt ab von der inneren **Feldstärke** $E_i$ und dem Ausmaß der Verschiebbarkeit der elektrischen Ladungen, der **Polarisierbarkeit** $\alpha$ des Moleküls. Diese selbst ist zusammengesetzt aus der Elektronen- und der Ionenpolarisierbarkeit:

$$\mu_i = \alpha \cdot E_i \quad (156)$$

Darin ist $\alpha = \alpha_E + \alpha_i$.

Das elektrische Moment und die Feldstärke sind **gerichtete Größen, Vektoren.** Die Polarisierbarkeit hat die Dimension eines Volumens. Nach klassischen Vorstellungen ist für leitende Kugeln die Polarisierbarkeit gleich der dritten Potenz ihres Radius: $\alpha = r^3$. Ihr induziertes Dipolmoment ist damit $\mu_i = r^3 \cdot E_i$.

Die Polarisation schwächt das vorhandene elektrische Feld. Ein Maß hierfür ist die **Dielektrizitätskonstante** $\varepsilon$ (s. a. Gl. [21]).

Wird das **mittlere Moment** (Durchschnittswert durch oberen waagerechten Querstrich gekennzeichnet) **aller Dipole** mit $\bar{\mu}$ bezeichnet, dann besteht nach der elektrostatischen Theorie der Zusammenhang mit der Dielektrizitätskonstanten (DK) $\varepsilon$ in der Gleichung

$$\frac{\varepsilon - 1}{\varepsilon + 2} = \frac{4\pi}{3} \cdot N_L \cdot \frac{\bar{\mu}}{E} \quad (157)$$

Bezogen auf ein Mol wird die *Molpolarisation* in der Gleichung von Clausius und Mosotti erhalten

$$P = \frac{\varepsilon - 1}{\varepsilon + 2} \cdot V_{mol} = \frac{4 \cdot \pi}{3} \cdot N_A \cdot \frac{\bar{\mu}_i}{E_i} = \frac{4 \cdot \pi}{3} \cdot N_A \cdot \alpha$$

$$(158)$$

Darin kann $V_{mol}$ ersetzt werden durch $\frac{M}{\varrho}$, den Quotienten aus Molmasse und Dichte.
Beruht die Polarisation nur auf der Deformation der Moleküle, dann ist

$$P_v = \frac{\varepsilon_{deform.} - 1}{\varepsilon_{deform.} + 2} \cdot \frac{M}{\varrho} = \frac{4 \cdot \pi}{3} \cdot N_A \cdot \alpha$$
$$\approx \frac{4 \cdot 22}{3 \cdot 7} \cdot 6 \cdot 10^{23} \cdot \alpha \approx 2{,}52 \cdot 10^{24} \cdot \alpha$$

(158.1)

Einen Zusammenhang zwischen Elektrik und Optik stellt die **Maxwellsche Beziehung** her

$$\varepsilon = n^2 \qquad (159)$$

**Sie gilt streng nur im Grenzfall unendlich großer Wellenlänge.** $n$ ist darin der **Brechungsindex oder Brechungsquotient.**
Licht besteht aus rasch wechselnden elektrischen Schwingungen hoher Frequenz. Diesem raschen Wechsel können die Elektronen folgen, aber die wesentlich schwereren Ionen nicht. Sie werden erst bei niedrigeren Frequenzen, die im Ultrarotgebiet liegen, zu Schwingungen angeregt; die Ionenpolarisation wird deshalb auch **Ultrarotglied** genannt.
Im Gebiet des sichtbaren Lichtes wird nur die Elektronenhülle deformiert, die Elektronenpolarisation erfaßt.
Im Bereich unendlich langer Wellen (Frequenz geht gegen Null) wird aus der **Gleichung von Clausius und Mosotti** durch die **Maxwellsche Relation** die **Gleichung von Lorentz und Lorenz**

$$R_{M\infty} = \frac{n_\infty^2 - 1}{n_\infty^2 + 2} \cdot \frac{M}{\varrho} \approx 2{,}52 \cdot 10^{24} \cdot \alpha \ [\text{mol}^{-1}]$$

(160)

Darin ist $R_M$ die **Molrefraktion.**
Zur **Bestimmung des Brechungsindexes** wird meist das **monochromatische Licht der D-Linie des Natriumlichtes verwendet,** das nur die Elektronenpolarisations erfaßt und aus Gl. (160) wird

$$R_M = \frac{n_D^2 - 1}{n_D^2 + 2} \cdot \frac{M}{\varrho} = P_E = \frac{4 \pi}{3} \cdot N_A \cdot \alpha_E$$
$$\approx 2{,}52 \cdot 10^{24} \cdot \alpha_E$$

(160.1)

Sie entspricht dem Polarisationsanteil $P_E$ in Gl. (155). $\alpha$ ist deshalb auch **ein ungefähres Maß für den Atomradius:** $\alpha \approx r^3$.

Zur Messung der Dielektrizitätskonstanten dient ein Kondensator. Er besteht in seiner einfachsten Gestalt aus zwei planparallelen Leiterplatten, die voneinander elektrisch isoliert sind. Dies ist der **Plattenkondensator.**
Wird an die beiden Platten eine Spannung U angelegt, dann laden sich beide Platten einander entgegengesetzt auf. Im Vakuum werden sie dann mit der Kraft F elektrostatisch angezogen **(Coulombsches Gesetz):**

$$F = -\frac{Q_1' \cdot Q_2'}{r^2} \qquad (161)$$

Darin ist $r$ der Abstand der Ladungsschwerpunkte, $Q'$ die Elektrizitätsmenge. Würden beide geladenen Platten, aus dem Unendlichen kommend, einander bis zum Abstand $a$ nähern, dann würde die Energie E frei:

$$E = \int_\infty^a F \cdot dr = \frac{Q_1' \cdot Q_2'}{a} \qquad (162)$$

Die Ladung bleibt gleich, aber die Spannung sinkt ab. Das Verhältnis von Ladung zu Spannung wird damit größer, die **Kapazität des Kondensators** wird größer, denn die Kapazität ist

$$C = \frac{Q}{U} \ [\text{A} \cdot \text{S} \cdot \text{V}^{-1}] = [\text{F}] \qquad (163)$$

F ist darin die Dimension **Farad** (nicht Faraday!), die besagt, daß ein Kondensator, der durch die Elektrizitätsmenge 1 A · s auf die Spannung 1 V aufgeladen wird, die Kapazität von 1 Farad besitzt. Üblich sind die um einige Zehnerpotenzen niedrigeren Einheiten (s. Anhangtafel 1.1) mF, µF, nF und pF.
Im Vakuum ist die Kapazität zwischen zwei Platten der Fläche $A$ im Abstand $d$ voneinander

$$C_{vak.} = \varepsilon_0 \cdot \frac{A}{d} \qquad (164)$$

Darin ist $\varepsilon_0$ die **dielektrische Konstante (Influenzkonstante, Verschiebungskonstante).** Sie entspricht derjenigen Ladungsmenge Q, die von einem Quadratzentimeter Fläche im Abstand von 1 Zentimeter bei der angelegten Spannung 1 Volt (Feldstärke 1 Volt je Zentimeter) aufgenommen wird, wenn zwischen den Platten Vakuum herrscht. Der Zahlenwert der absoluten Dielektrizitätskonstanten des Vakuums ist $\varepsilon_0 = 8{,}8542 \cdot 10^{-14}$ F · cm$^{-1}$.

Das Coulombsche Gesetz der Gl. (161) gilt für das elektrostatische Dreier-c-g-s-System. $Q'$ ist darin aus der Kraft und dem Abstand hergeleitet. Sie ist als elektrostatische Ladungseinheit (esle) diejenige Ladung, die auf eine gleich große Ladung im Abstand von 1 cm die Kraft 1 dyn ausübt. Aus (161) ergibt sich durch Umstellung damit die Dimension von $[Q'] = [\sqrt{dyn \cdot cm^2}] = [cm^{3/2} \cdot g^{1/2} \cdot s^{-1}]$. Division durch 1 Sekunde ergibt die **elektrostatische Stromstärke-Einheit** mit der Dimension

$$[I'] = \frac{[Q']}{s} = [cm^{3/2} \cdot g^{1/2} \cdot s^{-2}].$$

Wird die Elektrizitätsmenge von der Grundgröße 1 Ampere hergeleitet (1 C = 1 A · s), dann erhält das Coulombsche Gesetz die Form

$$F = \frac{Q_1 \cdot Q_2}{4 \cdot \pi \cdot \varepsilon_0 \cdot r^2} \qquad (165)$$

$\varepsilon_0$ besitzt darin den gleichen Zahlenwert wie oben, dient hier jedoch als Umrechnungsfaktor, um mechanische Größen in elektrische Größen umzuwandeln bzw. umgekehrt als reziproker Wert. **Wird das Vakuum zwischen den beiden Kondensatorplatten durch einen Stoff ersetzt, dann sinkt die Spannung ab.** Es tritt nach außen hin gesehen der gleiche Effekt auf, wie er bei der Plattenannäherung beschrieben wurde, **die Kapazität des Kondensators wird erhöht.**
Das Verhältnis der Kapazitäten des gleichen Kondensators einmal mit Medium zwischen den Platten, $C_{med.}$, zur Kapazität im Vakuum, $C_{vak.}$, stellt die relative Dielektrizitätskonstante (DK) $\varepsilon_{rel.}$ dar:

$$\varepsilon_{rel.} = \frac{C_{med.}}{C_{vak.}} \qquad (166)$$

Die relative Dielektrizitätskonstante des Vakuums, die DK mit dem kleinsten Wert, wird gleich 1 gesetzt. Um aus der relativen DK eines Stoffes seine absolute DK zu errechnen, ist lediglich mit dem Wert von $\varepsilon_0 = 8{,}8542 \cdot 10^{-14}$ F·cm$^{-1}$ zu multiplizieren. Die relative DK als Verhältniszahl ist dimensionslos.
Durch Kombination der Gleichungen (164) und (166) erhält man die **Kapazität eines Kondensators mit einem Dielektrikum** der DK $\varepsilon$ zu

$$C_{med.} = \varepsilon \cdot C_{vak.} = \varepsilon \cdot \varepsilon_0 \cdot \frac{A}{d} \qquad (167)$$

Sein Arbeitsvermögen (Arbeitsinhalt, Energie) ist

$$E = \frac{C}{2} \cdot U^2 \quad [J] = [V \cdot A \cdot s] = [F \cdot V^2] \qquad (168)$$

Darin ist seine Kapazität in Farad auch berechenbar nach Gl. (163). Der Wechselstromwiderstand des verlustfreien Kondensators ($R_C$ oder $R_b$ ist der **Blindwiderstand,** auch **Reaktanz** genannt) ist

$$R_C = \frac{1}{2 \cdot \pi \cdot f \cdot C} = \frac{1}{6{,}28 \cdot f \cdot C} = \frac{1}{\omega \cdot C} \qquad (169)$$

$f \triangleq$ Frequenz [Hz] = [s$^{-1}$]; $\omega \triangleq$ Kreisfrequenz $= 2 \cdot \pi \cdot f$
Das **Arbeitsvermögen einer Spule** ist

$$E = \frac{L}{2} \cdot I^2 \quad [J] = [H \cdot A^2] \qquad (170)$$

$L \triangleq$ Selbstinduktion in Henry [H] = [V · s · A$^{-1}$]
Der **Wechselstromwiderstand** läßt sich errechnen aus

$$R_L = 2 \cdot \pi \cdot f \cdot L = 6{,}28 \cdot f \cdot L = \omega \cdot L$$
$$[V \cdot A^{-1}] = [\Omega] \qquad (171)$$

Bei der **Hochfrequenztitration** ist zu beachten, daß mit **Wechselstromgrößen** zu rechnen ist. Es sind **komplexe Größen,** die aus einem **positiven Realteil, dem Wirkanteil** (Index $_W$) und **einem negativen oder positiven Imaginärteil, dem Blindanteil** (Index $_B$) zusammengesetzt sind. Der Imaginärteil wird durch das Symbol i gekennzeichnet, die Wurzel aus $-1$: $i = \sqrt{-1}$.
Die Größen sind Vektoren, gerichtete Größen. Für Wechselstrom sind

| | | |
|---|---|---|
| die Stromstärke | $\vec{i} = I_W + i \cdot I_B$ | (172.1) |
| die Spannung | $\vec{U} = U_W + i \cdot U_B$ | (172.2) |
| der Widerstand | $\vec{R} = R_W + i \cdot R_B$ | (172.3) |
| der Leitwert $\frac{1}{R} =$ | $\vec{G} = G_W + i \cdot G_B$ | (172.4) |

Werden die komplexen Größen getrennt behandelt, dann lassen sich die Gleichstromgesetze auf sie anwenden.

*Bild 77. Offener Schwingkreis (Serienschaltung)*

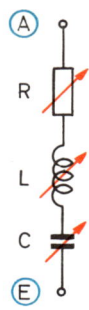

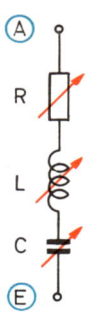

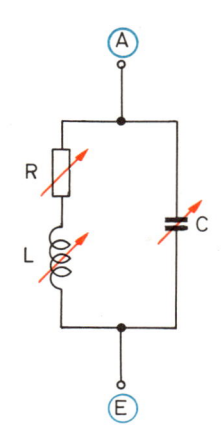

*Bild 79. Geschlossener Schwingkreis (Parallelschaltung); Ohmscher Widerstand in Reihe zur Spule geschaltet*

Zur Messung wichtig ist der **Wechselstromwiderstand** $R$, **auch Scheinwiderstand** oder Impedanz, $R_S$, genannt. Sein Realteil entspricht dem Ohmschen Widerstand und der Blindanteil kommt durch die Phasenverschiebung zustande. Bei **rein kapazitivem Widerstand** eilt z. B. der Strom der Spannung um 90° voraus ($\varphi = 90°$). Beim **induktiven Widerstand** (Spule) läuft der Strom der Spannung um 90° hinterher.
Die Hochfrequenz läßt sich durch **Schwingkreise (Oszillatoren)** erzeugen. Es gibt **offene Schwingkreise** (Bild 77), wie sie in Sendern und Empfängern der drahtlosen Nachrichtenmittel (Telegrafie, Radio, Fernsehen) verwendet werden.
**Geschlossene Schwingkreise** in zwei Varianten (Bild 78 und 79) sind besser für Meßgeräte geeignet. Die Ohmschen Widerstände werden häufig nicht benötigt. Werden sie weggelassen, dann sind die Schaltungen der Bilder 78 und 79 identisch. Als Meßstelle kommt sowohl der Kondensator mit direkter Elektrodenberührung, Bild 80.1, für isolierende Medien, als auch der Kondensator mit isolierender Zwischenschicht in Betracht (Bild 80.2). Eine weitere Möglichkeit besteht darin, die Analysenlösung als Spulenkern zu benutzen, wie Bild 80.3 zeigt.

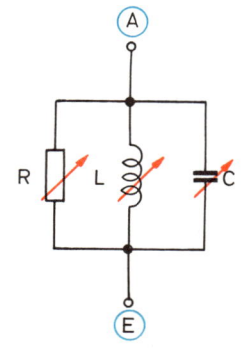

*Bild 78. Geschlossener Schwingkreis (Parallelschaltung); Ohmscher Widerstand parallel zu Spule und Kondensator*

Es gibt mehrere Meßprinzipien, die für die Hochfrequenztitration und DK-Messung herangezogen werden können. Sie alle beruhen darauf, daß sich die Frequenz eines Schwingkreises ändert, wenn der Zahlenwert der Kapazität oder Induktivität durch das Meßgut geändert wird. Diese Änderung kann durch einen zusätzlichen Kondensator mit Meßeinteilung rückgängig gemacht werden, es kann die **Änderung der Frequenz** gemessen werden, ebenso diejenige der **Schwingkreisspannung** oder des **Schwingkreisstromes**.
Die oft komplizierteren Meßschaltungen lassen sich durch Schaltschemen mit einer Dreipolröhre (oder Spezialtransistoren) am besten erläutern. Das **Prinzip der Triode und des Transistors** erläutert mit Hilfe eines Staustufenbeispiels Bild 81.
Die **Schaltung der Triode** mit allen möglichen Meßstellen und Meßanzeigen ist in Bild 82 dargestellt. Die Prinzipschaltung ist mit durchgehenden Linien gekennzeichnet. Die Meßstellen können sowohl im Gitterkreis als auch im Anodenkreis liegen. Sie ersetzen entweder eine Kapazität $C$ nach Bild 80.2 oder werden zu einer bereits fest eingebauten Kapazität parallel geschaltet.
Das gleiche gilt für die Induktivitäten in beiden Kreisen. Gemessen werden kann durch Ablesen an den 4 eingezeichneten Instrumenten oder durch Abgleich mit Hilfe von Meßspulen (sehr selten) oder Meßkondensatoren. Diese Möglichkeiten sind durch gestrichelte Linien zu erkennen.
Die **Schwingungen in einem Kreis aus Spule und Kondensator** kommen folgendermaßen zustande: Der Kondensator wird aufgeladen. Durch die Spule wird der Kondensator entladen und baut um die Spule, bedingt durch den Stromfluß, ein Magnetfeld auf. Fließt kein Strom mehr, dann bricht das Magnetfeld um die Spule herum zusammen und

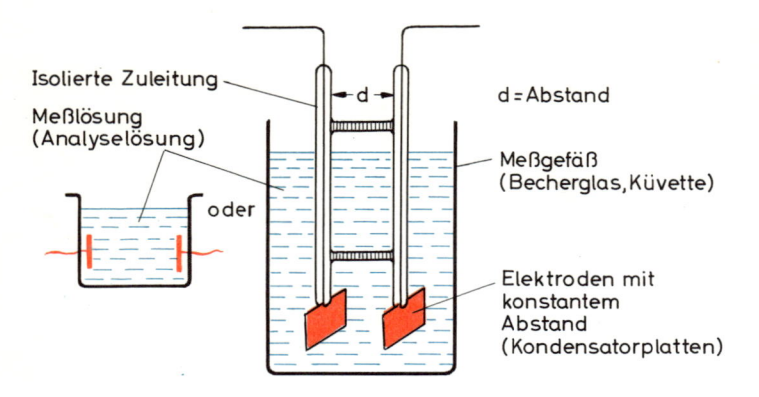

Isolierte Zuleitung
Meßlösung (Analyselösung)
oder
d = Abstand
Meßgefäß (Becherglas, Küvette)
Elektroden mit konstantem Abstand (Kondensatorplatten)

Bild 80. Meßmöglichkeiten mit Hochfrequenz
Bild 80.1. Lösung in direkter Elektrodenberührung

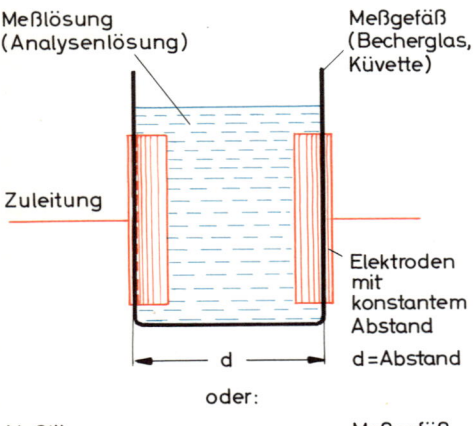

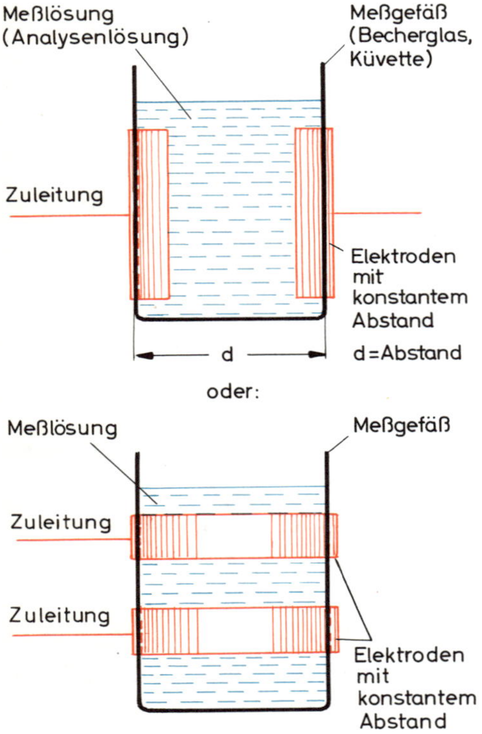

Meßlösung (Analysenlösung)
Meßgefäß (Becherglas, Küvette)
Zuleitung
Elektroden mit konstantem Abstand
d = Abstand
oder:
Meßlösung
Meßgefäß
Zuleitung
Zuleitung
Elektroden mit konstantem Abstand

Bild 80.2. Lösung von den Elektroden isoliert
Bild 80.3. Lösung als Spulenkern

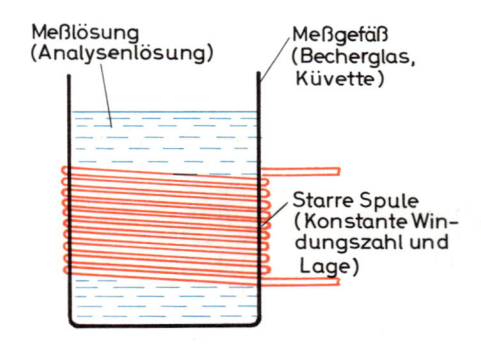

Meßlösung (Analysenlösung)
Meßgefäß (Becherglas, Küvette)
Starre Spule (Konstante Windungszahl und Lage)

die Magnetfeldlinien schneiden die Spulenwindungen in umgekehrter Richtung. Hierdurch wird in der Spule eine Spannung induziert, deren Polung entgegengesetzt gerichtet ist. Diese lädt den Kondensator mit nunmehr umgekehrter Polung auf. Er wird wieder von neuem über die Spule entladen,

das Magnetfeld baut sich, diesmal im entgegengesetzt gerichteten Sinne, auf und bricht nach der Kondensatorentladung zusammen. Die Feldlinien des zusammenbrechenden Magnetfeldes schneiden wieder . . . usw. Kretzmann[59]) vergleicht den Schwingkreis mit der Unruhe einer herkömmlichen Uhr, in der die Kapazität der Spiralfeder und die Induktivität dem Schwungrad entspricht.

Ist der **Verlustwiderstand des Schwingkreises** (in Bild 79 durch $R$ dargestellt) Null, dann ist die Kreisfrequenz nach der **Thomsonschen Formel**

$$\omega_0 = \frac{1}{\sqrt{L \cdot C}} \text{ oder } f = \frac{1}{2 \cdot \pi \cdot \sqrt{L \cdot C}} \quad (173)$$

Sie wird **Eigen- oder Resonanzfrequenz** genannt. Aus der Thomsonschen Formel geht hervor, daß **bei Resonanzfrequenz der Blindwiderstand der Spule und des Kondensators einander gleich** sind, Gleichungen (169) und (171):

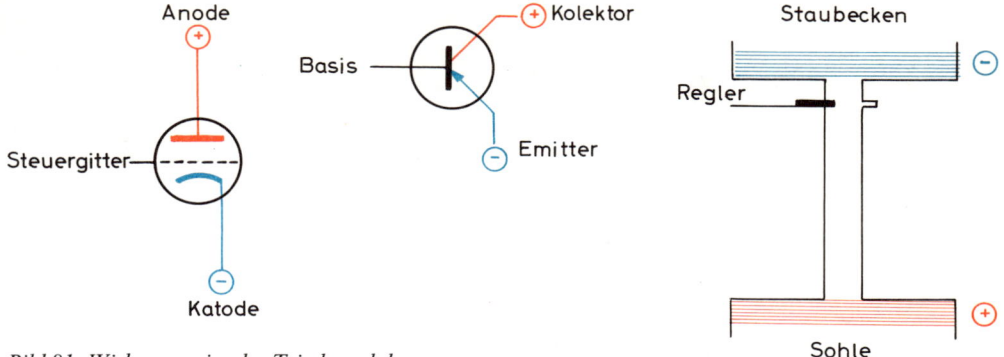

Bild 81. Wirkungsweise der Triode und des Transistors, verglichen mit einer Staustufe

Bild 82. Meßmöglichkeiten zur Hochfrequenztitration und Dekametrie

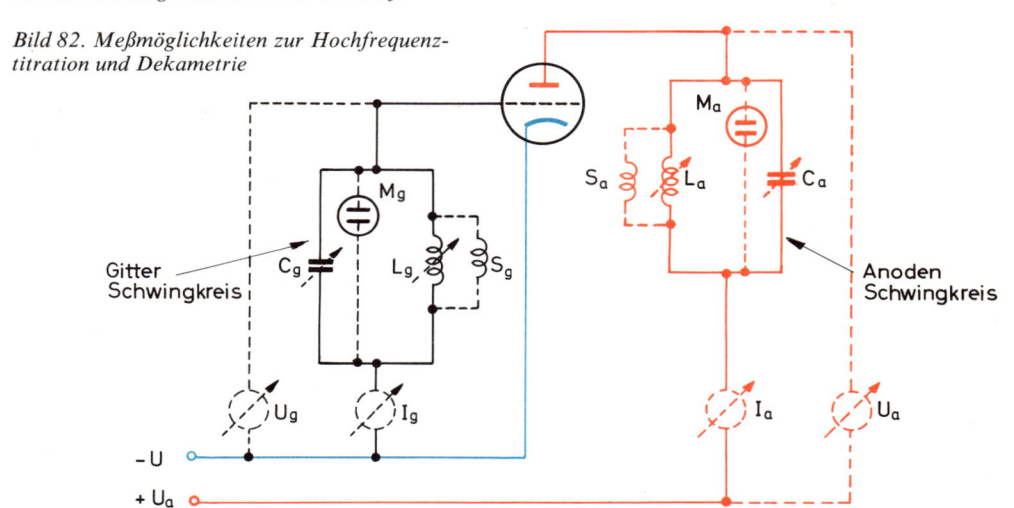

$$\omega \cdot L = \frac{1}{\omega \cdot C}$$

umgestellt: $\omega^2 = \frac{1}{L \cdot C}$ und radiziert: $\omega = \frac{1}{\sqrt{L \cdot C}}$

Damit sind auch die Blindströme gleich: $I_C = I_L$. Beide sind gegenüber der Spannung phasenverschoben, und zwar eilt $I_C$ der Spannung um 90° voraus und $I_L$ hinkt der Spannung 90° hintennach (Bild 83). Beide sind gegeneinander um 180° phasenverschoben ($\Delta \varphi = 180°$); sie sind somit einander entgegengesetzt gerichtet und löschen sich gegenseitig aus. Der resultierende **Gesamtstrom ist bei Resonanzbedingungen gleich Null**, wenn Induktivität und Kapazität parallel geschaltet sind. Dieser Idealfall ist nicht zu verwirklichen, denn die Verluste in Kondensator und Spule, verursacht durch den immer vorhandenen Ohmschen Widerstand, lassen stets einen geringen Reststrom fließen. Dessen Minimum zeigt Resonanzfrequenz an, denn in diesem Fall sind die beiden Blindwiderstände einander gleich.

Bild 83 zeigt ebenfalls, wieso beim Übergang von der Kreis- zur Sinusschwingung der Faktor 2 π entsteht (die Sinusschwingungen sind dort aus dem Kreis konstruiert; der Kreisradius entspricht damit dem Wert der Amplitude, der Schwingungsweite der Sinusschwingung). **Ein Umlauf eines Punktes auf dem Einheitskreis mit dem Radius 1 entspricht der zurückgelegten Strecke von 2 π, dem Kreisumfang.**

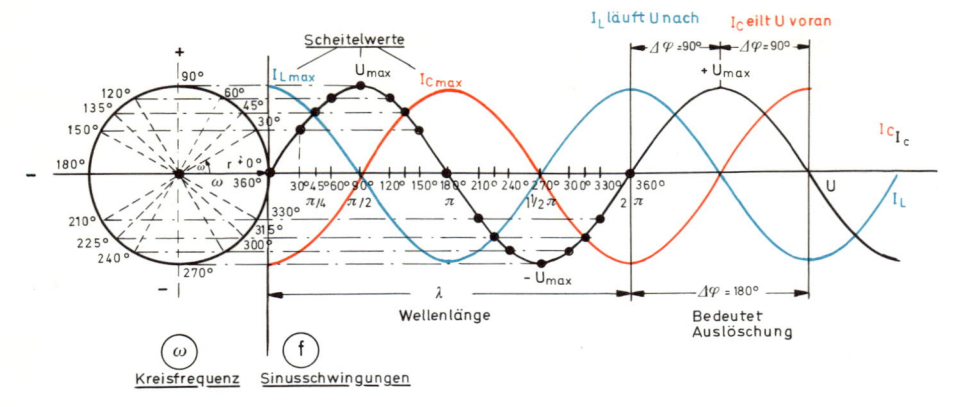

*Bild 83. Spannung und Blindströme bei Resonanzbedingungen*

Für andere Schwingungsformen und Zusammenhänge zwischen Schein-, Blind- und Wirkwerten ist eine Zusammenstellung in [60] S. 522ff. zu finden. Treten in einem Kondensator Verluste auf, die durch die Art des Dielektrikums bedingt sind, dann wird in der Regel die Phasenverschiebung zwischen Strom und Spannung kleiner. Die Zusammenhänge sind dem Vektordiagramm in Bild 84 zu entnehmen.
Durch die zusätzliche Stromleitung des Dielektrikums wird der Betrag des fließenden Stromes $I$ größer. Zum Blindstrom $I_C$ kommt ein Wirkstrombetrag $I_R$ hinzu. Der Gesamtstrom läßt sich mit Hilfe von Winkelfunktionen berechnen.
Der **Phasenwinkel** $\varphi$ wird um den Betrag des **Verlustwinkels** $\delta$ kleiner. Die Summe beider Winkel ergibt 90° (oder als Neugrad 100$^g$, 100 Gon; 360° sind 400$^g$). Dementsprechend können auch die Winkelfunktionen des einen Winkels durch Winkelfunktionen des anderen Winkels ausgedrückt werden. Aus dem Vektordiagramm ist leicht zu ersehen, daß sich die Ströme nicht einfach addieren lassen. Die gebräuchlichen Winkelfunktionen sind

$$\cos \varphi = \sin \delta = \frac{I_R}{I} \text{ (allgemein } \alpha\text{)} \qquad (174)$$

$$\sin \varphi = \frac{I_C}{I} \text{ (allgemein } \beta\text{)} \qquad (175)$$

Der dielektrische Verlustfaktor

$$\tan \delta = \cot \varphi = \frac{I_R}{I_C} \left(\text{allgemein } \frac{\alpha}{\beta}\right) \qquad (176)$$

Treten nur Leitfähigkeitsverluste auf, dann ist

$$\tan \delta = \cot \varphi = \frac{\varkappa}{\varepsilon_0 \cdot \varepsilon \cdot \omega} \qquad (177)$$

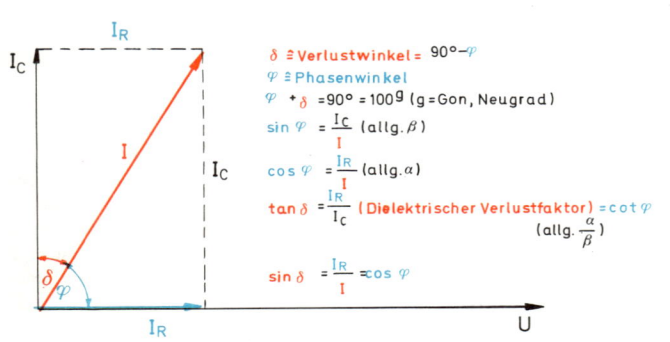

*Bild 84. Vektordiagramm zum Kondensator mit dielektrischen Verlusten*

Daraus läßt sich die spezifische Leitfähigkeit errechnen:

$$\varkappa = \tan \delta \cdot \varepsilon_0 \cdot \varepsilon \cdot \omega \qquad (177.1)$$

Ein Schwingkreis kann nie verlustfrei arbeiten. Wird dem Schwingkreis keine neue Energie zugeführt, z. B. durch kapazitive oder induktive Rückkopplung von der Anodenseite her, dann entstehen **gedämpfte Schwingungen** (Bild 85). Die **Amplitudenhöhe** wird geringer. Die **Dämpfung** $d$ ist hierfür ein Maß. Sie wird Null, wenn dem Schwingkreis die zusätzliche Energie im richtigen Takt zugeführt wird. Das Ergebnis sind **ungedämpfte Schwingungen**.

Für die Dämpfung sind nicht nur die dielektrischen Verluste maßgebend, sondern alle Einflüsse, die den Wirkwiderstand bestimmen, wie z.B. der Wirkwiderstand von Spule und Zuleitungen, der mit der Frequenz ansteigt, von der Zahl der Wicklungslagen auf der Spule, von Wirbelströmen in Konsensator, Zuleitungen und Abschirmung, durch Isolationsmaterial und Eigenkapazität der Spulenwicklungen usw. Dämpfungsmessungen finden deshalb in der Elektrochemie nur in Ausnahmefällen Verwendung.

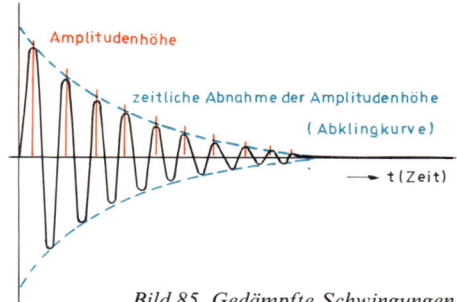

*Bild 85. Gedämpfte Schwingungen*

**Meßgrößen** sind vor allem die **Änderung der Kondensatorkapazität** und **der Spuleninduktivität**. Die hierdurch hervorgerufene **Frequenzänderung des Schwingkreises** kann selbst gemessen oder durch eine Abstimmung rückgängig gemacht werden. Weitere Möglichkeiten bestehen in der Registrierung der Strom- oder Spannungsänderung im Gitter- oder Anodenschwingkreis (Bild 82). Sie werden verursacht durch Änderungen der Dielektrizitätskonstanten, der Leitfähigkeit oder der

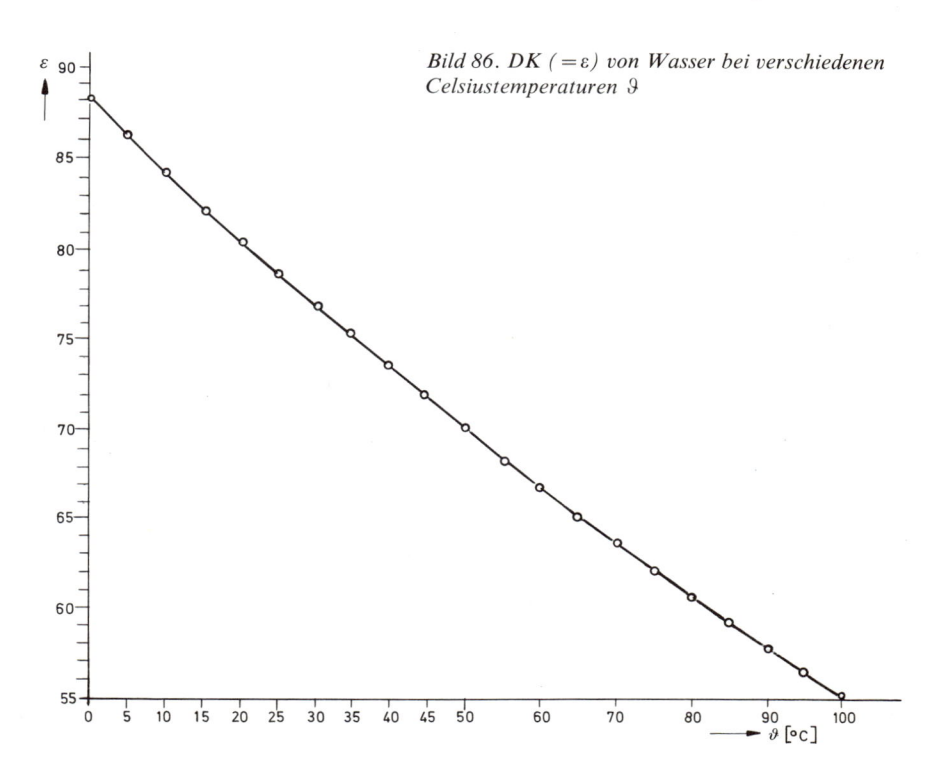

*Bild 86. DK ($=\varepsilon$) von Wasser bei verschiedenen Celsiustemperaturen $\vartheta$*

Polarisationsarten des eingebrachten, zu untersuchenden Stoffes.
Die **DK-Messung** wird vor allem für die **laufende Bestimmung** des **Wassergehaltes** von Substanzen, auch während der Produktion, verwendet. Die hohe DK des Wassers läßt dabei sehr genaue Bestimmungen zu. Derartige Messungen können im Verlauf einer Destillation kontinuierlich durchgeführt werden. Elektronische Analogschaltungen in Verbindung mit Stellmotoren (Servomotoren) lassen die Änderungen durchgehend registrieren und den Vorgang steuern.

Zur Direktablesung der DK können die Skalenteile auch in DK-Einheiten geeicht werden. Dazu dienen **reine Flüssigkeiten von bekannter DK als Eichnormale**. Sie sind in Tafel 27 zusammengestellt[61]).

*Tafel 27: Dielektrizitätskonstante von Standardflüssigkeiten bei 20 °C und 25 °C mit ihren Temperaturkoeffizienten für den Bereich zwischen 15 °C und 30 °C.*

| Substanz | Formel | $\varepsilon$ bei $\vartheta =$ 20 °C | $\varepsilon$ bei $\vartheta =$ 25 °C | $a = -\dfrac{d\varepsilon}{d\vartheta}$ | $\alpha = -\dfrac{d\log\varepsilon}{d\vartheta}$ |
|---|---|---|---|---|---|
| Zyklohexan | $C_6H_{12}$ | 2,023 | 2,015 | 0,0016 | |
| Kohlenstofftetrachlorid | $CCl_4$ | 2,238 | 2,228 | 0,0020 | |
| Benzol | $C_6H_6$ | 2,284 | 2,274 | 0,0020 | |
| Monochlorbenzol | $C_6H_5Cl$ | 5,708 | 5,621 | | 0,00133 |
| 1,2-Dichloräthan | $Cl$-$CH_2$-$CH_2$-$Cl$ | 10,65 | 10,36 | | 0,00240 |
| Methanol | $CH_3OH$ | 33,62 | 32,63 | | 0,00260 |
| Nitrobenzol | $C_6H_5NO_2$ | 35,74 | 34,82 | | 0,00225 |
| Wasser | $H_2O$ | 80,37 | 78,54 | | 0,00200 |

Luft bei 760 mm Druck: $\varepsilon = 1,000\,590$

Die abnorm hohe **Dielektrizitätskonstante des Wassers** läßt sich durch dessen Zusammenlagerung der Moleküle mit elektrostatischen Bindungskräften (**Wasserstoffbrücken** zur Tridymitstruktur; vgl. Bild 22.2 und 22.3) erklären. Durch Wärmebewegung wird die Zusammenlagerung teilweise als Funktion der Temperatur aufgehoben, die Dielektrizitätskonstante wird rasch kleiner, wie aus dem Diagramm in Bild 86 zu erkennen ist.
Werden zwei Substanzen (1 und 2 als Index) gemischt, dann müßte die Dielektrizitätskonstante den Betrag

$$\varepsilon = \frac{\varepsilon_1 \cdot \text{Vol.-}\%_1 + \varepsilon_2 \cdot \text{Vol.-}\%_2}{100} \qquad (178)$$

erreichen. Dies geschieht in den seltensten Fällen. Abweichungen von der Regel zeigen, daß ein Vorgang eingetreten ist, der entweder die äußere Elektronenhülle oder das Dipolmoment verändert hat. In sehr wenigen Fällen läßt sich von der DK-Abweichung auf die Art des Vorgangs schließen. Es müssen noch weitere Untersuchungen vorgenommen werden, um eine Annahme zu erhärten.
Das Beispiel der DK-Änderung mit Wasser und Dioxan $C_4H_8O_2$ in Bild 87 zeigt im unteren Kurvenast eine Abweichung, die auf Hydratbildung beruhen könnte; aus diesem Grund sind auch die molekularen Verhältnisse mit eingezeichnet. Außerdem können mit diesen Mischungen die DK-Meter geeicht werden, denn im Bereich der Tabellenwerte in Tafel 27 klaffen erhebliche Lücken. Wasserbestimmungen, wenn sie nicht direkt als Gehalt dekametrisch gemessen werden können, werden oft durch extrahieren des Gutes mit Dioxan, nach genauer Vorschrift, durchgeführt. Lösen sich auch andere Stoffe, dann muß eine Eichkurve aufgenommen werden, in der das getrocknete Dioxan mit den zusätzlichen Inhaltstoffen nochmals gemessen wird. Wasserbestimmungen mit DK-Messungen werden in fast allen Zweigen der Lebensmittelindustrie und Konsumgüterhersteller verwendet.
Ein weiteres Beispiel ist die Feststellung des Zersetzungsgrades, z. B. durch Autoxydation, der freiwilligen Umsetzung mit dem Sauerstoff der Luft; Beispiel: Terpentinöl, Leinöl.
Wesentliche **Merkmale der Hochfrequenztitration** wurden bereits in Kapitel 2.5. herausgestellt. Ihre vielseitige Anwendbarkeit ist durch zahlreiche Veröffentlichungen nachgewiesen, z. B. über Neutralisations-, Fällungs-, Redox- und Komplexbildungsreaktionen. Titrationen können auch

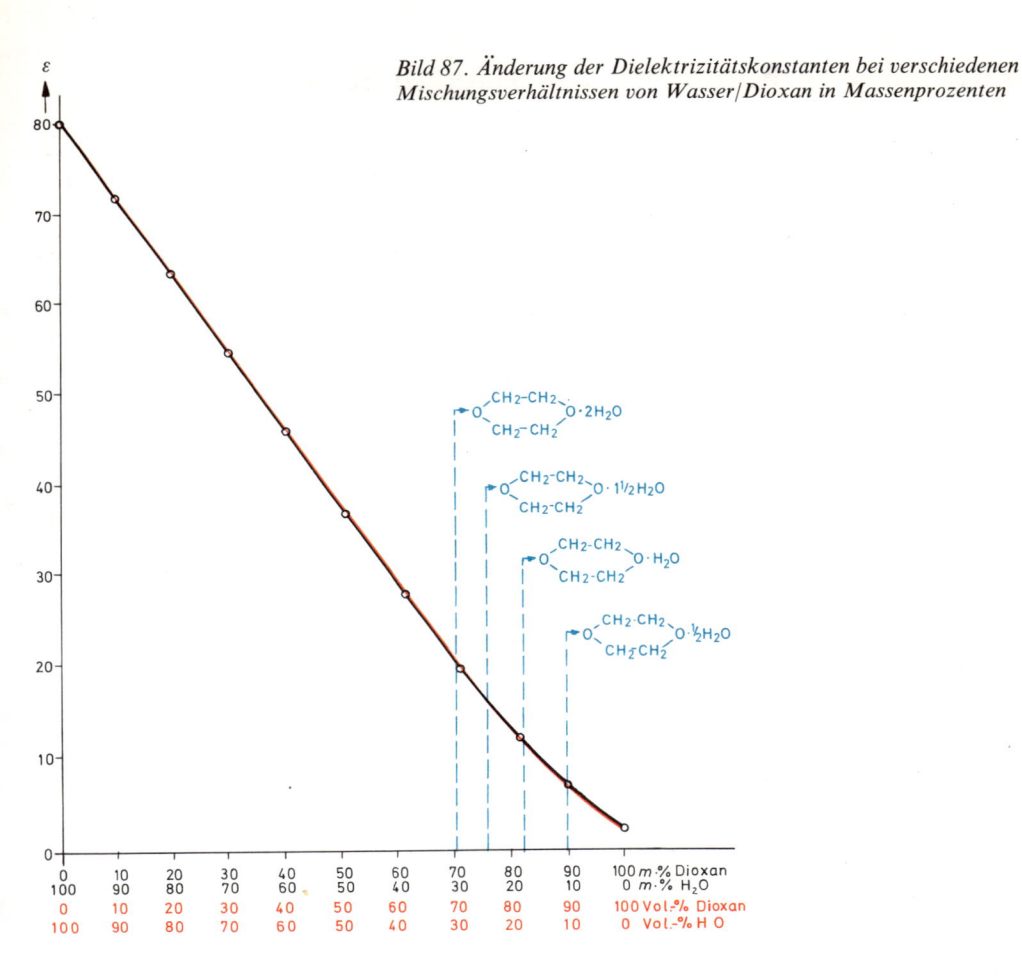

*Bild 87. Änderung der Dielektrizitätskonstanten bei verschiedenen Mischungsverhältnissen von Wasser/Dioxan in Massenprozenten*

simultan, d. h. mit mehr als einer zu analysierenden Komponente durchgeführt werden.
**Die Genauigkeit des Messung** hängt außer von der Art der Meßzelle und der Reaktion, von der DK des Lösungsmittels, der Meßfrequenz und der Art des abgelesenen Wertes (Anoden- oder Gitter-Strom oder -Spannung, Skalenteile des Abstimmkondensators usw.) ab. Die günstigsten Bedingungen sind am besten für jeden Einzelfall gesondert zu ermitteln.
Ausführliche Literaturangaben finden sich in [47] [62] und [63]).
Dort sind auch Vorschriften zur Durchführung in allen Einzelheiten zu finden.

## 3.5. Trennmethoden im elektrischen Feld

In allen Fällen wird die Wanderung elektrisch aufgeladener Teilchen im elektrischen Feld benutzt, um selbst Methode zu sein oder um mit bekannten Verfahren kombiniert zu werden.

Hierbei handelt es sich meist um fremdstoffige, **ungleichartige (heterogene)** Systeme. Dabei treten immer **Grenzflächen zwischen den Medien** auf. Das Mittel, in dem die Stoffe **dispergiert** (zerteilt, zerstreut) sind, heißt **Dispersionsmittel,** das komplette System ist die **Dispersion.** Nach der Art der Teilchen (Größe, Beschaffenheit, Filtrierbarkeit usw.) wird zwischen **groben Dispersionen, Kolloiden und niedermolekularen Dispersionen** unterschieden. Die Bezeichnungen der Systeme richten sich auch nach den Aggregatzuständen der beteiligten Stoffe. Einen tabellarischen Überblick bietet Tafel 28.

*Tafel 28: Bezeichnung heterogener Systeme nach dem Aggregatzustand der Bestandteile*

| Dispergiert: | In Dispersionsmittel: | | |
|---|---|---|---|
| | fest | flüssig | gasförmig |
| Feststoff | Feste Sole; Kristallsole; Vitroidsole (Vitroide = glasartige Schmelzflüsse) Bsp.: Gußeisen; Granit; Rubinglas | **Kolloide Lösungen oder Sole** (je nach Lösungsmittel: Hydrosole; Alkosole; Organosole) Suspensionskolloide; **Suspension** ( = Aufschwemmung) Bsp.: Kolloidale Lösung von Ton, Schwefel, Edelmetallen | Aerosole; Staub; Rauch Bsp.: Fabrikschornsteinrauch; Salmiaknebel; Staubwirbel |
| Flüssigkeit | Feste Emulsionen Bsp.: Margarine; Butter; Opale | **Emulsionen; Emulsoide; Emulsionskolloide** Bsp.: Bohröl; Sahne; Milch | Nebel Bsp.: Rauchende Schwefelsäure; Morgendunst; Wolken |
| Gas | Feste kolloidale Schäume Bsp.: Bimsstein; Styropor | Schäume Bsp.: Seifenschaum; Waschmittelschäume | Gibt es nicht als heterogenes System! Gase vermischen sich immer homogen (einheitlich, ohne Phasenbegrenzung) |

Die Unterteilung in 3 Hauptgruppen mit ihren wesentlichsten Unterschieden zeigt Tafel 29.

*Tafel 29: Die drei Hauptgruppen disperser Systeme*

| Merkmale: | Grobe Dispersion (grobdispers) | Kolloide | Niedermolekulare Dispersionen (moleculardispers) |
|---|---|---|---|
| Teilchengröße | $\geq 10^{-1}$ µm ($10^{-4}$ mm) | $10^{-1}$ bis $10^{-3}$ µm | $< 10^{-3}$ µm |
| Atomzahl je Teilchen | $> 10^9$ | $10^3$ bis $10^9$ | $< 10^3$ |
| Aufbau und Größe der Teilchen | meist ungleich | meist ungleich | bei gleichen Stoffen gleich |
| Durchlässigkeit von Filtern | Normale Papierfilter halten die Teilchen zurück | Papierfilter lassen die Teilchen passieren; Ultrafilter, tierische Membranen und Pergament halten sie zurück | Die Teilchen passieren Ultrafilter, tierische Membranen und Pergament (echte Lösungen) |
| Zu sehen | im Lichtmikroskop | nur im Ultra- und Elektronenmikroskop | weder im Ultra-, noch im Elektronenmikroskop oder sonstigem Übermikroskop |

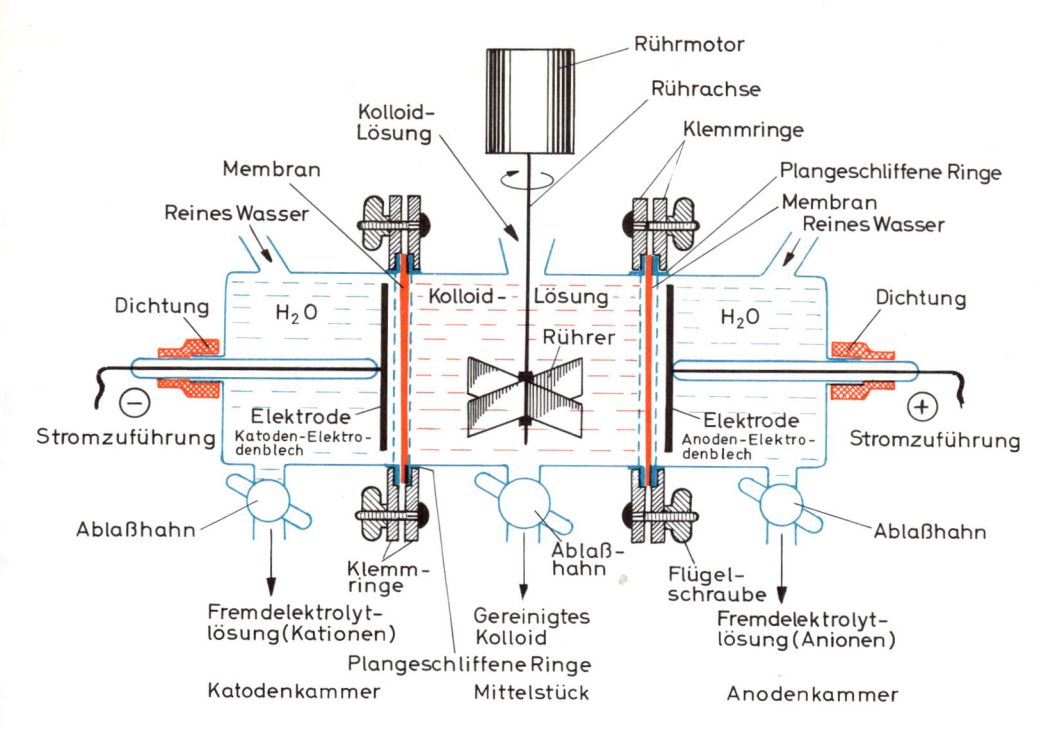

*Bild 88. Prinzip des Elektrodialysators*

**Gele** sind puddingartig erstarrte **Sole**. Stellt das Sol den labilen, energiereicheren Zustand eines Gels dar, dann lassen sich beide leicht ineinander umwandeln (z. B. durch leichten Druck). Diese Systeme werden **thixotrop** genannt. Sie sind bekannt als Beispiel der nichttropfenden „thixotropen" Ölfarben.

Ihrer äußeren Gestalt nach werden **gestreckte Linearkolloide** und **kugelige Sphärokolloide** unterschieden. **Dispersions-** und **Emulsionskolloide sind meist kugelig und lyophob**, lösungsmittelabstoßend (Metallkolloide, Emulsionen schwerer Öle). **Linearkolloide** sind Seifenlösungen, Dispergentien, die **lange Molekülzusammenlagerungen** bilden. Sie sind **meist lyophil**, lagern Lösungsmittelmoleküle an, wie die **Molekülkolloide**, die aus einzelnen Makro- oder Riesenmolekülen bestehen (Hämoglobin, Kautschukmilch).

Durch Adsorption oder Eigendissoziation sind die kolloiden Teilchen elektrisch aufgeladen. Durch die Wärmebewegung schieben die Teilchen Lösungsmittelmoleküle vor sich her und umgeben sich dadurch mit einer Schicht (**Lyosphäre**). Zwischen dem Kolloidteilchen und der ihm nächsten monomolekularen Lösungsmittelschicht entsteht dabei **eine Phasengrenzfläche, die ein elektrokinetisches Potential** $\zeta$ (Zeta-Potential) ausbildet.

Bei der **Elektrophorese** wandern die Kolloidteilchen im elektrischen Feld durch das Lösungsmittel. Im Gerät nach Bild 25 kann die Wanderung, wie bei der Überführungszahl beschrieben, beobachtet werden. Die „schwerere" Lösung wird durch die kolloide Lösung ersetzt und mit einer echten Elektrolytlösung überschichtet. Die Wanderungsgeschwindigkeit der Grenzfläche ist etwa die gleiche wie bei normalen Ionen. Ihre Größe, damit größere Bremsung durch umgebende Lösungsmittelmoleküle, wird durch die hohe Zahl der Einzelladungen je Kolloidteilchen wieder wettgemacht.

Die **Elektrodialyse** entspricht der Elektrophorese. Um zu verhindern, daß die Kolloidteilchen die Elektrode erreichen, sich dort entladen und dadurch aus der Pseudolösung ausflocken, wird ihnen der direkte Weg zur Elektrode durch eine **Membran** versperrt, die für sie ein echtes Hindernis darstellt (Pergament, Zellglas, Därme, Zellophan usw.). Die **Elektrodialyse** ist im Prinzip nur **die Beschleunigung des in der Kolloidchemie verwendeten normalen Dialysierverfahrens durch ein angelegtes elektrisches Feld.** Das Prinzip eines **Elektrodialysators** ist in Bild 88 dargestellt. Er besteht aus drei Teilen, die zwischen ihren plangeschliffenen Flächen die **Membran (Diaphragma)** eingespannt haben. In den Elektrodenräumen befindet sich reines Wasser, das den Fremdelektrolyt, der durch die Membran hindurchwandert, aufnimmt. Im pharmazeutischen Fabrikmaßstab ist eine laufende Erneuerung des Elektrodenraumwassers vorgesehen (z. B. Umpumpen über Austauscher).

Die **Elektroosmose** dient ebenfalls zur Entfernung von Fremdelektrolyt. Hier bewegt sich, im Gegensatz zur Elektrophorese, die Lösung indirekt im elektrischen Feld. Die **Fremdionen,** die um das Kolloidteilchen eine Ionenwolke ausbilden, **wandern** zu den entgegengesetzt aufgeladenen Elektroden und schleppen ihre Lösungsmittelhülle (in wäßriger Lösung die Hydrathülle) mit sich. Die **Kolloidteilchen,** meist in Gelform, **bewegen sich nicht.** Um ihre Bewegung zu verhindern, müssen sie in einem Medium sein, das ihrem isoelektrischen Punkt entspricht. **Der isoelektrische Punkt ist derjenige $p_H$-Wert, bei dem die Kolloidteilchen ebensoviele positive wie negative Eigenladungen tragen,** nach außen hin insgesamt gesehen elektrisch neutral, wie ungeladen, erscheinen.

Die beiden letztgenannten Methoden dienen der **Reinigung kolloider Lösungen von Fremdelektrolyt** bzw. Elektrolytüberschuß. **Ihre Beständigkeit wird dadurch wesentlich erhöht.**

Der gegenläufige Prozeß zur Elektrophorese, die gerichtete Bewegung von Kolloidteilchen durch eine Flüssigkeit (z. B. durch Ultraschall), **liefert das elektrophoretische Potential. Die Umkehrung des elektroosmotischen Vorgangs, das Pressen von Flüssigkeiten durch Düsen oder Kapillarsysteme, liefert das bereits erwähnte Strömungspotential** (s. a. Abschnitt 2.5.1).

**Elektrophorese** wird verwendet um größere Moleküle, mit Hilfe ihrer unterschiedlichen Wanderungsgeschwindigkeit im elektrischen Feld, voneinander zu trennen. Der gleiche Vorgang für kleinere Ionen wird **Ionophorese** genannt.

Es kann unterschieden werden zwischen **freier Elektrophorese** und **Trägerelektrophorese,** die auch **Elektropherographie** genannt wird. Noch heute wird die freie Elektrolyse, wie 1937 bei Arne Tiselius, im U-Rohr durchgeführt und die Verschiebung der Phasengrenzfläche mit physikalischen Methoden gemessen. Als Biochemiker erweiterte Tiselius die elektrophoretischen Methoden, um hochempfindliche und leicht zersetzliche Substanzen (Polysaccharide, Seren, Eiweißstoffe, Fermente, Hormone, Antikörper, Viren usw.) voneinander zu trennen und zu analysieren.

**Proteine** (einfache Eiweißkörper) werden beispielsweise in einem Veronalpuffer vom $p_H$-Wert 8,7 (11 ml 0,1 m-HCl und 89 ml 0,1 m-Veronal, s. a. Bild 89; andere Puffermischungen im Anhang 3.5.) getrennt. Das Protein soll zu 1–2% darin enthalten sein, sein mittleres Molekulargewicht weit über 1000 betragen. Je höher das Molekulargewicht, desto geringer die Diffusion. Die angelegte Spannung liegt bei 5 bis 10 Volt je cm, den die Elektroden voneinander entfernt sind. Gearbeitet wird im Thermostaten bei 4 °C, bei der Temperatur, bei welcher wäßrige Lösungen ihr Dichtemaximum besitzen. Dadurch ändert sich die Dichte der Lösung nur wenig mit der Temperatur.

Das ursprüngliche Gerät ist beschrieben in [64]. Modernere Ausführungen in [10], [21], [27], dort Brdička, u. v. a.

Zur „scheibchenweisen" Trennung der Bestandteile nach ihrer Wanderungsgeschwindigkeit dient die **Trägerelektrophorese.** Das U-Rohr wird als Trennrohr gestreckt und senkrecht oder waagerecht verwendet. Seine Länge liegt zwischen 50 und 75 cm bei einem inneren Durchmesser von etwa 8 mm. Auch kleine flache Glaskästen oder Rinnen werden als Behälter berwendet. In diese Gefäße wird der **Träger** eingefüllt, **der mit den Kolloiden und den Pufferbestandteilen** (s. Anhang 3.5.) **nicht reagieren darf.** Er wird mit Pufferlösung getränkt und die zu untersuchende Substanz wird an einer Stelle aufgetragen oder eingegraben.

**Als Träger** verwendet werden Glaspulver, Quarzsand, Silikagel, Aluminiumoxid, Asbestfasern, Erdalkarbonate, anorganische und organische Ionenaustauscher, Agar-Agar, Stärke, Baumwolle, Zellulosepulver und andere.

> Die Elektrophorese kann bei ruhendem und bei strömendem Puffer durchgeführt werden. Im strömenden Puffer werden die einzelnen Schichten auseinandergezogen oder, seltener, enger zusammengedrückt, je nach der Flußrichtung der Pufferlösung, bezogen auf das angelegte elektrische Feld.

Am vielseitigsten ist die **Kombination der Papierchromatographie mit der Elektrophorese, die Papierelektrophorese.**

Der Name **Chromatographie** geht auf den russischen Botaniker und Chemiker Michael Tswett (1872–1919) zurück. Bei seinen grundlegenden

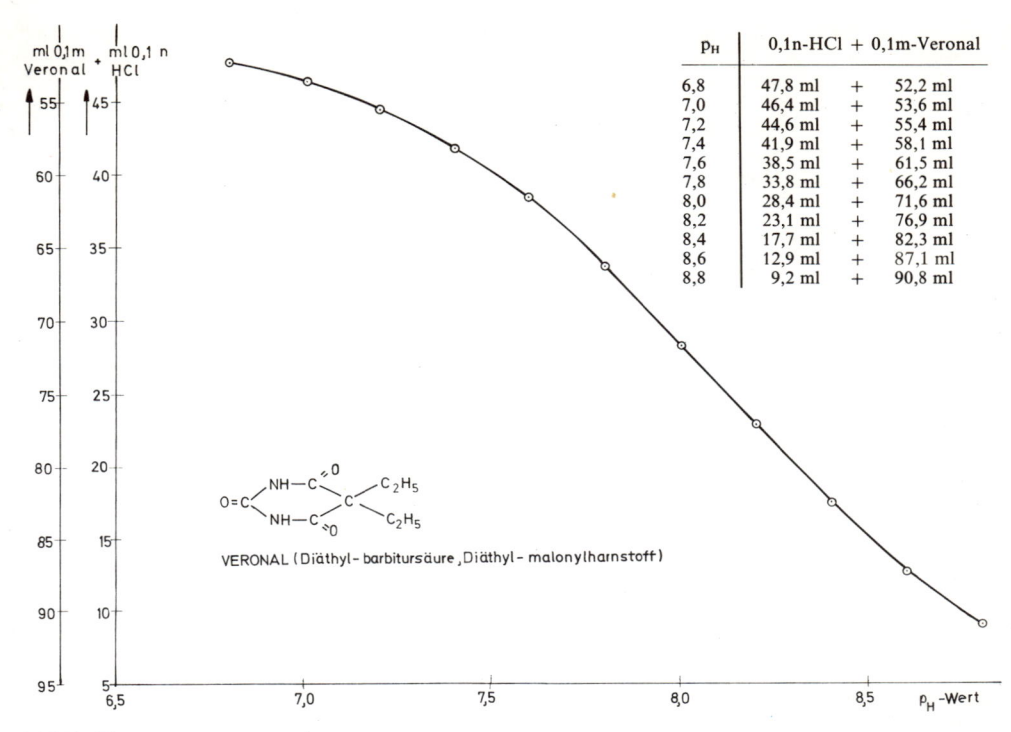

| $p_H$ | 0,1n-HCl | + | 0,1m-Veronal |
|---|---|---|---|
| 6,8 | 47,8 ml | + | 52,2 ml |
| 7,0 | 46,4 ml | + | 53,6 ml |
| 7,2 | 44,6 ml | + | 55,4 ml |
| 7,4 | 41,9 ml | + | 58,1 ml |
| 7,6 | 38,5 ml | + | 61,5 ml |
| 7,8 | 33,8 ml | + | 66,2 ml |
| 8,0 | 28,4 ml | + | 71,6 ml |
| 8,2 | 23,1 ml | + | 76,9 ml |
| 8,4 | 17,7 ml | + | 82,3 ml |
| 8,6 | 12,9 ml | + | 87,1 ml |
| 8,8 | 9,2 ml | + | 90,8 ml |

VERONAL (Diäthyl-barbitursäure, Diäthyl-malonylharnstoff)

*Bild 89. Zusammensetzung und $p_H$-Wert von Veronalpuffern im Diagramm (s.a. Anhang 3.5.)*

- Behälter mit Lösungsmittel
- Hahn
- Lösungsmittel
- Chlorophyllbestandteil (Farbe)
- Trägerstoff Zucker
- Chlorophyll b (gelbgrün)
- Chlorophyll a (blaugrün)
- Trägerstoff $CaCO_3$, Kalziumkarbonat
- Xanthophyll (gelb)
- Trägerstoff $Al_2O_3$, Aluminiumoxid
- Karotin (orangegelb)
- Siebplatte
- Saugflasche o. ä. zum Auffangen des hindurchgesaugten Lösungsmittels

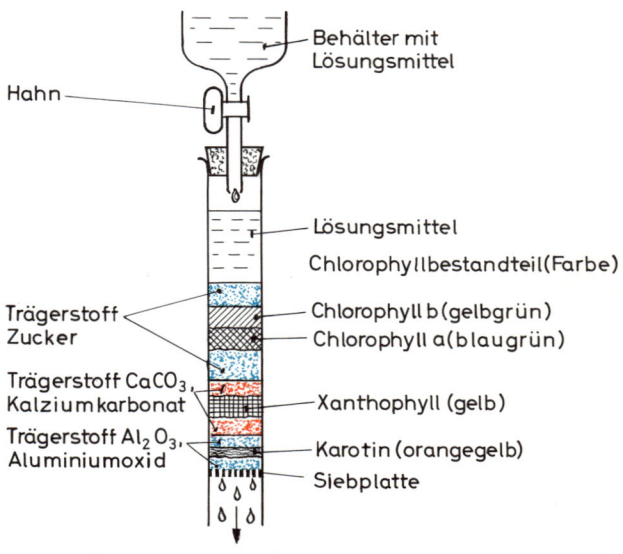

*Bild 90. Säulenchromatographie von Chlorophyll mit drei verschiedenen Trägerstoffen*

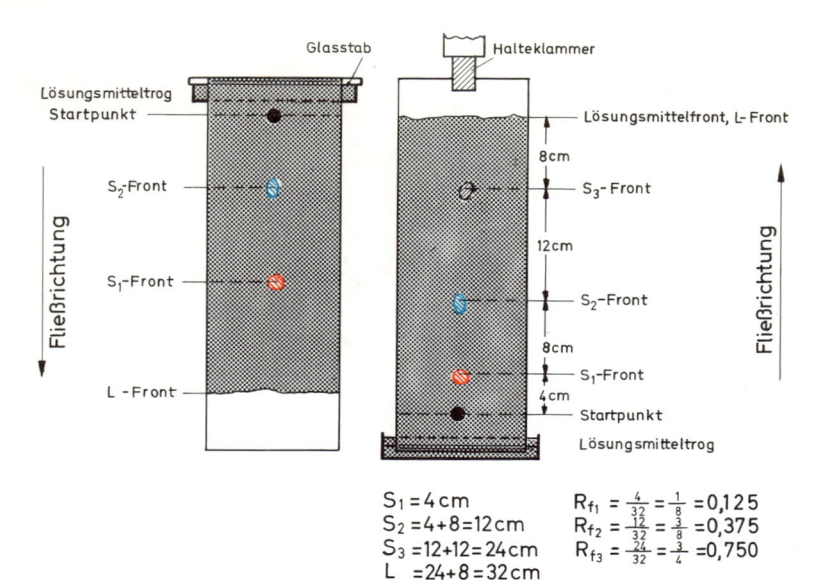

*Bild 91. Prinzip der Papierchromatographie*

$S_1 = 4\,\text{cm}$
$S_2 = 4+8 = 12\,\text{cm}$
$S_3 = 12+12 = 24\,\text{cm}$
$L = 24+8 = 32\,\text{cm}$

$R_{f_1} = \frac{4}{32} = \frac{1}{8} = 0{,}125$
$R_{f_2} = \frac{12}{32} = \frac{3}{8} = 0{,}375$
$R_{f_3} = \frac{24}{32} = \frac{3}{4} = 0{,}750$

Forschungen über die chromatographische Adsorptionsanalyse trennte er den Blattfarbstoff Chlorophyll in seine Komponenten, ähnlich wie es Bild 90 als **Säulenchromatogramm** mit drei verschiedenen Trägerstoffen zeigt. Die verschiedene Färbung der Komponenten gab dann dem Verfahren den Namen.

Ähnlich absorbiert auch **Zellulose (Papier)** als Makromolekül mit aktiven Seitengruppen mehr oder weniger intensiv, jeweils nach Art des Substanzgemisches und seiner Komponenten (Anteile). Bild 91 zeigt ein einfaches Beispiel.

An einem Punkt wird die zu trennende oder zu untersuchende Substanz aufgebracht und das Lösungsmittel (Wasser von höchster Reinheit) entweder von unten her, durch den Kapillareffekt der Papierfasern, hochgesaugt, oder von oben her dem Papierstreifen zugeführt. Danach „aufsteigende" oder „absteigende" Papierchromatographie genannt. Im ersteren Fall befindet sich der „**Startfleck**" unten, im anderen Fall oben auf dem Papierstreifen. Je nach der Laufgeschwindigkeit der Gemischbestandteile laufen die Einzelkomponenten mehr oder weniger rasch hinter der **Lösungsmittelfront** her. Sind die Flecken weit genug auseinander gezogen, dann wird der Lösungsmittelfluß gestoppt, spätestens, wenn die Lösungsmittelfront die andere Papierende erreicht hat.

Als Merkmal für die Wanderungsgeschwindigkeit wird der Zahlenwert des Verhältnisses von Startpunktmittelpunkt des Gemisches bis zum Mittelpunkt des Substanzflecks (= S-Front) zur Strecke Startpunktmittelpunkt des Gemisches bis zur Lösungsmittelfront (= L-Front) angegeben (s. Bild 91):

$$R_f = \frac{\text{S-Front-Strecke}}{\text{L-Front-Strecke}} \qquad (179)$$

$R_f$ ist darin die englische Abkürzung für **Retention Factor (Rückhaltequotient)**. Der Wert kann 1 nie übersteigen, höchstens 1 sein, wenn die Substanz in der Lösungsmittelfront mitwandert. Oft wird als S-Front auch die äußere Fleckbegrenzung nach der L-Front zu ausgemessen, was bei verwaschenen Flecken nicht zweckdienlich ist.

Wird **quer zur Flußrichtung ein elektrisches Feld** angelegt, dann ist eine **zusätzliche Sortierung** der Bestandteile nach ihrer Wanderungsgeschwindigkeit im elektrischen Feld möglich. Eine kontinuierliche Papierelektrophorese, die sowohl der Trennung, als auch der qualitativen und quantitativen Bestimmung der Substanz-Zusammensetzung dienen kann, zeigt Bild 92.

Von der Vorder- und Rückseite her wird das Elektrophoresepapier aus der oberen Küvette laufend mit Pufferlösung durchtränkt, auf der Vorderseite wird die zu analysierende Lösung ständig aufgetropft. Die Analysenlösung wird vom herabsteigenden (oder bei anderer Anordnung aufsteigenden) Puffergemisch mitgeschwemmt und im elektrischen Feld, nach der Wanderungsgeschwindigkeit bzw. deren Unterschied, in einzelne Rinnsale aufgespalten. Ist das Elektrophoresepapier am

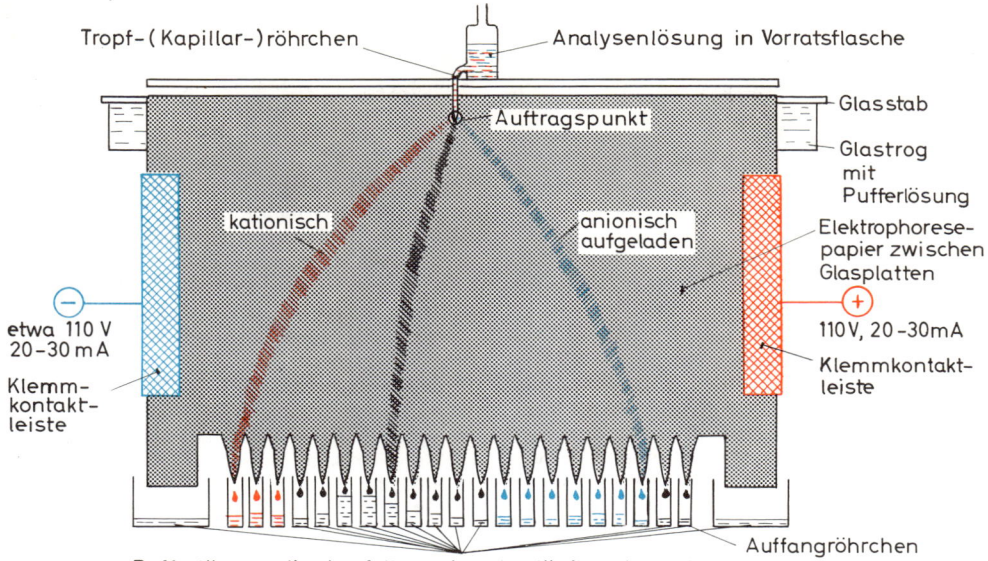

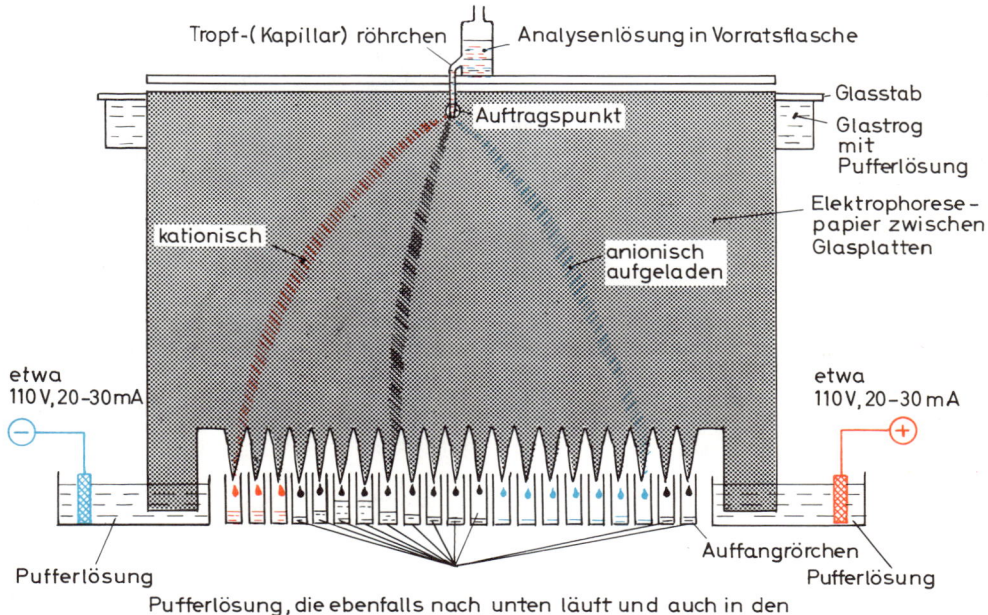

Bild 92. Zwei Versionen der kontinuierlichen Papierelektrophorese

unteren Ende gezackt, dann können an den Zackenspitzen durch kleine Röhrchen die Reinsubstanzen aufgefangen werden.
Bei empfindlichen Substanzen verwendet man die Anordnung 2 in Bild 92. Dort ist das elektrische Feld erst am unteren Rand am stärksten. In der Anordnung 1 wandern schon zu Beginn die Kationen und Anionen des Puffers nach den Seiten zu und verändern, trotz der puffernden Wirkung der stets neu zufließenden Pufferlösung, den $p_H$-Wert.
Welchen $p_H$-Wert die Pufferlösung selbst besitzen soll, das richtet sich nach der Art des zu trennenden Substanzgemisches. Beispiel: Eiweißstoffe enthalten sowohl saure Karboxylgruppen $- COO^- + H^+$, als auch basische Aminogruppen $- NH_2 + H^+ \rightarrow - NH_3^+$. **In saurem Puffer ist die Dissoziation der Karboxylgruppe zurückgedrängt, der Eiweißkörper ist positiv aufgeladen und wandert zum negativen Pol (Kataphorese). In alkalischem Puffer entsteht aus** $- NH_3^+ + OH^- \rightarrow - NH_2 + H_2O$ **die undissoziierte Aminogruppe und die Karboxylgruppe wird zum Träger der negativen Ladung. Der gleiche Eiweißkörper wandert zur positiv aufgeladenen Elektrode (Anaphorese).** Ein dazwischen liegender Punkt, der das Eiweiß bei dem betreffenden $p_H$-Wert vom elektrischen Feld unbeeinflußt läßt, wurde schon als isoelektrischer Punkt erwähnt.
Rezepte und Vorschriften mit Hinweisen auf die Original-Veröffentlichungen sind in vielen Lehrbüchern zu finden [65], [66], [67], [68], [69], [70], [71], [72].
Um die Wanderung der Kolloidteilchen zu beschleunigen, was einen Zeitgewinn darstellt, kann mit Spannungen von 2 bis 10 kV (**Hochspannungselektrophorese**) gearbeitet werden. In diesem Fall ist auf eine besonders gute Kühlung zu achten (Joulesche Wärme)! Auf diese Weise kann die **Langzeitelektrophorese** (etwa 100 Volt; 18 h) bis auf 2 Stunden Dauer (**Kurzzeitelektrophorese**) herabgedrückt werden.
Die Elektrophorese von Ionen (Ionophorese) ermöglicht die Trennung komplizierter Ionengemische und auch der seltenen Erden. Anaphoretisch oder kataphoretisch einzeln oder gleichzeitig (Substanzgemisch wird in der Mitte zwischen Katode und Anode aufgetragen) können die verschiedensten Naturstoffe getrennt werden, z.B. Gerbstoffe, Alkaloide, Fermente, Steroide, Antibiotika, Schlangengifte, Aminosäuren und alle im menschlichen Körper vorkommenden Inhaltsstoffe, wie die verschiedensten Proteine, Hämoglobine usw. Zucker, die ungeladen sind, können als Boratkomplexe ebenfalls elektrophoretisiert werden.
In der Medizin deutet ein gestörter Eiweißhaushalt und eine Abweichung von der Standardzusammensetzung in ihren Prozentgrenzen in Blut, Liquor, Urin usw. auf eine Krankheit hin. Ein Hilfsmittel zur Diagnose, das ebenfalls (wie beim EKG) für sich allein nicht verwendungsfähig ist, sondern erst zusammen mit mindestens zwei weiteren Anzeichen, ist die Papierelektrophorese [73], [74].
Die wichtigsten **körpereigenen Eiweißarten** werden mit griechischen Buchstaben bezeichnet, wenn sie **Globuline, Eiweißkörper, die sich in reinem Wasser nicht, jedoch in Salzwasser lösen,** sind. Lateinische Großbuchstaben kennzeichnen **Albumine, Eiweißstoffe, die auch in reinem Wasser löslich sind.**
Der Gehalt der einzelnen Eiweißarten, bezogen auf das Gesamteiweiß = 100%, wird in **relativen Prozenten** angegeben, Rel. %. Die Normalwerte schwanken um bis über $\pm 10\%$ und sind für **Serum** in ( ) und für **Rückenmarksflüssigkeit, Liquor cerebrospinalis,** die sich zwischen den beiden inneren und drei Hautschichten befindet, die Hirn und Rückenmark umhüllen, in [ ] angegeben.
Zu den Globulinen zählt auch das **Fibrinogen,** das im **Blutplasma** gelöst ist; es gerinnt an der Luft durch die Einwirkung eines „Fibrinferments" und bildet den Schorf heilender Wunden zusammen mit anderen Blutstoffen. Es wird mit $\varphi$ bezeichnet und befindet sich zu (5,1 Rel. %) im **Blutplasma (Serum).** Es wird vor der Elektrophorese entfernt.
**Die Globuline** der $\alpha_1$- (5,2 Rel.%) [4,8 Rel.%] und der $\alpha_2$-Fraktion (8,9 Rel.%) [5,3 Rel.%] transportieren Kupfer und fettlösliche Vitamine; die $\beta$-Fraktion (11,8 Rel.%) [8,5 Rel.%] ist Vehikel für Eisen, Vitamine, Phospholipoide und Hormone, die Befehlsträger für die Organe; die $\gamma_1^-$ und $\gamma_2$-Fraktion (19,5 Rel.%) [9,3 Rel.%] ist Transportmittel u.a. für das Laktoflavin, das Vitamin $B_2$.
**Der Albumingehalt** A (54,6 Rel.%) [62,1 Rel.%] ergibt beim Serum 100 Rel.%; die **Rückenmarksflüssigkeit** enthält noch eine **zusätzliche Albuminfraktion** V, früher X, mit [4,2 Rel.%] **und eine Globulinfraktion** $\tau$, die möglicherweise $\beta_2$ entspricht, mit [5,8 Rel.%].
Getrennt wird in einer Elektrophoresekammer nach Art derjenigen von Grassmann und Hannig (Bild 93). Für die Langzeitelektrophorese wird Veronal-Azetat-Puffer nach Michaelis (s. Anhang 3.5. bzw. Bild 89) vom $p_H$-Wert 8,6 und 0,1 m verwendet, bei Kurzzeitelektrophorese $p_H$-Wert 9,0 und 0,045 m.
Die Auftragslinie der zu untersuchenden Flüssigkeit ist durch einen Bleistiftstrich zu markieren. Nach der beendeten Elektrophorese muß das **Elektropherogramm** entwickelt werden, die Fraktionen müssen durch Anfärben sichtbar gemacht werden.

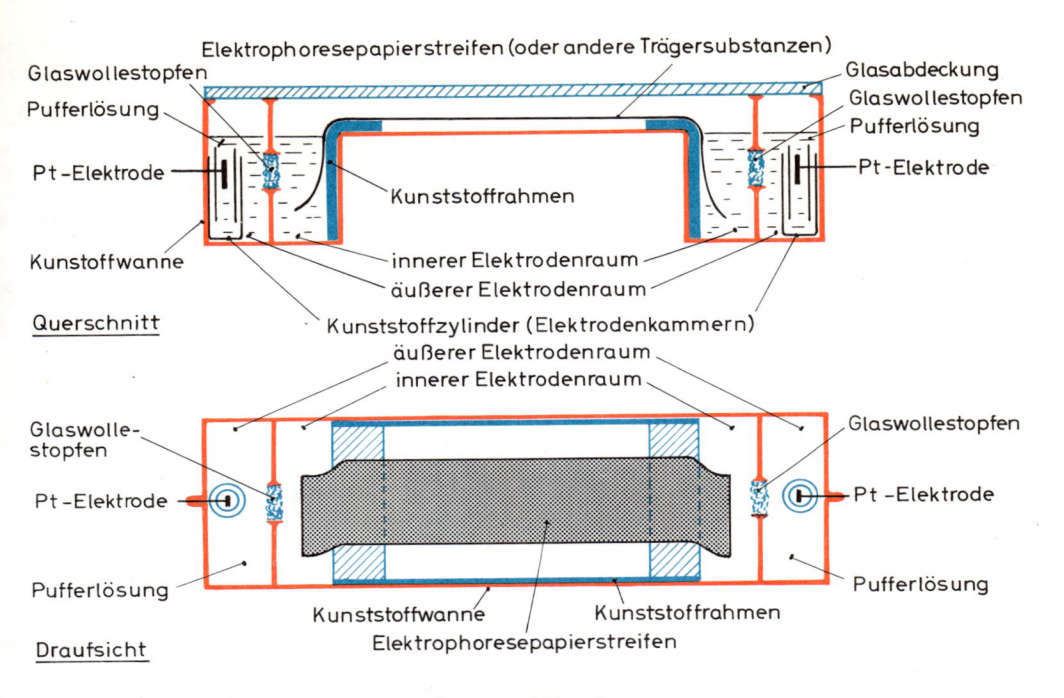

*Bild 93. Elektrophoresekammer nach Graßmann und Hannig*

Die Farbtiefe ist ein direktes Maß für die Konzentration und kann mit einem **Densitometer** (Schwärzungsgradmesser, Auflichtfotometer) gemessen werden. Praktischer und genauer ist das Tränken der absolut trockenen Streifen, aus denen der überschüssige Farbstoff ebenfalls vorher ausgewaschen werden muß, mit einem Aufhellungsmittel, dessen Brechungsindex dem der verwendeten Papierfaser entspricht. Dadurch wird der Papierstreifen **lichtdurchlässig (transparent, durchscheinend)** und kann fotometrisch mit einem **Durchlichtfotometer** ausgemessen werden. Bestimmt wird dabei meist die „**Extinktion**".
Verwendet wird **monochromatisches (einfarbiges) Licht** der Komplementärfarbe zur Färbung. Dieses allein wird absorbiert, in seiner Intensität geschwächt. Die **Lichtintensität** (= Energie je cm² und Sekunde) vor der Absorption wird mit $J_0$ bezeichnet und nach dem Durchgang durch den Papierstreifen mit $J$. Das Verhältnis

$$\frac{J}{J_0} = \vartheta \qquad (180)$$

wird mit **Durchlässigkeit (Durchlässigkeitsgrad, Transparenz)** und der Ausdruck

$$\frac{J_0 - J}{J_0} = \beta \qquad (181)$$

als **(Licht-)Absorptionsgrad** bezeichnet. Die Summe beider ist

$$\vartheta + \beta = 1 \qquad (182)$$

Die Änderung der Lichtintensität, die durch eine kleine Änderung der Dicke der absorbierenden Schicht hervorgerufen wird, erinnert, rein formelmäßig gesehen, an das Geschwindigkeitsgesetz für Reaktionen 1. Ordnung in der Reaktionskinetik:

$$dJ = -\alpha \cdot J \cdot dx \qquad (183)$$

Der Faktor $\alpha$ wird **Absorptionskoeffizient** genannt.

Durch Integration

$$\int_{J_0}^{J} \frac{dJ}{J} = \int_0^d \alpha \cdot dx$$

wird

$$-\ln \frac{J}{J_0} = \alpha \cdot d \qquad (184)$$

erhalten, oder in anderer Form, da die Hochzahlen zur Basis den natürlichen Logarithmen entsprechen

$$J = J_0 \cdot e^{-\alpha \cdot d} \qquad (185)$$

$d$ ist darin die Schichtdicke selbst, nicht mehr ihre Änderung.
Wird in (184) der Briggsche Logarithmus (Basis 10) eingeführt, dann muß der Umrechnungsfaktor ln → lg = 0,4343 eingesetzt werden:

$$-\lg \frac{J}{J_0} = 0{,}4343 \cdot \alpha \cdot d = \alpha' \cdot d = E \qquad (186)$$

**Der Absorptionskoeffizient im dekadischen Logarithmensystem**, $\alpha' = 0{,}4343 \cdot \alpha$, heißt **Extinktionskoeffizient (Maß für die Schwächung)** und $E$, das Produkt mit der Schichtdicke, ist die **Extinktion (Schwächung)**.
Der Extinktionskoeffizient $\alpha'$ ist abhängig von der molaren Konzentration des absorbierenden, lichtschwächeren Stoffes. Daraus ergibt sich das **Beersche Gesetz**

$$\alpha' = \varepsilon \cdot c \qquad (187)$$

Und (186) mit (187) verknüpft ergibt das **Lambert-Beersche Gesetz:**

$$E = \varepsilon \cdot c \cdot d \qquad (188)$$

$\varepsilon$ wird der **molare, dekadische Extinktionskoeffizient** genannt. Er ist definiert als Kehrwert derjenigen Schichtdicke, bei welcher eine 1molare Lösung den eintretenden Lichtstrahl in seiner Intensität auf 1/10 abschwächt.
Die Spezialpapiere zur Papierelektrophorese sind gleichmäßig dick und bestehen aus überall gleichen Fasern und deren Dichte, sowie Lichtabsorption und Brechungsindex sind konstant. Damit ist **die abgelesene Extinktion direkt proportional der Konzentration der Eiweißstoffe im Elektropherogramm.**
Einige Elektropherogramme menschlichen Eiweißes sind unter Bild 94 zusammengefaßt. Aus ihnen kann wohl eine krankhafte Veränderung abgeleitet werden, sie sind für sich alleine aber kein endgültiger Beweis für die Art der Krankheit!
Das Prinzip der Lichtintensitätsmessung beruht darauf, daß das aufgehellte Pherogramm zwischen zwei plane, nicht reflektierende Glasplatten gelegt und diese Anordnung mit einer Mikrometerschraube an einem Lichtspalt vorbeigezogen wird. Über dem Lichtspalt befindet sich ein **Fotoelement,** das der Lichtintensität entsprechend einen mehr oder weniger starken elektrischen Strom liefert **(lichtelektrischer Effekt, Hallwachseffekt:** Photonen, Lichtquanten, lösen Hüllenelektronen aus ihrem Verband, die über einen äußeren Stromkreis zum Fotoelement zurückgeführt werden). Bild 95 zeigt das Prinzip. Wird der Strom aus dem Fotoelement verstärkt und einem Schreiber zugeführt,

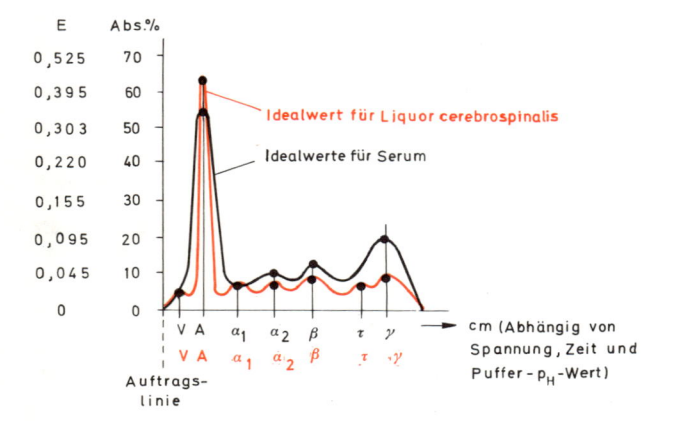

*Bild 94. Elektropherogramme von menschlichem Eiweiß*

*Bild 94.1. Idealwerte der Elektropherogramme für Serum (schwarz) und Liquor cerebrospinalis (rot), konstruiert mit Hilfe von Gaußschen Linien*

*Bild 94.2. Änderung der Elektropherogramme bei verschiedenen Krankheiten*

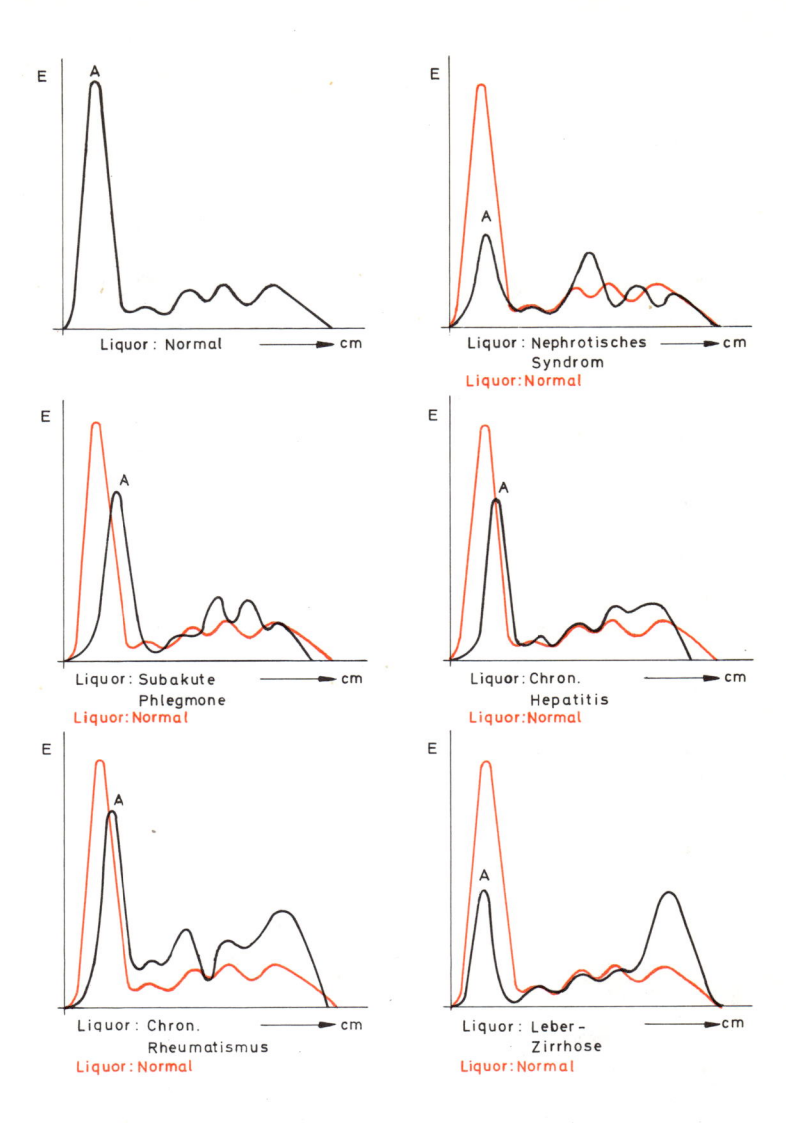

dann müssen Mikrometerschraube und Papiervorschub synchron laufen. Die Papiervorschubstrecke ist dann proportional der Entfernung des Meßpunktes vom Auftragspunkt (Bleistiftstrich) und der Schreiberausschlag entspricht der Lichtabsorption und damit dem Konzentrationsverhältnis. Auch in der Radiochemie wird häufig die Elektropapierchromatografie zur Trennung und Analyse radioaktiver Stoffe benutzt. In diesem Fall wird die Lage der Trennlinien und ihre Intensität, statt lichtelektrisch, durch Impulszähler fixiert.

Aus der Radiochemie stammt auch die Dreierkombination der vereinigten Papierchromatografie, Elektrophorese zusammen mit der Komplexbildung, **„fokussierender Ionenaustausch"** (nach Schuhmacher) genannt. Der Unterschied zum Eiweißbeispiel liegt darin, daß die **katodische Papierstreifenseite in Komplexbildner** (z. B. Äthylendiamin-tetraessigsaures Natrium = EDTA =

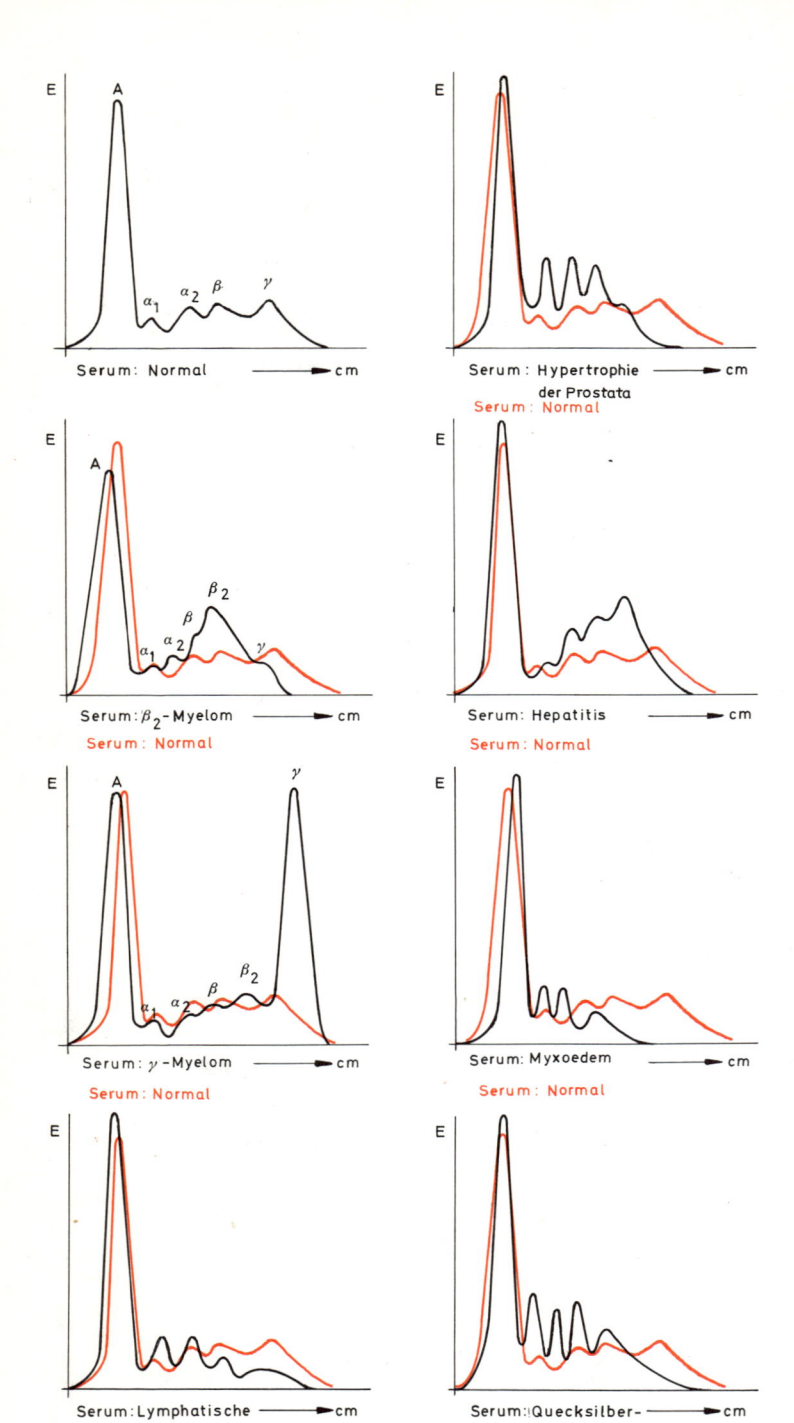

Bild 94.2. Änderung der Elektropherogramme bei verschiedenen Krankheiten

*Bild 95. Fotometerprinzip*

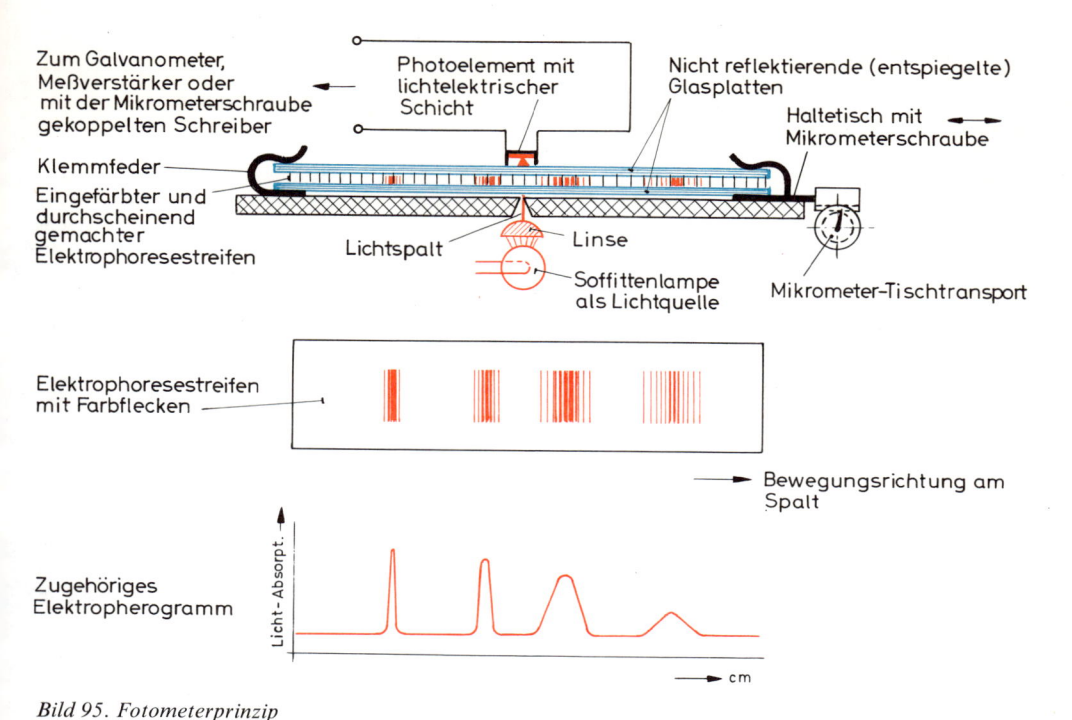

Komplexon III = Titriplex) und die **anodische Seite in Komplexzerstörer** (z. B. Säure) eintaucht. Katodisch kriecht Komplexbildner in das Papier, dem beim Auftreffen auf die Analysenzone (Strich) Kationen entgegenwandern. Diese werden in einen anodischen Komplex umgewandelt und ändern dadurch ihre Marschrichtung; sie werden durch die Molekülvergrößerung zugleich auch langsamer. Nun nähern sich die Komplexmoleküle anodisch der Komplexzerstörenden Substanz, werden wieder zu Kationen und ändern abermals Wanderungsrichtung und -geschwindigkeit. Das Spiel setzt sich so lange fort, bis sich die Ionen zu einem engen Band zusammengezogen haben, „fokussiert" sind. **Die Lage des Bandes ist für jedes Ion charakteristisch und hängt nur von der betreffenden Komplexbildungskonstanten ab.**

## 3.6. Polarisationstitrationen und andere elektrochemische Analysenmethoden

Erinnert sei an die Kapitel über Hemmungserscheinungen bei Elektrodenvorgängen, die zu einer Polarisation führen. Die dort geschilderten Effekte kombiniert mit den bekannten Meßmethoden, die unter der Leitfähigkeitstitration und *EMK*-Titration behandelt wurden, lassen **zwei Hauptarten der Polarisationstitration** erkennen:

1. **Die Amperometrische Titration,** bei der die Spannung konstant gehalten wird und die gemessene Stromstärke als Funktion der Menge des zugegebenen Titriermittels im Diagramm erfaßt wird.

2. **Die Voltametrische Titration.** Die Stromstärke wird konstant gehalten und die Spannungsände-

rung in Abhängigkeit von der Menge zugegebenen Titriermittels bestimmt.

Beide Methoden können sowohl mit Gleichspannung als auch mit niederfrequentem Wechselstrom (50–100 Hz) durchgeführt werden. Mitunter sind sogar Frequenzen bis unter 0,1 Hz erfolgreicher.

Die wichtigste Methode ist die **Ampèrometrische Titration mit Gleichstrom bei konstantem Potential (potentiostatisches Gleichstromverfahren),** die im Schrifttum als **Dead-stop-Titration** bezeichnet wird, von egl. „dead" = tot, in der Elektrizitätslehre = stromlos, und „stop" = Endpunkt. Eine weitere Bezeichnung für das gleiche Verfahren ist **Polarisationsstromtitration.**

Als Indikator-Elektroden werden zwei Platinbleche, eine rotierende, polarisierbare Pt-Elektrode oder die von der Polarografie her bekannte Tropfelektrode verwendet. Die angelegte Spannung richtet sich nach der Art des Reaktionsvorgangs und liegt zwischen 5 und 1000 mV. Solange an der Elektrode reversible (umkehrbare) Vorgänge ablaufen, fließt ein Strom. Werden an der Elektrode irreversible Vorgänge erzwungen, dann wird der fließende Gleichstrom geschwächt, bei einer angelegten Spannung, die unterhalb der ausgebildeten Polarisationsspannung liegt, gänzlich unterdrückt. Die entgegengesetzt gerichtete Polarisationsspannung stellt somit einen Widerstand dar, den **Polarisationswiderstand** $R_P$.

**Varianten** sind: Es können zwei polarisierbare oder eine polarisierbare und eine nicht polarisierbare Elektrode verwendet werden. Die Analysenlösung kann die Elektrode polarisieren und die zugesetzte Titrierlösung depolarisieren oder umgekehrt.

**Ist nur eine Elektrode polarisierbar,** dann entspricht die Methode der **Polarografie.** Statt der Stufenhöhe wird das genauer ablesbare Volumen der zutitrierten Meßlösung zur Bestimmung herangezogen und der **Diffusionsgrenzstrom dient nur als Indikator** für den Äquivalenzpunkt. Polarisiert die Analysenlösung eine Elektrode, dann fließt zunächst kein Strom. Am Äquivalenzpunkt, wenn die depolarisierende Titrierlösung beginnt wirksam zu werden, setzt schlagartig ein Stromfluß sein. Der Kurvenlauf entspricht etwa Bild 96.1. Polarisiert die Analysenlösung nicht, jedoch die Meßlösung, dann sinkt der Strom am Äquivalentpunkt bis auf einen kaum meßbaren Betrag, wie Bild 96.2 wiedergibt. Sind beide Reaktionspartner Depolarisatoren, wird also ein reversibles System mit einem reversiblen System titriert, dann entsteht die Kurvenform von Bild 96.3. Beide Stufenkurven überlagern sich und bilden eine Spitze in dem resultierenden Diagramm. In allen drei Fällen ist das Y in den Modelldiagrammen durch die Stromstärke $I$ in Mikroampere zu ersetzen.

Das Prinzipschaltbild zur amperometrischen Gleichstromtitration, nach C. W. Foulk und A. T. Bawden[75]) Dead-stop-Titration genannt, ist aus Bild 97.1. zu ersehen.

**Einige Beispiele:** Die **Bestimmung ungesättigter Bindungen in organischen Verbindungen** (C = C oder C ≡ C), die sich in verdünnter Säure lösen und an den Elektroden weder oxydiert noch reduziert

*Bild 96. Modelldiagramme zur Polarisationstitration*

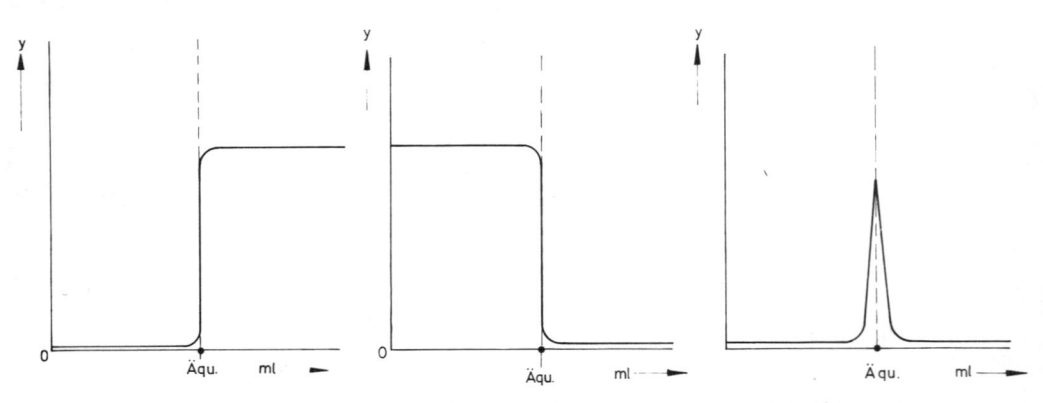

*Bild 96.1. Meßwertanstieg am Äquivalenzpunkt*

*Bild 96.2. Meßwert geht am Äquivalenzpunkt gegen Null*

*Bild 96.3. Meßwertspitze (peak) am Äquivalenzpunkt*

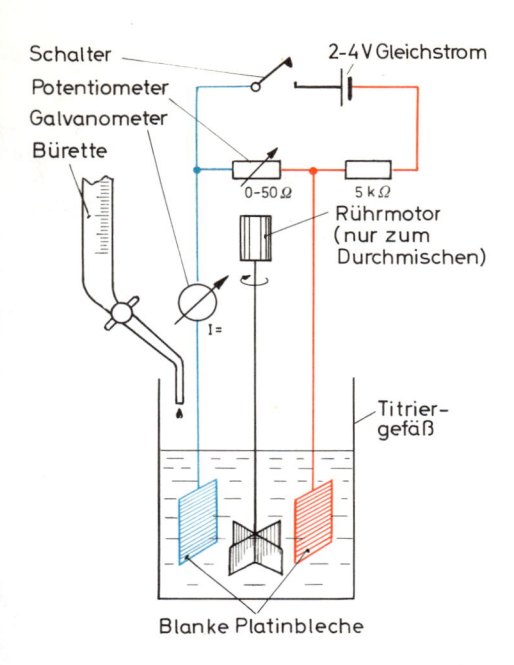

*Bild 97. Prinzipschaltbild zur Amperometrischen Titration*
*Bild 97.1. Mit Gleichspannung (dead-stop)*
*Bild 97.2. Mit Wechselspannung*

werden. Titriert wird die Analysenlösung mit einer Bromid-/Bromatlösung (KBr + KBrO₃) von bekanntem Titer.
Solange noch ungesättigte Bindungen in der Analysenlösung vorhanden sind, wird entstehendes Brom verbraucht. Am Äquvalenzpunkt entsteht freies Brom, das an der Elektrode zu Bromionen reduziert wird. Der auftretende Diffusionsstrom zeigt den Äquivalenzpunkt der Titration an. Es entsteht eine Kurve nach Bild 96.1, mit der Stromstärke in Mikroampère für Y.
**Geringe Mengen Wasser,** bis unter 0,01%, können **in anorganischen und organischen Stoffen** durch **Karl Fischers Reagenz** (Angew. Ch. 1935, S. 394) titrimetrisch erfaßt werden. **Auch funktionelle Gruppen werden damit bestimmt,** z. B. Hydroxy-, Karbonyl-, Karboxy-, Peroxy-, Nitril-, Amino- und andere Gruppen. Es kann hergestellt werden durch Einleiten von 64 g Schwefeldioxid in 265 g Pyridin. Diese Lösung wird mit einer Lösung von 84 g Jod in 350 g Methanol vereinigt. Der zu untersuchende Stoff wird in Methanol gelöst. Nach Eberius und Kowalski kann das Jod durch Brom ersetzt, dadurch das Lösungsmittelgemisch wasserfrei ge-

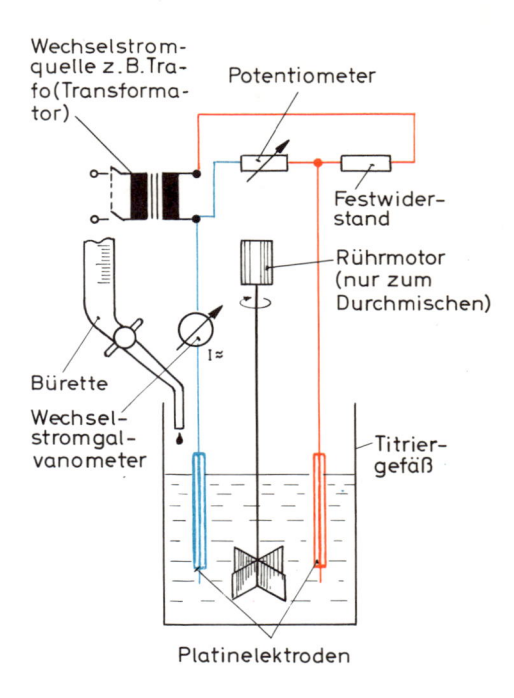

macht, und anschließend das Jod zugegeben werden.
Für die Kurzzeitreaktion, bei der Methanol nicht mitreagiert, gilt $2 H_2O + J_2 + SO_2 + 3 C_5H_5N \rightarrow$
$\rightarrow C_5H_5N \cdot H_2SO_4 + 2 C_5H_5N \cdot HJ$
Durch die Bildung von Methyljodid liegt der Verbrauch an Jod allerdings höher:
$2 H_2O + 3 J_2 + 3 SO_2 + 4 CH_3OH + 6 C_5H_5N \rightarrow$
$\rightarrow 2 C_5H_5N \cdot H_2SO_4 + (CH_3)_2SO_4 + 2 (CH_3)J +$
$+ 4 C_5H_5N \cdot HJ$. Es werden 6 Grammatome Jod je 2 Mole Wasser verbraucht. Die Oxydation von $SO_2$ kann nur bei Gegenwart von Wasser erfolgen. Der Endpunkt wurde früher durch die Violettfärbung von Stärke bei erstmals auftretendem Jodüberschuß erkannt.
Wird die Titration zwischen 2 Platinelektroden nach Bild 97.1 unter Luftabschluß (wegen Luftfeuchtigkeit, Chlorkalziumröhrchen) durchgeführt, dann wird am Äquivalenzpunkt der erste Jodüberschuß an den Elektroden zu Jodionen reduziert: $J_2 + 2e^- \rightarrow 2J^-$. Der dadurch auftretende Diffusionsgrenzstrom zeigt den Äquivalenzpunkt an. Es entsteht wieder Kurvenbild 96.1, wie vorher[76], [77].

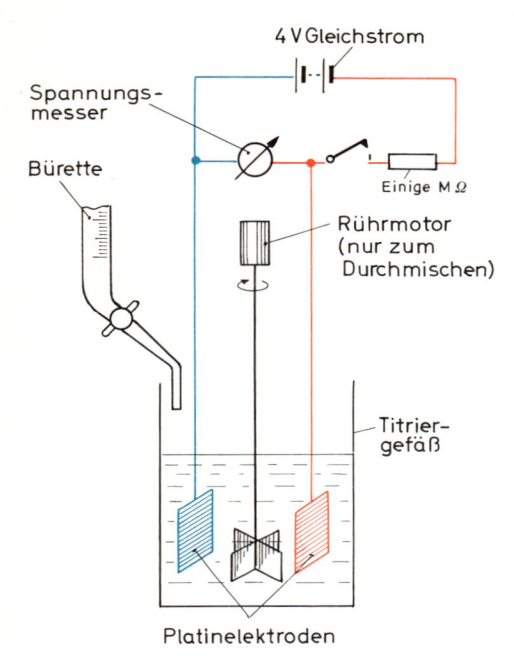

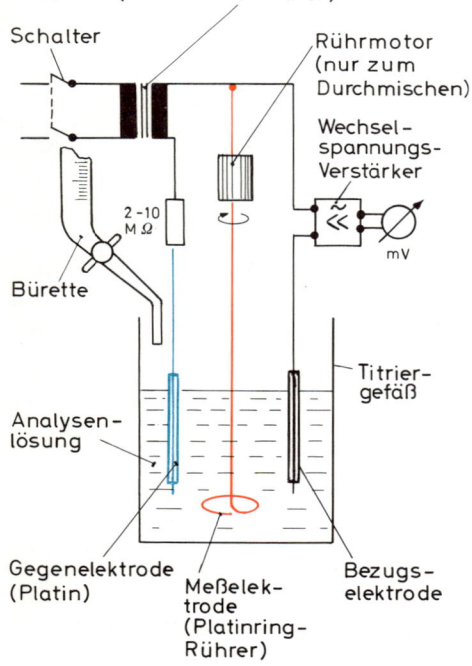

*Bild 98. Prinzipschaltbild zur Voltametrischen Titration*

Das Bild der Kurve 96.2 entsteht z. B. bei der Titration von Jod mit Thiosulfat. Der zunächst fließende Strom nach $J + 2e^- \underset{\leftarrow \text{Anode} -}{\overset{- \text{Katode} \rightarrow}{\rightleftarrows}} 2J^-$ wird am Äquivalenzpunkt durch das irreversible (stark reaktionsgehemmte) Redox-System $2\,S_2O_3^{--} - 2e^- \rightarrow S_4O_6^{--}$ ersetzt. Durch die Polarisation der Elektroden steigt der Widerstand stark an (Polarisationswiderstand) und die Stromstärke geht augenblicklich gegen Null.

Wird nach Bild 97.2 niederfrequenter Wechselstrom, statt Gleichstrom, verwendet, dann wird das gleiche Bild erhalten. Der Vorteil liegt darin, daß angreifbare Elektroden verwendet werden können.

**Die Voltametrische Titration** (PST = **P**olarisations-**S**pannungs-**T**itration; engl. DPT = **d**erivative **p**olarographic **t**itration) nach Bild 98.1 ist der Dead-stop-Titration ähnlich. Sie wird vornehmlich **für Redoxtitrationen** eingesetzt. Am Äquivalenzpunkt wird das Redoxpotential, das sich durch die Elektrodenpolarisation aufgebaut hat, durch den Überschuß an Polarisationsmittel abgebaut. Andererseits kann sich am Äquivalenzpunkt ebenso plötzlich ein Potential bilden. Welche Reaktion eintritt ist von der Art der Redox-Titration abhängig. Der hohe Vorwiderstand bewirkt, daß sich bei der Widerstandsänderung der Meßzelle um den zehnfachen Betrag eine Stromänderung erst in der fünften Ziffer des Strombetrages bemerkbar macht. Die vorgenannten Beispiele lassen sich auch mit dieser Methode durchführen. **Der Unterschied besteht darin, daß der Anstieg des Polarisationsstromes am Äquivalenzpunkt durch ein Zusammenbrechen der Polarisasationsspannung** ersetzt ist. Der Kurvenverlauf ist deshalb bei der gleich Titration umgekehrt; statt Bild 96.1 wird die Kurve 96.2 erhalten und statt 96.2 wird 96.1 resultieren.

**Die Voltametrische Titration mit Wechselstrom** erfordert eine dritte Elektrode als Meßelektrode (Bild 98.2). Sie besteht aus einem Platinring, der gleichzeitig als Rührer verwendet werden kann. Die beiden anderen Elektroden bestehen aus Platindraht. Von diesen ist diejenige die Bezugselektrode, die mit der Meßelektrode durch den Gleichspannungsverstärker verbunden ist.

Zur Systematik und Analysenvorschriften, sowie zur Meßmethodik im Einzelnen sei auf das Schrifttum verwiesen [47], [78], [79], [80], [91].

Die Faradayschen Gesetze werden bei der **Coulometrie** und der **Elektrogravimetrie** ausgenutzt. Beiden gemeinsam ist die Forderung nach einer vollständigen elektrolytischen Abscheidung des zu bestimmenden Stoffes und das Unterbinden jeglicher Nebenreaktion. Wie bei der Polarisationstitration kann zwischen **ampèrometrischer und voltametrischer Coulometrie** (konstante Spannung bzw. konstanter Strom) unterschieden werden. Gemessen wird die verbrauchte Strommenge (s. Kapitel 2.4. bis 2.4.1.5.) bis zur vollständigen Abscheidung des betreffenden Stoffes mit Coulometer, oder bei konstanter Stromstärke auch mit der Stoppuhr.

Bei konstant angelegter Spannung geht die Stromstärke mit der Abscheidung des Stoffes gegen Null. Wird der Logarithmus der Stromstärke gegen die Zeit im Diagramm festgehalten, dann entsteht eine Gerade, die man extrapolieren kann. Auf diese Weise kann die Analysendauer abgekürzt werden.

**Der Endpunkt einer Titration** kann auch elektrisch oder kolorimetrisch bestimmt werden. Bildet die zu messende Substanz mit einem Indikator einen Farbstoff, dessen Farbe sich ändert oder verschwindet, wenn die abzuscheidende Substanz verschwunden ist, dann ist der **Endpunkt der Abscheidung optisch** zu erkennen. Zu diesem Zeitpunkt gibt **die umgesetzte Strommenge das elektrochemische Äquivalent des abgeschiedenen Stoffes** an.

**Die Elektrogravimetrie** scheidet ebenfalls die Stoffe durch Elektrolyse praktisch quantitativ ab. Bestimmt wird nicht die Strommenge, sondern die **Gewichtszunahme der Elektrode** durch den abgeschiedenen Stoff, der damit gravimetrisch bestimmt wird.

**Der Endpunkt der Elektrolyse** kann durch **Tüpfelreaktionen** erkannt werden. Ein Tropfen des Elektrolyten wird auf ein mit Indikator getränktes Stück Filtrierpapier gebracht. Die auftretende Färbung deutet an, ob noch abzuscheidende Substanz im Elektrolyten vorhanden ist. Die Nachweisreaktionen sind im Schrifttum [82], [83] zu finden.

Ein beliebtes Praktikumsbeispiel ist die elektrogravimetrische Messinganalyse. Das gewogene Messing wird in Salpetersäure gelöst und mit Schwefelsäure abgeraucht. Mit destilliertem Wasser wird im Meßkolben aufgefüllt, so daß etwa 2 bis 3% Schwefelsäure in der Analysenlösung vorhanden sind. Im abgedeckten Becherglas werden 100–150 ml Lösung auf etwa 80 °C erwärmt, abgedeckt, und auf einem Platinnetz, daß einen Pt-Rührer als Anode zylindrisch umschließt, katodisch zunächst Kupfer abgeschieden. Spannung: 2 V; Stromstärke 2–3 A, notfalls stärker ansäuern um die hohe Stromstärke zu erreichen. Dauer: etwa 20 Minuten. Tüpfeln! Unter Stromfluß die Netzkatode herausnehmen, mit Wasser über dem Elektrolyten auswaschen (Waschwasser in Zinklösung fließen lassen) und mit Azeton trocknen. Im Trockenschrank bei 80 °C nachtrocknen und Gewichtszunahme feststellen.

Die kupferfreie Lösung mit 2 n-NaOH solange versetzen, bis sich der gebildete Niederschlag wieder aufgelöst hat. Das verkupferte Pt-Netz wieder als Katode einsetzen und bei 70 °C mit 4 V unter Rühren etwa 30–45 Minuten elektrolysieren. Ende durch Tüpfeln feststellen. Unter Strom die Netzelektrode aus der Lösung nehmen, spülen mit Wasser und trocknen mit Azeton, anschließend im Vakuumexsikkator aufbewahren (Luft oxydiert Zink und der Wert würde zu hoch gefunden). Durch Auswiegen wird die Gewichtszunahme bestimmt, welche die Zinkmenge angibt. Auf Kupfer wird deshalb elektrolysiert, weil Zink mit Platin sonst eine Legierung bildet, die auf die Dauer das Platinnetz unbrauchbar macht.

Bei der Elektrogravimetrie wird Wert auf vollständige Abscheidung gelegt, ohne Rücksicht auf das Aussehen des entstandenen Niederschlags, der allerdings fest auf der Unterlage verankert sein muß, damit sich keine Minusfehler durch Abblättern des Niederschlags einstellen.

Die gleichen Forderungen werden beispielsweise auch bei der elektrolytischen **Entsilberung gebrauchter fotografischer Fixierbäder** gestellt.

Soll das gebrauchte Fixierbad regeneriert werden, was sich nach der Art der fixierten Filme und Papiere richtet und den dadurch bedingten Zusätzen, dann muß mit geringer Spannung (400 mV etwa) und geringer Stromdichte (2–3 mA · dm$^{-2}$) gearbeitet werden. Als Katode wird ein poliertes dünnes Stahlblech verwendet, auf dem der Silberniederschlag nicht allzu fest haftet. Er kann durch Verbiegen von der Unterlage abgesprengt werden. Das „entsilberte" Fixierbad enthält dann noch etwa 1 g Silber je Liter, da es bei vollständiger Entsilberung selbst zersetzt werden würde. Soll das Fixierbad verworfen werden, dann kann mit höherer Spannung und hohen Stromdichten gearbeitet werden; dann ist aber auf giftige, entweichende Dämpfe zu achten!

# 4. Galvanotechnik

Werkstücke, die mit einem galvanischen Überzug versehen werden sollen, müssen eine gleichmäßige und saubere Oberfläche besitzen. Dies ist in den seltensten Fällen anzutreffen. Das Aussehen des fertigen Metallüberzugs ist weitgehend von der ursprünglichen Beschaffenheit der zu überziehenden Oberfläche abhängig.

## 4.1. Vorbehandlung von Metalloberflächen

Rauhe Oberflächen zeigen in der Vergrößerung punktförmige Erhebungen. Sie können abgetragen werden. Hierfür werden sie geschliffen, gescheuert oder gebürstet. Die **Feinabtragung** erfolgt durch **Polieren**. Dabei wird die Oberfläche bis zum **Hochglanz** geglättet. Die Art der **Poliermittel** richtet sich nach der Rauhigkeit und Härte der zu bearbeitenden Oberfläche. Bekannte **Poliermittel** sind Korund (Aluminiumoxid), Chromoxid, Polierrot (Eisenoxid), Kreide (Kalziumkarbonat), Wiener Kalk, Tripel (Polierschiefer, Poliererde, Kieselgur, der mit Sand, Ton und Eisenoxiden vermischt ist) usw.
Durch **Druckpolieren** werden Erhebungen eingedrückt, plattgedrückt. Je nach dem Verfahren wird unterschieden in **Stabpolieren, Kugelpolieren, Drücken und Bearbeiten mit Zirkulardrahtbürsten**. Beim **Polieren mit der Scheibe** ist, ebenso wie beim **Schleifen**, die **Art und Größe der Körnung**, das **Bindemittel der Körnung** und die **Umfangsgeschwindigkeit** der Scheibe im Verhältnis zum bearbeiteten Werkstück wichtig.
**Keramische Bindung** (Silikatbindung, leichtschmelzende Gläser) wird bei Schleifscheiben mit Siliziumkarbid oder Elektrokorung als Schleifmittel verwendet.
Die **anorganische oder mineralische Bindung** erfolgt mit Magnesit (Bitterspat, $MgCO_3$), Zement oder Wasserglas ($Na_2O \cdot 3-4\ SiO_2$).
**Organische Bindungsmittel** sind Kunstharze, Gummi und Schellack. Große Buchstaben auf der Schleif- oder Polierscheibe geben den **Härtegrad nach der Nortonskala** wieder:
E–G sehr weich | H–K weich | L–O mittelhart | P–S hart | T–W sehr hart | X–Z extrahart.
Beim Polieren unterschiedet man zwischen **Vor-, Fertig- und Hochglanzpolieren oder Glänzen**.

Hierfür werden, je nachdem, **lederbezogene Holzscheiben ("Pließten"), Filzscheiben** oder **Bürstenscheiben** verwendet. **Zum Hochglanzpolieren dienen Schwabbelscheiben**, im Zentrum befestigte, kreisförmige Textilscheiben, mehrere aufeinander. Sie bestehen meist aus Baumwolle, auch aus Segel-, Nesseltuch oder Seide. Die Schleifmittelschicht wird auf dem äußeren Umfang aufgeleimt oder als Fettpaste aufgetragen. Derartige Scheiben schmiegen sich den Konturen plastischer Fertigteile an. Um eine gute Haftung des Überzugsmetalls auf dem Grundmetall zu erreichen, muß letzteres absolut frei von Fett und Korrosionsschichten sein.
**Entfettet wird mit Lösungsmitteln**, wie vor allem „Tri" (Trichloräthen, $CCl_2 = CHCl$), auch „Per" (Perchloräthylen, Tetrachloräthen, $CCl_2 = CCl_2$) und „Tetra" (Tetrachlorkohlenstoff, Tetrachlormethan, $CCl_4$), die nicht brennbar sind. Mitunter werden auch Benzin und Petroleum, beide sind brennbar, zur Kaltentfettung benutzt.
Die Chlorkohlenwasserstoffe werden mit organischen Aminen (Alkylamine oder Arylamine wie Diphenylamin usw.) versetzt, damit entstehendes Phosgen oder korrodierende Salzsäure neutralisierend abgefangen werden. Werden die Lösungsmittel durch Destillation wiedergewonnen (regeneriert), dann gehen die Amine, soweit sie nicht von Zersetzungsprodukten, die sehr giftig sind, salzartig gebunden wurden, mit in das Destillat über.
**Die Vorteile der Entfettung mit Chlorkohlenwasserstoffen** sind in ihren **guten Löseeigenschaften** für Fette, Öle, Wachse und Harze, ihrer **Unbrennbarkeit** (gegenüber Benzin, Benzol und Petroleum), ihrer **geringen Oberflächenspannung** (leichtes Eindringen in Poren und Risse), der **geringen Verdampfungswärme** (Energiekosten-Ersparnis bei

der reinen Wiedergewinnung durch Destillation), ihrer **über demjenigen des Benzins liegenden Siedepunkte** (Kp. Kochpunkte) und der **Emulgierbarkeit mit Wasser** zu suchen. Weiterhin sind die Dämpfe schwerer als Luft und sammeln sich am Boden an. **Nachteile** sind die Möglichkeit der **Suchtgefahr** (Tri- und Persüchtigkeit) und **Phosgenbildung der Dämpfe** beim Einstrahlen von Ultraviolettstrahlung (Sonnenlicht, Leuchtstoffröhren, Quarzlampen). Für gute Abzugsmöglichkeit muß gesorgt werden, da die Dämpfe beim Einatmen schwere gesundheitliche Dauerschäden verursachen (Phosgen, $COCl_2$, ist ein Grünkreuz-Kampfstoff!).

**Die Lösungsmittelentfettung kann durch flüssiges oder dampfförmiges Lösungsmittel und Emulsionsreiniger vorgenommen werden.** Weitere Entfettungsmethoden sind die Entfettung von Hand mit **Entfettungsbrei und anschließendem Abbürsten, die alkalische Heißentfettung, die elektrolytische Entfettung (katodisch, anodisch oder Kombination beider Verfahren), die Gas- und Dampfentfettung und die Entfettung mit Ultraschall.**

**Die alkalische Heißentfettung** kann nach 4 Verfahren durchgeführt werden:

**1. Abkochverfahren (Tauchen, Abkochen):** Der Gegenstand wird in kochender Reinigungslösung mechanisch bewegt. **Nachteile:** Die Reinigungswirkung ist, trotz längerer Reinigungszeit, geringer als bei den anderen drei Verfahren, die Konzentration ist hoch mit 5–10% und ebenso die Temperatur (90–100 °C). **Vorteile:** Einfaches Verfahren mit niedrigen Anschaffungskosten. Vorreinigung gegen grobe Schmutzmengen.

**2. Flutverfahren:** Hier wird die Badlösung umgepumpt bei ruhender Ware. **Vorteile** gegenüber 1: Schnelleres Reinigen, niedrigere Temperatur (70 bis 80 °C), geringere Konzentration (0,5–3%), besserer Reinigungseffekt und weniger Zeitaufwand.

**3. Spritzverfahren:** Das Werkstück wird aus Sprühdüsen kalt oder heiß besprizt. **Vorteil:** Das Waschmittel emulgiert (Konzentration 0,5–3%) zugleich mit einer starken mechanischen Reinigungswirkung. Das Verfahren kann kontinuierlich betrieben werden, sowohl bei Raumtemperatur als auch bei 70–80 °C. Bei diesem Verfahren ist der **Zeitaufwand am geringsten.**

**4. Dampfstrahlverfahren:** Ein überhitzter Wasserstrahl (120–140 °C; 4–8 atü), der als alkalisches Reinigungsmittel 0,5–3% eines Gemisches von Natriumkarbonat (Soda) und Alkaliphosphat enthält, wird aufgespritzt. **Vorteil:** Rasche Entfettung, verbunden mit starker mechanischer und Abschwemmwirkung.

**Die stärkste mechanische Reinigung wird durch Schallschwingungen jenseits des Hörbereichs (Ultraschall) erzielt.** Die elektrisch erzeugten Schallwellen liegen im Niederfrequenzbereich (NF) zwischen 10 und 100 kHz (1 Hertz ist eine Schwingung je Sekunde), oder im Hochfrequenzbereich (HF) mit 100 kHz bis zu MHz. Die Reinigungsflüssigkeit wird dabei bis zu $\sim 10^4$ atü komprimiert und andererseits herrschen darin Unterdrücke zwischen $10^{-2}$–$10^{-3}$ at. **Der Wechsel zwischen Hochdruck und Unterdruck** geschieht im gleichen Rhythmus wie die Hertz-Zahl des Wechselstroms. Dabei entstehen **im Unterdruckbereich Gasbläschen** aus den Rissen und Poren des Werkstücks und als Dampfblasen in der Reinigungslösung, die im Überdruckbereich verschwinden. Die **Gashohlraumbildung (Kavitation)** reißt mechanisch auch aus den Poren Verunreinigungen heraus. Bei Überdruck wird die Reinigungsflüssigkeit in die Poren gepreßt und im Unterdruckbereich wieder herausgesaugt, und dies bis zu vielen hunderttausend Malen je Sekunde. Die Bildung kleinster Wirbel, verbunden mit einem Druckwechsel über 6 bis 7 Zehnerpotenzen hinweg, zeigt die stärkste mechanische Reinigungswirkung.

**Die elektrischen Schwingungen werden durch Ultraschallköpfe in mechanische Schwingungen umgewandelt.** Magnetische Werkstoffe ziehen sich im magnetischen Wechselfeld zusammen und dehnen sich aus. Dies geschieht im gleichen Rhythmus, wie der elektrische Wechselstrom das Feld in einer Spule erzeugt. Der Effekt heißt **Magnetostriktion.** Der gleiche Effekt bei Kristallen, die sich in einer bestimmten Achsenrichtung unter dem Einfluß elektrischer Wechselfelder zusammenziehen (Kompression) und ausdehnen (Dilatation), heißt **Piezoelektrischer Effekt als umgekehrter Vorgang** (Druck erzeugt auf einander entgegengesetzt gelegenen Kristallflächen entgegengesetzt gerichtete elektrische Auflagung).

Je nach dem verwendeten Kopfmaterial wird zwischen **Nickel- oder Ferritschwingern und Quarz-, (Kristall-) oder Bariumtitanatschwingern** unterschieden. Der Verwendungsart verdanken die praktischen Ausführungen ihren Namen: **Tauchschwinger, Plattenschwinger und Schwingwannen.**

**Die Vorgänge des Beizens und Brennens (Gelbbrennen)** dienen zur Ablösung oder Auflösung von Korrosionsschichten.

**Brennen wird mit konzentrierten Säuren** (Schwefelsäure mit Salpetersäure, Salzsäure) bei Kupfer und Nickel sowie deren Legierungen vorgenommen. Glanzruß oder Aktivkohle werden häufig zugesetzt.

**Gebeizt wird im allgemeinen mit verdünnten Säuren, in speziellen Fällen mit Laugen** (z. B. für Aluminium und Zink). Entstehender Wasserstoff verursacht bei Eisen, durch Aufnahme in das Kristallgitter des Eisens, Sprödigkeit. Dieser Vorgang tritt immer auf, wenn verschieden dicke Korrosionsschichten abgelöst werden müssen. Dabei entstehen „Inseln". Um den blanken Eisenuntergrund zu schützen, werden Stoffe zugesetzt, die von Eisen, nicht aber seinen Oxyden adsorbiert werden[84],[85]). Die Ionenwanderung in dieser Zwischenschicht wird erschwert, das Eisen kann nur sehr langsam von der Säure angegriffen werden. Es wird sowohl ein Verlust an Beizsäure wie an Metall und dessen Qualität vermindert oder gar verhindert. Deshalb heißen derartige Lösungen mit Zusätzen (organische Diarylthioharnstoffe, Chinoline, Diarylsulfoxide) „Sparbeizen".

**Allgemein wird gebeizt** mit 12-15-25%iger Schwefelsäure bei 50 bis 60 mitunter 80°C; mit 10-15-(20)%iger Salzsäure bei Raumtemperatur (Sonderfälle 30–35°C); Salpetersäure (Vorsicht vor nitrosen Gasen! Sehr giftig, ähnlich Grünkreuzkampfstoffen) 40-50-65(konzentriert)% kalt, nur bei Eisenguß; Phosphorsäure von 2-5-10-15% bei 40–50°C, bei 2–5%iger 40–80°C; Flußsäurebeize nur bei Gußeisen in 20–25%iger Konzentration bei Raumtemperatur bis zu 35–40°C.

Der Arbeitsgang für diese Beizart kann von **Trommelautomaten** übernommen werden: **1. Reinigen und Entfetten; 2. Kaltspülen; 3. Beizen; 4. Kaltspülen mit dauerndem Überlauf; 5. Heißspülen; 6. Trocknen.** Bei Edelstählen ist die Zusammensetzung des Beizbades nach den Legierungsbestandteilen auszurichten und nur geringe Gasentwicklung zugelassen. Mitunter sind verschieden zusammengesetzte Beizbäder nacheinander zu verwenden. Zu achten ist auf die Löslichkeit der Metalloxyde. **Um die Gefahr von Lochfraß auszuschalten ist die Beizdauer möglichst kurz zu halten.**

**Die sauren Beizen** lösen die Metalloxyde unter Wasserbildung auf und vereinigen sich mit dem Metall, das dabei in Ionenform entsteht, zu dem betreffenden Metallsalz. **Bei zu langer Einwirkung wird das Grundmetall angegriffen.** Es entsteht das Metallsalz und Wasserstoffgas **(Sprödigkeit** bei Eisen).

**Die alkalische Beize** löst ebenfalls das Oxyd auf. Im Falle des Aluminiums wird dabei Aluminat gebildet:

**Schutzschichtbildung an der Luft:**
$2 Al + 3 H_2O + 1\frac{1}{2} O_2 \rightarrow 2 Al(OH)_3 \rightarrow Al_2O_3 + 3 H_2O$ oder
$2 Al + 1\frac{1}{2} O_2 \rightarrow Al_2O_3$

und **Auflösung der Schutzschicht:**
$Al(OH)_3 + NaOH \rightarrow Na[Al(OH)_4]$ bzw.
$Al_2O_3 + 3 H_2O + 2 NaOH \rightarrow 2 Na[Al(OH)_4]$
(stark alkalisch: $Na[Al(OH)_4] + 2 NaOH \rightarrow$
$\rightarrow Na_3AlO_3 + 3 H_2O$)
danach **Angriff auf das Grundmetall:**
$Al + 3 NaOH \rightarrow Na_3AlO_3 + 1\frac{1}{2} H_2\uparrow$.
Freigelegte Aluminium-Metalloberfläche überzieht sich rasch mit Fremdmetallen, was meist unerwünscht ist (s. Spannungsreihe der Metalle im Anhang 3.4.1.), oder oxydiert sich an der Luft. Das wird vermieden, wenn durch Zwischenbeizen die Oxydschicht abgelöst und gut verankertes Metall, das eine fest haftende Galvanikschicht ermöglicht, abgeschieden wird.

**Alkalische Beizen für 50°C Arbeitstemperatur** sind z. B. 10% Natriumkarbonat (Soda) mit 3% Natriumchlorid (Kochsalz) + speziellen Zusätzen oder 5% festes Natriumhydroxid mit 4% Natriumfluorid + speziellen Zusätzen. Spezielle Zusätze sind Kolloidbildner wie Stärke, Dextrin, Wasserglas usw.

**Mit Fremdmetallzusatz (Cu):** 40% Natriumhydroxid (Ätznatron) + 12% Zinkkarbonat + 1% Kupfer, meist in Form von Kalium-kupfer-1-cyanid. Weitere Zusammensetzungen in [86]) Seite 511 ff.

Außerdem gibt es vier **elektrolytische Beizverfahren:**

**1. Katodisches Beizen:** Entstehender Wasserstoff sprengt mechanisch Krusten und Korrosionsschichten ab, zugleich schützt er das Grundmetall vor dem weiteren Angriff der Beizsäure. Besteht die Gefahr der Wasserstoffsprödigkeit für das Beizgut, dann kann dem Beizbad edleres Fremdmetall als Salz zugesetzt werden (z. B. Kupfersalz).

**2. Anodisches Beizen:** Das Beizgut ist als Anode im Beizbad und der entstehende Sauerstoff übernimmt die Rolle des Wasserstoffs im vorigen Verfahren. Wasserstoffsprödigkeit tritt hierbei nicht auf, dafür anodische Metallauflösung. Aus diesem Grund müssen die Beizzeiten möglichst kurz sein und der Vorgang kontrolliert werden.

**3. Mittelleiterverfahren:** Das Beizgut hängt isoliert zwischen einer Katode und einer Anode. Wird ein Strom durch das Beizbad geschickt, dann ist der Katode gegenüberliegende Fläche wie eine Anode und diejenige Warenfläche, die der Anode zugekehrt ist, wirkt wie eine Katode. Diese Art der bipolaren Beizung wird besonders bei Blechen und Bändern durchgeführt.

**4. Umpolverfahren:** Das Beizgut ist hierbei wieder an die Stromquelle angeschlossen. Durch Polwender wird es einmal als Katode, zum anderen Mal als Anode geschaltet. Bei der anodischen Schaltung entsteht Sauerstoff, der eindiffundierten Wasserstoff oxydiert. Durch das Umpolen geht kein Metall anodisch in Lösung.

## 4.2. Galvanische Metallabscheidung

Der Schutz durch einen galvanischen Überzug ist nur so gut, wie es die dünnste Schicht, bei gleichmäßiger Beanspruchung, zuläßt. Werden profilierte Gegenstände mit einem Galvaniküberzug versehen, dann scheiden sich, entsprechend dem Abstand der Flächen, verschieden dicke Metallschichten im gleichen Zeitraum ab.

Der **Abstand der Warenfläche zur Anode** (Bild 99) ist direkt proportional der Stromdichte, der Stromstärke je Quadratzentimeter. Besonders kraß ist der Unterschied bei vorspringenden Kanten und Ecken, wie schon beim Spitzeneffekt erwähnt wurde. Im „Windschatten" liegende Flächen (waagerechte Fläche bei 1 und rückspringende Fläche oberhalb 3 in Bild 99) würden theoretisch überhaupt nicht belegt. Die blauen Flächen geben das Verhältnis der Schichtdicken, die im gleichen Zeitraum theoretisch abgeschieden werden, wieder. Bei geometrisch berechenbaren Körpern ließe sich dies durch entsprechend **geformte Anoden** oder durch die **Anordnung mehrerer Anoden um das Werkstück** herum möglicherweise ausgleichen. Bei Gewinden ist dies aber schon nicht mehr möglich. Eine weitere Möglichkeit wäre, **die Anode so weit vom Werkstück entfernt anzubringen, daß die Abstandsverhältnisse an ihm fast ausgeglichen werden.** Dies würde viel zu hohe Spannungen erfordern und die Unkosten wesentlich durch den höheren Energieverbrauch steigern.

In der Galvanotechnik, besonders der Galvanoplastik, wurde deshalb der Begriff der **Streukraft eines Bades** einführt.

**Je größer die Streukraft ist, um so kleiner ist der theoretisch eigentlich zu erwartende Dickenunterschied des abgeschiedenen Belages.** Die maximale Streukraft wäre dann vorhanden, wenn die Schichtdicke, ohne Rücksicht auf den Abstand von der ionenliefernden Anodenfläche, an allen Orten gleich groß wäre.

**Die Streukraft ist um so besser, je stärker die Polarisation an den Elektroden und je kleiner die katodische Stromausbeute ist.** Ist der Dickenunterschied größer als theoretisch (ohne Polarisation), dann ist die Streukraft negativ.

Weitere Faktoren, welche die Streukraft beeinflussen, verändern die bereits erwähnten Hauptfaktoren. Sie verbessern bzw. verschlechtern die Streukraft daher auch in wesentlich geringerem Maße. Hierzu gehören der **Badwiderstand** (Leitfähigkeit des Bades), **Stromdichte, $p_H$-Wert, Temperatur, Bewegung und Beschickungsdichte des Bades**, komplexbildende Zusätze, Leitsalze, Zellenform und Größe, Form und Lage der Ware zur Katode.

Um die Streukraft eines Bades beurteilen zu können wurden einige Meßverfahren entwickelt. Die **Haring-Blum-Zelle**[87]) stellt einen Elektrolyttrog mit dem zu untersuchenden Bad dar, in dem ein Anodenmaterial-Drahtnetz angeordnet ist, zu dem zwei vorher ausgewogene Katoden in verschieden weitem Abstand befestigt werden (Bild 100). Die Zelle besteht aus einem rechteckigen Trog von etwa 10 × 60 cm. Der Abstand der Katode $K_1$ beträgt $1/5$ des Abstandes der Katode $K_2$ zur Anode, d. h. $d_1 \approx 10$ cm und $d_2 \approx 50$ cm.

Die Flüssigkeitssäule entspricht dem Widerstand, damit verhält sich $R_1 : R_2$ wie 1 : 5 und die Stromdichten $i_1 : i_2$ bei gleichen Elektrodenflächen wie 5 : 1. Die in der Zeiteinheit abgeschiedenen Metallmengen $m_1$ an $K_1$ und $m_2$ an $K_2$ müßten sich deshalb normalerweise verhalten wie 5 : 1.

Wird an $K_2$ ebensoviel Metall abgeschieden wie an $K_1$, dann ist die **Streukraft** $S$, auch **Streuvermögen** genannt, 100%. In diesem Fall ist $m_2 = m_1$. Wird an $K_2$ weniger als $m_1/5$ abgeschieden, dann ist die Streukraft negativ. Ist $m_2 = 0$, dann ist die Streukraft $S = -100\%$.

Wird für das Verhältnis $\dfrac{d_2}{d_1} = \dfrac{R_2}{R_1} = \dfrac{I_1}{I_2} = \dfrac{i_1}{i_2} = P$

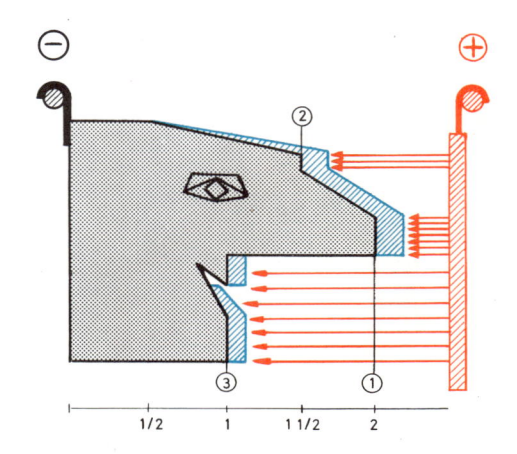

Bild 99. Anodenabstand, Stromdichte (durch Dichte der Pfeile dargestellt) und Dicke der in der Zeiteinheit abgeschiedenen Metallschicht

Bild 100. Haring-Blum-Zelle zur Messung der Streukraft

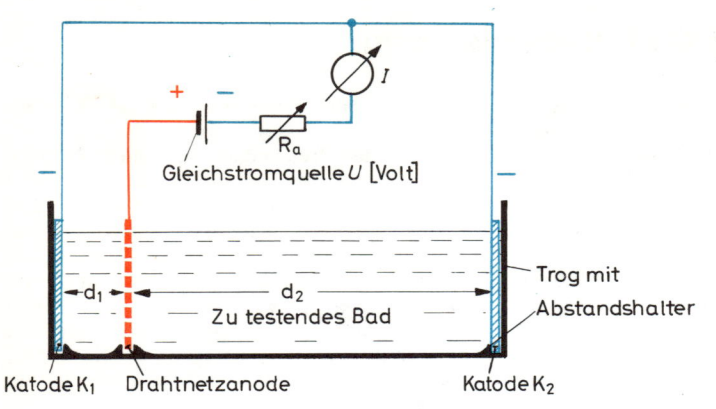

gesetzt und für $\frac{m_1}{m_2} = M$, dann ist die Gleichung nach Haring und Blum

$$S = \frac{P - M}{P} \qquad (189)$$

von Field[88]) erweitert zu

$$S = \frac{(P - M) \cdot 100}{P + M - 2} \qquad (190)$$

Wird $P$ konstant gehalten, dann ist das Streuvermögen nur noch vom Verhältnis der katodisch abgeschiedenen Massen abhängig; aus den gewogenen Massen läßt sich das Streuvermögen errechnen. Das Streuvermögen nach Gl. (190) wird oft Streukraftausbeute genannt.

In der **Hull-Zelle** (Bild 101) wird die Katode, ein Blech von 10 cm Länge und 6,3 cm Höhe, schräg zur Anode während der Elektrolyse festgehalten. Je näher die Elektroden zueinander stehen, desto größer ist die Stromdichte an den senkrechten Linien gleicher Stromdichte. Qualitativ kann aus dem elektrolytischen Überzug und seinem Aussehen, Haftfestigkeit usw. auf die günstigste Stromdichte des Bades geschlossen werden.

Eine Abart der Hull-Zelle ist das **Prüfverfahren mit gebogener Katode.** In diesem Fall läuft die Katode senkrecht auf die Anode zu (Bild 102). Der 2,5 cm breite Blechstreifen ist rechtwinklig gebogen. Der senkrechte Teil ist 2,5 cm lang (quadratisch) und das auf die Anode zu ragende Stück 5 cm. Nach der Elektrolyse, die nur kurze Zeit dauern soll, wird der Streifen gerade gebogen. Ist auch der längere Teil, der abgewinkelt war, mit Überzug bedeckt, dann ist die Streufähigkeit des Bades gut.

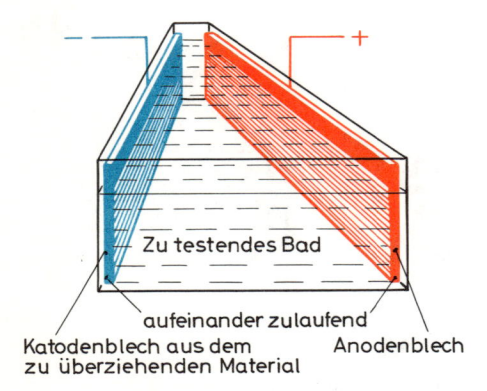

Bild 101. Hull-Zelle zur qualitativen Ermittlung der günstigsten Stromdichte

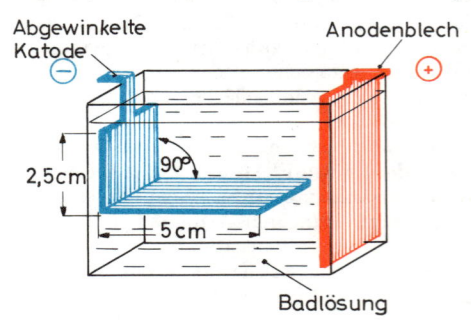

Bild 102. Zelle mit abgewinkelter Blechkatode (gebogener Katode) zur qualitativen Beurteilung der Streukraft

Krombholz verwendete statt des Bleches einen Kupferdraht von 1 mm Durchmesser. In diesem Fall ist der parallel zur Anode verlaufende Teil und die Drahtspitze isoliert (Kunststoff oder Glas). Die Dicke der abgeschiedenen Schicht kann mit einer Mikrometerschraube gemessen und als Funktion des Abstandes zur Anode in einem Diagramm festgehalten werden. Die Streufähigkeit ist um so besser, je geringer die Dickenunterschiede auf dem abgewinkelten Drahtstück sind. Die Kurve verläuft damit flacher und die Streukraft des untersuchten Bades ist um so besser, je kleiner der Steigungswinkel der aufgezeichneten Kurve ist (Bild 103).

**Die Streukraft galvanischer Bäder** ist um so besser, je stärker die **Polarisation der Elektroden** und je kleiner die **katodische Stromausbeute** ist. Sie ist abhängig von der Polarisation, der Leitfähigkeit (Badwiderstand), der Stromdichte, Temperatur, Zellenform, Art, Größe, Form und Lage der Ware im Bad, den Zusätzen wie Puffer, Leitsalzen und Komplexbildnern, der Bewegung des Bades und der Beschickungsdichte.

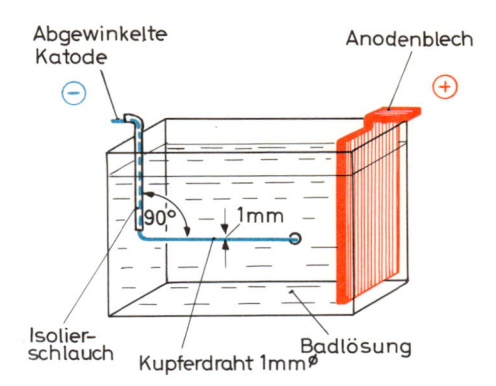

*Bild 103. Zelle mit rechtwinklig gebogener Drahtkatode*

## 4.2.1. Badzusammensetzung und Betriebsbedingungen

Fertige Chemikalienmischungen zum Ansatz galvanischer Bäder liefert die Industrie. Die meisten Zusammensetzungen und spezielle Zusätze sind patentrechtlich geschützt.
Für die labormäßige Arbeit seien einige spezielle Badzusammensetzungen angeführt. Ausführliche Angaben mit Schrifttumshinweisen sind in der Literatur[86],[89],[90], Patentschriften und wissenschaftlichen Zeitschriften zu finden. Für labormäßiges Arbeiten sind einige Hinweise in [91] zu finden.
Die benötigte elektrische Energie wird dem Stromnetz entnommen. Der Wechselstrom wird umgeformt auf Spannungen von 1–20 Volt, für Sonderfälle auf bis zu 50 Volt. Die Gleichrichtung des Stromes kann durch **Gleichrichter**, meist **Halbleiter (Selengleichrichter), Schaltgleichrichter, Umformaggregate (Wechselstromelektromotor zusammen mit einem Gleichstromgenerator, auch Dynamomaschine genannt) oder Kontaktumformer** erfolgen. Bei Trockengleichrichtern werden beide Halbwellen des Wechselstromes gleichgerichtet (**Doppelweggleichrichtung, besser Graetzschaltung**, s. Bild 104). Benötigt werden Stromstärken von 1 bis über 20000 Ampere.
Die Wannen, in denen galvanisiert wird, müssen aus einem Material bestehen, das von den Bädern nicht angegriffen wird, oder damit ausgekleidet sein.
Feste Verunreinigungen, die sich aus organischen Zusätzen (Netzmittel, Glanzbildner) oder anderen Badbestandteilen durch Zersetzung bilden, aus nicht 100% reinen Chemikalien (Wasser!), oder die eingeschleppt werden (Schleifstaub, Schleifmittel, Polierpaste, Öle und Fette durch unsachgemäße Reinigung) und Anodenschlamm, müssen laufend aus dem Bad entfernt werden. An den entlegensten Punkten der Wanne wird ein Zu- bzw. ein Abfluß angebracht. Der Ansaugstutzen wird durch einen Ansaugschutzkorb daran gehindert, größere Stücke durchzulassen, die eine nachgeschaltete Pumpe beschädigen könnten. In den Kreislauf ist ein Filter eingebaut, das der Art des Bades und dem Volumen angepaßt werden muß. In 1 Stunde sollte mindestens ein Badvolumen umgepumpt und gefiltert werden.
Die Art der Filter wird nach Form und Material unterschieden. **Anschwemmfilter** enthalten als Filterschicht meist Asbest oder Gur. Der Form nach werden noch **Säulenfilter (Filtersäulen, Filterkerzen)** und **Platten-** oder **Scheibenfilter** unterschieden, nach der Art des Materials **Gewebefilterbeutel** und **Papierfiltergeräte**. Die Reinigung wird durch Rückspülung besorgt.
Als **Anoden** dienen entweder Metallionenlieferanten (**lösliche Anoden**) oder nicht angreifbare Leiter 1. Klasse (**unlösliche Anoden**). Sie können unterteilt werden in **Platten-, Gitter-, Knüppel-, Linsen- und Kugelanoden**. Verwendet werden auch **Titankörbe** für Kleinteile. Des weiteren kennt man **Guß-, Walz-, Legierungs- und Elektrolytanoden**. Um eine Badverschmutzung zu vermeiden, werden die **Anoden**

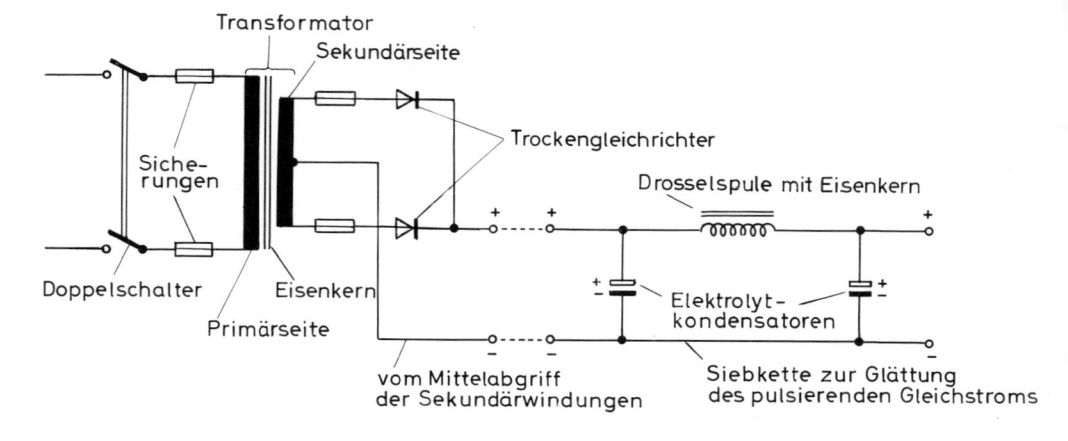

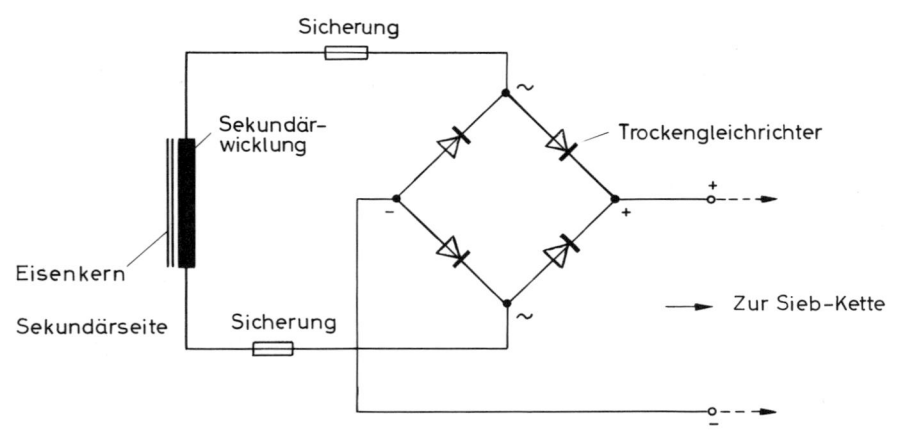

*Bild 104. Zwei Gleichrichterschaltungen mit geglättetem Gleichstrom*
*Bild 104.1. Zweiweg-Gleichrichter mit Mittelabgriff*
*Bild 104.2. Brückengleichrichter-Schaltung (Graetz-Schaltung)*

in Beuteln, Kammern, Filterrahmen oder Diaphragmenräumen untergebracht. Sie halten herabfallende Anodenteilchen (Anodenschlamm) dem Bad fern und bestehen ebenfalls aus Material, welches das Bad nicht angreift. Je nach der Art des Bades sind Naturstoffe, wie Baumwolle, Nesseltuch, Rohseide, Köper oder Glaswolle und Asbestgewebe, sowie Kunststoffe (Nylon, Perlon, Polyäthylene, Polypropylene, Teflon) als Hüllmaterial geeignet. Die Anoden sind leicht auswechselbar und müssen einen guten Kontakt zur Anodenhalterung besitzen. Ihre Anordnung in mehreren Reihen und ihr Abstand zur Ware (20 bis 60 cm, in Ausnahmefällen 10 cm) werden durch die Art des Verfahrens bestimmt. Hilfsanoden können sich bei stark profilierten Gegenständen näher an der Warenoberfläche befinden.

Wenn ein Bad angesetzt wird, ist auf äußerste Reinlichkeit und restlose Salzauflösung zu achten. Stets ist destilliertes Wasser oder Austauscherwasser zu verwenden, da häufig die Kalzium- und Magnesiumsalze des Leitungswassers stören und Niederschläge bilden. **Bei Fertigbädern** ist die vorgeschriebene Reihenfolge der Auflösung und die Temperatur genau einzuhalten. Bei **Zyanidbädern** müssen die Sicherheitsvorschriften unbedingt beachtet werden, da Blausäuregas (Zyanwasserstoff), das sich sogar durch die Einwirkung des Luftkohlendioxids entwickelt, hochgiftig ist.

**Ein galvanisches Bad** setzt sich im allgemeinen aus 6 verschiedenen Bestandteilen zusammen:

**1. Das Metallsalz,** dessen Kationen auf der katodischen Warenoberfläche als Metall abgeschieden werden.

**2. Leitsalze** bzw. Leitelektrolyte, die den Badwiderstand herabsetzen und damit hohe Stromstärken ermöglichen.
**3. Regulatoren der anodischen Polarisation,** welche die Streukraft des Bades verbessern.
**4. Regulatoren der katodischen Polarisation,** die auch als Glanzzusätze bezeichnet werden können.
**5. Regulatoren für den vorgeschriebenen $p_H$-Wert,** die aus Puffermischungen bestehen.
**6. Detergentien,** also oberflächenaktive oder Netzmittel; sie vermindern die Oberflächenspannung, machen Flüssigkeiten flüssiger. **Durch sie wird Porenbildung im Metallüberzug vermindert oder sogar gänzlich verhindert (Antipittingstoffe).** Bei hohen Temperaturen und aggressiven Bädern müssen sie weggelassen werden, da sie sich unter extremen Bedingungen leicht zersetzen können, was, wie schon gesagt, vermieden werden soll.
**Während des Betriebes** ist laufend die vorgeschriebene Temperatur, der $p_H$-Wert und die Badzusammensetzung zu kontrollieren und notfalls einzuregulieren.
Aus **Alkalizyanid** enthaltenden Bädern ist laufend Alkalikarbonat zu entfernen, das durch Kohlendioxid und Sauerstoff der Luft entsteht nach:
2 NaCN (KCN) + 2 $H_2O$ + $CO_2 \rightarrow Na_2CO_3$ ($K_2CO_3$) + 2 HCN bzw. 2 NaCN + 2 KOH + 2 $H_2O$ + $O_2 \rightarrow Na_2CO_3$ + $K_2CO_3$ + 2 $NH_3$.
Natriumkarbonat (Soda) kann ausgefroren werden, Kaliumkarbonat (Pottasche) dagegen nicht. In beiden Fällen kann der **Zyanidgehalt** jedoch durch Umsatz mit Erdalkaliyanid wieder **regeneriert** werden nach:
$K_2CO_3$ + Ba(CN)$_2$ (oder Ca(CN)$_2$) $\rightarrow$ 2 KCN + $BaCO_3$ (oder $CaCO_3$).
Die Art des Überzugs richtet sich nach dem Motiv, ob er nur schmücken, vor Korrosion schützen oder eine echte Veredlung der Oberfläche hinsichtlich der physikalischen Eigenschaften darstellen soll. Dementsprechend richten sich auch die Zusammensetzung des Bades und die Betriebsbedingungen nach den geforderten Oberflächeneigenschaften, die für den vorgesehenen Zweck bestimmt sind.

### 4.2.1.1. Kupferbäder

**Saure Kupferbäder** enthalten zwischen 150 und 250 g Kupfersulfat ($CuSO_4 \cdot 5 H_2O$) und 10 bis 100 g Schwefelsäure ($H_2SO_4$, $\varrho = 1,84 = 66°$Bé) im Liter.
Aus dem sauren Bad werden grobkörnige Niederschläge erhalten. Zusätze von Kolloiden (Leim, Stärke, Melasse, Sulfitablauge), Zuckern (Dextrose, Lävulose), Phenol, Phenolsulfosäuren, Harnstoff, Thioharnstoff usw. verfeinern das Korn. Der Glanz und die Brinellhärte werden dadurch wesentlich verbessert.

Als Netzmittel werden Alkalisalze von sulfonierten Äthern verwendet. Durch höhere Stromdichte und geringere Temperatur werden die Kupferniederschläge ebenfalls feinkörniger.

**Im unbewegten Bad** soll die Stromdichte 5 A · $dm^{-2}$ nicht übersteigen. Wird das **Bad gerührt** oder wird Luft hindurchgeblasen, dann kann die Stromdichte erheblich gesteigert werden (bis zu 100 A · $dm^{-2}$). Der $p_H$-Wert der sauren Bäder liegt zwischen 0,5 und 1,0.

Im Anhang 4.1. sind einige Arten von Kupferbädern in ihrer Zusammensetzung angegeben. Unterschieden wird einmal in saure Kupferbäder (Kupfer-sulfamat, -fluoroborat, -alkansulfonat- und -phosphatbad) und alkalische Kupferbäder (Kupfer-zyanid-, -pyrophosphat- und -amin-bad). Verantwortlich für **die Art und Korngröße der abgeschiedenen Kristallite** ist außer dem $p_H$-Wert die Stromdichte, Art und Konzentration der Zusätze (hier ist ein Zuviel häufig eine Verschlechterung des Aussehens), die Temperatur und die Intensität der Badbewegung.

**Aus sauren Bädern haftet Kupfer schlecht auf Metallen, die in der elekrochemischen Spannungsreihe** (Anhang 3.4.1.) **ein negativeres Standardpotential als Kadmium besitzen,** wie Eisen, Zink und die Leichtmetalle, die sich schon beim Eintauchen in das Bad mit einem schlecht haftenden Kupferbeschlag überziehen. Sie können entweder **vorbehandelt** werden durch ein **Tauchbad** (z. B. Eisen mit konzentrierter Salzsäure, die 60 g $As_2O_3$ im Liter enthält), oder durch **Vorverkupferung** aus einem Zyanidbad geringer Kupferkonzentration (z. B. 4.1.6.1. im Anhang).

Eine Vorverkupferung wird auch notwendig, wenn andere Metalle auf Material abgeschieden werden sollen, auf dem der Überzug schlecht haftet. In diesem Fall ist die Kupferschicht zwar dünn, aber gleichmäßig und an allen Stellen gut deckend aufzutragen. Sie muß vor allem fest haftend und gut im Untergrund verankert sein und darf keine Poren enthalten, die Badflüssigkeit in sich aufsaugen oder Badbestandteile nach dem Auftrocknen enthalten können.

Derartige Stellen sind **Korrosionsherde** und verursachen Blasen oder lassen ganze Flächen abblättern. Ein galvanischer Überzug ist nur so gut, wie die vorbereitete Warenfläche und die Verankerung des ersten Überzugs auf ihr zulassen!

#### 4.2.1.2. Edelmetallbäder

Ihre Zusammensetzung und die zugehörigen Arbeitsbedingungen sind im Anhang unter 4. aufgeführt. Wie beim Kupfer tritt die unkontrollierte Abscheidung bereits ohne Stromeinwirkung auf. Zweckmäßig ist oft eine **Vorplattierung**. Diese Bäder sind daran zu erkennen, daß die Konzentration des abzuscheidenden Metalls in der Badlösung gering ist. Für Eisen und Stahl ist eine **zweistufige Vorversilberung** beispielsweise angebracht.

Das zweite Vorversilberungsbad ist zugleich als **Vorversilberungsbad der Nichteisenmetalle** geeignet (s. Anhang 4.3.: Silberbäder).

**Reine Zyanidbäder** ergeben matte Silberschichten und der Überzug ist weicher als aus Bädern, die chlorid- oder sulfathaltig sind.

**Glanzbildner** sind außer Schwefelkohlenstoff noch Harnstoff, Thioharnstoff, Alkansäuren (z. B. Essigsäure oder Ameisensäure) und Selenverbindungen; auch wird Ammoniumthiosulfat verwendet, das durch 1 Gramm Natriumthiosulfat zusammen mit 10 ml konzentriertem Ammoniak je Liter Badlösung ersetzt werden kann.

Selbst Gegenstände aus Bädern mit Glanzzusatz müssen meist mit der Schwabbelscheibe nachpoliert werden.

An der Luft „läuft das Silber an", es bildet einen schwarzen Sulfidfilm. Um dies zu verhindern, wird das Silber galvanisch entweder mit einem dünnen **Rhodiumfilm** oder nach Price und Thomas[92]), mit einer dünnen, harten **Berylliumoxidschicht** überzogen.

Hierzu werden 3,4 g Berylliumsulfattetrahydrat, $BeSO_4 \cdot 4 H_2O$, mit Hilfe von Ammoniak auf einen $p_H$-Wert von 5,83 (isoelektrischer Punkt zur Bildung des basischen Sulfats $BeSO_4 \cdot Be(OH)_2$) eingestellt, und mit Wasser auf 1 Liter aufgefüllt. Bei der niedrigen geforderten Stromdichte von $50\ mA \cdot dm^{-2}$ dauert die Behandlung 15 Minuten.

**Ein Rhodiumsulfatbad** besteht aus 7 g Rhodiumsulfatdodekahydrat, $Rh_2(SO_4)_3 \cdot 12\ H_2O$, je Liter, angesäuert mit 5 bis 35 g Schwefelsäure. Die Abscheidung erfolgt bei einer Spannung zwischen 2 und 5 V, bei Temperaturen um 40 °C mit einer Stromdichte bis zu $1,5\ A \cdot dm^{-2}$ oder bei etwa 80 °C mit bis zu $30\ A \cdot dm^{-2}$. Die Dauer der elektrolytischen Abscheidung bei $30\ A \cdot dm^{-2}$ sollte 10–12 Sekunden nicht überschreiten. Bei $1\ A \cdot dm^{-2}$ genügt eine Minute zur Abdeckung mit einer 25 nm dicken Schicht. Gute Deckschichten werden mit dieser Stromdichte in 8–15 Minuten erhalten. Als Anode dient Platinblech. Der Rhodiumgehalt wird mit konzentrierter Rhodiumsulfatlösung als Zubesserung aufrechterhalten. Der dadurch steigende Gehalt an Sulfationen stört praktisch nicht. Steinzeug wird angegriffen, deshalb werden Glaswannen oder in Großbetrieben mit Kunststoff oder Hartgummi ausgekleidete Stahltanks eingesetzt. Weitere Edelmetallbäder mit wesentlichen Daten im Anhang unter 4.4.

**Platinschwarzüberzüge auf Platinelektroden** werden folgendermaßen hergestellt: Die Bleche werden mit Königswasser gereinigt und mit destilliertem Wasser gespült. Die Reinigung kann auch dadurch erreicht werden, daß das Blech vorher als Anode geschaltet wird.

**Für Meßelektroden** wird das Blech als Katode in eine Lösung von 3 g Hexachloro-platin(IV)-säure (Platinchlorwasserstoffsäure, $H_2PtCl_6$) und 20 mg Bleiazetat ($Pb(CH_3COO)_2$) in 100 ml Wasser gestellt und bei einer Stromdichte von höchstens $3\ A \cdot dm^{-2}$ (30 mA je $cm^2$) und Zimmertemperatur 10 Minuten lang behandelt. Danach ist der samtige schwarze Überzug gründlich mit warmem destilliertem Wasser elektrolytfrei zu spülen. Die Elektrode ist stets in Wasser aufzubewahren, da sonst die Platinschwarzschicht ihre Wirkung verliert.

Wird mehr **Wert auf die Schwärze der Schicht** gelegt, dann sind die Bedingungen zur Elektrolyse dieselben, die Badzusammensetzung jedoch 3,5 g $H_2PtCl_6 + 27,5\ g\ Pb(CH_3COO)_2$ in 100 ml Wasser. Dieser schwarze Niederschlag enthält etwa 1,5% Pb.

Zu den wichtigsten Gebieten der kommerziellen Galvanotechnik gehören Vernickelung und Verchromung.

#### 4.2.1.3. Nickelbäder

Nach ökonomischen Gesichtspunkten kann man die Nickelbäder einteilen in Bäder, die hinsichtlich der Härte, des Glanzes (Schmuckwirkung) oder der Korrosionsverhütung benutzt werden sollen. Die verschiedenen Ansätze sind dem Anhang 4.5. zu entnehmen. Man kann auch nach der Art und dem Aussehen des Überzuges einteilen in z. B. Matt-, Glanz-, Weich-, Hart-, Weiß- und Schwarz-Nickelbäder. Im Anhang sind **einfache** und **Schnell-** sowie **Glanznickelbäder** in ihrer Zusammensetzung aufgeführt.

#### 4.2.1.4. Chrombäder

Alle Chrombäder arbeiten mit unangreifbarem Anodenmaterial. Sie enthalten stets nur sechswertiges Chrom. Um die Masse eines Grammatoms abzuscheiden, werden daher 6 Faraday benötigt. Versuche mit niederwertigerem Chrom scheiterten bis jetzt stets daran, daß der entstehende Überzug nicht fest haftete, sondern abblätterte. Chrom ist deshalb das einzige Metall in der Galvanotechnik, das bis heute in seiner höchsten Wertigkeitsstufe abgeschieden wird.

Fast stets besteht das **Anodenmaterial aus Blei.** Um dessen Stabilität zu erhöhen, wird es **mit Antimon oder mit Tellur (etwa 0,2%) legiert.** Anodisch entsteht auf ihm Bleidioxid, $PbO_2$, das in der Lage ist, katodisch zu niederer Wertigkeitsstufe reduziertes Chrom, das unerwünscht ist, wieder aufzuoxydieren.

Man könnte unterscheiden zwischen **Hochglanz- und Hartchrombädern.** Für beide gilt das Verhältnis Chromtrioxid („Chromsäure" $CrO_3$) zu Fremdsäure, meist Schwefelsäure wie 100:1 in den Grenzen von 0,5 bis 2% Fremdsäure, bezogen auf das Chromtrioxid.

Chrombadansätze sind im Anhang unter 4.6. angeführt. Wesentliche Unterschiede zwischen beiden Badtypen bestehen eigentlich nicht. Grobschematisch jedoch könnte man solche aus Tafel 30 entnehmen.

Tafel 30: *Bäder für Hochglanz- und Hartchromüberzüge im Vergleich.*

|  | Hochglanzbad | Hartchrombad |
|---|---|---|
| Chromtrioxid (Chromsäure) | $400 \text{ g} \cdot l^{-1}$ | $250 \text{ g} \cdot l^{-1}$ |
| Fremdsäure ($H_2SO_4$) | 0,8–1% | 1,1–1,3% |
| Netzmittel | mit | ohne, wegen Temperatur |
| Temperatur | 30–45 °C | 50–60 °C |
| Stromdichte | $10–15 \text{ A} \cdot dm^{-2}$ | $30–50 \text{ A} \cdot dm^{-2}$ |
| Stromausbeute | ~10% | ~17% |
| Schichtdicke | 0,25–0,5 µm | 20–400 µm |

Die besonders dünnen **Glanzchromschichten** dienen nur zur Schmückung. Sie können vor **Korrosion** nur dann schützen, wenn vorher der Gegenstand mit einer Nickel- oder Kupfer-Nickel-Schicht überzogen wurde.

**Hartchrom schützt als dicke Schicht direkt vor Korrosion.** Vor dem Niederschlagen der Schicht wird der Gegenstand angeätzt. Dadurch wird eine vollkommene Verankerung auf dem Untergrund gewährleistet. Derartige Chromschichten sind äußerst verschleißfest. Verchromen ist das häufigste galvanische Verfahren der Galvanotechnik, denn die Chromüberzüge sind sehr widerstandsfähig gegen chemische Einflüsse, hohe Temperaturen und Anlaufen. Der Reibungskoeffizient ist klein, die Klebefestigkeit gegen Kunststoffe gering und Flüssigkeiten und Farben benetzen die Chromoberfläche nur in geringem Maße. Dadurch ergeben sich viele Möglichkeiten, um Chromüberzüge in den verschiedensten Industriezweigen einzusetzen.

**Elektrolytisch abgeschiedenes Chrom enthält** aus sauren Bädern noch 600 ml und mehr **Wasserstoff** je 100 g Chrom. Durch Erhitzen kann nicht der gesamte Wasserstoff ausgetrieben werden, so daß eine Hydridbildung neben der Absorption durchaus möglich ist. Dafür spricht auch, daß **galvanisch abgeschiedenes Chrom, nach dem Anlassen auf 180 bis 200 °C für die Dauer von mehr als 20 min, die doppelte Härte von erschmolzenem Chrom besitzt.** Wird der Wasserstoff thermisch ausgetrieben, dann entstehen in der **Chromoberfläche feine Risse.** Sie treten dadurch auf, daß das Chrom sich beim Verlust seines Wasserstoffgehaltes um bis zu 1% seines Volumens zusammenzieht und dadurch Spannungen hervorgerufen werden, die sich durch die Rißbildung ausgleichen. **Schwingungen** erzeugen in der Chromoberfläche ebenfalls **ein Netz von Rissen, die noch feiner sind als diejenigen, die durch die Warmbehandlung entstehen.**

Wird auf einer rißfreien Hochglanz-Chromschicht eine zweite Schicht von Glanzchrom aufgebracht, die etwa 400 bis 1000 feinste Risse je Quadratzentimeter enthält, dann wird dieses Doppelverchromungsverfahren auch **Duplex-Verfahren** genannt.

### 4.2.1.5. Sonstige Metallbäder und Legierungsbäder

**Zink- und Kadmiumüberzüge** dienen als Oberflächenschutz für billige Massen- und Konsumgüter, vor allem auf Eisengegenständen wie Drähte (Siebe), Bleche (Verkleidungsplatten) und Rohre (Eimer) und deren Weiterverarbeitungsprodukte. **Bandstahl** wird meistens **verzinnt.** Die unansehnlichen **Bleiüberzüge** dienen zur Innenauskleidung für Geräte und Behälter, die vor chemischen Angriffen geschützt werden sollen, an die aber keine großen Ansprüche hinsichtlich der Härte und des Verschleißes gestellt werden. Als Korrosionsschutz müssen die Schichtdicken der Bleiüberzüge oberhalb 75 µm liegen[93]).

**Legierungsbäder** sind bereits bei den Vorschriften der Goldbäder 4.2.2.5.–7. (Weiß-, Rosa- und Grüngold) aufgeführt worden. Sie scheiden mehr als nur ein Metall katodisch ab. Hierfür müssen **die Abscheidungspotentiale der Legierungsbestandteile möglichst dicht in ihren Werten beieinander liegen.** Dies wird häufig nur durch **komplexbildende Zusätze** erzielt.

Werden **Legierungsanoden** verwendet, dann müssen diese die Bad-Ionen in dem Verhältnis nachliefern, wie sie katodisch abgeschieden werden. Dies ist schon bei den einfachen Bädern mit reinen Metallanoden schwierig. Mitunter werden mehrere verschiedenartige Reinmetallanoden verwendet, die in unterschiedlichem Abstand von der Ware, je nach der geforderten Stromdichte zur Abscheidung der Metall-Teilmenge, angebracht werden. Sehr oft helfen nur **unlösliche Anoden**. In diesem Fall muß das Bad laufend in seinen Bestandteilen überwacht werden. Die Konzentration und Zusammensetzung wird durch Zufügen der Einzelkomponenten nach Bedarf aufrechterhalten. Im Anhang unter 4.7. sind tortz der Schwierigkeiten einige Legierungsbäder-Ansätze zu finden, die praktisch erprobt sind. Auch hier sind **einige Bäder patentrechtlich geschützt** und können nur für private Zwecke, **nicht aber gewerblich benutzt** werden.

## 4.3. Spezialverfahren der Galvanotechnik

Nicht das Abscheiden eines Metalles, sondern anodisches Aufoxydieren von Aluminium und seinen Legierungen ist **„Eloxieren"**, die Abkürzung von **elektrolytisch oxydieren**. Wenn es sich um Aluminiumoxydation handelt, dann heißt dies **„Eloxal-Verfahren"**, elektrolytisch oxydiertes Aluminium. Die Oxydation kann auch chemisch in oxydierenden Bädern vorgenommen werden.
Auch andere Metalle können eloxiert werden, jedoch haben diese Verfahren keine praktische Bedeutung erlangt.

### 4.3.1. Eloxalverfahren

An der Luft überziehen sich Aluminium und seine Legierungen, wenn Aluminium Hauptbestandteil ist, mit einem dünnen Schutzfilm von Aluminiumoxid. Diese Schicht schützt das unedle Aluminium vor der Weiteroxydation in der darunter liegenden Schicht.
Der dünne Film ist nur 0,4 bis 0,9 µm dick und sehr hart. Er besteht aus der gleichen Substanz wie Korund (mit wenig Eisenoxid und Titandioxid = Saphir; mit 0,25 bis 2,5% Chromoxid $Cr_2O_3$ = Rubin).
Welche Leichtmetall-Legierungen eloxierbar sind, berichtet Th. Krist in seinem Buch über Leichtmetalle[94]).
Eloxieren läßt dickere Schichten entstehen, deren Eigenschaften vom entsprechenden Verfahren abhängen. Als Faustregel kann gelten, daß **um so dickere Schichten** erhalten werden können, **je löslicher der zunächst entstehende Niederschlag im Elektrolyten ist. Die dünnsten Schichten werden aus Elektrolyten mit dem geringsten Lösungsvermögen für den Überzug erhalten.**
**Das erste Eloxalverfahren** stammt aus dem Jahre 1924. Bengough und Stuart verwendeten eine 3%ige Lösung von Chromtrioxid in Wasser bei 40–45 °C als Elektrolyt. Die Stromdichte soll zwischen 0,3 bis 1 $A \cdot dm^{-2}$ liegen. Das Verfahren benötigt 60–70 Minuten und wird **in Einzelabschnitten** gefahren. In der ersten Viertelstunde wird die Spannung langsam von 0 auf 40 V gesteigert und anschließend etwa 45 Minuten auf diesem Wert gelassen. Darauf folgt eine weitere Spannungssteigerung auf 50 V im Zeitraum von 5 Minuten, die weitere 5 Minuten auf diesem Wert belassen wird. Anschließend wird gespült. Bei der Verwendung von heißem Wasser werden die Poren des Überzugs geschlossen.
Eine fast ebenso gute Schicht entsteht mit dem gleichen Bad in einem **abgekürzten Verfahren**. Die Steigerung der Spannung von 0 auf 40 V erfolgt innerhalb 10 Minuten und wird 10 weitere Minuten auf diesem Endwert gehalten. In den darauf folgenden 5 Minuten erfolgt wieder eine Spannungssteigerung auf 50 V, die weitere 5 Minuten lang konstant gehalten werden.
**Andere Verfahren** verwenden Schwefelsäure mit Gleichstrom, **GS-Verfahren,** Oxalsäure mit Gleichstrom, **GX-Verfahren,** mit Wechselstrom, **WX-Verfahren** oder mit einem dem Gleichstrom überlagerten Wechselstrom, **GWX-Verfahren.**
**Das GS-Verfahren** verwendet 10- bis 30%ige Schwefelsäure als Elektrolyt. Die Ausgangskonzentration kann auch tiefer oder höher (bis unter 10% und bis zu 75%) liegen. Zusätze werden empfohlen (Patente!), sind aber nicht notwendig. Die Spannung liegt bei 10 bis 20 V und die anfänglich hohe Stromdichte pendelt sich nach einiger Zeit auf 2–0,5 $A \cdot dm^{-2}$ ein. Das Verfahren beansprucht für brauchbare Überzüge 10 bis 30 Minuten Zeit.
**Die X-Verfahren** (GX, WX und GWX) enthalten 3–6% Oxalsäure im Bad und werden mit 25 bis 50 Volt betrieben. Die Stromdichten liegen zwischen 1–3 $A \cdot dm^{-2}$.
**Bei allen Verfahren** ist es zweckmäßig die entfetteten

Gegenstände in einem schwach alkalischen Bad (25 g Natriumtriphosphat je Liter mit etwas Natriummetasilikat) nachzureinigen.
Die Schichtdicke nach dem **Bengough-Stuart-Verfahren** liegt bei 2–5 μm. Die Schicht ist grau und gegenüber dem **GS-Verfahren** weniger porös (deshalb weniger gut anfärbbar), flexibler und weniger abriebfest.
**Das GS-Verfahren** liefert Schichten von 6–20, sogar bis zu 40 μm Dicke, die glasartig durchsichtig und gut anfärbbar sind. Sie stellen einen guten Korrosions- und Verschleißschutz dar.
Das **GX-Verfahren** gibt harte und weniger gut färbbare Schichten. Nach dem **WX-Verfahren** werden dünnere, gelbliche bis bronzefarbene Schichten erhalten. Die Farbtiefe wird um so größer, je länger die Behandlungsdauer und damit die Schichtdicke ist. **Bei höheren Badtemperaturen** wird die erhaltene Schicht weicher und biegsamer.
Die Schichten nach dem **GWX-Verfahren (auch WX-GX-Verfahren genannt)** sind besonders hart und gut isolierend.
Alle anderen brauchbaren Eloxalverfahren benutzen die fünf vorgenannten Bäder als Basis. Das **Sheppard-Verfahren** entspricht dem GS-Verfahren: Bad 5–25% Schwefelsäure mit einem Zusatz von 5–20% Glyzerin oder einwertigen Alkoholen bei einer Spannung von 12–15 V mit einer Badtemperatur um 27 °C.
Das Bad zum **Ematal-Verfahren** besteht aus Oxalsäurelösung mit Titansalzzusatz. Es wird betrieben bei 120 V mit einer Stromdichte von 3 A · dm$^{-2}$. Die entstehenden Schichten sind milchig-undurchsichtig, sehr dicht, feinporig und sehr hart.
Die entstandenen Filme werden stets gewaschen mit kaltem oder, wenn die Poren verschlossen werden sollen, heißem Wasser. Je poröser der Überzug ist, desto leichter läßt er sich einfärben. Von den **organischen Farbstoffen** eignen sich die Adsorptionsfarbstoffe; die sauren Farbstoffe sind wesentlich besser. Letztere bilden mit dem basischen Aluminiumhydroxid bzw. hydratisierten Aluminiumoxid Salze der Farbstoffsäure, die **Farblacke** genannt werden. Die Filme sollen dick (größere Farbtiefe) und möglichst durchsichtig-farblos (bessere Brillanz) sein. Fremdsäure wird am besten durch Zwischenspülbäder ausgewaschen. **Nur feuchte Filme lassen sich einfärben.** Am besten geeignet sind nach dem GS-Verfahren hergestellte Überzüge. Zur **Aluminiumlackbildung** sind vor allem die **Beizenfarbstoffe vom Echtsäuretyp** geeignet. Der Ausdruck Beizenfarbstoffe stammt aus der Textilindustrie. Dort werden Textilfasern, die keine sauren Beizenfarbstoffe aufnehmen, mit leicht hydrolysierenden Metallsalzen, u. a. Aluminiumazetat oder Alaun getränkt (gebeizt) und darauf der Farblack gebildet, der dem Farblack in der Eloxalschicht entspricht. Diese Farblacke können in allen Farben, notfalls durch Mischen der Farbkomponenten, hergestellt werden. Ihr Nachteil ist ihre Empfindlichkeit gegen hohe Temperaturen, einige sind auch nicht ausreichend lichtecht und verblassen über längere Belichtungszeiträume hinweg.
Lichtecht und temperaturbeständig sind Färbungen mit **anorganischen Farbträgern**. Eine wäßrige Metallsalzlösung kann aufgesaugt und in der Schicht hydrolytisch gespalten werden. **Beispiel: Elangold** gibt dem Überzug eine Goldfarbe. Hierzu wird der eloxierte Gegenstand in eine wäßrige Lösung von Ammoniumeisen-(III)-oxalat getaucht.
Eine weitere Möglichkeit ist das **Zweibad-Verfahren**. Erst im zweiten Bad findet die Umsetzung zur farbgebenden Substanz statt. **Beispiel:** Bronzefarben wird die Eloxalschicht, wenn das erste Bad aus einer wäßrigen Lösung von Kobalt(II)-azetat besteht, die zunächst aufgesaugt wird. Das zweite Bad besteht aus einer wäßrigen Lösung von Kaliumpermanganat.
Die **gute Isolierfähigkeit der Eloxalschichten** wird in Elektrolytkondensatoren und Wickelkondensatoren ausgenutzt. Die **Durchschlagsfestigkeit** liegt mitunter oberhalb 1 kV. Das **Isolationsvermögen** kann noch dadurch **gesteigert** werden, daß die getrocknete Schicht nachverdichtet oder mit Fett, Wachs, Lack oder anderen isolierenden Stoffen imprägniert wird (Porenverschluß).

### 4.3.2. Elektroplattieren von Kunststoffen und anderen isolierenden Materialien

Wenn **Nichtleiter mit einem Metallüberzug** versehen werden sollen, dann müssen sie notfalls vor einer Zersetzung durch das Bad geschützt werden. Damit gleichzeitig sind Poren oder Öffnungen zu verschließen, die Badflüssigkeit in sich aufnehmen könnten.
**Glasierte keramische Gegenstände** werden vorher lediglich mit Lösungsmittelgemisch entfettet, z. B. Chlorkohlenwasserstoffe wie Tetrachlorkohlenstoff, Trichloräthylen und Benzol oder Alkohol, evtl. mit etwas Netzmittelzugabe.
**Nicht glasierte Keramiken** besitzen Poren, die am besten mit Zelluloid (gelöst in Diäthyläther + Aze-

ton 50 : 50 Volumen) verschlossen werden. Der aufzutragenden Lösung kann Farbstoff zugesetzt werden, damit kontrolliert werden kann, ob die Gesamtfläche geschützt ist. Die gleiche Lösung wird auch **für Gips** (Figuren usw.) verwendet.

**Holz** wird mit einer Kollodiumlösung (Auflösung von Kollodiumwolle = Dinitrozellulose oder Zellulosedinitrat in einem Gemisch von 2 Teilen Diäthyläther und 1 Teil Äthanol = Alkohol) getränkt, die nach dem Verdunsten des Lösungsmittels ein feines, durchsichtiges Häutchen von Kollodium hinterläßt.

Wird in einem **Wachsbad** die Oberflächenimprägnierung vorgenommen, dann sollte dessen Schmelzpunkt bzw. die Behandlungstemperatur oberhalb 100 °C liegen, damit Feuchtigkeit und Luft aus den Poren herausgetrieben werden. Verwendet wird meist Ceresin, Hartparaffin oder Natur- bzw. Kunstwachs mit höherem Schmelzpunkt. **Temperaturempfindliche Materialien** (z. B. Leder, Fußballschuhe usw.) werden mit niedrigschmelzendem Wachs bei etwa 60–70 °C imprägniert.

Die so vorbehandelten Gegenstände müssen für den elektrischen Strom leitend gemacht werden. Hierfür gibt es mehrere Methoden, von denen nur die einfachsten und brauchbarsten angeführt werden sollen.

**Chemisches Niederschlagen von Silber:** Vorgeschlagen wurden für diesen Zweck auch andere Metalle und Legierungen auf Silber- und Kupferbasis. Stets entstehen die dünnen **Metallüberzüge durch Reduktion.** Die meisten Erfahrungen wurden jedoch mit der chemischen Versilberung gemacht, auf der die gesamte Spiegelindustrie basiert. Verwendet werden zwei Lösungen, die kurz vor der Metallisierung zusammengeschüttet werden. Die eine Lösung M enthält das Metall in seiner günstigsten chemischen Form und die zweite Lösung R das Reduktionsmittel. Für beide Lösungen gibt es eine große Zahl von Rezepten (s. a.$^{91}$), S. 104ff.), die den Ausnutzungsgrad für die Metallabscheidung erhöhen, besser haftende Metallschichten von besserem Aussehen erzielen und die Reaktionsgeschwindigkeit der Abscheidung beschleunigen sollen.

**Zwei Ansätze,** die erst kurz vor der **Tauchversilberung** zusammengegeben werden:
- M1: 60 g Silbernitrat + 60 ml Ammoniak 28%ig ($\varrho = 0{,}898$; 14,75 n) aufgefüllt mit destilliertem Wasser auf 1 Liter.
- R1: 65 ml Methanal (Formaldehyd) 40%ig, mit destilliertem Wasser aufgefüllt auf 1 Liter.

Bei Gebrauch sind beide Lösungen im Volumenverhältnis 1:1 zu vereinigen.

Der zweite Ansatz ist so stark verdünnt, daß die Mengenangaben für **jeweils 10 Liter** gelten.
- M2: 22 g Silbernitrat + 17,5 ml Ammoniak 28%ig auf 10 Liter
- R2: 13,8 ml Methanal 40%ig auf 10 Liter

**Ein Ansatz, bei dem beide Lösungen erst in einer Sprühdüse vereinigt werden,** der also gleich nach dem Aufsprühen versilbert, wird in dem Französ. Pat. 1 033 835 beschrieben. Es soll mit Dextrin (Stärkegummi, der aus Stärke mit Schwefelsäure hergestellt wird) als Reduktionsmittel betrieben werden. Eine Nacharbeitung ergab, daß D-Glukose (Traubenzucker, Dextrose, die bei der Dextrinherstellung entsteht, wenn die Hydrolyse länger durchgeführt wird) besser geeignet ist; sie ist auch chemisch ein einheitlicherer Stoff. Dieser Ansatz wird wieder auf jeweils 1 Liter bezogen.
- M3: 18 g Silbernitrat + 8 g Natriumhydroxid + 60 ml Ammoniak
- R3: 30 g Dextrose + 1,5 g Schwefelsäure + 17 ml Äthanal (Azetaldehyd).

Beide Lösungen werden jeweils mit destilliertem Wasser auf 1000 ml aufgefüllt und ebenfalls getrennt aufbewahrt.

**Überziehen mit Leitlack:** Die Wachsschicht muß zunächst vor dem Angriff des Lacklösungsmittels geschützt werden. Dazu wird sie mit Leinölfirnis überzogen. Darauf kann noch 1- bis 2mal ein Überzug von Spirituslack (Schellack) durch Tauchen aufgetragen werden. Der Leitlack selbst enthält fettfreies, feinstgemahlenes Metallpulver (Kupfer, Bronze). Ein einfaches Rezept: 50 ml Nitrolack + 350 ml Nitroverdünnung werden mit 95 g Kupfer- oder Bronzepulver geschüttelt und auf die Schutzschicht aufgespritzt.

**Vakuumbedampfung:** Dieses Verfahren wird auch bei der Vergütung optischer Linsen angewendet (Blau- oder Braunbelag).

Der fettfreie, getrocknete Gegenstand wird in einer Kammer unter Vakuum gesetzt. In der Kammer befindet sich eine Spirale aus dem zu verdampfenden Metall, die von außen her unter Strom gesetzt wird. Nach kurzem Aufglühen verdampft das Metall und der Metalldampf kondensiert auf den inneren Flächen der Kammer und dem im Inneren stehenden Gegenstand. Er bildet dadurch einen dünnen, fest haftenden Metallfilm. Für kleinere Gegenstände kann eine Apparatur nach Abbildung 105 dienen. Auch Vakuumexsikkatoren sind für diesen Zweck geeignet. Da die Verdampfung nach allen Richtungen hin erfolgt, wird das zu ver-

*Bild 105. Bedampfung im Vakuum*

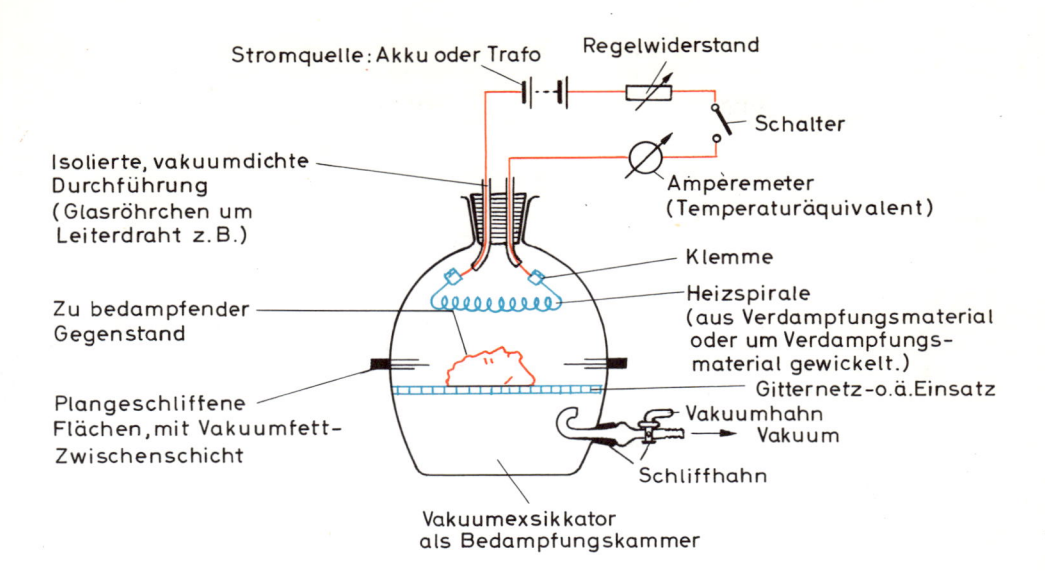

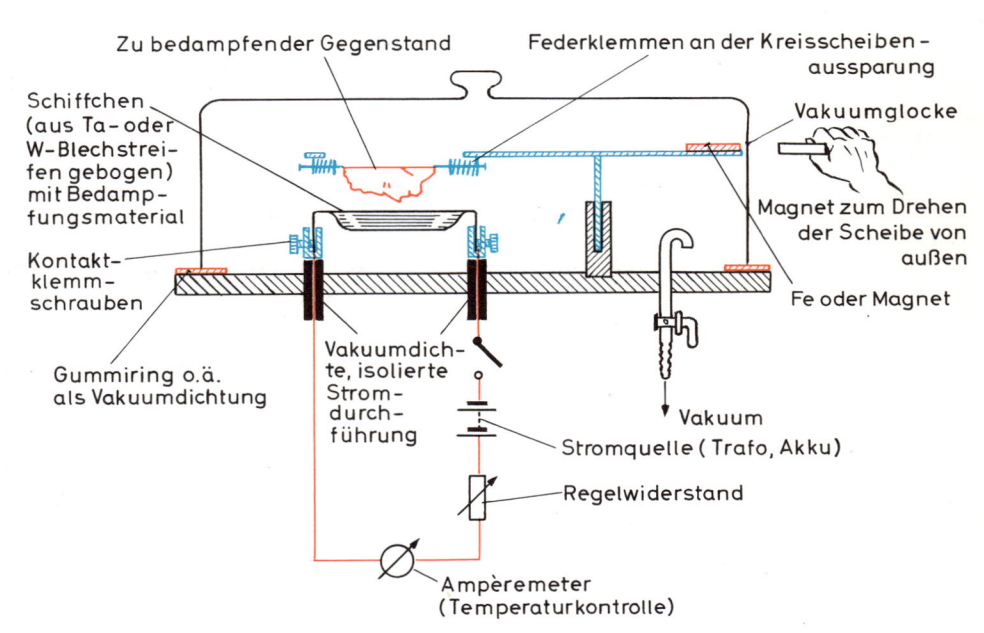

dampfende Metall in einem aufheizbaren Wolfram- oder Tantalschiffchen erhitzt und der Metalldampf kann nur nach oben hin entweichen. Dadurch werden Verdampfungsverluste an verdampftem Metall vermindert.

Diese Methode eignet sich für alle festen Stoffe, die überzogen werden sollen, ist allerdings auch die kostspieligste.

**Graphitieren:** Bei dieser Methode muß die zu überziehende Oberfläche den Graphitstaub fest haftend aufnehmen. In vielen Fällen genügt das Aufbürsten des Graphitpulvers, das auch durch feinsten Metallstaub (Kupfer, Bronze) ersetzt werden kann. Glasigharte Kunststoffe können mitunter durch kurzes Eintauchen in Lösungsmittel oder Gemische, die zum Quellen geeignet sind, auf der äußersten Fläche leicht angequollen werden. Hierdurch wird die Schicht etwas klebrig. Andernfalls nützt ein vorhergehender Überzug mit einem Haftvermittler, der sowohl auf der Gegenstandsoberfläche haftet als auch das stromleitende Pulver fest bindet. Geeignet sind, je nach dem zu überziehenden Material, Firnis, Lack, Leime, Kunststoffdispersionen, Haftkleber usw., die stark verdünnt eine klebende Zwischenschicht bilden.

**Einbrennen:** Dieses Verfahren eignet sich nur für feuerfeste Materialien, hauptsächlich Keramikerzeugnisse. Vor dem letzten Brand wird Metallpulver auf die Keramikoberfläche aufgetragen und in die Silikatoberfläche eingebrannt (Metallporzellan). Anschließend kann noch ein galvanischer Metallüberzug folgen.

Auch das unter Kapitel 2.7.4. erwähnte Metallspritzverfahren kann verwendet werden. Auf Holz kann zunächst eine etwas über 100 µm (0,1–0,15 mm) verflüssigtes Zink, danach eine etwa 0,6 mm starke Schicht von Bronze aufgespritzt werden.

Hinweise und weitere Literaturangaben sind in [86], [90], [91], [95], [96], [97], [98] zu finden.

Auf diese Prozeduren erfolgt normalerweise eine dünne, saure Vorverkupferung oder eine solche aus zyanidischem Kupferbad, je nach der verwendeten Überzugssubstanz.

**Eine hübsche Variante:** Auf einen gefärbten Metallüberzug wird mit Hilfe einer Schablone isolierender Lack aufgespritzt, der den Untergrund vor weiterem Metallauftrag schützt und zugleich ein Dekor ist (Ornamente, Silhouetten usw.). Anschließend wird ein anders gefärbtes Metall elektrolytisch auf der ungeschützten Fläche abgeschieden. Die Prozedur kann mit anderen Metallüberzügen wiederholt werden. Je nach der Schichtdicke können z. B. auf Kupfer Silber und verschiedene Goldtöne reliefartige Muster plastischer hervortreten lassen. Der isolierende Lack muß bei einem Drittauftrag natürlich leicht von der geschützten Oberfläche völlig ablösbar sein, damit die ursprüngliche Fläche ebenfalls gemustert überzogen werden kann. Ob derartige Verfahren in der Praxis üblich sind, ist unbekannt.

### 4.3.3. Galvanoplastik

Grundbedingung zur galvanischen Reproduktion dreidimensionaler Gebilde ist eine einwandfreie Vorlage. Die Wiedergabe muß getreu und maßhaltig sein.

Von dem zu vervielfältigenden Gegenstand muß zunächst ein **Negativ** hergestellt werden, das auch **Matrix** oder **Matrize** genannt wird. Auf dieser Form ist dann der galvanische Niederschlag aufzubringen. Er muß sich nach Schluß des Galvanisierens leicht aus der Matrize herauslösen lassen, ohne seine Form dabei zu verlieren. Die Matrize kann dann immer wieder verwendet werden. Sie stellt eine **permanente oder Dauerform** dar.

Sind die nachzubildenden Gegenstände so geformt, daß sie aus der Matrix nicht entnommen werden können, dann muß das Negativmaterial aus der Nachbildung entfernt werden. Dabei ändert sie ihr Profil, z. B. durch Herausschmelzen aus der Nachbildung. Eine derartige Form kann nur einmal verwendet werden, sie ist eine **Verbrauchsform**.

Werden Positive galvanisiert, dann sind deren Maße um den Betrag der später aufgebrachten Schicht zu vermindern.

Das Verfahrensprinzip der Galvanoplastik zeigt Bild 106 am Beispiel einer Totenmaske und einer Büste.

Vom Original wird das erste Negativ mit Alabastergipsbrei, der in 6–10 Minuten erstarrt, abgenommen. Dieses erste Negativ kann, wenn die Poren verschlossen und die Schicht leitend gestaltet wurde, direkt zur Anfertigung einer Galvanoplastik verwendet werden. Es kann aber auch ein erstes Positiv durch Ausgießen mit Wachs oder mit einer niedrigschmelzenden Metall-Legierung hergestellt werden. Daraus wird ein zweites Negativ hergestellt (oder mehr bei Massenproduktion), das entweder eine Dauerform aus Stahl, Kupfer oder Messing sein kann oder eine Verbrauchsform aus niedrigschmelzender Legierung, Zelluloid, Guttapercha, Leim, thermoplastischem Kunststoff oder Wachs, die graphitiert wird. Damit das Endprodukt gut aus der Form herausgenommen werden kann, ist eine **Zwischenschicht bei dem**

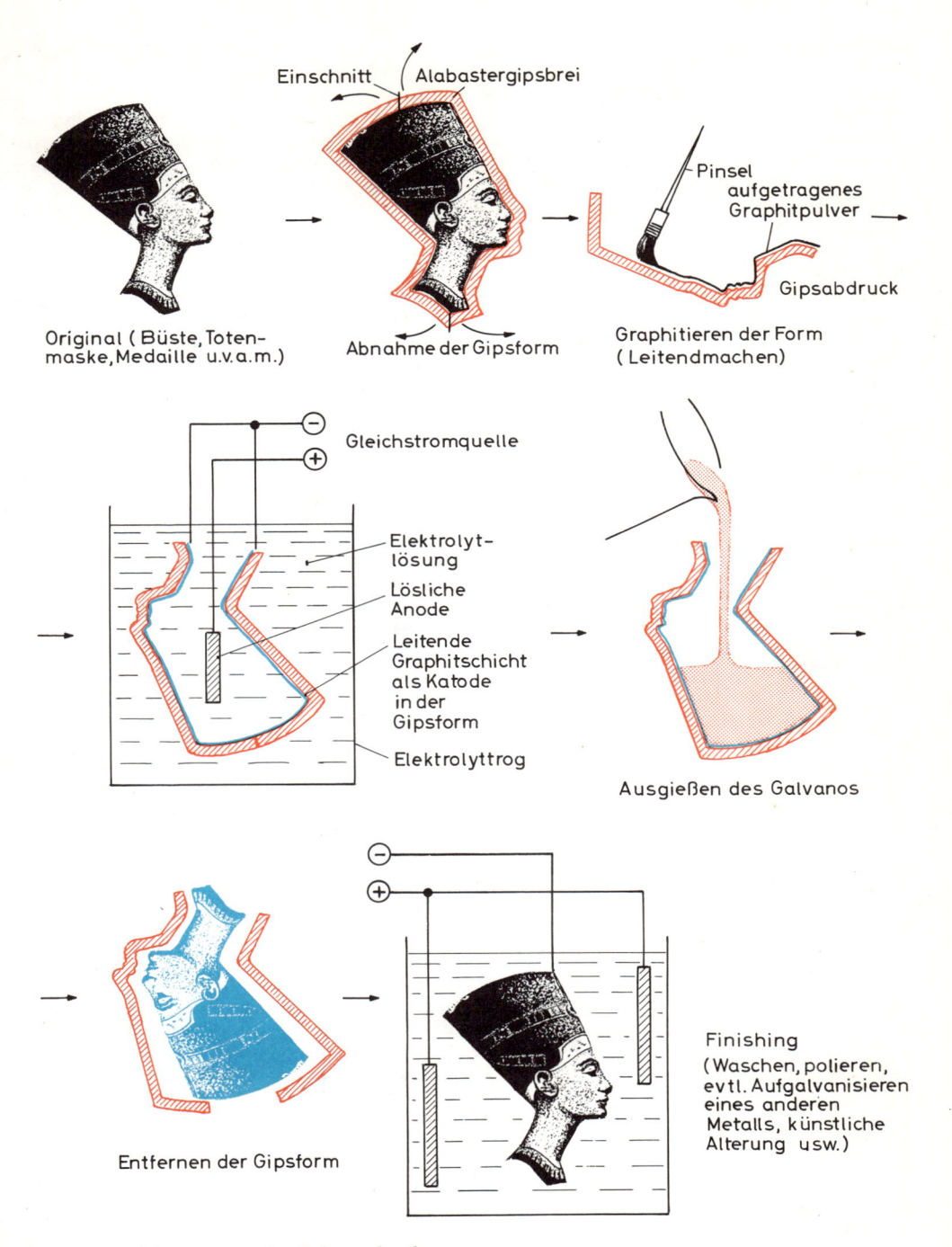

Bild 106. *Verfahrensprinzip der Galvanoplastik*

**Metallnegativ** zu schaffen, das als Dauerform verwendet wird.

Häufig genügt hierfür schon die natürliche passivierende Oxydschicht, die auch künstlich auf chemischem Wege erzeugt werden kann, eine dünne Sulfid- o. ä. Schicht. Diese ab- oder wieder auflösbaren Schichten sollen keinen großen elektrischen Widerstand besitzen! Bei nichtleitenden Negativen kann der Graphit trocken aufgetragen werden (Schichtdicke nach dem Bürsten um 0,5 µm) oder als wäßrige Aufschlämmung mit 240 g Graphit im Liter Wasser (Schichtdicke zwischen 0,05 bis 0,3 µm). Die winzigen, hauchdünnen Graphitblättchen werden an der festen Oberfläche durch Adhäsion (Haftkraft) festgehalten; das Wasser kann sie nicht mehr wegschwemmen.

Für den Hausgebrauch einige Zusammenstellungen von Leitwachsen als Ausgießmasse in Tafel 31. Je schwieriger die Form zu graphitieren ist, um so höher ist der Graphitgehalt der Wachse.

~ 60 °C; 5. f. stark profilierte, schwer zu graphitierende Gegenstände (z. B. Schriftsätze); 6. Feinwachs.

Heute werden fast nur noch Synthesewachse verwendet, die einheitlicher und vielfältiger hergestellt werden können und den Naturprodukten überlegen sind.

Wird bei einer Massenfabrikation kein allzu großer Wert auf Maßhaltigkeit der Galvanoplastik gelegt, dann können Kunststoffpositive im Spritzgußverfahren hergestellt und mit den Methoden des vorangegangenen Kapitels zur Elektroplattierung vorbereitet werden.

Metallformen werden mit niedrigschmelzenden Legierungen, auf Wismut als Hauptbestandteil aufgebaut, hergestellt. Einige der Legierungen tragen Namen nach ihrem Entdecker, andere wurden als Eutektika (Metallgemische, die einen besonders niedrigen Erstarrungspunkt bei bestimmter Zusammensetzung aufweisen) aus Schmelzdiagrammen erarbeitet.

Derartige Legierungen nach dem Schmelzpunkt geordnet zeigt Tafel 32.

Nach Bild 99 sind vorspringende Ecken und Kanten am Negativ kaum maßhaltig zu reproduzieren. Es gelingt nur mit sehr gut streuenden Badbedingungen und einer dünnen Überzugsschicht, die von der Innenseite her verstärkt werden kann. Dazu ist die Ausgießmethode (Kunststoff, Legierung nach Tafel 32 o. ä.) am schnellsten. Das Positiv kann aber auch von der Innenseite her weiter stark elektroplattiert werden.

Je nach den Bedingungen werden Kupfer, Nickel oder Eisen (Stahlbäder), auch Gold, Silber, Messing oder Chrom zur Elektroformung und Elektrotypie verwendet. Die Dauer der Elektroplattierung erstreckt sich, da meist hohe Schichtdicken gefordert werden, über mehrere Tage. Deshalb wurden Schnellgalvanoplastikbäder (s. Anhang 4.1.7–9.)

*Tafel 31: Leitwachse zur Galvanoplastik (Bestandteile in Gew.-%)*

| Bestandteil | 1 | 2 | 3 | 4 | 5 | 6 |
|---|---|---|---|---|---|---|
| Ozokerit (Erdwachs) | 30 | 45 | — | 80 | — | — |
| Wachs (gelbes Bienenwachs) | 40 | 25 | 80 | — | 20 | 70 |
| Paraffin oder Ceresin | 10 | 7 | — | — | — | 10 |
| Kolophonium | — | — | — | — | 10 | — |
| Dickes (venezianisches) Terpentin | 6 | 5 | 12 | 3 | 20 | 3 |
| Galvanographit | 14 | 18 | 8 | 17 | 50 | 17 |

1. f. Winter (niedr. Fp.); 2. f. Sommer (höh. Fp.); 3. f. wenig profilierte Ware; 4. Haftwachs, Fp.

*Tafel 32: Niedrigschmelzende Legierungen mit den Metallanteilen in Gewichtsprozenten*

| Schmelzpunkt in °C | 60,5 | 70,0 | 91,5 | 93,75 | 95,0 | 95,5 | 96,0 | 96,0 | 98,0 | 102,5 | 124 | 140 | 140 | 226 |
|---|---|---|---|---|---|---|---|---|---|---|---|---|---|---|
| Metall | 1 | 2 | Eut. | 3 | Eut. | 4 | 5 | 6 | 7 | Eut. | Eut. | Eut. | Eut. | 8 |
| Wismut | 50,0 | 50,0 | 51,6 | 50,0 | 52,5 | 46,1 | 50,0 | 50,0 | 50,0 | 54,0 | 55,5 | 58,0 | 60,0 | 48,0 |
| Blei | 25,0 | 26,7 | 40,2 | 28,0 | 32,0 | 19,7 | 31,2 | 30,0 | 25,0 | — | 44,5 | — | — | 28,5 |
| Zinn | 12,5 | 13,3 | — | 22,0 | 15,5 | 34,2 | 18,8 | 20,0 | 25,0 | 26,0 | — | 42,0 | — | 14,5 |
| Kadmium | 12,5 | 10,0 | 8,2 | — | — | — | — | — | — | 20,0 | — | — | 40,0 | — |
| Antimon | — | — | — | — | — | — | — | — | — | — | — | — | — | 9,0 |

**Es bedeuten:** Eut. = eutektisches Gemisch; 1 Woodsches Metall; 2 Lipowitzmetall; 3 Roses Metall; 4 Malottes Metall; 5 Newtons Metall; 6 Lichtenbergs Metall; 7 Darcet-Legierung; 8 Cerromatrix, eine Legierung des grafischen Gewerbes, die sich beim Erstarren etwas ausdehnt.

für Kupferüberzüge erprobt, die wesentlich höhere Stromdichten zulassen, als dies sonst üblich ist. Da sich auf Kupfer praktisch alle anderen Überzüge aufbringen lassen, sind sie auf dieser Basis aufgebaut. **Vorgeschriebene Spannungen und Ströme sind an der Warenstange zu messen,** da in der Galvanoplastik meist nicht ohne Hilfsanoden gearbeitet werden kann; diese selbst liegen aber in einem verzweigten Stromkreis, steuern also nur Teilweise zum Gesamtbetrag hinzu.

### 4.3.4. Metallfärbung

Das normale Anstreichen oder Spritzlackieren soll hier nicht behandelt werden, auch wenn die Farbnebel elektrisch aufgeladen werden können und von der entgegengesetzt aufgeladenen, zu färbenden Fläche angezogen werden.
Metallfärbung durch chemische oder elektrochemische Reaktionen dient zweierlei Zwecken, der Ausschmückung, verbunden mit einer geringen Schutzwirkung und dem Hintrimmen „aufantik". Grundbedingung ist für das Oberflächenmetall, daß es gefärbte, unlösliche Verbindungen eingehen kann. Hierfür ist eine Fülle von Anregungen in den chemischen Lehrbüchern zu finden[3]).
Als Methoden bieten sich mehrere **Verfahren** an. Der Gegenstand kann **in die Reaktionslösung getaucht oder damit besprüht** werden. Er kann mit einer **Paste, die das Reaktionsgemisch enthält,** eingerieben werden. Er kann **in einer Gasatmosphäre angelassen,** also auf eine bestimmte, vorgeschriebene Temperatur erhitzt werden. Er kann **elektrolytisch, anodisch oder katodisch, in eine andere Verbindung umgewandelt oder mit einem andersartigen Überzug versehen werden.** Letzteres ist auch der Fall, wenn im Tauchverfahren ein edleres Metall, das in der Spannungsreihe der Elemente eine positiveres Standardpotential aufweist, abgeschieden wird. Das **Tauchverfahren** kann auch **in einer Salzschmelze** durchgeführt werden.
Auch ein Schutzlack kann, mitunter unerwünscht, reagierende Bestandteile enthalten, welche die ursprüngliche Metallfarbe ändern. Werden nur **hauchdünne Schichten auf der Oberfläche** erzeugt, die Dicken im Bereich der Lichtwellenlänge aufweisen, dann treten **schillernde Farben** auf. Sie werden durch **Interferenz,** Auslöschen der entsprechenden Spektralfarbe, erzeugt, wie dies bei den dünnen Seifenblasen zu beobachten ist. Mit dem Anwachsen der Schicht ändert sich die reflektierte Farbe über das ganze sichtbare Spektrum hinweg, bis zu 20mal, je nach der Transparenz der Schicht. Mit zunehmender Schichtdicke werden die Farben stumpfer, weniger leuchtend. Derartig dünne Schichten sind schwer gleichmäßig herzustellen, weshalb meist schillernde Überzüge nach Seifenblasenart erhalten werden. Der gleiche Effekt tritt beim **Anlassen von Stahl** auf. Die entstehenden dünnen Schichten von Eisenoxid, deren Dicke von der Anlaßtemperatur abhängt, „färben" die Oberfläche bei Temperaturen von oberhalb 200 °C bis fast 400 °C gelb über rot nach violett und blau bis zum stumpfen Grau und Braun.

Im Kapitel Überspannung und Korrosion wurden bereits einige Verfahren geschildert, welche das Aussehen der Oberfläche und deren Eigenfarbe verändern. Hier sollen nun noch einige Beispiele folgen, die der Ausschmückung dienen.

Aus blankem **Silber wird „Altsilber",** wenn es in eine 0,1- bis 0,2%ige heiße (100 °C) Lösung von Kaliumsulfid in Wasser getaucht wird. Der Überzug besteht aus einer dünnen Silbersulfidschicht, die an den erhabenen Teilen mit der Schwabbelscheibe und feinem Schleifpulver wieder entfernt werden kann. Mit Polierpaste kann der blanke und der dunkle Teil zu Hochglanz gebracht werden. Die gleiche Lösung bei 70 °C gibt **Kupfergegenständen,** je nach der Eintauchdauer, **verschiedene Brauntönungen. Braunschwarz** wird Kupfer in alkalischer Kaliumpermanganatlösung und **tiefschwarz** in einem siedenden Bad, das 1% Natriumhydroxid und $^1/_3$% Ammoniumpersulfat in Wasser enthält. Eine **rote Oxydschicht** entsteht auf Kupfer in wenigen Minuten, wenn es in eine Salzschmelze (etwa 400 °C) von Natriumnitrat getaucht wird.

Die echte **Patina** früherer, industrieloser Zeiten bestand im wesentlichen aus dem auch als Mineral vorkommenden **Malachit** der Formel $Cu(OH)_2 \cdot CuCO_3$ oder als Komplexformel $Cu_2[(OH)_2CO_3]$, einem basischen Kupferkarbonat. In Meeresgegenden ist die Verbindung schwach chlorhaltig (durch meersalzhaltige Nebel) und je nach der Fundstätte der Kupfer- oder Bronzegegenstände auch phosphathaltig (Atacamit = $CuCl_2 \cdot 3Cu(OH)_2$; $Cu_3(PO_4)_2 \cdot 3H_2O$). Heute besteht Patina vorwiegend aus basischem Sulfat, $CuSO_4 \cdot 3Cu(OH)_2$, das durch den Schwefeldioxidgehalt der Industrieluft entsteht. Eine Bronzefälschung konnte z. B. entdeckt werden, weil sie $Cu_2[(OH)_2NO_3]$ enthielt, die unter natürlichen Bedingungen überhaupt nicht vorkommen kann (Nitrat!).

„Echte Patina" zu imitieren ist ein langwieriger Prozeß. Er beginnt mit einer Vorbehandlung durch Natriumhydroxid + Natriumkarbonat-Lösung, Waschen und zwei Tage langem Verweilen in reinem Kohlendioxid, das stark feucht gehalten wird. Daran schließen sich ähnliche zeitraubende Prozeduren an, wie Tauchen in neutrale, heiße

Kupferkarbonatlösung, Trocknen, Kohlendioxidatmosphäre usw.

**Künstliche Patina** kann auf verschiedenen, schnelleren Wegen hergestellt werden und ist in ihrem Ton praktisch nicht von der echten zu unterscheiden, z. B. **wechselweises Tauchen** in 10%ige Ammoniumsulfatlösung und Trocknen an der Luft über den Zeitraum von 10 bis 15 Stunden hinweg. Eine andere Tauchbadzusammensetzung besteht aus 10% Kupfernitrat + 20% Natriumazetat + 20% Ammoniumchlorid + 15% Ammoniak 28%ig in Wasser. Die Lösung läßt man an der Luft eintrocknen und wiederholt das Verfahren nach Belieben.

**Eine einfache Methode** läßt das Kupfer oder seine Legierungen mit einer wäßrigen Lösung bepinseln, die 1,2% Ammonchlorid und 0,5% Kaliumtetraoxalat (Kleesalz = $(COOH)_2 \cdot KCOO\text{-}COOH \cdot 2H_2O$) enthält.

**Elektrochemisch** kann der Gegenstand anodisch bei 95 °C und der geringen Stromdichte von 45 mA $\cdot dm^{-2}$ in einer wäßrigen Lösung von 10% Magnesiumsulfat + 2% Kaliumbromat + 2% Magnesiumhydroxid oxidiert werden. Die anfängliche Zusammensetzung der entstandenen Schicht (Hydroxyd: Sulfat = 1 : 1) ändert sich an der Luft, sie wird basischer und erreicht nach langer Zeit die Zusammensetzung der heutigen Patina (Hydroxyd: Sulfat = 3 : 1).

Nähere Einzelheiten sind in Spezialwerken zu finden, z. B. [99], [100], [101], [102], [103]. Weitere Literatur unter [104] im Schrifttumsverzeichnis.

## 4.3.5. Elektrochemische Metallbearbeitung (ECM)

(siehe auch unter Kap. 4.1.: Elektrolytische Beizverfahren)

Spitzeneffekt, hohe Stromdichte an hervorstehenden Spitzen und Kanten, und das Prinzip der löslichen Elektroden wurden bereits mehrfach erwähnt, z. B. in Tafel 4 (2 u. 3) Seite 32. Die elektrolytische Metallauflösung, als unerwünschter Nebeneffekt beim anodischen Beizen ist auf Seite 170 angeführt. Technologisch werden diese Tatsachen bei der ECM ausgenutzt.

„Elektropolieren" nennt man die bevorzugte Abtragung von Spitzen und Graten durch den Spitzeneffekt. Mit nicht- oder schlechtstreuenden Bädern können Unebenheiten, im umgekehrten Sinne von Bild 99 (Seite 171), bis weit in den Mikrobereich hinein ausgeglichen werden. Hierbei entstehen derartig glatte Oberflächen, wie sie auch mit den feinsten mechanischen Methoden und Poliermitteln niemals zu erzielen sind. Ein großer Vorteil ist die unmeßbar geringe Dickenabnahme des Werkstückes, vor allem gegenüber dem Druckpolieren, und das „Polieren" an mechanisch unzugänglichen Stellen. Es können sich keine Fremdpartikel (aus Polierpulver oder Polierpaste) in Mikrorillen oder Poren festsetzen. Die Oberfläche bleibt rein erhalten. Ultramikroskopisch betrachtet, wird sie um ein Vielfaches durch das Einebnen verkleinert und damit wesentlich korrosionsfester gestaltet. Durch das Abtragen der Mikrorauhigkeiten wird die Reibung, damit auch der Verschleiß auf ein Minimum herabgesetzt.

Nur eine elektrochemische **Fein**entgratung ist rentabel. Grobgrate sind vorher mechanisch zu bearbeiten. Grate, die durch stumpfe Werkzeuge hervorgerufen werden, auch Stauch- und Gußgrate, können elektrochemisch nicht entgratet werden. Als Bad dienen meist Säuregemische. Hydrogenphosphat + Hydrogensulfat (Phosphorsäure + Schwefelsäure), mitunter zusammen mit Chromtrioxid, im Temperaturbereich bis 370 K (95 °C). Die angelegten Spannungen betragen bis zu 35 Volt und die Stromdichten übersteigen selten 15 Ampère je Quadratdezimeter. Mit organischen Zusätzen im Bad wird bei Spannungen bis 150 Volt und Stromdichten gearbeitet, die selten $15 A \cdot dm^{-2}$ überschreiten. Die Badtemperatur sollte in diesen Fällen höchstens 305 K (32 °C) betragen. Dies gilt auch für Badgemische, die Perchlorsäure + Äthansäure (Essigsäure) + andere organische Säuren enthalten. Die angelegten Spannungen sollten hier nicht 50 V und die Stromdichten den Wert $10 A \cdot dm^{-2}$ ebenfalls nicht übersteigen.

Auf gleicher Basis können dünnste Schichten, in der Abtragdicke exakt berechenbar und örtlich genau gezielt, von der Oberfläche entfernt werden.

Dies ist auf rein mechanischem Wege nicht möglich. Um gleichmäßige Schichten abzutrennen, sind bei profilierten Gegenständen ein gut streuendes Bad und negativ profilierte Gegenelektroden einzusetzen. Mit dieser Methode können auch galvanische Überzüge (Fremdmetalloberflächen) wieder entfernt werden.

Durch geformte Kathoden werden an unzugänglichen Stellen Vertiefungen (Nuten) eingefräst. Vor elektrochemischem Angriff zu schützende Flächen werden mit Isolierschichten (Schablonen; über Schablonen aufgespritzter löslicher oder Abreißlack) abgedeckt.

# 5. Elektrochemische Industrieverfahren

Es ist zweckmäßig die Verfahren in anorganische und organische zu unterteilen. Einige Verfahren wurden bereits im theoretischen Teil als Beispiel herangezogen.

## 5.1. Anorganische Verfahren

In **Elektroöfen** finden meist keine elektrochemischen Reaktionen statt. Die elektrische Energie wird nur zur Wärmeerzeugung benutzt. Je nach der Art unterscheidet man **Widerstandsöfen, Lichtbogenöfen, Induktionsöfen und Elektrodenöfen.** Jeder Ofentyp benutzt eine andere Art der Wärmeübertragung, wie aus der Bezeichnung hervorgeht. Auch die Verfahren mit **Söderbergelektroden,** wie die Reduktion von Kalziumoxid zu Kalziumkarbid oder von Phosphaten zu Phosphor nach dem IG-Verfahren von Piesteritz, sind rein chemischer Natur, zu denen zwar die Söderbergelektroden den Kohlenstoff als Reduktionsmittel kontinuierlich (ununterbrochen) nachliefern, nicht aber elektrisch in die Reaktion eingreifen. Zwischen den Elektroden entsteht lediglich ein Flammenbogen, der die nötige Energie liefert und Temperaturen zwischen 2300 und 2500 °C erzeugt.

Die Abscheidung von Elektrolytkupfer bei der **Kupferraffination** und die Möglichkeit Legierungen abzuscheiden wurde schon erwähnt. Andere **Metalle** lassen sich auf dieser Basis ebenfalls **mit hohen Reinheitsgraden** herstellen.

Mit Hilfe der **Naßelektrolyse** lassen sich **Legierungen auf kaltem Wege** wesentlich einheitlicher herstellen, als dies beim Zusammenschmelzen je der Fall sein kann. **Die Schmelzpunkte der Legierungsbestandteile spielen hierbei keine Rolle. Es können auf dieser Grundlage Legierungen hergestellt** werden, die **nur äußerst schwierig oder überhaupt nicht auf irgendeinem anderen Wege produziert werden können!**

Das **Schmelzelektrolyseverfahren** zur Aluminiumgewinnung ist ein Beispiel dafür, daß eine Beimengung, die im Verlauf der Elektrolyse erhalten bleibt, ähnlich den Leitelektrolyten galvanischer Bäder wirkt. Bei der Elektrolyse von Aluminiumoxid (Fp. 2045 °C) wird Kryolith, $Na_3AlF_6$ (Fp. 1000 °C) zugegeben, so daß sein Anteil zwischen 80 und 85% ausmacht. Der Schmelzpunkt dieser Mischung liegt unterhalb 1000 °C, als **eutektisches Gemisch,** 18,5% $Al_2O_3$ + 81,5% $Na_3AlF_6$, bei 935 °C. Die **Dichte der Schmelze** liegt bei diesen Temperaturen bei 2,15 und die **des Aluminiums** um 2,35. Das geschmolzene Aluminium (Fp. 659 °C) befindet sich damit unterhalb der Schmelze und wird durch sie vor der Oxydation durch den Luftsauerstoff geschützt.

Die **Zersetzungsspannung des Aluminiumoxids** liegt bei 2,2 V. Bei dem Badwiderstand der geschmolzenen Mischung und den hohen Strömen, sie können bis zu 30 kA betragen, wird mit etwa der dreifachen Spannung (6–7 V) gearbeitet. Um den Badwiderstand auf den erforderlichen Wert von etwa 0,2 m$\Omega$ herabzudrücken, muß die angebotene Elektrodenfläche groß und der Elektrodenabstand klein sein (s. Kapitel über Leitfähigkeit).

Die Vorgänge bei der Elektrolyse sind etwas kompliziert. Wenn man davon ausgeht, daß **Aluminiumoxid** (ein schlechter Leiter, s. Eloxalverfahren) **in Kryolith als Lösungsmittel** vorliegt, man kann das, denn Kryolith bleibt unverändert und nur Aluminiumoxid wird im gleichen Maße zugegeben, wie Aluminium entsteht, dann läßt sich die Elektrolyse vereinfacht folgendermaßen in Gleichungen formulieren:

Aluminiumoxid ist in der Schmelze zu einem Teil dissoziiert:

$$Al_2O_3 \rightleftarrows 2\,Al^{+++} + 3\,O^{--} - 6\,e^- \rightarrow 3\,O + 3\,C \rightarrow 3\,CO$$
$$+ 6\,e^- \downarrow \quad \text{an der Kohleanode (Söderberg)}$$
$$2\,Al \quad \text{an der Kohlenwannenkatode bzw. der Oberfläche bereits entstandenen metallischen Aluminiums}$$

Nach dieser Formulierung werden je Grammatom Aluminium 3 Faraday verbraucht. Die Energiebilanz sieht danach so aus:

$Al_2O_3 \rightarrow 2\ Al + 1,5\ O_2 \quad \Delta H_0 = +399,09$ kcal $\triangleq$
$\triangleq (1670,86$ kJ$)$
$3\ C + 1,5\ O_2 \rightarrow 3\ CO \quad \Delta H_0 = -79,17$ kcal $\triangleq$
$\triangleq (-331,57$ kJ$)$

$\sum Al_2O_3 + 3\ C \rightarrow 2\ Al + 3\ CO + 319,92$ kcal $\triangleq$
$\triangleq +1339,29$ kJ

Der natürliche Kryolith (Hauptvorkommen in Grönland bei Ivigtut, z.Zt. völlig erschöpft) ist nicht sehr gut geeignet als Trägerelektrolyt. Er wird deshalb künstlich hergestellt.
Um ein Verfahren für die Industrie **rentabel** zu gestalten, ist es **kontinuierlich und ohne Zeitverlust in einem dauernden Materialfluß** anzulegen. Anfallende Energie muß in Wärmeaustauschern dem Verfahren nach Möglichkeit wieder zugute kommen. Außer der **Energie- und Materialbilanz** sind noch möglichst **kurze Material- und Energiewege** zu beachten. Im **schematischen Fließbild**, das für jede einzelne Apparatur ein Rechteck oder Quadrat vorsieht, wird der Produktionsgang in stark vereinfachter Darstellung symbolisiert. **Über den Vierecken** wird der Aggregatzustand (··· fest; $\sim$ flüssig; = gasförmig) an der **Zuführungslinie** und die Stoffart in einem kleineren Rechteck angegeben; ebenfalls, **etwas höher**, die **Art der zugeführten Energie** in einem kleinen Kreis. **Entstehende (Abfall-)Produkte und auftretende Energie** wird **unterhalb der Rechteckmitte** in gleicher Weise aufgezeichnet. Der Fachmann erhält mit dieser abstrakten Darstellung eine rasche Information über den Produktionsablauf mit allen wesentlichen Fakten.
Eindrucksvoller, aber weniger klar, ist das **konstruktive Fließbild**. Es zeigt in Symbolform die Apparate und den Materialfluß als verbindende Linien.
Bild 107 gibt das konstruktive **Fließbild zur Aluminiumfabrikation nach dem Schmelzelektrolyse-Verfahren** wieder. Ausgangsprodukte sind 45grädige Natronlauge (45 °Bé $\triangleq \varrho = 1,45 \triangleq 42\%$ig; s. Anh. 2.5.) und Bauxit, ein Gestein der Zusammensetzung 50–70% $Al_2O_3 + 12$–40% $H_2O + 2$–30% $SiO_2 + 0$–25% $Fe_2O_3 +$ etwas $TiO_2$ und andere Verunreinigungen. Verarbeitung nach dem Bayer-Verfahren.
Zunächst wird der **Rohbauxit** zerkleinert, gesiebt und erhitzt, um Wasser auszutreiben und organische Verunreinigungen zu verbrennen. Nach der Abkühlung wird er in einer Kugelmühle fein gemahlen, gesiebt und im Vorratsbunker bereitgestellt. Der **gemahlene Bauxit** wird mit der **vorgewärmten Natronlauge** gemischt und in einem Rührautoklaven etwa 4 Stunden lang bei 6 bis 8 Atmosphären Druck auf 150 bis 200 °C erhitzt. Dabei entsteht **Natriumaluminat**:

$6\ NaOH + Al_2O_3 \rightarrow 2\ Na_3[Al(OH)_6]$ bzw.
$2\ Na_3AlO_3 \cdot 3H_2O$

Verunreinigungen fallen dabei als Hydroxyde aus. Nach dem Entspannen auf Normaldruck wird mit verdünnter Natronlauge adsorbiertes Aluminat aus dem Schlamm herausgewaschen. Der beim Entspannen entweichende heiße Wasserdampf gibt im Wärmeaustauscher Energie ab, um die Natronlauge aus dem Vorratstank vorzuwärmen. In der Filterpresse wird die Aluminatlösung vom Schlamm befreit und in dem 400 bis 450 m$^3$ fassenden Hydrolysierkessel 2 bis 3 Tage lang gerührt und dabei allmählich mit der zur Hydrolyse notwendigen Menge Wasser verdünnt. Dabei stellt sich das **Hydrolysegleichgewicht**

$Na_3AlO_3 + 3\ H_2O \xrightleftharpoons[45\%]{55\%} 3\ NaOH + Al(OH)_3$

ein. Das **Aluminiumhydroxid** wird abfiltriert und die aluminathaltige Natronlauge in mehreren Stufen wieder aufkonzentriert und in den Vorratstank für die Natronlauge zurückgeführt. Damit geht kein Aluminat verloren. Der Abdampf (Brüden) der ersten Verdampferstufe dabei zur Weiteraufheizung in der zweiten Stufe usw.
Ein Teil des Aluminiumhydroxids kann zur **Kryolithfabrikation** abgezweigt werden. Im Reaktionskessel wirkt **Natriumkarbonat (Soda) und 38%ige Flußsäure auf das Aluminiumhydroxid** ein und es entsteht Natriumfluorid und Aluminiumfluorid im stöchiometrischen (formelgleichen) Verhältnis wie Kryolith nach

$2\ Al(OH)_3 + 3\ Na_2CO_3 + 12\ HF \rightarrow 2\ AlF_3 + 6\ NaF + 9\ H_2O + 3\ CO_2$

Im Filter werden Verunreinigungen zurückgehalten, die durchfließende geklärte Lösung wird eingetrocknet und geglüht. Bei Bedarf wird sie dem Elektrolyten zugemischt.
Der Hauptanteil des **Aluminiumhydroxids** wird in einem Drehrohrofen bei oberhalb 1000 °C (etwa 1300 °C) geglüht **zum $\alpha$-$Al_2O_3$**, Korund, der **nicht mehr hygroskopisch (wasseranziehend)** ist:

$Al(OH)_3 \xrightarrow{150\ °C} AlO(OH) \xrightarrow{300\ °C} \gamma\text{-}Al_2O_3$
$\xrightarrow{1000\ °C} \alpha\text{-}Al_2O_3$

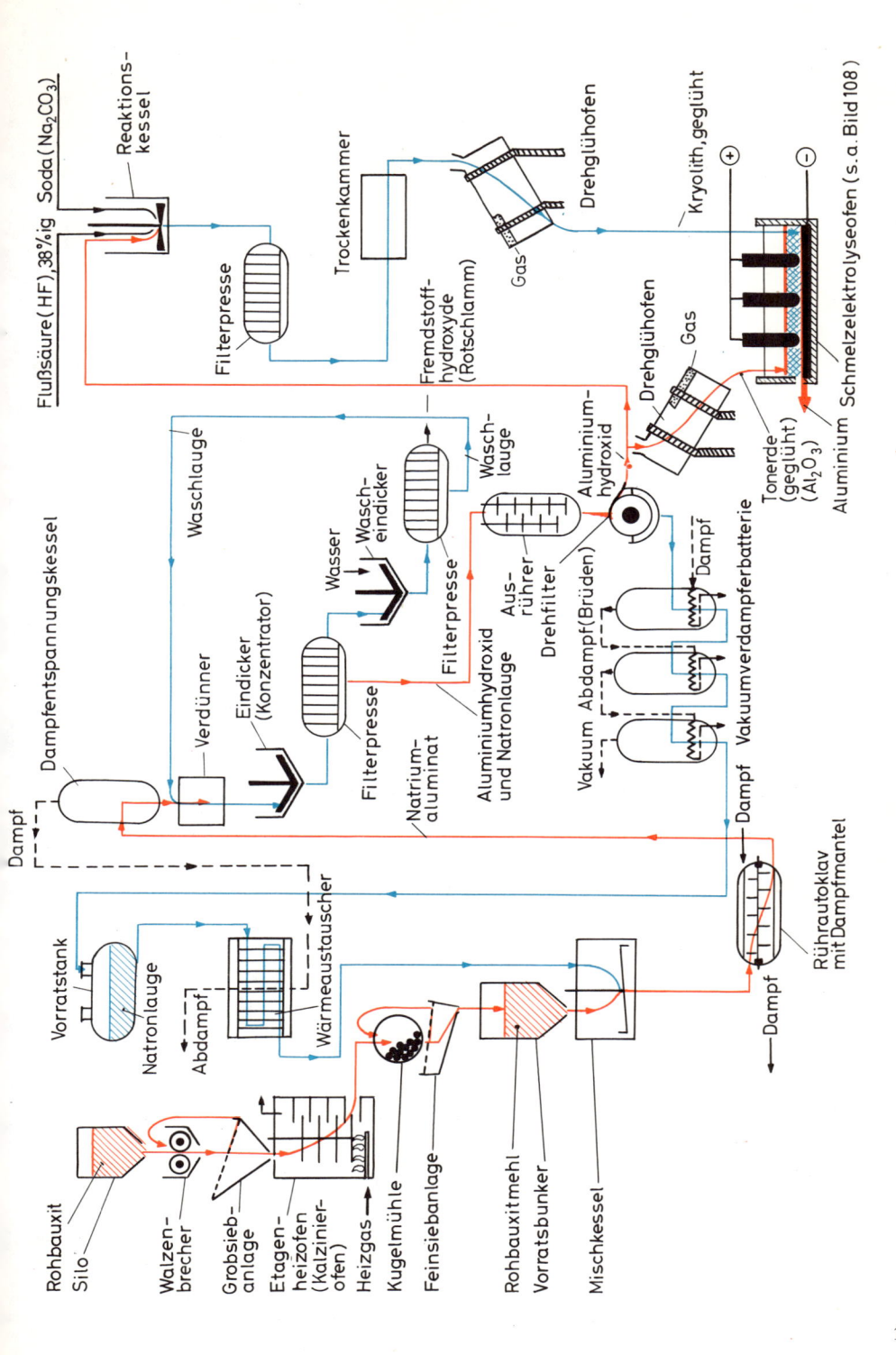

Bild 107. Konstruktives Fließbild zur Aluminiumfabrikation

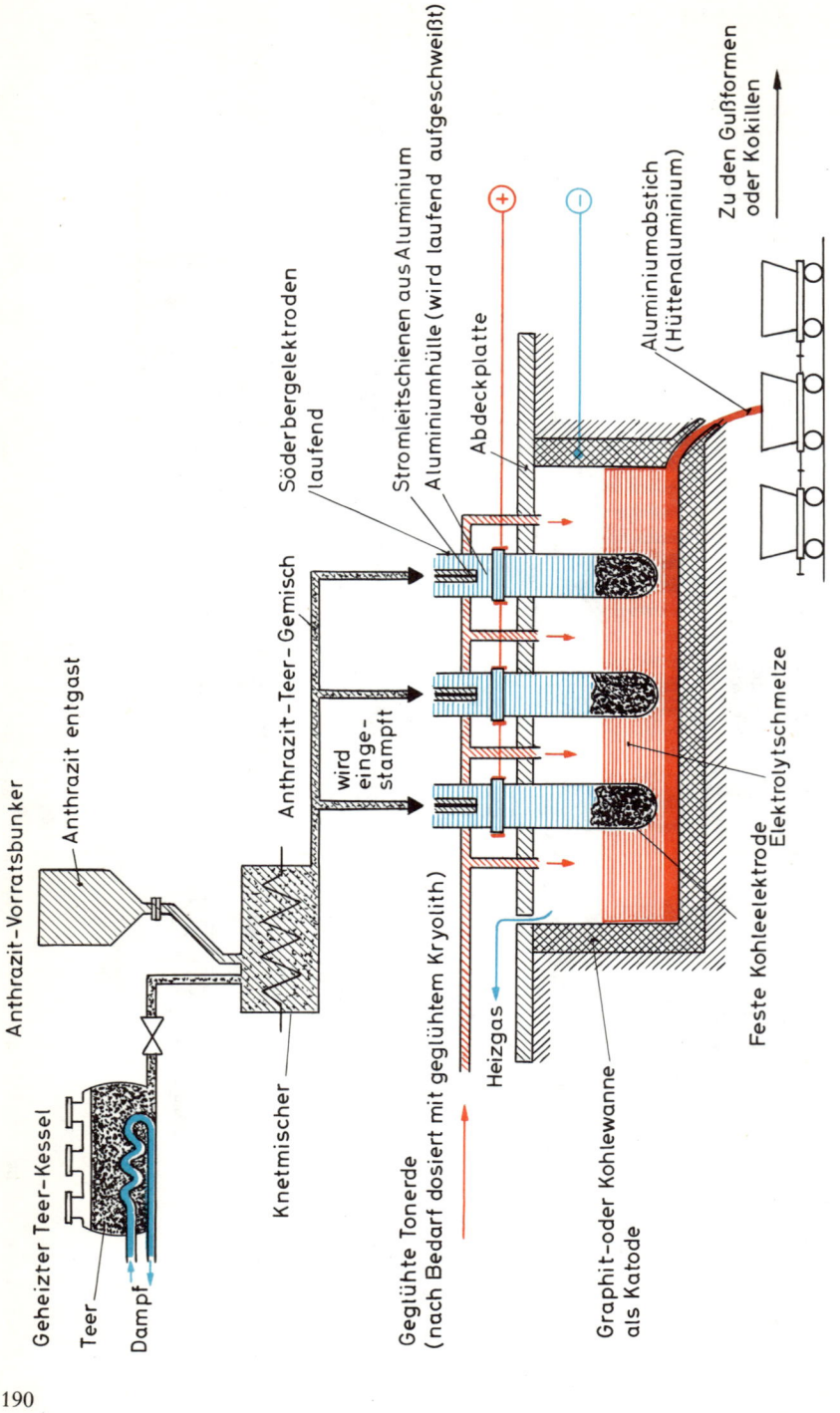

Bild 108. Schmelzelektrolyseofen zur Aluminiumgewinnung

Von dort gelangt das α-Aluminiumoxid („Tonerde wasserfrei") in den **Schmelzelektrolyseofen.** Erst dort findet die elektrochemische Reaktion statt. Seinen Aufbau zeigt Bild 108.

**Die Katode** wird von der **Kohlemasse** gebildet, mit der die Eisen- oder Steinzeugwände und **Böden** der offenen Tröge ausgekleidet sind. Über dieser Kohlemasse des Bodens scheidet sich **Aluminium** ab, das oberhalb der Bodenfläche **abgestochen** werden kann. Darüber befindet sich die **Tonerde-Kryolith-Schmelze,** die das entstehende Aluminium abdeckt und schützt. In dem Maße, wie Aluminium entsteht, wird die wasserfreie Tonerde zugebessert, damit **das günstigste Verhältnis von etwa 18% Tonerde zu 82% Kryolithmischung** erhalten bleibt. Die **Anoden** sind **Söderbergelektroden.** Im Inneren tragen sie **den elektrischen Leiter,** der von einer **Stampfmasse aus reinem, entgastem Anthrazit und Teer** hergestellt wird. Das Ganze wird **eingehüllt von Aluminiumblechen.**

**Erst im Ofen entsteht die eigentliche Elektrode daraus,** wenn die Masse getrocknet und geglüht ist. **Der anodisch entstehende Sauerstoff verbrennt die Kohlemasse.** Der verschwindende Teil wird dadurch nachgeliefert, daß am oberen Ende weitere Aluminiumbleche angeschweißt werden, die mit der Elektrodenmasse gefüllt und in die Elektrolytschmelze nachgeschoben werden.

Das abgeschiedene Aluminium wird nach dem Abstrich, der eine Schutzschicht von Aluminium auf dem Kohleboden der Wanne hinterläßt, noch einige Zeit flüssig gehalten, damit gelöste Gase und mitgerissene Kryolithteilchen sich an der Oberfläche abscheiden können. Hierfür dient ein nicht mit eingezeichneter „Warmhalte-Ofen". Von dort aus wird nach einiger Zeit das Aluminium abgelassen und in Barren gegossen.

Zur Erläuterung von **drei weiteren Elektrolyseurtypen** wird am besten die **Chloralkali-Elektrolyse** herangezogen. **Hier wird sowohl an der Katode als auch an der Anode ein Verkaufsprodukt gewonnen.** Beide sollen getrennt und möglichst rein erhalten werden. In allen drei Fällen wird eine **Kohleanode** verwendet, an der sich das **Chlorgas** abscheidet. Es ist das spezifisch leichteste von allen drei Produkten der **Schmelzflußelektrolyse nach dem Downs-Verfahren** (Bild 109). Das anodisch gebildete Chlor steigt in der Schmelze nach oben und wird durch einen Trichter oder eine Glocke aufgefangen. Die **Katode** besteht aus einem **eisernen Ring,** der **von einem feinmaschigen Drahtnetz umgeben** ist, das die Katode gegen die Schmelze abschließt und oben **an einer kreisförmigen Rinne** befestigt ist. Diese Rinne nimmt das katodisch gebildete Alkalimetall auf, das in allen Fällen **spezifisch leichter** ist als seine Chloridschmelze und nach oben steigt. Das flüssige Alkalimetall wird von der Rinne aus durch ein **Steigrohr** nach außen transportiert. Diese Zellenkonstruktion, die das feinmaschige Drahtnetz als Diaphragma enthält das an der Rinne

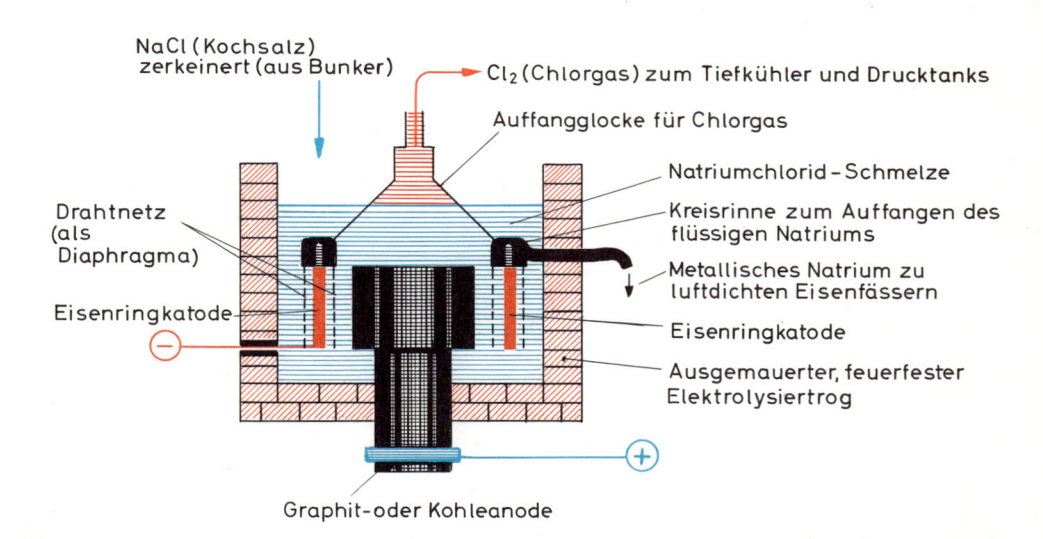

*Bild 109. Schmelzflußelektrolyse von Alkalichlorid mit der Downs-Zelle*

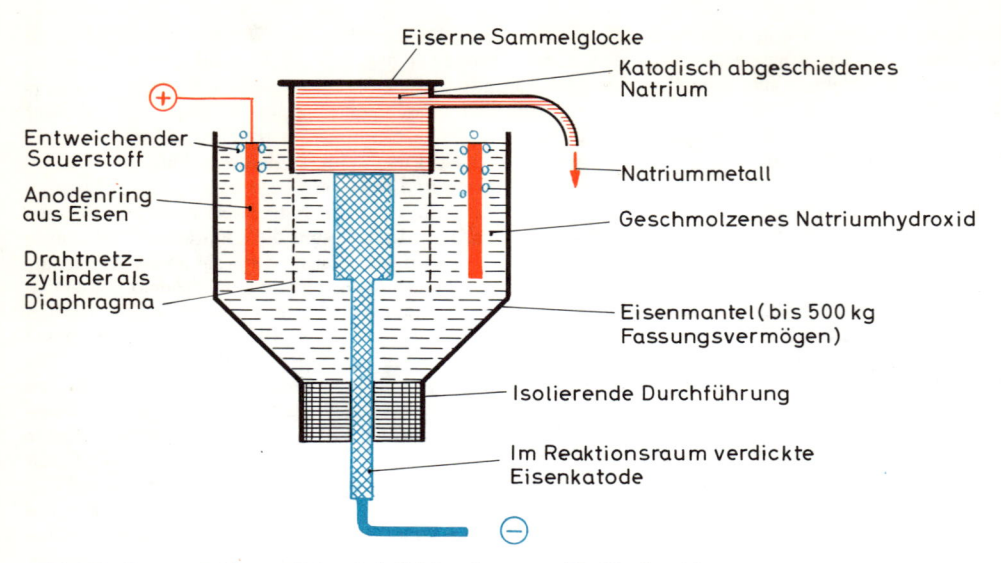

*Bild 110. Castner-Zelle zur Schmelzflußelektrolyse von Alkalihydroxid*

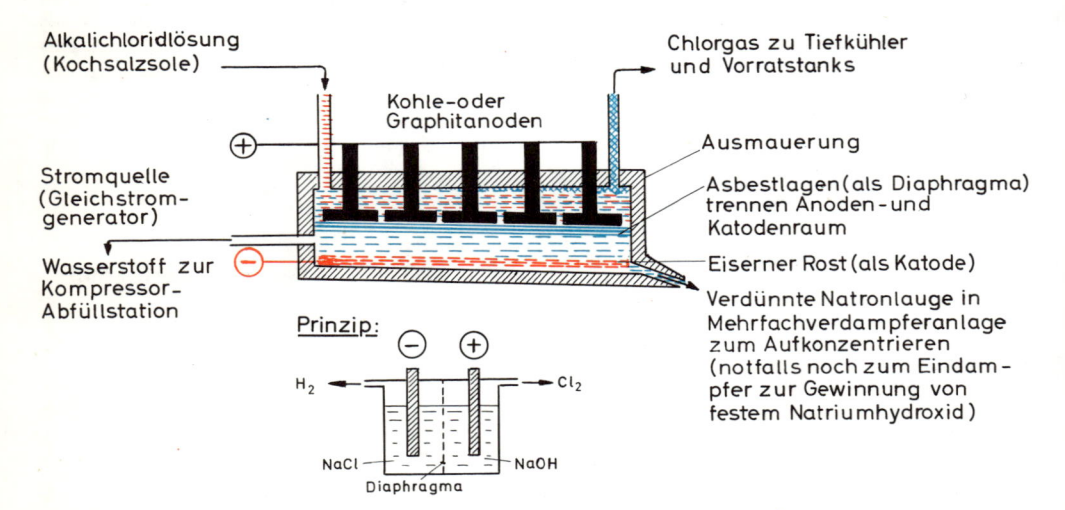

*Bild 111. Diaphragma-Verfahren bei wäßrigem Elektrolyten*

befestigt ist, die selbst wieder an der Eisenblechglocke angebracht ist, wobei alle diese Teile nicht unter Strom stehen, ist die Kennung der **Downs-Zelle**.
Nach dem gleichen Prinzip arbeitet die **Castner-Zelle** zur Alkalihydroxid-Elektrolyse (Bild 110). Dort ist die Katode von dem darüber gestülpten Auffanggefäß umgeben, das ebenfalls ein **Drahtnetz als Diaphragma** trägt. Hier wird jedoch das **Natrium gesammelt** und **anodisch entsteht Sauerstoff. Katode** ist ein oben verdickter Eisenstab, der von einem Eisenring als **Anode** umgeben ist und das zylindrische Elektrolysiergefäß besteht ebenfalls aus Eisen und faßt bis zu 500 kg.

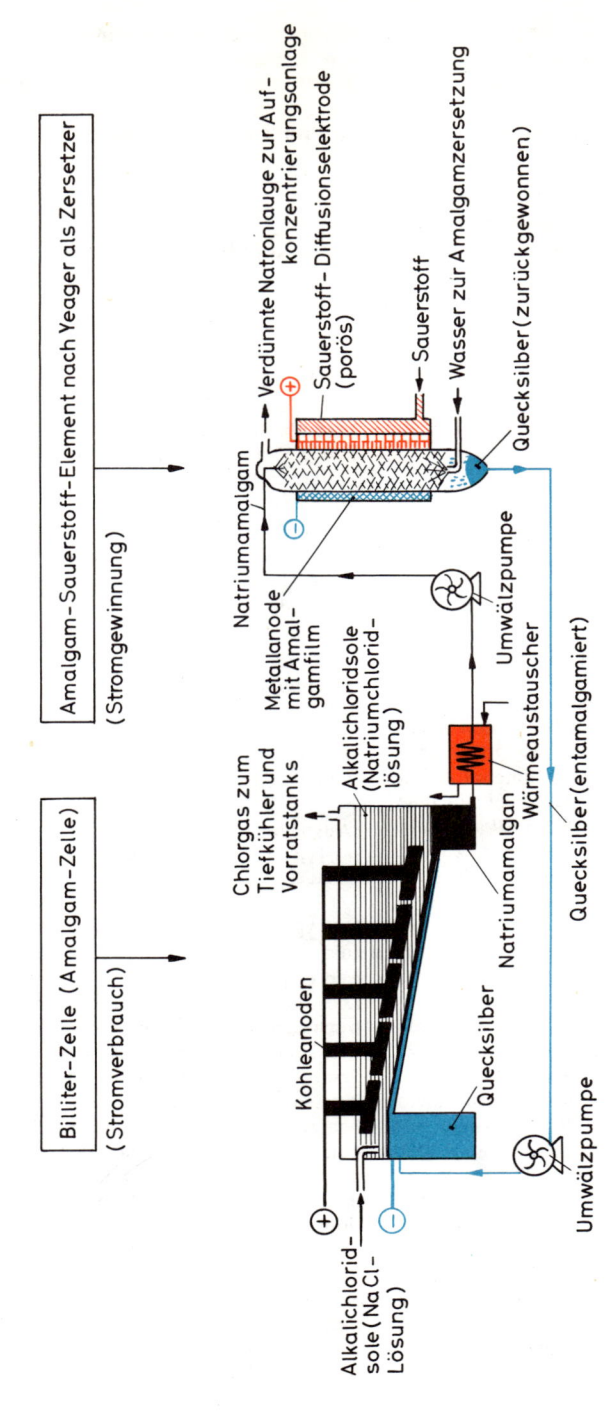

Bild 112. Amalgamverfahren mit Amalgam/Sauerstoff-Element nach Yeager als Zersetzer

13 Elektrochemie kub

**Katodenvorgang:** $2\,Na^+ + 2\,e^- \rightarrow 2\,Na$
**Anodenvorgang:** $2\,OH^- - 2\,e^- \rightarrow H_2O + 1/2\,O_2$

$$\Sigma: 2\,Na^+ + 2\,OH^- \rightarrow 2\,Na + H_2O + 1/2\,O_2\uparrow$$

Die Elektrolyse wäßriger Alkalichloridlösungen mit einem fast horizontal liegenden Diaphragma (meist Asbest) wird **Diaphragma-Verfahren in der Billiter-Zelle** genannt. **Endprodukte** aus der Zelle sind verdünnte, chloridhaltige Alkalilauge, Wasserstoff- und Chlorgas. Den Aufbau der Zelle zeigt Bild 111. Die Reaktionen:

**Katodenvorgang, primär:** $2\,Na^+ + 2\,e^- \rightarrow 2\,Na$
**Katodenvorgang, sekundär:** $2\,Na + 2\,H_2O \rightarrow 2\,NaOH + H_2$
**Anodenvorgang:** $2\,Cl^- - 2\,e^- \rightarrow Cl_2$

$$\Sigma: 2\,NaCl + 2\,H_2O \rightarrow 2\,NaOH + H_2 + Cl_2$$

Das **Amalgam-Verfahren** (Bild 112) benötigt **kein Diaphragma**. Die **Kohleanode** scheidet wieder Chlor aus, das von oben abgezogen wird. Die **Katode** besteht aus Quecksilber, das den leicht geneigten Boden entlangfließt. Das Quecksilber bildet mit dem entstehenden Alkalimetall sofort ein **Amalgam** (der allgemeine Ausdruck für eine Quecksilberlegierung) mit etwa **0,2% Alkaligehalt**. Auf der schiefen Ebene fließt es parallel zu den Anoden entlang und wird in einen Zersetzer gepumpt. Dort wird es durch Wasser tropfen lassen, das mit dem Amalgam zu Alkalilauge und Wasserstoffgas reagiert. Das sich unten ansammelnde Quecksilber wird im Kreislauf wieder als Katodenmaterial durch die Amalgamzelle geführt.
Es bietet sich geradezu an, den Zersetzer durch ein **Amalgam-Sauerstoff-Element nach Yeager**[105]) zu ersetzen. Das Amalgam müßte lediglich durch eine Zelle geleitet werden, deren Anode aus einem Metall besteht, das mit einem dünnen Amalgamfilm bedeckt ist. Als Katode dient eine poröse Sauerstoff-Diffusionselektrode. Auf diese Weise könnte elektrische Energie zusätzlich gewonnen werden.
Statt des üblichen Zersetzers wurde deshalb die Yeager-Zelle in Bild 112 gezeigt, die im Kapitel der Brennstoffelemente (2.8.5.3.) nicht gebracht wurde.
Ob eine derartige Anordnung zur Natronlauge-Gewinnung benutzt werden soll ist eine reine Kalkulationsangelegenheit (Investition: Amortisation: Rentabilität).
Die verschiedenen Arten der geschilderten Elektrolyseurtypen genügen auch den Ansprüchen für fast alle Probleme der organischen Elektrochemie.

## 5.2. Organische Verfahren

Mit verdünnter wäßriger Essigsäure wird Wasser in seine Bestandteile bei der Elektrolyse zerlegt. Die Erhöhung der Ionenkonzentration gelingt durch Zusatz eines Alkaliazetates.
Wird als Basis die 20%ige Essigsäure verwendet (200 g Eisessig je Liter) und steigende Mengen Kaliumazetat zugesetzt, dann verläuft die Elektrolyse im Sinne von

$$2\,CH_3COO^- - 2\,e^- \rightarrow CH_3-CH_3 + 2\,CO_2 \quad (191)$$
(anodisch)

mit folgenden Ausbeuten als Funktion des Kaliumazetatzusatzes:

*Tafel 33: Äthanausbeute bei der Essigsäure ( = Äthansäure )-Elektrolyse in Abhängigkeit vom Kaliumazetatzusatz.*

| Zusatz KOOC-CH$_3$: | 0,00 n | 0,02 n | 0,33 n | 1,44 n | 5,72 n |
|---|---|---|---|---|---|
| Ausbeute an CH$_3$-CH$_3$: | 76,2% | 80,1% | 86,4% | 91,3% | 77,5% |

Die **Äthanausbeute** zeigt bei einem Kaliumazetatzusatz von etwa 1,5 n (140 g je Liter) einen **Bestwert (Optimum)**.
Die anodischen Vorgänge dieser **Kolbeschen elektrochemischen Kohlenwasserstoffsynthese** lassen sich steuern, indem die Elektrolytkonzentration, Stromdichte, Anodenmaterial und Zusätze variiert werden. Auf dieser Basis können die Maximalausbeuten bei der Karbonsäureelektrolyse zugunsten von Alkohol oder Ester oder gesättigtem oder ungesättigtem Kohlenwasserstoff verschoben werden. Die Zusammenhänge zeigt das folgende Reaktionsschema, in dem R- ein organisches Radikal der allgemeinen Formel $C_nH_{2n+1}-$ (einwertig) darstellt und n darin durch eine beliebige Zahl ersetzt werden kann. Die Kettenlänge ist jedoch begrenzt und richtet sich nach den Versuchsbedingungen bei der Elektrolyse und den Bestandteilen des Elektrolyten.

*Elektrolyse gesättigter Fettsäuren (Alkansäuren)*

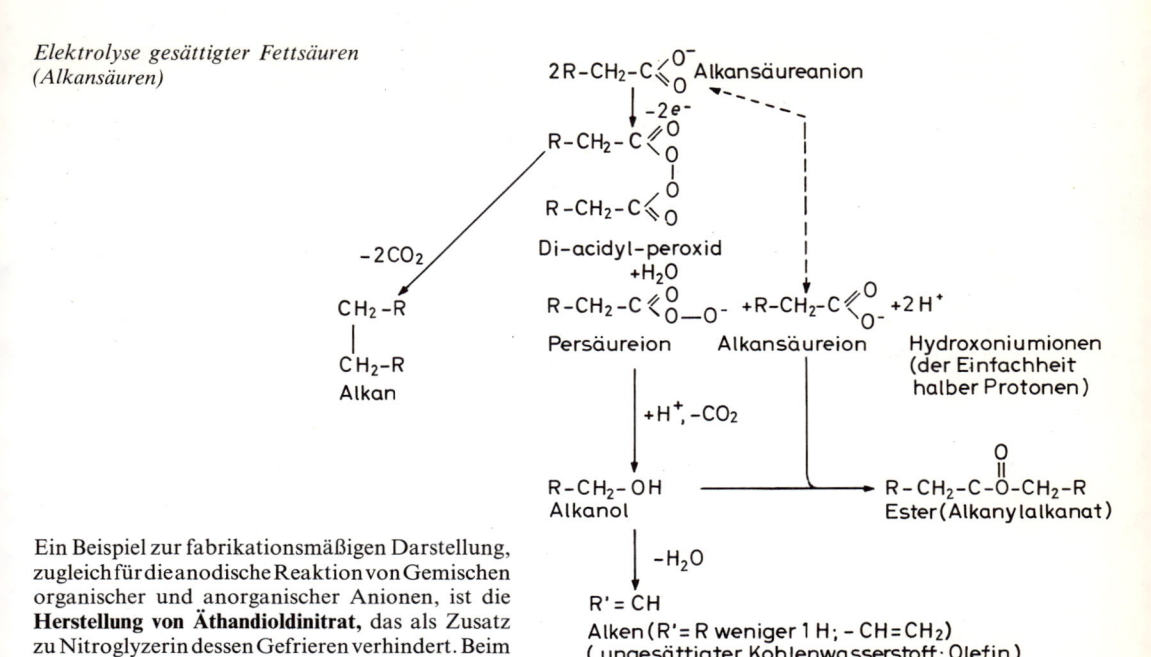

$$2R-CH_2-C\underset{O}{\overset{O^-}{\lessdot}} \quad \text{Alkansäureanion}$$

$$\downarrow -2e^-$$

$$R-CH_2-C\underset{O}{\overset{O}{\lessdot}}$$
$$|$$
$$R-CH_2-C\underset{O}{\overset{O}{\lessdot}}$$

Di-acidyl-peroxid

$$-2CO_2 \swarrow \qquad \downarrow +H_2O$$

$$CH_2-R \qquad R-CH_2-C\underset{O-O^-}{\overset{O}{\lessdot}} \quad +R-CH_2-C\underset{O^-}{\overset{O}{\lessdot}} \quad +2H^+$$
$$|$$
$$CH_2-R \qquad \text{Persäureion} \qquad \text{Alkansäureion} \qquad \text{Hydroxoniumionen}$$
$$\text{Alkan} \qquad\qquad\qquad\qquad\qquad\qquad\qquad \text{(der Einfachheit}$$
$$\qquad\qquad\qquad\qquad\qquad\qquad\qquad\qquad \text{halber Protonen)}$$

$$\downarrow +H^+, -CO_2$$

$$R-CH_2-OH \longrightarrow R-CH_2-\overset{O}{\overset{\|}{C}}-O-CH_2-R$$
Alkanol $\qquad\qquad\qquad\qquad$ Ester (Alkanylalkanat)

$$\downarrow -H_2O$$

$$R'=CH$$
Alken (R'= R weniger 1 H; −CH=CH$_2$)
(ungesättigter Kohlenwasserstoff; Olefin)

Ein Beispiel zur fabrikationsmäßigen Darstellung, zugleich für die anodische Reaktion von Gemischen organischer und anorganischer Anionen, ist die **Herstellung von Äthandioldinitrat,** das als Zusatz zu Nitroglyzerin dessen Gefrieren verhindert. Beim Auftauen explodiert gefrorenes Nitroglyzerin mit hoher Wahrscheinlichkeit!
Ein Gemisch von Natriumnitrat und Natriumpropanat (Natriumpropionat, Äthankarbonsaures Natrium) läßt, je nach den Versuchsbedingungen, verschiedene Stoffe an der Anode entstehen:

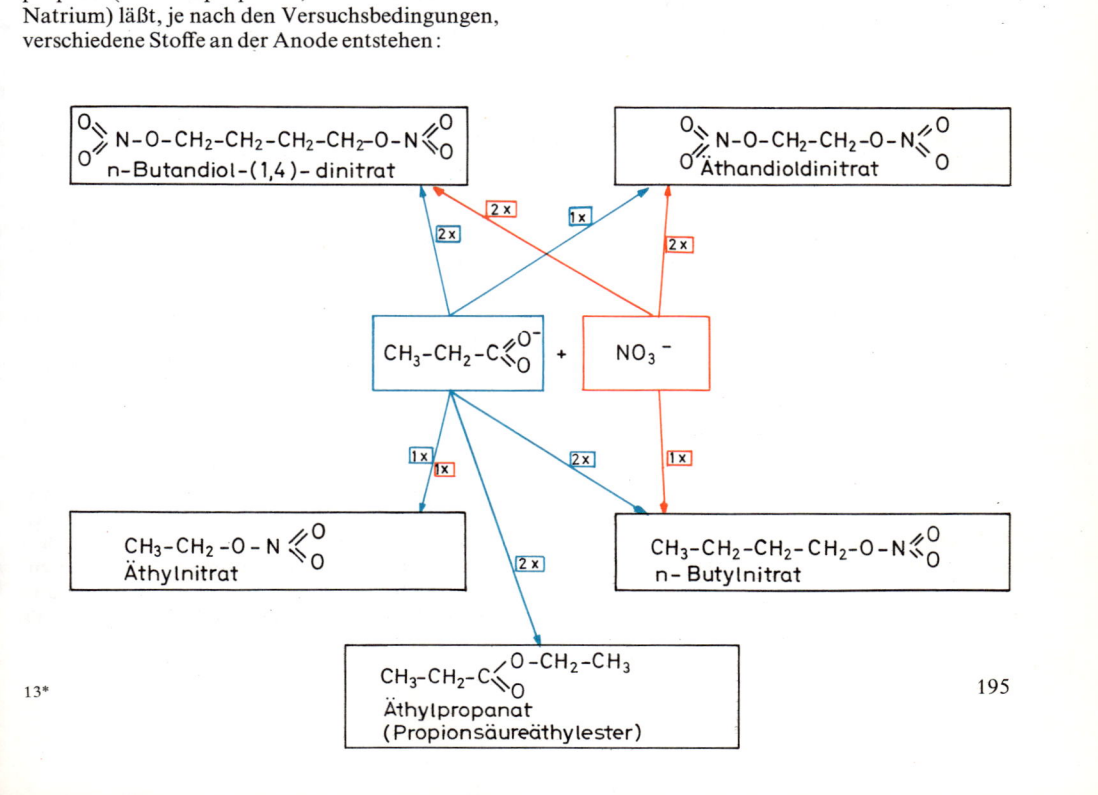

$$\underset{O}{\overset{O}{\gtrdot}}N-O-CH_2-CH_2-CH_2-CH_2-O-N\underset{O}{\overset{O}{\lessdot}}$$
n-Butandiol-(1,4)-dinitrat

$$\underset{O}{\overset{O}{\gtrdot}}N-O-CH_2-CH_2-O-N\underset{O}{\overset{O}{\lessdot}}$$
Äthandioldinitrat

$$CH_3-CH_2-C\underset{O}{\overset{O^-}{\lessdot}} \quad + \quad NO_3^-$$

$$CH_3-CH_2-O-N\underset{O}{\overset{O}{\lessdot}}$$
Äthylnitrat

$$CH_3-CH_2-CH_2-CH_2-O-N\underset{O}{\overset{O}{\lessdot}}$$
n-Butylnitrat

$$CH_3-CH_2-C\underset{O}{\overset{O-CH_2-CH_3}{\lessdot}}$$
Äthylpropanat
(Propionsäureäthylester)

**Technisch wird Äthandioldinitrat an Platinanoden hergestellt.** Aus ökonomischen Gründen wird Äthan über oder durch die elektrolysierende Anode geleitet, die in Salpetersäure oder ein Gemisch von Kalziumnitrat, $Ca(NO_3)_2$ in Eisessig mit viel Propanon (Dimethylketon, Azeton $CH_3-CO-CH_3$) eintaucht. Dabei entsteht als Nebenprodukt Butandiol-(1,4)-dinitrat.

**Verblüffend sind mitunter elektrochemische Reaktionsabläufe, zu deren Durchführung die reine Chemie Ausschluß von Wasser und hohe Temperaturen verlangt.** Ein Beispiel für viele:
Zur Darstellung von Azetamidin wird Azetamid mit wasserfreiem Ammoniak und etwas Ammonnitrat im zugeschmolzenen Glasrohr 12 Stunden lang auf 95 °C erwärmt:

$$CH_3-C\!\!\begin{array}{c}NH_2\\O+H_2NH\end{array} \rightarrow CH_3-C\!\!\begin{array}{c}NH_2\\NH\end{array} + H_2O$$

F. Fichter u. Mitarbeiter[106]) oxydierten eine **alkoholisch-wäßrige Lösung von Ammoniumkarbonat anodisch an Platin.** Die kleine Ausbeute wurde verbessert, wenn **von einer Zwischenstufe, dem Aldehydammoniak ausgegangen** wurde. Die vermuteten Einzelreaktionen sind 1. Ammoniakoxydation zu Nitrat; 2. Alkoholoxydation zu Aldehyd (Äthanal); 3. Kondensation von Äthanal mit Ammoniak zu **Aldehydammoniak;** 4. Dessen Oxydation zu Azetamid; 5. Kondensation des Azetamids mit Ammoniak zu Azetamidin und Salzbildung zum Nitrat mit dem Reaktionsprodukt von Stufe 1.

Im einzelnen können folgende Stufen angenommen werden:

1. Hydrolyse des Ammoniumkarbonats
$$(NH_4)_2CO_3 \xrightarrow{+2H_2O} 2\,NH_4OH + H_2CO_3$$

2. Dissoziation der Hydrolyseprodukte
$$H_2CO_3 \rightleftharpoons H^+ + HCO_3^- \rightleftharpoons CO_3^{2-} + H^+$$
$$2\,NH_4OH \rightleftharpoons 2\,NH_4^+ + 2\,OH^-$$

3. Anodische Oxydation des Ammoniums zum Nitration
$$NH_4^+ + 10\,OH^- - 8\,e^- \rightarrow NO_3^- + 7\,H_2O$$

4. Anodische Oxydation des Äthanols zum Äthanal
$$CH_3-CH_2-OH + 2\,OH^- - 2e^- \rightarrow$$
$$\rightarrow CH_3-C\!\!\begin{array}{c}O\\H\end{array} + 2\,H_2O$$

5. Kondensation des Äthanals mit Ammoniak zu instabilem Aldehydammoniak
$$CH_3-C\!\!\begin{array}{c}O\phantom{xx}H\\H\end{array} + \begin{array}{c}NH_2\\|\\OH\end{array}$$
$$\rightarrow CH_3-C\!\!\begin{array}{c}OH\\NH_2\end{array} + H_2O$$

6. Anodische Oxydation des Aldehydammoniaks zu Azetamid
$$CH_3-C\!\!\begin{array}{c}H\\O-H\\NH_2\end{array} + 2\,OH^- - 2e^-$$
$$\rightarrow CH_3-C\!\!\begin{array}{c}O\\NH_2\end{array} + H_2O$$

7. Kondensation des Azetamids mit Ammoniak zu leicht zersetzlichem Azetamidin
$$CH_3-C\!\!\begin{array}{c}O\\NH_2\end{array} + \begin{array}{c}H_2N-H\\|\\O-H\end{array}$$
$$\rightarrow \left[CH_3-C\!\!\begin{array}{c}NH\\NH_2\end{array}\right] + 2\,H_2O$$

8. Salzbildung des Azetamidins mit Nitrationen aus Stufe 3
$$\left[CH_3-C\!\!\begin{array}{c}NH\\NH_2\end{array}\right] + 2\,H^+ + 2\,NO_3^-$$
$$\rightarrow \left[CH_3-C\!\!\begin{array}{c}NH_2^\oplus\\NH_3^\oplus\end{array}\right]^{++} + 2\,NO_3^-$$

Azetamidin ist als Salz beständig. Die Base selbst reagiert noch wesentlich alkalischer als Ammoniak selbst, kann deshalb dieses aus seinen Verbindungen (Ammonnitrat) verdrängen, es ist die „stärkere" Base.

Sehr kompliziert, deshalb instruktiv, ist die **anodische Oxydation des Toluols.** Sie ist stark verzweigt und die Zahl der möglichen Reaktionsprodukte groß. Je stärker die Verzweigung ist, desto geringer ist die prozentuale Ausbeute logischerweise. Um hier fabrikatorisch gewinnbringend arbeiten zu können ist eine Vielzahl von Versuchsbedingungen zu erproben. Eine der besten Möglichkeiten ist, **das gewünschte Zwischenprodukt mit Zusätzen zum Elektrolyten als praktisch unlöslichen Niederschlag aus dem Elektrolysegeschehen herauszunehmen** oder bei erhöhter Temperatur in Dampfform abzudestillieren und damit vollständig, auch als MWG-Komponente, zu entfernen.

Das folgende Reaktionsschema ist der Übersichtlichkeit halber nur mit Pfeilen für die Reaktionsrichtung und nicht mit den zu entfernenden Stoffen und von der Anode aufgenommenen Elektronen versehen. Im Prinzip ist es immer die Einwirkung von $OH^-$-Gruppen in entladenem (oder gar unentladenem) Zustand, die anodische Oxydation in diesem Falle verursacht nach:

$$\underset{\text{und}}{\boxed{\phantom{X}}\!\!-\!\!\!>\!\!-H} + 2\, OH^- - 2\, e^- \rightarrow H_2O + \boxed{\phantom{X}}\!\!-\!\!\!>\!\!-OH$$

$$\boxed{\phantom{X}}\!\!-\!\!\!>\!\!-OH + OH^- - e^- \rightarrow H_2O + \boxed{\phantom{X}}\!\!=\!O$$

am aromatischen Kern

oder in der aliphatischen Seitengruppe,

und in der Methylgruppe, der Seitengruppe:

$-CH_3 + 2\, OH^- - 2\, e^- \rightarrow -CH_2OH + H_2O$

und weiter:

$-CH_2OH + 2\, OH^- - 2\, e^- \rightarrow -C\!\!\begin{smallmatrix}H\\\\O\end{smallmatrix} + 2\, H_2O$

und das entstandene Alkanal, der Aldehyd, ist einer Weiteroxydation leicht zugänglich (auch ohne elektrische Energiezufuhr):

$-C\!\!\begin{smallmatrix}H\\\\O\end{smallmatrix} + 2\, OH^- - 2\, e^- \rightarrow -C\!\!\begin{smallmatrix}OH\\\\O\end{smallmatrix} + H_2O.$

Die stufenweisen Oxydationsrichtungen lassen sich im folgenden Schema mit Hilfe der eingezeichneten Pfeile verfolgen:

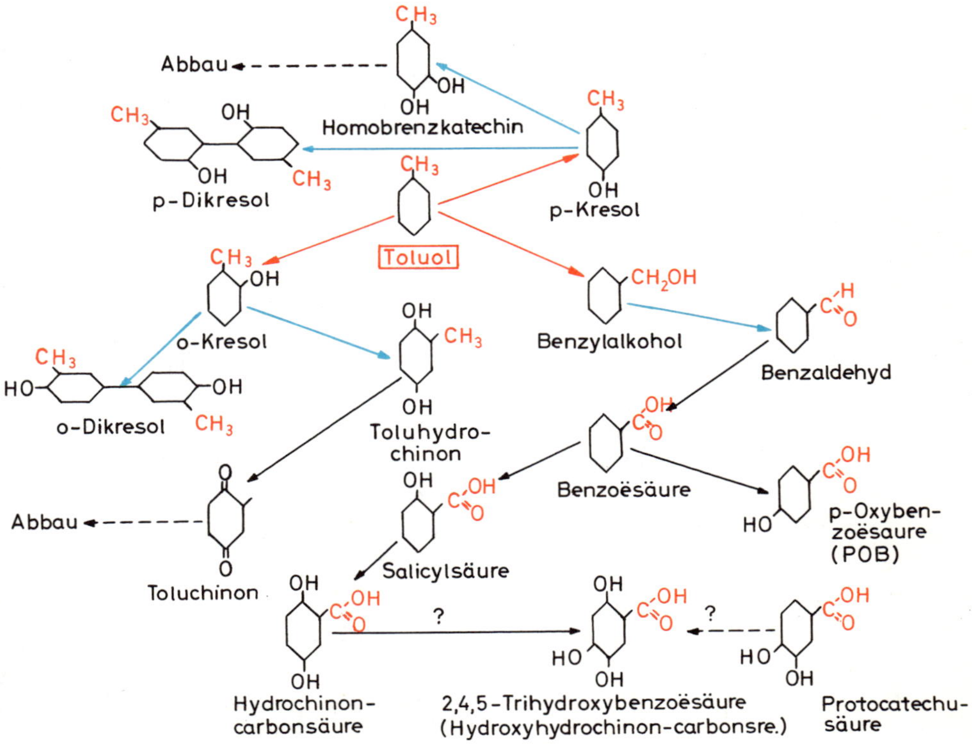

Die Reaktionsprodukte sind wichtige **Ausgangsstoffe zur Synthese** von Arzneimitteln, Konservierungs- und Duftstoffen, Farbstoffen, Ionenaustauschern u. v. a. m.

Eine weitere anodische Oxydationsfolge eines Aromaten soll zeigen, daß auch in der Elektrochemie die Regeln der organischen theoretischen Chemie Gültigkeit haben[4])[11]).

**Zuerst werden immer diejenigen Kernwasserstoffe oxydiert, die durch Kernliganden aktiviert sind. Substituenten erster Ordnung (elektrophile Liganden) dirigieren in o-(ortho-) und p-(para-)Stellung. Elektrophobe in m-(meta-)Stellung:**

**Elektrophil** sind alle Atomgruppen, die direkt am Kern ein Atom gebunden haben, das einer **höheren Gruppe als 4 des Periodensystems** angehört, wie O, N, Halogene usw. Sie komplettieren ihre Elektronenaußenschale durch Elektronenaufnahme, werden dadurch negativer:

Die Pfeilrichtung gibt die Elektronenverschiebung bei der Bindung an.

Ist ein C-Atom dazwischengeschaltet, dann ist die gebundene Gruppe elektrophob; sie stößt Elektronen ab:

Die positivierten Wasserstoffe am aromatischen Kern sind leichter abspaltbar als die negativierten. Das ist schon im vorigen Beispiel der Fall.

Wird im folgenden Schema ein elektrophiler Ligand durch die Oxydation neu eingeführt (meist —O⁻—H⁺), dann ist er stärker elektrophil als die CH₃-Gruppe und aktiviert die Kernwasserstoffatome stärker, die in o- oder p-Stellung zu ihm selbst stehen.

Ausgangsstoff zur anodischen Oxydation ist **m-Xylol** (= 1,3-Dimethylbenzol):

In der **Isophthalsäure** ist das **Kernwasserstoffatom in m-Stellung** zu den beiden Carboxylgruppen aktiviert und reagiert bevorzugt weiter, wenn die hohe anodische Oxydationskraft nicht die Isophthalsäure selbst zersetzend oxydiert.
Die schwach elektrophile $CH_3$-Gruppe ist zur stark elektrophoben Carboxylgruppe $-C\underset{OH}{\overset{=O}{}}$ geworden, damit wechselt auch die am Kern aktivierte Stelle.
Technisch interessant ist auch die **anodische Oxydation von Aldosen**, Kohlehydraten mit einer Aldehydgruppe, zu den entsprechenden Säuren. Wichtig sind dabei die Zucker, die zur entsprechenden Zuckersäure aufoxydiert werden, vor allem die Hexosen, Zucker mit 6 (= hexa) Kohlenstoffatomen im Molekül.
Die **Elektroden** werden in diesem Falle **kadmiert**, mit Cd überzogen, um eine **Überspannung für die Wasserzersetzung** zu erzielen. Damit die **entstehende Zuckersäure** nicht ebenfalls anodisch weiter verbrannt wird zu Wasser und Kohlendioxid, wird diese als **Calciumsalz aus dem Elektrolyten herausgefällt**.
Die allgemeine Reaktionsgleichung, mit Kaliumhypobromit als Sauerstoffüberträger, lautet

$$R-CH_2-C\underset{H}{\overset{O(CaCO_3)}{}} + NaBr \rightarrow NaBrO \longrightarrow$$

$$\left(R-CH_2-C\underset{OH}{\overset{O}{}}\right)_2 Ca$$

| (geschützt) | als Niederschlag entfernt |
|---|---|
| Hexose | →Hexonsaures Calcium |
| Arabinose | →Arabonsaures Calcium |
| d-Xylose | →Xylonsaures Calcium |
| Dextrose, Glukose | →Glukonsaures Calcium |

Die **anodische Einführung von Säureresten** ist teilweise noch umstritten, zum Teil unrentabel, aber auch, vor allem **als Halogenierung, in großtechnischem Maßstab im Einsatz**. Aromatische Verbindungen können anodisch auch rhodaniert (Einführung der —CNS-Gruppe) und nitriert werden. Häufig werden unter Stromfluß die normalen Ausbeuten wesentlich verbessert oder der Strom hält Temperatur und Konzentration der einwirkenden Substanz konstant. Seit einiger Zeit läuft der Trend, damit **zugleich eine Automatisierung chemischer Prozesse** zu verknüpfen. Die **Änderung des Stromflusses** wird gleichzeitig dazu ausgenutzt, um den **Reaktionsablauf zu regeln und zu steuern**. Die Prozeßrechner, Teile eines Regelkreises, die als Sonderform eines Computers sämtliche Meßwerte sofort verarbeiten und den Reaktionsablauf regelnd beeinflussen, sorgen für **größere Ausbeute und höhere Reinheit des Endproduktes**. Sie arbeiten **mit Mikrosekundengeschwindigkeit** und können auch auf andere Ausgangsprodukte, Reaktionsablaufbedingungen und Endprodukte programmiert werden.
Als Gegenstück zur schon erwähnten anodischen Nitrierung sei die **anodische Chlorierung von Äthanol** angeführt. Je nach den Reaktionsbedingungen? entsteht **Chloral** oder **Chloroform**.
**Chloral** (1,1,1-Trichloräthanal, $CCl_3-CHO$) entsteht an der Kohleanode bei 100 °C aus einer wäßrigen, mit Kaliumchlorid versetzten, Salzsäurelösung. **Chloroform (Trichlormethan $CHCl_3$)** entsteht, wenn weniger als 1% Äthanol in Wasser, das 35% $CaCl_2 \cdot 6 H_2O$ enthält, bei etwa 60 °C elektrolysiert wird, an der Anode. Die Stromdichte $i = 8,5 \text{ A} \cdot \text{dm}^{-2}$ und die Temperatur sind dabei wesentliche Faktoren. Chloroform ist wenig löslich in wäßriger Lösung und kann **aus dem Anodenraum** (da spezifisch schwerer als Wasser) **am Boden abgezogen** werden. Auch aus **Propanon (Azeton)** kann unter den gleichen Bedingungen **an der Platinanode Trichlormethan** gewonnen werden. Entstehendes Kaliumhydroxid wird durch Salzsäure neutralisiert.
Wird ein **Diaphragma zwischen Katode und Anode** eingeschaltet und **Azeton aus konzentrierter Salzsäure** elektrolysiert, dann entsteht **an der Platinanode Monochlorazeton** (Monochlorpropanon $CH_3-CO-CH_2Cl$). **Jodoform (Trijodmethan $CHJ_3$)** entsteht an der Platinanode, wenn Äthanol in wäßriger Kaliumjodidlösung elektrolysiert und das entstehende **Alkali KOH laufend neutralisiert** wird, z. B. durch dauerndes **Durchperlenlassen von Kohlendioxidgas**.
Anodische Oxydationen werden mitunter zur Regenerierung katalytischer Sauerstoffüberträger bei normalen chemischen Reaktionsabläufen benutzt, besonders dann, wenn der „Katalysator" sich nicht selbständig regenerieren kann.
**Manche Verfahren verwenden ein Diaphragma, das beide Elektrodenräume voneinander trennt, und wechseln in bestimmten Zeiträumen die Polung, um Sekundärreaktionen oder Regenerationen mit besserer Ausbeute bevorzugt ablaufen zu lassen.**
Als **Anodenmaterialien** werden am häufigsten Graphit (Holzkohle, Retortenkohle), Platin, Iridium, Palladium und deren Legierungen, Blei-, Bleioxid- und Bleiamalgamplatten (amalgamierte Bleielektroden), mitunter Kupfer, Edelstähle usw. verwendet. **Kohleanoden** können dabei zu Mellit- und Graphitsäuren, sogar bis zu Kohlenmonoxid und

Kohlendioxid aufoxydiert werden. Die dabei ententstehenden Mikroporen saugen sich mit Elektrolyt und Reaktionsprodukten voll. Die Halogenierung dagegen geht leichter vonstatten.
**An Platinanoden ist die Oxydationswirkung oft verheerend** und kann nur durch großen Überschuß und hohe Konzentration der Ausgangsprodukte gemildert werden.

Mitunter wird **zweistufig oxydiert. Sauerstoffüberträger,** z. B. Chrom-VI-oxid $CrO_3$, **oxydieren stromlos und werden elektrolytisch regeneriert.** Bekannt aus Lehrbüchern der anorganischen Chemie ist auch die Herstellung von **Hypohalogeniten (Eau de Javelle** = $KCl + KClO$; **Eau de Labarraque** = $NaCl + NaClO$) auf elektrochemischem Weg. Verwendet als Sauerstoffüberträger wird $KBr + 2 OH^- - 2 e^- \rightarrow KBrO + H_2O$; $KBrO \rightarrow KBr$ (das wieder elektrolytisch oxydiert wird) + O (atomar als starkes Oxydationsmittel).

Die **Depolarisation der Elektroden** durch Überlagerung von Wechselstrom ist zu teuer, da er mindestens den Betrag des Gleichstroms oder mehr besitzen sollte, und nur zusätzliche Wärme ohne elektrochemische Effekte erzeugt.

Die anodische Oxydationswirkung läßt sich aus der Sauerstoffelektrodenspannung berechnen als Oxydationskraft von Sauerstoff mit einem bestimmten Druck ($P_{O_2}$) oder als $r_O$-Wert nach den Gleichungen (135) bzw. (136), die entsprechend umgestellt werden müssen. **Die katodische Reduktion** ist sehr vielseitig anwendbar.

Eine kurze, leider in diesem Rahmen unvollständige, Übersichtstafel möge zunächst **katodische Reduktionsreaktionen einiger funktioneller Gruppen** zeigen.

*Tafel 34: Katodische Reduktionsreaktionen von Liganden an aliphatischen und aromatischen Grundkörpern. Die entgegengesetzte Pfeilrichtung entspricht der anodischen Oxydation. Ausgangsprodukte können auch die faßbaren oder nicht faßbaren Zwischenprodukte sein. Die Endstufen sind meist die (oft nicht angeführten) Kohlenwasserstoffe bzw. links $CO_2 + H_2O$.*

| Ausgangsprodukt | (Oxydationsstufe) | Zwischenstufen (zum Teil faßbar) | Endstufe | (Reduktionsstufe) |
|---|---|---|---|---|
| 1. Keton | =C=O | | sekundärer Alkohol | =CH—OH |
| 2. Karbonsäure | —C(=O)—O—H | Aldehyd —C(=O)—H | primärer Alkohol | —CH$_2$—OH |

| # | Ausgangsstoff | Struktur | → | Produkt | Struktur |
|---|---|---|---|---|---|
| 3. | Ester | $-C(=O)-O-R$ | → | Äther | $-CH_2-O-R$ |
| 4. | Nitril | $-C\equiv N$ | → | primäres Amin | $-CH_2-NH_2$ |
| 5. | Isonitril | $-N=C$ | → | sekundäres Amin | $-NH-CH_3$ |
| 6. | Säureamid | $-C(=O)-NH_2$ | → | primäres Amin | $-CH_2-NH_2$ |
| 7. | Nitroverbindungen | $-N(=O)(=O)$ | → Nitroso- $-N=O$ → -hydroxylamin $-NH-O-H$ → | -amin | $-NH_2$ |
| 8. | Sulfon | $=S(=O)(=O)$ | → Sulfoxid $=S=O$ → | Thioäther | $=S$ |
| 9. | Sulfonsäure | $-S(=O)(=O)-O-H$ | → Sulfinsäure $-S(=O)-O-H$ → Disulfid $-S-S-$ (an der Luft) → | Thioalkohol | $-S-H$ |
| 10. | Arsonsäure | $-As(=O)(-O-H)(-O-H)$ | → Arsinsäure $-As(=O)-O-H$ → Arseno- $-As=As-$ → | -arsin | $-AsH_2$ |

Zu den einzelnen Positionen soll jeweils ein praktisches Beispiel mit Erläuterungen zeigen, wie vielseitig diese Reaktionsabläufe sind und mitunter sogar Reduktionen zeigen, die mit chemischen Mitteln nur sehr schwierig, teilweise bis heute noch nicht möglich sind.

**Zu 1.:** Die **Reduktion der Ketone** kann bis zum Kohlenwasserstoff und bei Reaktionen mit der Metallkatode sogar zu metallorganischen Verbindungen führen.

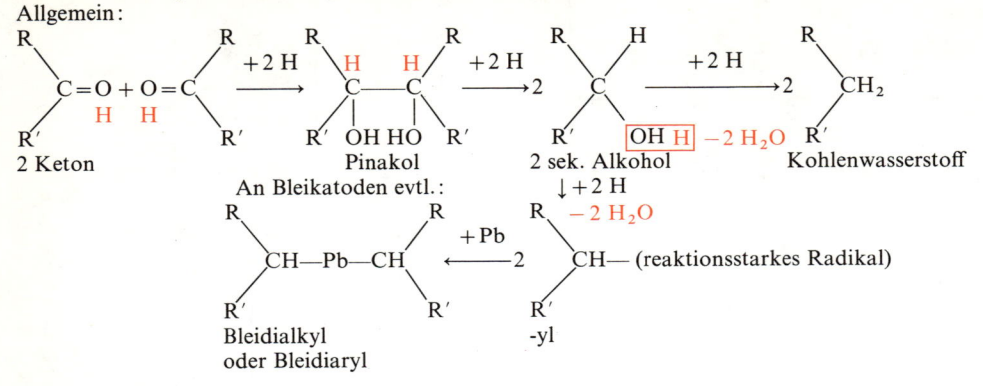

Allgemein:

$$\underset{\text{2 Keton}}{\overset{R}{\underset{R'}{>}}C=O + O=C\overset{R}{\underset{R'}{<}}} \xrightarrow{+2H} \underset{\text{Pinakol}}{\overset{R}{\underset{R'}{>}}C-C\overset{R}{\underset{R'}{<}}} \xrightarrow{+2H} 2\underset{\text{2 sek. Alkohol}}{\overset{R}{\underset{R'}{>}}C\overset{H}{\underset{OH}{<}}} \xrightarrow[-2H_2O]{+2H} 2\underset{\text{Kohlenwasserstoff}}{\overset{R}{\underset{R'}{>}}CH_2}$$

An Bleikatoden evtl.:

$$\underset{\substack{\text{Bleidialkyl}\\\text{oder Bleidiaryl}}}{\overset{R}{\underset{R'}{>}}CH-Pb-CH\overset{R}{\underset{R'}{<}}} \xleftarrow{+Pb} 2\underset{\text{-yl}}{\overset{R}{\underset{R'}{>}}CH-} \text{ (reaktionsstarkes Radikal)}$$

Mit Propanon (Azeton):

$$\underset{\text{Propanon}}{\overset{CH_3}{\underset{CH_3}{>}}C=O \quad O=C\overset{CH_3}{\underset{CH_3}{<}}} \rightarrow \underset{\substack{\text{Tetramethyl}\\\text{äthandiol-(1,2)}}}{\overset{CH_3}{\underset{CH_3}{>}}C-C\overset{CH_3}{\underset{CH_3}{<}}} \rightarrow 2\underset{\substack{\text{Isopropyl}\\\text{(unbeständig)}}}{\overset{CH_3}{\underset{CH_3}{>}}CH-} \xrightarrow{+2H} 2\underset{\text{Propan}}{\overset{CH_3}{\underset{CH_3}{>}}CH_2}$$

↓ +Pb der Katode

$$\underset{\text{Diisopropylblei}}{\overset{CH_3}{\underset{CH_3}{>}}CH-Pb-CH\overset{CH_3}{\underset{CH_3}{<}}}$$

**Zu 2.:** Drei spezielle Beispiele:

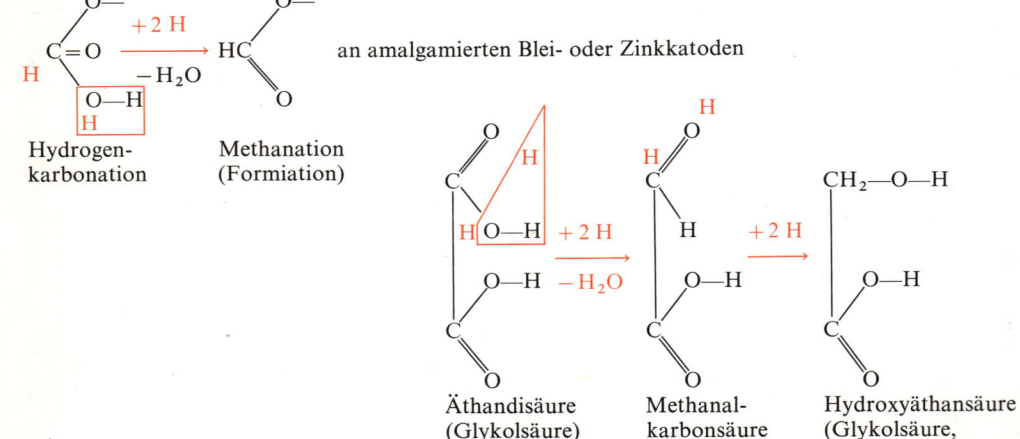

$$\underset{\text{Hydrogen-karbonation}}{\overset{O-}{\underset{O-H}{>}}C=O} \xrightarrow[-H_2O]{+2H} \underset{\substack{\text{Methanation}\\\text{(Formiation)}}}{HC\overset{O-}{\underset{O}{<}}} \text{ an amalgamierten Blei- oder Zinkkatoden}$$

$$\underset{\substack{\text{Äthandisäure}\\\text{(Glykolsäure)}}}{\overset{O}{\underset{O}{>}}C-C\overset{O-H}{\underset{O-H}{<}}} \xrightarrow[-H_2O]{+2H} \underset{\substack{\text{Methanal-karbonsäure}\\\text{(Glyoxylsäure)}}}{\overset{H}{\underset{O-H}{>}}C-C\overset{H}{\underset{O}{<}}} \xrightarrow{+2H} \underset{\substack{\text{Hydroxyäthansäure}\\\text{(Glykolsäure, Hydroxyessigsäure)}}}{\overset{CH_2-O-H}{\underset{O}{>}}C\overset{O-H}{<}}$$

Phenylmethansäure  
(Benzoesäure)

Phenylmethanal  
(Benzaldehyd)

Phenylmethanol  
(Benzylalkohol)

**Fabrikmäßig wird Sorbit und Mannit aus Glukose hergestellt.** Ausgangsprodukt ist ein Aldehyd, eine Zwischenstufe des Beispiels 2. **Glukose** gehört zu den Zuckern und besitzt 6 Kohlenstoffatome im Molekül, sie ist eine **Hexose**. Als Trägerin einer Aldehydgruppe wird sie zu den **Aldosen** gerechnet.

Glukose

Pb, amalgamiert, 2%ige NaOH

Graphitkatode, 1- bis 3%ige $H_2SO_4$

Mannit

Sorbit

An der amalgamierten Bleikatode bildet sich bei der Entladung der zugefügten Natriumionen Natriumamalgam, dem die reduzierende Wirkung zum Sorbit zuzuschreiben ist. Die **verschiedene räumliche Lage** der OH-Gruppen in Sorbit und Mannit, die die gleiche Summenformel besitzen, wird als **Stereoisomerie** bezeichnet.
**Mannit** findet vielfache Verwendung in der Bakteriologie (Nährböden), Kunststoffindustrie (Kunstharz, Weichmacher), Pharmazie (Diabetikerkost, Abführmittel, Tablettenfüller) als Zusatz zu Lötmitteln, Polituren und als Reagenz bei der Borsäuretitration. **Sorbit** ist zu 10% in den Früchten des Vogelbeerbaumes enthalten (Fructus sorbi aucupariae), daher der Name (Mannit aus Manna). Seine Lösung in Wasser ist zähflüssig und dient als vielseitiger Glyzerinersatz. Es wird in der Nahrungsmittel-, Arzneimittel-, Papier-, Lack-, Kosmetik- und Kunststoffindustrie in großen Mengen verbraucht und dient als Ausgangsmaterial für eine sehr große Zahl von Synthesen. Sie sind die derzeit lukrativsten Elektrosynthesen.

**Zu 3.:** Verwendet werden Bleikatoden (mitunter Kadmium) in wäßrig-alkoholischer Schwefelsäure. Die Reduktion geht häufig bis zum Kohlenwasserstoff bei den aliphatischen Säuren.
Bei **Cycloparaffinsäureestern,** die eine Ketogruppe enthalten, wird letztere bis zur —CH$_2$-Gruppe reduziert und die Carboxylgruppe bildet eine sekundäre Alkoholgruppe innerhalb des Ringes aus. Z. B.: Cyclopentanoncarbonsäureester wird zum Alkohol und Cyclohexanol reduziert

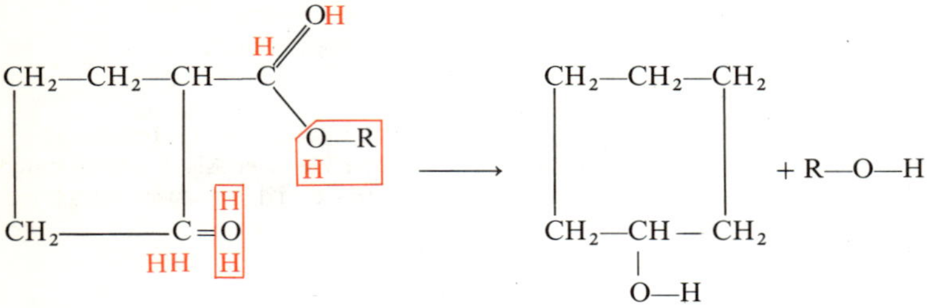

Cyclopentanoncarbonsäureester    Cyclohexanol    Alkanol

Die einfachste aromatische Verbindung, Benzoesäuremethylester, wird zu Benzyl-methyl-äther reduziert:

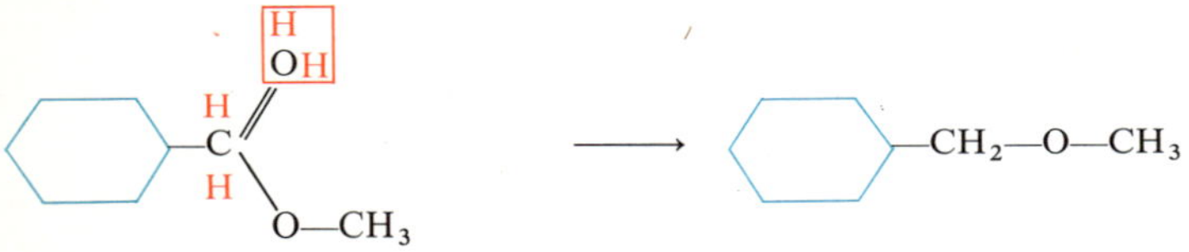

**Zu 4.:** In saurer Lösung entsteht an Bleikatoden aus **Nitril (Alkylcyanid)** das Amin:

CH$_3$—CH$_2$—C≡N  →  CH$_3$—CH$_2$—CH$_2$—NH$_2$     Analog entstehen aromatische Amine aus aromatischen Nitrilen.

Äthylcyanid                Propylamin

**Zu 5.:** Aus **Isonitrilen (Isocyaniden)** entstehen die sekundären Methylamine:

CH$_3$—CH$_2$—N=CH  →  CH$_3$—CH$_2$—NH—CH$_3$

Äthylisocyanid           Methyl-äthyl-amin

**Zu 6.:** Auch hier werden Bleikatoden in Schwefelsäure (mitunter auch wäßrig-alkoholische HCl) als Reduktionsort benutzt.
Die **Säureamide** können auch substituiert sein. In diesem Falle ist der Wasserstoff der —NH$_2$-Gruppe durch andere organische Reste ersetzt. Der Sauerstoff der Carboxylgruppe kann durch Schwefel ersetzt werden. Man erhält dann Thioamide.
Die Peptidgruppe —C—NH— ist in Eiweißen und
                          ‖
                          O
Purinen enthalten.

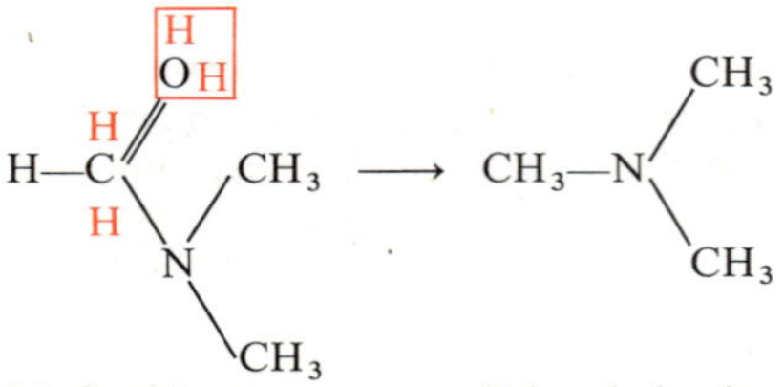

Methansäure-dimethylamid (N,N-Dimethylformamid)    Trimethylamin

$$\underset{\substack{\text{Äthansäurediphenylamid}\\\text{(N,N-Diphenylazetamid)}}}{CH_3-\overset{H}{\underset{H}{\overset{|}{\underset{|}{C}}}}-\overset{\boxed{OH}}{\underset{N(C_6H_5)_2}{}}} \longrightarrow \underset{\text{Äthyl-diphenyl-amin}}{CH_3-CH_2-N(C_6H_5)_2}$$

$$\underset{\substack{\text{Benzoesäuredimethylamid}\\\text{(N,N-Dimethylbenzamid)}}}{C_6H_5-\overset{H}{\underset{H}{\overset{|}{\underset{|}{C}}}}-\overset{\boxed{OH}}{\underset{N(CH_3)_2}{}}} \longrightarrow \underset{\text{Benzyl-dimethyl-amin}}{C_6H_5-CH_2-N(CH_3)_2}$$

**Thioamide** ergeben die gleichen Endprodukte. Statt Wasser entsteht in diesen Fällen Schwefelwasserstoff

$$-\overset{\boxed{SH}}{\underset{H}{\overset{|}{\underset{|}{C}}}}-N= \longrightarrow -CH_2-N= + H_2S.$$

**Imide** enthalten statt der —NH$_2$-Gruppe die =NH-Gruppe. Sie werden ebenfalls in saurer Lösung an Bleikatoden reduziert. Mitunter werden andere Reaktionsrichtungen bevorzugt durch Verwendung von amalgamierten Zink-, Kupfer- oder Platinkatoden.

Die Verbindungen der **Äthandicarbonsäure (Bernsteinsäure,** kommt in Bernstein = succinum vor) sind die Succinate. Ihr Imid an der Bleikatode (mit Bleischwamm überzogen) aus 50%iger Schwefelsäure reduziert ergibt **Pyrrolidon**:

Succinimid → Pyrrolidon (etwa 65% Ausbeute)

Pyrrolidon bildet mit Äthin (Azetylen) **Vinylpyrrolidon,** das niedrig polymerisiert (verkettet) den **Blutersatzstoff Polyvinylpyrrolidon** (PVP) ergibt. Mit amalgamierten Zinkelektroden wird auch die zweite C=O-Gruppe reduziert zum Pyrrolidin

Für Pflanzen und Tiere äußerst wichtig sind **Purinabkömmlinge**. Das in der Natur nicht frei vorkommende Purin ist ein bicyclisches System, das aus einem **Pyrimidin-** und einem **Imidazolkern** zusammengesetzt ist. 6-Hydroxypurin ist **Hypoxanthin**, 2,6-Dihydroxypurin ist **Xanthin** und 2,6,8-Trihydroxypurin ist **Harnsäure**:

Pyrimidin / Imidazol
Purin

Am Stickstoff **methylierte Xanthine** (N-methyliert) sind **Theobromin** (3,7-Dimethylxanthin, in Kakaobohnen und etwas in Tee und Colanuß), **Theophyllin** (1,3-Dimethylxanthin, in Tee) und **Koffein** (1,3,7-Trimethylxanthin, in Kaffee 1–1,5% und in Tee bis zu 5%).
Harnsäure erinnert an einen Peptidgruppenring, der die Vermutung nahelegt, daß es sich um das Abbauprodukt von Eiweißstoffen im Körper handelt. **Zum Eiweiß fehlen ihm die unter physiologischen Bedingungen verbrennbaren Kohlenstoff- und Wasserstoffatome der Aminosäureketten aus denen Eiweiß aufgebaut ist.**
Bei der **katodischen Reduktion** wird vor allem die **OH-Gruppe in 6-Stellung und die Doppelbindung** angegriffen:

Harnsäure → Desoxyharnsäure → „Puron"

Danach wird der fünfgliedrige Imidazolring aufgespalten. Es entstehen Isopuron, Tetrahydroharnsäure, schließlich unter Harnstoffabspaltung Alloxan, Parabansäure und Harnstoff als Endprodukt, $NH_2$-C-$NH_2$. In ammoniakalischer Lösung,
   ‖
   O
s. $(NH_4)_2CO_3$-Elektrolyse.
Die Reduktion der C=O-Gruppe wurde am Succinimidbeispiel gezeigt. Die **Hydrierung der Doppelbindung** kann auch im aromatischen System erfolgen:

Benzoesäure    Cyclohexen-2-carbonsäure

Da amalgamierte Katoden in alkaliionenhaltiger Lösung verwendet werden, ist dies eigentlich eine Hydrierung mit Alkalimetallamalgam, ein chemischer Vorgang. Elektrochemisch ist nur die Amalgambildung durch Entladung der Natriumionen.

**Zu 7.:** Wichtig sind hier die **aromatischen Nitroverbindungen.** Der in Tafel 34 angegebene Weg ist der direkte Weg der Reduktion über die Zwischenprodukte. Die **Nitrosoverbindung** ist bei rein katodischer Reduktion **nicht faßbar,** da sie potentialmäßig so niedrig liegt, daß sie sofort zum Hydroxylamin weiterreduziert wird. Sie ist jedoch **auf dem umgekehrten Weg herstellbar.** Hydroxylamin läßt sich anodisch **zur Nitrosoverbindung wieder aufoxydieren.**

Das reaktionsfreudige **Hydroxylamin** ist, je nach dem verwendeten Elektrolyten und $p_H$-Wert, in der Lage, weitere chemische Reaktionen und Umlagerungen zu erzwingen.

Das nachfolgende Reaktionsschema, das etwa der Haberschen Vorstellung entspricht, zeigt den Hauptreaktionsgang rot (rein elektrochemisch) und Nebenreaktionen blau umrandet.

Schema der Nitrobenzolreduktion:

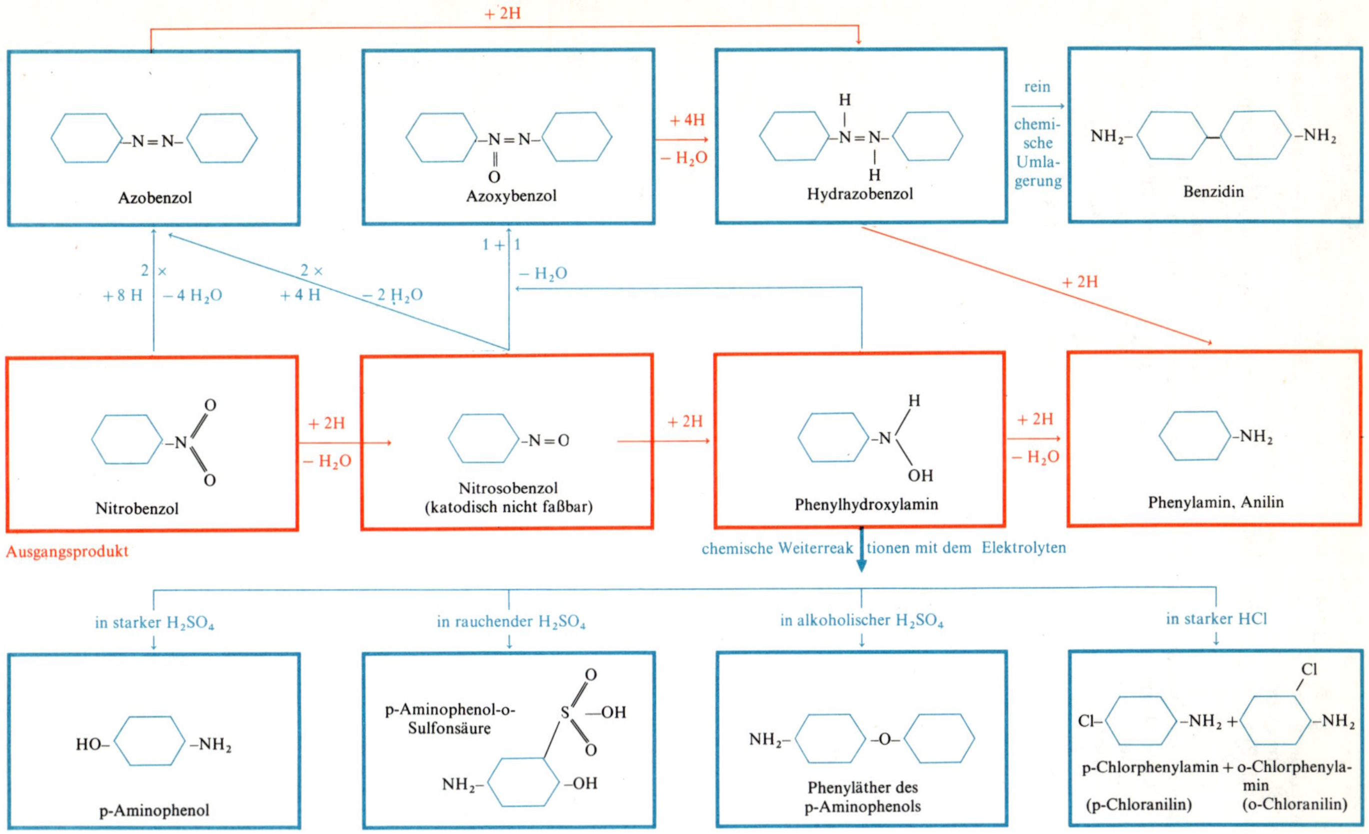
+ 2H
Azobenzol
Azoxybenzol
+ 4H
− H₂O
Hydrazobenzol
rein
chemische Umlagerung
Benzidin
2 × +8 H −4 H₂O
2 × +4 H −2 H₂O
1 + 1
− H₂O
+ 2H
Nitrobenzol
+ 2H
− H₂O
Nitrosobenzol
(katodisch nicht faßbar)
+ 2H
Phenylhydroxylamin
+ 2H
− H₂O
Phenylamin, Anilin
Ausgangsprodukt
chemische Weiterreaktionen mit dem Elektrolyten
in starker H₂SO₄
in rauchender H₂SO₄
in alkoholischer H₂SO₄
in starker HCl
p-Aminophenol
p-Aminophenol-o-Sulfonsäure
Phenyläther des p-Aminophenols
p-Chlorphenylamin + o-Chlorphenylamin
(p-Chloranilin)
(o-Chloranilin)

Art des Endproduktes bei der katodischen Nitrobenzolreduktion in Abhängigkeit von der Zusammensetzung des verwendeten Elektrolyten. **Blaue Pfeile zeigen Basizität, rote Pfeile saure Eigenschaften des Elektrolytbades an.**

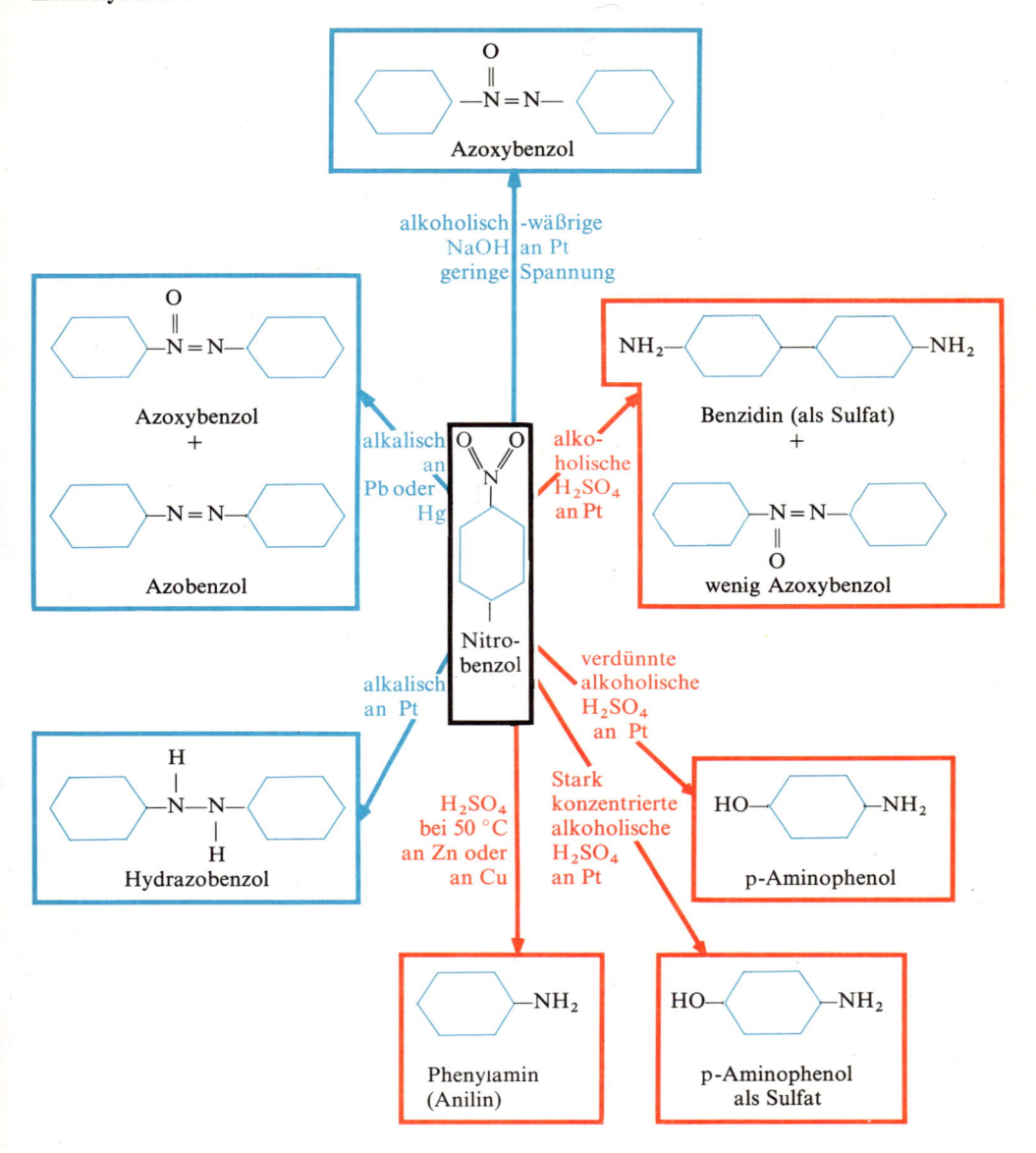

Azoxybenzol

alkoholisch-wäßrige NaOH an Pt geringe Spannung

Azoxybenzol + Azobenzol

alkalisch an Pb oder Hg

Nitrobenzol

alkoholische H₂SO₄ an Pt

Benzidin (als Sulfat) + wenig Azoxybenzol

alkalisch an Pt

verdünnte alkoholische H₂SO₄ an Pt

Hydrazobenzol

H₂SO₄ bei 50 °C an Zn oder an Cu

Stark konzentrierte alkoholische H₂SO₄ an Pt

p-Aminophenol

Phenylamin (Anilin)

p-Aminophenol als Sulfat

Das nicht faßbare Nitrosobenzol entsteht aus einer **neutralen Suspension von Nitrobenzol,** wenn zunächst ohne Diaphragma katodisch zum **Phenylhydroxylamin** reduziert wird. Dann entsteht anodisch **aus Phenylhydroxylamin Nitrosobenzol,** das in alkoholischer, alkalischer Lösung, die **Hydroxylamin und eine Kupplungskomponente** enthält (z. B. β-Naphthol) ein **Azofarbstoff.**

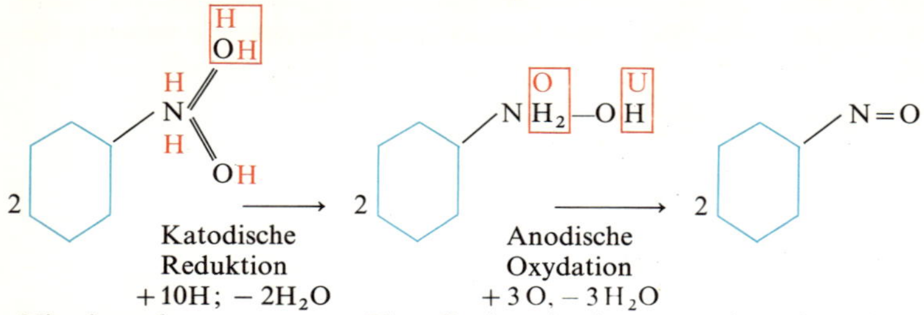

Katodische
Reduktion
+10H; −2H₂O

Anodische
Oxydation
+3 O, −3 H₂O

Nitrobenzol → Phenylhydroxylamin → Nitrosobenzol

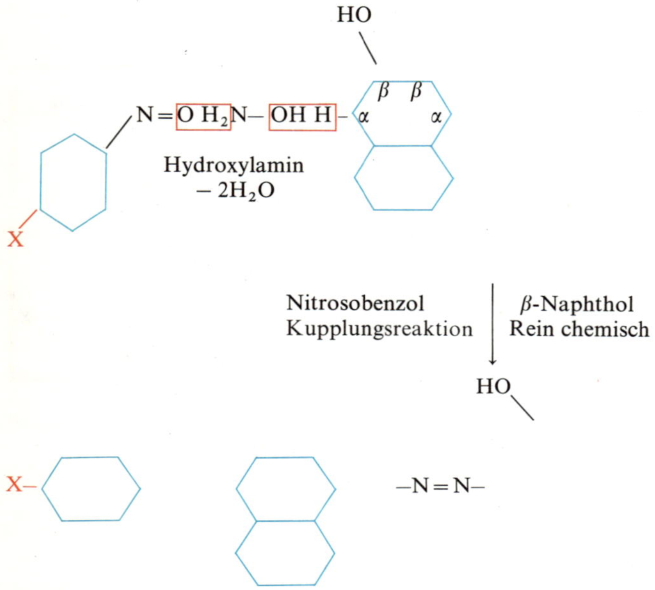

Hydroxylamin
−2H₂O

Nitrosobenzol | β-Naphthol
Kupplungsreaktion | Rein chemisch

Benzol-azo-β-Naphthol

Wenn X = −SO₃Na, ist das Molekül β-Naphtholorange

**Zu 8.:** Aus **Diäthylsulfon** entsteht **Diäthylsulfoxid** und bei Weiterreduktion **Diäthylsulfid** (Diäthylthioäther), dessen β, β′-Dichlorderivat der **Gelbkreuzkampfstoff Lost** ist:

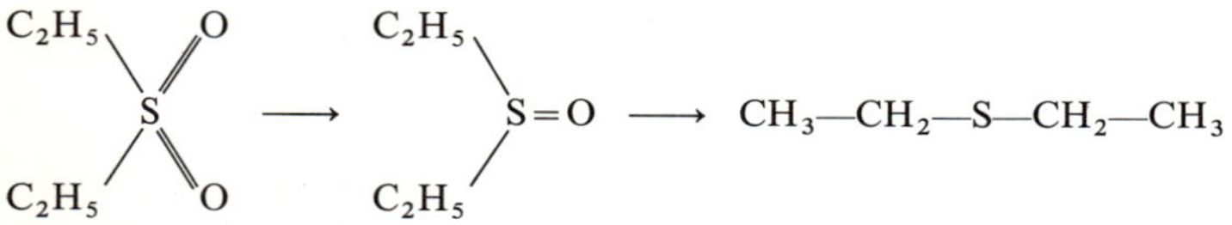

Diäthylsulfon   Diäthylsulfoxid   Diäthylsulfid
Cl—CH₂—CH₂—S—CH₂—CH₂—Cl  β,β′-Dichlordiäthylsulfid (Lost).

**Zu 9.:** Die **Sulfonsäuren,** leichter **ihre Chloride,** lassen sich in alkoholischer Schwefelsäure bis zu den entsprechenden **Thioalkoholen (Mercaptanen,** von corpus **merc**urio **apt**um, da sie in Wasser schwerlösliche Quecksilbersalze bilden) an Bleikatoden reduzieren.

Die als Zwischenprodukt auftretenden **Sulfinsäuren disproportionieren in der Wärme** unter Wasserabgabe (sie bilden zwei neuartige Verbindungen).

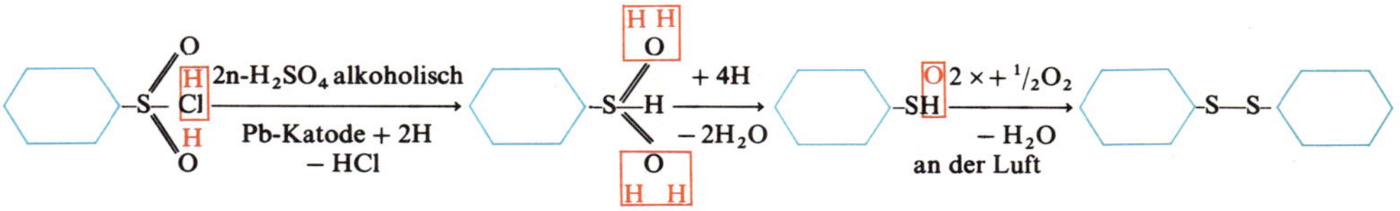

Phenylsulfinsäure   Thiophenol   Diphenylsulfid

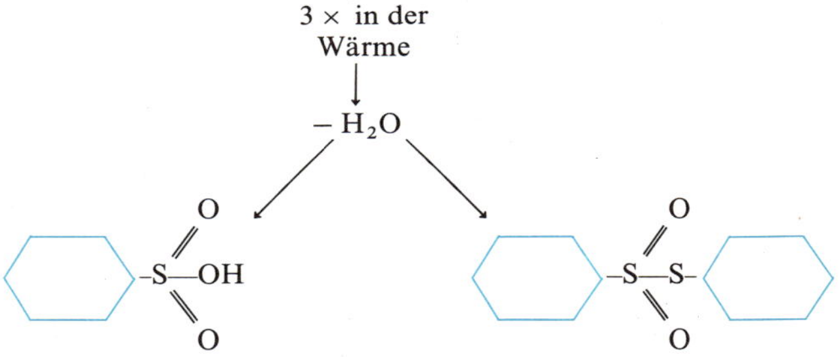

Phenylsulfonsäure   Diphenyldisulfoxid

**Disulfide** können auch aus **Thiosulfaten** gewonnen werden (Thiosulfate sind Sulfate, in deren Schwefelsäurerest 1 Sauerstoffatom durch 1 Schwefelatom ersetzt ist):

$2\ CH_3-CH_2-Cl + 2\ Na-O-S(=O)(=S)-O-Na \xrightarrow[\text{erwärmen } -2NaCl]{\text{wäßrig-alkoholisch}} 2\ CH_3-CH_2-O-S(=O)(=S)-O-Na$

Äthylchlorid (Chloräthan)   Natriumthiosulfat   Äthylnatriumthiosulfat

rein chemisch

$2\ CH_3-CH_2-O-S(=O)(=S)-O-Na \xrightarrow[\text{NaHCO}_3;\ \text{Na}_2\text{CO}_3]{+2H} CH_3-CH_2-S-S-CH_2-CH_3 + 2\ NaHSO_3$

Diäthyldisulfid

katodische Elektroreduktion

**Zu 10.:** Zunächst als Beispiel die Reduktion der **Arsanilsäure** (p-Amino-phenyl-arsonsäure) über p-Arsenoanilin zu p-Amino-phenylarsin:

$$2\ NH_2-\langle\ \rangle-As\begin{smallmatrix}H\\OH\\=O\\H\\OH\\H\end{smallmatrix}\ \xrightarrow[-6H_2O]{+8H}\ NH_2-\langle\ \rangle-\underset{H\ \vdots\ H}{\overset{H\ \vdots\ H}{As=As}}-\langle\ \rangle-NH_2\ \xrightarrow{+4H}\ 2\ NH_2-\langle\ \rangle-AsH_2$$

4-Amino-phenyl-arsonsäure        4-Arseno-anilin        4-Amino-phenyl-arsin
(Arsanilsäure)

Zum Abschluß noch ein Beispiel, das den Einfluß der Säurekonzentration demonstriert und zeigt, daß an Quecksilberkatoden die aromatische Nitrogruppe in beiden Fällen bis zur Aminogruppe reduziert wird:

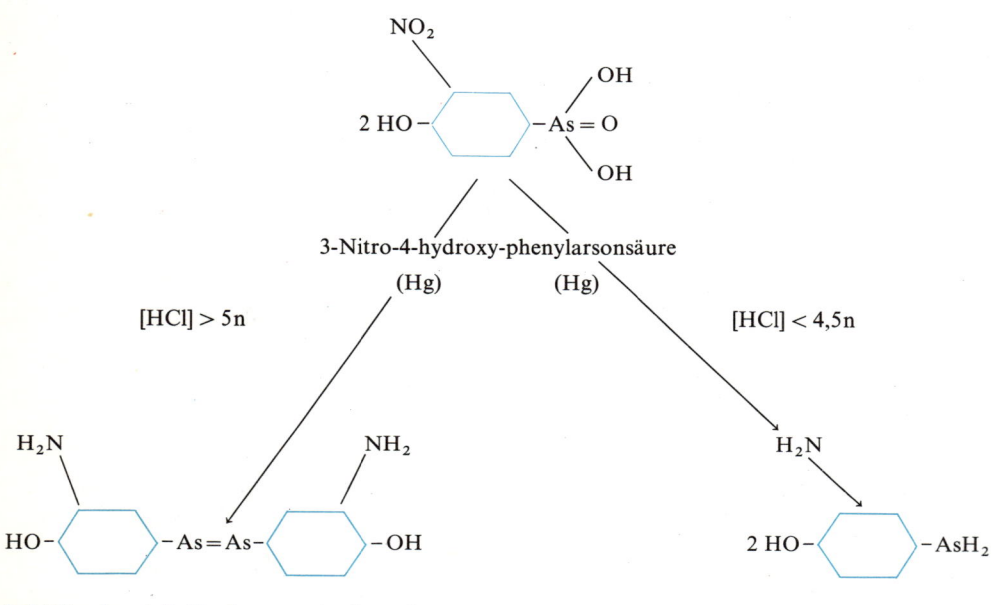

$$2\ HO-\langle\ \underset{NO_2}{\ }\ \rangle-As\begin{smallmatrix}OH\\=O\\OH\end{smallmatrix}$$

3-Nitro-4-hydroxy-phenylarsonsäure

(Hg) [HCl] > 5n        (Hg) [HCl] < 4,5n

$$H_2N-\langle\ \rangle-\underset{HO}{\ }-As=As-\langle\ \rangle-\underset{OH}{\overset{NH_2}{\ }}\qquad 2\ HO-\langle\ \underset{}{\overset{H_2N}{\ }}\ \rangle-AsH_2$$

3,3′-Diamino-4,4′-dihydroxy-arsenobenzol      3-Amino-4-hydroxy-
(Salvarsan)                                                          phenyl-arsin

In der organischen Chemie wird Salvarsan aus obiger Ausgangssubstanz durch Reduktion mit Natriumdithionit, $Na_2S_2O_4$, erhalten.

Allgemein ist zu sagen, daß sich **hohe Überspannungen** besonders **an glatt polierten Oberflächen** erzielen lassen. Das stets glatte Quecksilber ist deshalb als Überspannungselektrode ideal (Polarografie), **auch amalgamierte Elektroden** (z. B. Pb, Cu, Zn).

Mitunter werden **schwammige Elektroden** (größere Oberfläche bedeutet geringere Stromdichte) verwendet. Hierzu gehören Pb-, Sn- und Cu-Elektroden, die mit einem Schwamm ihres eigenen Metalls überzogen sind.

Wird eine chemische Reaktion durch **Metallzusatz katalysiert,** dann ist es zweckmäßig **Elektroden mit katalytisch wirksamem Metall** zu verwenden (Palladiumschwarz, Nickelschwamm, Platinmohr).

Der Elektrolyt richtet sich nach der erwünschten Reaktion. Um hohe Ausbeuten zu erzielen, sollte beispielsweise anodisch keine Halogenierung mitlaufen, wenn der Einbau von Sauerstoff in das Molekül erwünscht ist. Der $p_H$-Wert ist ebenfalls wichtig für den Oxydations- bzw. Reduktionsgrad (s. Gl. (130) bis (137)).

Eine sehr ausführliche Literaturzusammenstellung über organische elektrochemische Reaktionen befindet sich bei F. Fichter[107].

# 6. Sondergebiete

Eigentlich müßte dieses Kapitel heißen „Kleine Ursachen, große Wirkungen" oder „Was man alles daraus machen kann".

**Effekt:** An der Grenze zwischen einer nichtleitenden Flüssigkeit und einem festen Dielektrikum bildet sich eine elektrische Doppelschicht aus. **Die Substanz mit dem kleineren Dielektrikum wird dabei negativ aufgeladen.** Kolloidteilchen wandern, entsprechend ihrer Eigenladung, im elektrischen Feld auf diejenige Elektrode zu, welche die ihnen entgegengesetzt gerichtete Ladung trägt.
**Praxis: Elektrophoretische Lackierung.** In Wasser dispergierbare (feinverteilbare) Farb-, Lack- oder Anstrichstoffe laden sich vorwiegend negativ auf. Werkstücke, die damit überzogen werden sollen, werden an einer positiven Stromschiene beweglich aufgehängt und im Zeitraum von 1–2 Minuten, über die Stromschiene laufend, durch das negativ geladene Bad hindurchgezogen. Die Kolloidteilchen haften fest auf der Oberfläche des metallischen oder metallisierten Werkstückes. Nach dem Waschen können die aufgetragenen Schichten getrocknet und Einbrennlack eingebrannt werden (Karosserien, Kühlschränke usw.). Der Farbstoffverlust ist bei diesem Verfahren nur etwa 3%!
**Varianten:** Kunststoff- oder Kautschuk-Dispersionen usw.
**Effekt:** Auf ein Grundmetall lassen sich galvanisch mehrere Schichten anderer, verschiedener Metallschichten auftragen.
**Praxis:** Druckereifarben werden von Kupfer gut und von Chrom schlecht angenommen. Darauf beruht das Verfahren des **Bimetalloffsetdruckens.** Auf eine aufgalvanisierte Chromschicht wird eine Kupferschicht aufplattiert. Die Doppelschicht wird von dem Zylinder abgenommen und behandelt, oder auf dem Zylinder selbst nach einer Vorlage geätzt und abgerissen. Die nicht angeätzten Teile bleiben als Kupferprofil erhalten, die geätzten Teile enthalten kein Kupfer mehr, sondern Chrom, das keine Farbe aufnimmt. Die fertige Vorlage wird als Positiv beim Widerdruck auf dem Formzylinder eingefärbt und überträgt das Bild auf eine Gummituchwalze als Negativ. Erst dieses Negativbild wird auf das Papier des Druckzylinders übertragen. Durch die Gummiwalze können rauh-faserige Papiere satter bedruckt werden als durch den Metallzylinder direkt.

**Effekt: Fotohalbleiter** besitzen im Dunkeln einen wesentlich höheren elektrischen Widerstand (5 bis 7 Zehnerpotenzen) als bei Belichtung, je nach der Lichtintensität bzw. der Photonenmenge, die an der betreffenden Stelle eingestrahlt wurde. Elektrisch aufgeladene Staubteilchen haften dementsprechend mehr oder weniger fest auf den einzelnen belichteten Stellen. Das „Lösungsmittel" ist in diesem Falle die umgebende Luft.
**Praxis:** Bei der **Elektrofotografie** und den **Trockenkopierverfahren** wird eine Fotohalbleiterschicht (Se; Se/As; Se/Te; ZnO und andere) zunächst im Dunkeln mit positiven Ionen besprüht. Die Halbleiterschicht, deren Rückseite geerdet (−Pol) ist, wird dabei unter einem Drahtnetz hindurchgezogen, das auf etwa 8 kV positiv gegenüber der Unterlage (z. B. Cu, auf dem sich die Halbleiterschicht befindet) aufgeladen ist. Der Drahtabstand ist gering, darf aber nicht zur Funkenentladung führen. Die Halbleiterschicht ist nun gegenüber ihrem unterlegten Metall auf etwa 500 bis 700 V positiv aufgeladen. **Je stärker die nun erfolgende Belichtung ist, desto kleiner wird der Widerstand der fotosensiblen Schicht gegenüber der Unterlage, desto größer ist der Ladungsverlust auf der Oberfläche.** Es entsteht, ähnlich dem normalen Fotofilm, ein **latentes (verborgenes) Bild,** das „entwickelt" werden muß. Dazu dient ein **Toner.** Er besteht aus Kunststoffstaub mit besonderen elektrischen Eigenschaften, der auch elektrisch aufgeladen sein kann. Er enthält einen Farbstoff, der das latente Bild, entsprechend der Menge des elektrostatisch festgehaltenen Kunststoffes, sichtbar wiedergibt. Je nach der Aufladungsrichtung kann der Kunststoffstaub auf den belichteten oder unbelichteten Stellen festgehalten werden und so ein Negativ oder ein Positiv des Originals zeigen. Wird darüber eine andere Fläche (Papier, Kunststofffolie o. ä.) gelegt, die selbst von der nun oben liegenden Rückseite her eine entgegengesetzt gerichtete Ladung trägt, dann kann das Kunststoffpulver, dem **Ladungsrelief** entsprechend, auf die aufgelegte Schicht **übertragen und kann darauf fixiert** werden. Bei thermoplastischem Kunststoff durch Erwärmen, durch Lösungsmittel oder

dessen Dämpfe usw., je nach dem Charakter des verwendeten Kunststoffstaubes. **Der Vorgang kann beliebig oft wiederholt werden,** da das Ladungsrelief auf der fotosensiblen Schicht erhalten bleibt. Nach dem gleichen Prinzip arbeiten auch die **Trockenkopiergeräte,** die **Xerographen.** Danach heißt der Vorgang **Xerographische Methode der Vervielfältigung.**

**Effekt:** Mit dem Wassergehalt von Naturstoffen nimmt deren Leitfähigkeit zu bzw. der elektrische Widerstand ab.

**Praxis:** Die **elektrische Leitfähigkeit** von Werk- und Naturstoffen und ihre Änderung mit dem Feuchtigkeitsgehalt ist abhängig von der Art des Stoffes. Die Meßbereiche können durch auswechselbare Skalen und entsprechende Widerstandskombinationen für die einzelnen Stoffe (z. B. Tabak, Holz, Hopfen usw.) direkt in **Feuchtigkeitsprozenten** abgelesen werden.

**Effekt:** Die **Umwandlungstemperatur hygroskopischer Stoffe** ist **abhängig vom Wasserdampf** des sie umgebenden Gases. **Der Übergang vom flüssigen in den festen Zustand ist zugleich mit einem stark ansteigenden elektrischen Widerstand verbunden,** d. h. die Leitfähigkeit nimmt stark ab. Beide Effekte werden im **Lithiumchlorid-Feuchtemesser** kombiniert.

**Praxis:** In einer außen isolierten Metallhülse befindet sich ein Thermometer (z. B. Widerstandsthermometer). Über die Isolierschicht wird ein Glaswattestrumpf gezogen, der mit konzentrierter Lithiumchloridlösung getränkt ist. Der Strumpf trägt zwei parallel verlaufende, voneinander getrennte Edelmetallwendeln, die an eine Wechselstromquelle angeschlossen sind. Solange die Lösung noch Feuchtigkeit enthält, fließt zwischen den Wendeln, durch die Lösung des hygroskopischen Stoffes, ein Wechselstrom. Dessen Stärke ist vom Feuchtigkeitsgehalt des Lithiumchlorids abhängig, der selbst wieder vom Feuchtigkeitsgehalt des umgebenden Gases (Luft) abhängig ist. Durch die Stromwärme verdunstet das Lösungswasser, die Leitfähigkeit sinkt am Umwandlungspunkt zum festen Salz ab. Die zugeführte Wärmemenge wird damit geringer und Feuchtigkeit aus der Luft wird angezogen. Der Stromfluß durch die Lösung nimmt wieder zu, das Wasser verdampft usw. **Das sich einpendelnde Gleichgewicht liegt bei derjenigen Temperatur, die der Luftfeuchtigkeit entspricht.** Das Thermometer kann deshalb direkt in **Prozenten der Luftfeuchtigkeit** geeicht werden. Wird die Temperatur elektrisch gemessen, dann kann der Feuchtigkeitsgehalt auch an entfernten Orten gemessen werden.

Bei der **normalen Luftfeuchtigkeitsmessung** muß die Temperatur an einem trockenen und an einem feuchten, mit einem nassen Strumpf überzogenen Thermometer abgelesen werden. Ein Luftstrom von mindestens $1,5 \text{ m} \cdot \text{s}^{-1}$ Geschwindigkeit wird dabei an beiden Thermometern vorbeigeleitet. Durch die Verdunstungskälte zeigt das Feuchtthermometer eine geringere Temperatur an. Die **psychrometrische Differenz** und die Temperatur des Trockenthermometers sind zu registrieren und aus beiden Werten wird die **relative Feuchte in %** aus einer Tafel oder einem Diagramm erst entnommen.

**Effekt:** Werden Flüssigkeiten oder Gase unter hohem Druck durch eine Kapillare oder Düse gepreßt, dann werden sie zum Teil in Ionen zerlegt. Dieser Vorgang wurde als Umkehrung zur Elektroosmose mit dem Effekt des Strömungspotentials erläutert. Rein physikalisch ist die thermische Ionisierung bei hohen Temperaturen (Plasma-Zustand). Ionen und Elektronen sind elektrische Leiter und repräsentieren einen Stromfluß, wenn sie in Bewegung sind. Jeder Stromfluß wird von einem Magnetfeld begleitet, so wie ein Leiter erster Klasse, der durch die Linien eines Magnetfeldes bewegt wird, einen elektrischen Strom induziert erhält. Dieser Gesamtkomplex wird in den **MHD-Generatoren** ausgenutzt.

**Praxis:** MHD-Generatoren (**M**agneto-**H**ydro-**D**ynamische G.) wird eine Reihe von Konstruktionen genannt, die den Gesetzen der Strömungslehre (Hydrodynamik) im Magnetfeld gehorchen. Mitunter werden sie auch nach dem Aggregatzustand des Arbeitsmediums (**f**lüssig, **g**asförmig, **p**lasmatisch) **MFD-, MGD- oder MPD-Generatoren** genannt[40]). Magnetoplasmatische Generatoren arbeiten mit Temperaturen um 3000 °C. Dabei wird noch kein echter Plasmazustand erreicht. Um die Ionisierung zu erleichtern wird das Brenngas mit Kaliumkarbonat (Alkaliionen) geimpft. **Nach dem Austritt durch die Düse wird das „Plasma" durch ein starkes Magnetfeld von etwa 30 kGauß geführt. Darin trennen sich die positiven Ionen und die Elektronen voneinander und streben zwei voneinander isolierten Elektroden zu, die senkrecht zu den Magnetfeldlinien angeordnet sind.** Die Elektronen treten aus der einen Elektrode aus, wenn zwischen beiden Elektroden ein Arbeitswiderstand eingeschaltet ist, und treten an der positiven Elektrode wieder ein. Dort entladen sie die positiven Ionen zu Atomen bzw. Molekülen. Das heiße Gas (etwa 2300 °C) wird dazu benutzt, um die Verbrennungsluft vorzuwärmen. Danach beträgt seine Temperatur immer noch etwa 1200 °C. Sie wird in einem Wärmeaustauscher zur Dampferzeugung verwendet. Dieser Dampf betreibt nun noch eine konventionelle Dampfturbine mit elektrischer Dynamomaschine, wie in einem normalen Dampfkraftwerk.

**Effekt:** Beim Zerfall radioaktiver Stoffe entstehen neben den kurzwelligen **Gammastrahlen Alphastrahlen,** das sind doppelt positiv geladene Heliumkerne, $^4_2He^{++}$, und **Betastrahlen,** schnelle Elektronen. Die elektrisch geladenen Teilchen können als Ionen in einem Gasraum betrachtet werden. Für sie gelten die gleichen Gesetze wie für die Elektrolytlösungen. Bringt man radioaktives Material zwischen eine Kupfer- und eine Zinkplatte, dann baut sich zwischen diesen beiden Elektroden das gleiche Potential auf, wie bei Schwefelsäure als Medium.

**Praxis: Bleidioxid,** bekannt vom Bleiakkumulator her, dient **als Anode und Aluminium oder Magnesiumoxid als Katode.** Tritium, $^3_1H$, oder ein Gemisch von Kr-85 ($= ^{85}_{36}Kr$) und Ar ist in technischen Ausführungen das Zellengas. Die Zellenspannung liegt bei 1 Volt und die Stromstärke im Nanoamperebereich. Mit $2 \cdot 10^{-3}$ liegt der Wirkungsgrad für eine rationelle Ausnutzung zu niedrig.

**Effekt:** Ein **Radionuklid** R der **Massenzahl** m und der **Ordnungszahl** n sei ein α-Strahler. Es läuft dann folgende Kernreaktion ab

$$^m_n R \rightarrow\ ^{m-4}_{n-2} R + ^4_2 He\ (= \alpha\text{-Teilchen}) \qquad (192)$$

Es ist **ein neues Element** entstanden, dessen **Kernladungszahl um 2 und dessen Massezahl um 4 Einheiten vermindert** ist; z. B.: In der Zerfallsreihe des natürlichen Urans zerfällt das Ra-226 in Rn-222 und dies weiter zu Po-218. Die angegebenen Zeiten stellen die Halbwertszeiten des radioaktiven Zerfalls dar, die angeben, in welchem Zeitraum die Hälfte der vorhandenen Substanzmengen zerfallen sind.

$$^{226}_{88}Ra - ^4_2He \rightarrow\ ^{222}_{86}Rn - ^4_2He \rightarrow\ ^{218}_{84}Po$$
$$1{,}62 \cdot 10^3\ a \qquad 3{,}825\ d \qquad 3{,}05\ m$$

Bei diesen Gleichungen der Kernphysik handelt es sich um **Kernreaktionen,** an denen die Hülle zunächst keinen Anteil hat. Mit dem Alphateilchen verlassen vier Masse-Einheiten und zwei positive Ladungen den Kern des Atoms. Seine Hülle hat dadurch **zwei Überschußelektronen.** Das neue Element liegt als doppelt negativ geladenes Ion vor, das seine Überschußelektronen leicht abgibt; es ist elektrophob. Der Heliumkern, das α-Teilchen, ist bestrebt aus dem Ionenzustand in den atomaren Zustand (Edelgase sind einatomig) überzugehen. Dazu benötigt **er zwei Elektronen,** er ist elektrophil. **Das Tochterelement ist Anion und der Heliumkern Kation.** Eine weitere Zerfallsart zeigen die β-**Strahler.** Sie schleudern aus ihrem Kern ein Kernelektron heraus. **Aus einem Kernneutron wird dadurch ein Proton, die Kernladungszahl erhöht sich um eine positive Ladung,** damit auch die Ordnungszahl um eins: $^0_0n - \beta^- \rightarrow\ ^1_1p$, wobei p, das Proton, mit einem Wasserstoffkern identisch ist: $^1_1H$. **In diesem Fall ist das Tochterelement das positiv einwertig geladene Kation und das Kernelektron kann als Anion betrachtet werden.** Für β-Strahler gilt demnach allgemein

$$^m_n R \rightarrow\ ^m_{n+1} R + \beta^-\ (= \text{Elektron } e^-) \qquad (193)$$

als Kernreaktion. Die Zahl der Kernprotonen, identisch mit der Ordnungszahl, gibt an, um welches Element es sich handelt; die linke untere Zahl kann deshalb weggelassen werden, da sie durch das Elementsymbol bereits festgelegt ist. Andererseits geht aus der Kerngleichung nicht direkt hervor, um welche Atom- bzw. Ionenform es sich handelt, denn die für den Chemiker allein wichtige Elektronenhülle bleibt unberücksichtigt. Den Zerfall des β-Strahlers C-14 ($= ^{14}_6 C$), der auch zur **Altersbestimmung** (Halbwertszeit 5570 a) herangezogen wird (pflanzliche und tierische Lebewesen nehmen nach dem Absterben keinen weiteren Radiokohlenstoff mit ihrer Nahrung mehr auf), kann man so formulieren: $^{14}C - e^- \rightarrow\ ^{14}N^+$. Daß diese Gleichung keine chemische Gleichung ist, geht daraus hervor, daß sie vom chemischen Standpunkt aus eine Ungleichung ist. Es ist ein neues Element entstanden! Die Angabe der Massenzahl ist notwendig, um anzugeben, um welches Isotop des betreffenden Elementes es sich handelt.

**Praxis:** Der Strahler wird elektrisch leitend an einem Leiter erster Klasse befestigt. Isoliert davon wird eine (geerdete) Metallhohlkugel so angebracht, daß der Strahler sich in ihrem Mittelpunkt befindet. Die Hohlkugel wirkt als **Faradayscher Käfig,** der alle Ladungen nach außen hin abschirmt. Zwischen dem Strahlerträger und der Hohlkugel entsteht **durch direkte Beladung** eine Spannung im kV-Bereich (abhängig von der Art des Radionuklids bzw. dessen Strahlungsintensität und Strahlungsenergie) mit entnehmbaren Strömen, die im pA- bis nA-Bereich liegen.

Eine andere Methode benutzt die **Fähigkeit von Störstellenhalbleitern, fließende Ströme in einer Richtung zu sperren.** Dazu wird eine **pn-Halbleiterdiode** auf ihrer p-Seite, evtl. mit einer leitenden Zwischenschicht, mit einem **β-Strahler** bedampft. Die abgestrahlten Elektronen können **nur über einen außen angelegten Stromkreis einen Ladungsausgleich durchführen.** Dabei ist zu beachten, daß die **abgestrahlten Elektronen für Germanium keine größere Energie besitzen als 500 keV und für Silizium 300 keV.** Ein **Elektronenvolt** (= eV) ist die Einheit der Energie eines Elektrons, das die Spannung 1 Volt durchlaufen hat. Es ist ein in der Atomphysik übliches Energiemaß. Ein eV entspricht $1{,}602 \cdot 10^{-19}$ J, nämlich der Elementarladung, multipliziert mit der durchlaufenen Spannung: $e = 1{,}6021 \cdot 10^{-19}$ C (= A · s) multipliziert mit $E$ in Volt ergibt die Dimension $[V \cdot A \cdot s] \equiv [J]$. Kernreaktionen beziehen sich auf den Einzelkern, während die seitherigen Reaktionen der Elektrochemie sich stets auf Molmassenumsätze bezogen. Um die Energie von 1 Mol Elektronen zu erhalten, ist mit $N_A$ zu multiplizieren:
$1{,}6021 \cdot 10^{-19} \cdot 6{,}022 \cdot 10^{23} = 96478{,}5$ J · mol$^{-1}$; der Zahlenwert entspricht der Faradaykonstanten, die mit der betreffenden Spannung zu multiplizieren ist. Damit ist eine Brücke zur Kernphysik geschlagen.

**Leuchtstoffe** bestehen aus Zink- oder Zink-Kadmium-Sulfiden, denen vor dem Glühen geringe Mengen an Schwermetallsalzen zugesetzt werden (Sulfidphosphore), aus Silikaten, denen seltene Erden oder Mangan als Aktivatoren zugesetzt sind, oder aus den Sulfiden, Oxyden, Wolframaten oder Molybdaten der Erdalkalimetalle. Treffen auf derartige Verbindungen **Lichtstrahlen** auf, wie **γ-Strahlen, Röntgen-** oder **UV-Licht,** mitunter sogar **sichtbares Tageslicht,** dann leuchten sie in der Farbe auf, die ihrer chemischen Zusammensetzung entspricht (das liegt an den Schwermetallzusätzen, die Gitterfehlstellen im Kristall verursachen). Derartige Stoffe leuchten auch dann auf, wenn **α- oder β-Strahlen** auf sie auftreffen. Bekannt sind derartige Stoffe als **Leuchtfarben,** von Zifferblättern der Armbanduhren, auf den Bildschirmen von Röntgen- und Fernsehgeräten. Eine Mischung von Leuchtstoffen mit radioaktivem Material kann in durchsichtiges, formgebendes Material (Glas, Kunststoff), das ein elektrischer Isolator ist, eingepackt werden. Auf die Oberfläche wird die lichtempfindliche Schicht von Fotoelementen aufgepreßt. Im **Fotoelement** wird die Lichtenergie in elektrische Energie umgewandelt. Kombinationen dieser Art werden **fotoelektrische Radionuklidbatterien** genannt.

Werden radioaktive Strahlen in einem **Absorbermaterial** aufgefangen, dann wird ihre **kinetische Energie in Wärmeenergie** umgewandelt. In den Absorber wird die strahlende Substanz eingebettet und das Ganze mit einer Strahlenschutzschicht (z. B. Blei) umgeben. In die Strahlenschutzschicht werden die heißen Enden von **Thermoelementen** (z. B. das Thermopaar Blei/Tellur) igelförmig eingepaßt. An den kalten Lötstellen kann diejenige Spannung entnommen werden, die der Art des **Thermopaares** (s. thermochemische Spannungsreihe im Anhang 5.) und der Temperaturdifferenz zwischen beiden Lötstellen entspricht. Nach der Anhangtafel 5 liefert das Thermoelement Pb/Te bei einer Temperaturdifferenz von 100 °C (zwischen den Temperaturen 0 °C und 100 °C) eine Spannung von $+ 50{,}0 - (+ 0{,}44) = 49{,}5$ mV. Je nachdem ob eine höhere Spannung oder ein höherer Strom gewünscht wird, wird eine Gruppe von Thermoelementen hintereinander, in Serie, oder parallel geschaltet. Derartige **thermoelektrische Batterien** werden in den USA mit **SNAP und nachfolgender ungerader** Ziffer bezeichnet. SNAP ist das amerikanische Programm zur Erforschung von Hilfsanlagen zur Kernkraftgewinnung (Systems for Nuclear Auxiliary Power). **SNAP mit gerader nachfolgender Ziffer bezeichnet die Erzeugung von Wärmeenergie in Reaktoren.** Thermoelektrische Nuklidbatterien werden als Stromlieferanten für schwer zugängliche Wetterstationen (See- und Polarwetter), Bojen, Satelliten und Raumfahrzeuge hergestellt.

**Effekt:** Sehr heiße Metalle senden Elektronen aus. Diese **Glühemission von Elektronen** aus sehr heißen Oberflächen wurde schon um 1900 von Edison festgestellt. Als Elektronenlieferant ist eine derartige Fläche eine **Katode, ein Emitter (Aussenderder).** Ihr gegenüber befindet sich eine zweite Metallfläche, die gekühlt wird und die abgestrahlten Elektronen aufnimmt, **die Anode oder der Kollektor (Sammelnder).** Eine solche Anordnung von zwei **(Di-) Elektroden** wird Diode genannt. Werden beide Elektroden über einen äußeren Verbraucher miteinander verbunden, dann findet Ladungsausgleich über den Verbraucher durch darin fließende Elektronen statt.

**Praxis:** Der Abstand beider Elektroden zueinander sollte nicht größer sein als die **freie Weglänge** der Elektronen. Eine **Ansammlung von Elektronen vor dem Kollektor (Raumladung)** wird durch Zusatz von Cäsium unterbunden. Cäsiumdampf stellt ein leitendes Gas dar, das am leichtesten zu ionisieren ist (außer Francium, das zu selten und teuer ist).

Als Metall gibt es, mit der oben genannten Ausnahme, sein einzelnes äußerstes Hüllenelektron am leichtesten ab und besitzt zugleich die größte Atommasse in dieser Katerogie. Durch seine Masse überwindet es die Abstoßung des gleichnamig negativ aufgeladenen Kollektors, der die Elektronen unterliegen. Das am Emitter zum Atom gewordene Cäsium nimmt das aufgenommene Elektron zum Kollektor mit, gibt es dort ab und wandert als positives Ion zum Emitter, nimmt dort wieder ein Elektron auf und transportiert es wiederum zum Kollektor. Die **Elektrodenabstände** betragen bei technischen Ausführungen **einige zehntel Millimeter** (0,2–1,0 mm). Der Emitter besteht aus einem **Material hoher Austrittsenergie** für Elektronen, der Kollektor aus **Metall niedrigerer Austrittsenergie**. Der größere Energiebedarf zur Elektronenemission wird durch die Aufheizung des Emitters geliefert, die kleinere, durch den Kollektor aufgenommene Energie, wird durch Kühlung dem Kollektor entzogen. Die Differenz kann als elektrische Energie entnommen werden. Je Elektron liegt sie bei etwa 1 eV, d. h. die Spannung, die zur Verfügung steht, beträgt um 1 V.

Die **Umwandlung von Wärme in elektrische Energie durch Ionenbildung** (engl.: thermionic conversion, als Gerät: thermionic converter) gab derartigen Apparaten den Namen **thermionische Konverter**. Wird die Aufheizung durch die Strahlung radioaktiver Isotope besorgt, dann ist das Gerät eine **thermionische Nuklidbatterie**, Kurzbezeichnung in den USA **SNAP-TIP** (SNAP-**T**hermionic **I**sotope **P**ower). Die erste SNAP-TIP bestand aus einer flachen Wolframkapsel als Emitter, die mit Cm-242 als $Cm_2O_3$ (1 g unter Druck eingefüllt) als Energielieferant beschickt war. Den Wolframflächen gegenüber befanden sich Niobplatten, die gekühlt wurden, als Kollektor. Durch die Wärmeabstrahlung erhitzen sie sich auf etwa 600 °C, sind damit noch um 800 °C kühler als der Emitter. Das Temperaturgefälle zwischen Emitter und Kühlmittel kann zusätzlich zur Energiegewinnung herangezogen werden, z. B. bei irdischen Projekten mit Wärmeaustauschern oder bei Raumprojekten mit Thermoelementen (s. Anhang 5). Dadurch kann der Wirkungsgrad vergrößert werden.

Je nach der Beheizungsart bewegen sich die **Emittertemperaturen zwischen 1400 und über 2000 °C. Emittermaterial sind Wolfram, Molybdän, Rhenium** und versuchsweise **Bariumoxid**, das auch zur Katodenbelegung von Elektronenröhren (Radiogeräte usw.) benutzt wird. **Kollektormaterialien** sind **Niobium** (engl.: Columbium), **Nickel, Molybdän** und ebenfalls **Wolfram**. Bei einem Wirkungsgrad von 0,1 bis 0,2 liegt die Leistungsdichte zwischen 5 und 30 $W \cdot cm^{-2}$. Viele Kombinationen aus Theorie und Praxis könnten noch angeführt werden, und nicht immer ist der direkte Weg der beste und derjenige mit den geringsten Verlusten.

In der Kombination mit der Elektrochemie ist noch ein weites Feld offen, das dem Praktiker die Möglichkeit gibt, Industrieprobleme elegant, rationell, automatisiert und geregelt zu lösen.

# Schrifttum

[1]) Lehrbücher der Physik; „Physik – kurz und bündig" von W. Geck

[2]) Lehrbücher der Atomphysik; „Atomphysik – kurz und bündig" von O. Scholz

[3]) Lehrbücher der anorganischen Chemie; „Chemie – kurz und bündig" von J. Hansmann

[4]) Lehrbücher der theoretischen Chemie

[5]) U. Stille, Messen und Rechnen in der Physik

[6]) F. Kohlrausch, Praktische Physik, Band 2

[7]) Lehrbücher der Elektrotechnik; „Elektrotechnik – kurz und bündig" von A. Herhahn

[8]) Lehrbücher der Elektronik; „Elektronik" von H. Richter

[9]) Houben-Weyl, Methoden der organ. Chemie

[10]) Lehrbücher der Elektrochemie; „Lb. d. Elektrochemie" von G. Kortüm

[11]) Lehrbücher der organischen Chemie

[12]) Die Praxis des organischen Chemikers v. Gattermann-Wieland

[13]) Koelbel u. Schulze; „Projektierung und Vorkalkulation i. d. chem. Industrie"

[14]) Lehrbücher über elektrische Meßmethoden; „Elektrische Meßkunde – kurz und bündig" von A. Winkler

[15]) z. B. Landolt-Börnstein, Physikalisch-chemische Tabellen

[16]) Phys. Z. **24**, 311 (1923);

[17]) Phys. Z. **27**, 388 (1926)

[18]) Lehrbücher der Mathematik; Kleine Enzyklopädie, Mathematik; „Mathematik – kurz und bündig" von E. Kamprath

[19]) D. A. MacInnes u. E. R. Smith; J. Am. Chem. Soc. **45**, 2246 (1923)

[20]) D. A. MacInnes u. T. B. Brighton; J. Am. Chem. Soc. **47**, 994 (1925)

[21]) D. A. MacInnes; The Principles of Electrochemistry

[22]) Ullmann; Encyklopädie der technischen Chemie

[23]) Römpp; Chemie-Lexikon

[24]) Wiederholt-Elze; Taschenbuch des Metallschutzes

[25]) Tödt; Korrosion und Korrosionsschutz

[26]) Ritter; Korrosionstabellen

[27]) Lehrbücher der physikalischen Chemie; z. B. Ulich-Jost; Näser; Brdička; Moore

[28]) E. Justi u. A. Winsel; Kalte Verbrennung-Fuel Cells.

[29]) F. v. Sturm; Elektrochemische Stromerzeugung (Band 5 der chemischen Taschenbücher)

[30]) W. Vielstich; Brennstoffelemente

[31]) B. Sansoni; Z. Angew. Ch. (1954), S. 143 ff.

[32]) Dorfner; Chemiker-Ztg. (1961), S. 88 ff. u. S. 113 ff.

[33]) Siemens; Taschenbuch für Messen und Regeln in der Wärme- und Chemietechnik

[34]) ETZ-B **18**, 857–868 (1966)

[35]) Milazzo; Elektrochemie (m. vielen Literaturhinweisen)

[36]) Bacon; Fuel Cells; Adams, Bacon und Watson; Fuel Cells

[37]) G. M. Schwab; Handbuch der Katalyse (7 Bände). Komarewski; Catalitic, Photochemical and Electrolytic Reactions. G. Rienäcker; Beiträge zur Kenntnis der Wirkungsweise von Katalysatoren und Mischkatalysatoren. Roginski; Adsorption und Katalyse an inhomogenen Oberflächen. P. M. Gundry; Heterogeneous Catalysis u. v. a. m.

[38]) Baur und Preis; Z. Elektrochem. **43**, 737 (1937)

[39]) W. Mitchell; Fuel Cells

[40]) K. J. Euler; Energie-Direktumwandlung (Thiemig-Taschenbuch 10); (1967)

[41]) F. v. Sturm, H. Nischik u. E. Weidlich; Ingenieur Digest **5**, 52 (1966)

[42]) K. V. Kordesch, M. B. Clark u. W. G. Darland; Electrochem. Techn. **3**, 166 (1965) K. V. Kordesch; Allg. u. prakt. Chem. **17**, 39 (1966)

[43]) P. Sunder-Plassmann, H. Portheine und G. Menges; Med. Klinik **58**, 150 (1963)

[44]) E. Müller; Elektrometrische Maßanalyse

[45]) E. Müller; Elektrochemisches Praktikum

[46]) W. Böttger; Neuere Maßanalytische Methoden, in: Die chemische Analyse Bd. 33

[47]) H. Rödicker u. K. Geier; Physikalisch-chemische Untersuchungsmethoden, Bd. 1

[48]) W. G. Berl; Physical Methods in Chemical Analysis, Bd. 2

[49]) A. Eucken u. R. Suhrmann; Physikalisch-chemische Praktikumsaufgaben

[50]) J. Heyrovský; Polarographisches Praktikum

[51]) J. Heyrovský u. P. Zuman; Einführung in die praktische Polarographie

[52]) M. v. Stackelberg; Polarographische Arbeitsmethoden

[53]) K. Schwabe; Polarographie und chemische Konstitution organischer Verbindungen

[54]) J. M. Kolthoff u. Lingane; Polarography

[55]) A. T. Krjukowa; Polarographische Analyse

[56]) H. Schmidt u. M. v. Stackelberg; Die neuartigen polarographischen Methoden

[57]) B. Breyer u. H. H. Bauer; Alternating Current Polarography

[58]) J. Heyrovský u. Kalvoda; Oszillographische Polarographie mit Wechselstrom

[59]) R. Kretzmann; Industrielle Elektronik

[60]) H. Ebert u. a.; Physikalisches Taschenbuch

[61]) National Bureau of Standards; Circular 514

[62]) H. Walther; Zerstörungsfreie Materialprüfung durch dielektrische Messungen

[63]) K. Cruse u. R. Huber; Hochfrequenztitration

[64]) A. Tiselius; Z. Angew. Ch. (1941), S. 12

[65]) Antweiler u. a.; Die quantitative Elektrophorese in der Medizin

[66]) Audubert u. De Mende; Les principles de l'électrophorèse

[67]) Block-Zweig; A Practical Manual of Paper Chromatography and Electrophoresis

[68]) Clotten u. a.; Hochspannungselektrophorese

[69]) M. Girard u. a.; Practique d'électrophorèse sur papier en biologie chimique

[70]) Lederer; Paper Electrophoresis

[71]) Wolstenholme; Paper Electrophoresis

[72]) Wunderly; Die Papierelektrophorese, Methode und Ergebnisse

[73]) L. Hallmann; Klinische Chemie und Mikroskopie

[74]) R. Hegglin; Differentialdiagnose innerer Krankheiten

[75]) Foulk und Bawden; J. Am. Ch. Soc., **48**, 2045 (1926)

[76]) E. Eberius; Wasserbestimmung mit Karl-Fischer-Lösung

[77]) Mitchell-Smith; Aquametry

[78]) K. Schwabe; Zur Systematik der elektronischen Analysenmethoden und amperometrische Verfahren zur Betriebskontrolle, Chem. Ing. Techn. **37**, 483 ff. (1965)

[79]) P. Delahay; New Instrumental Methods in Electrochemistry

[80]) L. L. Leveson; Electroanalysis

[81]) G. Charlot, J. Badoz-Lambling, B. Trémillon; The Electrochemical Methods of Analysis

[82]) F. Feigl; Qualitative Analyse mit Hilfe von Tüpfelreaktionen

[83]) F. Feigl; Tüpfelanalyse I (Anorganischer Teil) und II (Organischer Teil)

[84]) W. Machu; Koll.-Z. **82**, 240 (1938)

[85]) W. Machu; Korr. u. Metallschutz; **10**, 477 (1934) und **14**, 324 (1938)

[86]) W. Machu; Moderne Galvanotechnik

[87]) H. E. Haring und W. Blum; Trans. Amer. Electrochem. Soc. **44**, 313 (1923)

[88]) S. Field; Met. Ind. London; **37**, 564 (1930); **40**, 403 u. 501 (1932)

[89]) H. Silman; Chemische und galvanische Überzüge

[90]) R. Bilfinger (früher: W. Pfanhauser); Galvanotechnik

[91]) v. Angerer-Ebert; Technische Kunstgriffe bei physikalischen Untersuchungen

[92]) L. E. Price und J. G. Thomas; J. Inst. Met. **65** (2), 247 (1939)

[93]) ASTM; Designation B 200–45 T

[94]) Thomas Krist; Leichtmetalle – „kurz und bündig"

[95]) J. R. I. Hepburn; The Metallizing of Plastics

[96]) H. Narcus; Metallizing of Plastics

[97]) S. Weil; Metallizing Non-Conductors

[98]) N. Hall und G. B. Hogaboom jr.; Plating and Finishing Guidebook

[99]) D. Fishlock; Metal Colouring

[100]) O. P. Krämer; Metallfärbung und Metallüberzug ohne Stromquelle

[101]) H. Krause; Metallfärbung

[102]) J. Michel; Coloration des Métaux, Bronzage, Patinage, Oxydation etc.

[103]) E. Werner; Metallische Überzüge auf elektrolytischem und chemischem Wege und das Färben der Metalle

[104]) R. Bilfinger; Leitfaden für Galvaniseure
R. Bilfinger; VEM-Handbuch Galvanotechnik
A. Brenner; Electrodeposition of Alloys
Dettner u. Elze; Handbuch der Galvanotechnik
Field, Weill, Dudley; Electroplating
A. K. Graham; Electroplating Engineering Handbook
Th. M. Rodgers; Handbook of Practical Electroplating
W. Roggendorf; Prakt. Galvanotechnik, Hochglanz-, Glanz- und Legierungsbäder
L. Young; Anodic Oxide Films

[105]) B. R. Stein; Status Report on Fuel Cells, US Department of Commerce PB 151 804 (1959)

[106]) F. Fichter u. Mitarbeiter; Z. f. Elektrochemie (1912) **18**, 651

[107]) F. Fichter; Organische Elektrochemie

# Anhang

## 1. Allgemeine und physikalische Tafeln

### 1.1. Präfixe (Vorsilben) als Dezimalanzeiger

| Abkürzung | Vorsilbe | Wert | Abkürzung | Vorsilbe | Wert |
|---|---|---|---|---|---|
| T | Tera- | $10^{12}$ | c | Zenti- | $10^{-2}$ |
| G | Giga- | $10^{9}$ | m | Milli- | $10^{-3}$ |
| M | Mega- | $10^{6}$ | $\mu$ | Mikro- | $10^{-6}$ |
| k | Kilo- | $10^{3}$ | n | Nano- | $10^{-9}$ |
| h | Hekto- | $10^{2}$ | p | Piko- | $10^{-12}$ |
| da | Deka- | $10^{1}$ | f | Femto- | $10^{-15}$ |
| d | Dezi- | $10^{-1}$ | a | Atto- | $10^{-18}$ |

#### 1.1.1. Zahlwörter

| | | | | | | |
|---|---|---|---|---|---|---|
| 1 | Mono- | 11 | Undeka- | 21 | Heneikosa- |
| 2 | Di- oder Bi- | 12 | Dodeka- | 22 | Dokosa- |
| 3 | Tri- | 13 | Trideka- | 23 | Trikosa- |
| 4 | Tetra- | 14 | Tetradeka- | | |
| 5 | Penta- | 15 | Pentadeka- | | |
| 6 | Hexa- | 16 | Hexadeka- | 30 | Triakonta- |
| 7 | Hepta- | 17 | Heptadeka- | 31 | Hentriakonta- |
| 8 | Okta- | 18 | Oktadeka- | 32 | Dotriakonta- |
| 9 | Nona- | 19 | Nonadeka- | | |
| 10 | Deka- | 20 | Eikosa- | 40 | Tetrakonta- |

### 1.2. Griechisches Alphabet

| klein | | groß | klein | | groß | klein | | groß |
|---|---|---|---|---|---|---|---|---|
| $\alpha$ | Alpha | A | $\iota$ | Iota | I | $\varrho$ | Rho | P |
| $\beta$ | Beta | B | $\varkappa$ | Kappa | K | $\sigma$ | Sigma | $\Sigma$ |
| $\gamma$ | Gamma | $\Gamma$ | $\lambda$ | Lambda | $\Lambda$ | $\tau$ | Tau | T |
| $\delta$ | Delta | $\Delta$ | $\mu$ | Mü | M | $\upsilon$ | Ypsilon | $\Upsilon$ |
| $\varepsilon$ | Epsilon | E | $\nu$ | Nü | N | $\varphi$ | Phi | $\Phi$ |
| $\zeta$ | Zeta | Z | $\xi$ | Xi | $\Xi$ | $\chi$ | Chi | X |
| $\eta$ | Eta | H | o | Omikron | O | $\psi$ | Psi | $\Psi$ |
| $\vartheta$ | Theta | $\Theta$ | $\pi$ | Pi | $\Pi$ | $\omega$ | Omega | $\Omega$ |

## 1.3. Kurzzeichen und ihre Bedeutung

### 1.3.1. In gerader Antiqua

| | |
|---|---|
| A | Ampere; Atommasse in g |
| Å | Ångström |
| a | Jahr (anno); Atto- |
| at | Technische Atmosphäre |
| atm | Physikalische Atmosphäre |
| bar | Druckeinheit |
| C | Coulomb |
| °C | Grad Celsiustemperatur |
| Cl | Clausius |
| c | Zenti- |
| cal | Kalorie |
| DK | Dielektrizitätskonstante |
| DV | Dielektrische Verschiebung |
| d | Tag (dies); Differentiationszeichen |
| da | Deka- (veraltet) |
| dyn | Krafteinheit (cgs-System) |
| erg | Arbeits-, Energie-Einheit (cgs-System) |
| F | Farad |
| f | Femto- |
| G | Gauß; Giga- |
| g | Gramm |
| grd | Grad Temperaturdifferenz |
| H | Henry |
| Hz | Hertz |
| h | Stunde (hora); Hekto-; |
| i | Imaginäre Einheit |
| J | Joule |
| °K | Kelvintemperatur-Grade |
| k | Kilo- |
| l | Liter |
| lg | Dekadischer, Briggscher oder Zehner-Logarithmus |
| ln | Natürlicher Logarithmus |
| M | Mega- |
| Mol | Molmasse in g |
| MWG | Massenwirkungsgesetz |
| m | Meter; Molarität; Milli- |
| min | Minute |
| mol | Mole im l |
| N | Newton |
| NB | Normalbedingungen |
| n | Normalität; Neutron; Nano- |
| P | Poise |
| PS | Pferdestärke (veraltet) |
| p | Pond; Proton; Pico-; mit Index Potenzwert |
| $r_H$ | Negativer Logarithmus des Wasserstoffdruckes |
| $r_O$ | Negativer Logarithmus des Sauerstoffdruckes |
| S | Siemens |
| St | Stokes |
| s | Sekunde |
| T | Tesla; Tera- |
| Torr | Torr Druckeinheit |
| t | Tonne |
| u | Atomare Masseneinheit (bezogen auf $^{12}C/12 = 1u$) |
| V | Volt |
| Val | Äquivalentmasse in g |
| val | Äquivalente im l |
| W | Watt |
| Wb | Weber |
| x | Molenbruch; unbenannte Zahl |
| y | Massenbruch; unbenannte Zahl |
| z | Unbenannte Zahl |

### 1.3.2. *In kursiven Lettern*

| | |
|---|---|
| *A* | Fläche (area); Freie Energie; relative Atommasse; allg. Konstante |
| *a* | Aktivität; Stromausbeute; Beschleunigung (accelero); Abstand |
| *b* | Elektrischer Strombelag; Beschleunigung (veraltet) |
| *C* | Zellenkonstante; Kapazität (capacitas) |
| *c* | Konzentration; spezifische Wärme (mit Index p oder v); Lichtgeschwindigkeit |
| *D* | Diffusionskoeffizient, Dielektrische Verschiebung |
| *d* | Dämpfung; Abstand (differentia); Durchmesser |
| *E* | Energie; Spannung (effectio); dekadische Extinktion; elektrische Feldstärke, als Vektor * = $\vec{E}$ |
| | Elektromotorische Kraft (EMK); |
| *e* | Elementarladung; Elektron; natürliche Zahl |
| *F* | Faraday-Konstante; Kraft (force, engl., bzw. fortitudo, lat.), als Vektor* = $\vec{F}$ |
| *f* | Frequenz; Funktion; Koeffizient des Indexsymbols |
| *G* | Gibbs-Energie (freie Enthalpie); elektrische Stromdichte; Wechselstromleitwert (Vektor) Gewicht |
| *g* | Erdbeschleunigung (Fallbeschleunigung) |
| *H* | Wirkung; Wärmefunktion (molare Enthalpie); elektrische Stromdichte; magnetische Feldstärke (als Vektor $\vec{H}$) |
| *h* | Wirkungsquantum; Höhe |
| *I* | Stromstärke; Ionenstärke |
| *i* | Wechselstromstärke (als Vektor $\vec{i}$); Stromdichte |
| *J* | Diffusionsstrom; Trägheitsmoment |
| *K* | Konstante, meist mit Index |
| *k* | Konstante; speziell Boltzmannkonstante |
| *L* | Löslichkeitsprodukt; Selbstinduktion; Ladung |

222

| | | | |
|---|---|---|---|
| $l$ | Länge | $\lambda$ | Ionengrenzleitfähigkeit |
| $M$ | relative Molmasse; Drehmoment | $\mu$ | Chemisches Potential; Dipolmoment; Mikro-; (magnetische Feldkonstante $\mu_0$) |
| $m$ | Masse | | |
| $N$ | Avogadrosche oder Loschmidtsche Konstante (je nach Index, ohne = Avogadrozahl) | $\nu$ | Ionenwertigkeit; Frequenz; kinematische Viskosität |
| $n$ | Molzahl; Brechungsindex; Zahl, Anzahl | $\Pi$ | Osmotischer Druck; Innerer Druck; Produktzeichen |
| $P$ | Elektrische Polarisation; Leistung (power, engl., bzw. potentia, lat.) | $\pi$ | Ludolfsche Zahl 3,14... |
| $p$ | Druck; Dampfdruck; Impuls (Vektor) | $\varrho$ | Dichte |
| $Q$ | Elektrizitätsmenge; Wärmemenge | $\Sigma$ | Summenzeichen; |
| $q$ | Querschnitt | $\sigma$ | Elektrische Leitfähigkeit; Grenzflächenspannung; spezifischer Widerstand; Oberflächenspannung |
| $R$ | Elektrischer Widerstand; Gaskonstante; Molrefraktion; als Vektor: Wechselstromwiderstand | | |
| $r$ | Radius; Abstand | $\tau$ | Schubspannung; Relaxationszeit (Übergangszeit; Abklingdauer) |
| $S$ | Streukraft; Streuvermögen; molare Entropie | $\Phi$ | (magnetischer) Fluß |
| $s$ | Wegstrecke; Abstand | $\varphi$ | Winkel, Phasenwinkel; mitunter Galvanipotential |
| $T$ | Kelvintemperatur; Periodendauer | | |
| $t$ | Zeit; Überführungszahl | $\Omega$ | Ohm |
| $U$ | Spannung; als Vektor: molare innere Energie; Wechselstromspannung | $\omega$ | Kreisfrequenz; Winkelgeschwindigkeit |
| $u$ | Ionenleitfähigkeit | $\Delta G$ | Reaktionsarbeit |
| $V$ | Rauminhalt (Volumen) | $\Delta H$ | Reaktionswärme bei konstantem Druck $p$ = konst. |
| $v$ | Geschwindigkeit; Ionenbeweglichkeit | | |
| $W$ | Arbeit (work, engl.) | $\Delta U$ | Reaktionswärme bei konstantem Volumen $V$ = konst. |
| $w$ | Ionenwanderungsgeschwindigkeit | | |
| $x$ | Unbekannte; Molenbruch | | |
| $y$ | Unbekannte; Massenbruch | | |
| $Z$ | Ordnungszahl (Kernladungszahl) eines chemischen Elementes | | |
| $z$ | Ladungsäquivalente eines Ions | | |

**1.3.3. In griechischen Buchstaben**

| | |
|---|---|
| $\alpha$ | Dissoziationsgrad schwacher Elektrolyte; Winkel; Polarisierbarkeit; mitunter Temperaturkoeffizient der DK |
| $\beta$ | Winkel |
| $\gamma$ | Wichte (spezifisches Gewicht); Winkel |
| $\Delta$ | Differenz |
| $\delta$ | Verlustwinkel; Dicke einer Grenzschicht |
| $\varepsilon$ | Molarer Extinktionskoeffizient; Dielektrizitätskonstante; Elektrodenpotential |
| $\zeta$ | Elektrokinetisches Potential; Zetapotential |
| $\eta$ | Polarisation; Wirkungsgrad; dynamische Viskosität; Spannungsart (je nach Index, z. B. Überspannung, Diffusionsspannung, Zersetzungsspannung) |
| $\vartheta$ | Celsiustemperatur; Schichtdicke, je nach Index |
| $\varkappa$ | Spezifische Leitfähigkeit |
| $\Lambda$ | Leitfähigkeit, je nach Index |

\* Vektoren sind Größen, die in einer bestimmten Richtung wirken. Sie werden durch einen darüberliegenden Pfeil gekennzeichnet. Sind die Richtungen zweier oder mehrerer Größen verschieden, dann gelten andere Rechenregeln. Die von den Wirkungslinien eingeschlossenen Winkel sind zu berücksichtigen und treten in der Rechnung meist als Faktoren der Winkelfunktionen in Erscheinung. Richtungsunabhängige Größen werden Skalare oder Tensoren nullter Stufe und Vektoren werden Tensoren erster Stufe genannt. Zu den Vektoren gehören z. B. Weg, Geschwindigkeit, Kraft, Beschleunigung, Feldstärke ($\vec{s}, \vec{v}, \vec{F}, \vec{a}, \vec{E}$) usw.

Beispiel: Ein Boot überquert einen Fluß senkrecht zum Ufer. Die Bootsgeschwindigkeit $\vec{v}_1 = 4{,}33$ m·s$^{-1}$ und die Strömungsgeschwindigkeit des Flußwassers $\vec{v}_2 = 2{,}5$ m·s$^{-1}$. Um welchen Winkel wird das Boot aus seiner Bahn abgelenkt und wie groß ist seine Geschwindigkeit, bezogen auf das Flußbett? Welchen Weg legt das Boot zurück, wenn der Fluß 43,3 m breit ist? Vorausgesetzt sei dabei, daß das Boot bereits beim Start seine volle Geschwindigkeit besitzt.

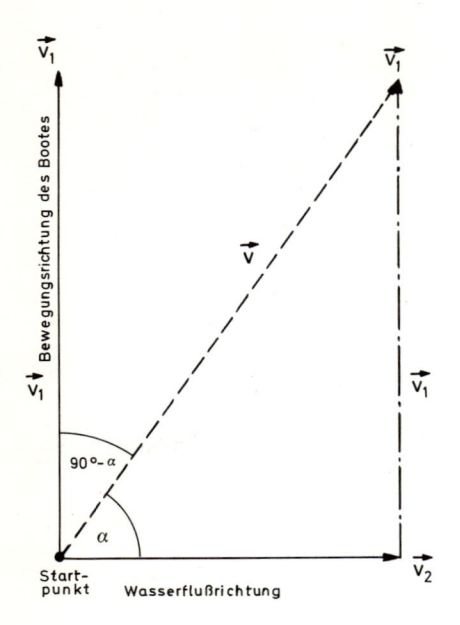

Der Winkel α läßt sich berechnen nach
$\tan \alpha = \frac{v_1}{v_2} = 4{,}33 : 2{,}5 = 1{,}732$ und der Wert für $\alpha = 60°$ wird einer Winkelfunktionstabelle entnommen. Damit ist der Abdriftwinkel $90° - 60° = 30°$. Die Geschwindigkeit $v$ des Bootes über Grund läßt sich berechnen aus z. B.

$\cos \alpha = \frac{v_2}{v} = \cos 60° = 0{,}5; \quad v = \frac{v_2}{\cos \alpha} \quad \frac{2{,}5}{0{,}5} =$
$= 5 \text{ m} \cdot \text{s}^{-1}$.

Würde das Boot in Flußrichtung fahren, dann wäre seine Geschwindigkeit mit Skalaren errechenbar, $v_1 + v_2 = 4{,}33 + 2{,}5 = 6{,}83 \text{ m} \cdot \text{s}^{-1}$.
Im rechtwinkligen Dreieck gilt nach Pythagoras: Die Summe der Kathetenquadrate ist gleich dem Hypothenusenquadrat. Danach ist

$v = \sqrt{v_2^2 + v_1^2} = \sqrt{6{,}25 + 18{,}75} = 5 \text{ m} \cdot \text{s}^{-1}$.

Der Weg ist gleich dem Produkt aus Geschwindigkeit und Zeit $s = v \cdot t \text{ [m} \cdot \text{s}^{-1} \cdot \text{s]} \triangleq \text{[m]}$. Bei stehendem Wasser würde das Boot 43,3 m in 10 s zurücklegen. Bei fließendem Wasser legt es in 10 s den Weg von $5 \text{ m} \cdot \text{s}^{-1} \cdot 10 \text{ s} = 50 \text{ m}$ zurück.
Ähnlich ist zu rechnen, wenn Elektronen oder Ionen sich quer zur Richtung elektrischer Feldlinien bewegen usw.

## 1.3.4. Mathematische Zeichen zum elementaren Rechnen und ihre Bedeutung

| | |
|---|---|
| $+$ | und, plus |
| $-$ | weniger, minus |
| $\cdot \times$ | mal (wird oft weggelassen, kann zu Irrtümern führen, z. B. ms$^{-1}$ kann bedeuten „Meter je Sekunde" oder „je Millisekunde") |
| $:$ / $-$ | geteilt durch |
| $\pm$ | plus oder minus |
| $=$ | gleich |
| $\equiv$ | identisch |
| $/$ \| | nicht; z. B. $\neq$ nicht gleich, ungleich; $\not\equiv$ nicht identisch |
| $/$ | je, pro z. B. m/s Meter je Sekunde $= \frac{\text{m}}{\text{s}} = \text{m} \cdot \text{s}^{-1}$ |
| $\sum$ | Summe |
| $\prod$ | Produkt |
| $\approx$ | ungefähr, angenähert, nahezu gleich |
| $\%$ | vom Hundert, Prozent |
| $\%_0$ | vom Tausend, Promille |
| $<$ | kleiner als |
| $>$ | größer als |
| $\ll$ | (sehr) klein gegen |
| $\gg$ | (sehr) groß gegen |
| $\leq$ | kleiner oder gleich |
| $\geq$ | größer oder gleich |
| $\triangleq$ | entspricht |
| $\ldots$ | bis |
| $\sqrt[n]{\phantom{x}}$ | n-te Wurzel aus (ohne n: Wurzel aus $\triangleq$ Quadratwurzel) |
| $a^x$ | hoch; $a^x \triangleq a$ hoch $x$ |
| $a^{-x}$ | hoch minus; $a^{-x} \triangleq \frac{1}{a^x}$ a hoch minus $x$ |
| $\|y\|$ | Betrag von $y$ |
| $n!$ | n Fakultät; $0! = 1$; $n! = 1 \cdot 2 \cdot 3; \ldots n$ |
| $\binom{n}{k}$ | n über k, Binomialkoeffizient; $\binom{n}{k} = \frac{n \cdot (n-1) \cdot (n-2) \cdot \ldots \cdot (n-k+1)}{k!}$ |
| $i$ | $i = \sqrt{-1}$; $i^2 = -1$; i ist die Einheit des Imaginären |
| $\rightarrow$ | strebt gegen; z. B. $\lim\limits_{n \to \infty} \frac{1}{n} = 0$ |
| $\infty$ | unendlich |
| $\log_a$ | allgemeiner Logarithmus zur Basis a |
| lg | dekadischer oder Briggscher Logarithmus, Basis 10 |
| ln | natürlicher Logarithmus zur Basis e |
| $e$ | Natürliche Zahl; $e = 2{,}71828\ 18284\ 59045\ldots$ |

| | | | |
|---|---|---|---|
| lgcpl | Logarithmus complementi, dekadische Ergänzung zum Logarithmus | sin | Winkelfunktion, Verhältnis Gegenkathete : Hypothenuse = Sinus |
| $f$ | Funktion; z. B. $f(x)$ Funktion von $x$, $f$ von $x$ | cos | Winkelfunktion, Verhältnis Ankathete zu Hypothenuse = Cosinus |
| $\Delta f$ | Differenz zweier Funktionswerte | tan | Winkelfunktion (früher tg), Verhältnis Gegenkathete : Ankathete = Tangens |
| lim | Limes, Grenzwert | | |
| d | Differentiationszeichen, total | cot | Winkelfunktion (früher ctg), Verhältnis Ankathete : Gegenkathete = Cotangens |
| $\partial$ | Differentiationszeichen, partiell | | |
| $f'(x)$ | f-Strich von x ist die erste Ableitung der Funktion $f(x)$ | ° | Winkelgrad, Altgrad; 1 Umdrehung $\triangleq 360°$ (360 Grad) = Vollkreis |
| d$y$ | d-Ypsilon; Differential | | 60″ (Winkelsekunden) = 1′ (Winkelminute); 60′ = 1° |
| $\dfrac{\mathrm{d}y}{\mathrm{d}x}$ | d-Ypsilon nach d-Ix; Differentialquotient | | |
| | | g | Winkelgrad, Neugrad; 1 Umdrehung $\triangleq 400^g$ (400 Gon) = Vollkreis |
| $\int$ | Integrationszeichen | | |
| $\int_{+a} f(x)\,\mathrm{d}x$ | Unbestimmtes Integral der Funktion $f(x)$ | | $100^{cc}$ (Neusekunden) = $1^c$ (Neuminute); $100^c = 1^g$ |
| $\int_{-a}^{+a} f(x)\,\mathrm{d}x$ | Bestimmtes Integral von $f(x)$ zwischen den Grenzen $-a \cdots +a$ | | $100^g = 90°$ = 1 rechter Winkel |

**1.4. Physikalische Konstanten;** Genauigkeit (Ende 1970): Letzte Stelle $\pm 1$

| Symbol | Benennung | Größe |
|---|---|---|
| $u$ | Atommasseneinheit (unit) | $1{,}660 \cdot 10^{-27}$ kg = $1{,}660 \cdot 10^{-24}$ g |
| $N, N_A$ | Avogadrosche Konstante | $6{,}0225 \cdot 10^{23}$ mol$^{-1}$ |
| $N_L$ | Loschmidtsche Zahl | $2{,}6873 \cdot 10^{25}$ m$^{-3}$ = $2{,}6873 \cdot 10^{19}$ cm$^{-3}$ |
| $m_e$ | Ruhemasse des Elektrons | $9{,}1091 \cdot 10^{-31}$ kg = $5{,}4859 \cdot 10^{-4}$ u = $9{,}1091 \cdot 10^{-28}$ g |
| $m_p$ | Ruhemasse des Protons | $1{,}6725 \cdot 10^{-27}$ kg = $1{,}007\,277$ u = $1{,}6725 \cdot 10^{-24}$ g |
| $m_n$ | Ruhemasse des Neutrons | $1{,}6748 \cdot 10^{-27}$ kg = $1{,}0087$ u = $1{,}6748 \cdot 10^{-24}$ g |
| $e$ | Elektrische Elementarladung | $1{,}6021 \cdot 10^{-19}$ C |
| $F$ | Faradaykonstante | $9{,}6487 \cdot 10^4$ C $\cdot$ val$^{-1}$ = $26{,}77 \ldots$ A $\cdot$ h $\cdot$ val$^{-1}$ |
| $c_0$ | Lichtgeschwindigkeit im Vakuum | $2{,}997\,93 \cdot 10^8$ m $\cdot$ s$^{-1}$ = $2{,}997\,93 \cdot 10^{10}$ cm $\cdot$ s$^{-1}$ |
| $V_0$ | Molares Normvolumen idealer Gase | $2{,}241\,36 \cdot 10^{-2}$ m$^3$ $\cdot$ mol$^{-1}$ = $22{,}4136$ dm$^3$ $\cdot$ mol$^{-1}$ |
| $R$ | Universelle Gaskonstante | $8{,}3143$ J $\cdot$ grd$^{-1}$ $\cdot$ mol$^{-1}$ = $0{,}848$ kp $\cdot$ m $\cdot$ grd$^{-1}$ $\cdot$ mol$^{-1}$<br>= $0{,}082$ l $\cdot$ atm $\cdot$ grd$^{-1}$ $\cdot$ mol$^{-1}$<br>= $1{,}987$ cal $\cdot$ grd$^{-1}$ $\cdot$ mol$^{-1}$<br>= $6{,}236 \cdot 10^4$ Torr $\cdot$ cm$^3$ $\cdot$ grd$^{-1}$ $\cdot$ mol$^{-1}$ |
| $k$ | Boltzmannsche Entropiekonstante | $1{,}3805 \cdot 10^{-23}$ J $\cdot$ grd$^{-1}$ |
| $p_0$ | Physikalischer Normdruck (Normalatmosphäre) | 1 atm = $1{,}013\,25 \cdot 10^5$ N $\cdot$ m$^{-2}$ = $1{,}013\,25$ bar<br>= $1{,}033$ kp $\cdot$ cm$^{-2}$ |
| $T_0$ | Physikalische Normtemperatur (Eisschmelzpunkt) | $0\,°\mathrm{C} = 273{,}16\,°\mathrm{K}$ |
| $h$ | Plancksches Wirkungsquantum | $6{,}625\,6 \cdot 10^{-34}$ J $\cdot$ s |
| $G$ | Gravitationskonstante | $6{,}670 \cdot 10^{-11}$ N $\cdot$ m$^2$ $\cdot$ kg$^{-2}$ = $6{,}670 \cdot 10^{-11}$ m$^3$ $\cdot$ kg$^{-1}$ $\cdot$ s$^{-2}$ |
| $\varepsilon_0$ | Elektrische Feldkonstante (Influenzkonstante, DK des Vakuums) | $8{,}854\,16 \cdot 10^{-12}$ F $\cdot$ m$^{-1}$ |
| $\mu_0$ | Magnetische Feldkonstante (Induktionskonstante, Permeabilität des Vakuums) | $= 4 \cdot \pi \cdot 10^{-7}$ H $\cdot$ m$^{-1}$ = $1{,}256\,637 \cdot 10^{-6}$ H $\cdot$ m$^{-1}$ |
| $g$ | Normalfallbeschleunigung | $9{,}806\,65$ m $\cdot$ s$^{-2}$ |

## 1.5. Symbole, Größenarten, Bestimmungsgleichungen und Einheiten im MKSA°K-System
(Meter-Kilogramm-Sekunde-Ampere-Kelvingrad)

| Symbol | Größenart, mechanisch | Definitionsgleichung | Einheiten im MKSA°K-System |
|---|---|---|---|
| $l, s, d, r$ | Länge, Weg, Abstand, Radius | Grundgröße | m |
| $A$ | Fläche | $A = l^2$ | $m^2$ |
| $V$ | Volumen | $V = l^3$ | $m^3$ |
| $t$ | Zeit | Grundgröße | s |
| $v, f$ | Frequenz | $v = \dfrac{1}{t}$ | $s^{-1} \equiv Hz$ (Hertz) |
| $v$ | Geschwindigkeit | $v = \dfrac{s}{t}$ | $m \cdot s^{-1}$ |
| $\omega$ | Winkelgeschwindigkeit | $v = \omega \cdot r = 2 \cdot \pi \cdot v; \omega = \dfrac{v}{r} = \dfrac{\varphi}{t}$ | $s^{-1}$ |
| $a, (b)$ | Beschleunigung | $a = \dfrac{v}{t} = \dfrac{s}{t^2}$ | $m \cdot s^{-2}$ |
| $\alpha$ | Winkelbeschleunigung | $\omega = \alpha \cdot t; \alpha = \dfrac{\omega}{t} = \dfrac{v}{r \cdot t}$ | $s^{-2}$ |
| $m$ | Masse | $m = \dfrac{F}{a}$ | kg |
| $\varrho$ | Dichte | $\varrho = \dfrac{m}{V}$ | $kg \cdot m^{-3}$ |
| $\gamma$ | Wichte, spezifisches Gewicht | $\gamma = \dfrac{G}{V}$ | $kg \cdot m^{-2} \cdot s^{-2} \equiv N \cdot m^{-3}$ |
| $F$ | Kraft | $F = m \cdot a$ | $kg \cdot m \cdot s^{-2} \equiv N$ (Newton) |
| $G$ | Gewicht | $G = m \cdot g$ | $kg \cdot m \cdot s^{-2} \equiv N$ |
| $p$ | Druck | $p = \dfrac{F}{A}$ | $kg \cdot m^{-1} \cdot s^{-2} \equiv N \cdot m^{-2}$ |
| $W$ | Arbeit | $W = F \cdot s$ | $kg \cdot m^2 \cdot s^{-2} \equiv N \cdot m \equiv W \cdot s$ $\equiv J$ (Joule) |
| $E$ | Energie | $E = F \cdot s$ | $kg \cdot m^2 \cdot s^{-2} \equiv J$ |
| $P$ | Leistung | $P = \dfrac{W}{t}$ | $kg \cdot m^2 \cdot s^{-3} \equiv N \cdot m \cdot s^{-1}$ $\equiv J \cdot s^{-1} \equiv W$ (Watt) |
| $p$ | Impuls | $p = m \cdot v$ | $kg \cdot m \cdot s^{-1}$ |
| $M$ | Moment | $M = F \cdot l$ | $kg \cdot m^2 \cdot s^{-2}$ |
| $J$ | Trägheitsmoment | $J \equiv m \cdot r^2$ | $kg \cdot m^2$ |
| $\sigma$ | Oberflächenspannung | $\sigma = \dfrac{F}{l}$ | $kg \cdot s^{-2} = N \cdot m^{-1}$ |
| $\eta$ | Dynamische Viskosität | $\eta = p \cdot t$ | $kg \cdot m^{-1} \cdot s^{-1}$ |
| $\nu$ | Kinematische Viskosität | $\nu = \dfrac{\eta}{\varrho}$ | $m^2 \cdot s^{-1}$ |
| $\vartheta$ | Celsiustemperatur | $\vartheta = T - 273,16$ | (°C) $\Delta\vartheta = $ grd. |
| $T$ | Kelvintemperatur | Grundgröße | K $\Delta T = $ grd. |
| $Q$ | Wärmemenge | $Q = \Delta U - W$ | $kg \cdot m^2 \cdot s^{-2} \equiv N \cdot m \equiv W \cdot s \equiv J$ |
| $C$ | Wärmekapazität | $C = m \cdot c = \dfrac{\Delta Q}{\Delta T}$ | $kg \cdot m^2 \cdot s^{-2} \cdot grd^{-1} \equiv J \cdot grd^{-1}$ |
| $c$ | Spezifische Wärme | $c = \dfrac{\Delta Q}{m \cdot \Delta T} = \dfrac{C}{m}$ | $m \cdot s^{-2} \cdot grd^{-1} \equiv J \cdot kg^{-1} \cdot grd^{-1}$ |
| $U$ | Innere Energie | $\Delta U = Q + W$ | $kg \cdot m^2 \cdot s^{-2} \equiv J$ |
| $S$ | Entropie | $\Delta S = \dfrac{\Delta Q^{rev}}{T}$ | $kg \cdot m^2 \cdot s^{-2} \cdot °K^{-1} \equiv J \cdot °K^{-1}$ |
| $H$ | Wirkung | $H = W \cdot t$ | $kg \cdot m^2 \cdot s^{-1} \equiv J \cdot s$ |

| Symbol | Größenart, elektrisch und magnetisch | Definitions-gleichung | Einheiten im MKSA-System (Giorgi-System) |
|---|---|---|---|
| $I$ | Stromstärke | Grundgröße | $C \cdot s^{-1} = A$ (Ampère) |
| $i, j$ | Stromdichte | $i = \dfrac{I}{A}$ | $A \cdot m^{-2}$ |
| $Q$ | Elektrizitätsmenge, Ladung | $Q = I \cdot t$ | $A \cdot s = C$ (Coulomb) |
| $U$ | Spannung, Potential | $U = \dfrac{W}{Q}$ | $kg \cdot m^2 \cdot s^{-3} \cdot A^{-1} = W \cdot A^{-1}$ $= J \cdot C^{-1} = V$ (Volt) |
| $E$ | Feldstärke, elektrisch | $E = \dfrac{F}{Q}$ | $kg \cdot m \cdot s^{-3} \cdot A^{-1} = N \cdot C^{-1}$ |
| $R$ | Widerstand, elektrisch | $R = \dfrac{U}{I} = \varrho \cdot \dfrac{l}{q}$ | $kg \cdot m^2 \cdot s^{-3} \cdot A^{-2} = V \cdot A^{-1} = \Omega$ (Ohm) |
| $\varrho$ | Spezifischer elektrischer Widerstand | $\varrho = \dfrac{E}{i}$ | $kg \cdot m^3 \cdot s^{-3} \cdot A^{-2} = \Omega \cdot m$ |
| $\sigma$ | Elektrische Leitfähigkeit | $\sigma = \dfrac{1}{\varrho} = \dfrac{R \cdot A}{l}$ | $A^2 \cdot s^3 \cdot m^{-3} \cdot kg^{-1} = \Omega^{-1} \cdot m^{-1}$ $= S \cdot m^{-1}$ |
| $\varkappa$ | Spezifische elektrische Leitfähigkeit | $\varkappa = \dfrac{1}{\varrho} = \dfrac{i}{E}$ (im CGS-System: $S \cdot cm^{-1}$) | |
| $C$ | Elektrische Kapazität | $C = \dfrac{Q}{U}$ | $A^2 \cdot s^4 \cdot kg^{-1} \cdot m^{-2} = C \cdot V^{-1} = s \cdot \Omega^{-1}$ $= F$ (Farad) |
| $G$ | Elektrischer Leitwert | $G = \dfrac{I}{U} = \dfrac{1}{R}$ | $A^2 \cdot s^3 \cdot m^{-2} \cdot kg^{-1} = A \cdot V^{-1} = \Omega^{-1}$ $= S$ (Siemens) |
| $D$ | Elektrische Verschiebung(sdichte) | $D = \dfrac{Q}{A}$ | $A \cdot s \cdot m^{-2} = C \cdot m^{-2}$ |
| $F$ | Elektrische Kraft | $F = \dfrac{W}{S}$ | $kg \cdot m \cdot s^{-2} = W \cdot s \cdot m^{-1} = N$ (Newton) |
| $W$ | Elektrische Arbeit | $W = Q \cdot U = I \cdot t \cdot U$ | $kg \cdot m^2 \cdot s^{-2} = W \cdot s = N \cdot m = J$ (Joule) |
| $E$ | Elektrische Energie | $E = Q \cdot U = I \cdot t \cdot U$ | $kg \cdot m^2 \cdot s^{-2} = J$ |
| $P$ | Elektrische Leistung | $P = I^2 \cdot R = \dfrac{U^2}{R} = I \cdot U$ | $kg \cdot m^2 \cdot s^{-3} = J \cdot s^{-1} = V \cdot A = W$ (Watt) |
| $H$ | Magnetische Feldstärke | $H = \dfrac{I \cdot n}{l}$ | $A \cdot m^{-1}$ |
| $\Phi$ | Magnetischer Fluß (Induktionsfluß) | $\Phi = \mu_0 \cdot A \cdot H = A \cdot B$ | $kg \cdot m^2 \cdot A^{-1} \cdot s^{-2} = V \cdot s = Wb$ (Weber) |
| $L$ | Induktivität | $L = \mu_0 \cdot \mu \cdot \dfrac{n^2 \cdot A}{l}$ | $kg \cdot m^2 \cdot A^{-2} \cdot s^{-2} = V \cdot s \cdot A^{-1} = Wb \cdot A^{-1}$ $= H$ (Henry) |
| $B$ | Magnetische Induktion | $B = \mu_0 \cdot H$ | $kg \cdot s^{-2} \cdot A^{-1} = V \cdot s \cdot m^{-2} = Wb \cdot m^{-2}$ $= T$ (Tesla) |

### 1.6. Grundeinheiten in verschiedenen Systemen

| Größe | Die Basiseinheiten (Grundeinheiten) im | | |
|---|---|---|---|
| | Internationalen Einheitensystem (SI-Einheiten)* | Physikalischen System (CGS-System) | Technischen System |
| Länge | Das Meter [m] | Das Zentimeter [cm] | Das Meter [m] |
| Masse | Das Kilogramm [kg] | Das Gramm [g] | |
| Gewicht (Kraft) | | | Das Kilopond [kp] |
| Zeit | Die Sekunde [s] | Die Sekunde [s] | Die Sekunde [s] |
| Elektrische Stromstärke | Das Ampère [A] | | |
| Temperatur | Der Grad Kelvin [°K] | | |
| Lichtstärke | Die Candela [cd] | | |

\* SI-Einheiten gehören zum 1954 international vereinbarten „Système International d'Unités", das von der ISO ("International Standardizing Organisation") in der Empfehlung R 31 im November 1956 festgelegt wurde.

Es ist im CGS-System: Die Kraft $1\,\text{dyn} = 1\,\text{cm} \cdot \text{g} \cdot \text{s}^{-2} = 10^{-5}\,\text{N}$;
die Arbeit $1\,\text{erg} = 1\,\text{dyn} \cdot \text{cm} = 1\,\text{cm}^2 \cdot \text{g} \cdot \text{s}^{-1} = 10^{-7}\,\text{J}$

Es ist im technischen System: Die Kraft $1\,\text{kp} = 1\,\text{kg} \cdot 9{,}80665\,\text{m} \cdot \text{s}^{-2}$; die Arbeit $1\,\text{kp} \cdot \text{m} = 9{,}80665\,\text{J}$

## 2. Umrechnungstafeln

### 2.1. Zeit

| | sec | min | h | d | a |
|---|---|---|---|---|---|
| 1 sec = | 1,0 | $1{,}6667 \cdot 10^{-2}$ | $2{,}7778 \cdot 10^{-4}$ | $1{,}15741 \cdot 10^{-5}$ | $3{,}17098 \cdot 10^{-8}$ |
| 1 min = | $6{,}0000 \cdot 10^{1}$ | 1,0 | $1{,}6667 \cdot 10^{-2}$ | $6{,}94444 \cdot 10^{-4}$ | $1{,}90259 \cdot 10^{-6}$ |
| 1 h = | $3{,}6000 \cdot 10^{3}$ | $6{,}0000 \cdot 10^{1}$ | 1,0 | $4{,}16667 \cdot 10^{-2}$ | $1{,}14155 \cdot 10^{-4}$ |
| 1 d = | $8{,}6400 \cdot 10^{4}$ | $1{,}4400 \cdot 10^{3}$ | $2{,}4000 \cdot 10^{1}$ | 1,0 | $2{,}73973 \cdot 10^{-3}$ |
| 1 a = | $3{,}1536 \cdot 10^{7}$ | $5{,}2560 \cdot 10^{5}$ | $8{,}7600 \cdot 10^{3}$ | $3{,}65000 \cdot 10^{2}$ | 1,0 |

Die Kehrwerte sind die Umrechnungsfaktoren für Geschwindigkeiten. Sie werden in umgekehrter Folge, von oben nach unten (statt von links nach rechts) abgelesen. Z. B.: $1\,\text{m} \cdot \text{s}^{-1} = 6 \cdot 10^{1}\,\text{m} \cdot \text{min}^{-1} = 3{,}6 \cdot 10^{3}\,\text{m} \cdot \text{h}^{-1} = 8{,}64 \cdot 10^{4}\,\text{m} \cdot \text{d}^{-1}$.

### 2.2. Druck

Berechnungsgrundlage ist die Definition von $1\,\text{mm Hg} = 1\,\text{mm} \cdot 13{,}5951\,\text{g} \cdot \text{cm}^{-3} \cdot 980{,}665\,\text{cm} \cdot \text{s}^{-2}$
$1\,\text{mm Hg} = 1{,}000\,000\,14\,\text{Torr} = 1{,}333\,223\,874\,15\,\text{mbar} = 13{,}5951\,\text{kp} \cdot \text{m}^{-2}$ ($\equiv$ mmWS)
$1\,\text{bar} = 10^{5}\,\text{N} \cdot \text{m}^{-2} = 10^{6}\,\text{dyn} \cdot \text{cm}^{-2}$; $1\,\text{at} = 1\,\text{kp} \cdot \text{cm}^{-2} = 10^{4}\,\text{kp} \cdot \text{m}^{-2}$.

| | $\text{N} \cdot \text{m}^{-2}$ = Pa | $\text{kp} \cdot \text{m}^{-2}$ | atm | Torr |
|---|---|---|---|---|
| $1\,\text{N} \cdot \text{m}^{-2}$ = | 1,0 | $1{,}0197162 \cdot 10^{-1}$ | $9{,}869233 \cdot 10^{-6}$ | $7{,}500617 \cdot 10^{-3}$ |
| $1\,\text{kp} \cdot \text{m}^{-2}$ = | 9,80665 | 1,0 | $9{,}678411 \cdot 10^{-5}$ | $7{,}355592 \cdot 10^{-2}$ |
| 1 atm = | $1{,}013250 \cdot 10^{5}$ | $1{,}033227 \cdot 10^{4}$ | 1,0 | $7{,}60000 \cdot 10^{2}$ |
| 1 Torr = | $1{,}333224 \cdot 10^{2}$ | $1{,}359510 \cdot 10^{1}$ | $1{,}315789 \cdot 10^{-3}$ | 1,0 |

## 2.3. Energie

**Berechnungsgrundlage** ist die Definition der 5. Internationalen Dampfkonferenz **(London 1956):** 1 cal$_{IT(1956)}$ = 4,1868 J (genau). Ebenfalls genau sind: 1 J = 10$^7$ erg; 1 kWh = 3,6 · 10$^6$ J und 1 kpm = 9,80665 J.
Zur Umrechnung auf PSh diente die Beziehung
1 PSh = 2 700 000 · 10$^5$ kpm; daraus ergab sich
1 latm = 10,3326 kpm.

Das Energie/Masse-Äquivalent wurde errechnet aus der Einsteinschen Beziehung $E = m \cdot c^2$ mit der Vakuumlichtgeschwindigkeit $c = 2,997925 \cdot 10^{10}$ cm · s$^{-1}$. Für die Masse 1 g ist die Energie dann gleichbedeutend mit $c^2$ in erg, bzw. dem 10$^7$ten Teil davon in Joule. 1 g entspricht damit 8,987552 · 10$^{20}$ erg ≈ 8,9876 · 10$^{13}$ J. Weiterrechnung mit den oben angeführten Beziehungen.

| | Joule | kWh | kcal | kpm | latm | PSh | g |
|---|---|---|---|---|---|---|---|
| 1 J ≙ | 1,0000 | 2,7778 · 10$^{-7}$ | 2,3885 · 10$^{-4}$ | 1,0197 · 10$^{-1}$ | 9,8690 · 10$^{-3}$ | 3,7767 · 10$^{-7}$ | 1,1128 · 10$^{-14}$ |
| 1 kWh ≙ | 3,6000 · 10$^6$ | 1,0000 | 8,5985 · 10$^2$ | 3,6710 · 10$^5$ | 3,5528 · 10$^4$ | 1,3596 | 4,0055 · 10$^{-8}$ |
| 1 kcal ≙ | 4,1868 · 10$^3$ | 1,1630 · 10$^{-3}$ | 1,0000 | 4,2693 · 10$^2$ | 4,1319 · 10$^1$ | 1,5813 · 10$^{-3}$ | 4,6584 · 10$^{-11}$ |
| 1 kpm ≙ | 9,80665 | 2,7241 · 10$^{-6}$ | 2,3423 · 10$^{-3}$ | 1,0000 | 9,6781 · 10$^{-2}$ | 3,7037 · 10$^{-6}$ | 1,0183 · 10$^{-13}$ |
| 1 latm ≙ | 1,0133 · 10$^2$ | 2,8147 · 10$^{-5}$ | 2,4202 · 10$^{-2}$ | 1,0333 · 10$^1$ | 1,0000 | 3,8269 · 10$^{-5}$ | 1,1275 · 10$^{-12}$ |
| 1 PSh ≙ | 2,6478 · 10$^6$ | 7,3550 · 10$^{-1}$ | 6,3241 · 10$^2$ | 2,7000 · 10$^5$ | 2,6131 · 10$^4$ | 1,0000 | 2,9461 · 10$^{-8}$ |
| 1 g ≙ | 8,9876 · 10$^{13}$ | 2,4965 · 10$^7$ | 2,1417 · 10$^{10}$ | 9,1648 · 10$^{12}$ | 8,8696 · 10$^{11}$ | 3,3944 · 10$^7$ | 1,0000 |

**Fehlergrenze** ± 0,0001

## 2.4. Leistung

|  | kW | kcal·s$^{-1}$ | kpm·s$^{-1}$ | PS |
|---|---|---|---|---|
| 1 kW = | 1,0 | 2,3885·10$^{-1}$ | 1,0197·10$^2$ | 1,3596 |
| 1 kcal·s$^{-1}$ = | 4,1868 | 1,0 | 4,2692·10$^2$ | 5,69268 |
| 1 kpm·s$^{-1}$ = | 9,8067·10$^{-3}$ | 2,3423·10$^{-3}$ | 1,0 | 1,33333·10$^{-2}$ |
| 1 PS = | 7,3550·10$^{-1}$ | 1,7567·10$^{-1}$ | 7,5000·10$^1$ | 1,0 |

## 2.5. Umrechnung der Dichte ϱ in ältere Aräometer-Einheiten.

Außer bei den englischen Twaddell-Graden (Grad Twaddle; twaddle = Quatsch, Unsinn, Gequassel!) läßt sich die Dichte mit zwei einfachen Formeln aus den verschiedensten Graden leicht errechnen. °Tw. wird nur oberhalb der Dichte 1,000 angegeben, und zwar bei 60°F = 15,56°C. Es gilt:

$$\varrho = \frac{200+n}{200} = 1 + \frac{n}{200} \quad \text{für °Tw. bei 15,56°C.}$$

$$\varrho = \frac{x}{x-n} \quad \text{für Dichten } \varrho > 1; \quad \varrho = \frac{x}{x+n} \quad \text{für Dichten } \varrho < 1.$$

| n in Grad | x = | bei ϑ °C |
|---|---|---|
| Baumé, amerikanisch | 145,0 | 15 |
| Baumé, rationell | 144,30 | 15 |
| Baumé, holländisch | 144,0 | 12,5 |
| Baumé, ältere Skala | 146,78 | 17,5 |
| Balling, f. Zucker | 200,0 | 17,5 |
| Beck | 170,0 | 12,5 |
| Brix, % Zucker | 400,0 | 15,625 |
| Stoppani | 166,0 | 15,625 |

Für die Elektrochemie als Industriezweig werden nur Twaddle und Baumé, z. T. heute noch, verwendet. Es entsprechen:

| ϱ | : | 0,60 | 0,61 | 0,62 | 0,63 | 0,64 | 0,65 | 0,66 | 0,67 | 0,68 | 0,69 |
|---|---|---|---|---|---|---|---|---|---|---|---|
| °Bé (leicht) | : | 103,33 | 99,51 | 95,81 | 92,22 | 88,75 | 85,38 | 82,12 | 78,95 | 75,88 | 72,90 |
| ϱ | : | 0,70 | 0,71 | 0,72 | 0,73 | 0,74 | 0,75 | 0,76 | 0,77 | 0,78 | 0,79 |
| °Bé (leicht) | : | 70,00 | 67,18 | 64,44 | 61,78 | 59,19 | 56,67 | 54,21 | 51,82 | 49,49 | 47,22 |
| ϱ | : | 0,80 | 0,81 | 0,82 | 0,83 | 0,84 | 0,85 | 0,86 | 0,87 | 0,88 | 0,89 |
| °Bé (leicht) | : | 45,00 | 42,84 | 40,73 | 38,68 | 36,67 | 34,71 | 32,79 | 30,92 | 29,09 | 27,30 |
| ϱ | : | 0,90 | 0,91 | 0,92 | 0,93 | 0,94 | 0,95 | 0,96 | 0,97 | 0,98 | 0,99 |
| °Bé (leicht) | : | 25,56 | 23,85 | 22,17 | 20,54 | 18,94 | 17,37 | 15,83 | 14,33 | 12,86 | 11,41 |
| ϱ | : | 1,00 | | | | | | | | | |
| °Bé (leicht) | : | 10,00 | | | | | | | | | |

| ϱ        | :         | 1,00  | 1,01  | 1,02  | 1,03  | 1,04  | 1,05  | 1,06  | 1,07  | 1,08  | 1,09  |
|----------|-----------|-------|-------|-------|-------|-------|-------|-------|-------|-------|-------|
| °Bé      | (schwer): | 0,00  | 1,44  | 2,84  | 4,22  | 5,58  | 6,91  | 8,21  | 9,49  | 10,74 | 11,97 |
| °Tw.     | :         | 0,0   | 2,0   | 4,0   | 6,0   | 8,0   | 10,0  | 12,0  | 14,0  | 16,0  | 18,0  |
| ϱ        | :         | 1,10  | 1,11  | 1,12  | 1,13  | 1,14  | 1,15  | 1,16  | 1,17  | 1,18  | 1,19  |
| °Bé      | (schwer): | 13,18 | 14,37 | 15,54 | 16,68 | 17,81 | 18,91 | 20,00 | 21,07 | 22,12 | 23,15 |
| °Tw.     | :         | 20,0  | 22,0  | 24,0  | 26,0  | 28,0  | 30,0  | 32,0  | 34,0  | 36,0  | 38,0  |
| ϱ        | :         | 1,20  | 1,21  | 1,22  | 1,23  | 1,24  | 1,25  | 1,26  | 1,27  | 1,28  | 1,29  |
| °Bé      | (schwer): | 24,17 | 25,16 | 26,15 | 27,11 | 28,06 | 29,00 | 29,92 | 30,83 | 31,72 | 32,60 |
| °Tw.     | :         | 40,0  | 42,0  | 44,0  | 46,0  | 48,0  | 50,0  | 52,0  | 54,0  | 56,0  | 58,0  |
| ϱ        | :         | 1,30  | 1,31  | 1,32  | 1,33  | 1,34  | 1,35  | 1,36  | 1,37  | 1,38  | 1,39  |
| °Bé      | (schwer): | 33,46 | 34,31 | 35,15 | 35,98 | 36,79 | 37,59 | 38,38 | 39,16 | 39,93 | 40,68 |
| °Tw.     | :         | 60,0  | 62,0  | 64,0  | 66,0  | 68,0  | 70,0  | 72,0  | 74,0  | 76,0  | 78,0  |
| ϱ        | :         | 1,40  | 1,41  | 1,42  | 1,43  | 1,44  | 1,45  | 1,46  | 1,47  | 1,48  | 1,49  |
| °Bé      | (schwer): | 41,43 | 42,16 | 42,89 | 43,60 | 44,31 | 45,00 | 45,68 | 46.36 | 47,03 | 47,68 |
| °Tw.     | :         | 80,0  | 82,0  | 84,0  | 86,0  | 88,0  | 90,0  | 92,0  | 94,0  | 96,0  | 98,0  |
| ϱ        | :         | 1,50  | 1,51  | 1,52  | 1,53  | 1,54  | 1,55  | 1,56  | 1,57  | 1,58  | 1,59  |
| °Bé      | (schwer): | 48,33 | 48,97 | 49,60 | 50,23 | 50,84 | 51,45 | 52,05 | 52,64 | 53,23 | 53,80 |
| °Tw.     | :         | 100,0 | 102,0 | 104,0 | 106,0 | 108,0 | 110,0 | 112,0 | 114,0 | 116,0 | 118,0 |
| ϱ        | :         | 1,60  | 1,61  | 1,62  | 1,63  | 1,64  | 1,65  | 1,66  | 1,67  | 1,68  | 1,69  |
| °Bé      | (schwer): | 54,38 | 54,94 | 55,49 | 56,04 | 56,58 | 57,12 | 57,65 | 58,17 | 58,69 | 59,20 |
| °Tw.     | :         | 120,0 | 122,0 | 124,0 | 126,0 | 128,0 | 130,0 | 132,0 | 134,0 | 136,0 | 138,0 |
| ϱ        | :         | 1,70  | 1,71  | 1,72  | 1,73  | 1,74  | 1,75  | 1,76  | 1,77  | 1,78  | 1,79  |
| °Bé      | (schwer): | 59,71 | 60,20 | 60,70 | 61,18 | 61,67 | 62,14 | 62,61 | 63,08 | 63,54 | 63,99 |
| °Tw.     | :         | 140,0 | 142,0 | 144,0 | 146,0 | 148,0 | 150,0 | 152,0 | 154,0 | 156,0 | 158,0 |
| ϱ        | :         | 1,80  | 1,81  | 1,82  | 1,83  | 1,84  | 1,85  | (1,86)  |       |       |       |
| °Bé      | (schwer): | 64,44 | 64,89 | 65,33 | 65,77 | 66,01 | 66,62 | (67,04) |       |       |       |
| °Tw.     | :         | 160,0 | 162,0 | 164,0 | 166,0 | 168,0 | 170,0 | (172,0) |       |       |       |

## 3. Spezielle Tafeln zur Elektrochemie
### 3.1. Symbole und Namen der Elemente, Atommassen, Dichte und elektrochemische Konstanten für die betr. Wertigkeit $v$

| Elementsymbol und Elementname | | Atommasse[1] | $v$ | Äquivalentmasse[2] $m_{ä}$ | Dichte $\varrho$[3] | Äquivalentvolumen $V_{ä}$[4] | Elektrochemische Konstanten in abger. Zahlenwerten | | | |
|---|---|---|---|---|---|---|---|---|---|---|
| | | | | | | | $A'_{techn.}$[5] | $A'_{el.-chem.}$[6] | $Q_m$[7] | $Q_{mechn.}$[8] |
| Ag | Silber | 107,868 | 1 | 107,868 | 10,50 | 10,27 | 4,025 | 1,11800 | 894,4544 | 0,2484 |
| Au | Gold | 196,967 | 1 | 196,967 | 19,32 | 10,20 | 7,354 | 2,042 | 489,77 | 0,136 |
| Au | Gold | 196,967 | 3 | 65,6557 | 19,32 | 3,4 | 2,451 | 0,6807 | 1469,53 | 0,408 |
| Cd | Kadmium | 112,40 | 2 | 56,20 | 8,65 | 6,5 | 2,098 | 0,5825 | 1716,8 | 0,477 |
| Co | Kobalt | 58,9332 | 2 | 29,4666 | 8,9 | 3,32 | 1,099 | 0,3053 | 3274,2 | 0,910 |
| Cr | Chrom | 51,996 | 6 | 8,666 | 7,19 | 1,205 | 0,3234 | 0,8985 | 11133,0 | 3,090 |
| Cu | Kupfer | 63,546 | 1 | 63,546 | 8,96 | 7,09 | 2,370 | 0,6585 | 1518,3 | 0,422 |
| Cu | Kupfer | 63,546 | 2 | 31,773 | 8,96 | 3,545 | 1,185 | 0,3293 | 3036,65 | 0,844 |
| Fe | Eisen | 55,847 | 2 | 27,9235 | 7,874 | 3,55 | 1,042 | 0,2894 | 3455,25 | 0,960 |
| Fe | Eisen | 55,847 | 3 | 18,6157 | 7,874 | 2,365 | 0,6947 | 0,1930 | 5182,87 | 1,439 |
| H | Wasserstoff | 1,00797 | 1 | 1,00797 | 0,0695* | 11,21**** | 0,03765 | 0,01045 | 95720,1 | 26,6 |
| In | Indium | 114,82 | 3 | 38,27 | 7,31 | 5,23 | 1,4275 | 0,3968 | 2521,1 | 0,700 |
| Ni | Nickel | 58,71 | 2 | 29,355 | 8,90 | 3,3 | 1,095 | 0,3043 | 3286,7 | 0,914 |
| O | Sauerstoff | 15,9994 | 2 | 7,9997 | 1,14** | 11,21**** | 0,2985 | 0,08291 | 12060,83 | 3,350 |
| Pb | Blei | 207,19 | 2 | 103,595 | 11,34 | 9,145 | 3,865 | 1,0745 | 931,34 | 0,2585 |
| Pd | Palladium | 106,4 | 2 | 53,2 | 11,97 | 4,445 | 1,985 | 0,5514 | 1813,6 | 0,504 |
| Pt | Platin | 195,09 | 4 | 48,7725 | 21,45 | 2,27 | 1,820 | 0,5055 | 1978,2 | 0,5493 |
| Rh | Rhodium | 102,905 | 3 | 34,30167 | 12,42 | 2,76 | 1,280 | 0,36586 | 2812,8 | 0,7813 |
| Sb | Antimon | 121,75 | 3 | 40,58333 | 6,684 | 6,07 | 1,514 | 0,4205 | 2377,4 | 0,660 |
| Sn | Zinn | 118,69 | 2 | 59,345 | 7,28*** | 8,15 | 2,214 | 0,6150 | 1625,8 | 0,4515 |
| Sn | Zinn | 118,69 | 4 | 29,6725 | 7,28*** | 4,075 | 1,107 | 0,3075 | 3251,5 | 0,9075 |
| Zn | Zink | 65,37 | 2 | 32,685 | 7,14 | 4,578 | 1,219 | 0,3388 | 2953,4 | 0,821 |

* bei −252 °C; ** bei −183 °C (= Siedepunkt); *** weiße Modifikation; **** Gasvolumen unter NB (0 °C; 760 Torr)

## Anmerkungen zur Anhangtafel 3.1.

[1]) Die Atommassen sind auf $1/12$ der Masse des Kohlenstoffatoms bezogen ($= 1$ u).

[2]) Die Äquivalentmasse ist die Atommasse in Gramm, dividiert durch die Wertigkeit des entstehenden oder verschwindenden Ions. Beim Verschwinden der Ladung (elektrolytische Abscheidung) wird 1 Faraday verbraucht und bei der Ladungsentstehung (galvanische Elemente oder Verbrennungszellen) wird, bei 100% Stromausbeute, 1 Faraday erhalten. Dies basiert auf der Definition von 1 Ampere, das in 1s 1,118 mg Ag abscheidet. 1 Faraday ist für diese Tafel 96,483 kC nach

$$\frac{m_{\text{ä, Ag}}}{\ddot{A}_{\text{el.-chem., Ag}}} = \frac{107{,}868 \cdot 1000 \text{ mg}}{1{,}118 \text{ mg} \cdot \text{C}^{-1}} \cdot \text{F}^{-1}$$

logarithmisch: $\lg m_{\text{ä, Ag}}$    5,0328926
$-\lg \ddot{A}_{\text{el.-ch., Ag}}$    $-0{,}0484418$
$= \lg \text{C} \cdot \text{F}^{-1}$    4,9844508

$$1 \text{ F} = 96483 \text{ C}$$

[3]) Die Dichtewerte sind ebenso wie alle anderen Zahlenangaben in der letzten Stelle ungenau. Die Genauigkeit hängt vom Reinheitsgrad des Materials ab, der erreicht werden konnte. Zur Bestimmung werden die Metalle im Vakuum erschmolzen, um Lufteinschlüsse zu vermeiden. Die Dichtebestimmung gilt, wenn nicht anders in der Fußnote angegeben, für 20° C in g · cm$^{-3}$. Die Dichte ist nicht zu verwechseln mit der Wichte $\gamma$, dem spezifischen Gewicht in p · cm$^{-3}$. Die Dichte $\varrho$ ist die spezifische Masse, die auf jedem Breitengrad denselben Wert hat.

[4]) Das Äquivalentvolumen wird aus der Äquivalentmasse durch Division durch die Dichte erhalten nach

$$V_{\text{ä}} = \frac{m_{\text{ä}}}{\varrho} \ [\text{cm}^3 \cdot \text{Val}^{-1}]$$

Es stellt die Raumbeanspruchung der Masse bei 20°C dar, die durch 1 Faraday repräsentiert wird. Ausnahme: Sauerstoff und Wasserstoff beanspruchen 11,21 bei NB (0°C und 760 Torr) als zweiatomige Moleküle.

[5]) Das technische Äquivalent ist auf die Galvanotechnik zugeschnitten. Es stellt diejenige Masse dar, die durch 1 Ah abgeschieden wird, bzw. als Zellenbestandteil 1 Ah liefern kann, wenn die Atome in Ionen übergehen. Der Wert wird erhalten durch Division der Äquivalentmasse durch das elektrochemische Äquivalent nach

$$\ddot{A}_{\text{techn.}} = \frac{m_{\text{ä}} \cdot g}{26{,}8 \text{ Ah}} \ [\text{g} \cdot \text{Ah}^{-1}]$$

[6]) Das elektrochemische Äquivalent gibt an, wieviel mg eines Elements oder allgemein Äquivalents einer Substanz durch 1 Coulomb, [C] oder [As] abgeschieden werden. Die logarithmische Berechnung des elektrochemischen Äquivalents wird aus der tausendfachen Äquivalentmasse als Dividend (Zähler) und 96483 C als Divisor (Nenner) erhalten in mg · C$^{-1}$.

[7]) Die Strommenge $Q$, die benötigt wird, angegeben in As ($=$ C), um 1 g eines Stoffes abzuscheiden wird aus dem tausendfachen reziproken Wert (Kehrwert) des elektrochemischen Äquivalents erhalten. Das Ergebnis gibt zugleich an, wieviel Coulomb aus einem Gramm Materie der betreffenden Art, auf elektrochemischem Wege bei 100% Stromausbeute, gewonnen werden können. Die Dimensionsangabe zeigt, daß die Berechnung normalerweise mit 96483 C als Dividend und der Äquivalentmasse als Divisor durchgeführt wird.

[8]) Die letzte Spalte ist für die Elektrizitätsversorgung bei der Raumfahrt auf elektrochemischem Wege (kombiniert mit dem Äquivalentvolumen) und für die Kostenrechnung in galvanischen Betrieben gedacht. Sie gibt die Amperestunden an, die elektrochemisch aus 1 Gramm Materie maximal gewonnen werden können, andererseits auch die Strommenge, die zur Abscheidung von 1 Gramm Materie aus ihrer Ionenform (bei 100%iger Ausbeute) benötigt wird. Als Dividend wurde 26,8 Ah und als Divisor die Äquivalentmasse eingesetzt. Der Quotient ist gleich dem Kehrwert des technischen elektrochemischen Äquivalents:

$$Q_{\text{m techn.}} = \frac{1}{\ddot{A}_{\text{techn.}}}$$

Die Werte von [4]), [5]) und [8]) wurden mit der 50 cm-Skala des Rechenschiebers Novo-Duplex errechnet, diejenigen von [6]) und [7]) mit der Logarithmentafel.

## 3.2. Äquivalent- und Grenzleitfähigkeiten verschiedener wäßriger Elektrolytlösungen, gemessen bei 18 °C

| Substanz | 10n | 5n | 1n | 0,5n | 0,1n | 0,05n | 0,01n | 0,005n | 0,001n | 0,0005n | 0,0001n | z. T. extrapoliert 0,00..n | berechnet nach Tafel 8 |
|---|---|---|---|---|---|---|---|---|---|---|---|---|---|
| $H_2SO_4$ | 64,4 | 152,2 | 301,0 | 327,0 | 233,3 | 253,5 | 309,0 | 373,0 | 361,0 | 372,0 | | 382,7 | 382,5 |
| HCl | 65,4 | 156,0 | 300,0 | 326,0 | 351,0 | 360,0 | 370,0 | 371,0 | 376,0 | | | 380,3 | 380,0 |
| $HNO_3$ | | | | | 350,0 | 358,0 | 367,0 | 371,0 | 374,0 | | | 377,0 | 376,3 |
| $HOOCCH_3$ | 0,05 | 0,29 | 1,3 | 2,0 | 4,6 | 6,5 | 14,3 | 20,0 | 41,0 | 57,0 | 107,0 | 349,5 | 349,1 |
| KF | | | 76,0 | 82,6 | 94,0 | 97,7 | 104,3 | 106,2 | 108,9 | 109,6 | 110,5 | 111,3 | 111,2 |
| KCl | | | 98,2 | 102,4 | 111,9 | 115,8 | 122,5 | 124,4 | 127,3 | 128,1 | 129,1 | 130,0 | 130,1 |
| KBr | | | | 105,4 | 114,2 | 117,8 | 124,4 | 126,4 | 129,4 | 130,2 | 131,2 | 132,3 | 132,1 |
| KJ | | | 103,6 | 106,2 | 114,0 | 117,3 | 123,4 | 125,3 | 128,2 | 129,0 | 129,8 | 131,1 | 130,6 |
| NaF | | | 51,5 | 60,0 | 73,1 | 77,0 | 83,3 | 85,3 | 87,8 | 88,5 | 89,4 | 90,2 | 90,1 |
| NaCl | | 42,7 | 74,35 | 80,9 | 92,0 | 95,7 | 102,0 | 103,8 | 106,5 | 107,2 | 108,1 | 109,0 | 108,9 |
| $NH_4Cl$ | | 80,7 | 97,0 | 101,4 | 110,7 | 115,2 | 122,1 | 124,2 | 127,3 | 128,1 | 129,2 | 129,9 | 130,0 |
| $NH_4NO_3$ | | | 88,8 | | 106,6 | | 118,0 | | 124,5 | | 126,1 | 126,2 | 126,2 |
| $NaNO_3$ | | | 41,2 | 74,1 | 87,2 | 91,4 | 98,2 | 100,1 | 102,9 | 103,5 | 104,6 | 105,3 | 105,2 |
| $NaOOCCH_3$ | | | 49,4 | 49,4 | 61,1 | 64,2 | 70,2 | 72,4 | 75,2 | 75,8 | 77,0 | 77,8 | 78,0 |
| $KOOCCH_3$ | | | 63,4 | 71,6 | 83,8 | 87,7 | 94,0 | 95,7 | 98,3 | 98,9 | 99,0 | 99,1 | 99,1 |
| $Ca(OOCCH_3)_2$ | | | 26,3 | 36,3 | 54,0 | 60,3 | 71,9 | 75,0 | 79,6 | 80,7 | 82,3 | 85,5 | 85,8 |
| $Sr(OOCCH_3)_2$ | | | 30,9 | 40,2 | 56,7 | 62,3 | 72,8 | 75,8 | 80,1 | 81,1 | 82,4 | 85,7 | 85,9 |
| $Ba(OOCCH_3)_2$ | | | 34,3 | 43,8 | 60,2 | 65,7 | 77,1 | 80,4 | 85,0 | 86,1 | 87,1 | 89,4 | 89,6 |
| $Ca(NO_3)_2$ | | 21,5 | 55,9 | 65,7 | 82,5 | 88,4 | 99,5 | 103,0 | 108,5 | 109,9 | 111,9 | 113,3 | 113,0 |
| $Sr(NO_3)_2$ | | 16,4 | 52,1 | 62,7 | 80,9 | 87,3 | 99,0 | 102,7 | 108,3 | 109,8 | 111,6 | 113,2 | 113,1 |
| $Ba(NO_3)_2$ | | | | 56,6 | 78,9 | 86,8 | 101,0 | 105,3 | 111,7 | 113,3 | 115,3 | 116,9 | 116,8 |
| $MgCl_2$ | | | 61,5 | 69,6 | 83,4 | 88,5 | 98,1 | 103,1 | 106,4 | 107,7 | 109,4 | 110,9 | 111,0 |
| $CaCl_2$ | | 35,6 | 67,5 | 74,9 | 88,2 | 93,3 | 103,4 | 106,7 | 112,0 | 113,3 | 115,2 | 116,7 | 116,7 |
| $SrCl_2$ | | | 68,5 | 75,7 | 90,2 | 94,4 | 105,4 | 108,9 | 114,5 | 116,0 | 116,9 | 116,9 | 116,8 |
| $BaCl_2$ | | | 70,1 | 77,3 | 90,8 | 96,0 | 106,7 | | 115,6 | 117,0 | 116,6 | 120,6 | 120,5 |
| $MgSO_4$ | | | 28,9 | | 49,7 | 56,9 | 76,2 | 84,5 | 99,8 | 104,2 | 109,9 | 113,5 | 133,5 |
| $CaSO_4$ | | | | 28,7 | | | 77,0 | 85,9 | 104,3 | 109,3 | 114,9 | 119,1 | 119,2 |
| $CdSO_4$ | | | 23,6 | | 42,2 | 49,6 | 70,3 | 79,7 | 97,7 | 102,9 | 109,8 | 113,8 | 113,8 |
| $ZnSO_4$ | | | 26,5 | | 45,3 | 53,5 | 72,8 | 82,5 | 98,4 | 103,2 | 110,2 | 113,5 | 113,6 |
| $CuSO_4$ | | | 25,8 | | 43,9 | 51,2 | 71,7 | 81,0 | 98,5 | 103,5 | 110,0 | 114,0 | 114,0 |
| $Na_2SO_4$ | | | 50,8 | 59,7 | 78,4 | 83,9 | 96,8 | 100,8 | 106,7 | 108,3 | 110,5 | 111,3 | 111,4 |
| KOH | 44,8 | 105,8 | 184,0 | 197,0 | 213,0 | 219,0 | 228,0 | 230,0 | 231 | 232 | 234 | 237,7 | 238,0 |
| NaOH | | 20,2 | 160,0 | | 183,0 | | 200,0 | | 208,0 | | | 217,4 | 216,9 |
| $NH_4OH$ | 0,05 | 0,20 | 0,89 | 1,35 | 3,3 | 4,6 | 9,6 | 13,2 | 28,0 | 38,0 | | 237,5 | 238,0 |

## 3.3. Rechenhilfe zur Poggendorfschen Kompensationsschaltung (Wheatstonesche Brücke)

Auf der 100 cm-Skala werden a cm bei Stromlosigkeit abgelesen. N sei der vorgegebene Normalwert (Vergleichswert) und X der gesuchte, zu berechnende Wert. Zu nebenstehender Skizze gilt:

$$\frac{X}{a} = \frac{N}{100-a} \quad \text{und} \quad \frac{X}{N} = \frac{a}{100-a} \ ; \quad \text{daraus} \ X = \frac{a}{100-a} \cdot N = f \cdot N$$

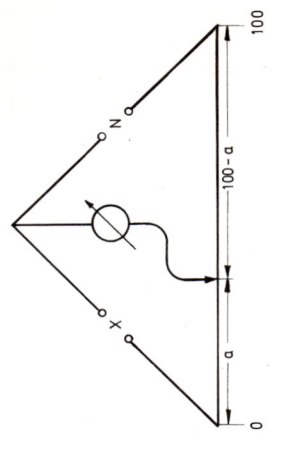

### 3.3.1. Werte für log f:

| a | 0 | 1 | 2 | 3 | 4 | 5 | 6 | 7 | 8 | 9 |
|---|---|---|---|---|---|---|---|---|---|---|
| 0  | –         | 0,0044 –2 | 0,3098 –2 | 0,4904 –2 | 0,6198 –2 | 0,7212 –2 | 0,8050 –2 | 0,8766 –2 | 0,9393 –2 | 0,9952 –2 |
| 10 | 0,0458 –1 | 0,0920 –1 | 0,1347 –1 | 0,1744 –1 | 0,2116 –1 | 0,2467 –1 | 0,2798 –1 | 0,3114 –1 | 0,3415 –1 | 0,3703 –1 |
| 20 | 0,3979 –1 | 0,4246 –1 | 0,4503 –1 | 0,4752 –1 | 0,4994 –1 | 0,5229 –1 | 0,5457 –1 | 0,5680 –1 | 0,5898 –1 | 0,6111 –1 |
| 30 | 0,6320 –1 | 0,6525 –1 | 0,6726 –1 | 0,6924 –1 | 0,7119 –1 | 0,7312 –1 | 0,7501 –1 | 0,7689 –1 | 0,7874 –1 | 0,8057 –1 |
| 40 | 0,8239 –1 | 0,8419 –1 | 0,8598 –1 | 0,8776 –1 | 0,8953 –1 | 0,9129 –1 | 0,9304 –1 | 0,9478 –1 | 0,9652 –1 | 0,9826 –1 |
| 50 | 0,0000    | 0,0174    | 0,0348    | 0,0522    | 0,0696    | 0,0872    | 0,1047    | 0,1224    | 0,1402    | 0,1581    |
| 60 | 0,1761    | 0,1943    | 0,2126    | 0,2311    | 0,2499    | 0,2688    | 0,2881    | 0,3076    | 0,3274    | 0,3475    |
| 70 | 0,3680    | 0,3889    | 0,4102    | 0,4320    | 0,4543    | 0,4771    | 0,5006    | 0,5248    | 0,5497    | 0,5754    |
| 80 | 0,6021    | 0,6297    | 0,6585    | 0,6886    | 0,7202    | 0,7533    | 0,7884    | 0,8256    | 0,8653    | 0,9080    |
| 90 | 0,9542    | 1,0048    | 1,0607    | 1,1234    | 1,1950    | 1,2788    | 1,3802    | 1,5097    | 1,6902    | 1,9956    |

### 3.3.2. Werte von f:

| a | 0 | 1 | 2 | 3 | 4 | 5 | 6 | 7 | 8 | 9 |
|---|---|---|---|---|---|---|---|---|---|---|
| 0  | –       | 0,01010 | 0,02041 | 0,03093 | 0,04167 | 0,05263 | 0,06383 | 0,07527 | 0,08696 | 0,09890 |
| 10 | 0,1111  | 0,1236  | 0,1364  | 0,1494  | 0,1628  | 0,1765  | 0,1905  | 0,2048  | 0,2195  | 0,2346  |
| 20 | 0,2500  | 0,2658  | 0,2821  | 0,2987  | 0,3158  | 0,3333  | 0,3514  | 0,3699  | 0,3889  | 0,4085  |
| 30 | 0,4286  | 0,4493  | 0,4706  | 0,4925  | 0,5152  | 0,5385  | 0,5625  | 0,5873  | 0,6129  | 0,6393  |
| 40 | 0,6667  | 0,6949  | 0,7241  | 0,7544  | 0,7857  | 0,8182  | 0,8519  | 0,8868  | 0,9231  | 0,9608  |
| 50 | 1,000   | 1,041   | 1,083   | 1,128   | 1,174   | 1,222   | 1,273   | 1,326   | 1,381   | 1,439   |
| 60 | 1,500   | 1,564   | 1,632   | 1,703   | 1,778   | 1,857   | 1,941   | 2,030   | 2,125   | 2,226   |
| 70 | 2,333   | 2,448   | 2,571   | 2,704   | 2,846   | 3,000   | 3,167   | 2,348   | 3,545   | 3,762   |
| 80 | 4,000   | 4,263   | 4,556   | 4,882   | 5,250   | 5,667   | 6,143   | 6,692   | 7,333   | 8,091   |
| 90 | 9,000   | 10,11   | 11,50   | 13,29   | 15,67   | 19,00   | 24,00   | 32,33   | 49,00   | 99,00   |

## 3.4. Standardpotentiale der Elemente in wäßriger Lösung

### 3.4.1. Kationenbildner (elektrochemische Spannungsreihe der Metalle)

| Red → Ox | $E_0$ [V] | Red → Ox | $E_0$ [V] | Red → Ox | $E_0$ [V] |
|---|---|---|---|---|---|
| Li → Li$^+$ | −3,045 | Np → Np$^{+++}$ | −1,9 | Sn → Sn$^{++}$ | −0,1364 |
| Rb → Rb$^+$ | −2,925 | Al → Al$^{+++}$ | −1,706 | Pb → Pb$^{++}$ | −0,1263 |
| K → K$^+$ | −2,924 | Mn → Mn$^{++}$ | −1,029 | $^{1}/_{2}$ V$_2$ → D$^+$ | −0,044 |
| Cs → Cs$^+$ | −2,923 | Zn → Zn$^{++}$ | −0,7628 | $^{1}/_{2}$ H$_2$ → H$^+$ | 0,0000 |
| Ba → Ba$^{++}$ | −2,90 | Ga → Ga$^{+++}$ | −0,560 | Cu → Cu$^{++}$ | +0,3402 |
| Sr → Sr$^{++}$ | −2,89 | Cr → Cr$^{++}$ | −0,557 | Cu → Cu$^+$ | +0,522 |
| Ca → Ca$^{++}$ | −2,76 | Fe → Fe$^{++}$ | −0,409 | 2 Hg → Hg$_2^{++}$ | +0,7961 |
| Na → Na$^+$ | −2,7109 | Cd → Cd$^{++}$ | −0,4026 | Ag → Ag$^+$ | +0,7996 |
| Mg → Mg$^{++}$ | −2,375 | In → In$^{+++}$ | −0,338 | Hg → Hg$^{++}$ | +0,851 |
| Ce → Ce$^{+++}$ | −2,335 | Tl → Tl$^+$ | −0,3363 | Pd → Pd$^{++}$ | +0,987 |
| Nd → Nd$^{+++}$ | −2,246 | Co → Co$^{++}$ | −0,277 | Au → Au$^{+++}$ | +1,42 |
| | | Ni → Ni$^{++}$ | −0,23 | | |

### 3.4.2. Anionenbildner

| Red → Ox | $E_0$ [V] | Red → Ox | $E_0$ [V] | Red → Ox | $E_0$ [V] |
|---|---|---|---|---|---|
| Te$^{--}$ → Te | −0,915 | 2 OH$^-$ → $^{1}/_{2}$O$_2$ + H$_2$O | +0,401 | Cl$^-$ → $^{1}/_{2}$Cl$_2$ | +1,3583 |
| Se$^{--}$ → Se | −0,78 | J$^-$ → $^{1}/_{2}$J$_2$ | +0,5355 | F$^-$ → $^{1}/_{2}$F$_2$ | +2,87 |
| S$^{--}$ → S | −0,51 | Br$^-$ → $^{1}/_{2}$Br$_2$ | +1,0652 | | |

### 3.4.3. Redox-Potentiale, Standardpotentiale von Bezugselektroden mit Platin-Ableitung

| Halbelement | $E_0$ [V] | Halbelement | $E_0$ [V] |
|---|---|---|---|
| Co[CN]$_6^{----}$, Co[CN]$_6^{---}$ | −0,83 | Fe$^{++}$, Fe$^{+++}$ | +0,771 |
| Cr$^{++}$, Cr$^{+++}$ | −0,41 | Hg$_2^{++}$, 2 Hg$^+$ | +0,905 |
| V$^{++}$, V$^{+++}$ | −0,255 | Tl$^+$, Tl$^{+++}$ | +1,247 |
| Sn$^{++}$, Sn$^{++++}$ | +0,139 | Mn$^{++}$, Mn$^{+++}$ | +1,51 |
| Cu$^+$, Cu$^{++}$ | +0,158 | Ce$^{+++}$, Ce$^{++++}$ | +1,4430 |
| Fe[CN]$_6^{----}$, Fe[CN]$_6^{---}$ | +0,46 | Pb$^{++}$, Pb$^{++++}$ | +1,685 |
| Fe[CN]$_6^{----}$, Fe[CN]$_6^{---}$ (1 m-H$_2$SO$_4$) | +0,69 | Co$^{++}$, Co$^{+++}$ | +1,842 |

### 3.4.4. Redox-Indikatoren, 50% reduziert, $p_H = 7$ und 20 °C für den $E_0$-Wert, und das $r_H$-Umschlagsgebiet (*Ausnahme*: Diphenylaminsulfonsäurewert in 1 m-H$_2$SO$_4$*)

| Indikatorlösung | Farbumschlag | zwischen $r_H =$ | $E^0$ [V] |
|---|---|---|---|
| 0,05% Neutralrot in 60%igem Alkohol | rot → farblos | 2 → 4,5 | −0,32 |
| 0,05% Safranin T in Wasser | rot → farblos | 4 → 7,5 | −0,29 |
| 0,05% Indigodisulfonat in Wasser | blau → gelblich | 8,5 → 10,5 | −0,11 |
| 0,05% Indigotrisulfonat in Wasser | blau → gelblich | 9,5 → 12 | −0,07 |
| 0,05% Indigotetrasulfonat in Wasser | blau → gelblich | 11,5 → 13,5 | −0,03 |
| 0,05% Methylenblau in Wasser | blau → farblos | 13,5 → 15,5 | +0,01 |
| 0,05% Thionin in 60%igem Alkohol | violett → farblos | 15 → 17 | +0,06 |
| 0,05% Toluylenblau in 60%igem Alkohol | blauviolett → farblos | 16 → 18 | +0,11 |
| 0,02% Thymol-indophenol in 60%igem Alkohol | blau[1] → farblos | 17,5 → 20 | +0,18 |
| 0,02% m-Kresol-indophenol in 60%igem Alkohol | blau[2] → farblos | 19 → 21,5 | +0,21 |
| 0,02% 2,6-Dichlorphenol-indophenol in Wasser | blau → farblos | 20 → 22,5 | +0,23 |
| 0,05% Diphenylaminsulfonsäure in Wasser | violett → farblos | 27 → 29 | +0,83* |

[1] Unterhalb $p_H = 9$ rötlich  [2] Unterhalb $p_H = 8,5$ rötlich

### 3.4.5. Standardpotentiale in Volt von Bezugselektroden

2. Art (gegen NWE = Normalwasserstoffelektrode; 25 °C und 1 atm.). S. a. Tafel 19 und 20 im Text.

| Halbelement | $E_0$ | Halbelement | $E_0$ |
|---|---|---|---|
| $Ag\|(AgCl); Cl^-$ | + 0,2223 | $Hg\|(Hg_2SO_4); SO_4^{--}$ | + 0,6158 |
| $Ag\|(AgBr); Br^-$ | + 0,0713 | $Pb(Hg)\|(PbF_2); 2 F^-$ | − 0,3444 |
| $Ag\|(AgJ); J^-$ | − 0,1519 | $Pb(Hg)\|(PbCl_2); 2 Cl^-$ | − 0,262 |
| $Ag\|(AgSCN); SCN^-$ | + 0,0895 | $Pb(Hg)\|(PbBr_2); 2 Br^-$ | − 0,275 |
| $Hg\|(Hg_2Cl_2); 2 Cl^-$ | + 0,2682 | $Pb(Hg)\|(PbJ_2); 2 J^-$ | − 0,358 |
| $Hg\|(Hg_2Br_2); 2 Br^-$ | + 0,1396 | $Pb(Hg)\|(PbSO_4); SO_4^{--}$ | − 0,3505 |
| $Hg\|(Hg_2J_2); 2 J^-$ | − 0,0405 | | |

## 3.5. Pufferlösungen

Pufferlösungen erfüllen zwei Hauptaufgaben:
1. Sie können in einem System den $p_H$-Wert gegenüber Fremdeinflüssen ziemlich konstant halten. Beispiel: Eine schwache Säure im Gemisch mit ihrem Alkalisalz fängt eine starke Säure als Alkalisalz ab und die schwächere Säure wird in Freiheit gesetzt, Alkalizusatz bildet das Alkalisalz der schwachen Säure, die Hydroxylionen werden durch Wasserstoffionen abgefangen, die von der schwachen Säure durch Nachdissoziieren stets nachgeliefert werden können.
2. Ihre Unempfindlichkeit gegen äußere Einflüsse (z. B. Kohlendioxid der Luft) und die einfache Zusammensetzung der Pufferlösungen prädestiniert sie zur Verwendung als $p_H$-Standards.

**Standardazetat nach Michaelis:** (Natriumazetat : Essigsäure = 1 : 1)

| | | |
|---|---|---|
| 1 n-Natronlauge | 5 ml | 5 ml |
| 1 n-Essigsäure | 10 ml | 10 ml |
| Wasser | 35 ml | 135 ml |
| Azetatpuffer | 50 ml 0,1 n | 250 ml 0,05 n |
| $p_H$-Wert bei 20 °C | 4,62 | 4,67 |

↳ Häufig als Füllung für Glaselektroden verwendet

**Puffergemische von definiertem $p_H$-Wert bei 20 °C und 25 °C mit ihrer Zusammensetzung in Intervallen von halben $p_H$-Einheiten**

**Benötigte Lösungen und ihre Zusammensetzung**

| Nr. | Lösung |
|---|---|
| 1 | 0,1 m-Salzsäure |
| 2 | 0,1 m-Natriumzitrat (21,008 g Zitronensäuremonohydrat + 200 ml 1 n-NaOH je Liter) |
| 3 | 0,2 m-Salzsäure |
| 4 | 0,2 m-Kaliumchlorid (14,9114 g KCl im Liter) |
| 5 | 0,1 m-Kaliumhydrogenphthalat (20,418 g Kaliumbiphthalat je Liter) |
| 6 | 1/15 m-Kaliumdihydrogenphosphat (9,078 g $KH_2PO_4$ im Liter) |
| 7 | 1/15-Natriumhydrogenphosphat (11,876 g $Na_2HPO_4 \cdot 2 H_2O$ im Liter) |
| 8 | 0,1 m-Natronlauge |
| 9 | 0,1 m-Kaliumdihydrogenphosphat (13,609 g $KH_2PO_4$ je Liter) |
| 10 | 0,2 m-Natriumborat (12,404 g Borsäure + 100 ml 1 n-NaOH je Liter) |
| 11 | 0,025 m-Borax (9,5355 g $Na_2B_4O_7 \cdot 10 H_2O$ je Liter) |
| 12 | 0,05 m-Natriumhydrogenphosphat (8,900 g $Na_2HPO \cdot 2 H_2O$ im Liter) |

| $p_H$ | Bei 20 °C. Nach Sörensen. | | | | Bei 25 °C. Nach Clark und Lubs. | | | |
|---|---|---|---|---|---|---|---|---|
| | ml | Lg.-Nr. | + ml | Lg.-Nr. | ml | Lg.-Nr. | + ml | Lg.-Nr. |
| 1,5 | 77,8 | 1 | 22,2 | 2 | 82,8 | 3 | 100 | 4 |
| 2,0 | 69,4 | 1 | 30,6 | 2 | 26,0 | 3 | 100 | 4 |
| 2,5 | 64,6 | 1 | 35,4 | 2 | 77,6 | 1 | 100 | 5 |
| 3,0 | 59,7 | 1 | 40,3 | 2 | 44,6 | 1 | 100 | 5 |
| 3,5 | 53,2 | 1 | 46,8 | 2 | 16,4 | 1 | 100 | 5 |
| 4,0 | 44,0 | 1 | 56,0 | 2 | 0,2 | 1 | 100 | 5 |
| 4,5 | 28,1 | 1 | 71,9 | 2 | 17,4 | 8 | 100 | 5 |
| 5,0 | 0,95 | 6 | 99,05 | 7 | 45,2 | 8 | 100 | 5 |
| 5,5 | 3,9 | 6 | 96,1 | 7 | 73,2 | 8 | 100 | 5 |
| 6,0 | 12,1 | 6 | 87,9 | 7 | 11,2 | 8 | 100 | 9 |
| 6,5 | 31,3 | 6 | 68,7 | 7 | 27,8 | 8 | 100 | 9 |
| 7,0 | 61,2 | 6 | 38,8 | 7 | 58,2 | 8 | 100 | 9 |
| 7,5 | 85,2 | 6 | 14,8 | 7 | 82,2 | 8 | 100 | 9 |
| 8,0 | 96,9 | 6 | 3,1 | 7 | 93,4 | 8 | 100 | 9 |
| 8,5 | 44,15 | 1 | 55,85 | 10 | 30,4 | 1 | 100 | 11 |
| 9,0 | 34,75 | 1 | 65,25 | 10 | 9,2 | 1 | 100 | 11 |
| 9,5 | 19,5 | 1 | 80,5 | 10 | 17,6 | 8 | 100 | 11 |
| 10,0 | 41,0 | 8 | 59,0 | 10 | 36,6 | 8 | 100 | 11 |
| 10,5 | 47,2 | 8 | 52,8 | 10 | 45,4 | 8 | 100 | 11 |
| 11,0 | 49,9 | 8 | 50,1 | 10 | 8,2 | 8 | 100 | 12 |

Weitere Werte in [15]), sowie Küster-Thiel-Fischbeck: Logarithmische Rechentafeln. L. Kratz: Die Glaselektrode und ihre Anwendungen. Robinson und Stokes: Electrolyte Solutions. R. G. Bates: Electrometric $p_H$ Determinations.

Anmerkungen für Seite 239
* Antipittingstoffe sind Zusätze gegen Löcherbildung (Lochfraß = pitting);

[1]) Meist Äthersulfonate (z. B. Triton Nr. 720): R— bzw. Ar—(O—$CH_2$—$CH_2$)$_x$$OSO_3^-$ $Na^+$ worin $x = 5$–$20$;

[2]) Z. B. Tergitol 08: 2-Äthylhexanolnatriumsulfat

$$C_4H_9-CH-CH_2-O-SO_3^{\ominus}\ Na^{\oplus};$$
$$\phantom{C_4H_9-}|$$
$$\phantom{C_4H_9-}C_2H_5$$

[3]) Kaliumrhodanid (KSCN) oder $6\,g\cdot l^{-1}$ KSCN + $0{,}65\,g\cdot l^{-1}$ lösliches Kohlehydrat wie Melasse oder Mannit o. ä.;

[4]) Zwitterionische oberflächenaktive Substanzen, meist N-Alkylbetaine,

$$CH_3-(CH_2)_x-\overset{\displaystyle CH_3}{\underset{\displaystyle CH_3}{\overset{|}{\underset{|}{N^{\oplus}}}}}-CH_2-COO^{\ominus}\quad x = 10\text{–}20$$

## 4. Galvanische Bäder

**4.1. Kupferbäder, Ansätze für jeweils 1 Liter, Angaben der Mengen in Gramm, Spannungen 2,5–3–4 Volt**

- 4.1.1. Saures Sulfatbad;
- 4.1.2. Fluoroboratbad;
- 4.1.3. Pyrophosphatbad;
- 4.1.4. Sulfamatbad;
- 4.1.5. Aminbad;
- 4.1.6.1. Zyanidbad geringer Kupferkonzentration;
- 4.1.6.2. Zyanidbad hoher Kupferkonzentration;
- 4.1.6.3. Rochellesalzbad;
- 4.1.7. Schnellgalvanoplastikbad;
- 4.1.8. Schnellgalvanoplastikbad für besonders harte Kupferabscheidung;
- 4.1.9. Variante von 4.1.8.

| Bestandteile | 4.1.1. | 4.1.2. | 4.1.3. | 4.1.4. | 4.1.5. | 4.1.6.1. | 4.1.6.2. | 4.1.6.3. | 4.1.7. | 4.1.8. | 4.1.9. |
|---|---|---|---|---|---|---|---|---|---|---|---|
| Kupfersulfatpentahydrat | 210–250 | | | | | | | | | | |
| Kupferfluoroborat | | 225–450 | | | | | | | | | |
| Kupferpyrophosphattrihydrat | | | 100–120 | | | | | | | | |
| Kupferzyanid | | | | 130 | 100–125 | 22,5–25 | 120 | 28,5 | 250 | 210 | 250 |
| Schwefelsäure 66 °Bé ($\varrho = 1{,}84$) | 10–30 | 2 | | | | | | | 7,5 | 60 | 75 |
| Borfluorwasserstoffsäure | | | | | | | | | | | |
| Zitronensäure | | | 10 | | | | | | | | |
| Natriumzyanid, oder | | | | | | 34–37,5 | 135–140 | 44 | | | |
| Kaliumzyanid (in ( ) weg. Stromdichte) | | | | | | (36,5) | (180–185) | | | | |
| Kaliumpyrophosphatdekahydrat | | | 360–440 | | | | | | | | |
| Ammoniumsulfat | | | | | 18–20 | | | | | | |
| Natriumhydrogensulfit | | | | | | (3) | | 46–48 | | | |
| Kaliumnatriumtartrat (Rochellesalz) | | | | | | | | 15–16 | | | |
| Ammoniumsulfamat | | | | 100 | | | | | | | |
| Natriumkarbonat, wasserfrei | | | | | | 6–15 | 4 | | | | |
| Natriumhydroxid | | | | 7,5 | (30) | | | | | | |
| Ammoniumhydroxid 29 °Bé ($\varrho = 0{,}88$) | | | | | 80–100 | | | | | | |
| Diäthylentriamin | | | 3 | | | | | | | | |
| Alkohol (Äthanol) | 0,01–0,04 | | | | | | | | | | |
| Thioharnstoff | 0,8 | | | | | | | | 10 | | |
| Melasse | | | | | | | | | | | |
| Phenolsulfosäure | | | | | | | | | | 1,8 | 1,8 |
| Sonstige Glanzmittel | (0,2)[1] | | | | | | $2^{3}$ | | | | |
| Sonstige Antipittingstoffe * | | | | | (2,5)[2] | | $0{,}2^{4}$ | | | | |
| Sonstige Netzmittel | | | | | | | | | | | |
| Badtemperatur in °C | 20–21 | 28–75 | 45–50 | 2–3,75 | (20)–60 | 30–40 | 60–90 | 60–70 | bis 5 | 25–30 | 30–40 |
| Stromdichte in A · dm$^{-2}$ (KCN) | 5,0–7,5 | 8–30 | 0,5–5,5 | | 3,5–5,4 | 1–2 | 1–3 (10) | 3 | | 4–5 | 15 |
| $p_H$-Wert | 0,5–1,0 | 0,2–1,4 | 8,5 | | 9,0–10,0 | | | 12,5 | 2,8 | | |

**4.2. Goldbäder, Ansätze für jeweils 1 Liter, Angaben der Mengen in Gramm, Spannungen 1,5–3–6 Volt**

4.2.1. Technische, nicht dekorative Vergoldung;
4.2.2. Gelbes Gold für schwere Überzüge (Feingold- oder unlösliche Anode);
4.2.3. Gelbes Gold (um so gelber, je höher die Stromdichte);
4.2.4. Gelbes Gold mit unlöslicher Anode;
4.2.5. Weißgold mit 15–20% Nickel (Anoden aus Nickel oder rostfreiem Stahl);
4.2.6. Rosagold mit 58,5%iger Goldanode (14 Karat, 585-Stempel), Badansatz bei Betriebstemperatur, zuerst Natriumzyanid, dann die anderen Zusätze auflösen;
4.2.7. Grüngold, Anode wie bei 4.2.6. und * beachten.

| Bestandteile | 4.2.1. | 4.2.2. | 4.2.3. | 4.2.4. | 4.2.5. | 4.2.6. | 4.2.7. |
|---|---|---|---|---|---|---|---|
| Kaliumgoldzyanid Natriumgoldzyanid Kaliumnickelzyanid | 22,5–25 | 19 | 3,7–5,6 | 3,75 | 3,7 5,6 | 1,9 | 1,9 |
| Kupfer-I-Zyanid Kaliumeisen-II-zyanid Natriumsilberzyanid * | | | | | | 2,8 7,5 | 0,9 s. bei * |
| Kaliumzyanid Natriumzyanid Kaliumkarbonat | 52,5–55,5 | 12,5 | 11,5–15 | 3,75 7,5 | 1,0 | 11,2 | 11,2 |
| Kaliumsulfitdihydrat Dinatriumhydrogenphosphat | | 6,0 | 7,5 | | | | |
| Kaliumhydroxid Natriumhydroxid | 3,7–5,6 | 12,5 | | | | | |
| Badtemperatur in °C Stromdichte in A · dm$^{-2}$ | 50–70 0,4 | 50–80 0,2–0,6 1,5–2,0 V | 25–65 0,2–0,5 | 45–70 0,5–1,5 2–6 V | 50–55 4–20 | 70–75 1,5–2,0 3–5 V | 45–55 0,4 1–2 V |

\* Stets frisch ansetzen und je nach Farbe zubessern! Je Liter 2,0–3,0 g Silbernitrat + 1,2–1,8 g Natriumzyanid aufgelöst zugeben.

**4.3. Silberbäder, Ansätze für jeweils 1 Liter, Angaben der Mengen in Gramm.** Aus den Literaturwerten läßt sich für die maximale Stromdichte als Funktion der Silberkonzentration errechnen: $i = 0,330 + 0,0155 \cdot c_{Ag}$, worin $c_{Ag}$ den Silbergehalt des Bades in Gramm je Liter darstellt. Die günstigste Badtemperatur liegt allgemein um 28°C und die Fläche der Silberanode ist gleich oder größer als die Warenfläche. Kalium- und Natriumionen nebeneinander im Bad verschlechtern den Silberniederschlag.

4.3.1.    Erste Vorversilberung für Eisen und Stahl;
4.3.2.    Zweite Vorversilberung für Eisen und Stahl, Vorversilberung für Nichteisenmetalle;
4.3.3.    Vorversilberungsbad, allgemein;
4.3.4.    Starkversilberungsbad;

4.3.5. bis 4.3.7. Starkversilberungsbäder mit Schwefelkohlenstoff als Glanzzusatz (Dispersion durch Schütteln mit einem kleinen Badvolumen und Zugabe zum Bad);
4.3.8.    Starkversilberungsbad, alkalisch, für Laborzwecke.

Thioharnstoff als Glanzbildner wird in Mengen von 35–40 g je Liter zugesetzt. Stromdichte für den besten Glanzeffekt ist $0,70 \pm 0,15 \, A \cdot dm^{-2}$. Eine Verbesserung der Haftfestigkeit auf Messing und Kupfer (Vorverkupferung) wird durch eine Quickbeize erzielt. Sie amalgamiert beide Metalle und vergrößert die Haftung damit.

**Quickbeize:** Die Literaturangaben schwanken zwischen 6 g Quecksilberoxid + 18 g Natriumzyanid und 16 g Quecksilberoxid + 250 g Kaliumzyanid im Liter Wasser. Für stark nickelhaltige Legierungen wird die salpetersaure Quickbeize vorgezogen. Sie enthält etwa 2,5 g Quecksilber-1-nitrat im Liter 9,3%iger Salpetersäure (Dichte: $1,05 = 7°\text{Bé} = 1,54 \, n\text{-HNO}_3$).

| Bestandteile | 4.3.1. | 4.3.2. | 4.3.3. | 4.3.4. | 4.3.5. | 4.3.6. | 4.3.7. | 4.3.8. |
|---|---|---|---|---|---|---|---|---|
| Silberzyanid | 2 | 4–5 | 2,5–4,3 | 25 | 30 | 30 | 24 | 32 |
| Kupfer-1-zyanid | 12 | | | | | | | |
| Kaliumzyanid | 75 | 60–75 | 50–60 | 37 | 41,5 | 30 | 35 | 120 |
| Natriumzyanid | | | | | | | | |
| Kaliumkarbonat | | | | 25 | | | | |
| Natriumkarbonat | | | 60 | | 45 | 45 | <22 | 40 |
| Kaliumhydroxid | | | | | | | | |
| Kaliumhexazyanoferrat (II) | | | | | | | | |
| Kaliumhexazyanoferrat (III) | | | 15–60 | | | | | |
| Einzeln oder im Gemisch | | | | | | | | |
| Schwefelkohlenstoff in ml | | | | | 1 | 1 | 1 | |
| Badtemperatur in °C | 20–25 | 20–25 | 20–25 | 20–27 | 25 | 25 | 25 | 18–25 |
| Stromdichte in $A \cdot dm^{-2}$ | 1,5–2,5 | 1,5–2,5 | 1,5–2,0 | 0,3–0,4 | 0,5–1,5 | 0,5–1,5 | 0,5–1,5 | 0,2–0,5 |
| Spannung in Volt | 6 | 6 | 2–6 | ≤1 | 1 | 1 | 1 | 0,8–1 |

**4.4. Platin- und Palladiumbäder** (Rhodiumbad s. Text, ebenso Platinschwarzüberzüge). Angaben in Gramm je Liter.

4.4.1. Platinbad, Vorversilberung notwendig für Eisen, Stahl, Zink, Zinn und Blei;
4.4.2. Platinbad für Laborzwecke, dünne Überzüge;
4.4.3. Gutes Platinbad;
4.4.4. Palladiumbad vom Nitritkomplextyp, kann mit Diamin zum Diamino-Nitrit-Typ erweitert werden;
4.4.5. Palladium aus komplexem Aminophosphatbad;
4.4.6. Palladiumbad für dickere Schichten (nicht dekorativ).

| Bestandteile | 4.4.1. | 4.4.2. | 4.4.3. | 4.4.4. | 4.4.5. | 4.4.6. |
|---|---|---|---|---|---|---|
| Platinchlorwasserstoffsäurehexahydrat | 20 | | 13 | | | |
| Natriumhexahydroxyplatinattrihydrat | | | | | | |
| Platinchlorid | | 4 | | | | |
| Natriumpalladiumnitrit | | | | 10 | | |
| Palladiumchlorid | | | | | 5 | 50 |
| Ammoniumphosphat | | 16 | 45 | | 55 | |
| Natriumphosphat | | 80 | | | 240 | |
| Dinatriumphosphat | | | 240 | | | |
| Ammoniumchlorid | 35 | 4 | | 50 | | |
| Natriumchlorid | | | | | | |
| Natriumsulfat, wasserfrei | | 4–5 | | | | |
| Natriumtetraboratdekahydrat (Borax) | | | | | | 20–50 |
| Natriumoxalat | 6 | | | | | |
| Natriumnitrit | 6 | | | 10 | | |
| Natriumhydroxid | | | | | | |
| Benzoesäure[1] | | | | | 3,5 | |
| Badtemperatur in °C | 65–80 | 70–75 | 70 | 40–50 | 45 | 50 |
| Stromdichte in A · dm$^{-2}$ | 0,8 | 0,12 | 0,2–0,5 | 0,1 | 0,1 | 0,1 |

[1]) Auch andere puffernde Substanzen wie Phosphorsäure, Borsäure und organische Säuren, die zugleich komplexativ sind.

**4.5. Nickelbäder; Ansätze für jeweils 1 Liter, Mengenangaben in Gramm, Badspannungen 1,5–2–3 Volt, für 4.5.19. Badspannung = 8 Volt.**

| 4.5.1. | bis 4.5.2. | Gemischte Chlorid-Sulfat-Bäder für Laborzwecke; |
| 4.5.3. | bis 4.5.4. | Watts-Bäder; |
| 4.5.5. | bis 4.5.6. | Saure Chloridbäder; |
| 4.5.7. | bis 4.5.7. | Warmnickelbäder; |
| 4.5.9. | bis 4.5.12. | Weiß- und Mattnickelbäder; |
| 4.5.13. | bis 4.5.17. | Glanznickelbäder; |
| 4.5.18. | | Bad für Elektrotypie mit harten und dehnbaren Nickelabscheidungen; |
| 4.5.19. | | Bad für Galvanoplastik; |
| 4.5.20. | | Kobalt-Formiat-Bad als eines der meistbenutzten Glanznickelbäder ohne organische Zusätze (nach Weisberg und Stoddard). |

| Bestandteile | 4.5.1. | 4.5.2. | 4.5.3. | 4.5.4. | 4.5.5. | 4.5.6. | 4.5.7. | 4.5.8. | 4.5.9. | 4.5.10. |
|---|---|---|---|---|---|---|---|---|---|---|
| Nickelsulfatheptahydrat | 195 | 175 | 300 | 330 | 185 | – | 250 | 200–350 | 150 | 108 |
| Nickelchloridhexahydrat | 170 | 85 | 40 | 30–45 | | 300 | 40 | 35–60 | | |
| Nickelammoniumsulfathexahydrat | | | | | | | | | | |
| Nickelformiat | | | | | | | | | | |
| Kobaltsulfatheptahydrat | | | | | | | | | | 17 |
| Magnesiumsulfatheptahydrat | | | | | | | | | 22 | |
| Natriumchlorid | | | | | | | | | | |
| Natriumfluorid | | | | | | | 12,5 | | 6 | 9 |
| Natriumsulfat | | | | | | | | | | |
| Natriumformiat | | | | | | | | | | |
| Ammoniumchlorid | | | | | | | | | | |
| Ammoniumsulfat | | 2 | | | | | | | | 6 |
| Ammoniumpersulfat | | | | | | | | | | |
| Borsäure | 40 | 20 | 20 | 30 | 18,5 | 30 | 25 | 25–40 | 10 | 10 |
| Formaldehyd (Methanal) 40%ig | | | | | | | | | | |
| Glanzmittel* | | | | | | | | | | |
| Badtemperatur in °C | 45 | 30–35 | 30–35 | 60 | 50–65 | 45 | 30–40 | 50–70 | 20–25 | 18–20 |
| Stromdichte in A · dm$^{-2}$ | 2,5–10 | 2–3 | 2,5–4 | 4–8 | etwa 2 | 2–10 | 1,5–3,5 | 1,5–5 | 0,5–1 | 0,3–0,6 |

## 4.5. Nickelbäder (Fortsetzung)

| Bestandteile | 4.5.11. | 4.5.12. | 4.5.13. | 4.5.14. | 4.5.15. | 4.5.16. | 4.5.17. | 4.5.18. | 4.5.19. | 4.5.20. |
|---|---|---|---|---|---|---|---|---|---|---|
| Nickelsulfatheptahydrat | 120 | 100 | 200–350 | 250 | 75–100 | 240 | 240 | 240 | 250–300 | 240 |
| Nickelchloridhexahydrat |  |  |  | 15 |  | 45 | 45 | 23 |  | 30 |
| Nickelammoniumsulfathexahydrat |  | 25 |  |  | 200–250 |  |  |  |  |  |
| Nickelformiat |  |  |  |  |  |  |  | 15 |  | 45 |
| Kobaltsulfatheptahydrat |  |  |  |  |  | 4,5 | 15 | 3 | 2,5 | 3 |
| Magnesiumsulfatheptahydrat |  |  |  |  |  |  |  |  |  |  |
| Natriumchlorid |  |  |  |  |  |  |  |  | 15–22 |  |
| Natriumfluorid |  |  |  |  |  |  |  |  |  |  |
| Natriumsulfat | 22,5 |  |  |  |  |  | 35 |  |  |  |
| Natriumformiat |  |  |  |  |  |  |  |  |  |  |
| Ammoniumchlorid |  | 20 |  |  |  | 1 |  | 1,5 |  | 1 |
| Ammoniumsulfat |  |  |  |  |  |  |  |  |  |  |
| Ammoniumpersulfat |  |  |  |  |  |  |  |  |  |  |
| Borsäure | 30 | 20 | 35–40 | 35 | 35–40 | 30 | 30 | 30 | 22,5 | 30 |
| Formaldehyd (Methanal) 40%ig |  |  |  |  |  | 2,5 |  |  |  | 2,5 |
| Glanzmittel * |  |  | [1] | [2] |  |  |  |  |  |  |
| Badtemperatur in °C | 20–25 |  | 40–60 | 50 | 40–60 | 60–70 | 60–70 | 48 | 45 | 60 |
| Stromdichte in $A \cdot dm^{-2}$ | 0,5–1 |  | ≥ 3 | 5–7,5 | ≥ 3 | 1–10 | 1–10 | 5,4 | 11 | 4,3–6,5 |

* Glanzmittel: Leim, Agar, Zucker, Sulfitablauge; Zink, Kadmium, Selenoxid; Sulfonate von Benzol- und Naphthalinderivaten, Oleoresinen und Terpenen; Aldehyde und Ketone, Amine, Sulfate und Chloralhydrate usw.

[1] Z.B. 0,25–1 g Benzoldisulfonamid + 1–2 g o- oder p-Toluolsulfonamid im Liter Bad.
[2] Z.B. 2–3 g Methylnaphthalinsulfonat, technisch und 2 g Sulfitablauge im Liter Bad.

## 4.6. Chrombäder; Ansätze für jeweils 1 Liter, Mengenangaben in Gramm, Badspannungen 4–6 Volt, für 4.6.8. und 4.6.9. 10–14 Volt.

4.6.1. bis 4.6.4. Hartchrombäder; mit 22 $A \cdot dm^{-2}$ betrieben ergibt den härtesten, glänzenden Chromüberzug;
4.6.3. Glanzchrombad;
4.6.5.
4.6.6. Laborbad;
4.6.7. Dekor-Chrombad;
4.6.8. und 4.6.9. Schwarzverchromungsbäder;
4.6.10. Konzentriertes Bad für harte, glänzende Überzüge.

| Bestandteile | 4.6.1. | 4.6.2. | 4.6.3. | 4.6.4. | 4.6.5. | 4.6.6. | 4.6.7. | 4.6.8. | 4.6.9. | 4.6.10. |
|---|---|---|---|---|---|---|---|---|---|---|
| Chromtrioxid (Chromsäure) | 200 | 250 | 250–350 | 250 | 380–420 | 400 | 400 | 350–450 | 250–400 | 500 |
| Schwefelsäure 66°Bé ($\varrho = 1{,}84$) | 0,5 | 2,5 | 2,5–3,5 | 1,5–2,5 | 3–3,5 | 4–6 | 4 | | | 5 |
| Eisessig | | | | | | | | 10–20 | | |
| Kieselfluorwasserstoffsäure | 3,5 | | | 4 [1] | | | | | | |
| Alterungsmittel | | | | | | | [2] | | | |
| Badtemperatur in °C | 50–55 | 55 | 50–55 | 45 | 35–45 | 35–40 | 40 | 10–20 | 15–30 | 50 |
| Stromdichte in $A \cdot dm^{-2}$ | 30 | 35 | 25–50 | 16 | 10–20 | 5–15 | 10 | 70–200 | 80–100 | 10–25 |

[1] 12,5 g Oxalsäure oder 9 g Weinsäure oder 6,25 g Zitronensäure.
[2] 25 g Oxalsäure oder 18 g Weinsäure oder 12,5 g Zitronensäure.

**4.7. Weitere Metallbäder; Ansätze für jeweils 1 Liter, Mengenangaben in Gramm.**

| Bestandteile | 4.7.1. | 4.7.2. | 4.7.3. | 4.7.4. | 4.7.5. | 4.7.6. | 4.7.7. | 4.7.8. | 4.7.9. | 4.7.10. | 4.7.11. |
|---|---|---|---|---|---|---|---|---|---|---|---|
| Eisensulfat (7 $H_2O$) Eisen-II-chlorid (4 $H_2O$) Kadmiumsulfat | 150–300 | 250 30 | 350 | 300–450 | | | | | | | |
| Kadmiumoxid Kaliumkadmiumzyanid Nickelsulfat | | | | | 100 1 | 30 | | | | | |
| Zinksulfat (7 $H_2O$) Magnesiumchlorid Aluminiumsulfat (18 $H_2O$) | | | | | | | 250 45 | 240 30 | | | |
| Kaliumzinkzyanid Zinkoxid Zinn-II-sulfat | | | | | | | | | 15 | 32 | 60 |
| Natriumstannat (3 $H_2O$) Kobaltammonsulfat (6 $H_2O$) Kobaltsulfat (7 $H_2O$) | | | | | | | | | | | |
| Bleisilikofluorid Bleiborfluorid Kieselfluorwasserstoffsäure Borfluorwasserstoffsäure | | | | | | | | | | | |
| Schwefelsäure 66° Bé ($\varrho = 1,84$) Borsäure Eisessig | 50 | | | | | | 45 | | | | 80 |
| Natriumsulfat Kalziumchlorid (6 $H_2O$) Ammoniumchlorid | 100–140 | 8 | 175 | | | 10–50 | | 15 | | | |
| Natriumchlorid Kaliumzyanid Natriumzyanid Natriumazetat | | | | 60–120 | 80 | 120 | | | 20 15 | 56 | |
| Natriumhydroxid Sonstige Zusätze | | | | | 30 | [1] | | | 20 | 10 [2] | [3] |
| Badtemperatur in °C Stromdichte in $A \cdot dm^{-2}$ Badspannung in V | 90–100 10–15 2–4 | 38–40 5–10 2–4 | 85–90 6–30 2–4 | 95 ≤10 2,8 | 18–25 1–2 2–2,5 | 20–35 1,5–4,5 2–4 | 15–20 5–10 4–6 | 18–25 1–10 5 | 18–25 1–2 2,5–3 | 20 1,5 2,8 | 30–40 1–2 0,5–1 |

## 4.7. Weitere Metallbäder (Fortsetzung)

| Bestandteile | 4.7.12. | 4.7.13. | 4.7.14. | 4.7.15. | 4.7.16. | 4.7.17. | 4.7.18. |
|---|---|---|---|---|---|---|---|
| Eisensulfat (7 $H_2O$) | | | | | | | |
| Eisen-II-chlorid (4 $H_2O$) | | | | | | | |
| Kadmiumsulfat | | | | 0,2 | | | |
| Kadmiumoxid | | | | | | | |
| Kaliumkadmiumzyanid | | | | | | | |
| Nickelsulfat | | | | | | | |
| Zinksulfat (7 $H_2O$) | | | | | | | |
| Magnesiumchlorid | | | | | | | |
| Aluminiumsulfat (18 $H_2O$) | | | | | | | |
| Kaliumzinkzyanid | 100 | | | | | | |
| Zinkoxid | | | | | | | |
| Zinn-II-sulfat | | | | | | | |
| Natriumstannat (3 $H_2O$) | | 80 | | | | | |
| Kobaltammonsulfat (6 $H_2O$) | | | 60 | 200 | 300 | | |
| Kobaltsulfat (7 $H_2O$) | | | | | | | |
| Bleisilikofluorid | | | | | | 80–90 | 100 |
| Bleiborfluorid | | | | | | 10–150 | 40 |
| Kieselfluorwasserstoffsäure | | | | | | | |
| Borfluorwasserstoffsäure | | | | | | | |
| Schwefelsäure 66°Bé ($\varrho = 1,84$) | 30 | | 30 | 1 | 30–45 | | |
| Borsäure | 30 | | | | | | |
| Eisessig | | | | | | | |
| Natriumsulfat | | | | | 20 | | |
| Kalziumchlorid (6 $H_2O$) | | 15 | 10 | 30 | | | |
| Ammoniumchlorid | | | | | | | |
| Natriumchlorid | | 12 [5]) | | | | | |
| Kaliumzyanid | | | | | | | |
| Natriumzyanid | | | | | | | |
| Natriumazetat | | | | | | | |
| Natriumhydroxid | | | | | | | |
| Sonstige Zusätze | [4]) | 75 | 25–30 | 18–25 | 25–45 | 35–45 | 18–25 |
| Badtemperatur in °C | 20 | 1–2 | 0,5–1 | 0,5–1 | 5–15 | 1–5 | 1,5–2 |
| Stromdichte in A · dm$^{-2}$ | 1 | 6 | 3–3,5 | 3–3,5 | 3–4 | 0,2–1,5 | 3 |
| Badspannung in V | 0,6–0,9 | | | [6]) | | [7]) | [8]) |

4.7.1. Eisensulfatbad
4.7.2. Eisensulfatchloridbad
4.7.3. bis 4.7.4. Eisenschloridbad
4.7.5. bis 4.7.6. Kadmiumzyanidbad
4.7.7. bis 4.7.8. Saures Zinkbad
4.7.9. Zinkzyanidbad
4.7.10. Glanzzinkbad
4.7.11. bis 4.7.12. Saures Zinnsulfatbad
4.7.13. Stannatbad
4.7.14. Kobaltbad (ähnlich Nickelbädern)
4.7.15. Kobaltbad für glänzende Überzüge
4.7.16. Reines Kobaltsulfatbad
4.7.17. Bleifluosilikatbad
4.7.18. Bleifluoboratbad

[1]) Glanzzusatz; Nickelsalz oder 5–12 g Türkischrotöl usw.
[2]) 3 g Natriummolybdatdihydrat + 3 g Thioharnstoff.
[3]) 15–20 g Leim.
[4]) 3–6 g Leim + 6 g Kresol (oder + 1 g β-Naphthol).
[5]) 2 g Wasserstoffperoxid 30%ig oder 0,5 g Perborat
[6]) 3 g Formaldehyd.
[7]) 3 g Leim oder 0,5–1 g Gelatine.
[8]) 0,5 g Leim.

**4.8. Legierungsbäder, Ansätze für jeweils 1 Liter, Angaben der Mengen in Gramm**

4.8.1. Labormessing;
4.8.2. Normalmessing;
4.8.3. Als Schnellmessing geeignet;
4.8.4. Ergibt bronzeähnliches Aussehen, ist jedoch keine Bronze;
4.8.5. Bronzebad;
4.8.6. Speculumbäder z.B. für Teleskopspiegel (70% Cu + 30% Sn bis 55% Cu + 45% Sn nach US Tin Research Inst.);
4.8.7. Speculumbäder als Ansatzvarianten;
4.8.8. Zinn-Zink-Legierungsbad (78% Sn + 22% Zn ist eine sehr korrosionsbeständige Legierung);
4.8.9. Silber-Antimon-Legierungsbad, das eine weiße, kratzfeste und anlaufbeständige silberne Oberfläche erzielt;
4.8.10. Silber-Blei-Legierungsbad zur Abscheidung eines Lagermetalls.

| Bestandteile | 4.8.1. | 4.8.2. | 4.8.3. | 4.8.4. | 4.8.5. | 4.8.6. | 4.8.7. | 4.8.8. | 4.8.9. | 4.8.10. |
|---|---|---|---|---|---|---|---|---|---|---|
| Kupferzyanid | 40 | 30 | 20–35 | 22 | 36 | 13 | 12–20 | | | |
| Kaliumkupferzyanid | | | | | | | | | 30 | 30 |
| Silberzyanid | | | | | | | | | | |
| Zinkzyanid | 40 | 9,5 | 60–105 | | | | | 5 | | |
| Kaliumzinkzyanid | | | | | | | | | 30 | |
| Kaliumantimonyltartrat | | | | | | | | | | |
| Natriumstannattrihydrat | | | | | 50 | 100 | 100–135 | 68 | | 4 |
| Basisches Bleiazetat | | | | 1–2 | | | | | | |
| Kadmiumoxid | | | | | | | | | | |
| Kaliumhydroxid | | | 0,8–1,0 | | | | 25–30 | | 3 | 0,5 |
| Natriumhydroxid | | | | | | 15 | | | | |
| Ammoniumhydroxid | | 0,5 | | | | | | | | |
| Kaliumzyanid | 2 | 60 | 80–100 | 34 | 26 | 25 | 10–15 | 25 | 30 | 22,5 |
| Natriumzyanid | | | | | | | | | 20 | 40 |
| Kaliumtartrat | | | | | | | | | | |
| Kaliumkarbonat | 1 | 30 | 40–60 | 15 | 65 | 65 | 60–65 | 70 | 10 | 20 |
| Natriumkarbonat | 10 | 25–35 | 1 | 20 | 3–5 | 2–3 | 2–3 | 1,5 | 30–35 | 0,4 |
| Dinatriumsulfat | 2 | 0,3–0,5 | | 0,2–0,4 | | | | | 2 | |
| Ammoniumchlorid | | | | | | | | | | |
| Badtemperatur in °C | 18–25 | 25–35 | | | | | | | | |
| Stromdichte in A · dm$^{-2}$ | 0,3–0,5 | 0,3–0,5 | | | | | | | | |
| Günstige Badspannung in V | 1,5–1,8 | 2–3 | | 2–3 | | | | | | |

## Erläuterung zum Periodensystem der Elemente

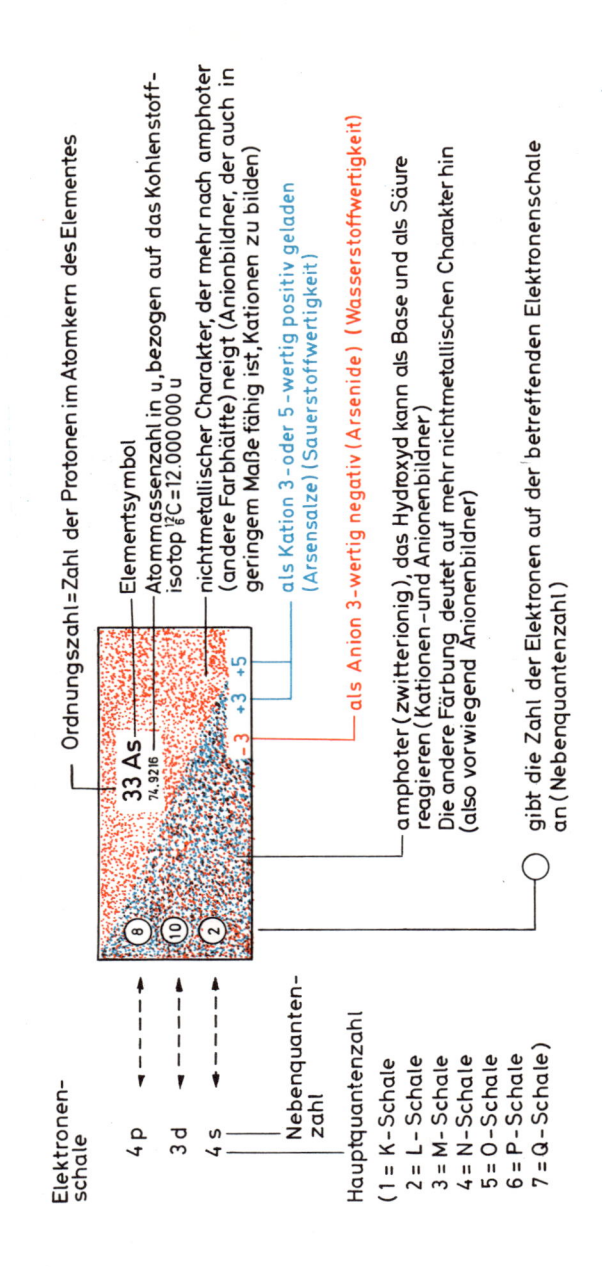

Ordnungszahl = Zahl der Protonen im Atomkern des Elementes

Elementsymbol

**33 As**
74,9216

Atommassenzahl in u, bezogen auf das Kohlenstoffisotop $^{12}_{6}C = 12.000\,000$ u

nichtmetallischer Charakter, der mehr nach amphoter (andere Farbhälfte) neigt (Anionbildner, der auch in geringem Maße fähig ist, Kationen zu bilden)

−3   +3   +5

als Kation 3- oder 5-wertig positiv geladen (Arsensalze) (Sauerstoffwertigkeit)

als Anion 3-wertig negativ (Arsenide) (Wasserstoffwertigkeit)

amphoter (zwitterionig), das Hydroxyd kann als Base und als Säure reagieren (Kationen- und Anionenbildner)
Die andere Färbung deutet auf mehr nichtmetallischen Charakter hin (also vorwiegend Anionenbildner)

gibt die Zahl der Elektronen auf der betreffenden Elektronenschale an (Nebenquantenzahl)

Elektronenschale

4p ----→
3d ----→
4s ----→

Nebenquantenzahl

Hauptquantenzahl

(1 = K - Schale
2 = L - Schale
3 = M - Schale
4 = N - Schale
5 = O - Schale
6 = P - Schale
7 = Q - Schale )

# Periodensystem der Elemente

| Periode | Elektronenschale | GRUPPE I a | GRUPPE I b | GRUPPE II a | GRUPPE II b | GRUPPE III a | GRUPPE III b | GRUPPE IV a | GRUPPE IV b | GRUPPE V a | GRUPPE V b |
|---|---|---|---|---|---|---|---|---|---|---|---|
| 1 | 1s | (1) 1 H 1.00797 +1 -1 | | | | | | | | | |
| 2 | 2p 2s | (1) 3 Li 6.939 +1 | | (2) 4 Be 9.0122 +2 | | (2) 5 B 10.811 +3 | | (2) 6 C 12.01115 -4 +2 +4 | | (3) 7 N 14.0067 1-2-3 +1+2+3+4+5 | |
| 3 | 3p 3s | (1) 11 Na 22.9898 +1 | | (2) 12 Mg 24.312 +2 | | (2) 13 Al 26.9815 +3 | | (2) 14 Si 28.086 -4 +2+4 | | (2) 15 P 30.9738 -3 +3 +5 | |
| 4 | 3d 4s | (1) 19 K 39.102 +1 | | (2) 20 Ca 40.08 +2 | | (2) 21 Sc 44.956 +3 | | (2) 22 Ti 47.90 +2 +3 +4 | | (3) 23 V 50.942 +2 +3 +4 +5 | |
| 4 | 4p 3d 4s | | (10)(1) 29 Cu 62.546 +1 +2 | | (10)(2) 30 Zn 65.37 +2 | (10)(2) 31 Ga 69.72 +3 | | (10)(2) 32 Ge 72.59 +2 +4 | | (10)(3) 33 As 74.9216 -3 +3 +5 | |
| 5 | 4d 5s | (1) 37 Rb 85.47 +1 | | (2) 38 Sr 87.62 +2 | | (2) 39 Y 88.905 +3 | | (2) 40 Zr 91.22 +4 | | (4) 41 Nb 92.906 +3 +5 | |
| 5 | 5p 4d 5s | | (10)(1) 47 Ag 107.868 +1 (+2) | | (10)(2) 48 Cd 112.40 +2 | (10)(2) 49 In 114.82 +3 | | (10)(2) 50 Sn 118.69 +2 +4 | | (10)(3) 51 Sb 121.75 -3 +3 +5 | |
| 6 | 5d 6s | (1) 55 Cs 132.905 +1 | | (2) 56 Ba 137.34 +2 | | (1)(2) 57 La* 138.91 +3 | | (2) 72 Hf 178.49 +4 | | (3) 73 Ta 180.948 +5 | |
| 6 | 6p 5d 6s | | (10)(1) 79 Au 196.967 +1 +3 | | (10)(2) 80 Hg 200.59 +1 +2 | (10)(2) 81 Tl 204.37 +1 +3 | | (10)(2) 82 Pb 207.19 +2 +4 | | (10)(3) 83 Bi 208.980 +3 +5 | |
| 7 | 6d 7s 5f | (1) 87 Fr (223) +1 | | (2) 88 Ra (226) +2 | | (1)(2) 89 Ac** (227) +3 | | (2)(14) 104 Ku (258) | | (3)(14) 105 Db? (260) | |

weniger stark zunehmender Metallcharakter →

stark zunehmender Metalloidcharakter (Nichtmetallcharakter)
zunehmende Sauerstoffwertigkeit und Kernladungszahl; steigend elektrophil

**\* → Lanthaniden:**

| 6 | 5d 6s 4f | (2)(2) 58 Ce 140.12 +3 | (3) 59 Pr 140.907 +3 | (2)(4) 60 Nd 144.24 +3 | (2)(5) 61 Pm (145) | (2)(6) 62 Sm 150.35 +2+3 | (2)(7) 63 Eu 151.96 +2+3 | (2)(7) 64 Gd 157.25 +3 |
|---|---|---|---|---|---|---|---|---|

**\*\* → Aktiniden:**

| 7 | 6d 7s 5f | (2)(2) 90 Th 232.038 +4 | (1)(3) 91 Pa (231) +4+5 | (1)(4) 92 U 238.03 +3+4+5+6 | (1)(5) 93 Np (237) +3+4+5+6 | (1)(6) 94 Pu (242) +3+4+5+6 | (1)(7) 95 Am (243) 3+4+5+6 | (1)(7) 96 Cm (247) +3 |
|---|---|---|---|---|---|---|---|---|

→ Transurane → (Künstliche, nicht in der Natur vorkommende Elemente)

stark zunehmender Metallcharakter (elektrophob)

| GRUPPE VI | | GRUPPE VII | | GRUPPE VIII | | | |
|---|---|---|---|---|---|---|---|
| a | b | a | b | a | | | b |
| | | | | | | | ② 2 He 4,0026 ±0 |
| ④② 8 O 15.9994 −2 | | ⑤② 9 F 18.9984 −1 | | | | | ⑥② 10 Ne 20,183 ±0 |
| ④② 16 S 32.064 −2 +4 +6 | | ⑤② 17 Cl 35.453 −1 +1 +5 +7 | | | | | ⑥② 18 Ar 39,948 ±0 |
| ⑤① 24 Cr 51.996 +2 +3 +6 | | ⑤② 25 Mn 54.9381 +2 +3 +4 +7 | | ⑥② 26 Fe 55.847 +2 +3 | ⑦② 27 Co 58.9332 +2 +3 | ⑧② 28 Ni 58.71 +2 +3 | |
| ④⑩② 34 Se 78.96 −2 +4 +6 | | ⑤⑩② 35 Br 79.909 −1 +1 +5 | | | | | ⑥⑩② 36 Kr 83,80 ±0 |
| ⑤① 42 Mo 95.94 +6 | | ⑥① 43 Tc 98.8 +4 +6 +7 | | ⑦① 44 Ru 101.07 +3 | ⑧① 45 Rh 102.905 +3 | ⑩ 46 Pd 106.4 +2 +4 | |
| ④⑩② 52 Te 127.60 −2 +4 +6 | | ⑤⑩② 53 J 126.9044 −1 +1 +5 +7 | | | | | ⑥⑩② 54 Xe 131,30 ±0 |
| ④② 74 W 183.85 +6 | | ⑤② 75 Re 186.2 +4 +6 +7 | | ⑥② 76 Os 190.2 +3 +4 | ⑦② 77 Ir 192.2 +3 +4 | ⑨② 78 Pt 195.09 +2 +4 | |
| ④⑩② 84 Po (210) +2 +4 | | ⑤⑩② 85 At (210) −1 +1 +3 +5 +7 | | | | | ⑥⑩② 86 Rn (222) ±0 |

Zunehmend nichtmetallisch (elektrophil) ansteigender Fp.und Kp.der Metalle

| ②⑨ 65 Tb 158.924 | ②⑩ 66 Dy 162.50 +3 | ②⑪ 67 Ho 164.930 +3 | ②⑫ 68 Er 167.26 +3 | ②⑬ 69 Tm 168.934 +3 | ②⑭ 70 Yb 173.04 +2 +3 | ②⑭ 71 Lu 174.97 +3 |
|---|---|---|---|---|---|---|

| ①②⑧ 97 Bk (249) +3 +4 | ①②⑨ 98 Cf (251) +3 | ①②⑩ 99 Es (254) +3 | ①②⑪ 100 Fm (255) +3 | ①②⑫ 101 Md (256) +3 | ①②⑬ 102 No (253) | ①②⑭ 103 Lw (257) |
|---|---|---|---|---|---|---|

# 5. Thermoelektrische Spannungsreihe

Die Verbindungsstelle (Lötstelle) zweier verschiedener Metalle liefert gegenüber der gleichen Verbindungsstelle eine elektrische Spannung, wenn beide verschiedene Temperaturen besitzen. Die thermoelektrische Spannungsreihe gibt diejenige Spannung an, die zwischen den beiden Lötstellen herrscht, wenn sich die eine auf einer Temperatur von 0 °C, die andere bei 100 °C befindet. Bezugsmetall ist in der folgenden Reihe stets Platin. Soll die Spannung für ein anderes Thermopaar bestimmt werden, dann ist die entsprechende Differenz zu bilden, z. B. Blei/Tellur $+ 0{,}44 - (+ 50{,}0) =$ $= - 49{,}54$ mV · hgrd$^{-1}$, bzw. Te/Pb $= + 49{,}54$ mV · hgrd$^{-1}$, oder Eisen/Konstantan $= + 1{,}88 - (- 3{,}43) = 5{,}31$ mV · hgrd$^{-1}$, oder 53,1 $\mu$V · grd$^{-1}$ in diesem Temperaturbereich.

| Metall | Thermospannung gegen Pt | Metall | Thermospannung gegen Pt |
|---|---|---|---|
| Bi | − 7,35 mV | Rh | + 0,65 mV |
| Konstantan[1]) | − 3,43 mV | Manganin[2]) | + 0,66 mV |
| Co | − 1,7 mV | Ir | + 0,67 mV |
| Ni | − 1,55 mV | Zn | + 0,69 mV |
| Pd | − 0,3 mV | Au | + 0,70 mV |
| Pt | 0,00 mV | Ag | + 0,72 mV |
| Hg | 0,0 mV | Cu | + 0,75 mV |
| Graphit | + 0,22 mV | V2-Stahl[3]) | + 0,77 mV |
| Rußkohlenstoff | + 0,3 mV | W | + 0,79 mV |
| Al | + 0,39 mV | Cd | + 0,89 mV |
| Mg | + 0,41 mV | Mo | + 1,23 mV |
| Ta | + 0,42 mV | Fe | + 1,88 mV |
| Sn | + 0,43 mV | Chromnickel (= Nichrom)[4]) | + 2,20 mV |
| Pb | + 0,44 mV | Sb | + 4,76 mV |
| Pt + 10% Rh | + 0,64 mV | Si | + 44,8 mV |
| Pt + 13% Rh | + 0,65 mV | Te | + 50,0 mV |

[1]) Konstantan: 54% Cu + 45% Ni + 1% Mn.
[2]) Manganin: 83% Cu + 14% Mn + 3% Ni.
[3]) V2A-Stahl (V bedeutet Versuchsreihe, A Austenit, eine Lösung von Kohlenstoff in $\gamma$-Eisen): 18% Cr + 9% Ni + 73% Fe mit höchstens 0,12% C zusammen.
[4]) Chromnickel (Nichrom): 90% Ni + 10% Cr.

# Stichwortverzeichnis

**A**
a (Aktivität) 16, 17
Abgekürzte Verfahren 178
Abkochverfahren 169
Ablesegenauigkeit 38
Ableitungselektrode 92
Abreißbarer Lack 76
Absolute Dielektrizitätskonstante 143
Absolute Einheiten 22
Absolute Volt 95
Absorbermaterial 217
Absorbierte Lichtenergie 124
Absorptionsgrad (Licht) 159
Absorptionskoeffizient 159, 160
Adsorption 112, 153
Adsorptionseffekt 132
Aerosole 152
Aggregatzustand 152
Akku, Akkumulator 100
—, Aufladen 103, 104
—, Betriebstemperatur beim Entladen 104
—, entladener Zustand 103
—, Gasen des 104
—, Kochen des 104
—, Pflege des 103
—, Stromwärmeverlust beim Aufladen des 104
— von Edison 104
— von Jungner 104
—, Wattstundenwirkungsgrad des 104
—, Wirkungsgrad 104
Aktive Oberfläche und Energiedichte 102
Aktivität 16, 85
Aktivität der Feststoffe 103
Aktivität der Lösungsmittels 18
Aktivität zugegebenen Titriermittels 132
Aktivitätenverhältnis 89
Aktivitätskoeffizient 16, 46
—, individueller 18
—, mittlerer 17
Albumine 158
Albumingehalt 158
Aldosen 203
Alitieren (Calorisieren) 76
Alkalische Heißentfettung 169
Alkalischer Sammler 104
Alkoholische Gärung mit Hefezellen 124
Allgemeine Gasgleichung 80
Allgemeine Gaskonstante 51
$\alpha$-$Al_2O_3$ 188
Alphastrahlen 216
Alphastrahler 216, 217
Alphateilchen 216
Altern galvanischer Elemente 100
Altersbestimmung 216
Altsilber 185
Amalgam 194
Amalgamierte Bleikatode 203
Amalgam-Sauerstoff-Element nach Yeager 194
Amalgam-Verfahren 194
Amalgamzelle 194
Amin aus Alkylzyanid (Nitril) 204
Aminogruppe 158
3-Amino-4-hydroxy-phenyl-arsin 212
4-Amino-phenyl-arsin 212
p-Amino-phenyl-arsin aus Arsanilsäure 212
p-Amino-phenyl-arsonsäure aus Arsanilsäure 212
4-Amino-phenyl-arsonsäure (Arsanilsäure) 212
Aminosäureketten 206

Ampère
Ampèrestunden 22
Ampèrestundenzähler 27
Amperometrische Coulometrie 167
Amperometrische Titration 163
Amperometrische Titration mit Gleichstrom 164
Amplitudenhöhe 149
Anaphorese 158
Änderung der Frequenz 145
Änderung der inneren Energie 79
Änderung der Kondensatorkapazität 149
Anformieren 102
Ångström 52
Anhydride als Elektrolyt 100
Anion 13, 14
Anionüberführungszahl 57
Anlassen von Stahl 185
Anlasser des Automotors, Stromverbrauch 105
Anode 13
Anoden, Gitter- 173
—, Knüppel- 173
—, Kugel- 173
—, Linsen- 173
—, unlösliche 173, 178
Anodenmaterialien 199
Anoden, Platten- 173
Anodenvorgänge 34
Anodische Chlorierung von Äthanol 199
Anodische Einführung von Säureresten 199
Anodische Oxydation des Toluols 196
Anodische Oxydation von Aldosen 199
Anodische Passivierung 73
Anodisches Gebiet 74
Anodisch-katodische Polarisation 140
Anorganische Farbträger 179
Anschwemmfilter 173
Antimonelektrode mit eingebauter Silber-Bezugselektrode 90
Antimon- und Wismut-Elektrode 90
Antipittingstoffe 175
Antipolare Massen 108
Anzahl der Elektronen 125
Apoferment 123
Apollo-Programm 107, 118
Äquivalent 11
Äquivalent, elektromechanisches 22
Äquivalentleitfähigkeit 19, 39, 41, 42, 54
Äquivalentmasse 15
Äquivalenzpunkt 132
Aräometer 103
Arbeit W (Work) 23
Arbeitsaustausch 78
Arbeitsbetrag bei konstantem Volumen 78
Arbeitstemperatur 115
Arbeits- (W) und Wärmebeträge (Q)
Arbeitsvermögen einer Spule 144
Aromatische Nitroverbindungen 207
Arsanilsäure (p-Amino-phenyl-arsonsäure) 212
4-Arseno-anilin 212
Äthandikarbonsäure 205
Äthandioldinitrat 196
—, (Herstellung) 195
Äthylchlorid (Chloräthan) 211
Äthylnatriumthiosulfat 211
Atom 11
Atommasse 15
Atommasseneinheit 10
Atramentieren 76
Aufladen 102

Aufladen von Akkus 103, 104
Auflichtfotometer (Densitometer, Schwärzungsgradmesser) 158
Auflösungsgeschwindigkeit von Aluminium 74
Ausgangsaktivität 132
Austauschermembranzelle nach Grubb und Niedrach 116
Autobatterie, Pflege der 103
Automatisierung chemischer Prozesse 199
Autoxydation 150
Avogadrosche Konstante $n_A$ 10, 52, 124
Azetamidin, Darstellung 196
Azeton, Propanon 199
Azidität 86
Azofarbstoff 209

**B**
Bacon-Zelle 118
Bacon, Knallgasbatterie von 110
Bäder, Chrom- 176
—, Chrom-, hart 177
—, Chrom-, hochglanz 177
—, Fertig- 174
—, galvanische 174
—, gerührt 175
—, Kupfer-, sauer 175
—, Legierungs- 177
—, Nickel, einfach 176
—, Nickel-, Glanz- 176
—, Nickel-, hart 176
—, Nickel-, matt 176
—, Nickel-, schnell 176
—, Nickel-, schwarz 176
—, Nickel-, weich 176
—, Nickel-, Weiß 176
—, Rhodiumsulfat 176
—, Tauch- 175
—, unbewegt 175
—, Vorversilberung der Nichteisenmetalle 176
—, Zyanid- 174
—, Zyanid-, rein 175
Badwiderstand (Leitfähigkeit des Bades) 171
Bahnen 11
Bandstahl, verzinnt 177
Bariumtitanatschwinger 169
Basenbildner 14
Basizität 86
Batterien, thermoelektrische 217
Baur und Preissches Kohle-Sauerstoff-Element 115
Bearbeiten, Drücken mit Zirkulardrahtbürsten 168
Bedingungen, physiologische 123
Beersches Gesetz 160
Beizen 169
—, alkalische 170
—, anodische 170
—, katodisch 170
—, saure 170
Beladung, direkt 216
Benzol-azo-$\beta$-Naphthol 210
Bernsteinsäure (Äthandikarbonsäure) 205
Berylliumoxidschicht 176
Bestimmung des Brechungsindexes 143
Bestimmung des Wassergehaltes 150
Bestwert (Optimum) 194
Betastrahlen 216
Betastrahler 217
Bezugselektroden 86, 92
Bild, latentes (verborgenes) 214
Billiter-Zelle 194

Bimetalloffsetdruck 214
Bindung, anorganische
   oder mineralische 168
Bindung, keramische 168
Bindungsmittel, organische 168
Bioanoden 123
Biochemische Brennstoffelemente 123
Bioelektrische Zellen 120
Biokatalysatoren 120
Biokatalysatoren, Enzyme, Fermente 123
Biokatoden 123
Blei-Akkumulator, Entladung des 105
Bleikatode, amalgamierte 203
Bleisammler 100
Bleiüberzüge 177
Blindanteil 144
Blindwiderstand 144
Blutersatzstoff
   (Polyvinylpyrrolidon, PVP) 205
Blutplasma 158
Bodenkörper 46
Bodenkörper im Halbelement 87
Boltzmannkonstante 51, 52
Bondern 76
Brechungsindex 143
Brechungsquotient 143
Brennen 169
Brennstoffelemente 96, 109, 110, 123
Brennstoffzellen 82, 109
Bronzefarbene Eloxalschicht 179
Brownsche Molekularbewegung
   (Wärmebewegung) 14, 17, 39

C

$c$ 11, 16, 17
Cäsiumdampf 217
Castner-Zelle 192
CGS-System 23
Chemische Affinität 81
Chemische Verbindung 11
Chemisches Potential 81
Chemische Zellen 130
Chemosorption 76
Chinhydron 90
Chinhydronelektrode
   als Bezugselektrode 90
Chinhydronelektrode
   als Meßelektrode 90
Chloral (1,1,1-Trichlor-äthanol) 199
Chloralkali-Elektrolyse 191
Chloroform (Trichlormethan) 199
Chlorophyll als Katalysator 123
Chromatografie 154
Chromschicht nach Behandlung 177
Clausius 80
Clausius und Mosotti 143
Colg (Logarithmus complementi) 58
Coslettisieren 76
Coulomb 10, 22
Coulomb, absolut 25
Coulomb, international 25
Coulombsches Gesetz 143, 144
Coulometer 25
Coulometrie 167
Coulometrie, amperometrisch 167
Coulometrie, voltametrisch 167
Cycloparaffinsäureester 204

D

Dampfentfettung, Gasentfettung 169
Dampfphasen-Inhibitoren 76
Dampfstrahlverfahren 169
Dämpfung 149
Daniell-Element 77, 83
Darstellung von Azetamidin 196
Dauerform, permanente Form 182
Dead-stop-Titration 164
Debye-Hückel-Onsagersche
   Näherungsgleichung 46
Deckschicht 73
Dehnung des Meßbereichs 38
Dehydratation 75
Densitometer (Auflichtfotometer,
   Schwärzungsgradmesser) 159

Depolarisation der Elektroden 200
Depolarisatoren 75, 97, 164
Depolarisatorwirkung 98
Derivativ-Polarogramm 140
Desorption 71
Detergentien 175
Deuterium 31
Dialysierverfahren 154
3,3'-Diamino-4,4'-dihydroxy-arsenobenzol
   (Salvarsan) 212
Diaphragma 77, 92, 154
Diaphragma-Verfahren in der
   Billiter-Zelle 194
Diäthyldisulfid 211
Diäthylsulfid (Diäthylthioäther)
   aus Diäthylsulfon 210
Diäthylsulfoxid aus Diäthylsulfon 210
DIE (Differenz-Indikator-Elektroden) 136
Dielektrikum 144
Dielektrische Gesamtpolarisation 142
Dielektrische Konstante (Influenzkonstante,
   Verschiebungskonstante 143
Dielektrizitätskonstante 20, 44, 142
Dielektrizitätskonstante
   des Lösungsmittels 52
Dielektrizitätskonstante des Wassers 150
Dielektrische Verluste 71
Dielektrischer Verlustfaktor 148
Differenz-Indikator-Elektroden (DIE) 136
Differenz, psychrometrische 215
Diffusion 60, 65, 71
Diffusionsgrenzstrom 164
Diffusionskoeffizient 66
Diffusionspolarisation 61
Diffusions- und Reaktionspolarisation 60
Diffusionsstrom 137
Diffusionsüberspannung 72
1,3-Dimethylbenzol (m-Xylol) 198
Diode 217
Diphenyldisulfoxid 211
Dipole 20
Dipolmoment 142
Dipolmoment, permanentes 142
Direkte Beladung 216
Disperse Systeme 152
Dispergiert 152
Dispersion 152
Dispersion, grob (grobdispers) 152
Dispersion, niedermolekular
   (molekulardispers) 152
Dispersions- und Emulsionskolloide 153
Dispersionsmittel 152
Dissoziationsgleichgewicht 15, 18
Dissoziationsgrad α 14, 18, 42, 54
Dissoziationskonstante $K_c$ 18, 42
Disulfide aus Thiosulfaten 211
DK-Messung 150
DK, relativ 144
D-Linie des Natriumlichtes 143
Doppelporenanordnung der
   Zweischichten-Gaselektrode 110
Doppelporenelektrode 118
Doppelschicht, Helmholtzsche 84
Doppelskelettelektrode,
   katalytisch belegt 118
Doppelweg-Gleichrichtung 173
Dotieren 111, 115
Downs-Verfahren
   (Schmelzflußelektrolyse) 191
Downs-Zelle 192
DPT (derivative polarographic
   titration) 166
Drahtnetz als Diaphragma 192
Dreiphasengrenze 108, 110
Dreiphasengrenzschicht 110
Drücken und Bearbeiten
   mit Zirkularbürsten 168
Druckpolieren 168
DSK-Elektrode 118
Dünnschichtoxydation 73
Duplex-Verfahren 177
Durchlässigkeit (Durchlässigkeitsgrad,
   Transparenz) 159
Durchlichtfotometer 159

Durchscheinend (lichtdurchlässig,
   transparent) 159
Durchtrittspolarisation 61
Durchtritts- und Widerstandspolarisation 61
Durchtritts- und
   Widerstandspolarisation 60
Durchtrittsüberspannung 72
Dyn 23
Dynamische Zähigkeit 49

E

Eau de Javelle 200
Eau de Labarraque 200
Echte Überführungszahlen 59
Edelmetallspuren und
   Wasserstoffüberspannung 103
Edison-Akku(mulator) 104
EDTA (Komplexon III, Titriplex) 163
EEG 120
Effekt, elektrophoretischer 43
Effekt, kataphoretischer 43
Effekt, piezoelektrischer 169
Effekte, die zur Messung dienen 126
Effektiver Umsatz 34
Eichflüssigkeit 35
Eichnormale 150
Eigendissoziation 153
Eigengeschwindigkeit der Elektronen 125
Eigengeschwindigkeit der Ionen 52
Eigen- oder Resonanzfrequenz 146
Eigenspannung 60
Eigenwiderstand 38
Einbrennen 182
Einheit der Kraft 23
Einphasige Washprimer 76
Eisen, Sprödigkeit 170
Eiweiß 206
Eiweißarten, körpereigene 158
Eiweißstoffe 158
EKG 120
Elangold 179
Elektrische Arbeit 24, 81
Elektrische Brücke 58
Elektrische Feldstärke 52
Elektrische Herzachse 120
Elektrische Leistung 24
Elektrische Leitfähigkeit 215
Elektrische Organe 123
Elektrischer Widerstand 19
Elektrisieren 124
Elektrochemische Korrosion 73
Elektrochemische Methoden
   der Analytik 126
Elektrochemisches Äquivalent 22
Elektrochemisches Standardpotential 85
Elektroden 199
Elektroden-Konzentrationszellen 130
Elektroden mit
   katalytisch wirksamem Metall 213
Elektrodenöfen 187
Elektroden, schwammige 213
Elektroden zweiter Art 87, 95, 130
Elektrodialysator 154
Elektrodialyse 153, 154
Elektro-Enzephalographen 120
Elektrofotografie 214
Elektrogravimetrie 167
Elektrokardiogramm 120
Elektrokinetisches Potential 153
Elektrolyse gesättigter Fettsäuren 194
Elektrolyse, innere 74
Elektrolyseurtypen 191
Elektrolytanoden 173
Elektrolyte 19
Elektrolyte, keramische 107
Elektrolytische Dissoziation 13, 34
Elektrolytische Gleichrichter 73
Elektrolyt-Konzentrationszellen 130
Elektrolytschlüssel 132
Elektromagnetische Einheiten 26
Elektromotorische Kräfte 77
Elektron 10
Elektronenakzeptor 14, 84
Elektronenaustauscher 90

Elektronendonator  14, 84
Elektronendruck  125
Elektronenhülle  11, 51
Elektronenpolarisation  142
Elektronenverschiebung
　bei der Bindung  198
Elektronenvolt (eV)  217
Elektroosmose  154
Elektroosmotischer Vorgang  154
Elektropherogramm  158, 160
Elektropherographie  154
Elektrophil  198
Elektrophiler Ligand  198
Elektrophob  198
Elektrophorese  153, 154
Elektrophoretischer Effekt  43, 44
Elektrophoretische Lackierung  214
Elektrophoretisches Potential  154
Elektroplattieren  76
Elektrostatische CGS-Einheiten  26
Elektrostatische Ladungseinheit  144
Elektrostatische Stromstärke-Einheit  144
Elektrotherapie  124
Elementarladung  10, 11, 52
Elementarpartikel  15
Elementarzeit  22
Eloxal-Verfahren, Eloxieren  178
–, abgekürztes Verfahren  178
–, Bengough-Stuart-Verfahren  179
–, Emetal-Verfahren  179
–, GS-Verfahren  178, 179
–, GWX-(= GX-WX-)Verfahren  178, 179
–, GX-Verfahren  178, 179
–, Sheppard-Verfahren  179
–, WX-Verfahren  178, 179
Elphal-Verfahren  76
Emitter  217, 218
Emitter-Material  218
Emittertemperaturen  218
EMK  60, 77
EMK-Bildung  126
EMK-Messung  126
EMK-Messungen
　der Reaktionsenthalpie  114
Emulside  152
Emulsionen  152
Emulsionskolloide  152
Emulsionskolloide und
　Dispersionskolloide  153
Endergonische Reaktion  82
Endotherme Reaktion  11
Energie  12, 23
Energieänderung  11, 80
Energieäquivalent  12
Energiedichte  99
Energiedichte und aktive Oberfläche  102
Energieinhalt einer Zelle  99
Energiesatz  12
Energie von 1 Mol Elektronen  217
Entfettung  168
Entfettungsbrei  169
Entfettung, elektrische  169
Entfettungsmethoden  169
Entfettung mit Ultraschall  169
Enthalpie  78
Enthalpieänderung  79
Entlade- (und Lade-)Vorgang  105
Entladener Zustand des Akkus  103
Entladung  71
Entropie  51
Entropieänderung  80
Entsilberung gebrauchter
　fotografischer Fixierbäder  167
Entzyme  123
Erdbeschleunigung, mittlere  23
Erregungszustand  120
Esterverseifungsgeschwindigkeit  129
Eutektika  184
Eutektische Gemische  100, 187
Exergonische Reaktion  82
Exotherme Reaktion  11
Extinktion (Schwächung)  160
Extinktionskoeffizient  160

## F

Fällungs- oder Substitutionsreaktion  127
Falsche Stufen  140
Farad  143
Faraday  10, 53
Faradaysche Konstante  54, 58
Faradayscher Käfig  216
Farblacke  179
Farbstoffe, organisch-chemisch  179
Farbträger, anorganisch  179
Feinabtragung  168
Feldstärke  20, 142
Feldstärke im Vakuum  20
Fermente  123
Ferritschwinger  169
Fertigbäder  174
Fertig- und Hochglanzpolieren  168
Feste Emulsionen  152
Feste kolloidale Schäume  152
Feste Sole  152
Feststoffe  152
Feuchte in %, relative  215
Feuchtigkeitsprozente  215
Ficksches Gesetz  66
Fixed-Zone-Elektrode  120
Fixierbad, Entsilberung  167
Fixierung von Ladungsreliefs  214
Fläche, wahre  67
Flächenleistung  118
Fließbild, konstruktiv  188
Fließbild, schematisch  188
Fließbild zur Aluminiumfabrikation nach
　dem Schmelzelektrolyse-Verfahren  188
Fluoritgitter  115
Flüssigkeit in Dispersionsmittel  152
Flutverfahren  169
Fokussierender Ionenaustausch  161
Formel, Thomsonsche  146
Formieren  112
Formelumsatz  11
Fotoelektrische Radionuklidbatterie  217
Fotoelement  160, 217
Fotohalbleiter  214
Fotosensible Schicht  214
Freie Energie  81
Freie Enthalpie (Gibbssche
　Wärmefunktion)  81
Freie Weglänge  217
Frequenzänderung des Schwingkreises  149
Frequenz des Lichtes  124
Füllelemente  100
Fünfneunermaterial  67
Funktionelle Gruppen  165

## G

Galvanisches Bad  174
Galvanische Elemente, Altern der  100
Galvanische Polarisation  60
Galvanoplastik  182
Gammstrahlen  216, 217
Gürung, alkoholische mit Hefezellen  124
Gas  152
Gasdichte Nickel-Kadmiumzelle  108
Gasdichte Zellen  108
Gaselektroden  108
Gasen des Akkus  104
Gas-Halbelement  109
Gashohlraumbildung  169
Gaskonstante  80
Gas- und Dampfentfettung  169
Gay-Lussac  79
Gebiet, anodisches  74
Gebiet, katodisches  74
Gebogene Katode  172
Gebürstete Antimonelektrode  91
Gedämpfte Schwingungen  149
Gelbbrennen  169
Gelbkreuzkampfstoff, Lost  210
Gele  153
Gemini GT 5-Raumkapsel  116
Gemini GT 6-Raumkapsel  116
Gemini GT 7-Raumkapsel  116

Generatoren, MFD  215
–, MGD  215
–, MHD  215
–, MPD  215
Gerichtete Größen  142
Gesamtpolaritsation, dielektrisch  142
Gesamtstrom  78
Gesamtwiderstand  78
Geschlossene Schwingkreise  145
Geschwindigkeit von Teilchen  66
Geschwindigkeitsgesetz
　für Reaktionen 1. Ordnung  159
Gesetz, Beersches  160
Gesetz, Coulombsches  143
Gesetz der unabhängigen
　Ionenwanderung  53
Gesetz, Lambert-Beersches  160
Gesetz von Boyle-Mariotte  79
Gestreckte Linearkolloide  153
• Gewebefilterbeutel  173
Gewicht  11
Gibbssche Energie  81
Gibbssche Standardenergie  81
Gibbssche Wärmefunktion  78
Gitter-Anode  173
Gitterfehlstellen  115
Gitterlänge  48
Gitterplatten  102
Gips  180
Glanzbildner  176
Glanzchromschichten  177
Glänzen  168
Glaselektrode  92
Glaselektrode mit
　kombinierter Kalomelelektrode  92
Glaselektroden, hochohmig  92
Glaselektroden, niederohmig  92
Glaselektrodentypen  92
Glasmembran  92
Glasierte keramische Gegenstände  179
Glattpolierte Oberflächen  213
Gleichgewichtskonstante  16
Gleichgewichtskonzentration  84
Gleichgewichtszustand  78
Gleichrichter  173
Gleichrichter, elektrolytisch  73
Gleichung nach Haring und Blum  172
Gleichung von Clausius und Mosotti  143
Gleichung von Field  172
Gleichung von Lorentz und Lorenz  143
Glühemission von Elektronen  217
Glykogenese  124
Glykolyse  124
Grad  14
Graetzschaltung  173
Graphitieren  182
Grenzflächen  60
Grenzleitfähigkeit  40, 49, 54
Grenzleitfähigkeit des Elektrolyten  59
Grenz- oder Diffusionsstrom  66
Grobe Dispersion  152
Größe, komplexe  144
Grubb und Niedrachsche
　Austauschermembranzelle  116
Gruppen, funktionelle  165
Gußanode  173

## H

Haber und Luggin-Kapillare  72
Halbelement  84
Halbleiter  173
pn-Halbleiterdiode  217
Halbleiterdioden  115
Halbstufenpotential  137, 139
Halbwellenpotentiale  139
Hallwachseffekt (lichtelektrischer
　Effekt)  160
Halogenbestimmung  127
Halogenierung  199
Haring-Blum-Zelle  171
Harnsäure  206
Hartchrom  177

Härtegrad nach der Nortonskala 168
1. Hauptsatz der Thermodynamik 78
2. Hauptsatz der Thermodynamik 81
Heißentfettung, alkalische 169
Heißleiter 28
Heliumkern 216
Helmholtz-Energie 81
Helmholtzsche Doppelschicht 71, 84
Hemmungserscheinungen 60
Herstellung von Äthandioldinitrat 195
Herzachse, elektrische 120
Herzmuskelzelle 120
Herzschrittmacher 124
Herzstromkurve, normal 120
Heßscher Satz 79
Heterogene Systeme 152
Hexose 203
Heyrovsky-Reaktion 71
Hilfselektrode 136
Hin- und Rückreaktion 78
Hittorf-Überführungszahl 56
Hochfrequenztitration 144, 150
Hochglanz 168
Hochglanzpolieren 168
Hochohmige Glaselektrode 92
Hochspannungselektrophorese 158
Holzvorbehandlung zum Galvanisieren 180
hot spots 116
Hull-Zelle 172
Hydratbildung 46
Hydrathülle 41
Hydrierung der Doppelbindung 206
Hydrolysegleichgewicht 188
Hydroniumionen 16
Hydrophobiert 112, 120
Hydroxoniumionen 16
Hydroxylamin 207, 209
Hygroskopische Eigenschaften 100, 188
Hypohalogenide 200
Hypoxanthin 206, 210

**I**
Imaginärteil 144
Imidazolkern 206
Imide 205
Impedanz 36, 145
Impuls-Weiterleitung 122
Inchromverfahren 76
Indikatorelektrode 133
Induktiver Widerstand 145
Induktionsöfen 187
Induktivität 36
Influenzkonstante 143
Inhomogenität 74
Innere Elektrolyse 74
Innere Energie 78
Innere Energie bei konstantem Volumen 79
„Innere Halbleiterdiode" 115
Innerer Widerstand 49
Integral 22
Interferenz 11, 185
Interionische Kräfte 45
Internationales Weston-Element 95
Ionen (Ladungsträger) 12, 13, 15
Ionenatmosphäre 51
Ionenaustausch, fokussierender 161
Ionenaustauscherharze 114
Ionenaustauscher-Membran 116
Ionenbeweglichkeit 20, 52, 54
Ionenbildner 13
Ionengrenzleitfähigkeit 40, 52, 54
Ionenkonzentration 16, 17
Ionenleiter 132
Ionenleitfähigkeit 52, 54
Ionenpolarisation 142
Ionenprodukt 46
Ionenprodukt des Wassers 16
Ionenstärke 17, 52
Ionentransport 116
Ionenwanderung 13
Ionenwanderungsgeschwindigkeit 20, 52
Ionenwertigkeit 17, 44
Ionophorese 154
Irreversibel 83

Irreversible Polarisation 60
Isobar 81
Isoelektrischer Punkt 154
Isophthalsäure 199
Isotherm 81

**J**
Januselektrode 120
Jod, titrimetrische Bestimmung 26
Jodcoulometer 26
Jodoform (trijodmethan) 199
Jodoformherstellung 34
Jodoformproduktion 33
Joule 12
Jungnerscher Kadmiumakku 104

**K**
Kadmiert 199
Kadmium-Nickel-Akku 104
Kadmiumüberzüge 177
Kalomel-Elektrode 87
Kalte Verbrennung 110, 123
Kaltleiterwiderstände (PTC-Widerstände) 28, 29
Kapazität des Akkus 102
Kapazität des Meßgefäßes 35
Kapazität des Kondensators 143, 144
Kapazitiver Widerstand 145
Kapillaraktive Stoffe 140
Kapillare 72
Kapillareffekt 110
Kapillarkräfte 110
Kapillarsystem 116
Karbonsäure-Elektrolyse 194
Karboxylgruppe 158
Karl Fischers Reagenz 165
Katalysator 123
Katalysatorelektroden 110
Katalysatorfläche 118
Katalysatorpulver 118
Kataphorese 158
Kataphoretischer Effekt 44
Kation 13
Kationenwolken 15
Kation-Überführungszahl 57
Katode 13, 217
Katode, gebogene (Prüfverfahren) 172
Katodenbelegung von Elektronenröhren 218
Katodenvorgänge 34
Katodische Reduktion 200, 206
Katodische Reduktion einiger funktioneller Gruppen 200
Katodisches Gebiet 75
Katodische Stromausbeute 171
Kavitation 169
KCl-Lösungen 36
Keramiken, Vorbehandlung nicht glasierter 179
Keramische Bindung 168
Keramische Elektrolyte 107
Kern 11
Kernneutron 216
Kernproton 216
Kernreaktionen 216
Kelvintemperatur 44, 52, 80
Keto-Enol-Tautomerie 48
Kette, symmetrisch 95
Kilogramm-Molarität 15
Kinetische Energie 11, 217
Kirchoffsche Gesetze 28, 29, 37
Klemmenspannung 104
Knallgasbatterie von Bacon 110
Knallgascoulometer 26
Knallgaskette 61
Knopfzelle 100
Knüppelanode 173
Kochen des Akkus 104
Koeffizient der inneren Reibung 49
Kofermant 123
Koffein 206
Kohleanoden 199
Kohlehydrate (s. Photosynthese) 123
Kohlenmasse-Katode 191

Kohlenstoffisotopen-Kern C-12 10
Kohlenwasserstoffsynthese nach Kolbe, elektrochemisch 194
Kohle-Sauerstoff-Element 115
Kohlrausch, Gesetz der unabhängigen Ionenwanderung 53
Kohlrausch, Quadratwurzelgesetz 43
Kolbenbürette 127
Kolbesche elektrochemische Kohlenwasserstoff-Synthese 194
Kollektor 217, 218
Kollektormaterialien 218
Kolloide 152
Kolloide Lösungen 152
Kolloide, niedermolekulare Dispersionen 152
Kompensationsschaltung nach Poggendorf 78
Komplexbildner 139
Komplexe Größen 144
Komplexon III (Titriplex) 163
Komplexzerstörer 163
Kondensator 143
Kondensatorkapazität, Änderung 149
Konduktometrie 127
Konstanten, physikalische s. Anhang 1.5. Seite 225
Kontaktumformer 173
Kontinuierliche Papierelektrophorese 156
Konverter, thermionische 218
Konzentration der Wasserstoffionen 15
Konzentrationsketten 60
Konzentrationspolarisation 66
Konzentrationspotentiale 130
Konzentrationsverschiebung 52
Konzentrationszellen 130
Koordinativ 46
Koordinativbindung 47
Korrekturwiderstand 38
Köpfereigene Eiweißarten 158
Korrodierende Mittel 74
Korrosion 73, 74
Korrosionsgeschwindigkeit 74
Korrosionsherde 175
Korrosionsinhibitoren 75
Korrosionsschutz 177
Korrosionsverhütung 75
Korrosionsvorgänge 75
Kräfte, interionische 45
Kriecheffekt 110
Kristallschwinger 169
Kristallisationsüberspannung 72
Kristallpolarisation 61
Kristallsole 152
Kryolith als Lösungsmittel 187
Kryolith-Fabrikation 188
Kugelanode 173
Kugelige Sphärokolloide 153
Kugelpolieren 168
Kupfer, Tönen, Färben, Patinieren, Oxydieren 185
Kupferbäder, sauer 175
Kupfercoulometer 25
Kupferraffination 187
Kurzwellentherapie 124
Kurzzeitelektrophorese 158

**L**
Ladezyklenzahl gasdichter Zellen 109
Ladungsabstände 51
Ladungsausgleich 217
Ladungsdichte 99
Ladungsinhalt 99
Ladungsrelief 214
Ladungsträger (Ionen) 12
Ladungstransport 13
Lage des Halbstufenpotentials 138
Lampert-Beersches Gesetz 160
Lamellenplatten 102
Laminare Strömung 49
Langzeitelektrophorese 158
Latentes Bild 214
Laufende Strommengenkontrolle 26

Leakproof 99
Lebensdauer gasdichter Zellen 109
Leclanché-Element 98
Ledervorbehandlung
  zum Galvanisieren 180
Legierungen auf kaltem Wege 187
Legierungen, niedrigschmelzende 184
Legierungs-Anode 173, 178
Leistung 23
Leiter erster Klasse 13, 19
Leiterwiderstand 19
Leiter zweiter Klasse 13
Leitfähigkeit 19
Leitfähigkeit bei unendlicher
  Verdünnung 19
Leitfähigkeitskoeffizient 45, 46, 54
Leitfähigkeitsmessung 18, 36, 42, 127
Leitfähigkeit, spezifische 19, 149
Leitfähigkeitstitration 127
Leitfähigkeitsverluste 148
Leitfähigkeitswasser 14, 15
Leitlack 180
Leitsalze 139, 175
Leitwachse 184
Leuchtfarben, Leuchtstoffe 217
Lewis und Randall, Ionenstärke nach 52
L-Front 156
l.gcpl. Logarithmus complementi 58
Lichtbogenöfen 187
Lichtdurchlässig
  (durchscheinend, transparent) 159
Lichtelektrischer Effekt
  (Hallwachseffekt) 160
Lichtenergie, absorbierte 124
Lichtgeschwindigkeit 11
Lichtintensität 159
Licht, monochromatisches
  (einfarbig) 143, 159
Lichtpartikel (Photonen) 124
Lichtstrahlenarten 217
Linearkolloide 153
Linsen-Anode 173
Liquid Envelope 76
Liquor cerebrospinalis 158
Lithiumchlorid-Feuchtemesser 215
Lochfraß 170
Logarithmenumwandlung von
  natürlich in dekadisch 85
Lokalelemente 74
Lorentz und Lorenz-Gleichung 143
Loschmidtsche Zahl 10
Lösliche (angreifbare) Elektroden 31
Lost (Gelbkreuzkampfstoff) 210
Lösungsdruck 83
Lösungsmittelfront 156
Lyophil 153
Lyophob 153
Lyosphäre 153
Ludolfsche Zahl 52
Luftfeuchtigkeit in % 215
Luftfeuchtigkeitsmessung, normal 215

## M

Magnetohydrodynamische (MFD-, MGD-,
  MHD-, MPD-) Generatoren 96, 215
Magnetostriktion 169
Malachit 185
Mannit (aus Glukose) 203
Markscheiden 122
Masse, Massenänderung 11
Massenäquivalent der Energie 11, 12,
  Anh. 2.3. Seite 229
Massenwirkungsgesetz 18
Massenzahl 216
Maß für die Azidität bzw.
  Basizität, $p_H$-Wert 86
Maß für Reduktionskraft, $r_H$-Wert 86
Maß für die Triebkraft,
  chemisches Potential 81
Maßsysteme 23
Material hoher Austrittsenergie
  für Elektronen 218
Matrix, Matrize in der Galvanoplastik 182
Maximale Nutzarbeit 78, 81

Maxwellsche Relation (Beziehung) 143
Membran 115, 153
Membranelektrode, gestützt 118
Membranzelle, ungestützt 118
Merkaptane, Thioalkohole 211
Messung der Überführungszahlen 56
Meßelektroden 176
Meßgrößen 149
Meßkette 95
Metallcharakter 14
Metallfärbungsverfahren 185
Metallnegativ, Zwischenschicht 182
Metall niedriger Elektronen-
  Austrittsenergie 218
Metallsalz im galvanischen Bad 174
Metallspritzverfahren 76
Metallüberzüge durch Reduktion 180
Metallzusatz als Katalysator 213
Methode zum Patinieren, einfach 186
Mehtode zum Patinieren,
  elektrochemisch 186
Methode von MacInnes u. Mitarb.
  zur Überführungszahlmessung 56
Methylamine, sekundäre,
  aus Isonitrilen (Isozyaniden) 204
Methylierte Xanthine 206
Mho (reziproke Ohm = Siemens)
Mikropoise 49
Mikroporen 108
Mindestgleichspannung 137
Miniaturelemente 109
Miniaturwelle 109
Minuspol 24
Mischindikator 75
Mischoxyde 115
Mittel, korrodierende 74
Mittelleiterverfahren 170
Mol bzw. mol 15
Molalität (kg-Molarität) 15
Molarität 15
Mol eines Gases 23
Molekül 11
Mol(ekular)masse 15
Molekülkolloide 135
Molenbruch 18
Molpolarisation 142
Molrefraktion 143
Molvolumen idealer Gase 80
Moment, mittleres (aller Dipole) 142
Monochlorazeton
  (Monochlorpropanon) 199
Monochromatisches (einfarbiges) Licht 143

## N

Nachsilbe (Suffix) 14
Nahordnungsbereiche 17
$\beta$-Naphtol 210
$\beta$-Naphtholorange 210
Naßelektrolyse 187
Natriumamalgam 203
Natriumdithionit 213
Natriumthiosulfat 211
Natürliche Zahl e 51
NB (Normalbedingungen) 27
Nebel 152
Negativ 182
Negative Überführungszahlen 59
Nernstsche Gleichung 85
Nervenbahnen 120
Netz, stützendes 118
Neutrale Suspension
  (von Nitrobenzol) 209
Neutralisationstitration 127
Neutralpunkt für Redox-Zellen 87
Neutronen 11
Newton N 23
Nicht glasierte Keramiken 179
Nichtleiter, metallüberzogen 179
Nichtmetalle 14
Nickel-Kadmiumzelle, gasdichte 108
Nickelschwinger 169
Niedrigohmige Glaselektrode 92
Niedrigschmelzende Legierungen 184

Niobplatten 218
Nitrobenzol 210
Nitrobenzol-Reduktion 33
3-Nitro-4-hydroxy-phenylarsonsäure 212
Nitrosobenzol 209, 210
Nitroseverbindungen 207
n-Leitung 115
Normalbedingungen, NB 10
Normalbildungsenthalpie 82
Normalelemente 95
Normale Luftfeuchtigkeitsmessung 215
Normalität 15, 54
Normalpotential 85
Normalwasserstoff-Elektrode 85
Normalzustand 81
Nortonskala 168
NTC-Widerstände 28
Nukleonen 11, 31
Nuklidbatterie, thermionische 218
Nullanzeige-Instrument 37

## O

Öfen, Elektro- 187
Öfen, Induktions- 187
Öfen, Lichtbogen- 187
Öfen, Widerstands- 187
Offene Schwingkreise 145
Ohm 19
Ohmsches Gesetz 24, 29
Ohne Überführung 130
Optimierung 24
Optimum 194
Ordnungszahl 216
Organe, elektrische 123
Organische Redox-Katalysatoren 90
Orientierungspolarisation 142
Osmotischer Druck 83
Ostwaldsches Verdünnungsgesetz 18, 40, 42
Oszillatoren 145
Oxydation 31
Oxydation, anodisch 199
Oxydationsgrad (u. Reduktionsgrad) 213
Oxydationskraft 87
Oxydationsreaktion 83

## P

Papierchromatografie 154,
—, aufsteigende und absteigende 156
Papierelektrophorese 154
Papierelektrophorese, kontinuierliche 156
Papierfilter-Geräte 173
Parkern 76
Parallelschaltung 125
Passivatoren 75
Passivierung, anodisch 73
Passivität 73
Patina, echt 185
Patina, künstlich durch wechselseitiges
  Tauchen 186
—, — einfache Methode 186
—, — elektrochemische Methode 186
Periodensystem der Elemente 13
Peptidgruppe 204
Permanentes Dipolmoment 142
Pflege der Autobatterie 103
Phasengrenzen 60, 77
Phasengrenzfläche 153
Phasenwinkel 148
Phenylhydroxylamin 209, 210
Phenylsulfinsäure 211
Phenylsulfonsäure 211
Phenylsulfonsäurechlorid 211
Phosphatieren 76
Photosynthese der Kohlenhydrate 123
pH-Wert 16, 86
Physiologische Bedingungen 123
Piezoelektrischer Effekt 169
pK-Wert 18
Plancksches Massenwirkungsquantum 124
Plasma 215
Platinanoden 200
Platinelektrode, rotierende, blanke 141
Platinschwarz-Überzüge auf
  Platinelektroden 176

Plattenanode 173
Plattenkondensator 143
Platten- oder Scheibenfilter 173
Plattenschwinger 169
Plattieren 76
p-Leiter 110
Pließten 168
Pluspol 24
pn-Halbleiterdiode
Poggendorfsche
  Kondensationsschaltung 78
$p_{OH}$-Wert 16
Poise 49
Polare Enden 51
Polarisation 60, 171
Polarisation, anodisch-katodische 140
Polarisation der Elektroden 173
Polarisationsspannung 61, 166
Polarisations-Spannungs-Titration
  (PST) 166
Polarisationsstrom 166
Polarisationsstrom-Titration 164
Polarisationstitration 163
Polarisationswiderstand 164 (164)
Polarisierbarkeit 142
Polarogramm 137
Polarograf 137
Polarografische Analyse 66
Polarografie 137, 164
Polarografie mit Wechselstrom 140
Polieren 168
Polieren mit der Scheibe 168
Poliermittel 168
Polumkehr 108
Polyvinylpyrrolidon PVP 205
Poröse Sauerstoff-Diffusionselektrode 194
Poröse Zwischenwände 108
Portables, Stromverbrauch 105
Potential 126
Potential, elektrokinetisch 153
Potential, elektrophoretisch 154
Potential, Zeta- 153
Potentialdifferenz 95
Potentialsprung an der Glasmembran 92
Potentielle Energie 11
Potentiometrische Simultanbestimmung 132
Potentiometrische Titration 129, 132
Potentiostatisches
  Gleichstromverfahren 164
Pratt & Whitney-Zelle 118
Primärelemente 96
Primärprodukte 31
Primärreaktionen 112
Primärvorgang 112
Prinzip der Triode 145
Prinzipschaltung der
  Wheatstoneschen Brücke 37
Propanon (Azeton) 199
Proteine 154
Protonen 11, 31, 216
Prozente der Luftfeuchtigkeit 215
Prozeßrechner 199
Prüfverfahren mit gebogener Katode 172
PST (Polarisations-Spannungs-
  Titration) 166
Psychometrische Differenz 215
Punkt, isoelektrischer 154
Purinabkömmlinge 206
p-Wert, Potenzwert 16
Pyrimidin-Kern 206
Pyrrolidon 205

Q
Quadratwurzelgesetz 43
Quarz(kristall)schwinger 169
Quecksilber-II-oxidelektrode 88
Quecksilberoxidzelle 100
Quecksilber-I-sulfatelektrode 88
Quecksilber-Tropfelektrode 169

R
Radionuklid 216
Radionuklidbatterien, fotoelektrisch 217
Radius der Ionenatmosphäre 51

Radius der Ionenwolke 52
Ranvier-Schnürringe 122
Raumkapsel, Gemini- 116
Raumladung 217
Reaktanz 144
Reaktionsablauf, Regeln und Steuern 199
Reaktionsenergie 81
Reaktionsenthalpie 81
Reaktionsfolgen 31
Reaktionspolarisation 61
Reaktionsüberspannung 71
Reaktionswärme 81
Reaktionswärme bei konstantem
  Druck 79
Reaktionswärme bei konstantem
  Volumen 79
Reaktionszeit 78
Realteil 144
Rechteckwechselspannung, Gleichstrom-
  überlagerte 140
Redox-Elektroden 89, 90
Redox-Indikatoren 90
Redox-Ionenaustauscher 90
Redoxite 90
Redox-Potentiale 89, 134, 135
Redoxtitrationen 133, 134, 166
Redox-Vorgänge 31
Redox-Zellen 87
Reduktion 31, 83
Reduktion der Ketone 202
Reduktionsgrad (Oxydationsgrad) 213
Reduktionskraft 87
Reduktionsmittel 31
Reduktionsprodukt 31
Regenerative Zellen 120
Regulatoren der anodischen
  Polarisation 175
Regulatoren der katodischen
  Polarisation 175
Regulatoren für den vorgeschriebenen
  $p_H$-Wert 175
Reihenschaltung 29, 125
Reinheitsgrad 74
Reizleiterfasern 120
Rekombinieren 14
Relative DK 144
Relative Feuchte 215
Relaxationszeit 51
Resonanzbedingungen 147
Resonanzfrequenz, Eigen- 146
Retention Factor 156
Reversible Arbeit 81
Reversible organische Redox-Systeme 90
Reversible Polarisation 60
Rhodanieren, anodisch 199
Rhodiumfilm 176
Röntgenlicht 217
Rotierende blanke Platinelektrode 141
Rückenmarksflüssigkeit
  (Liquor cerebrospinalis) 158
Rückhaltequotient 156
Rückreaktion 78
Ruhemasse 10
Ruhezustand 120

S
Salvarsan (3,3'-Diamino-4,4'-dihydroxy-
  arsenobenzol 212, 213
Sauerstoff-Diffusionselektrode, poröse 194
Sauerstoff-Elektrode 86, 109, 110
Sauerstoffionen-Fehlstellen 115
Sauerstoffüberträger 200
Sauerstoff-Unterschuß 115
Säulenchromatogramm 156
Säulenfilter 173
Säureamide 204
Saure Beize 170
Saure Kupferbäder 175
Schalen der Elektronenbahnen 11
Schaltgleichrichter 217
Schaltung der Triode 145
Schäume 152
Scheibenfilter 173
Scheinwiderstand 145

Scheinwiderstand bei Wechselströmen 36
Schleifen 168
Schmelzelektrolyse-Verfahren 187
Schmelzflußelektrolyse nach dem
  Downs-Verfahren 191
Schubspannung 49
Schwabbelscheiben 168
Schwache Elektrolyte 40
Schwärzungsgradmesser
  (Auflichtfotometer, Densitometer) 159
Schwingkreise (Oszillatoren) 145
Schwingkreise, geschlossen 145
Schwingkreise, offene 145
Schwingkreisspannung 145
Schwingkreisstrom 145
Schwingkreis, Verlustwiderstand 146
Schwingungen, gedämpfte 149
Schwingungen, ungedämpfte 149
Schwingwannen 169
Sekundärelemente 96
Sekundärreaktionen 31
Sekundärvorgänge 30
Sekundärvorgänge an der Katode 32
Sekundärzellen 109
Selengleichrichter 173
Semipermeable Membran 115
Separatoren 108
Serienschaltung 125
Serum 158
Servomotoren 150
S-Front 156
Sichtbares Tageslicht auf Leuchtstoffen 217
Siemens 19
Silber, chemisches Niederschlagen von 180
Silberchlorid-Elektrode 88
Silbercoulometer 25, 26
Silberhalogenid-Elektroden 88
Solberoxid-Zelle 100
Silber-Zink-Akku 107
Sinus-Wechselspannung, Gleichstrom-
  überlagerte 140
SNAP 217
SNAP-TIP 218
Söderberg-Elektrode 187, 191
Sole 153
Sole, feste 152
Solvat 46
Sorbit 203
Sorbit aus Glukose 203
Spannung 13
Spannungsabfall 24
Spannungsbereich für die Polarografie 141
Spannungsnormal 95
Spannungsreihe der Elemente, elektrochemisch 100
Spannungsreihe der Elemente, thermoelektrisch 249
Sparbeizen 170
Spezifische Leitfähigkeit 19, 35, 36, 54, 149
Spezifischer Widerstand 19
Sphärokoloide, kugelige 153
Spritzverfahren 169
Sprödigkeit von Eisen 170
Spuleninduktivität 149
Stabpolieren 186
Stahl, Anlassen von 185
Stahlakkumulator 104, 105
Standard- als Vorsilbe (Bedeutung) 81
Standardbedingungen 81 (68)
Standardpotential 86
Standardwasserstoffelektrode 85
Starke Elektrolyte 41
Startfleck 156
Stellmotoren 150
Stereoisomerie 203
Stiazähler 27
Störstellenhalbleiter 217
Streukraft 171, 173
Streukraftausbeute 172
Streukraft eines Bades 171
Streuvermögen 171, 172
Strom 19
Stromausbeute 25
Stromausbeute, katodische 171, 173
Stromdichte 25, 26, 98
Strommenge 21, 25
Strommengenkontrolle 26

Stromschlüssel 58
Stromstärke 125, 126
Stromstärke, Definition 22
Stromstärke-Einheit, elektrostatisch 144
Strömungspotential 43, 154
Stromverbrauch von Transistorradios (Portables) und Auto-Anlassern 105
Stromvergleich in verzweigten Stromkreisen 37
Stufen, falsche 140
Stufenhöhe 137, 138
Stützelektroden 116
Subminiaturelemente 109
Substanzverlust im Anodenraum 57
Substanzverlust im Katodenraum 57
Substituenten 1. Ordnung 198
Substitutionstitration 127
Suffixe 14
Sulfatreduktionszelle 123
Sulfinsäuren 211
Sulfonsäuren 211
Suspension 152
Systeme, heterogene 152

## T

Tafelreaktion 71
Tauchbad 175
Tauchelektrode (zur Leitfähigkeitsmessung) 35
Tauchen, wechselweises 186
Tauchschwingen 169
Tauchverfahren 185
Tauchversilberung 180
Tautomerie 48
Teilchen, unpolar 142
Teilleitfähigkeiten bei unendlicher Verdünnung 40
Temperaturabhängigkeit der spezifischen Leitfähigkeit 39
Temperaturkoeffizient 40, 81, 113
Tensammetrie 142
Tenside 142
Tertiärreaktion 31
Theobromin 206
Theophyllin 206
Thermionische Konverter 218
Thermionische Nuklidbatterie 218
Thermischer Ausdehnungskoeffizient 79
Thermische Umwälzung 111
Thermodynamisches Potential 81
Thermodynamische Wahrscheinlichkeit 51
Thermodynamische Zustandsgrößen 80
Thermoelektrische Batterien 217
Thermoelemente 217
Thermopaare 217
Thermoxid-Verfahren 77
Thiokohle (Merkaptane) 211
Thioamide 205
Thiosulfate 211
Thixotrope Farblacke 100
Thixotropie 153
Thomsonsche Formel 146
Tiefentladung 108
Titankörbe 173
Titration, amperometrische 163
Titration, voltametrische 163
Tochterelement 216
Toner 214
Tonerde-Kryolith-Schmelze 191
Träger 154
Trägerelektrophorese 154
Transistor, Prinzip des 145
Transport der Ionen 51
1,1,1-Trichloräthanol (Chloral) 199
Trichlormethan (Chloroform) 199
Tridymitstruktur 47
Triebkraft 78
Trijodmethan (Jodoform) 199
Triode, Prinzip 145
Triode, Schaltung 145
Tritium (überschwerer Wasserstoff) 31
Trockenbatterie 99
Trockenelement 75, 99
Trockenkopiergeräte 215

Trockenkopierverfahren 215
Trommelautomaten 170
Tropfgeschwindigkeit 141
Tropfkapillare 138
Tüpfelreaktionen 167

## U

Überführung 130
Überführungszahl 59
Überladung 108
Überspannung 60, 67, 68
Überspannung für Diffusion, Durchtritt, Kristallisation und Reaktion 72
Ultrakurzwellen-Bestrahlung 124
Ultrarotglied 143
Ultraschall 169
Umformaggregate 173
Umlaufgeschwindigkeit der Elektronen 11
Umpolverfahren 170
Umschlagsintervall 90
Umschlagpotential 132
Umwandlungstemperatur hygroskopischer Stoffe 215
Umweltbedingungen 123
Unbewegtes Bad 175
Unpolare Teilchen 142
Urspannung 77, 95

## V

Val 15, 22, 53
Vakuumbedampfung 180
Vektordiagramm 148
Vektoren 142
Verbraucherwiderstand 125
Verbrauchsform 182
Verbrennung, kalte 123
Verbrennungsenthalpie 82
Verbindungsbildung 11
Verdünnungsgrad 18
Verlustfaktor, dielektrisch 148
Verlustwiderstand des Schwingkreises 146
Verlustwinkel 148
Vermögen Arbeit zu leisten 12
Verschiebungskonstante 143
Verschiebungspolarisation 142
Vinylpyrrolidon 205
Viskosität 39
Vitroidsole 152
Volmer-Reaktion 71
Volmer-Tafel-Reaktionsmechanismus 71
Volt, absolut 95
Volta-Element 83
Voltametrische Coulometrie 167
Voltametrische Titration 163, 166
Voltametrische Titration mit Wechselstrom 166
Volumen 80
Volumenarbeit 79, 81
Vorplattierung 176
Vorverkupferung 175
Vorversilberung, zweistufig 176
Vorwiderstand 36
Vorzeichen des Potentials 89

## W

Wachsbad 180
Wahre Fläche 67
Wahre Überführungszahlen 59
Waldensche Regel 49, 50
Walzanoden 173
Walzenmeßbrücke nach Kohlrausch 38
Wanderungsgeschwindigkeit 52, 54
Wärmeabgebende Reaktionen 81
Wärmebeträge 78, 79
Wärmeenergie 217
Wärmeenergie in Reaktoren 217
Wärmestau, innerer 109
Wärmetönung 11, 78, 81
Wärmeverbrauchende Reaktionen 81
Washprimer 76
Wasserbestimmungen 150
Wasserstoffbrücken 150
Wasserstoffcoulometer 26, 27

Wasserstoffelektrode 84, 110
Wasserstoffionen 15
Wasserstoffionenkonzentration 15
Wasserstoff, schwerer (Deuterium) 31
Wasserstoff, überschwerer (Tritium) 31
Wasserstoffüberspannung und Edelmetallspuren beim Akku 103
Wechselstromgröße 144
Wechselstrompolarograph 141
Wechselstromwiderstand 144, 145
Weglänge, freie 217
Wendepunkt von Kurven 132
Wertigkeit 15
Wheatstonesche Brücke 37
Widerstand des Verbrauchers 125
Widerstand, elektrischer 19
Widerstand, induktiver 145
Widerstand, innerer 49
Widerstandskapazität 35
Widerstand, kapazitiv 145
Widerstandsmessung 37
Widerstandsöfen 187
Widerstandspolarisation 61
Widerstand, spezifischer 19
Widerstandswert 36
Wirkung 23
Wirkungsgrad 78
Witterungsschutz 76

## X

Xanthin 206
Xerograph 215
Xerografische Methode der Vervielfältigung 215
m-Xylol (1,3-Dimethylbenzol) 199

## Y

Yeager-Zelle 194

## Z

Zähigkeit 49, 51
Zellen, chemische 130
Zellengas 216
Zellen, gasdichte 108
Zellen, Ladezyklenzahl gasdichter 109
Zellen, Lebensdauer gasdichter 109
Zellreaktionen, stromliefernd und rückläufig 120
Zentipoise 49
Zentralionen 16
Zersetzungsspannung 61, 66, 67, 69, 137
Zersetzungsspannung des Aluminiumoxids 187
Zink-Luft-Zelle 109
Zinküberzüge 177
Zirkulardrahtbürsten 168
Zweibad-Verfahren 179
Zweikomponenten-Washprimer 76
Zweistufige Vorversilberung 176
Zwischenwände, poröse 108
Zuckerabbau im lebenden Organismus 124
Zuckersäure 199